AF671487

Handbuch zur Bilanzierung von Biogasanlagen für Ingenieure – Band I

Gerhard Langhans · Frank Scholwin ·
Michael Nelles

Handbuch zur Bilanzierung von Biogasanlagen für Ingenieure – Band I

Grundlagen und Methoden für die Bewertung und Bilanzierung in der Praxis

Gerhard Langhans
Dresden, Deutschland

Frank Scholwin
Weimar, Deutschland

Michael Nelles
Rostock, Deutschland

ISBN 978-3-658-27338-5 ISBN 978-3-658-27339-2 (eBook)
https://doi.org/10.1007/978-3-658-27339-2

Die Deutsche Nationalbibliothek verzeichnet diese Publikation in der Deutschen Nationalbibliografie; detaillierte bibliografische Daten sind im Internet über http://dnb.d-nb.de abrufbar.

Springer Vieweg

Lektorat: Dr. Daniel Fröhlich

Springer Vieweg ist ein Imprint der eingetragenen Gesellschaft Springer Fachmedien Wiesbaden GmbH und ist ein Teil von Springer Nature.
Die Anschrift der Gesellschaft ist: Abraham-Lincoln-Str. 46, 65189 Wiesbaden, Germany

Vorwort

In Forschung und Beratung rund um die komplexe Biogastechnologie treten in allen Arten und Größen von Biogasanlagen immer wieder technologische Herausforderungen auf, von denen wir überzeugt sind, dass sie bereits ingenieurtechnisch gelöst worden sind. Wir haben nur immer wieder das Problem, dass weder in der Fachliteratur noch im Internet genau diese Lösungen zu finden sind. Die Fachliteratur gibt in der Regel einen guten Überblick und bietet theoretische Lösungen – die Praxis braucht aber zur Anwendung der globalen Formeln zusätzlich einige Parameter, die entweder außerordentlich aufwendig und mit großen Fehlerrisiken hergeleitet werden müssen oder erst in der Praxis gemessen werden müssen. Dokumentierte Erfahrungswerte fehlen oft oder sind nicht auffindbar.

Vor diesem Hintergrund sind wir außerordentlich froh, dass Dr. Gerhard Langhans in über 40 Jahren Biogaspraxis mit fast allen denkbaren ingenieurtechnischen und prozessbiologischen Herausforderungen der Biogasgewinnung in den meisten Anwendungsfeldern von der Güllebiogasanlage über die Nahrungsmittelindustrie, die Restabfallvergärung bis zur Abwasserreinigung konfrontiert wurde. Er hat sich aber nicht nur mit der konkreten Problemlösung auseinandergesetzt, sondern seine Lösungen und Erfahrungen akribisch gesammelt und damit einen einmaligen Erfahrungs- und Datenschatz aufgehäuft. Es ist uns eine unheimlich große Freude, ihn bei der Dokumentation dieses Schatzes in Buchform begleiten zu dürfen. Besonderer Dank gilt an dieser Stelle auch Angela Clinkscales und Esteban Rodriguez, die in mühsamer Kleinarbeit Texte, Tabellen und Abbildungen aus dem praktischen Leben in das erforderliche Format umgesetzt haben.

Aus der Datensammlung sind über die Jahrzehnte Nomogramme, Parametersammlungen und Formeln mit einer weiten Gültigkeit entstanden, die immer die praktische Anwendung der Erkenntnisse für die Anlagentechnologie und den Anlagenbetrieb im Blick haben. Damit wird das vorliegende Buch sowohl für Praktiker als auch Wissenschaftler den „schon immer“ gesuchten Zusammenhang beinhalten und Anregungen geben, bisher nur kaum bekannte Zusammenhänge als Erklärung für beobachtete Phänomene im Anlagenbetrieb zu verwenden.

Eine Vielzahl von Fachbüchern und Leitfäden widmet sich der Methodenbeschreibung zur Erfassung von Messgrößen auf Biogasanlagen – Gerhard Langhans geht weit darüber hinaus, indem er klar die praktische Anwendbarkeit und Interpretation der Messgrößen fokussiert und Schlussfolgerungen zur Zuverlässigkeit von Bewertungsmethoden in der Praxis ableitet.

Wir gehen davon aus, dass das Buch der international im Auftrieb befindlichen Biogastechnologie einen zusätzlichen Schub geben kann, um Fehlplanungen zu vermeiden und neue Märkte auf einer noch besseren technologisch-prozessbiologischen Basis zu erschließen. Insbesondere die in einigen Ländern zurückgehende Förderung des Biogasanlagenbaues oder -betriebes stellt höhere Anforderungen an die Wirtschaftlichkeit und Optimierung von bestehenden Biogasanlagen. Viele der hier zusammengefassten Erkenntnisse lassen sich auf Bestandsanlagen übertragen und werden einen Beitrag zur Meisterung von bestehenden Herausforderungen leisten. Die neue Generation von Biogasanlagen in allen Leistungsklassen muss effizienter sein, einen sicheren Anlagenbetrieb gewährleisten und die Amortisation der Investitionen ermöglichen.

Die Biogastechnologie ist ein wesentlicher Baustein der erneuerbaren Energien und des Klimaschutzes durch sinnvolle Nutzung vorhandener Reststoffe und Abfälle zur Bereitstellung von Wärme, Strom und Kraftstoff sowie zur vollständigen Kreislaufschließung der immer wichtiger werdenden Pflanzennährstoffe. Diese Rolle wird die Technologie auf absehbare Zeit behalten, das internationale Ausbaupotenzial ist enorm.

Frank Scholwin
Michael Nelles

Inhaltsverzeichnis

Abkürzungen, Einheiten, Symbole

A (m²)	Fläche
a (m²/m³)	spezifische Kontaktfläche Gas-Flüssigkeit, Feststoff-Flüssigkeit
aBTM (% BTM)	anorganischer Anteil der Bakterientrockenmasse
ADF	acid detergent fiber. Rückstand aus Zellulose, Lignin und unverdaulichen Nicht-Kohlenhydraten nach Probenbehandlung mit Säure-Detergenzien-Lösung
ADL	acid detergent lignin. Ligninbestimmung als Rückstand nach Probenbehandlung mit Lösungsmitteln und Schwefelsäure
$b_{R,o}$ (kg/(m³ · d))	organische Raumbelastung
$b_{Schl,o}$ (kg/(kg · d))	organische Schlammbelastung, aktive BTM-Masse, $b_{R,o} = b_{Schl,o} \cdot c_{BTM}$
BTM	Bakterientrockenmasse, BTM = oBTM + aBTM
c (mg/l)	Konzentration
C (kg/(kg · d))	Reaktionsgeschwindigkeitskonstante 1. Ordnung
CSB (mg/l)	Chemischer Sauerstoffbedarf [Kaliumdichromat-Basis]
c_P (kJ/(kg · K))	spezifische Wärmekapazität
CSTR	**C**ontinuous **S**tirred **T**ank **R**eactor. Kontinuierlich gerührter Tankreaktor. Häufig für biotechnische Versuche eingesetztes Verfahrensprinzip
D (1/s)	Schergefälle
D (1/h; 1/d)	Auswaschrate (Dilution rate); $D = \dot{V}/V$; Synonym für μ
D_m, D_{turb} (m²/s)	Diffusionskoeffizienten
e	Elektronen im thermodynamischen System
FM (% OS)	Feuchtmasse

g (m/s²)	Erdbeschleunigung (9,81 m/s²)
h (kJ/kg)	spezifische Enthalpie
HEM (%)	Hemmung
HRT (s, h, d)	hydraulische Verweilzeit
H (J)	Enthalpie
H_s (kJ/kg, kJ/m³)	Brennwert (Index s = superior)
H_i (kJ/kg, kJ/m³)	Heizwert (Index i = inferior), Brennwert abzüglich der Verdampfungsenthalpie des bei der Verbrennung gebildeten Reaktionswassers (z. B. für Methan: $H_s = 11{,}06$ kWh/N m³; $H_i = 10$ kWh/N m³)
Hu (kJ/kg, kJ/m³)	Heizwert (veraltet für H_i)
I (mg/l)	Konzentration des Toxikanten
k (kg/(kg · d))	allgemein: spezifische Reaktionsgeschwindigkeit; Umsatzgeschwindigkeit; Bildungsgeschwindigkeit
k (W/(m² · K))	spezifischer Wärmeübertragungskoeffizient
k_d (kg/(kg · d))	endogene mikrobielle Zerfallsrate; in der Literatur häufig auch „b". $k_d = m_D \cdot Y_{X/S,max}$
k_L (m/h)	spezifischer Stoffübergangskoeffizient
kum	kumulativ
K_M (mg/l)	Monod Halbgeschwindigkeitskonstante
K_I (mg/l)	Hemmungskoeffizient
L (m)	Länge
LTM	Lösliche Trockenmasse; LTM = TM – STM
m (kg)	Masse
$\dot{m}$ (kg/s, kg/h)	Massenstrom
m_D (1C-mol S/(1C-mol BTM·h))	Substratverbrauch für den Erhaltungsstoffwechsel
m_G (kJ/(1C-mol BTM · h))	Bedarf an Gibbs' Energie für den Erhaltungsstoffwechsel
NDF	neutral detergent fiber. Gesamtheit der pflanzlichen Zellgerüstsubstanzen als Probenrückstand nach Kochen in neutraler Detergenzienlösung
oBTM (% BTM)	organische Bakterientrockenmasse, Anteil der BTM
OS	Originalsubstanz
oTM (% TM)	Anteil organischer Trockenmasse in der Trockenmasse (Glühverlust)
p (bar)	Druck
P (W, kW)	Leistung
Q (m³/s, m³/h)	Volumenstrom
$\dot{Q}$ (kJ/s, kJ/h, kWh/h)	Wärmestrom, thermische Leistung
q (kJ/mol)	molarer stoffspezifischer Energiegehalt

r (kJ/kg, kWh/t)	spezifische Verdampfungsenthalpie
$\dot{r}$ (kg/(m³ · h))	volumenspezifischer Massenstrom
r_S (kg/(m³ · d))	volumenspezifischer Substratumsatz, (= $v_S \cdot X$)
r_X (kg/(m³ · d))	volumenspezifische Biomassewachstumsgeschwindigkeit, (= $\mu \cdot X$)
STM	suspendierte Trockenmasse
T (K)	absolute Temperatur (= −273,15 K)
t (°C)	Temperatur; Temperaturdifferenz = Δt [K]
TAC (mmol/l, mg/l)	Total Anorganic Carbon (im deutschen Sprachgebrauch), Total Alkaline Capacity (internationaler Sprachgebrauch)
TKN (mg/l)	Kjeldahl-Stickstoff, Konzentration
TOC (g/kg · TS)	organischer Gesamtkohlenstoff
TM (w/w-%)	Trockenmasse (Abdampfrückstand bei 105 °C)
TS (w/w-%)	Trockensubstanz
V (m³)	Volumen
$\dot{V}$ (m³/s; m³/h; m³/d)	Volumenstrom
VS (w/w-% TM)	Glühverlust; Synonym für oTM
VSS (w/w-% STM)	Glühverlust des suspendierten Feststoffs
v, w (m/s)	Geschwindigkeiten
v_S (kg/(kg · d))	massenspezifischer Substratumsatz, (= $\mu_{max}/Y_{X/S}$)
Y (kg/kg, m³/ kg)	Ertrag
X (kg/m³)	Biomassekonzentration
x (kg H_2O/kg tr. Gas)	spezifischer Feuchtegehalt im Gas
η (Ns/m²) ≡ Pas	dynamische Viskosität
η^* (Ns/m²) ≡ Pas	scheinbare dynamische Viskosität $\eta^* \approx \tau_{Wand}/D$ für einendurch Wandschubspannung, Schwergefälle und Temperatur definierten Messpunkt
θ (h, d)	hydraulische Verweilzeit (= $1/D$)
θ_c (h, d)	Biomasse- (Schlamm-) Verweilzeit
λ (W/(m·K))	Wärmeleitfähigkeit
μ (kg/(kg · d))	spezifische bakterielle Wachstumsrate
ψ ((N)vol.-%)	Volumenanteil von Gaskomponenten (für zweiatomige Gase, identisch mit Molanteil)
ρ (kg/m³)	Dichte
ν (m²/s)	kinematische Viskosität; $\nu = \eta/\rho$
τ (Pa)	Schubspannung

Weitere Indizes

G	Gas
L	Liquid, Flüssigkeit
met	metabolisiert
S	Substrat
Schl	Schlamm, Bakterientrockenmasse
EXCEL, WORD, SOLVER	geschützte Warenzeichen der Microsoft Corporation

1 Einführung und Hinweise zur Benutzung

1.1 Einführung

Die gezielte Gewinnung von Biogas basiert auf einem biochemischen Prozess, der von einer Vielzahl von Mikroorganismen in verschiedenen Prozessstufen realisiert wird. Der Betrieb und die Optimierung einer Biogasanlage erfordern ein Grundwissen über die Wechselwirkungen zwischen Verfahrenstechnik, Prozessführung und verfahrenstechnischen Prozessparametern.

Seit etwa 200 Jahren wird die mikrobiologische Forschung mit exakten wissenschaftlichen Methoden betrieben und auf weite Bereiche ausgedehnt. Es entwickelte sich im 20. Jahrhundert die biotechnologische Behandlung von kommunalen und industriellen Abwässern mit dem Schwerpunkt bei aeroben Verfahren. Diese bieten die Möglichkeit, gelöste organische Verunreinigungen, die mittels chemisch-physikalischer Methoden nur unter hohem technologischem und Kostenaufwand entfernt werden können, über den aeroben bakteriellen Stoffwechsel abzubauen und die im Ergebnis dieses Prozesses wachsende Bakterienbiomasse als suspendierten Feststoff mit verhältnismäßig einfachen mechanischen Verfahren abzutrennen.

Mit Erfolg wird seit Langem praktiziert, die im Vergleich zu dem Abwasserstrom wesentlich geringeren Mengen nach der Reinigung abgetrennten aeroben Überschussschlamms durch anaerobe Behandlung weiter zu reduzieren (McCarty 1982). Stoffwechselbedingt werden nur in der Größenordnung von ca. 5 % der abgebauten Organikmasse anaerobe Bakterienzellen synthetisiert, während über 90 % als anaerober Stoffwechselabfall Biogas freigesetzt werden. Dieses enthält mindestens 50 % Methan, dessen Energieinhalt von anaeroben Mikroorganismen nicht weiter umgesetzt werden kann, sodass neben dem Vorteil der Masseverringerung noch ein effizient thermisch nutzbarer Energieträger bereitgestellt wird.

G. Langhans et al., *Handbuch zur Bilanzierung von Biogasanlagen für Ingenieure – Band I,* https://doi.org/10.1007/978-3-658-27339-2_1

Die verbleibende Restfeststoffmasse aus der anaeroben Überschussschlammbehandlung setzt sich dann überwiegend nur noch aus dem biologisch nicht abbaubaren anorganischen Masseanteil und der geringen Menge neu gebildeter anaerober Bakterienzellen zusammen.

In der zweiten Hälfte des 20. Jahrhunderts wurde aufgrund der Energieverknappung alternativ für aerobe Behandlungsprozesse versucht, die Vergärung auch auf pumpfähige Flüssigschlämme wie Fäkalien und Stallabgänge der industriellen Massentierhaltung (Güllen) einzusetzen (Baader 2011; Rudolph 2011; Jensen 2011).

Gleichzeitig liefen Überlegungen, die bei der verschärften Umweltschutzgesetzgebung nicht mehr mögliche Deponierung unbehandelter Organik sowie die verteuerte Kompostierung durch anaerobe Technologien abzulösen bzw. in Kombination zu betreiben.

Hauptproblem war dabei die Überführung heterogen zusammengesetzter schüttfähiger, organikhaltiger Abfälle in ein anaerob behandelbares Substrat.

Seit der letzten Dekade des 20. Jahrhunderts erfolgte durch die stimulierende Wirkung der Erneuerbare Energien Gesetzgebung „EEG“ in Deutschland und in ähnlicher Weise auch in anderen Ländern eine Fokussierung auf abfallwirtschaftliche und landwirtschaftliche Biogasanlagen und die Vergärung nachwachsender Rohstoffe mit einseitiger Orientierung in Zielstellungen, Forschung und Erfahrungsrückfluss auf die Spezifik dieser Anlagen.

Seit dem letzten Jahrhundert wurden wesentliche wissenschaftliche Durchbrüche erzielt bezüglich des Verständnisses der komplexen anaeroben Stoffwechselvorgänge und ihrer verfahrenstechnischen Modellierung. Ein umfangreicher Fundus an wissenschaftlicher Fachliteratur bildet eine belastbare Basis für die weitere Klärung noch hypothetischer Vorstellungen über die Möglichkeiten der Optimierung des anaeroben Prozesses für seine effiziente industrielle Nutzung.

Bei der Realisierung und im praktischen Betrieb von Vergärungsanlagen zeigen sich jedoch vielfach noch erhebliche Defizite bezüglich der Anwendung verfügbarer wissenschaftlicher Grundlagen für die Prozessgestaltung, Technologieoptimierung, Verfahrensführung und Ergebnisbewertung.

Wesentliche Ursache für diese Diskrepanzen zwischen vorhandenem verfahrenstechnischem und mikrobiologischem Grundlagenwissen sowie vielfach empirischer Erfahrung mit dem anaeroben Prozess auf „Trial-and-Error“-Basis ist die Komplexität der fachlichen Zusammenhänge,

- die zum einen ein Verständnis des anaeroben Energie- und Baustoffwechsels und der in verwirrender Weise synergistischen-antagonistischen Beziehungen aufeinander angewiesener Bakteriengruppen im Rahmen des Abbaus unterschiedlicher organischer Substrate erfordert
- und andererseits schwer überschaubare chemisch-physikalische Abhängigkeiten innerhalb des feuchten anaeroben Milieus zu berücksichtigen hat, die den interbakteriellen Stofftransport steuern und makroskopisch die Prozessstabilität sowie die Qualität und Quantität der gasförmigen Emissionen und des Gärrestes beeinflussen.

In der Regel fehlen dem Praktiker die experimentellen und analytischen Möglichkeiten, relevante Abhängigkeiten seines zu betreibenden Gärprozesses von mikrobiologischen und stofflichen Parametern gezielt nachzuvollziehen oder versuchstechnisch abzubilden.

Das zeitaufwendige Zusammentragen von in der Literatur weitläufig verteilten Angaben zu Prozess- und Substratparametern und der Abgleich ihrer Relevanz zu den aktuellen Bedingungen in der eigenen Anlage übersteigt in der Regel die Kapazität der begrenzt verfügbaren personellen, finanziellen und materiellen Ressourcen eines Anlagenbetreibers oder Anlagenherstellers.

Damit existiert eine Vielzahl individueller Einzelerfahrungen zu Substrateinsatz und Prozessführung, die nicht objektiv auf Basis der wissenschaftlichen Grundlagen des anaeroben Prozesses abgeglichen werden und häufig mit hohem Risiko für andere Konzepte als Grundlage der Auslegung neuer Vergärungsanlagen dienen, ohne den Einfluss geänderter stofflicher und verfahrenstechnischer Parameter sicher bewerten zu können.

In gleicher Weise sind Genehmigungsverfahren und Garantienachweise vielfach erschwert durch nicht exakte oder mehrdeutige Darstellung wesentlicher Kennwerte in ihren normgerechten Einheiten und durch den Mangel an stofflichen sowie physikalischen bzw. chemischen Parametern bzw. Gültigkeitsbedingungen in einer für den spezifischen Anwendungsfall des anaeroben Prozesses aufbereiteten Form.

Mitunter besteht die Notwendigkeit, für neu entwickelte verfahrenstechnische und technologische Produktionskonzepte, die Behandlung und Verarbeitung noch nicht existierender organischer Reststoffe und Abfallströme zu modellieren. Dies kann erforderlich sein, um die Realisierbarkeit der gesamten neuen Produktionskette einschließlich Abproduktverwertung zu prüfen und ökonomisch zu bewerten. Oftmals existieren in diesen Fällen noch keine belastbaren stofflichen Proben zu erwartender Abfälle für eine analytische sowie experimentelle Untersuchung. Dann müssen aufgrund theoretischer Annahmen Stoffparameter abgeleitet werden, um näherungsweise Behandlungstechnologien abzubilden und zu optimieren. Dazu ist es notwendig, mit effektiven Methoden anhand einer Vielzahl variierter Parameter eine komplexe Ursachen-Wirkungs-Matrix zu erarbeiten, die belastbare Prozessführungskonzepte eingrenzt und damit zur weiteren Entscheidungsfindung auf der Basis bestmöglichen Wissens beiträgt.

1.2 Ziele und Inhalt

Das vorliegende Buch soll helfen, die Lücke zwischen der schwierigen Nutzung vorhandener wissenschaftlicher Grundlagen für die kurzfristige Lösung praktischer Herausforderungen in der Praxis zu überbrücken. Es soll eine Hilfestellung sein für den Arbeitsalltag von Anlagenbetreibern, Prozessingenieuren und Behörden bei der Beschäftigung mit den komplexen Fragen der anaeroben Prozessführung.

Dazu wurden spezifisch für die Fragen der anaeroben Prozessführung aufbereitete wissenschaftliche Grundlagen aus der jahrzehntelangen Arbeit eines Fachexperten zusammengetragen. Die Grundlagen wurden dabei verallgemeinert, in den Kontext von

Erfahrungswerten gestellt und für die praktische Anwendung aufbereitet, um rationell Abschätzungen von verfahrenstechnischen Parametern und chemisch-physikalischen Stoffwerten zu ermöglichen.

Natürlich können diese Verallgemeinerungen im Einzelfall zu einer Streuung der Ergebnisse führen. Die gewählten Darstellungen gestatten jedoch eine Bewertung der bestehenden Unsicherheiten bei der Anwendung.

Sind Verfahrensdaten aus bestehenden Anlagen oder labortechnischen Testreihen verfügbar, lässt sich mit den hier zusammengetragenen biotechnologischen sowie chemischen-physikalischen Abhängigkeiten der Einfluss geänderter Prozessparameter auf die vorhandenen Ergebnisse modellieren.

Selbstverständlich kann auch dieses Buch bei der Vielschichtigkeit der Einflussgrößen auf den anaeroben Prozess nicht alle Antworten auf alle spezifischen Fragen geben. Es wird jedoch helfen, die Beschäftigung mit der Materie zu erleichtern, und insbesondere ermöglichen, das umfangreich vorhandene profunde empirische Wissen aus der Anlagenbetriebserfahrung in einen verallgemeinerten fachlichen Rahmen einzuordnen und damit in seinen Ergebnissen und Auswirkungen besser bewertbar zu machen.

Ein umfangreiches Literaturverzeichnis ermöglicht zudem bei Bedarf ein Quellenstudium, wobei insbesondere Wert darauf gelegt wurde, für wesentliche Verfahrensgrundlagen die erstveröffentlichten Originalarbeiten der Autoren zu nutzen und zu zitieren. Nur in diesen Dokumenten findet man in der Regel eine Darstellung der vielschichtigen Nutzungsmöglichkeiten neuer Erkenntnisse zur Bearbeitung unterschiedlicher Problemstellungen und eine Diskussion zu erwartender Ergebnisrelevanz sowie zu Vertrauensgrenzen und Unsicherheiten infolge zu treffender Vereinfachungen bei den theoretischen Herleitungen.

Spätere Folgebeiträge zitieren überwiegend nur noch die für die spezielle fachliche Fragestellung angepasste und aufbereitete Basistheorie, was die Bewertung der Ergebnisse bezüglich der Gültigkeit und Übertragung auf neue Aufgaben und Randbedingungen erschwert.

Umfangreiches Datenmaterial zu den für die Darstellung der Zusammenhänge verwendeten Stoffwerten einer großen Anzahl potenzieller Gärsubstrate ist im Anhang verfügbar.

1.3 Hinweise zur Benutzung

In diesem Buch wird häufig das Excel-Tool zur Trendlinienermittlung genutzt, um über Regressionsanalysen aus diskreten Einzelwerten funktionelle Zusammenhänge zu ermitteln, die dann in Berechnungsalgorithmen übernommen werden können.

Bei Aufruf der Trendoption in den Diagrammdarstellungen der Einzelwerte präsentiert Excel standardmäßig die ermittelte Trendfunktion mit zwei bzw. drei Nachkommastellen bei den Koeffizienten und Exponenten, um Übersichtlichkeit und Lesbarkeit zu gewährleisten.

Nutzt man zur Verifizierung des Regressionsergebnisses diese Gleichungen, um die Ausgangswerte nachzurechnen, erhält man in der Regel beträchtliche Abweichungen des Rechenwertes vom Ausgangswert. Die Ursache liegt in der minimierten Anzahl der dargestellten Nachkommaziffern der standardmäßig generierten Formel, die nicht der internen hohen Rechengenauigkeit von Excel entspricht. Diese Rundungen für die Formeldarstellungen in den Diagrammen führen beim Kopieren der Funktionen in einen Rechenalgorithmus zu teilweise signifikanten Ergebnisfehlern.

Deshalb werden die Ziffern der Trendgleichungen auf mindestens acht Nachkommastellen oder mehr formatiert, bis die Stellenanzahl eine für die weitere Formelnutzung ausreichende Rechengenauigkeit gewährleistet.

Sämtliche aus Excel-Diagrammen extrahierte Regressionsgleichungen werden in der beschriebenen Ziffernformatierung präsentiert.

Unter Verwendung der Hard- und Software der neueren Generation können Formeln und Stoffwerte direkt aus dem Druck gescannt und zur Weiterverarbeitung unter Excel und Word eingesetzt werden. Dazu sind die Regressionsformeln neben der Textversion in mathematischer Nomenklatur in den Ursprungsdiagrammen in Excel-konformer Schreibweise dargestellt und formatiert.

Für zitierte Markennamen wie WINDOWS, EXCEL, WORD, WIKIPEDIA, etc. ist zu beachten, dass sie rechtlich geschützt sind und nicht frei verwendet werden dürfen. Im weiteren Text wird darauf nicht mehr gesondert hingewiesen.

1.4 Verwendung von Einheiten und Synonymen in der Biogastechnologie in Abfallwirtschaft, Abwasserbehandlung und Landwirtschaft

Die Qualitätsbewertung für Biogasanlagen basiert übergreifend sowohl auf verfahrenstechnisch-technologischen Parametern als auch auf biochemischen Kennwerten, die eine analytisch-stoffliche Definition der Gärsubstrate und Gärprodukte erfordern.

Insbesondere im Sprachgebrauch für den Betrieb landwirtschaftlicher Biogasanlagen mit Einsatz nachwachsender Rohstoffe als Substrate lassen sich im Vergleich zu industriellen Biogasanlagen historisch gewachsene Unterschiede in der terminologischen Beschreibung gleicher Analysenmethoden als auch in den analytischen Bewertungsstandards feststellen.

Um bei den entsprechenden Qualitätsparametern von der gleichen Bewertungsbasis auszugehen, ist eine vergleichende Gegenüberstellung der zuordenbaren Begriffe und Methoden erforderlich (s. nachfolgende Tabelle).

Die Analysenmethoden der anaeroben Abwasserreinigung und industriellen Biotechnologie/Abfallwirtschaft basieren weitgehend auf den für die Abwassertechnik entwickelten Summenparametern für organische und anorganische Inhaltsstoffe, deren Palette bedarfsweise erweitert und verfeinert wurde.

Im Agrarbereich liegt ein Schwerpunkt der stofflichen Untersuchungen bei der energetischen Bewertung auf der Basis einer Verdaulichkeitsanalyse der eingesetzten Biomassen.

Außerdem spielen Nährstoffe und Düngewerte aus der Bodenkunde eine wesentliche Rolle.

Parameter	Agrochemischer Bereich	Industrielle Biotechnologie
Anorganische analytische Parameter	NH_4, NH_3, NO_2, NO_3	NH_4-N; NH_3-N
	Gesamt-N als Summe aller Stickstoffkomponenten Viele Elemente werden als Molekül erfasst Umrechnungsfaktor molare Masse Element : Molekül (Ion)	TKN (Total Kjeldahl Nitrogen bzw. Gesamtstickstoff) Anmerkung: Sauerstoffhaltige N-Verbindungen sind unter anaeroben Bedingungen kaum vorhanden, da sie durch Denitrifikationsprozesse zu gasförmigem Stickstoff reduziert werden
	N : NH_4 0,7765 : 1	
	N : NH_3 0,8225 : 1	
	N : NO_2 0,3045 : 1	
	N : NO_3 0,2259 : 1	
	S : H_2S 0,9409 : 1	
	Mg : MgO 0,6031 : 1	Mg
	P : P_2O_5 0,4363 : 1	P
	P : PO_4 0,3216 : 1	
	Ca : CaO 0,7147 : 1	Ca
	K : K_2O 0,8301 : 1	K
		Na
	S, H_2S	S, H_2S
	Cl	Cl
	Fe, Mn, Ni, Co, Mo, W, Cu, Zn, Se, B, Hg, Pb, As, Cd	Fe, Mn, Ni, Co, Mo, W, Cu, Zn, Se, B, Hg, Pb, As, Cd
	C : N – Verhältnis	C : N – Verhältnis
	Säure-/Basenkapazität	Säure-/Basenkapazität
Summenparameter	TM (Trockenmasse, auch Trockensubstanz TS)	TM, TR (Trockenmasse, auch
	Rohasche CA oder XA	Trockenrückstand, manchmal steht TM für suspendierte TM ohne gelöste Anteile)
		Glührückstand aTM = (TM – oTM)
	oTM (organische Trockenmasse, auch organische Trockensubstanz oTS)	oTM, OTM (organische Trockenmasse)
	CSB Chemischer Sauerstoffbedarf	
		CSB
		Relation CSB – Brennwert
		Summe wasserdampfflüchtiger Fettsäuren
	Essigsäureäquivalent	Essigsäureäquivalent
	FOS/TAC Stabilitätskriterium für Fermentation	
	Rohfett CL oder XL (Summe aller lösungsmittelextrahierbaren Stoffe)	
	Rohfaser CF oder XF	
	Rohprotein CP oder XP Summe aller Stickstoff enthaltenden Komponenten	
	N · 6,25 = pflanzliches Rohprotein (auch Einzellerbiomasse)	„N" = TKN – Ammoniumstickstoff[N bezeichnet den organisch gebundenen Stickstoffanteil am Gesamtstickstoff; s. ▸ Abschn.
	N · 6,38 = tierisches Rohprotein	
	Faktoren gelten nur als Mittelwert bei 16 % N (Pflanze) bzw. 15,7 % N (Tier) im Protein	3.3.1, ▸ Abschn. 4.1.4.1] Salzgehalt ≈ Glührückstand, aTM
	Fehler in der Bilanzierung sind dadurch möglich	Abhängigkeit Salzgehalt – Leitfähigkeit
Organischer Stoffumsatz	Verdaulichkeitsanalyse, z. B. Weender, van Soest	oTM – Abbaugrad [η_{oTM}]
	Futterwertzahl	Bestimmung über Gärtest [VDI 4630]
	Energiegehalt (NEL = Nettoenergie – Laktation)	Berechnung nach stoffspezifischen Elementaranalysen
	Weißbach-Formel auf der Basis der fermentierbaren organischen Trockensubstanz foTS	
	Kalkulationsvorschrift nach BOKU Wien	

Die Unterschiede bei der analytischen Bestimmung und der Ergebnisdarstellung der Hauptnährstoffe für Fermentationsprozesse oder als Düngewert gebende Bestandteile in Wirtschaftsdüngern sowie Gärresten sind bei der Messwertinterpretation besonders zu beachten.

Während im industriellen Bereich die elementare Darstellung überwiegt, findet sich im Agrarbereich neben dieser Betrachtung z. B. bei der Deklaration von Mineraldüngern (N, P, K-Dünger) häufig eine Dokumentierung der Nährstoffe in Form ihrer leichter pflanzenverfügbaren Oxide[1]:

- Gesamtstickstoff (N)
- Schwefel (S)
- Sulfatschwefel (SO_4-S)
- Ammoniumstickstoff (NH_4-N)
- Phosphor (P_2O_5)
- Phosphor (PO_4)
- Kalium (K_2O)
- Magnesium (MgO)
- Kalzium (CaO)

Mit Ausnahme von Stickstoff, Ammoniumstickstoff und Schwefel, bei denen generell die elementare Schreibweise bevorzugt wird, findet sich für Phosphor, Kalium und weitere Nährstoffe die Oxiddarstellung. Dabei wird der Phosphorgehalt sowohl als Phosphorpentoxid als auch Orthophosphat interpretiert. Der Logik der Darstellung folgend, sollten für diese Elemente die in der Klammer gegebenen Oxidmassen analysiert worden und als Prozent der Originalsubstanz bzw. Trockenmasse dargestellt sein. Der darin enthaltene wertgebende Elementanteil wäre folglich im Verhältnis der Element- zur Oxidmasse geringer (Tab. 1.1).

Von verschiedenen Autoren werden jedoch die o. g. Schreibweisen als in seinem Oxid enthaltener Hauptnährstoff interpretiert, sodass keine Umrechnung gemäß Tab. 1.1 erfolgen darf. Im Zweifelsfall ist somit die Angabe der analysierten Wertstoffkonzentration zu hinterfragen.

[1]Gemäß Düngemittelverordnung werden die Nährstoffgehalte der wertgebenden Hauptnährstoffe von Düngemitteln in der Oxidform angegeben. Abweichend davon findet sich z. B. für Stickstoff und Schwefel die Angabe auch in elementarer Form. In gleicher Weise gilt das auch für Spurenelemente und Schwermetalle.

Tab. 1.1 Massenanteil Hauptnährstoff an seiner zugehörigen Oxidmasse

Nährstoffoxid	P_2O_5	PO_4	K_2O	MgO	CaO
Molgewicht Oxid [g/mol]	141,94	94,97	94,2	40,31	56,08
Nährstoff	P	P	K	Mg	Ca
Molgewicht Nährstoffelement [g/mol]	30,97	30,97	39,1	24,31	40,08
Verhältnis wertgebender Nährstoff/wertgebende Nährstoffoxidverbind-ung [kg/kg]	**0,4364**	**0,3261**	**0,8301**	**0,6031**	**0,7147**

Allgemeine Grundlagen

2

2.1 Einführung

Eine besondere Herausforderung bei der Analyse, Darstellung und Berechnung von in der Anaerobtechnik ist die Herleitung und Übertragung von chemischen und physikalischen Grundgesetzen für die Anwendung auf den spezifischen Einsatzfall. Vor diesem Hintergrund werden in Abschn. 1.4 und Kap. 2 des vorliegenden Buches die allgemeinen Gesetzmäßigkeiten diskutiert, die nachfolgend für die Herleitung spezifischer Zusammenhänge verwendet werden.

Dafür wurden aus einer großen Breite an Grundlagenliteratur Informationen zusammengetragen. Es wird mit einer Übersicht über übliche Einheiten und Synonyme eine Basis gelegt, die eine eineindeutige Zuordnung der später verwendeten Formelzeichen sicherstellt. Anschließend werden die wesentlichen physikalischen, biologischen und chemischen Gesetzmäßigkeiten in ihrer Anwendung für die fachlichen Zielstellungen dieses Handbuchs erläutert.

Eine wichtige Basis der anaeroben Verfahrenstechnik ist die umfassende analytische Spezifizierung der zum Einsatz kommenden Substrate. Die stoffliche Zusammensetzung wird jeweils anhand der Bruttosummenformel dargestellt. Dabei ist zu unterscheiden zwischen der atomaren Zusammensetzung von Molekülen chemisch reiner Einzelstoffe und der aus Elementaranalysen ermittelten (Pseudo-)Bruttosummenformel von Stoffgemischen.

Aus der analytischen Praxis der chemischen Stoffuntersuchung resultiert die eingeführte Darstellung molekularer Zusammensetzungen von Einzelstoffen in der Form $C_nH_aO_bN_cS_dX_e$, die als Grundlage für stöchiometrische Rechnungen sowie Untersuchungen zur Reaktionskinetik und Molekülstruktur dient. Die Anzahl der Kohlenstoffatome dient dabei als ganzzahlige Leitgröße für die Summenformel, während der Anteil der weiteren Atome im Molekül proportional zu den C-Atomen dargestellt wird.

G. Langhans et al., *Handbuch zur Bilanzierung von Biogasanlagen für Ingenieure – Band I*, https://doi.org/10.1007/978-3-658-27339-2_2

Für Makromoleküle wie beispielsweise Stärke, Zellulose, Eiweiße die aus einer Vielzahl miteinander verknüpfter molekularer Grundbausteine bestehen, wird für die Bearbeitung vieler Aufgabenstellungen nur die Summenformel der Grundeinheit benutzt.

Die ermittelte Pseudo-Bruttosummenformel für Stoffgemische wird in den nachfolgenden Modellierungen insbesondere für die Darstellung der stoffwechselrelevanten C-H-O-Zusammensetzung verwendet. Dabei ist jedoch zu beachten, dass die heterogene Zusammensetzung solcher Stoffgemische auch Verbindungen enthalten kann, deren C-H-O-Anteil bakteriell nur schwer oder gar nicht metabolisiert werden kann. Stoffe solcher Zusammensetzung müssen dann noch mit einem Umsatzwirkungsgrad η_{oTM} für den biologischen Abbau gewichtet werden.

Außerdem besteht, analytisch bedingt, häufig das Problem, dass die dargestellte Pseudo-Bruttosummenformel sehr hohe C-Atomanteile enthält, um durch diese Vervielfachung möglichst für alle enthaltenen Elemente ganzzahlige Atomanzahlen zu erhalten.

Zur Vereinheitlichung von Modellierungsansätzen empfiehlt sich deshalb bei Bearbeitung spezieller Fragestellungen die Reduzierung aller Bruttosummenformeln auf das 1C-Molekül durch Normierung mit der jeweiligen Anzahl vorhandener C-Atome im Molekül (Abschn. 3.2, Abb. 3.2).

2.2 Stoffwerte für die Prozessanalyse

Für das Verfahrensengineering der Vergärung werden neben den prozesstechnischen Parametern eine Reihe chemisch-physikalischer und thermodynamischer Medienkennwerte benötigt, die im Einzelfall häufig sehr zeitaufwendig aus unterschiedlichen und teilweise widersprüchlichen Quellen zusammenzutragen sind.

Deswegen bietet dieser Abschnitt eine Zusammenstellung immer wieder benötigter Werte in für den einfachen Zugriff aufbereiteter Form, ohne in die theoretischen Grundlagen einsteigen zu müssen. Die erstellten Regressionsgleichungen zur Beschreibung chemischer und physikalischer Zusammenhänge sind auf der Basis verfahrenstechnisch zugänglicher Parameter wie Temperatur und pH-Wert aufbereitet. Ihre Erarbeitung erfolgte in Auswertung der theoretischen Grundlagen unter Einbeziehung der vielfältig benötigten und aus unterschiedlichen Quellen zusammengetragenen und auf ihre Plausibilität geprüften experimentell ermittelten Konstanten und statistisch gesicherten Messwerte.

Weiterführende Literatur zu den wissenschaftlichen Grundlagen wird für die bedarfsweise Vertiefung der Basisinformationen ausgewiesen. In jedem Fall empfiehlt sich für detailliertere allgemeine Informationen das Aufrufen der entsprechenden Suchbegriffe unter „WIKIPEDIA-die freie Enzyklopädie“ bzw. anderer enzyklopädischer Themensammlungen. Im weiteren Textverlauf werden diese als Informationsquelle vorausgesetzt und nicht mehr separat zu Fachthemen aufgeführt; für die wissenschaftlich orientierte Vertiefung sind entsprechende Fachbeiträge und Speziealliteratur heranzuziehen.

2.2.1 Basisdaten relevanter Atome und Moleküle

Eine Reihe wichtiger Elemente und Moleküle, die im Zusammenhang mit der Prozessanalyse und -Bilanzierung immer wieder benötigt werden, sind in Tab. 2.1 definiert und mit ihren Atom- und Molekulargewichten dargestellt.

Ergänzend kann auch Tab. 1.1 berücksichtigt werden.

2.2.2 Die Löslichkeit von Prozessgasen in wässrigen Medien

Während die Löslichkeit von Salzen in der Regel mit steigender Temperatur zunimmt, ist für Gase eine Abnahme zu beobachten. In siedendem Wasser werden gelöste Gase praktisch völlig ausgetrieben. Die Löslichkeit eines Gases ist bei gegebener Temperatur dem Gaspartialdruck über der Flüssigkeit proportional, wobei für Gasgemische wie z. B. Biogase nach dem Gesetz von Dalton der Partialdruck der Einzelkomponente dem Produkt aus (molarem bzw. Volumen-)Anteil Komponente mal Gesamtdruck des Gemisches entspricht. Für Gärreaktoren wird vereinfachend als mittlerer Gesamtdruck im Gärmedium

Tab. 2.1 Häufig in der Modellierung anaerober Prozesse benötigte Atom- und Molekulargewichte. (Quelle: Dietz und Kowalczyk 1977)

Element	Element-symbol	Atom-gewicht g/Mol	Molekül	Summen-formel	Molekular-gewicht g/Mol
Kohlenstoff	C	12	Kohlenstoffdioxid	CO_2	44
Wasserstoff[1]	H	1	Methan	CH_4	16
Sauerstoff[1]	O	16	Schwefelwasserstoff	H_2S	34
Stickstoff[1]	N	14	Wasser	H_2O	18
Schwefel	S	32	Essigsäure	CH_3COOH	60
Kalzium	Ca	40,08	Kohlen(stoff)säure	H_2CO_3	62
Chlor	Cl	35,5	Hydrogenkarbonation	HCO_3^-	61
Natrium	Na	23	Karbonation	CO_3^{2-}	60
Kalium	K	39,1	Ammoniak (undiss.)	NH_3	17
Eisen	Fe	55,9	Ammoniumion	NH_4^+	18
Phosphor	P	30,97	Natronlauge	NaOH	40
Magnesium	Mg	24,31	Kalilauge	KOH	56,1
–	–	–	Kalziumkarbonat	$CaCO_3$	100
–	–	–	Hydroxidion	OH^-	17
–	–	–	Schwefelsäure	H_2SO_4	98,1

[1]Diese Elemente kommen nicht elementar vor; nur als Molekül aus zwei Atomen

die Summe aus Reaktorkopfdruck in der Gasphase und statischer Druckhöhe der halben Flüssigkeitssäule des Gärmediums angesetzt:

$$\bar{p}_{\text{gesamt}} = p_{\text{Gas,Kopf}} + \frac{\left(h_{\text{L}} - \frac{v^2}{2\cdot g}\right)}{2 \cdot 10} \tag{2.1}$$

mit hL in [m] als gasfreie Flüssigkeitshöhe und dem Druckhöhenäquivalent von einer Atmosphäre gleich ca. 10 m Wassersäule [WS]. Dabei wird der Gesamtdruck in ruhender Flüssigkeit betrachtet. Sind lokale Geschwindigkeiten v>0 gegeben, reduziert sich der wirksame Gesamtdruck entsprechend ($\frac{v^2}{2\cdot g}$ in Gl. 2.1).

Das sich für eine gegebene Temperatur einstellende thermodynamische Gleichgewicht der Molekülverteilung zwischen Gasphase und gelöstem Anteil in der Flüssigkeit wird nach dem Gesetz von Henry beschrieben.

$$c_{\text{s}} = H_{\text{c}} \cdot \bar{p}_{\text{Komponente}} \tag{2.2}$$

Der Partialdruck der Gaskomponente im Gasgemisch beträgt

$$\bar{p}_{\text{Komponente}} = (\text{Volumenanteil der Komponente } \Psi_{\text{i}}) \cdot (p)_{\text{gesamt}}.$$

Definition

Neben der Beschreibung der Gasvolumenanteile im Gasgemisch als Vol.-% hat sich für geringe Konzentrationen der Begriff ppm (parts per million) aus dem anglo-amerikanischen Sprachgebrauch eingebürgert und steht in dieser Form als Masseanteile [mg/kg].

Als vppm oder ppm(v) wird er jedoch auch für Volumenanteile verwendet anstelle von [ml/m^3].

Aus der Definition folgt für ein reines Gas mit 100 Vol.-% Konzentration die Entsprechung

$$100\text{ Vol.-\%} = 1 \quad \text{Volumenanteil} \mathrel{\hat{=}} 100.0000\text{ vppm}$$

$$\text{Damit gilt} \quad 1\text{ Vol.-\%} = 0{,}01 \quad \text{Volumenanteil} \mathrel{\hat{=}} 10.000\text{ vppm}$$

$$0{,}1\text{ Vol.-\%} = 0{,}001\text{ Volumenanteil} \mathrel{\hat{=}} 1000\text{ vppm}$$

Für die Konzentrationsumrechnung eines Gases von [mg/m^3] in [vppm] wird

$$1\text{ vppm} = 1\text{ mg/kg} \mathrel{\hat{=}} 1\text{ mg/kg} \cdot \rho\left[\text{kg/m}^3\right]\text{bzw.}$$

$$1\text{ mg/kg} \cdot \rho_{\text{Norm}}\left[\text{kg/N m}^3\right] \cdot (1\text{ bar}/273{,}15\,°\text{C}) \cdot (\text{Gastemperatur}/\text{Luftdruck})$$

Es ergibt sich damit für die häufig im vppm-Bereich emittierten Gase

Ammoniak:	1 ppm $NH_3 \mathrel{\hat{=}} 0{,}7714$ mg NH_3/N m^3 Gas
Schwefelwasserstoff:	1 ppm $H_2S \mathrel{\hat{=}} 1{,}52$ mg H_2S/N m^3 Gas
Wasserstoff:	1 ppm $H_2 \mathrel{\hat{=}} 0{,}0899$ mg H_2/N m^3 Gas

Die Henry-Konstante H_c gilt jeweils nur für eine gegebene Temperatur (die geringe Abhängigkeit vom Druck und ggf. vom Salzgehalt des Mediums wird meist vernachlässigt (Schumpe 1993)). In Hinblick auf die signifikante Temperaturabhängigkeit wird deshalb jedoch häufig von einem Henry-Koeffizienten gesprochen.

In der Fachliteratur ist umfangreiches Messmaterial zu Henry-Koeffizienten zu finden, u. a. Sander (1999), Schumpe (1985), Schumpe (1993), Yaws et al. (1999), Mackay und Shiu (1982). Verwirrend sind dabei häufig die unterschiedlich gewählten Definitionen.

Gemäß Gl. 2.2 und in Anlehnung an (Guttenberger und Lux 1989) wird hier der Henry-Koeffizient in der Definition H_c [g/(l·bar)] verwendet. Das hat den Vorteil, dass für ein Einkomponentengas (100 Vol.-%) der Henry-Koeffizient gleich der (temperaturspezifischen) Sättigungskonzentration des jeweiligen Gases in wässrigen Medien ist.

Die Auswertung der Literaturdaten auf vereinheitlichter Bezugsbasis ergibt die in Abb. 2.1 gezeigte Temperaturabhängigkeit für die im Zusammenhang mit dem anaeroben Prozess relevanten Biogaskomponenten Methan, Kohlenstoffdioxid, Ammoniak, Schwefelwasserstoff, Wasserstoff, Sauerstoff und Stickstoff.

Für die Einzelgase mit Partialdruck 1 bar entsprechen die Henry-Koeffizienten der jeweiligen Gassättigungskonzentration in [g/l].

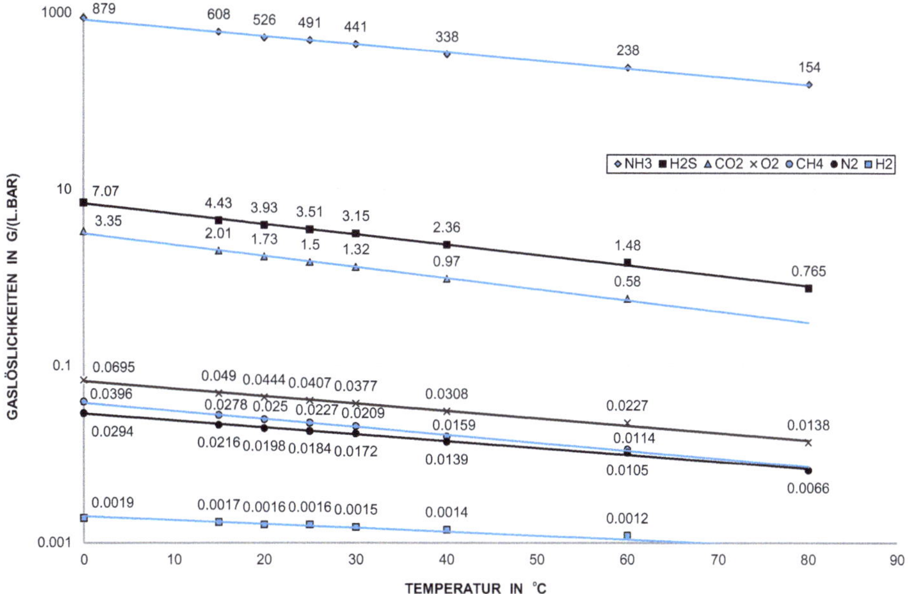

Abb. 2.1 Die Temperaturabhängigkeit der Henry-Koeffizienten für die Löslichkeit gärrelevanter Gase in wässrigen Lösungen. Verändert nach Literaturdaten: Sander (1999), Schumpe (1985), Schumpe (1993), Yaws et al. (1999), Mackay und Shiu (1982), Guttenberger und Lux (1989), D'Ans-Lax (1992)

Aus den Messwerten lassen sich als Regressionsgleichungen die Berechnungsformeln der Henry-Koeffizienten [g/(l·bar)] in Abhängigkeit der Flüssigkeitstemperatur t [°C] erstellen.

$$NH_3\colon H_{c_{NH_3}} = 837{,}78632708 \cdot e^{-0{,}02138550 \cdot t} \tag{2.3}$$

$$H_2S\colon H_{c_{H_2S}} = 6{,}90870783 \cdot e^{-0{,}02690192 \cdot t} \tag{2.4}$$

$$CO_2\colon H_{c_{CO_2}} = 3{,}16784832 \cdot e^{-0{,}02899074 \cdot t} \tag{2.5}$$

$$O_2\colon H_{c_{O_2}} = 0{,}06710348 \cdot e^{-0{,}01930765 \cdot t} \tag{2.6}$$

$$CH_4\colon H_{c_{CH_4}} = 0{,}03844356 \cdot e^{-0{,}02083974 \cdot t} \tag{2.7}$$

$$N_2\colon H_{c_{N_2}} = 0{,}02895897 \cdot e^{-0{,}01800028 \cdot t} \tag{2.8}$$

$$H_2\colon H_{c_{H_2}} = 0{,}00200323 \cdot e^{-0{,}01016473 \cdot t} \tag{2.9}$$

Zu beachten ist, dass das Henry'sche Gesetz nur für den ungestörten molekularen Austausch zwischen Gas und Flüssigkeit bei theoretisch unbegrenzter Kontaktzeit gilt. Außerdem bezieht sich die Modellvorstellung nur auf die Gaskontaktfläche mit einem dünnen Flüssigkeitsfilm. Für größere Distanzen innerhalb der Flüssigkeit von der Gasaustauschfläche gelten die Relationen des Henry-Gesetzes in jedem Fall erst für unendliche Austauschzeiten.

Andererseits zeigt die Praxis, dass für ruhende feststoffreiche viskose Medien ohne aktiven Gasaustausch Übersättigungen von einem Vielfachen der theoretischen Sättigungskonzentration möglich sind. Bei intensiver Rührung oder Erhitzung des wässrigen Mediums kommt es dann zu einer intensiven Entgasung des Mediums. Dies wird in Abschn. 2.2.3 noch ausführlich diskutiert.

Für den stationären anaeroben Prozess mit kontinuierlicher Gasfreisetzung innerhalb des gesamten Flüssigkeitsvolumens kann man für die verfahrenstechnische Modellierung von einer akzeptabel angenäherten Gültigkeit des Henry'schen Gesetzes ausgehen. Allerdings sollte man bei gravierenden Abweichungen der Praxisergebnisse von den theoretischen Erwartungswerten neben Prozessstörungen auch die möglichen Unterschiede zwischen den Annahmen für die Berechnungsgrundlagen und den tatsächlichen Betriebsgegebenheiten in Betracht ziehen.

2.2.3 Dissoziation in wässrigen Medien

Dissoziationsvorgänge spielen eine wichtige Rolle bei den im Zusammenhang mit anaeroben Prozessen ablaufenden chemischen, physikalischen und biochemischen Reaktionen.

Das betrifft den Stoffaustausch zwischen Bakterienzellen und Umgebung in Form der Ausscheidung von gasförmigen Stoffwechselzwischen- und Endprodukten als undissoziierte zweiatomige Gase wie H_2S, NH_3 und CO_2 sowie CH_4 und H_2 oder die Substrataufnahme von undissoziierter Essigsäure.

Während Methan und Wasserstoff als stabile und im anaeroben Milieu reaktionsträge molekulare Verbindungen im undissoziierten Zustand verbleiben, zeigt sich bei den weiteren o. g. Molekülen eine starke Abhängigkeit des Dissoziationsgrades vom pH-Wert und mehr oder minder ausgeprägt auch von der Temperatur. Diese Abhängigkeiten des Dissoziationsgrades sind mithilfe der chemischen Reaktionskinetik beschreibbar und führen für einige beim Gärprozess wichtige Verbindungen zu den in Abb. 2.2 dargestellten Zusammenhängen. Neben der generellen Dominanz des pH-Wert Einflusses zeigt sich insbesondere für NH_3/NH_4 auch ein signifikanter Temperatureinfluss, der für die sonstigen Komponenten weniger ausgeprägt ist.

Aufgrund der großen Bedeutung des Stickstoffs für die Gewährleistung eines stabilen anaeroben Prozessablaufs wird in Abschn. 4.1.4.1 darauf noch gesondert eingegangen.

In Abschn. 3.2 werden aus der Modellierung des anaeroben Stoffwechsels die stöchiometrischen Zusammenhänge zwischen Substratumsatz und emittierten gasförmigen Stoffwechselprodukten hergeleitet. Es wird ersichtlich, dass Normvolumenstrom und Zusammensetzung des erzeugten Biogases einer Vergärungsanlage nicht den stöchiometrisch ermittelten Emissionen aus dem bakteriellen Stoffwechsel entspricht (Pauss 1990; Fleischer 1989).

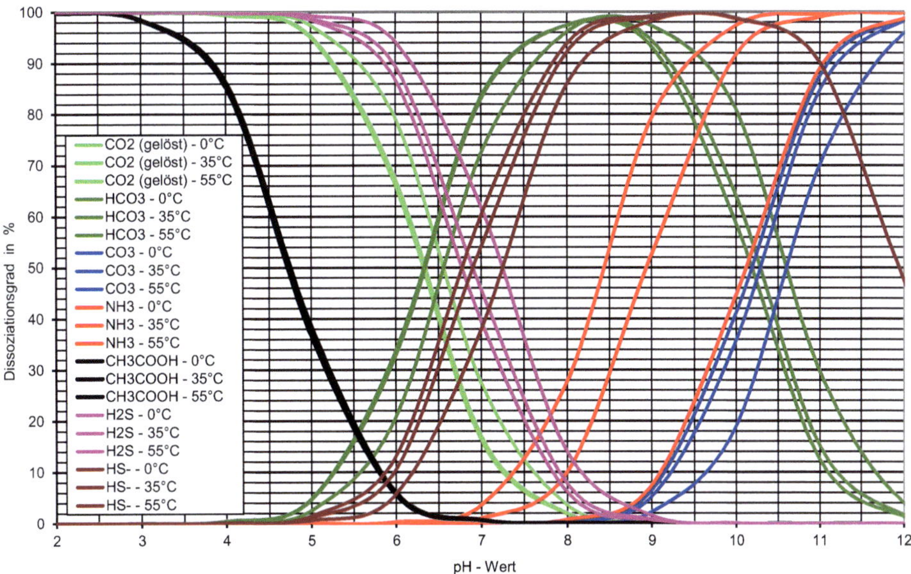

Abb. 2.2 Darstellung des pH-Wertes und temperaturabhängigen Dissoziationsverlaufs für gärrelevante Verbindungen. Stoffwerte zitiert in Kroiss (1985), Svardal (1991), D'Ans-Lax (1992)

Die Ursache liegt im simultanen Zusammenspiel von Gaslöslichkeiten und Gasdissoziationen. Nur die undissoziierte Gaskomponente tritt als gelöstes Gas in Erscheinung und ist über das Henry-Gesetz mit der emittierten Biogasphase verknüpft. Damit wirken in Abhängigkeit der Prozessparameter zum Teil gegenläufige Reaktionsmechanismen. Außerdem beeinflussen pH-Wert und Temperaturänderungen im Prozess neben dem bakteriellen Metabolismus auch infolge der sich ändernden physikalisch-chemischen Bedingungen die Parameter des emittierten Biogases.

Da das Henry'sche Gesetz streng genommen nur für die Gleichgewichtskonzentrationen eines gelösten Gases mit dem resultierenden Anteil in der Gasphase für den grenzflächennahen Bereich zwischen ruhender Gas- und Flüssigkeitsphase gilt, kann sich dieser stationäre Zustand für den dynamischen Prozessverlauf in einem realen Biogasreaktor mit ständiger Emission von durch den bakteriellen Metabolismus neu erzeugtem Biogas nicht einstellen. Es besteht eine ständige Desorptionstriebkraft in die nicht im Konzentrationsgleichgewicht stehende Gasphase. Damit nehmen zusätzlich die Kontaktzeit des Biogases mit der Flüssigphase sowie die Diffusionsgeschwindigkeiten der gelösten Gaskomponenten und die Stoffübergangsgeschwindigkeit an der Phasengrenzfläche, definiert durch den bekannten volumetrischen Stoffübergangskoeffizienten $k_L a$ [1/h] (D´Ans-Lax, Band 1 1992; Mende und Simon 1975), Einfluss auf die Komponentenkonzentrationen in der Gasphase.

$$\text{Für Desorptionsvorgänge gilt} \quad \dot{r}_{\text{Gas}} = k_L^{\text{Gas}} a \cdot (c_L^{\text{Gas}} - H_c^{\text{Gas}} \cdot \bar{p}) \tag{2.10}$$

mit $k_L^{\text{Gas}} a = 100 \ldots 400\ \text{h}^{-1}$ für wässrige Lösungen entsprechend niedriger dynamischer Viskosität im voll durchmischten, ständig gerührten Reaktor nach (Zeng 1995).

Erfolgt die Medienbewegung hauptsächlich nur durch den Mischeffekt der aufsteigenden Gasblasen, wurden jedoch auch wesentlich kleinere $k_L a$-Werte im Bereich 0,4 bis 1,5 h^{-1} beobachtet (Pauss et al. 1990). Hier führen die geringen $k_L a$-Werte zu einer drastischen Reduzierung des Stoffübergangs (Gl. 2.10) aus der Flüssigkeit in die Gasphase und es kommt zu einer Übersättigung gelöster Gase, die von (Pauss et al. 1990) unter ihren eingestellten Versuchsbedingungen zu

$$H_2\text{: } 35 \ldots 70$$

$$CH_4\text{: } 10 \ldots 12$$

$$CO_2\text{: } 1{,}3 \ldots 1{,}5$$

als Übersättigungsfaktoren im Verhältnis zu den Werten nach Henry unter thermodynamischen Gleichgewichtsbedingungen ermittelt wurden.

Diese Ergebnisse führen zu der Konsequenz, dass gut lösliche Gase (CO_2, H_2S, NH_3) auch bei geringen $k_L a$-Werten in ihren beobachteten Gelöstkonzentrationen näher bei den Werten entsprechend dem thermodynamischen Gleichgewicht liegen als wenig lösliche Gase (H_2, CH_4).

Daraus lässt sich ableiten, dass (besonders) bei schlanken, hohen Reaktoren ohne ausreichende ständige mechanische oder hydraulische Durchmischung erhebliche

Gasmengen mit dem abgeführten Gärrest entnommen werden können, die zum einen Energieverluste für die Anlage bedeuten, aber auch Emissionsprobleme im Ablauf der Vergärungsanlage bringen.

Des Weiteren können sich im Reaktor ungünstige Milieubedingungen einstellen, indem die übersättigt gelösten Gaskomponenten zu lokalen pH-Verschiebungen führen (CO_2, NH_3) oder hemmungswirksame Konzentrationen erreichen (NH_3, H_2S). Eine mit Standardansätzen arbeitende Anlagenmodellierung kann diese Risikofaktoren (Abschn. 6.1) für den späteren störungsfreien Anlagenbetrieb nicht abbilden.

Außerdem wird aufgrund der gerade für Wasserstoff möglichen hohen Übersättigung die Wasserstoffmessung im Biogas als Früherkennungsindikator für Prozessstörungen infrage gestellt, da keine korrekte Korrelation zur Flüssigphase gewährleistet werden kann.

Wird der Fermenter nicht kontinuierlich gerührt, unterstützt das die mögliche Übersättigung. Zu Beginn einer Rührphase ist mit Gasstößen zu rechnen und die Gasqualität kann sich ändern, wenn es durch die intensive Rührbewegung (erhöhter k_La-Wert sowie lokale relative Druckabsenkung zur Umgebung [Geschwindigkeitsanteil am Gesamtdruck (Gl. 2.1) gemäß Bernoulli-Gleichung (Adolphi 1966; Mende und Simon 1975]) zum Ausgasen der übersättigten Gasanteile kommt.

Zusätzlich zum Einfluss der Rührung verringert sich in höher viskosen Gärmedien der volumetrische Stoffübergangskoeffizient zunehmend infolge der mit steigender Viskosität reduzierten Stofftransportgeschwindigkeit k_L (Abschn. 2.2.6.5, Gl. 2.34 bis 2.36).

Die Berücksichtigung aller physikalisch-chemischen Einflüsse als komplexe mathematische Modellierung erfordert eine aufwendige dynamische Prozesssimulation und wird deshalb für die praktischen Belange der Anlagenverfahrenstechnik kaum angewendet. Hier beschränkt man sich auf die stationären statischen Reaktionsbedingungen, um eine grobe modellmäßige Näherung für die Größenordnungen zu erwartender Prozessparameter zu ermitteln.

Auf jeden Fall sollten jedoch die akzeptierten verfahrenstechnischen Vereinfachungen im Auge behalten und bei der Ursachenforschung für Abweichungen zwischen Modellierung und Praxis mitberücksichtigt werden.

Unter Anwendung des Massenwirkungsgesetzes werden in der chemischen Reaktionskinetik die Gleichgewichtskonstanten der Dissoziationsreaktionen als Verhältnis von undissoziierter Ausgangskonzentration zu davon unter bestimmten Prozessbedingungen vorliegender Konzentration des dissoziierten Anteils definiert und zur besseren rechnerischen Handhabung als pK-Werte ausgedrückt. Diese stellen den negativen Logarithmus der Gleichgewichtskonstanten dar und sind in der Regel temperaturabhängig:

$$\mathrm{p}K = -\log K \tag{2.11}$$

In der Literatur (D´Ans-Lax, Band 1 1992; Hermann 1988; Kroiss 1985; Svardal 1991) finden sich tabellierte pK-Werte zu den für die anaerobe Verfahrenstechnik relevanten Stoffen wie Prozessgasen und organischen Säuren.

Damit lassen sich die in Abb. 2.2 dargestellten Dissoziationskurven modellieren. Allerdings ist die Zusammenstellung der benötigten Rechengrößen für die Anwendung der theoretischen reaktionskinetischen Modelle zeitaufwendig und nicht für den schnellen Praxiseinsatz geeignet.

Deshalb sind nachfolgend für die Belange der Vergärung die Berechnungsformeln der Dissoziationsgrade von wichtigen zu analysierenden Stoffen benutzerfreundlich als pH-Wert- und temperaturabhängige Darstellungen aufbereitet. Betrachtet wurden jeweils die Teildissoziationsreaktionen für den physiologisch relevanten pH-Wertbereich bei der anaeroben Prozessführung.

Für die Paarung Ammoniak/Ammonium findet sich in der Literatur neben der reaktionskinetisch definierten Berechnungsvorschrift (Gl. 2.13) auch ein halbempirisch entwickeltes Modell (Gl. 2.12). Beide Methoden sind in Diagramm (a) von Abb. 2.3 dargestellt und können bezüglich ihrer Genauigkeit mit der universellen Darstellung in Abb. 2.2 verglichen werden. Außerdem erkennt man aus den für eine Temperatur mit dem halbempirischen Modell berechneten Werten (gelbe Punkte) dessen gute Übereinstimmung mit dem reaktionskinetisch basierten Modell. Ammoniak zeigt von allen im Ergebnis des anaeroben Prozesses emittierten Gasen die größte Temperaturabhängigkeit seiner Dissoziation. Das hat große Auswirkungen auf die anaerobe Prozessführung, wie noch in Abschn. 4.1.4.1.2 und 4.1.4.1.5 diskutiert wird.

$$\frac{NH_3}{NH_4^+} = \frac{10^{pH}}{e^{\left(\frac{6344}{273{,}15+t}\right)} + 10^{pH}} \tag{2.12}$$

$$\frac{\mathbf{NH_3}}{NH_4^+} = \frac{\mathbf{10^{-(2835{,}8/(273{,}15+\mathit{t})-0{,}6322+0{,}00123\cdot(273{,}15+\mathit{t}))}}}{\mathbf{10^{-pH}+10^{-(2835{,}8/(273{,}15+t)-0{,}6322+0{,}00123\cdot(273{,}15+\mathit{t}))}}} \tag{2.13}$$

Für Kohlenstoffdioxid gilt die Beziehung nach Gl. 2.14, dargestellt in Diagramm (b) von Abb. 2.3,

$$\frac{CO_2}{HCO_3^-} = \left(1 + \frac{10^{-\left(\frac{3404{,}7}{273{,}15+t}-14{,}8435+0{,}03279\cdot(273{,}15+t)\right)}}{10^{-\mathbf{pH}}} + 10^{-\left(\frac{3404{,}7}{273{,}15+\boldsymbol{t}}-14{,}8435+0{,}03279\cdot(273{,}15+t)\right)} \cdot \frac{10^{-\left(\frac{2902{,}4}{273{,}15+\boldsymbol{t}}-6{,}498+0{,}02379\cdot(273{,}15+t)\right)}}{10^{-\mathbf{pH}}\cdot 10^{-\mathbf{pH}}}\right)^{-1} \tag{2.14}$$

während die Dissoziation von Schwefelwasserstoff der Beziehung nach Gl. 2.15 folgt.

$$\frac{H_2S}{HS^-} = \left(1 + \frac{10^{-6{,}82}}{10^{-pH}} + \frac{10^{-6{,}82}\cdot 10^{-11{,}96}}{10^{-pH}\cdot 10^{-pH}}\right)^{-1} \tag{2.15}$$

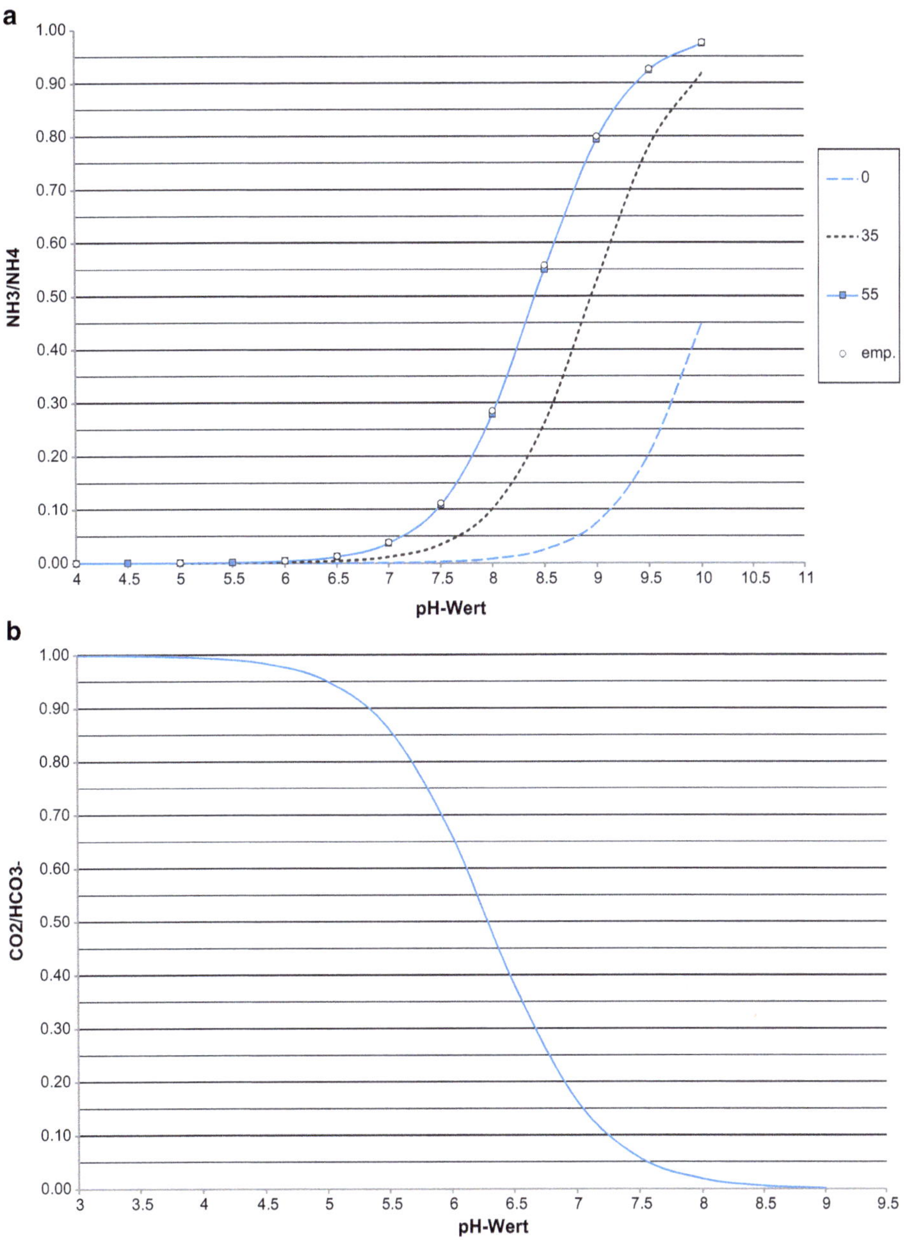

Abb. 2.3 Grafische Darstellungen der mit Gl. 2.12 bis Gl. 2.16 errechneten Parameter der stoffspezifischen Abhängigkeiten des Dissoziationsgrades zum Kongruenzvergleich mit der erweiterten Gesamtdarstellung in Abb. 2.2 [Darstellung als Massenanteile; keine Prozentwerte]; Teildiagramm a): Ammoniak/Ammonium (starke Temperaturabhängigkeit), Teildiagramm b): Kohlenstoffdioxid/Karbonat (geringer berücksichtigter Temperatureinfluss; praktisch vernachlässigbar), Teildiagramm c): Schwefelwasserstoff/Sulfid (geringer Temperatureinfluss; in der erstellten Modellierungsformel vernachlässigt), Teildiagramm d): Essigsäure/Azetat (kein verwertbarer Temperatureinfluss auf die veröffentlichten pK-Werte erkennbar); Stoffwerte nach (D'Ans-Lax, Band 1 1992; Hermann 1988; Kroiss 1985; Svardal 1991)

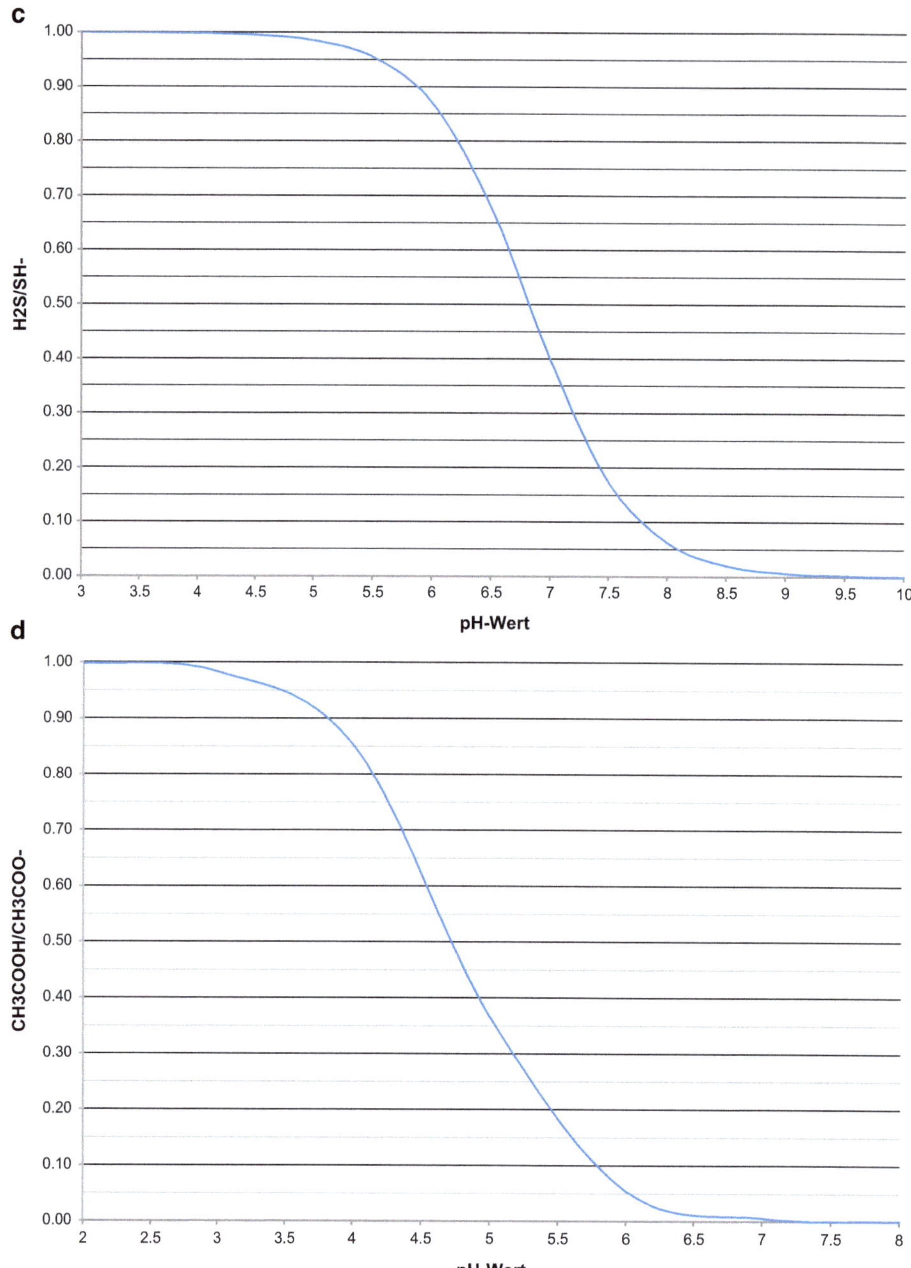

Abb. 2.3 (Fortsetzung)

Die Dissoziation von Kohlenstoffdioxid zeigt eine geringere Temperaturabhängigkeit als die von Ammoniak. Bei Schwefelwasserstoff ist sie so gering, dass sie vereinfachend vernachlässigt werden kann (Diagramm (c) von Abb. 2.3).

Wichtig

Für die prozessrelevanten und im anaeroben bakteriellen Metabolismus als Stoffwechsel(zwischen)-Produkte auftretenden organischen Säuren mit C_2 bis C_6 gilt:

Die pK_S-Werte von Essigsäure bis Kapronsäure liegen eng beieinander zwischen 4,7 und 4,9 (D'Ans-Lax 1992; Kroiss 1985), sodass diese Säuren als „Essigsäureäquivalente" ausgedrückt werden können. Zu beachten ist, dass ein aus Einzelmessungen über die molaren Massenverhältnisse errechnetes Essigsäureäquivalent in der Regel nicht mit dem als Summenparameter gemessenen Wert übereinstimmt. Auch der FOS-Wert aus der FOS/TAC-Bestimmung als Güteparameter für den biotechnologischen Anlagenbetriebszustand (Liebetrau et al. 2013) ist mit den anderen Säurewerten aufgrund der unterschiedlichen Titrationsendpunkte nur bedingt vergleichbar.

Eine Kenntnis der Analysenmethode ist deshalb bei Bewertung der Säuren anhand von „Summenparametern" in jedem Fall notwendig.

Stofftransportrelevant für die methanisierenden Bakterienspezies ist das Essigsäure/Azetat-Dissoziationsverhältnis nach Gl. 2.16.

$$\frac{CH_3COOH}{CH_3COO^-} = \frac{10^{-pH}}{10^{-4,76} + 10^{-pH}} \tag{2.16}$$

Hier zeigt sich keine prozessrelevante Temperaturabhängigkeit des Dissoziationsgrades (Diagramm (d) von Abb. 2.3).

Zu beachten ist, dass die getroffenen Aussagen auf dem derzeitigen aktuellen Stand der verfügbaren Reaktionskonstanten beruhen. Mit verbesserter analytischer Labortechnik oder neuen reaktionskinetischen Erkenntnissen können sich Abweichungen zu weiterentwickelten Modellierungen ergeben.

Benutzt man die Parameter Gaslöslichkeit und Dissoziation zu einer näherungsweisen Analyse der qualitativen Komponentenkonzentrationen im emittierten Biogas, können weiterhin größere Abweichungen von den gemessenen Zusammensetzungen realer Biogase auftreten.

Neben einer Vielzahl Einfluss nehmender Ursachen gehört dazu auch die makroskopische Messung des pH-Wertes in Labor- und Praxisanlagen. Die handelsüblichen pH-Wert Messsonden liefern aufgrund ihrer Abmessungen immer einen mittleren Wert im Gärmedium.

In Abschn. 2.4 wird näher auf die Notwendigkeit für die synergistisch zusammenlebenden Spezies der anaeroben Biozönose eingegangen, kurze Stoffaustauschwege für den Austausch der Substratkomponenten und Stoffwechselzwischenprodukte zu haben. Da in diesen Zwischenbereichen der Bakterienzellen im Mikrometerbereich im Wesentlichen saure Stoffwechselkomponenten transportiert werden, dominieren in diesem Mikrohabitat pH-Werte im sauren Bereich, sodass bei der Gasemission aus den Bakterienzellen für den relevanten Dissoziationsgrad von pH-Werten im sauren Bereich auszugehen ist. Bei einer ungestörten Biozönose im stationären Prozesszustand werden die Stoffwechselprodukte weitgehend zwischen den Zellen in den Flocken- und Filmstrukturen transportiert. In das Gärmedium außerhalb gelangt nur effizienzmindernd ein kleiner Teil saurer Stoffwechselzwischenprodukte. Dagegen reichern sich hier verstärkt basisch wirkende Stoffwechselendprodukte an, sodass der gemessene Prozess-pH-Wert mehr oder minder im alkalischen Bereich liegt.

Erst wenn durch eine Prozesshemmung die sauren Stoffwechselprodukte nicht mehr weitgehend innerhalb der bakteriellen Strukturen verwertet werden können und in den makroskopischen Medienaußenbereich gelangen und sich anreichern, wird das alkalische Puffervermögen unzureichend und es kommt zu einer betriebstechnisch messbaren pH-Wert Verschiebung bis zum „Versäuern" des Reaktors.

2.2.4 Salzgehalt und Leitfähigkeit in wässrigen Medien

Für wässrige Medien mit gelöstem Salzgehalt wird anstelle der Bestimmung des Trockenrückstands häufig die Leitfähigkeitsmessung als Schnellmethode zur Ermittlung der Salzkonzentration eingesetzt.

Dazu gibt es in den Deutschen Einheitsverfahren zur Wasseruntersuchung (DEV/C8 1995) einen Eichstandard für die Abhängigkeit der Leitfähigkeit von der Konzentration einer Kaliumchloridlösung in wässrigem Medium. Die *Salinity*-Formel nach amerikanischem Standard liefert mit der gleichen Eichbasis ähnliche Werte zur Salzfrachtabschätzung. Da insbesondere in Meerwasser Natriumchlorid den Hauptbestandteil der Salzfracht liefert, wurde dafür eine Kalibrierung der Leitfähigkeit mit NaCl entwickelt, die etwas niedrigere Konzentrationswerte als der Standard mit KCl liefert. In Abb. 2.4 sind die Kalibrierungskurven grafisch dargestellt und die Regressionsformeln in den Einheiten

$$\text{Salzkonzentration}\left[\text{mg/l}\right] = \{\text{Regressionskonstante}\} \cdot \text{Leitfähigkeit}\,[\text{mS/cm}]$$

dargestellt.

Zu beachten sind die in der Literatur und von Messgeräteherstellern verwendeten unterschiedlichen Einheiten für den Leitfähigkeitswert:

$$1\,[\text{mS/cm}] \mathrel{\hat{=}} 100\,[\text{mS/m}] \mathrel{\hat{=}} 100.000\,[\mu\text{S/m}] \mathrel{\hat{=}} 1000\,[\mu\text{S/cm}]$$

Die Leitfähigkeit wird als Reziprokwert des gemessenen elektrischen Medienwiderstandes errechnet; folglich gilt für die Einheiten: $S \mathrel{\hat{=}} 1/\Omega$.

Der Bezug zur Wasserhärte beträgt: $1\,°\text{dH} \mathrel{\hat{=}} 10$ mg/l CaO $\mathrel{\hat{=}} 17{,}8$ mg/kg $CaCO_3$ (Karrasch-Eckert 2009). Die erreichbare Korrelation zwischen Leitfähigkeit und °dH betrug bei Messungen in Grundwässern 80 % (Straka 2008).

In Abb. 2.4 sind vergleichsweise die gemessenen Leitfähigkeitswerte und Konzentrationen der löslichen Trockenmasse [LTM] für industrielle Prozesswässer aufgenommen worden. Als Schnellbestimmungsmethode erreicht man in vielen Fällen ausreichende

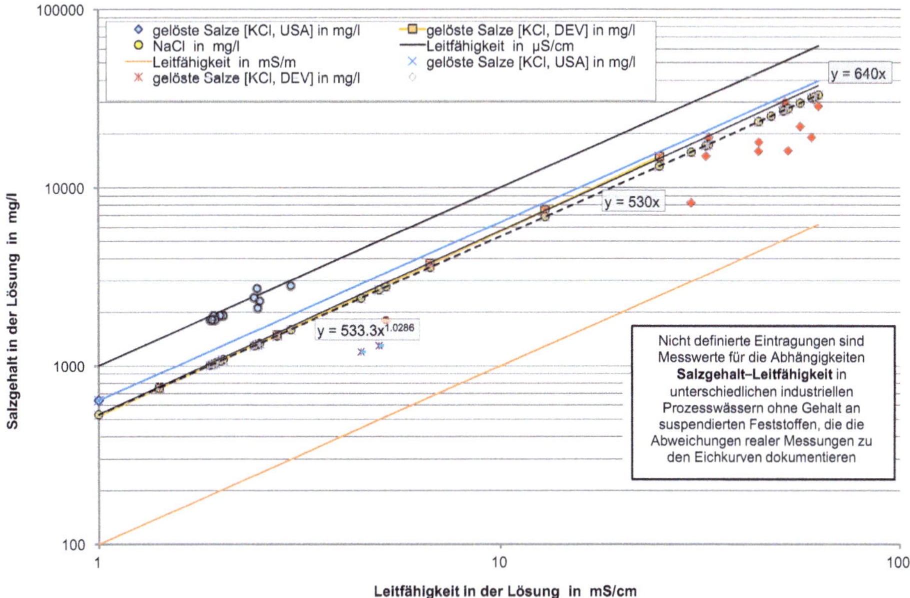

Abb. 2.4 Kalibrierungskurven für die Bestimmung von Salzkonzentrationen aus gemessenen Leitfähigkeitswerten in wässrigen Lösungen und Vergleich mit realen Ergebnissen aus Prozessabwässern. Quellen der Kalibrierungskurven: DEV/C8 (1995), Karrasch-Eckert (2009), Wächter (2011)

Genauigkeiten in der zu erwartenden Größenordnung. „Ausreißer“ mit größeren Abweichungen von den Kalibrierungsstandards belegen jedoch, dass die aus der Leitfähigkeitsmessung ermittelten Salzkonzentrationen (als LTM) nicht ohne Verifizierung verwendet werden sollten. Eine Referenzmessung mit simultaner LTM- und Leitfähigkeitsbestimmung ist zur Kontrolle unbedingt erforderlich.

Die bestehende Temperaturabhängigkeit für die Kalibrierungswerte wird in der Regel vernachlässigt, da sie im Rahmen der begrenzten Genauigkeit der Bestimmungsmethode keine signifikante Rolle spielt.

Für Gärabläufe mit hohem Anteil gelöster organischer Stoffe und suspendiertem Trockenmassegehalt ist die Anwendung der Leitfähigkeitsmessung zur Errechnung der LTM aus den Kalibrierungsstandards nicht geeignet, wie Abb. 2.5 verdeutlicht.

Dargestellt sind die Messungen für den Ablauf einer Bioabfall-Nassvergärungsanlage im Dekanter-Zentrifugat unter Verwendung von Flockungsmittel. Die analytisch bestimmten Konzentrationswerte betragen

Trockenmasse 5 bis 12 g/l
Suspendierte Trockenmasse 2 bis 5 g/l
Organischer Anteil in der Trockenmasse 25 bis 54 %

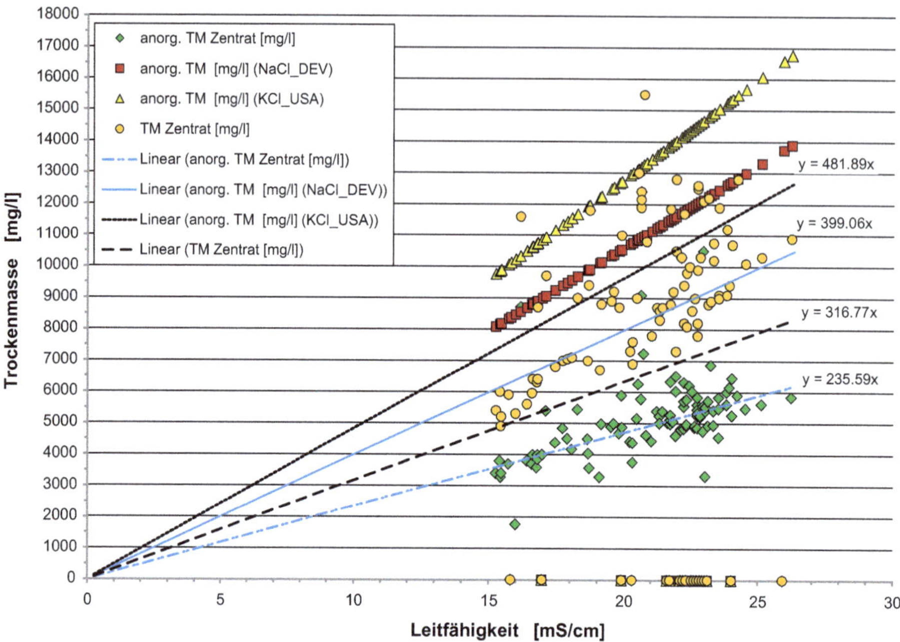

Abb. 2.5 Messungen von Leitfähigkeit und LTM im Dekanterzentrifugat eines Nassvergärungsablaufs

Bei einer Messung der Leitfähigkeit in der Originalprobe und Bestimmung der Feststoffwerte als Abdampfrückstand und Glührückstand ist der Zusammenhang zwischen Leitfähigkeit und gelöstem Salzgehalt gemäß Kalibrierungsstandards nicht mehr gegeben.

Für die suspendierte Trockenmasse und die gelösten organischen Verbindungen besteht nicht mehr die Proportionalität zwischen Salzgehalt und Leitfähigkeit in der Lösung.

Es können nur medienspezifische Eichkurven aufgenommen werden, die jedoch regelmäßig überprüft werden müssen, um Veränderungen in den Prozessparametern Rechnung zu tragen.

2.2.5 Feuchte Gase

Biogas mit dem Energieträger Methan ist das wichtigste wertgebende Produkt einer Vergärungsanlage. Eine realitätsnahe Bilanz und Analyse von Biogasertrag und -qualität in der Planungsphase eines Anaerobprojektes sowie die Gasmessung und -bilanzierung als Bestandteil der großtechnischen Prozessüberwachung sind deshalb Voraussetzung für die Bewertung der Verfahrenseffizienz und Betriebswirtschaftlichkeit einer Anlage.

Der Biogasprozess als offenes System unterliegt selbst bei stabilem stationärem Betrieb ständigen Beeinflussungen durch

- das dynamische Verhalten der anaeroben Biozönose,
- variierende Dosiermengen und Zusammensetzung des Substrates,
- Änderungen der chemischen, physikalischen und biologischen Bedingungen im Fermenter.

Diese Parameter wirken ständig auf die primäre Biogasproduktion und -zusammensetzung gemäß der Stoffwechselstöchiometrie sowie auf das aus dem Fermenter austretende Biogas.

Während die primäre Gasbildung im Ergebnis des anaeroben Metabolismus im Abschn. 3.2 betrachtet wird, steht hier die Bewertung und Bilanzierung des tatsächlich aus dem Gärmedium austretenden Biogases zur Diskussion.

Das Biogas bildet in jedem Fall nach seinem Austritt aus dem Gärmedium ein bei Prozesstemperatur feuchtigkeitsgesättigtes Gas-/Dampf-Gemisch. Von da an wird es sich entsprechend den Wärmeverlusten während Transport, Speicherung und ggf. Konditionierung abkühlen, bis es seiner Verwertung zugeführt wird. Zwischenverdichtungen oder speziell eingestellte Prozesstemperaturen für die Gasaufbereitung können zwangsweise Temperatursprünge (Abkühlung oder Aufheizung) verursachen.

Während der Abkühlung kondensiert überschüssiger Wasserdampf aus und wird als Kondensat abgeführt, in dem auch anteilig lösliche Gaskomponenten enthalten sind. Nachfolgende Erwärmung ohne erneute Feuchtigkeitszufuhr führt zu einem Feuchtegehalt im Gas, der unter dem Sättigungswert bei der jeweiligen Temperatur liegt.

Daraus ergeben sich als Prämissen für eine belastbare Gasmodellierung/Gasbilanzierung:

- Für die Betriebsmessung von Gasmenge und –Zusammensetzung ist unbedingt eine integrierte Temperaturmessung am Messort erforderlich. Zusätzlich sollte eine Druckmessung erfolgen und auch Umgebungsdruck und -temperatur am Anlagenstandort erfasst werden. Nur dann lassen sich Messwerte bedarfsgerecht umrechnen. Der Gerätelieferant hat genau zu definieren, auf welche Druck- und Temperaturverhältnisse bezogen seine Messwerte aus dem Gerät ausgegeben werden und welche weitere Normierung ggf. softwareseitig in der Anlagensteuerung erfolgen muss. Es ist weit verbreitete Betriebspraxis, dass niemand so recht weiß, mit welcher tatsächlichen Normierung Volumenströme und Volumenkonzentrationen in der Leitwarte eigentlich ausgegeben werden.
- Erfolgen Messungen nach verfahrensbedingten Gaserwärmungen, kann für die Normierung nicht mehr von feuchtegesättigtem Gas ausgegangen werden und man muss die relative Feuchte am Messort über eine Bilanz abschätzen oder eine Taupunktmessung integrieren.

- Werden Gasertragswerte aus der Literatur für die Prozessanalyse verwendet, ist davon auszugehen, dass über die Normierungsbedingungen nichts bekannt ist, da auch die Angabe „im Normzustand" keine exakte Zustandsdefinition bezüglich des Feuchtegehalts darstellt.
- Werden Gasparameter unter Verwendung der theoretischen Bildungsstöchiometrie (Abschn. 3.2.1) errechnet, handelt es sich tatsächlich um „trockene" Gase unter Normbedingungen und man muss ggf. auf den „realen" Normzustand mit dem Wassergehalt bei 0 °C umrechnen.

Definition
Der vorstehend schon zitierte „Normzustand" für die Bewertung von Gasvolumenströmen und ihrer Zusammensetzung wurde eingeführt, um unter technischen Bedingungen Gasströme besser bilanzieren und vergleichen zu können.

Nach DIN 1343 werden 0 °C und 1 atm (physikalisch) als „im Normzustand" [i. N.] definiert. Durch den Bezug auf die physikalische Atmosphäre entspricht DIN 1343 von 1940 nicht mehr den nach ISO zulässigen Einheiten. DIN 1945 (technischer Normzustand) bezieht sich ISO-konform auf 1 bar, setzt allerdings als Normtemperatur 20 °C an und ist damit auch nicht als Bezugsreferenz geeignet.

Einheitenkonform und dem landläufigen „Normzustand"-Sprachgebrauch entsprechend sind die STP-Bedingungen (Standard Temperature and Pressure) von 1983 der International Union of Pure and Applied Chemistry.

In der Praxis findet man häufig „im Normzustand" als 0 °C und 1 bar angewendet.

Da bei diesen Normierungen nur Wert auf Vergleichbarkeit unter definierten Bedingungen gelegt wurde, spielt die vorhandene Feuchte bei 0 °C in der Regel keine Rolle.

Wasserfrei definierte Normbedingungen werden als STPD (Standard Temperature, Pressure, Dry) in Medizin und Physiologie angewendet; hier jedoch wieder mit der nicht ISO-konformen Druckangabe 101 kPa = 1 atm.

Um den exakten „Normzustand" von Biogasen zu kennzeichnen, sollte bei der *Normierung auf wasserfreien Zustand* der Zusatz [i. N. trocken] verwendet werden.

Biogas bildet unter natürlichen Bedingungen immer ein Gemisch aus den Massen der enthaltenen Gaskomponenten und der Masse des Wasserdampfes, entsprechend des temperaturabhängig vorhandenen Sättigungspartialdruckes von Dampf (Gl. 2.17).

Der Sättigungsdampfdruck für Wasserdampf wurde anhand des Systems Luft – Wasser ausführlich untersucht. Verschiedene Autoren haben aus diesen Ergebnissen halbempirische Berechnungsmodelle mit unterschiedlichen Genauigkeiten entwickelt.

Je nach verwendeter Quelle können deshalb die berechneten Werte geringfügig voneinander abweichen. Gl. 2.17 beschreibt mit praxisgerechter Genauigkeit die Temperaturabhängigkeit des Sättigungsdampfdrucks in [mbar] als mittleren Wert aus den unterschiedlichen Modellbeziehungen.

$$p_{\mathrm{Dampf}} = 9{,}22505294 \cdot e^{0{,}05152799 \cdot t} \tag{2.17}$$

Diese einfache Exponentialgleichung gilt nur innerhalb des Temperaturbereichs von 30 °C bis 60 °C, der aber für die praktischen Belange des Biogasanlagenbetriebs völlig ausreichend ist.

Soll der Bereich zwischen 0 °C und 90 °C geschlossen formelmäßig abgebildet werden, erfordert dies die Verwendung eines Polynoms 5ten Grades. Alternativ ist auch für den gesamten Temperaturbereich eine Exponentialfunktion dargestellt, die jedoch zu größeren Abweichungen führt.

Für die jeweilige Gastemperatur, durch die der maximal mögliche Dampfpartialdruck nach Gl. 2.17 im Gasgemisch festliegt, ermittelt sich die Höchstmenge an transportierbarem Wasserdampf je Masseneinheit trockenes Gas (Häußler 1960) zu

$$x = \frac{[\text{Molmasse Wasserdampf}]}{[\text{Molmasse trockenes Gas}]} \cdot \frac{p_{\text{Dampf}}}{p_{\text{Gas,ges}} - p_{\text{Dampf}}} \tag{2.18}$$

Da diese thermodynamischen Beziehungen in der Fachliteratur generell nicht für Biogas, sondern für feuchte Luft hergeleitet wurden, findet man mit den relativen Molmassen von Wasserdampf = 18 g/Mol und von Luft = 28,94 g/Mol in Gl. 2.18 überwiegend für den Quotienten der Molmassen explizit den Wert 0,622 eingesetzt, ohne weitere Erklärung der Herkunft.

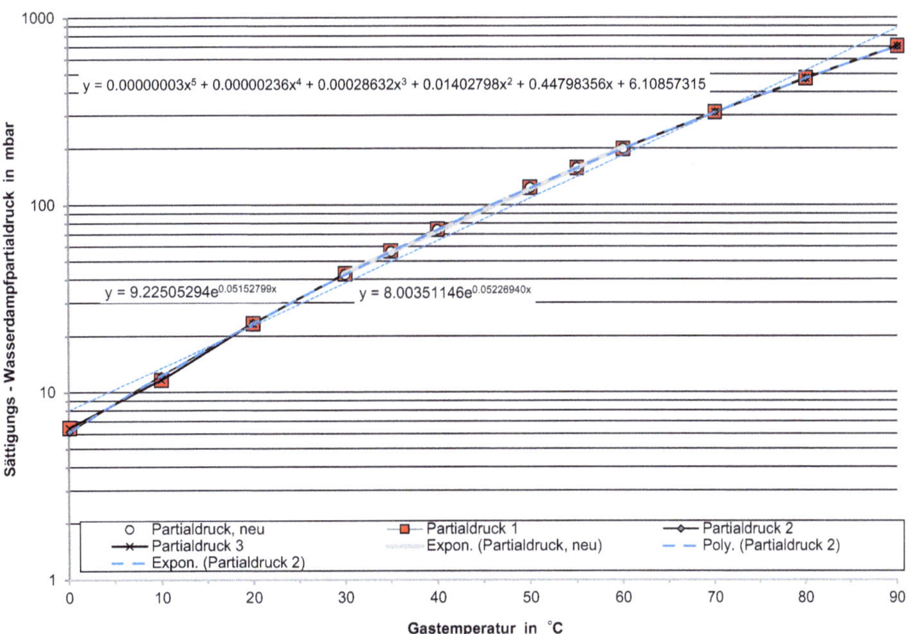

Abb. 2.6 Varianten zur Beschreibung des Wasserdampfpartialdrucks für den Sättigungszustand aus Literaturdaten mit Regressionsgleichungen unterschiedlicher Genauigkeit. Datenquellen: Häußler (1960), Adolphi, Hrsg. (1966), D'Ans-Lax (1992)

Für Biogas ändert sich der Molmassenquotient MQF entsprechend der unterschiedlichen Gasanteile der beiden Hauptkomponenten Methan und Kohlenstoffdioxid.

Abb. 2.7 zeigt dies in Abhängigkeit der Methankonzentration im Biogas, wobei für das Molgewicht Biogas (Hauptkomponenten Methan und Kohlenstoffdioxid) gilt:

$$M_{Gas} = \frac{\Psi_{CH_4}}{100} \cdot 16 + \left(1 - \frac{\Psi_{CH_4}}{100}\right) \cdot 44 = 44 - 0{,}28 \cdot \Psi_{CH_4}. \tag{2.19}$$

Damit folgt für den aus den Molgewichten gebildeten Faktor in Gl. 2.18

$$\mathrm{MQF} = \frac{18}{44 - 0{,}28 \cdot \Psi_{CH_4}} \quad \text{mit } \Psi_{CH_4} \text{ in [Vol.}-\%] \tag{2.20}$$

Markiert ist der Molmassen-Quotient für Wasserdampf/Luft. Im üblichen Bereich der Biogaszusammensetzung zeigt sich eine nur geringe Abweichung gegenüber dem Wert für Luft, sodass der Fehler bei Benutzung der Feuchtluftformel im Genauigkeitsbereich der aus der Biogasanlagenpraxis bekannten Gaszusammensetzungen meist gering ist.

Das muss jedoch nicht mehr zutreffen bei Verfahren der Biogaskonditionierung, z. B. wenn Kohlenstoffdioxid mittels Druckwasserwäsche ausgewaschen wird und die Menge des feuchten Methangasstroms zu bilanzieren ist.

Bei Auftragung von Gl. 2.18 in der Form

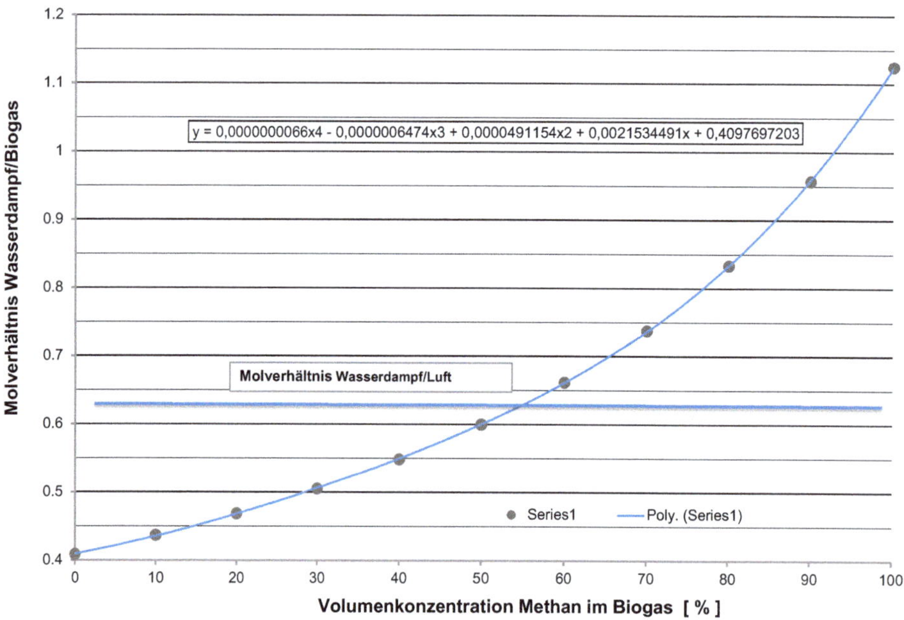

Abb. 2.7 Darstellung der Molmassenquotienten MQF für die Berechnung des Sättigungsdampfanteils in Biogas in Abhängigkeit der Methankonzentration unter der Voraussetzung, dass Kohlenstoffdioxid die komplementäre Gaskomponente ist

$$\frac{x}{\text{MQF}} = \frac{p_{\text{Dampf}}}{p_{\text{Gas,ges}} - p_{\text{Dampf}}} \tag{2.21}$$

unter Einsetzen von Gl. 2.17 für den temperaturabhängigen Wasserdampfpartialdruck erhält man aus Abb. 2.8 die Regressionsgleichung für den Einfluss des Wasserdampfpartialdrucks auf die Feuchtesättigung des Biogases zu

$$\frac{x}{\text{MQF}} = 6{,}81347475 \cdot e^{0{,}06023158 \cdot t} \tag{2.22}$$

für den betriebstechnisch interessierenden Temperaturbereich zwischen 0 °C und 70 °C.

Daraus folgt Gl. 2.23 für die Berechnung des Wasserdampfanteils je Masseneinheit trockenes Biogas unter expliziter Berücksichtigung von Prozesstemperatur und Methankonzentration im trockenen Biogas

$$x = \frac{122{,}642546}{(44 - 0{,}28 \cdot \Psi\_\text{CH4})} \cdot e^{(0{,}06023158 \cdot t)} \tag{2.23}$$

Abb. 2.8 verdeutlicht den Massenanteil Dampf im Sättigungszustand je kg trockenes Gasgemisch in Abhängigkeit der Temperatur zur Herleitung der vorstehenden Gleichungen einschließlich Verifizierung von Gl. 2.23 für 50 NVol.-% Methan.

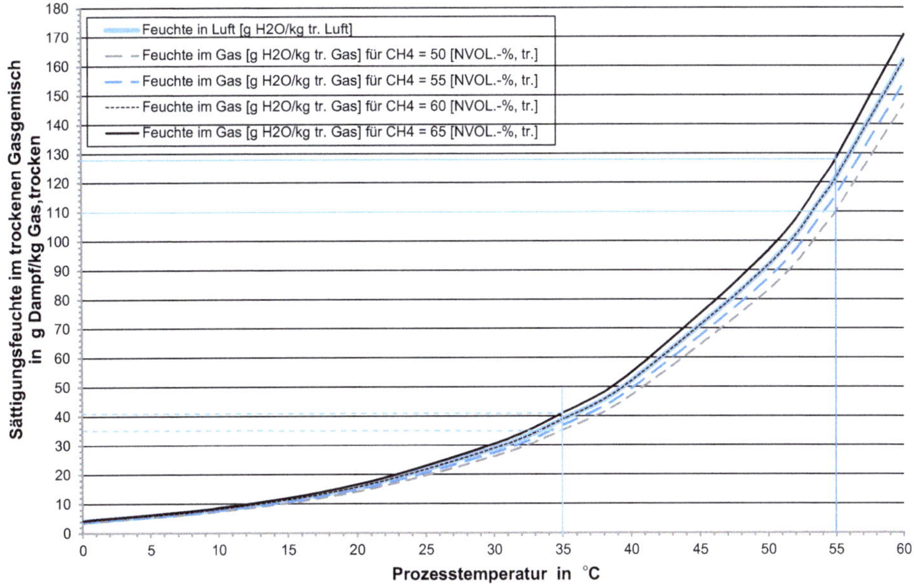

Abb. 2.8 Einfluss des Wasserdampfpartialdrucks auf den spezifischen Dampfanteil im Sättigungszustand je Masseneinheit trockenes Gasgemisch in Abhängigkeit der Gastemperatur (= Prozesstemperatur)

Abb. 2.8 lässt auch den Feuchtegehalt von ca. 4 g Wasserdampf je kg trockenes Gasgemisch bei 0 °C erkennen.

In Auswertung der diskutierten thermodynamischen Beziehungen zeigt Abb. 2.9 die Dichtereduzierung des feuchten Biogases durch die Temperaturzunahme und den Wasserdampfanteil.

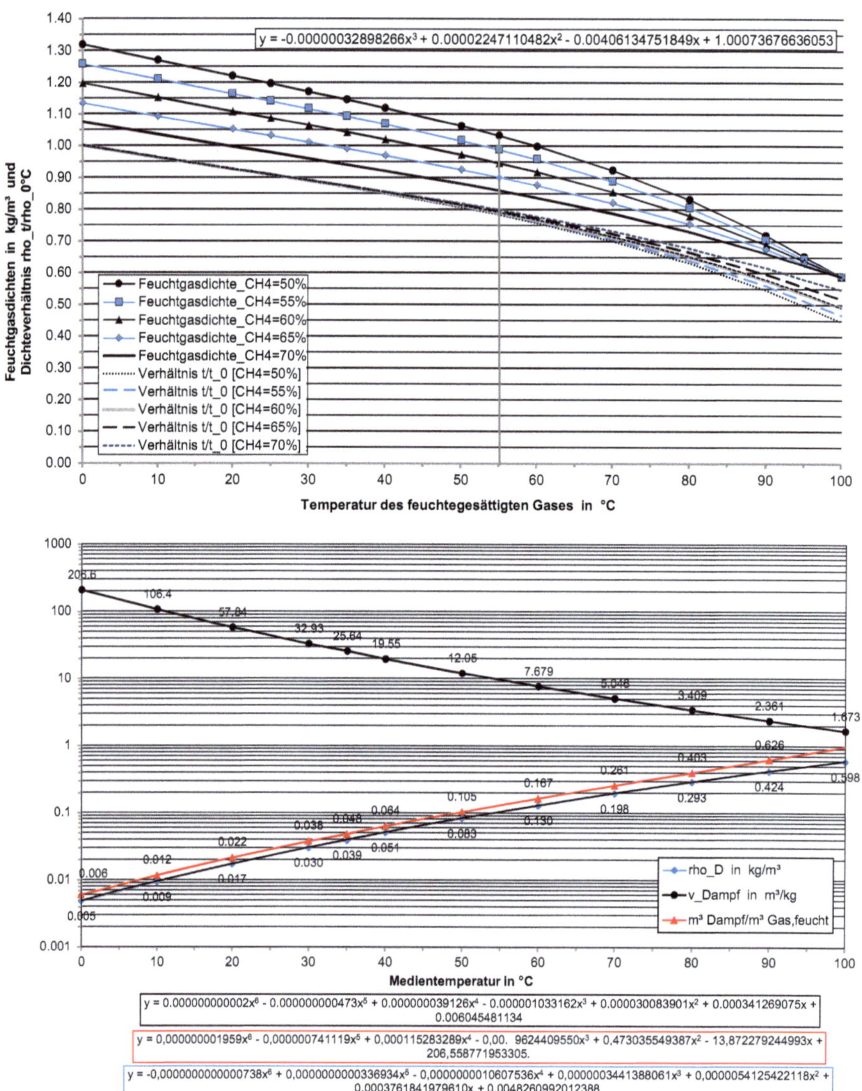

Abb. 2.9 Dichten des feuchten Biogases unterschiedlicher Methankonzentration und Entwicklung einer praxisgerechten Regressionsgleichung zur Berechnung im prozesstechnisch interessierenden Temperaturbereich (oben). Das Hilfsdiagramm (unten) definiert die Temperaturabhängigkeit der für die Feuchtgasberechnung verwendeten Parameter von Wasserdampf

Bezieht man die Abnahme der Volumenkonzentration auf den Wert im trockenen Normzustand, erhält man für unterschiedliche Gaszusammensetzungen eine vergleichbare Tendenz in der Abnahme mit der Temperatur innerhalb des für die Vergärung physiologisch interessierenden Temperaturbereiches bis etwa 60 °C. Erst bei höheren Temperaturen fächern die Kurven zu signifikanten Abweichungen auf.

Für 100 °C laufen alle Kurven für unterschiedliche Mischungsverhältnisse der Komponenten im Biogas unter theoretischen Bedingungen im Dichtewert von Wasserdampf als Grenzwert zusammen.

Normiert man die Kurvenparameter auf die mittleren Werte bei 60 NVol.-% Biogas, sind zunehmende Unterschiede in der Dichteabnahme ab etwa 60 °C deutlich zu erkennen. Für den mesophilen und thermophilen Prozesstemperaturbereich lässt sich jedoch die Dichteabnahme feuchter Gase übersteigender Temperatur durch die Gl. 2.24 mit guter Genauigkeit darstellen.

$$\begin{aligned} y_\rho = &- 0{,}00000032898266 \cdot t^3 + 0{,}00002247110482 \cdot t^2 \\ &- 0{,}00406134751849 \cdot t + 1{,}00073676636053 \end{aligned} \tag{2.24}$$

Die vorstehenden Parameterentwicklungen mit der Temperatur bei feuchtegesättigtem Gas führen zwangsläufig zu einer Verringerung der Volumenkonzentrationen der Gaskomponenten bei steigender Temperatur. Abb. 2.10 zeigt diese Abnahmefunktion, die für jede Gaskomponente im feuchten Biogasgemisch gilt.

Aus der erkennbaren Dichteverringerung folgt die dargestellte Volumenzunahme des feuchten Biogases mit der Temperatur. Aufgegliedert in die Anteile

- Trockenes Biogas
- Dampfanteil, und
- Feuchtes Biogas,

die ebenfalls in Abb. 2.10 verdeutlicht wird.

In Auswertung der grafisch ausgewiesenen Abhängigkeiten sind in Tab. 2.2 die Gasdichten gärrelevanter Gase im Bereich der mesophilen bis thermophilen Prozesstemperaturen dargestellt. Insbesondere für 0 °C sind die Unterschiede für trockenes sowie feuchtes Gas von Interesse. Der Anteil von ca. 4 g Wasserdampf/kg trockener Gasmasse führt zu etwa einem halben Prozent Konzentrationsabnahme der Gaskomponenten im Biogasgemisch bei Wechsel der Betrachtungsweise von trockenem zu feuchtem Gas für Normbedingungen.

Zum Vergleich sind die Werte von Luft mit in die Darstellung aufgenommen.

Ergänzend zu den Biogasdichten sind in Tab. 2.3 Brenn- und Heizwert von Methan als wichtige kalorische Größen für die Bewertung der energetischen Nutzung dargestellt.

Aufgrund der geltenden Beziehung für zweiatomige Gase, dass 1 Mol dem trockenen Gas- Normvolumen von 22,4 Litern entspricht, sind die Angaben Norm-Vol.-% und Mol-% identisch.

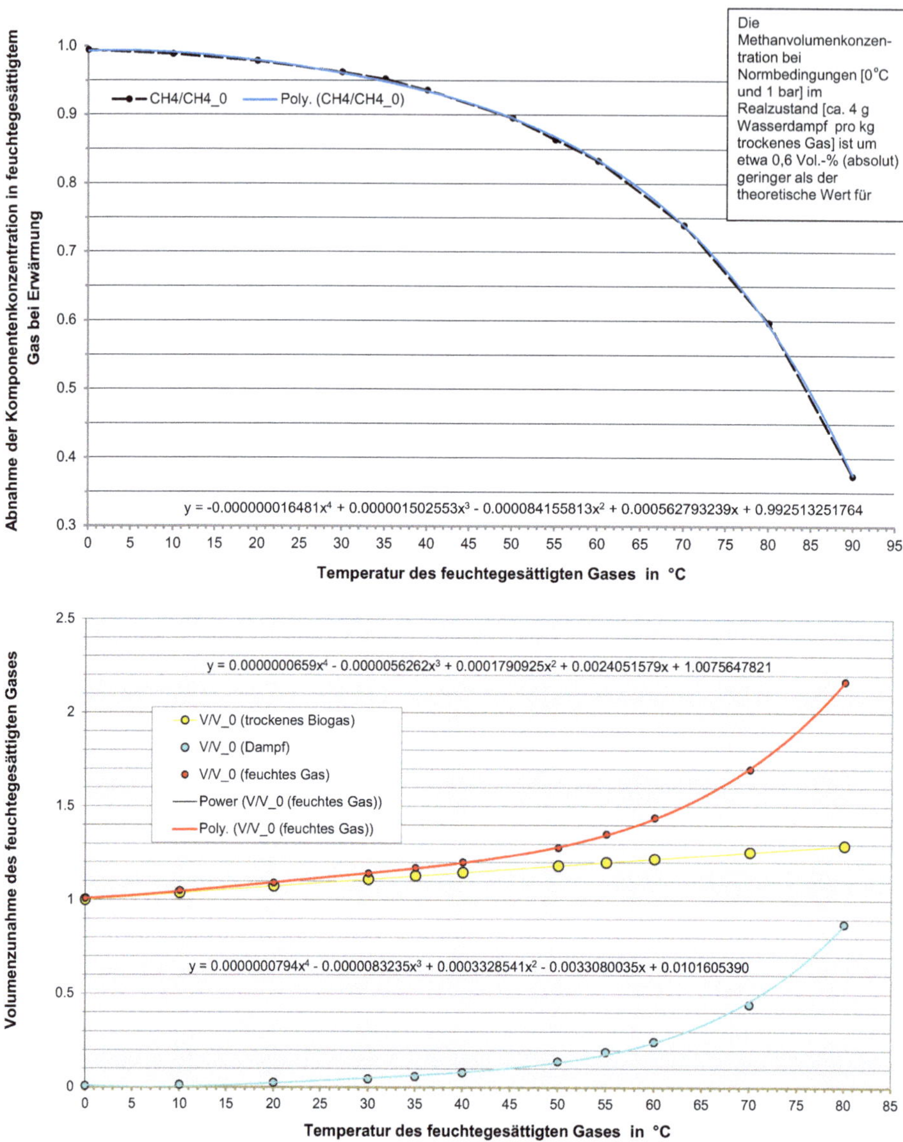

Abb. 2.10 Verringerung der Volumenkonzentrationen der Gaskomponenten im feuchten Gasgemisch mit steigender Temperatur (oben). Die Temperaturabhängigkeit der Volumenzunahme von trockenem Biogas sowie Wasserdampf und die daraus resultierenden Feuchtgaswerte als Basis für die Konzentrationsverringerung sind dem Hilfsdiagramm (unten) zu entnehmen

Im Ergebnis kann bei ausreichender praktischer Genauigkeit auch die Konzentrationsverringerung sämtlicher im feuchten Biogas enthaltener Gaskomponenten bei steigender Temperatur mit einer Abnahmefunktion beschrieben werden (Abb. 2.10).

Tab. 2.2 Gasdichten bei prozessrelevanten Temperaturen mit berücksichtigter Sättigungsfeuchte. (Quellen: Mende und Simon 1975; D'Ans-Lax 1992; Langhans 2000; Adolphi, Hrsg. 1966)

Chemische Verbindung	*Trockenes Gas bei Normbedingungen [kg/m³ i. N., trocken]*	Gas mit Feuchte bei Normbedingungen [kg/m³ i. N., feucht]	Gas mit Feuchte bei 35 °C [kg/m³, feucht]	Gas mit Feuchte bei 42 °C [kg/m³, feucht]	Gas mit Feuchte bei 50 °C [kg/m³, feucht]	Gas mit Feuchte bei 55 °C [kg/m³, feucht]
Methan	*0,7168*	0,7017	0,6250	0,5669	0,5827	0,5669
Kohlenstoff-dioxid	*1,9768*	1,9352	1,7236	1,5635	1,6071	1,5635
Wasserstoff	*0,0899*	0,0880	0,0784	0,0711	0,0731	0,0711
Sauerstoff	*1,4290*	1,3990	1,2460	1,1302	1,1617	1,1302
Stickstoff	*1,2505*	1,2242	1,0904	0,9890	1,0166	0,9890
Ammoniak	*0,7714*	0,7552	0,6726	0,6101	0,6271	0,6101
Schwefelwasser-Stoff	*1,4300*	1,3999	1,2469	1,1310	1,1625	1,1310
Luft	*1,2900*	1,2629	1,1248	1,0203	1,0487	1,0203

Tab. 2.3 Brenn- und Heizwert für Methan in unterschiedlicher Einheitendarstellung. (Quellen: Mende und Simon 1975; D'Ans-Lax 1992; Langhans 2000; Adolphi, Hrsg. 1966)

Einheit	kWh/Nm^3	Wh/mol	kWh/kg	MJ/Nm^3	kJ/mol	MJ/kg
Brennwert	11,06	248	15,43	39,82	892	55,55
Heizwert	10	224	13,95	36	806	50,22

Normmolvolumen zweiatomiger Gase = 22,4 Nl/mol

Die Konzentrationsverringerung wird mit der Regression, Gl. 2.25 beschrieben,

$$\begin{aligned} y_{\text{c, Gaskomponente}} = &- 0{,}000000016481 \cdot t^4 + 0{,}000001502553 \cdot t^3 \\ &- 0{,}000084155813 \cdot t^2 + 0{,}000562793239 \cdot t \\ &+ 0{,}992513251764 \end{aligned} \tag{2.25}$$

während sich die Volumenzunahme des feuchten Biogases bei steigender Temperatur gemäß Gl. 2.26 berechnen lässt.

$$\begin{aligned} y_{\text{V,Gas}} = &\ 0{,}0000000659 \cdot t^4 - 0{,}0000056262 \cdot t^3 \\ &+ 0{,}0001790925 \cdot t^2 + 0{,}0024051579 \cdot t \\ &+ 1{,}0075647821 \end{aligned} \tag{2.26}$$

2.2.6 Die rheologischen Eigenschaften von Gärsubstraten, Fermenterinhalt und Gärresten

2.2.6.1 Grundlagen zur Definition und Bedeutung rheologischer Medieneigenschaften

Gemäß der Definition bedeutet Rheologie die Lehre von der Bewegung und Deformation strömender Medien und untersucht diese wesentlichen Eigenschaften von sowohl reinen Flüssigkeiten als auch von Feststoffsuspensionen (Schlämmen) mit direkten Wirkungen auf

- Strömung und Transport (Reibung/Druckverluste)
- Mischen und Homogenisieren
- Wärme- und Stoffübertragung
- Belüftung und Entgasung
- Suspendieren, Fluidisieren und Sedimentieren.

Aus diesem Grund sind Untersuchungen der rheologischen Eigenschaften von Schlämmen sehr wichtig für das Design moderner biotechnologischer Prozesse, um effektive industrielle Verfahren realisieren zu können.

Gerade in den Anlagen zur Behandlung organischer Abfälle mit einer Vielzahl sehr unterschiedlicher Eingangsmaterialien, wie beispielsweise

- Klärschlämmen,
- tierischen Düngern (Gülle),
- getrennt gesammelten, mazerierten Haushaltbioabfällen aber auch
- Speiseresten und
- überlagerten Lebensmitteln
- sowie gehäckseltem Grüngut und NawaRo's

hängen die energetische Effizienz, die Prozessstabilität und die Behandlungskosten wesentlich vom Strömungsverhalten der verwerteten Medien ab.

In der Praxis werden die rheologischen Eigenschaften eines Mediums dargestellt als Abhängigkeit der Schubspannung von dem relevanten Schergefälle im Medium und verkörpern in dieser Definition den Medienwiderstand gegen äußere Verdrängungskräfte.

Ein grundlegendes Modell für die Beschreibung der strömenden Flüssigkeiten wurde zuerst von Newton eingeführt. Er betrachtete eine Flüssigkeit zwischen zwei waagerechten begrenzenden Platten, wobei die untere als feststehend und die obere beweglich parallel zur unteren angenommen wurde.

Eine in Bewegungsrichtung auf die obere Platte wirkende Kraft verschiebt diese proportional zum reaktiven Widerstand der Flüssigkeit und wird, bezogen auf den Flächenquerschnitt, als (Wand-)Schubspannung τ [Pa] bezeichnet.

Der Geschwindigkeitsgradient zwischen ruhender und bewegter Platte ist als Schergefälle definiert D [1/s] (Albring 1966; Clayton 1999; Schwarz 1994; Rajarajan 1996).

Das einfachste beobachtete Fließverhalten ist die direkte Proportionalität zwischen Schubspannung und Schergefälle. Dieses rheologische Erscheinungsbild wird in Anerkennung der wissenschaftlichen Leistung seines Entdeckers als Newton'sches Fließverhalten bezeichnet.

Andere Arten rheologischer Eigenschaften, die oft in Emulsionen und Suspensionen beobachtet werden, sind Pseudoplastizität und Viskoplastizität, bei denen mit zunehmendem Schergefälle eine starke Viskositätsabnahme beobachtet wird. Dabei ist für viskoplastische Medien zusätzlich das Vorhandensein einer endlichen minimalen Schubspannung erforderlich, bevor eine Bewegung einsetzt.

Der Quotient aus Schubspannung und Schergefälle wird im fachlichen Sprachgebrauch als dynamische Viskosität bezeichnet.

$$\eta = \tau / D[Pas] \tag{2.27}$$

Entsprechend der Definition Gl. 2.27 stellt er für Newton'sche Flüssigkeiten eine temperaturabhängige Medienkonstante dar.

Nicht-Newton'sches Fließverhalten führt zu einer nichtlinearen Abhängigkeit von Schergefälle und Schubspannung, die in der Regel für den in der Anaerobtechnologie relevanten Parameterbereich experimentell bestimmt werden muss. Der in diesen Fällen nicht konstante Quotient aus beiden Parametern wird scheinbare dynamische Viskosität η^* genannt und gilt nur für einen bestimmten hydraulischen Zustand des Systems.

Die Viskosität eines realen, komplex zusammengesetzten Mediums hängt ab von den rheologischen Eigenschaften der Fraktionen der Gemischkomponenten sowie von der molekularen Struktur des Hauptmediums (kontinuierliche Phase).

Die Viskosität wird generell durch die Medientemperatur beeinflusst. Außerdem bestimmt die Konzentration löslicher Verbindungen in einem Lösungsmittel die Zähigkeit der resultierenden Mischung.

Wenn die kontinuierliche Phase eine Newton'sche Flüssigkeit ist, beobachtet man für eine Suspension von festen Teilchen relativ kleiner Konzentration generell Newton'sches Fließverhalten und die Viskosität kann mit der EINSTEIN-Gleichung als theoretisch begründete Lösung berechnet werden (Zhdanov 1998; Uriev 1994; Ackermann 1979).

Bei hohen Konzentrationen zeigt sich jedoch nicht-Newton'sches Fließverhalten infolge der hydrodynamischen sowie elektrostatischen Teilchenwechselwirkungen.

Feststoffsuspensionen in nicht-Newton'schen Flüssigkeiten haben generell ein nicht-Newton'sches Fließverhalten.

Die nachfolgende Tabelle präsentiert eine Zusammenstellung von Einflussfaktoren auf die Viskosität verschiedener Arten von Flüssigkeiten und Schlämmen.

Einflussfaktoren auf die resultierende Medienviskosität in Abhängigkeit der gegebenen Prozessbedingungen. (Quelle: Langhans 2004)

Reine Flüssigkeiten	Gemische von löslichen Verbindungen mit suspendierten Partikeln	Bio-organische Suspensionen einschließlich dreidimensional vernetzter Strukturen
• Molekulare Strukturen • Äußere Kräfte und resultierendes Schergefälle • Temperatur	• Konzentration der gelösten Komponenten und/oder suspendierten Partikel • Chemische Reaktionen • Form und Größe partikulärer Feststoffe • Änderungen der Teilchengröße • Dauer der einwirkenden Kräfte und/oder Veränderungen	• Mikrobieller Metabolismus • Verwertung der Anfangskomponenten • Erzeugung neuer Stoffwechselzwischen- oder Endprodukte • Zerstörung dreidimensionaler molekularer oder Zellstrukturen • Veränderungen in der molekularen sowie der Flockenstruktur • „Mineralisierung" der Feststofffraktion durch Anreicherung inerter Bestandteile • Bildung neuen Zellmaterials • Freisetzung von gebundenem Wasser
Mit zunehmender stofflicher Komplexität des Mediums vergrößert sich die Anzahl der auf die Viskosität Einfluss nehmenden Parameter *(es summieren sich jeweils die links stehenden Parameter zu der aktuell betrachteten Kategorie)*		

Jede Kategorie weist zur vorhergehenden zusätzliche weitere Abhängigkeiten des rheologischen Erscheinungsbildes von den stofflichen Eigenschaften auf.

Wasser kann als Standard einer reinen (Newton'schen) Flüssigkeit mit dem definitionsgemäßen Viskositätswert 1 mPas (20 °C) betrachtet werden. Des Weiteren gehören in diese Kategorie in ihrem Erscheinungsbild homogener Medien Salzlösungen, Lösungsmittel, Öle und aufgeschmolzene Fette mit teilweise nicht-Newtonschem Fließverhalten.

Formstabile anorganische oder organische suspendierte Partikel in reinen Flüssigkeiten erhöhen die Viskosität und können bei hohen Konzentrationen zu verändertem Fließverhalten führen. Gibt es zeitabhängig Wechselwirkungen zwischen suspendierten Stoffen und Trägerfluid, kann sich das Fließverhalten über die Kontakt- bzw. Reaktionszeit ändern.

Veränderungen in Partikelgröße und -form im Ergebnis von Kristallisationseffekten, Auflösung oder Abrieb führen zu unterschiedlichem Fließverhalten und werden wesentlich von der Zeitdauer des Prozesses beeinflusst.

Für suspendierte anorganische Partikel sind neben deren Konzentration Einflüsse durch die Teilchenwechselwirkungen zu erwarten.

Eine offensichtlich starke zusätzliche Bedeutung für die rheologischen Effekte hat der organische Anteil suspendierter Feststoffe sowie die Partikelform und -größe (Bisig 2008; Guggisberg 2007; Davi 1998; Koll 2013).

Bei Vorhandensein mikrobieller Aktivitäten in solchen bio-organischen Schlämmen zeigen sich ständige und weitgehende Veränderungen der Viskosität nicht nur in Abhängigkeit der zugeführten organischen Komponenten, sondern auch durch den spezifischen bakteriellen Metabolismus.

Gelöste organische Verbindungen werden enzymatisch umgesetzt und die verbleibende Feststofffraktion wird infolge der Anreicherung anorganischer Komponenten als „mineralisiert" bezeichnet. Andererseits können je nach der Prozessführung auch Stoffwechselzwischenprodukte im Medium als neue Komponenten verbleiben und bakterielle Zellbiomasse wird gebildet.

Faserige Partikel führen zu Verzopfungen und Verfilzungen, die die scheinbare dynamische Viskosität stark erhöhen können.

Viele organische Komponenten neigen aufgrund ihrer hochmolekularen Biopolymere zu Verklebungen und dreidimensionalen Vernetzungen (wie z. B. die Schleimhüllen von Bakterienzellen; Rosenberger 2002). Durch Ab- und Umbau organischer Komponenten kann sich das Fließverhalten dieser Suspensionen infolge der stattfindenden Reaktionsprozesse in weiten Bereichen ändern.

Erwärmung führt zu einer Verringerung der Viskosität, wobei der Einfluss auf anorganische Partikelsuspensionen gering ist, da er nur auf das flüssige Trägermedium wirkt. Für bio-organische Schlämme kann ein signifikanter Einfluss beobachtet werden, der meist mit höherem Anteil organischer Trockenmasse [oTM] an der Gesamt-Trockenmasse [TM] wächst. Ausnahmen können eiweißreiche Suspensionen sein, bei denen durch thermische Denaturierung vernetzende Fibrillen gebildet werden, die auch sonstige suspendierte Feststoffe mit einschließen.

Durch Abbau organischer Substanz kann kapillar gebundenes Wasser freigesetzt werden, was zu einer Verflüssigung der Suspension führt.

Andererseits können Quellvorgänge (z. B. bei Zellulosefasern; bekannte technische Nutzung dieses Effekts ist die Dosierung von zerfasertem Altpapier bei Trockenvergärungsanlagen, wenn saisonal zu dünne Substrate angeliefert werden und der Pfropfenstrom nicht aufrecht zu erhalten ist) oder Gelbildung durch (bio-)chemische Reaktionen zu einer Konsistenzerhöhung des Mediums führen.

Gerade die Zerstörung hochmolekularer und dreidimensional vernetzter organischer Moleküle in Form von Zellulose, Fettsäuren oder Proteinen aber auch der Schleimhüllen von Bakterienzellen verursachen bedeutende Veränderungen in der Zähigkeit bio-organischer Schlämme, verglichen mit dem Ausgangszustand.

Im Unterschied zu Viskositätsmessungen in reinen Flüssigkeiten erfordert die experimentelle Bestimmung rheologischer Parameter in Feststoffsuspensionen und bio-organischen Schlämmen erhöhten messtechnischen Aufwand, um verwertbare Resultate zu erzielen.

Handelsübliche Rheometer, die vielfach auf dem Messprinzip der Reaktionskraftmessung bei Einbringen des Messgutes zwischen eine ruhende und eine bewegte Platte als koaxiale Zylinder oder Kegel-Platte-Geometrien beruhen, sind ungeeignet für Suspensionen sich entmischender Partikel unterschiedlicher Größe und Form (Clayton 1999).

Die sich ändernden Strömungszustände der sich im Messspalt befindenden Suspension und Verstopfungen durch größere Feststoffpartikel führen zu nicht auswertbaren Messsignalen.

Eine typische Messanordnung zur Vermeidung dieser Probleme kann der Einsatz einer Rohrschleife sein, durch die das Messgut unter definierten hydraulischen Bedingungen umgepumpt wird. Aus den über die Rohrlänge ermittelten Druckverlusten lässt sich dann mit der bekannten Geometrie und den Strömungsparametern die Medienviskosität berechnen (Bhattacharya 1981; Schwarz 1994; Rajarajan 1996). Probleme dieser Messtechnologie sind die Veränderung der Partikelgröße durch Scherkräfte und durch Abrieb, der Temperaturanstieg durch Reibungswärme und Energiedissipation in der Förderpumpe sowie Entmischungsvorgänge. Die aktive Messzeit für als definiert anzusehende Versuchsbedingungen sollte deshalb so kurz wie möglich sein, bzw. ist die gesamte Messanordnung auf konstante Temperatur zu thermostatieren.

In nicht mehr fließfähigen Abfall-oder NawaRo-Schüttungen kann man aus Texturmessungen (Davi und Shah 1998; Guggisberg und Zehntner 2007; Bisig et al. 2008) zumindest Größenordnungen eines Viskositätsäquivalents abschätzen.

Um eine mathematische Beschreibung des rheologischen Verhaltens aus den experimentell ermittelten Daten zu erhalten, wurden den klassifizierten unterschiedlichen Typen von Fließkurven angepasste Modellgleichungen entwickelt; z. B. in Form der Bingham oder de Waele-Ostwald-Ansätze (Abb. 2.11); (Clayton 1999; Annen 1963). Die Modellkonstanten müssen jeweils experimentell bestimmt werden unter Beachtung der in der vorangegangenen Tabelle diskutierten Einflussfaktoren.

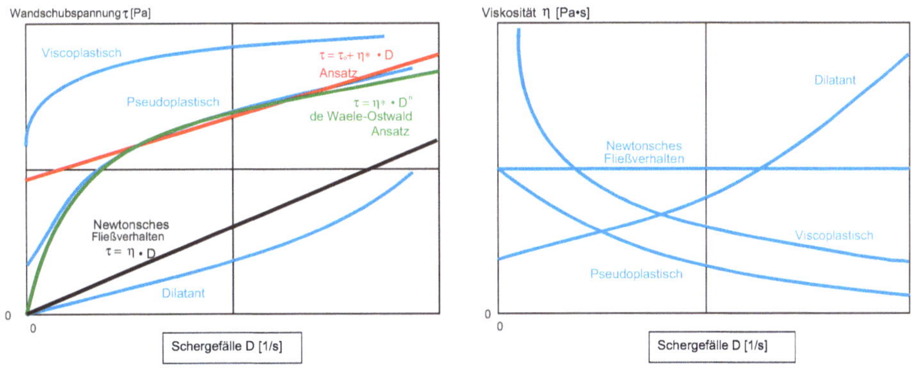

Abb. 2.11 Grafische Darstellungen der beispielhaften Abhängigkeiten von Schubspannung/Scherrate und Viskosität/Scherrate für Medien unterschiedlicher rheologischer Eigenschaften. In Anlehnung an Clayton (1999), Annen (1963), Schwarz (1994), Langhans (2004)

2.2.6.2 Die Rheologie bio-organischer Suspensionen

Die allgemeinen Trends von Schubspannung und scheinbarer dynamischer Zähigkeit in Abhängigkeit des Schergefälles sind für Bioabfallsuspensionen unterschiedlicher TM-Gehalte in Abb. 2.12 zusammengefasst.

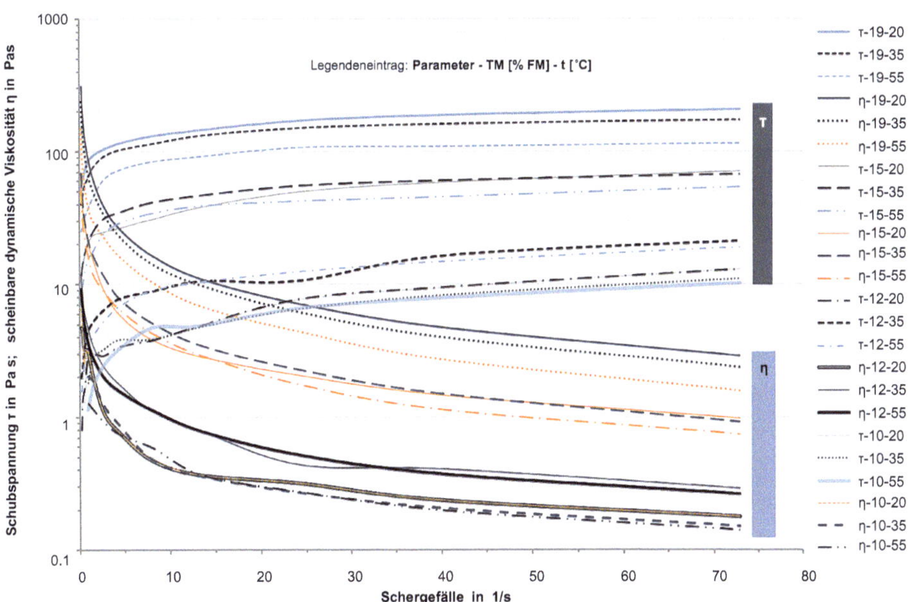

Abb. 2.12 Einfluss von Scherrate und Medientemperatur auf die Werte von Schubspannung und scheinbarer dynamischer Viskosität für Bioabfallmaischen unterschiedlicher TM-Gehalte. Markiert sind typische Bereiche für Scherraten in Rohrströmungen und in Pumpen gemäß den in Tab. 2.4 und Abb. 2.13 dokumentierten Modellierungen. Messungen von (Schwarz 1994)

Die Messungen erfolgten in einem Versuchsstand mit Rohrschleife über Druckverlustmessungen, wie vorstehend beschrieben (Schwarz 1994).

Dabei ist zu beachten, dass die Streuung der Messwerte sowohl durch unterschiedliche Medien als auch durch den Einfluss der jeweiligen Messtemperatur bedingt ist.

Wie groß die Zähigkeitsunterschiede gegenüber Wasser sein können, veranschaulicht die Darstellung der Messwerte für verschiedene Abfälle, NawaRo und Gärreste in der logarithmischen Darstellung über mehrere Zehnerpotenzen in Abb. 2.14 (Abschn. 2.2.6.3). Die Größenordnungen der scheinbaren dynamischen Viskosität für nicht mehr fließfähige Maissilage und NawaRo-Gärreste (Abb. 2.15) wurden aus Texturmessungen ermittelt.

In Abb. 2.12 sind die Bereiche der Scherraten für industrielle Anwendungen der Rohrströmung sowie der internen Strömung in Pumpen markiert. Dabei ist das Schergefälle als Geschwindigkeitsänderung über dem Rohrradius bzw. als Änderung über der Spaltweite zwischen Rotor und Stator von Pumpen definiert.

Es ist augenscheinlich, dass Rohrströmungen bezüglich der rheologischen Bedingungen für die transportierten Medien im Bereich der stärksten Viskositätsänderungen in Abhängigkeit des Schergefälles liegen. Deshalb ist es gerade für die optimierte Auslegung von Rohrströmungen wichtig, ein detailliertes Wissen über das Fließverhalten des strömenden Materials unter Prozessbedingungen zu haben.

Der markierte weite Bereich für Strömungen in Pumpen ergibt sich aus den unterschiedlichen Pumpentypen von langsam laufenden Verdrängungspumpen bis zu schnelllaufenden Kreiselpumpen. Gerade die letzteren haben ein großes Schergefälle im Spalt zwischen Rotor und Stator, bedingt aus der hohen Rotorumfangsgeschwindigkeit im Vergleich zu der ruhenden Mediengrenzschicht am Gehäuse. Tab. 2.4 enthält Richtwerte für charakteristische Scherraten in Pumpen. Der sich ergebende Bereich ist in Abb. 2.13 markiert.

Tab. 2.4 Schergefälle in Zentrifugalpumpen und Verdrängungspumpen

v_u [m/s]	Nenndrehzahl [1/min]	Laufraddurchmesser [m]	Scherspalt [m]	Scherrate [1/s]
2,355	900	0,05	0,001	2.355
23,55	900	0,5	0,008	2.944
37,68	900	0,8	0,01	3.768
7,85	3000	0,05	0,001	7.850
78,5	3000	0,5	0,008	9.813
94,2	3000	0,6	0,01	9.420
0,0523	***20***	***0,05***	***0,001***	***52***
0,2617	***100***	***0,05***	***0,001***	***262***

Die beiden letzten Zeilen enthalten beispielhafte Werte für Verdrängungspumpen

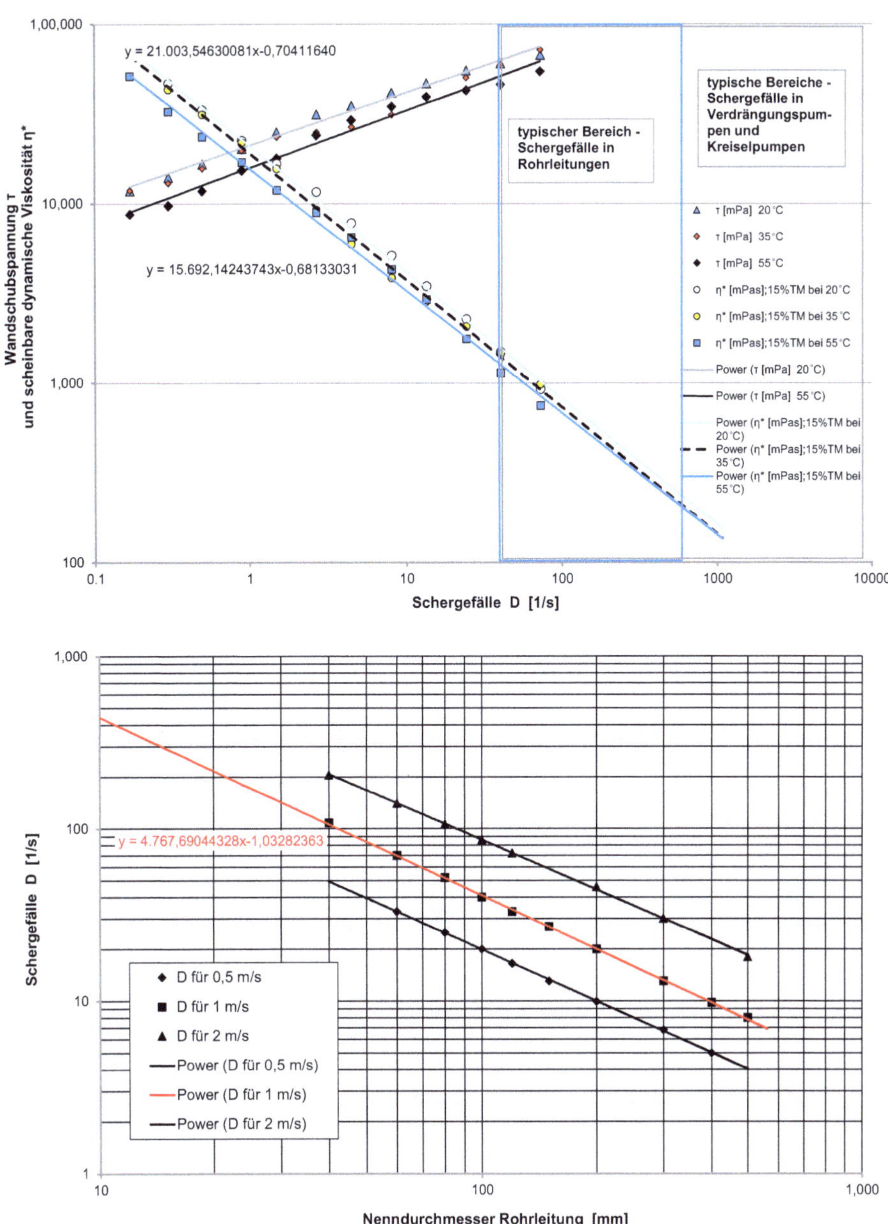

Abb. 2.13 Modellierung von Wandschubspannung und scheinbarer dynamischer Viskosität, eingeordnet in die Extrapolation der Messungen gemäß Abb. 2.12 bis zu den Größenordnungen typischer technischer Strömungszustände in Rohrleitungen und unterschiedlichen Pumpentypen (oben). Das Hilfsdiagramm (unten) wurde aus Druckverlustberechnungen entwickelt und kann zur vereinfachten Ermittlung der Scherrate für Rohrströmungen in Abhängigkeit von Rohrdurchmesser und Fließgeschwindigkeit des Mediums verwendet werden

Daraus erklären sich die bekannten Probleme bei der Förderung konzentrierter Schlämme mit Kreiselpumpen, bei denen innerhalb der Pumpen lokal verringerte Viskosität auftritt, während in den saug- und druckseitig angeschlossen Rohrleitungen bei niedrigen Fließgeschwindigkeiten die Medienzähigkeit größer ist. Das führt in den Pumpen zu hoher Energiedissipation und Erwärmung bei drastisch reduzierter Förderleistung.

Eine Abschätzung der für Rohrströmungen in Abhängigkeit von Volumendurchsatz/Mediengeschwindigkeit und Rohrdurchmesser zu erwartenden Scherrate kann mit Hilfe des Diagramms in Abb. 2.13 erfolgen. Der daraus resultierende Bereich für Rohrströmungen ist markiert.

2.2.6.3 Die Bedeutung der Viskosität für Prozessmodellierung sowie Dimensionierung biotechnologischer Prozesse

Während die dynamische Viskosität η für Medien mit Newton'schem Fließverhalten bei gegebener Temperatur einen konstanten Wert hat, kann für nicht-Newton'sche Medien nur eine Fließkurve als Abhängigkeit der Wandschubspannung τ [mPa] vom Schergefälle D [1/s] experimentell bestimmt werden, aus der sich die scheinbare dynamische Viskosität $\eta^* = \tau/D$ [mPas] punktweise berechnen lässt (Abschn. 2.2.6.1). Dieser Viskositätswert ändert sich über das Schergefälle D bei unterschiedlichen hydraulischen Bedingungen.

So wird beispielsweise anhand der experimentell ermittelten Fließkurve einer Bioabfallmaische mit 15 % TM bei 35 °C für eine Rohrströmung mit mittlerer Strömungsgeschwindigkeit 2 m/s in einem Rohr DN = 80 mm eine scheinbare dynamische Viskosität $\eta^* = 850$ mPaS errechnet.

Bei einer langsameren Strömung des gleichen Mediums mit 1 m/s in einem Rohr der Nennweite DN = 200 mm beträgt $\eta^* = 2200$ mPaS (Abb. 2.12 und 2.13).

Wird das Medium mit einer Kreiselpumpe gefördert, stellt sich in einer betrachteten Pumpe in Abhängigkeit von Typ und Geometrie z. B. ein Schergefälle D = 2000 … 1000 1/s ein mit η^* ca. 100 bis 150 mPas (Tab. 2.4 und Abb. 2.12).

Das ergibt die bekannte lokale Verflüssigung und Erhitzung durch Energiedissipation für spezielle nicht-Newton'sche Medien bei hoher Scherkraftbeaufschlagung und führt zu Förderproblemen, da das langsam fließende Medium im Rohr mit niedrigem Schergefälle und hohen Werten von η^* saugseitig nicht so schnell nachströmen bzw. druckseitig nicht abströmen kann, wie die Pumpe intern fördern möchte.

Ein Übersichtsdiagramm gemäß (Abb. 2.14) kann somit nur über die Größenordnungen für η^* bei verschiedenen Medientypen informieren. Belastbare Berechnungen erfordern die Kenntnis der jeweiligen tatsächlichen Medienfließkurve.

Die Darstellung gemäß Abb. 2.14 mit einer Zuordnung des Fließverhaltens als zu erwartende Größenordnungen für in der anaeroben Behandlung häufig zum Einsatz kommende Substrate ergibt sich durch Umstellung vorliegender Messreihen analog Abb. 2.12 nach Medium und enthaltener Feststoffkonzentration als wichtiger beschreibender Stoffeigenschaft.

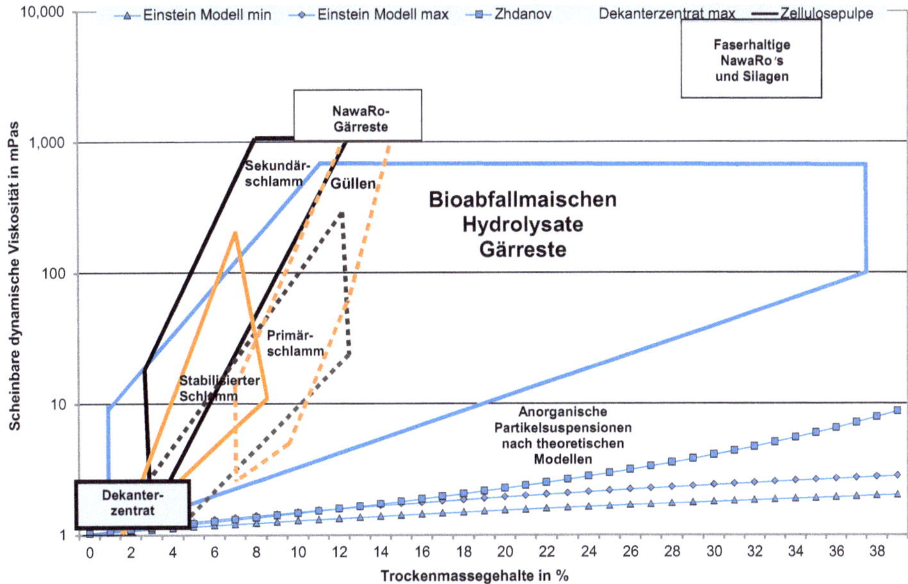

Abb. 2.14 Größenordnungen scheinbarer dynamischer Viskositäten für Gärsubstrate und Gärreste sowie mineralische Suspensionen in Abhängigkeit des Trockenmassegehaltes der untersuchten Medien. Quellen der Messwerte: (Schwarz 1994; Proff 1997; Langhans 2000; Langhans 2004)

Dabei dokumentiert die Balkenbreite bei den definierten Stoffkategorien zum einen den Temperatureinfluss während der Messung. Die Temperaturen bewegten sich in dem für biotechnologische Prozesse üblichen mesophilen oder thermophilen Betriebsbereich.

Außerdem beinhalten die definierten Viskositätsbereiche neben der Temperaturabhängigkeit und dem TM-Einfluss insbesondere die wertgebenden Fließkurven für die Berechnung der jeweiligen scheinbaren dynamischen Viskosität.

Rheologische Daten für Fermentationsflüssigkeiten der Pharmazie, für die Klärschlammbehandlung und die Güllewirtschaft werden in der Literatur vielfach präsentiert (Bhattacharya 1981; Proff 1997; Luggen 1976; Rosenberger 2002; Kolb 2010); für Bioabfallsuspensionen und Gärabläufe sind sie jedoch nur vereinzelt auffindbar (Schwarz 1994; Langhans 2000, 2004; Koll 2013).

Typisch ist die starke Zunahme der Viskosität schon bei niedrigen Feststoffkonzentrationen für Zellsuspensionen im Ergebnis der dreidimensionalen Wechselwirkungen ihrer Schleimhüllen, wie sie im aeroben Überschussschlamm von Kläranlagen oder in konzentrierten Fermentationsschlempen mit hohem Hefezellenanteil vorliegen. In Gülle und Bioabfallsuspensionen werden vergleichbare Zähigkeiten erst bei wesentlich höheren TM-Konzentrationen erreicht.

Nach dem mikrobiellen Umsatz der meisten organischen Verbindungen und ggf. noch mechanischer Abtrennung der Gärreststoffe liegen die Viskositätswerte in der verbleibenden Flüssigkeit im Bereich der theoretisch berechenbaren Werte für niedrigkonzentrierte anorganische Feststoffsuspensionen.

Eine verallgemeinerte detaillierte Darstellung der scheinbaren dynamischen Viskosität von Bioabfällen, Klärschlämmen und NawaRo ist wegen der Komplexität der Einflussgrößen auf das nicht-Newton'sche Fließverhalten nicht möglich.

So sollten für jede der in Abb. 2.14 durch die Trockenmasse stofflich definierten Medienkategorien für eine belastbare analytische Definition zusätzlich bekannt sein:

- Organischer Anteil in der Trockenmasse oTM
- Suspendierte Trockenmasse in der Originalsubstanz OS
- Organischer Anteil der suspendierten Trockenmasse
- Partikel-/Faserstruktur
- Massenanteile Kohlenhydrate, Fette, Proteine in der TM (Bestimmung z. B. mit Weender-Analyse; Abschn. 3.3.1)

Für jede dieser analytisch definierten Medienqualitäten hat dann die rheologische Untersuchung zu erfolgen zur Bestimmung der scheinbaren dynamischen Viskosität in Abhängigkeit der variierten Scherraten. Diese Messreihen sind für unterschiedliche Temperaturen zu wiederholen, um den Temperatureinfluss auf die Viskosität zu ermitteln. Daraus lässt sich das Medium einem der Modelle für das Fließverhalten zuordnen.

Es ist naheliegend, dass der skizzierte analytische und messtechnische Aufwand in der Regel nicht betrieben werden kann. Im Planungsstadium für neue Betriebsanlagen existieren die erwarteten Stoffströme häufig auch noch gar nicht, sodass Untersuchungen nicht möglich sind. Dann sind bei der Ausrüstungsspezifikation ausreichende Sicherheiten einzuplanen oder Ausrüstungen mit einer großen Regelcharakteristik vorzusehen. Eine aufgrund falscher Viskositätsannahmen nicht betriebsfähige Technologie kann schnell zum Disaster für Anlagenbauer und Betreiber werden, wenn der gesamte hydraulische Transport der Anlage ins Stocken gerät.

Anhand von Abb. 2.14 ist deutlich zu erkennen, dass rein mineralische Suspensionen auch bei höheren Trockenmasse-Gehalten im gärtechnisch relevanten Feststoffbereich nur vergleichsweise geringe Viskositätserhöhungen gegenüber dem Wert für Wasser von 1 mPas aufweisen.

Anders ist das bei organikhaltigen Schlämmen, die infolge der durch Makromoleküle aufgebauten dreidimensional vernetzten Strukturen den schon diskutierten hohen Scherungswiderstand haben.

Sind dann noch verfilzende Faseranteile enthalten, weichen die resultierenden rheologischen Eigenschaften stark vom gewohnten Fließverhalten wässriger Medien ab.

Wird Maissilage (Abb. 2.15) ohne Verdünnung vergoren, stellt sich der Ablauf in Form eines hochviskosen, kaum nachdrainierenden Schlammes dar, der einen hohen Anteil lignifizierter zellulosehaltiger Stützfasern enthält, die einer bakteriellen Hydrolyse in technisch relevanten Faulzeiten kaum zugänglich sind.

Abb. 2.15 Gärablauf einer unverdünnt vergorenen Maissilage und darin enthaltener, nicht anaerob umgesetzter Faseranteil. (Quelle: Langhans 2012)

Für Design und Bewertung von Biogasanlagen spielt die Viskosität als Prozessparameter infolge des Fehlens verlässlicher Messungen bisher nur eine vergleichsweise untergeordnete Rolle.

In den gegebenen partikulären und faserhaltigen Gärmedien ist sie schwer bzw. nur indirekt zu messen, sodass meist auf die Trockenmasse als Qualitätsparameter ausgewichen wird.

Bei Nassvergärungstechnologien mit niedrigen Feststoffgehalten im Digestat und Viskositäten bis zu einigen 100 mPas sind die zu erwartenden Abweichungen innerhalb der sonstigen Prozessunsicherheiten noch nicht signifikant. Für hoch belastete Trockenvergärungen mit Digestat-Viskositäten zwischen 5000 und 30.000 mPas zeigen sich jedoch deutliche Einflüsse auf die Prozessführung.

Hier stellt die Trockensubstanz allein gemäß Abb. 2.14 einen untauglichen Parameter dar, wenn es um die Bewertung viskositätsabhängiger Prozesse geht.

Für wichtige Prozessgrößen wird der Viskositätseinfluss im Weiteren diskutiert.

2.2.6.4 Blasenaufstieg und Gas-hold-up

In Medien einer viskosen Konsistenz, wie weiter oben beschrieben, ist nicht mehr damit zu rechnen, dass Gasblasenbildung und -Freisetzung aus dem Medium in gleicher Weise wie in wässrigen Lösungen (Nielsen 1995) erfolgt.

Zur Beschreibung der physikalischen Phänomene sind unterschiedliche theoretische Ansätze vorgeschlagen worden.

Das nachfolgend zitierte Modell, aus (Jamialahmadi und Müller-Steinhagen 1994) definiert die Blasenaufstiegsgeschwindigkeit als Überlagerung der Einflüsse von Blasenoszillation und Medienviskosität.

Damit folgt für die stationäre Blasenaufstiegsgeschwindigkeit

$$\boldsymbol{u}_{\mathrm{S}} = \boldsymbol{u}_{\mathrm{W}} \cdot \boldsymbol{u}_{\mathrm{SP}} / \sqrt{\boldsymbol{u}_{\mathrm{W}}^2 + \boldsymbol{u}_{\mathrm{SP}}^2} \tag{2.28}$$

mit u_{W} als Einfluss des oszillatorischen Bewegungsanteils

$$\boldsymbol{u}_{\mathrm{W}} = \sqrt{2 \cdot \boldsymbol{\sigma} / (\boldsymbol{d} \cdot (\rho\mathrm{L} + \rho\mathrm{G})) + \boldsymbol{g} \cdot \boldsymbol{d}/2} \tag{2.29}$$

und für u_{SP} alternativ mit den Berechnungsansätzen u_{SP1} bzw. u_{SP2}

$$\boldsymbol{u}_{\mathrm{SP1}} = \frac{(\boldsymbol{\rho}_{\mathrm{L}} - \boldsymbol{\rho}_{\mathrm{G}}) \cdot \boldsymbol{g} \cdot \boldsymbol{d}^2}{18 \cdot \boldsymbol{\eta}_{\mathrm{L}}} \tag{2.30}$$

als Einfluss einer starren Phasengrenzfläche, sowie

$$\boldsymbol{u}_{\mathrm{SP2}} = \frac{(\boldsymbol{\rho}_{\mathrm{L}} - \boldsymbol{\rho}_{\mathrm{G}}) \cdot \boldsymbol{g} \cdot \boldsymbol{d}^2}{18 \cdot \boldsymbol{\eta}_{\mathrm{L}}} \cdot \frac{(3 \cdot \boldsymbol{\eta}_{\mathrm{L}} + 3 \cdot \boldsymbol{\eta}_{\mathrm{G}})}{(2 \cdot \boldsymbol{\eta}_{\mathrm{L}} + 3 \cdot \boldsymbol{\eta}_{\mathrm{G}})} \tag{2.31}$$

als Einfluss einer beweglichen Phasengrenzfläche zwischen Gas und Flüssigkeit (Haas 1972).

Man erkennt den wesentlichen Einfluss der Medienviskosität auf die Blasenaufstiegsgeschwindigkeit.

Ein alternatives Modell beschreibt die Blasenschlupfgeschwindigkeit relativ zur Flüssigkeitsbewegung (Cornel und Krause 2002)

$$v_{\mathrm{S}} = \sqrt[4]{\frac{g^3 \cdot d^5 \cdot \rho_{\mathrm{L}}^2}{2209 \cdot \eta_{\mathrm{L}}^2}} \tag{2.32}$$

Abb. 2.16 und 2.17 enthalten mit den vorgestellten Modellansätzen ermittelte Blasenaufstiegsgeschwindigkeiten in Abhängigkeit von Medienviskosität und Blasendurchmesser.

In beiden Modellen nimmt die Medienviskosität einen erheblichen Einfluss auf die Blasenaufstiegsgeschwindigkeit.

Es zeigt sich beispielhaft für den Viskositätsbereich bei Maissilage-dominiertem Gärablauf und damit scheinbarer dynamischer Viskosität >10.000 mPa S (Abb. 2.14) eine drastische Abnahme der Blasenaufstiegsgeschwindigkeit gegenüber den Werten in Wasser.

Der Blasendurchmesser als Funktion des Blasenvolumens wird seinerseits wieder von der Viskosität des Gärmediums beeinflusst, denn die Theorie der Blasenbildung lässt erkennen, dass das Abreißvolumen sich bildender Blasen beim Lösen vom Bildungsursprung von der Viskosität der umgebenden Flüssigkeit abhängt (Adolphi, Hrsg. 1966; Kafarow 1977; Cornel und Krause 2002); sie wird unter anderen mit folgendem Modellansatz beschrieben:

$$V_{\mathrm{Abreiß}} = \left\{ 1 + 4 \cdot \left[\eta_{\mathrm{L}} / g^{\left(\frac{1}{5}\right)} \cdot Q_{\mathrm{G}}^{\left(\frac{3}{5}\right)} \right]^{\left(\frac{3}{4}\right)} \right\} \cdot Q_{\mathrm{G}}^{\left(\frac{6}{5}\right)} / g^{\left(\frac{3}{5}\right)} \tag{2.33}$$

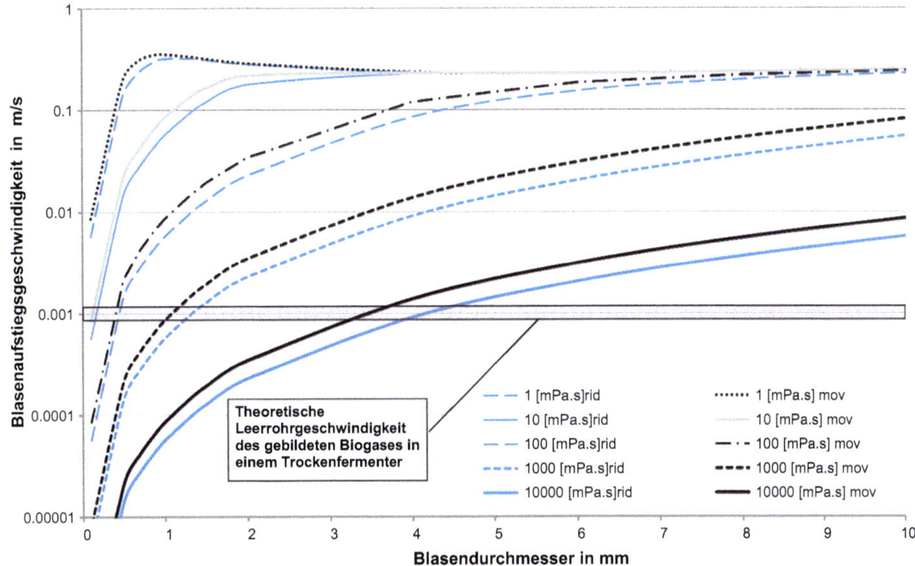

Abb. 2.16 Modellierung der Blasenaufstiegsgeschwindigkeiten gemäß Gl. 2.28 für variierte Blasendurchmesser und Medienviskositäten

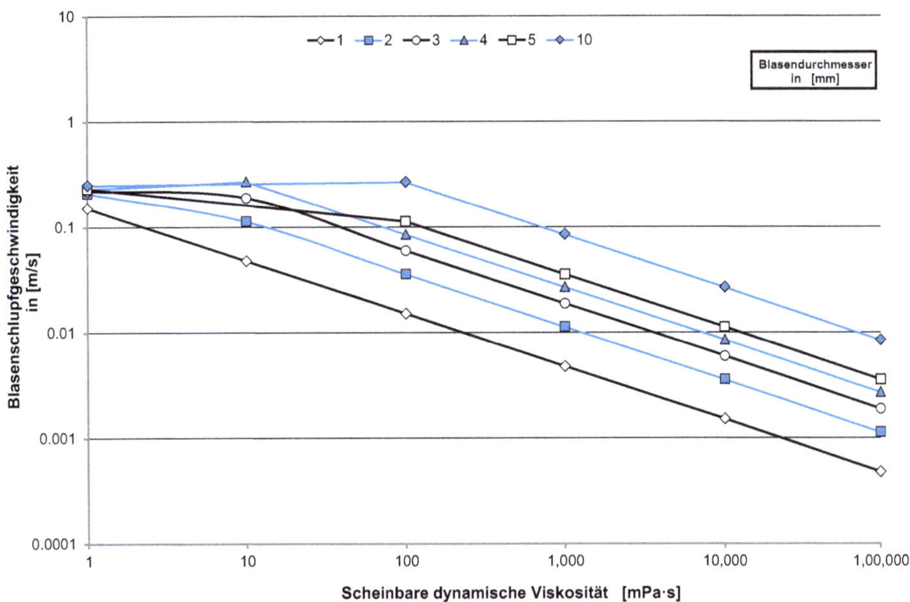

Abb. 2.17 Mit Gl. 2.32 berechnete Blasenschlupfgeschwindigkeiten in Abhängigkeit von Blasendurchmesser und Medienviskosität

In Gärreaktoren werden innerhalb des gesamten Reaktionsvolumens Gasblasen gebildet, deren lokales Momentanvolumen in Abhängigkeit des jeweils gegebenen Gesamtdruckes kleiner ist als das Blasenvolumen unter Normbedingungen. Mit Aufsteigen der Blasen verringert sich der Duck und das Volumen vergrößert sich proportional. Entsprechend erhöht sich die Steiggeschwindigkeit.

Zusätzlich wird bei höherer Viskosität die Blasenkoaleszenz begünstigt, da Blasen aus größeren Tiefen schneller aufsteigen als gerade neu gebildete, wodurch sich die Kollisionsfrequenz erhöht.

Generell wird durch höhere Viskosität die Bildung größerer Blasen intensiviert und damit das Gas-hold-up verringert; andererseits wird viskositätsabhängig die Aufstiegsgeschwindigkeit gemindert, was wieder zu längeren Gasaufenthaltszeiten im Gärmedium und damit zu steigendem Hold-up führt.

Ohne ausreichende Unterstützung der vertikalen Entgasung durch geeignete Rührorgane kann es bei entsprechenden Prozessbedingungen zu einem Aufblähen des viskosen Gärmediums im Reaktor kommen. Vergleicht man die in Abb. 2.16 markierte, für „viskose" Prozessbedingungen berechnete „Biogasleerrohrgeschwindigkeit" im Fermenter (bezogen auf die Querschnittsfläche in Reaktordraufsicht) mit der viskositätsrelevanten Blasenaufstiegsgeschwindigkeit, zeigt sich ein geringerer Aufstiegswert gegenüber der Leerrohrgeschwindigkeit.

Das beschreibt den bekannten Aufbläheffekt für trockensubstanzreiches, viskoses Gärmedium, wenn das Entweichen des Gases nicht mechanisch durch Scherung des Gärmediums zur Schaffung ständig erneuerter vertikaler Entgasungskanäle mittels der Rührorgane unterstützt wird.

Das viskose, gashaltige Gärmedium kann sich bei ungünstigen Betriebsbedingungen soweit ausdehnen, dass der Gasfreiraum des Reaktors vollständig ausgefüllt wird und gashaltiges Gärmedium bis in die Gasentnahmeleitung gedrückt werden kann. Abb. 2.18 verdeutlicht diesen problematischen Betriebszustand.

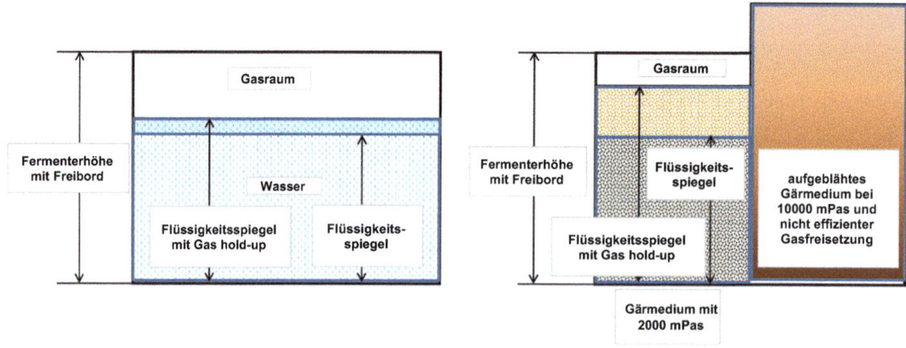

Abb. 2.18 Anwachsen des gashaltigen Medienspiegels im Gärreaktor für ungenügende Gasfreisetzung bei hoher Medienviskosität

Die Modellierung ergibt für diese Hold-up-Bedingungen ein viskositätsabhängiges Ansteigen der gashaltigen Flüssigkeitshöhe wie folgt:

- Flüssigkeitsfüllstand ohne Gasgehalt 7200 mm
- Flüssigkeitsfüllstand (Wasser) mit Gasgehalt 7212 mm
- Flüssigkeitsfüllstand (Gärmedium, $\eta = 2000$ mPas) mit Gasgehalt 7400 mm
- Flüssigkeitsfüllstand (Gärmedium, $\eta = 10.000$ mPas) mit Gasgehalt 8800 mm.

Der Gassammelraum zur Biogasableitung über dem Flüssigkeitsstand beträgt auslegungsgemäß ca. 700 mm. Demnach ist für wässrige Medien sowie Gärmedium mit moderat höherer Viskosität auch ohne Rühren genügend Gassammelraum im Reaktorkopf vorhanden. Für hochviskose Medien in Trockenfermentern (z. B. NawaRo-Vergärung) würde die viskose Masse mit Gaseinschlüssen auf ca. 8800 mm und damit bis in die Gasableitungen über dem Fermenterdach ansteigen. Nur durch ausreichende Rührung zur Gewährleistung vertikaler Entgasungskanäle im Gärmedium lässt sich der begaste Füllstand auf die technologisch zulässige Höhe begrenzen.

Auch für niedrigviskose Gärmedien in Nassfermentern ist das Anheben des Flüssigkeitsspiegels bei gashaltigem Medium gegenüber der gasfreien Flüssigkeitsfüllung zu berücksichtigen, um den Reaktorfreibord unter Beachtung des Gas-hold-up und eventueller zusätzlicher Schwimmschicht- sowie Schaumbildung nicht zu gering zu dimensionieren.

Je höher der Reaktorfüllstand ist und somit die absolute Aufenthaltszeit der Blasen im Gärmedium zunimmt, desto mehr erhöht sich der Gesamtgasgehalt in der Flüssigkeit.

Der Modellcharakter für die Darstellung in Abb. 2.19 muss beachtet werden. Im Rechenmodell getroffene Annahmen über Biogas-Bildungsraten, Prozesstemperatur und weitere Stoff- und Prozessdaten sind nicht explizit ausgewiesen. Die Systeme sind ohne Fremdrührung gerechnet. Für feststoffarme, wässrige Medien hat eine zusätzliche Rührung keinen signifikanten Einfluss auf die Ausbildung des Gas-hold-up. Je viskoser das Medium wird, desto stärker kann in Folge besserer Entgasung durch zusätzliches Rühren das Hold-up reduziert werden.

2.2.6.5 Wechselwirkung von Viskosität und Diffusion sowie Stoffübergang

Der bakterielle Stoffwechsel ist daran gebunden, dass zwischen Zelle und einer zellnahen Medienschicht über Diffusion ein Austausch von Substraten und Stoffwechselprodukten erfolgen kann.

Das setzt voraus, dass sich die Medien(grenz)schicht in Nähe der Bakterienzellen regelmäßig erneuert, damit keine Verarmung an Substrat bzw. keine Anreicherung von Abbauprodukten auftreten kann und die als Diffusionstriebkraft notwendigen Konzentrationsdifferenzen zwischen Zelle und Umgebung vorhanden sind.

Entsprechend ist der resultierende Stoffübergangskoeffizient mit seiner Einheit als Transportgeschwindigkeit die Summe aus molekularer und turbulenter Diffusion im Medium

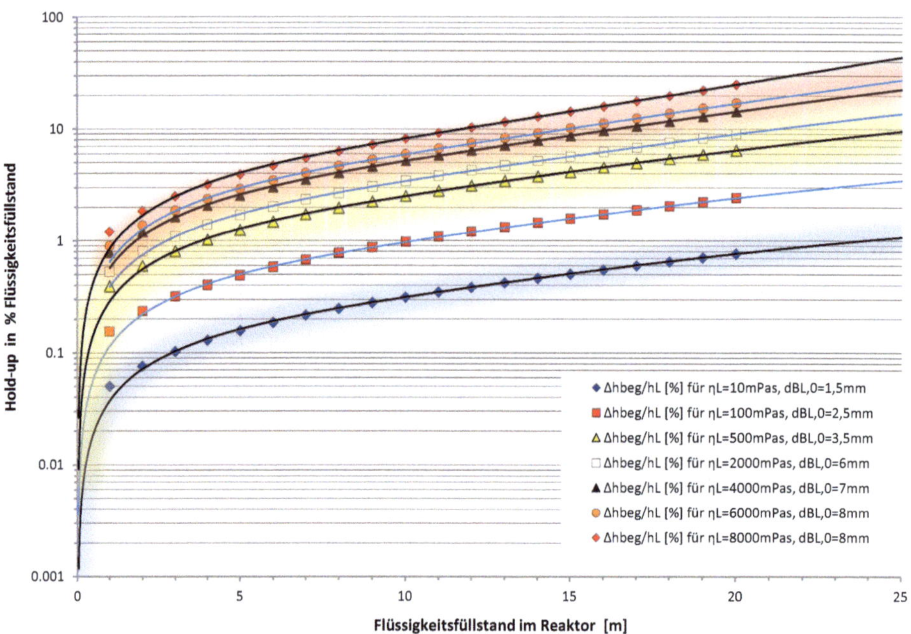

Abb. 2.19 Entwicklung des Hold-up in Gärreaktoren für Gärmedien unterschiedlicher Viskosität in Abhängigkeit des Medienfüllstandes bei mesophiler Prozesstemperatur. Markiert sind die Betriebsbereiche für feststoffarme Gärmedien (blau), typische Prozesse der Nassfermentation (gelb) sowie feststoffreiche, hochviskose Trockenvergärungen (rot)

$$k_L \sim [D_{\text{mol}} + D_{\text{turb}}]/\Delta z\,[\text{m/h}] \tag{2.34}$$

Gemäß Stokes-Einstein-Gleichung verhält sich die molekulare Diffusion umgekehrt proportional zur Medienviskosität (Kafarow 1977)

$$D_{\text{mol}} \sim \frac{1}{\eta}. \tag{2.35}$$

Die turbulente Diffusion als makroskopischer Transportanteil folgt den bekannten Gesetzen der Rührtechnik mit der näherungsweisen Abhängigkeit (Dickey 2004; Wilke 1991)

$$D_{\text{turb}} \sim \frac{1}{\sqrt{\eta}}. \tag{2.36}$$

Damit zeigt sich eine deutliche Abhängigkeit der Stoffaustauschbedingungen um die Bakterienzellen von der Medienviskosität. Im Bereich konventioneller Misch- und Rührbedingungen für wässrige Medien ist dieser Einfluss nicht signifikant, bzw. in den zugeschnittenen Modellierungsansätzen für Medien mit wasserähnlichen Viskositäten schon mit eingearbeitet, sodass explizit häufig keine Abhängigkeit mehr zu erkennen ist.

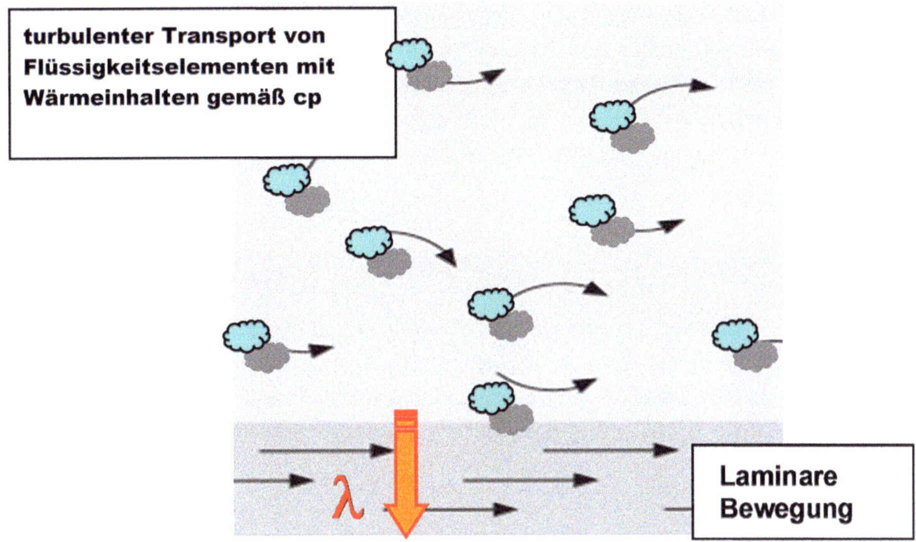

Abb. 2.20 Schematische Abbildung des Wärmetransports mittels turbulent bewegter Flüssigkeitselemente im Vergleich zur dominierenden Wärmeleitung in laminar fließendem bzw. ruhendem Medium. (Quelle: Langhans et al. 2012)

Für die Viskositätsverhältnisse eines hochbelasteten Trockenfermenters ist die den Stofftransport hemmende Wirkung der Viskosität jedoch zu berücksichtigen.

2.2.6.6 Auswirkungen der Viskosität auf Stoff- und Wärmetransport

Die geringe exotherme Wärmetönung des anaeroben mikrobiellen Stoffwechsels (Abschn. 4.1.7) erfordert eine hinreichend genaue Bilanzierung des Wärmehaushaltes von Vergärungsanlagen, um stabile mesophile oder thermophile Prozesstemperaturen mittels Wärmeübertragung auf das Gärmedium (oder auch Wärmeabführung) zu gewährleisten und dabei kostenoptimiert Über- bzw. Unterdimensionierungen zu vermeiden. Während höherkonzentrierte Abfallströme mit gutem Gasbildungspotenzial einen hohen Wärmeüberschuss aus der kalorischen Biogasverwertung erwarten lassen, ist für feststoffarme Industrie-, Landwirtschafts- bzw. Kommunalschlämme die mögliche thermische Energieausbeute häufig nicht größer als der Heizwärmebedarf.

Die verfahrenstechnisch eher konventionellen und allgemein zugänglichen Wärmeberechnungen können sich aufgrund der vielfältigen und materiebedingt nicht konstanten Einflussparameter aufwendig und in ihren Ergebnissen verwirrend gestalten.

Die Dimensionierung des Wärmeübertragungssystems erfolgt auf Basis der allgemein bekannten und vergleichsweise einfachen Standardgleichungen der Wärmeübertragung an den Grenzflächen zwischen unterschiedlichen Medien (2.7), wobei die erreichbare Genauigkeit der Auslegung von der Verfügbarkeit exakter medienspezifischer Stoffwerte abhängt.

Die signifikante Bedeutung der Medienviskosität für den Wärmeübergang ergibt sich aus den zitierten funktionalen Abhängigkeiten.

Solange in niedrigviskosen Medien ein makroskopischer Flüssigkeitsaustausch realisiert werden kann, bewirkt die spezifische Wärmekapazität des Gärmediums den simultanen Wärmetransport und -Ausgleich im gesamten Reaktionsraum und die transportierte Wärmemenge beträgt:

$$\frac{\dot{Q}}{m} = c_P \cdot \Delta t \tag{2.37}$$

Für höhere Viskosität mit der Tendenz zu laminarer Bewegung bzw. Stagnation wird der Wärmetransport dominiert durch die medienspezifische Wärmeleitfähigkeit.

Daraus resultieren lokale Temperaturunterschiede im Medium, um die bei Wärmeleitung erforderliche Triebkraft für den Wärmetransport zu gewährleisten.

$$\dot{Q} = \frac{Q}{t} = \lambda \cdot \frac{A}{l} \cdot \Delta t \tag{2.38}$$

In Bezug auf die in Abschn. 4.1.7.2 diskutierte Möglichkeit der anaeroben Selbsterwärmung in hochbelasteten Gärreaktoren können somit z. B. bei gemessenen und über das Wärmeübertragungssystem nahe Reaktorwand geregelten thermophilen Prozesstemperaturen im Inneren des Fermentationsmediums lokal deutlich höhere Temperaturen herrschen und zu einer partiellen Schädigung der Biozönose führen. Damit lassen sich in solchen Reaktoren schon beobachtete undefinierte Aktivitätsstörungen (Abschn. 6.1) erklären.

Eine explizite Messung des Temperaturverlaufs in für hoch belasteten Betrieb ausgelegten großtechnischen Gärreaktoren stößt derzeit auf Schwierigkeiten, da Temperaturmessstellen aus technologischen Gründen bevorzugt in Nähe der Reaktorwand angeordnet sind (Sieber 2012).

Die Effizienz des Wärmeübergangs zwischen flüssigen bzw. gasförmigen Medien und festen Wänden wird durch den α-Wert definiert. Dieser wird experimentell bestimmt und für charakteristische Wärmeübertragungssysteme häufig aus verfügbaren verallgemeinerten Modellbeziehungen errechnet (Tab. 2.5).

Wertet man die in der Literatur zugänglichen Messungen von α-Werten bezüglich des Viskositätseinflusses aus, lassen sich die Abhängigkeiten gemäß Abb. 2.21 darstellen. Je höher die Medienviskosität und damit je geringer der Wärmeübergangskoeffizient, desto mehr muss versucht werden, durch mechanische Rührung oder auch durch Verflüssigung bei höheren Prozesstemperaturen das Wärmetransportdefizit zu kompensieren.

Die Näherungswerte für wässrige Medien sind in der Literatur nur geschwindigkeitsabhängig verfügbar (Tab. 2.9).

2.2.6.7 Sedimentation in viskosen Gärmedien

Unter der Voraussetzung laminarer Bewegung wird die Sedimentationsgeschwindigkeit von suspendierten Feststoffen in viskosen Schlämmen mit dem STOKES'schen Gesetz beschrieben.

Tab. 2.5 Abhängigkeiten des Wärmeübertragungskoeffizienten α von den geometrischen Parametern. (Quellen: Adolphi, Hrsg. 1966; Kafarow 1977; Mende und Simon 1975; Langhans et al. 2012)

Strömungsart für die Modellbildung mit der Nusselt-Zahl	Funktionelle Abhängigkeiten der Nusselt-Zahl von dimensionslosen Kennzahlen und geometrischen Parametern
Erzwungene turbulente Strömung	$Nu = \mathrm{f}(Re, Pr, Pr_{\mathrm{Produkt}}/Pr_{\mathrm{Wand}}, d/L)$
Erzwungene laminare Strömung	$Nu = \mathrm{f}(Re, Pr, Gr, Pr_{\mathrm{Produkt}}/Pr_{\mathrm{Wand}}, d/L)$
Freie Konvektion	$Nu = \mathrm{f}(Pr, Gr)$

Der α-Wert wird aus den experimentell bestimmten Modellen für die Nusselt-Zahl unter Berücksichtigung einer charakteristischen geometrischen Abmessung sowie der zugehörigen Medien-Wärmeleitfähigkeit errechnet. Die charakteristische geometrische Abmessung ist in der Regel ein Rohrdurchmesser, kann aber auch eine sonstige signifikante geometrische Größe darstellen (z. B. eine Plattenlänge bei Plattenwärmeübertragern)

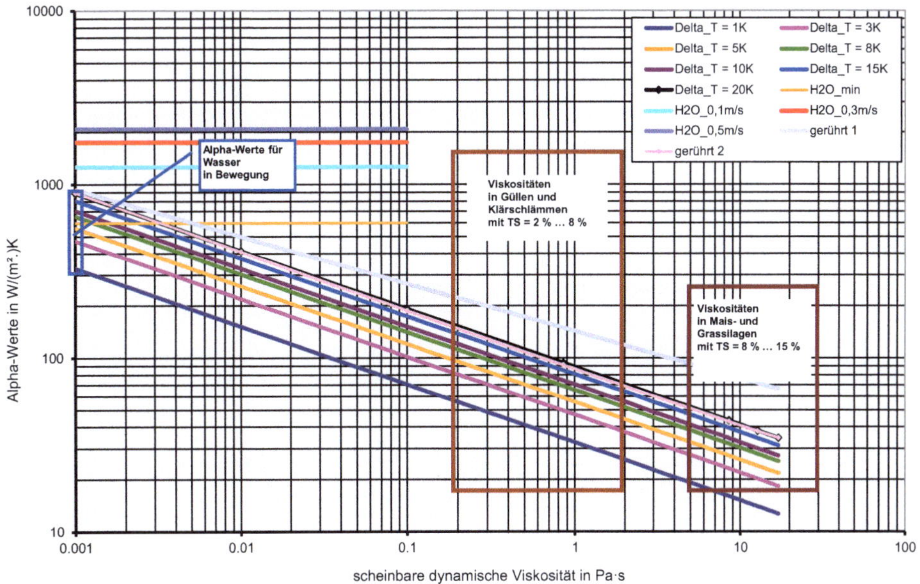

Abb. 2.21 Wärmeübergangskoeffizienten zwischen Gärmedium und Fermenterwand in Abhängigkeit der Medienviskosität und der Temperaturspreizung für freie und für erzwungene Konvektion sowie für Wasser (mit $\eta = 1$ mPas) in Abhängigkeit der Strömungsgeschwindigkeit. (Datenquellen: http://www.schweizer-fn.de/; Adolphi, Hrsg. 1966; Langhans 2000)

$$v_{\mathrm{Sed}} = \frac{9 \cdot r^2 \cdot (\rho_{\mathrm{P}} - \rho_{\mathrm{L}})}{2 \cdot \eta_{\mathrm{L}}} \tag{2.39}$$

Während die Dichtedifferenz zwischen suspendiertem Partikel mit dem Radius r und umgebender Flüssigkeit die abwärts gerichtete Kraftwirkung auf das Teilchen ausdrückt, repräsentiert in Gl. 2.39 die Viskosität der Flüssigkeit die Widerstandskraft gegen das Absinken.

Bei sehr hohen Feststoffkonzentrationen kommt es zusätzlich zu behindertem Absetzen, da die dicht gepackten Feststoffpartikel sich gegenseitig nur schwer verdrängen können.

Die Sedimentation führt bei unzureichender Durchmischung zur Ausbildung horizontaler Feststoffschichtungen in Abhängigkeit von Größe und Gewicht der suspendierten Feststoffe.

Rührsysteme in Behältern und ihre Einschaltzeiten sind neben den sonstigen verfahrenstechnischen Aufgaben auch auf das gewünschte Sedimentationsergebnis abzustimmen.

Feinpartikuläre Feststoffe können mit geringem Energieeintrag in Schwebe gehalten werden. Bilden sie jedoch Sedimentschichten, sorgen häufig Adhäsionskräfte für einen schlickähnlichen Zusammenhalt und es bedarf eines um den Faktor ca. 10 höheren Energieeintrags für das Aufwirbeln gegenüber dem für die Aufrechterhaltung des Schwebezustandes notwendigen.

Die Zeitdauer von Rührpausen bzw. der gezielte Einsatz von überdimensionierten Rührsystemen sind sorgfältig betriebswirtschaftlich abzuwägen.

2.2.6.8 Die Druckverluste der Rohrströmung viskoser Medien

Die Druckverlustberechnung für viskose strömende Medien mit Newton'schem Fließverhalten in Rohrleitungen ist gut beforscht und in verfahrenstechnischen und strömungstechnischen Standardwerken sehr detailliert dokumentiert, z. B. in (Albring 1966; Adolphi 1967; Bohl 2008).

Für diesen Medientyp ist die Schubspannung τ dem Geschwindigkeitsgradienten $\mathrm{d}w/\mathrm{d}n$ senkrecht zur Strömungsrichtung proportional

$$\tau = \eta \cdot \frac{\mathrm{d}w}{\mathrm{d}n} \tag{2.40}$$

Für $\mathrm{d}w/\mathrm{d}n = 0$ wird auch $\tau = 0$. Der Proportionalitätsfaktor η ist für Newton'sche Flüssigkeiten eine charakteristische stoffspezifische Konstante mit der Einschränkung, dass jeweils eine geringe Druckabhängigkeit sowie große Temperaturabhängigkeit besteht (Abschn. 2.2.6.1).

Im Gegensatz dazu existiert bei plastischen Medien auch für den Geschwindigkeitsgradienten $\mathrm{d}w/\mathrm{d}n = 0$ noch eine endliche Schubspannung τ_0.

$$\tau = \tau_0 + \eta \cdot \frac{\mathrm{d}w}{\mathrm{d}n} \tag{2.41}$$

Bei Rohrströmungen Newtonscher Flüssigkeiten ist der dimensionslose Rohrreibungsbeiwert λ als Proportionalitätsfaktor in der Berechnungsgleichung für den reibungsbedingten Druckabfall eingeführt worden. Es gilt als Druckdifferenz

$$\Delta p_{\mathrm{V}} = \lambda \cdot \frac{l}{d} \cdot \frac{\rho}{2} \cdot \bar{\mathrm{w}}^2 \tag{2.42}$$

bzw. als Druckverlusthöhe in Meter Wassersäule (nicht ISO-gerecht)

$$h_V = \lambda \cdot \frac{l}{d} \cdot \frac{\bar{w}^2}{2 \cdot g} \quad (2.43)$$

Dabei stellt $\bar{w} = \frac{\dot{V}}{A}$ die mittlere Strömungsgeschwindigkeit dar als Quotient aus Volumenstrom und durchströmtem Rohrquerschnitt.

Die Rohrreibungszahl ist eine Funktion der stofflichen Medieneigenschaften sowie hydraulischer Parameter und geometrischer Rohrparameter [$\lambda = f(Re$ und $d/k)$]. Als Reynolds-Zahl wird das dimensionslose Verhältnis von Trägheitskraft zu Zähigkeitskraft definiert.

$$Re_{\mathrm{Rohr}} = \frac{\bar{w} \cdot d}{\nu} = \frac{\bar{w} \cdot d \cdot \rho}{\eta} \quad (2.44)$$

Über die Reynolds-Zahl wird die Medienviskosität in die Druckverlustberechnung integriert. Zur Ausführung der Druckverlustberechnung gibt es in den Fachmedien zahllose Hilfsmittel in Diagrammform und tabelliert sowie als Algorithmen für den Einsatz von Computern.

Klärschlämme, Fermentationsschlempen, Güllen und sonstige feststoffreiche Organiksuspensionen zeigen in der Regel ein mehr oder weniger ausgeprägtes nicht-Newton'sches Fließverhalten. Ihre Viskosität lässt sich nicht mehr wie bei den Newton'schen Medien als quasi-konstante Stoffeigenschaft beschreiben, sondern es ist die Wandschubspannung in Abhängigkeit des Schergefälles als sogenannte Fließkurve zu bestimmen. Die nicht mehr konstante „scheinbare" Viskosität kann dann gemäß Gl. 2.40 errechnet werden. Zusätzlich gilt weiterhin die schon w. o. angeführte Temperaturabhängigkeit (Abb. 2.12). Damit ändern sich bei der Berechnung der Reynolds-Zahl für variierte geometrische und hydraulische Parameter auch jedes Mal die von ersterer abhängigen scheinbaren Viskositätswerte. Die Berechnung der Strömungsdruckverluste wird deshalb sehr unübersichtlich, zumal sich bei feststoffreichen Suspensionen die den Berechnungsvorschriften für Newton'sche Flüssigkeiten zugrunde liegenden Abhängigkeiten zwischen laminarer Wandgrenzschicht und Einfluss der Rauhigkeitshöhen der Rohrwandungen auf die Druckverluste verändern.

Wie in Abschn. 2.2.6.1 dargelegt, sind die konventionellen Messgeräte zur Viskositätsbestimmung (Ausflussviskosimeter, Rotationsviskosimeter) für feststoffreiche Suspensionen nicht mehr geeignet. Für diese Messaufgaben hat sich ein Rohrviskosimeter bewährt, bei dem der Druckverlust über eine definiert durchströmte Rohrlänge gemessen wird (Schwarz 1994).

Daraus folgt mit der als Hagen-Poiseuille'sche-Gleichung bekannten Beziehung die scheinbare dynamische Viskosität in Abhängigkeit des Druckverlustes und weiterer hydraulischer und geometrischer Parameter zu:

$$\eta^* = \frac{\pi \cdot d^4 \cdot \Delta p_V}{128 \cdot \dot{V} \cdot l} \quad (2.45)$$

Diese Gleichung gilt streng genommen nur für laminare Strömungen. Für feststoffreiche Organiksuspensionen liegt man jedoch mit der annähernd maximalen Ruheviskosität bei Re <100 und auch für endliche Medienfließgeschwindigkeiten im Rohr bei Re <1000, sodass laminares Fließen mit guter Näherung vorauszusetzen ist.

Wenn mit Gl. 2.45 die Viskosität aus dem Druckverlust berechnet werden kann, lässt sich auch durch Umstellen der Formel der Druckverlust

$$\Delta p_V = \frac{128 \cdot \eta^* \cdot \dot{V} \cdot l}{\pi \cdot d^4} \tag{2.46}$$

aus dem für die jeweiligen Betriebsbedingungen ermittelten punktuellen Wert für die scheinbare dynamische Viskosität ermitteln.

Dazu wird für die Bestimmung des relevanten Schergefälles die Maximalgeschwindigkeit der laminaren Rohrströmung benötigt, die sich aus der Theorie (Albring 1966) ableitet zu

$$w_{\text{max, laminar}} = 2 \cdot \bar{w}_{\text{turbulent}} \tag{2.47}$$

und zusammen mit dem Rohrradius das benötigte Schergefälle

$$D = \frac{w_{\text{max, laminar}}}{r} = \frac{4 \cdot \bar{w}_{\text{turbulent}}}{d} \tag{2.48}$$

ergibt, um den diskreten Viskositätspunkt auf der Fließkurve zu ermitteln. Eine Abschätzung des Schergefälles aus Abb. 2.12 ist ebenfalls möglich.

Diese direkte Bestimmung des Druckverlustes ohne Berücksichtigung von Reynolds-Zahl und Reibungsbeiwert bietet sich besonders in einem frühen Projektstadium an, wenn noch keine detaillierte verfahrenstechnische und konstruktive Bearbeitung vorliegt.

Für hochviskose Suspensionen ist insbesondere zu beachten, dass sich durch Entmischungseffekte in der wandnahen Grenzschicht ein feststoffverarmter Flüssigkeitsfilm bilden kann, der die Wandschubspannung absenkt und durch den resultierenden Schmiereffekt die Druckverluste reduziert.

2.2.6.9 Viskositätseinfluss auf die Auswahl der Rührsysteme und ihre Leistungsaufnahme

Die fließfähigen Stoffströme in allen hydraulisch beaufschlagten Prozessstufen von Vergärungsanlagen wie Puffer- und Dosierspeicher, Hauptreaktoren und Nachgärer sowie Endlager erfordern für eine effiziente Umsetzung der verfahrenstechnischen Aufgabenstellungen den Einsatz unterschiedlicher Rührsysteme mit jeweils optimaler technologischer Anpassung und Leistungscharakteristik.

Wesentliche Durchmischungsaufgaben sind:

- Die Homogenisierung des Behälter- bzw. Reaktorinhaltes, um die Bildung von Schwimmdecken und Sedimentablagerungen zu reduzieren und in allen Bereichen des Mediums ausgeglichene Verteilungen von Temperatur, pH-Wert und Feststoffkonzentrationen zu gewährleisten

- Die Entgasung des Gärgemisches zu unterstützen, damit Produkthemmungen durch das gebildete Gas vermieden werden und das Aufblähen des insbesondere bei der Trockenfermentation hochviskosen Gärmediums infolge nicht entweichender Gaseinschlüsse verhindert wird
- Den Stoffaustausch zwischen Bakterien und umgebendem Medium gesteuert zu fördern, um optimale Lebensbedingungen für die Mikroorganismen zu schaffen ohne Zerstörung der gebildeten Bakterienschlammflocken infolge zu großer Scherkräfte.

Grundsätzlich kann eine definierte Mischaufgabe durch unterschiedliche Verfahrenstechniken gelöst werden. Dazu gehören Technologien mit Gaseinpressung durch Einzeldüsen (z. B über Lanzen) oder nach dem Mammutpumpenprinzip, Umpumpsysteme oder mechanische Rührsysteme unterschiedlicher Bauart. In allen Fällen spielt die Medienviskosität neben anderen Stoffwerten eine entscheidende Rolle bei der Systemauswahl und bei der erreichbaren verfahrenstechnischen und energetischen Leistungsfähigkeit.

Am Beispiel der vielfach eingesetzten mechanischen Rührsysteme wird der Einfluss der Viskosität diskutiert.

Je höher die Viskosität im Medium ist, desto begrenzter ist die Medienzirkulation im Reaktionsvolumen.

Für bei höheren Feststoffkonzentrationen betriebene Vergärungsanlagen mit üblichen Viskositäten oberhalb 2000 bis 30.000 mPaS sind schnelllaufende Rührer mit Pumpwirkung nicht mehr geeignet, da das Medium nicht mehr fließt, sondern nur noch in unmittelbarer Rührernähe durch die Scherkräfte verflüssigt und sich infolge der stattfindenden Energiedissipation lokal erwärmt.

Im höherviskosen Bereich werden bevorzugt langsam laufende Rührer eingesetzt, die weniger fördern und stattdessen das Medium walken und zerteilen, um durch Grenzflächenerneuerung den Stoffübergang zu verbessern und den Aufstieg und Austritt der Biogasblasen aus dem teigähnlichen Medium durch Schneiden von vertikalen Entgasungskanälen zu unterstützen.

Da nicht mehr gepumpt wird, sondern nur noch im Bereich der Rührer Bewegung auftritt, erfordern diese Rührwerke zur Erzielung des notwendigen Rühreffekts sehr große Abmessungen.

Gegebenenfalls sind mehrere Einheiten in einem Behälter anzuordnen, um die Wirksamkeit zu gewährleisten.

Für die Änderung der Nettoleistungsaufnahme eines Rührertyps gilt näherungsweise die folgende Abhängigkeit von einer Änderung des Rührerdurchmessers, der Rührerdrehzahl, sowie der Medienviskosität (Häußler 1965; Adolphi 1966; Danckwerts 1970; Nielsen 1995; Kolb 2010),

$$\frac{P_2}{P_1} \sim \left(\frac{n_2}{n_1}\right)^{5/2} \cdot \left(\frac{d_2}{d_1}\right)^4 \cdot \left(\frac{\eta_2}{\eta_1}\right)^{1/2} \tag{2.49}$$

Üblicherweise kommen (Kreuz-)Balkenrührwerke und Haspelrührwerke sowie Propellerrührer unterschiedlicher Bauarten zum Einsatz.

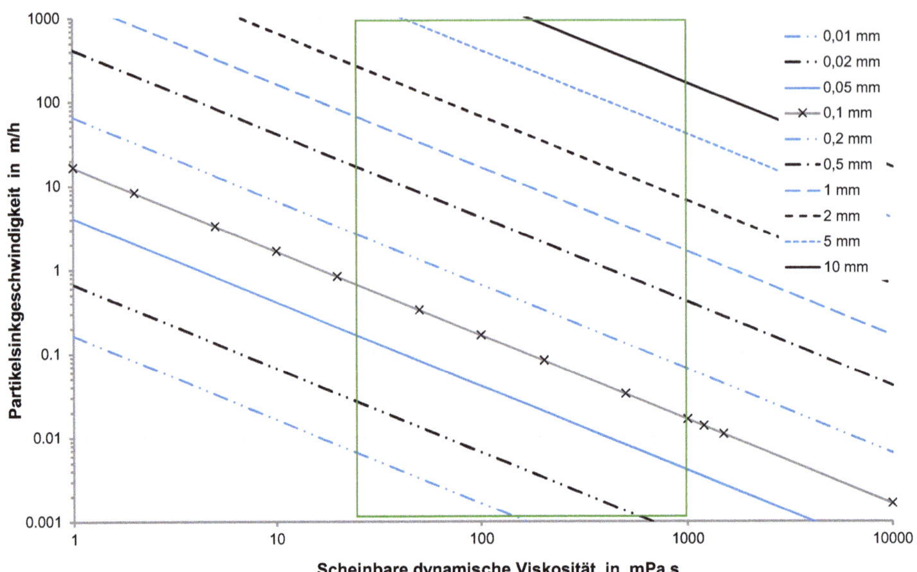

Abb. 2.22 Der Bereich zu erwartender Sedimentationsgeschwindigkeiten in viskosen Feststoffsuspensionen mineralischer Partikel in Abhängigkeit von Dichten, Partikelgröße und Medienviskosität. Eine explizite Temperaturabhängigkeit ist nicht dargestellt, besteht jedoch über den Einfluss auf die Viskosität Partikeldichte: 2600 kg/m^3; Flüssigkeitsdichte: 1100 kg/m^3

Die Rührerwellen können

- vertikal; mittig und außermittig,
- horizontal an Längs- oder Querachsen in Bezug auf die Hauptströmungsrichtung
- oder tangential durch die Behälterwand angeordnet sein.

Sonderkonstruktionen mit schrägen Achsen von der Behälterwand zu zentral angeordneten Bodenlagern werden ebenfalls angeboten.

Eine an die spezifischen Aufgaben angepasste Rührwerkskonstruktion für den Pfropfenstrom-Trockenfermenter, Typ LARAN®, zeigt Abb. 2.23. Die konstruktive Gestaltung lässt erkennen, welche Kraftwirkungen bei dem Rühreinsatz in trockenmassereichen, hochviskosen Gärmedien zu berücksichtigen sind. Neben der Rührergrundform zum Einsatz bei grobpartikulärem Gärgut mittlerer Viskosität (kleine Bildeinfügung) ist für den Einsatz in hochviskosen Gärmedien die konstruktive Gestaltung mit radialen Schneidblechen zur Erzeugung vertikaler Entgasungskanäle im Medium charakteristisch.

Die in der Mehrzahl bei Mischaufgaben eingesetzten mechanischen Rühraggregate müssen zur Gewährleistung der Effizienz und Betriebssicherheit innerhalb bestimmter Bereiche der Rührsystemparameter zu arbeiten:

Abb. 2.23 Beispiel einer Rührwerksgestaltung für einen LARAN®-Pfropfenstromtrockenfermenter zum Einsatz in hochviskosen Gärmedien. (Quelle: Langhans et al. 2012)

Die notwendige Gewährleistung der mechanischen Festigkeit hat aus Untersuchungen und praktischen Erfahrungen zur Definition von maximalen Umfangsgeschwindigkeiten an den Rührflügelaußenkanten der zum Einsatz kommenden Rührertypen geführt, bei deren Einhaltung mit betriebswirtschaftlich vertretbaren Gerätestandzeiten gerechnet werden kann.

Abb. 2.24 verdeutlicht den Zusammenhang zwischen Rührerdurchmesser und Rührerdrehzahl, wenn die empfohlenen maximalen Umfangsgeschwindigkeiten nicht überschritten werden sollen. Das Diagramm hat nur Relevanz bezüglich der zu gewährleistenden mechanischen Festigkeit der Rührwerkseinheiten bei sachgerechter ingenieurtechnischer Dimensionierung und Fertigung.

Die Rührwirkung der eingesetzten Systeme hängt wesentlich vom Feststoffgehalt und der Viskosität des Mediums ab. Dabei gibt es zwischen Feststoffgehalt und Viskosität keinen direkt-proportionalen Zusammenhang (Abschn. 2.2.6.3). Partikuläre, vorwiegend mineralische Feststoffe benötigen aufgrund ihrer Dichte höhere Medienfließgeschwindigkeiten, um als Suspension in Bewegung gehalten zu werden, liefern jedoch nur einen geringen Beitrag zur Viskosität der Suspension. Höherkonzentrierte Salzlösungen und insbesondere organische Verbindungen neigen zu einer dreidimensionalen Vernetzung,

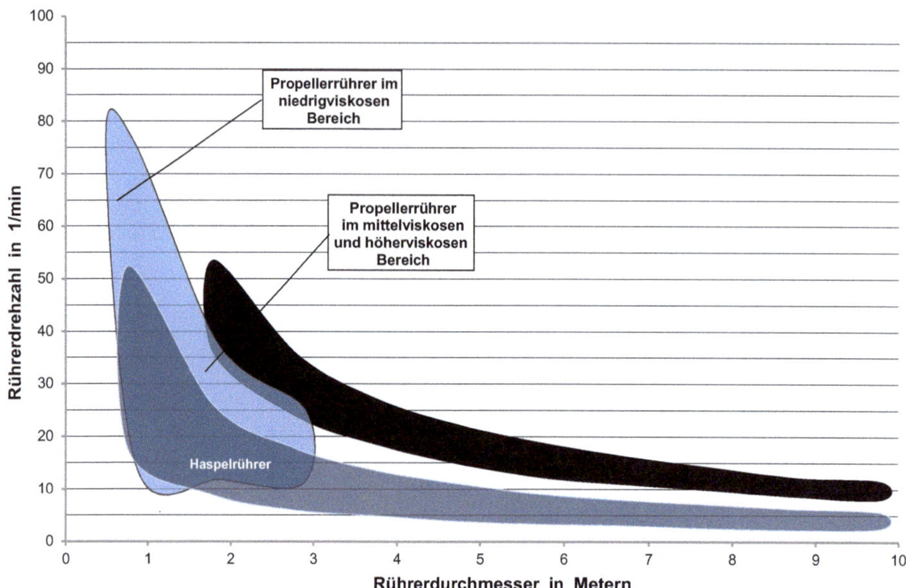

Abb. 2.24 Für den Anlagenbetrieb erprobte Paarungen von zulässiger Rührerdrehzahl bei gegebenem Rührerdurchmesser

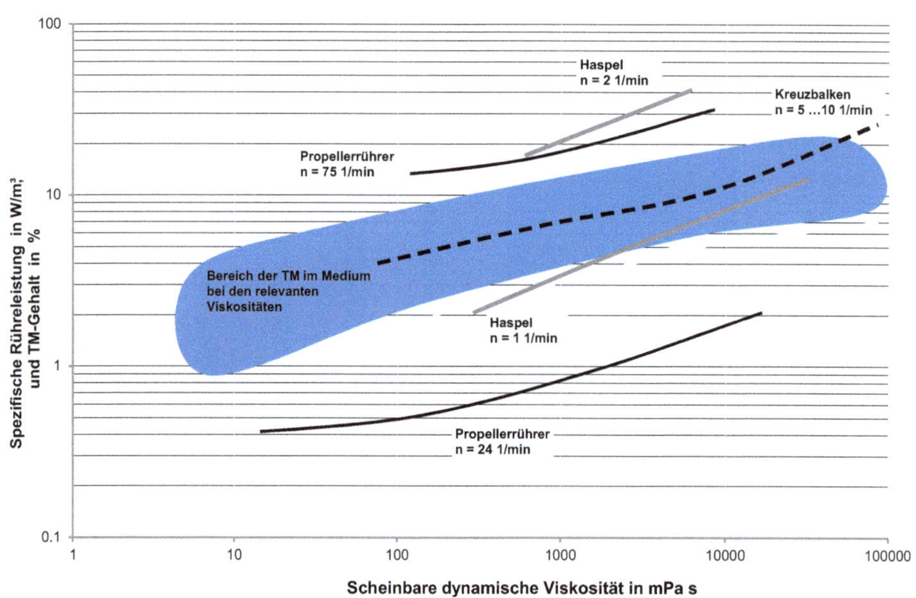

Abb. 2.25 Viskositätsabhängiger spezifischer Leistungsbedarf von Rührwerken für typcharakteristische Drehzahlen

die auch bei geringen messbaren Feststoffkonzentrationen zu hohen Viskositätswerten führen kann. Scherkräfte im Medium und höhere Temperaturen verringern oder zerstören diese Verbindungen, sodass das Medium fließfähiger wird.

Die Grafik in Abb. 2.25 vermittelt einen Überblick zum spezifischen Leistungsbedarf von insbesondere im mittel- und höherviskosen Bereich eingesetzten Rührwerken für charakteristische Rührerdrehzahlen.

2.3 Hinweise zu Verfahrenstechnik und Bilanzierung des Wärmehaushalts von Vergärungsanlagen

2.3.1 Bakterieller Stoffwechsel und biochemische Wärmetönung

Mit den modernen Methoden der Biochemie und Molekularbiologie gelingt es zunehmend, die komplexen enzymkatalysierten Stoffwechselreaktionen anaerober Biozönosen zu entschlüsseln.

Neben der für den Zellaufbau erforderlichen Kohlenstoffquelle und weiteren essenziellen Nährstoffen und Spurenelementen bedarf der Metabolismus insbesondere eines intrazellulären Energietransportes für die Regulation und Versorgung der gekoppelten endothermen und exothermen Teilreaktionen (Luong und Volesky 1983; Rehm und Reed 1981; Stadlbauer und Trien 1984).

Der universelle Energieträger ist dabei das Adenosintriphosphat (ATP), das unter hydrolytischer Abspaltung eines Phosphatrestes in Adenosindiphosphat (ADP) übergeht bei Energieabgabe in Form der freien Reaktionsenthalpie von −29 kJ/Mol. Die Rückreaktion verläuft unter Aufnahme des entsprechenden Energieäquivalents (Erickson 1978; Bauchop 1960; Minkevich 1973).

Gut untersucht sind diese Verhältnisse für Glucose als leicht metabolisierbares und bakteriell häufig genutztes Substrat zur Stoffwechselenergieerzeugung.

Die entwicklungsgeschichtlich jungen, nicht phototrophen aeroben Organismen nutzen den Sauerstoff als Wasserstoffakzeptor und haben aufgrund der großen Potenzialdifferenz zwischen Elektronendonator und -akzeptor eine effiziente Energieausbeute.

Die freie Reaktionsenthalpie für die aerobe Umsetzung von einem Mol Glucose zu CO_2 und Wasser beträgt −2870 kJ/Mol, wovon 1100 kJ/Mol zur Umwandlung von 38 Mol ADP in ATP genutzt werden.

1770 kJ/Mol, also ca. 60 % des Energiepotenzials der Glucose werden in Wärme umgewandelt, was den stark exothermen Charakter aerober Stoffwechselreaktionen erklärt (Bauchop 1960; Mudrack 1982; McInerney und Bryant 1981; Winter und Temper 1987).

Alternativ wird häufig die messbare aerobe Wärmetönung ins Verhältnis zu dem dabei verbrauchten Sauerstoff gesetzt und führt zu der bekannten aeroben Wärmetönung bakterieller Stoffwechselreaktionen (Cooney et al. 1969; Minkevich 1973; Luong et al. 1983) von

$$14{,}15 \text{ bis } 14{,}9\,\text{kJ/g}\,O_{2,\text{veratmet}} \quad \hat{=} \quad \Phi = 4{,}00\,\text{kWh/kg}\,O_{2,\text{veratmet}}$$

Beim anaeroben Prozess steht freier Sauerstoff nicht als Wasserstoffakzeptor zur Verfügung. Die Bakterien müssen bei ihrem Stoffwechsel auf andere Akzeptoren ausweichen unter energetisch wesentlich ungünstigeren Bedingungen. Außerdem erfolgt der Molekülabbau wegen des anaerob wesentlich komplexeren Anabolismus/Katabolismus nur in Teilschritten entsprechend des für die unterschiedlichen beteiligten Bakterienspezies verfügbaren Enzymhaushaltes (Langhans 1999).

So werden je Teilreaktionsschritt jeweils nur ein bis zwei Mol ADP als ATP aktiviert je Mol umgesetzter organischer Verbindung. Dabei bleiben bis zu 90 % des theoretischen Energiepotenzials in den gebildeten Stoffwechselzwischenprodukten bei nur unerheblicher Wärmefreisetzung.

Als Richtwert für die bakterielle Biomasseproduktion unter Nutzung der verfügbaren Energie aus 1 Mol ATP findet man in der Literatur (McInerney und Bryant 1981; Rehm und Reed 1981; Mosey 1983; Roels 1980; McCarty 1965) die Angabe 1 Mol ATP ≙ 10 g Bakterienbiomasse.

Zusätzliche Informationen zur anaeroben Stoffwechselwärme und den Prozessbedingungen für eine anaerobe bakterielle Selbsterwärmung des Gärmediums finden sich in Abschn. 4.1.7.

Infolge der geringen verfügbaren Energie aus dem anaeroben Metabolismus für den Betriebs- und Baustoffwechsel beträgt der Substratumsatz anaerober Mikroorganismen im stationären Prozess ein Vielfaches des bei Aerobiern bekannten.

Entsprechend eingeschränkt ist auch die Synthese neuer Zellbiomasse je umgesetzte Masseneinheit Substrat.

Letztlich bleiben als gasförmige Stoffwechselendprodukte noch Kohlendioxid und Methan. Der hohe Energiegehalt des Methans ist jedoch unter anaeroben Bedingungen für die Mikroorganismen nicht mehr verfügbar (während neben der kalorischen Nutzung des Methans als Brenngas auch aerob biotechnologisch durchaus eine Methanfermentation stattfinden kann).

In der anaeroben Bruttoreaktion werden aus einem Mol Glucose 3 Mol CH_4 und 3 Mol CO_2 gebildet, Tab. 4.12.

Der kalorische Gehalt des Methans beträgt für 3 Mol −2467 kJ [ca. 3 · 822 kJ/mol], sodass aus einem Mol Glucose nur etwa – 400 kJ/mol stoffwechselverfügbare Energie gewonnen wird (Luong und Volesky 1983; Wouda und Boley 1989).

2.3.2 Bilanzierung und Berechnung des erforderlichen Wärmeeintrags für die Substraterwärmung auf Prozesstemperatur

Bei der wärmetechnischen Bilanzierung sowie der Auslegung der Wärmeübertrager ist zu unterscheiden zwischen der jeweils aktuell einzubringenden Wärmemenge, die in Abhängigkeit der Jahresganglinien von Umgebungs- und Inputtemperatur sowie Biogas-

Tab. 2.6 Abhängigkeiten des Wärmeübertragungskoeffizienten α von den dimensionslosen Kennzahlen für unterschiedliche Übertragungsbedingungen. (Quellen: Adolphi, Hrsg. 1966; Kafarow 1977; Mende und Simon 1975; Langhans et al. 2012)

Einfluss nehmende dimensionslose Kennzahlen	Formelmäßiger Zusammenhang
Nusselt-Zahl	$Nu = \alpha \cdot d/\lambda$
Reynolds-Zahl	$Re = v \cdot d \cdot \rho/\eta = v \cdot d/\nu$
Prandtl-Zahl	$Pr = \nu/a = \eta \cdot c_P/\lambda$
Grashof-Zahl	$Gr = d^3 \cdot g \cdot \rho^2 \cdot \beta \cdot \Delta t^3/\eta^2$

bildungspotenzial des Inputs zur Gewährleistung konstanter Prozesstemperatur zu regeln ist, und der notwendigen maximalen Kapazität des Wärmeeintragssystems (Langhans et al. 2012), die zu dimensionieren ist

- für den Fall erwarteter extremer Temperaturverhältnisse,
- für absehbare saisonale und langfristige Schwankungen in Inputanfall und Zusammensetzung,
- für im Rahmen des Anlagenbetriebes als notwendig erachtete Intensivierungen der Reaktorheizung (z. B. zur Verkürzung der Hochheizzeit im Anfahrbetrieb),
- für gewünschte Reserven zur Kompensation von Verschmutzungseinflüssen auf die Wärmeübergangskoeffizienten bei Minimierung der notwendigen Reinigungszyklen.

Die Temperaturen der dem Reaktor für die Vergärung zugeführten Stoffströme sind der verfahrenstechnisch vorgegebenen Prozesstemperatur anzugleichen.

Für den Fall industrielle oder landwirtschaftliche Organik enthaltender Schlämme bzw. bei Trockenvergärungsverfahren braucht in der Regel keine Inputverdünnung zu erfolgen. Der Inputstrom wird separat oder durch Einmischen in den Inhalt des beheizten Reaktors auf Prozesstemperatur aufgewärmt.

Unter der Voraussetzung eines transportgerechten Substratzustandes sowie bei erfolgender Zwischenlagerung am Anlagenstandort unter frostfreien Bedingungen kann man von minimalen Substrattemperaturen um den Gefrierpunkt ausgehen für frostrelevante Klimaverhältnisse. Bei mediterraner bis hin zu tropischer Witterung können jedoch auch generell Plustemperaturen vorherrschen.

Das Gleiche gilt für Gülle und industrielle Produktionsschlämme, die am Ort ihres Anfalls ohne nennenswerte Auskühlung verarbeitet werden.

Die Zulauferwärmung ergibt in Verbindung mit dem Temperaturniveau des üblicherweise zur Heizung genutzten BHKW-Kühlwassers eine effiziente Wärmeübertragung aufgrund des sich einstellenden günstigen logarithmischen Temperaturmittels (Tab. 2.7) als Triebkraft für den Wärmeübergang.

Bewährt hat sich für das Prozessdesign neben der Bilanzierung des mittleren Anlagenwärmebedarfs die Berücksichtigung von Jahresganglinien der Medien- und Umgebungstemperaturen.

Tab. 2.7 Basisformeln für die wärmetechnischen Berechnungen für Fermenter und Heizsysteme. (Quellen: Langhans 2000/1; Langhans 2000/2; Langhans et al. 2012)

In den Fermenter einzubringende Heizwärme ohne Berücksichtigung der biogenen Eigenerwärmung	$Q_{\text{Heiz}} = Q_{\text{Aufw}} + Q_{\text{Verl}}$
Wärmebedarf für die Substraterwärmung auf Prozesstemperatur	$\dot{Q}_{\text{Aufw}} = \dot{m} \cdot c_{\text{P}} \cdot \Delta t_1$
Gesamte Wärmeverluste des Fermenters	$\dot{Q}_{\text{Verl}} = \dot{Q}_{\text{Aufw}} + \dot{Q}_{\text{Biogas}}$
Konvektive Wärmeverluste über Fermenterwandungen und -boden; t_{Umgebung} für die Bodenfläche ist die Erdreichtemperatur	$\dot{Q}_{\text{Konv}} = k_{\text{Ferm}} \cdot A_{\text{Ferm}} \cdot \left(t_{\text{Ferm}} - t_{\text{Umgebung}}\right)$
Wärmeverluste über das feuchte Biogas als Summe der Wärmeinhalte von trockenem Gas und Wasserdampf sowie Verdampfungsenthalpie	$\dot{Q}_{\text{Biogas}} = \dot{m}_{\text{Gas,trock}} \cdot \left[c_{\text{P,Gas}} \cdot t + x_{\text{Dampf}} \cdot h_{\text{Dampf}}\right]$
Enthalpie des Dampfanteils im feuchten, dampfgesättigten Biogas als Summe aus spezifischer Wärme des verdampften Wasseranteils bei der Verdampfungstemperatur und der Verdampfungsenthalpie	$h_{\text{Dampf}} = h' + r$
Zusammenhang zwischen Wärmeeintrag und Übertragungsfläche in Abhängigkeit des Wärmedurchgangskoeffizienten und der Temperaturdifferenz als Triebkraft	$\dot{Q}_{\text{Heiz}} = k_{\text{Heiz}} \cdot A_{\text{Heiz}} \cdot \Delta t_2$
Im Fall von Wärmeübertragereinsatz wird Δt_2 zu Δt_M	$A_{\text{Heiz}} = \dot{Q}_{\text{Heiz}} / (k_{\text{Heiz}} \cdot \Delta t_2)$
Wärmedurchgangskoeffizient, gebildet aus den Übergangskoeffizienten von Heizmedium und Produkt an die Kontaktwandfläche und der Summe der dickenbezogenen Wärmeleitkoeffizienten aller Wandschichten	$k_{\text{Wand}} = \frac{1}{\left[\frac{1}{\alpha_{\text{Heizmedium}}} + \Sigma_i \left(\frac{s_i}{\lambda_i}\right) + \frac{1}{\alpha_{\text{Produkt}}}\right]}$
Logarithmisches Temperaturmittel für Gleichstrom- und Gegenstromwärmeübertragung ***1 ≙ Zulauf; 2 ≙ Ablauf*** ***H ≙ Heizmedium; P ≙ Substrat oder Gärmedium***	$\Delta t_{\text{M}} = \frac{\left[(t_{H_1} - t_{P_2}) - (t_{H_2} - t_{P_1})\right]}{\ln\left[\frac{t_{H_1} - t_{P_2}}{t_{H_2} - t_{P_1}}\right]}$
Berechnung des Wärmeübergangskoeffizienten Medium zu Wand	$\alpha = \boldsymbol{Nu} \cdot \lambda / \boldsymbol{d}$

Daraus lässt sich der Unterschied zwischen dem mittleren Jahreswärmeverbrauch und der in Abhängigkeit von saisonal unterschiedlichen klimatischen und Prozessbedingungen höheren bzw. niedrigeren erforderlichen momentanen Wärmeeintragskapazität ableiten.

Unter Berücksichtigung dieser Ganglinien und der ggf. modellierten Eigenerwärmung des Gärgutes (Abschn. 4.1.7.3) lassen sich Jahresgangkurven für die Fermenterwärmebilanz (Abb. 4.52) ermitteln als Entscheidungs- und Bilanzierungshilfe, ob technologisch nur Heizung oder kombinierte Heizung/Kühlung vorzusehen ist und wie sich die realen Jahreskosten zur Gewährleistung der Prozesstemperatur entwickeln werden.

Keinesfalls darf mit der aus o. g. Gründen erforderlichen überdimensionierten Eintragskapazität des Heizsystems ein Jahreswärmeverbrauch abgeschätzt werden, da diese maximale Wärmemenge nur im Anfahrbetrieb oder für kurzzeitige Sonderbetriebszustände abgefordert werden wird.

Vereinfachend wurde für die Modellrechnungen angenommen, dass der bakteriell nutzbare Energiegehalt des Substrates und die daraus resultierende Eigenerwärmung über den Jahresverlauf konstant bleiben.

In der Abb. 4.52 sind neben den Monatswerten der Heiz-(Kühl-) Leistung auch die mittleren Jahreswerte sowie die Leistungsdimensionierung des Heizsystems für die als Beispiel gewählte Anlage dargestellt.

Wird der Input verfahrensbedingt mit Prozesswasser aus dem Gärablauf verdünnt, stellt sich eine Maische mit einer Mischtemperatur ein, die je nach Verdünnungswasseranteil bei 30 bis 60 % der Gärtemperatur liegt. Hier hat der Prozesswärmeeintrag in den größeren Mengenstrom bei ungünstigerem logarithmischem Temperaturmittel zu erfolgen, was größere Übertragungsflächen bedingt.

Für Nassvergärungsanlagen mit geringen TM-Konzentrationen im Gärmedium lässt sich im Rahmen der sonstigen Bilanzierungsunschärfen bei dem geringen Massenaustrag an feuchtem Biogas mit ausreichender Genauigkeit Fermenterzulauf = Fermenterablauf ansetzen. In diesem Fall wird die Wärmeenergie für die Zulauferwärmung gemäß Gl. 2.54 voll benötigt und ist ohne energetische Nutzung der Ablaufwärme für den Prozess verloren.

Bei hochbelasteten Trockenfermentationen kann jedoch bis zu reichlich einem Drittel der Substratmasse (in gas/-dampfförmig konvertierte Trockenmasse und Wasser) den Fermenter über die Gasphase verlassen, sodass im Minimum nur zwei Drittel flüssiger Gärrest (s. Abb. 4.53) mit Prozesstemperatur dem Fermenter entnommen werden (Langhans et al. 2012). Das Produkt aus Biogasmasse und Differenz der spezifischen Wärmekapazitäten (auch spezifische Wärme bzw. Wärmekapazität) von Wasser und Gas wird an Heizenergie eingespart und kann bei Heizkostenberechnungen für stationären Volllastbetrieb berücksichtigt werden.

Wichtig

Für die Medienenergie ist zu berücksichtigen, dass die feuchte Gasmasse aus den Biogasen CH_4 und CO_2 besteht sowie aus dem gesättigt ausgetragenen Wasserdampf bei Prozesstemperatur. Während Letzterer als Prozesswärmeverlust Verdampfungswärme und spezifische Wärme des Dampfanteils beinhaltet, wird die trockene Gasmasse mit der spezifischen Wärme des Gasgemisches emittiert. Aus den Werten der Tab. 2.10 ist ersichtlich, dass diese für das trockene Gasgemisch nur etwa die Hälfte des Wertes für Wasser beträgt. Somit werden nur 50 % des Wärmeinhaltes der dem Gasmassenstrom äquivalenten Flüssigkeitsmenge über die Gasphase ausgetragen. Damit würde es theoretisch bei Wärmeeintrag in den Substratstrom zu seiner Aufheizung auf Prozesstemperatur im Reaktor zu einem Wärmestau kommen in Größenordnung der Differenz der transportierbaren Wärmeenergie mit dem trockenen Gasmassenstrom, verglichen mit dem Wert für diese Masse als Wasser betrachtet.

Da üblicherweise nicht der Zulauf geheizt wird, sondern der Reaktor mit seiner Prozesstemperatur als Regelgröße, tritt diese Wärmeakkumulation nicht in Erscheinung, sondern der Prozesswärmeverbrauch für die Reaktorheizung ist geringer als der Erwartungswert der verfahrenstechnischen Auslegung. Aus verschiedenen Betriebsergebnissen von Vergärungsanlagen ist dieser scheinbare Minderbedarf an Prozesswärme bekannt. Als Ursache werden jedoch in der Regel die Sicherheitszuschläge bei der Auslegung angenommen oder er wird gar nicht erkannt, indem er zu knappe Auslegungen des Wärmeeintragssystems kaschiert.

Die Dimensionierung des Heizsystems sollte jedoch für den Gesamtinput erfolgen, um heizungstechnische Probleme bei Anfahrbetrieb oder Prozessstörungen zu vermeiden, wenn kein oder nur geringer Substratumsatz im Reaktor stattfindet.

2.3.3 Wärmeverluste

Die zu deckenden Wärmeverluste der Vergärungsanlage lassen sich untergliedern in:

- Konvektive Wärmeverluste der Reaktoren in Abhängigkeit der Behälteroberflächen, ihrer Wärmeisolation sowie der aktuellen Temperaturdifferenzen zwischen Reaktorinhalt und Umgebung (Luft und Boden).
- Wärmeaustrag mit dem feuchtegesättigten Biogas in Form der Verdampfungsenthalpie des Feuchtigkeitsanteiles und der Wärmekapazität von trockenem Biogas sowie nicht rückgewinnbarer Wärmebedarf für thermische Stufen einer Biogasaufbereitung.
- Diffuse Wärmeverluste im Gesamtprozess durch Abkühlungen in Speicherbecken, Rohrleitungen etc. Die Ergänzung dieser Wärmeverlustanteile ist erforderlich, sofern sie sich auf die Temperaturen von anlageninternen Stoffkreisläufen auswirken.

2.3.3.1 Konvektive Reaktorwärmeverluste

Es gelten die wärmetechnischen Grundbeziehungen gemäß Tab. 2.7. Während für Wärmeübertrager möglichst hohe k-Werte für einen effizienten Wärmedurchgang angestrebt werden, liegt beim Reaktor der Schwerpunkt auf möglichst geringem

Wärmeverlust durch den Behältermantel, d. h. der Wärmedurchgangskoeffizient k muss minimiert werden.

Verfahrenstechnisch wird das durch die Isolation des Behälters mit einem Material möglichst geringer Wärmeleitfähigkeit (z. B. Steinwolle, Kunststoffgranulat oder -schaum) erreicht (Tab. 2.8).

Tab. 2.8 Wärmeleitfähigkeitswerte für häufig in Prozesswärmebilanzen verwendeten Medien. (Quellen: Mende und Simon 1975; D'Ans-Lax 1992; Langhans 2000; Adolphi, Hrsg. 1966; http://www.schweizer-fn.de/; Markert 2012)

ALLGEMEIN	λ-Wert [W/(m*K)]	TANKBAU	λ-Wert [W/(m*K)]
Eisen	60	Beton_armiert, (Stahlbeton)	2,1 bis 2,5
Stahl	47	Gußbeton	1,4 bis 2
Kanneliertes Blech	47	Gasbeton	0,22
Legierte Stähle	15 bis 50	Putz, Zementüberzug	0,6 bis 1,4
Emaille	0,9 bis 1,2	Dämmmörtel	0,06 bis 0,21
Kesselstein	20	Sand, feucht	2
Lack	0,3	Sand, trocken	0,5
Aluminium	183	Kies	1,2
Wasser (0 … 100 °C)	0,58 bis 0,679	Kies, trocken	0,7
Wasserdampf (>100 … 300 °C)	0,025 … 0,043	Ziegel, Klinker	0,81 bis 1,2
Glyzerin	0,286	Ziegel, trocken	0,38 bis 0,58
Öle	0,122 bis 0,14	Leichtlochziegel	0,3 bis 0,4
Kohlenstaub, Ruß	20	Hochlochziegel	0,5 bis 0,96
Salz	20	Tankauskleidung, Bitumen	0,17 bis 0,76
Gallertschichten	20		
FUNDAMENT	–	–	–
Erdreich, feucht	0,5 bis 2,7	Lehm, feucht	1,45
Erdreich, trocken	0,15 bis 0,66	Lehm, gesättigt	2,9
Erde, grobkiesig	0,52 bis 0,7	Kies, feucht	2,1
Sediment-Isolationsschicht	1,52	Sand, feucht	1,88
Leichtlehm, Strohlehm	0,4 bis 0,8	Holz	0,06 bis 0,2
ISOLATION	–	–	–
Schlackenwolle (Glas-, Steinwolle)	0,035 bis 0,05	Kork	0,05

(Fortsetzung)

Tab. 2.8 (Fortsetzung)

ALLGEMEIN	λ-Wert [W/(m*K)]	TANKBAU	λ-Wert [W/(m*K)]
Schaumglas	0,045 bis 0,06	schwere Textilmembran (Gasmembran)	0,1753
Gummi	0,15 bis 0,17	Holzwolle, trocken	0,09
Schaumgummi	0,06	Sandwichdachelemente, 75 mm (Außenschale Trapezprofil; 0,5 bis 0,75 mm dick)	0,52
Schaumstoff	0,41	Sandwichdachelemente, 95 mm Innenschale liniiert; 0,4 bis 0,5 mm)	0,37
Silikon	0,35 bis 0,0	Sandwichdachelemente, 115 mm (PUR-Schaum Kern)	0,28
Silikonschaum	0,12	Sandwichdachelemente, 135 mm	0,23
Polyurethanhartschaum	0,027	Glasfasergewebe, silikonbeschichtet	0,1748
Gips-Wandbauplatten	0,03 bis 0,06	PVC	0,19
Luft [ruhend]	0,024 bis 0,026	Papier/PE, Papier/Ale; Dampfsperre	0,17
Kohlenstoffdioxid (gasförmig)	0,014	Holz	0,22
Wasserstoff	0,18	Acryl	0,19
Wasserdampf, gesättigt	0,0171 bis 0,0251	Glas	1,16
Blähton	0,24 bis 0,34	Gipskarton	0,25
Leichtbeton, Hohlblock	0,29 bis 0,73	Kohlenstofffilze	0,2
Leichtbeton, Vollblock	0,34 bis 0,99	Kohlenstoff-Aerogel	0,1
Kalksandstein	0,5 bis 1,1	Dachpappe	0,17
Sandstein	1,6 bis 2,3	Membran, einlagig; PVC, PTFE	5,7
Hochofenschlacke	0,57	Plane	12,93
Bimsstein	0,22 bis 0,31	Membran, zweilagig	2,9
Schamottstein	0,3 bis 0,48	Doppelmembran mit ruhender Luft	2,16
Gasbeton (Ytong)	0,09 bis 0,16	Membran, dreilagig	1,9
Filz	0,05	Membran, Verbund mit Dämmstoffen	0,15
Wolle	0,06	Leder	0,12 bis 0,15

Wie Abb. 2.26 verdeutlicht, bringen schon 20 bis 40 mm Isolierschichtdicke eine drastische Verringerung der Wärmeverluste, während bei Schichtdicken größer 100 mm das Aufwand-Nutzen-Verhältnis zunehmend ungünstiger wird.

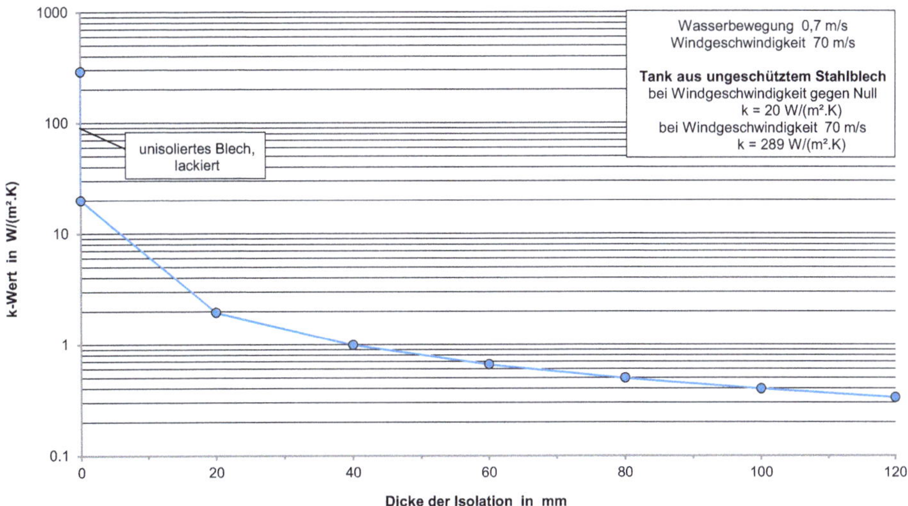

Abb. 2.26 Verringerung der Wärmeverluste durch eine stählerne Reaktorwand in Abhängigkeit der Isolationsschichtdicke (Mineralwolle). (Quelle: Langhans 2000/1)

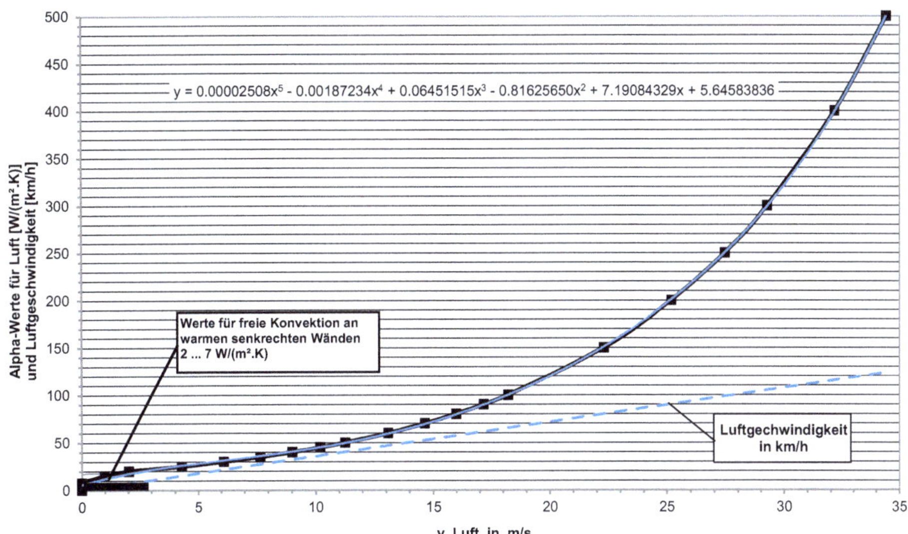

Abb. 2.27 Entwicklung der Wärmeübergangswerte zwischen Luft und festen Wänden in Abhängigkeit der Luftgeschwindigkeit

Völlig nichtisolierte Reaktoren sollten vermieden werden, um die witterungsbedingt auf der Luftseite rigoros veränderlichen α-Werte in ihrer Wirkung zu kompensieren und die Reaktorauskühlung bei Heizungsausfall zu verringern.

Die α-Werte für den Wärmeübergang von strömenden Medien an feste Wände wurden umfangreich untersucht für beheizte Rührreaktoren und für Wärmetauscher unterschiedlicher Geometrien und mit der Nusselt-Zahl modelliert gemäß Tab. 2.5 . Angaben finden sich in der Spezialliteratur, z. B. (Adolphi 1966; VDI-Wärmeatlas 1999), etc. Bei Flüssigkeiten gelten sie vielfach nur für wässrige Medien mit einer Viskosität nahe den Werten für Wasser. Mit steigender Viskosität verringern sich die α-Werte, da die Grenzschicht zwischen bewegtem Medium und Wand dicker wird und sich die Wärmetransportbedingungen in Richtung Wärmeleitung verschieben (Abschn. 2.2.6.6, Abb. 2.21).

Näherungsformeln für den allgemeinen Fall des Wärmeüberganges aus strömenden Medien an feste Wände sind insbesondere für Wasser und Luft entwickelt worden mit der Fließgeschwindigkeit der Medien als Parameter.

Es gelten die allgemeinen Abhängigkeiten mit den zu verwendenden Koeffizienten nach Tab. 2.9.

Während neben den allgemeinen Näherungsgleichungen für wässrige Medien insbesondere zur wärmetechnischen Auslegung von Wärmeübertragern und Rührmaschinen eine Vielzahl von komplexen Berechnungsvorschriften auf der Basis von Tab. 2.5 in der Literatur zu finden sind (D'Ans-Lax 1992; Adolphi, Hrsg. 1966; VDI Wärmeatlas 1999), beschränkt sich die Veröffentlichung von Wärmeübergangskoeffizienten für Luft (und näherungsweise auch sonstige technische Gase) weitgehend auf einfache geschwindigkeitsabhängige Modelle (Tab. 2.9).

Tab. 2.9 Näherungsformeln für den Wärmeübergangskoeffizienten α von wässrigen Flüssigkeiten und Gasen (Luft) an eine feste Wand. (Quellen: Mende und Simon 1975; Adolphi, Hrsg. 1966; http://www.schweizer-fn.de/)

Wässrige Flüssigkeiten [$\eta^* \triangleq \eta$ für Wasser]	α [W/(m^{2}K)]
Abschätzung für α_{Liquid}	$\alpha_{Liquid} = K_{L1} + 2100 \cdot \sqrt{v_L}$
Wasser; ruhend bis erzwungene Strömung	$K_{L1} = 250 \ldots 600$
Luft (und Gase)	
Allgemein	$\alpha_{Gas} = 16{,}335 \cdot e^{0{,}0944 \cdot v_{Gas}}$
Strömend	$\alpha_{Gas} = 2 + 12 \cdot \sqrt{v_{Gas}}$
Längs ebener Wand strömend; $v_{Gas} <= 5$ m/s	$\alpha_{Gas} = (5{,}6 \ldots 5{,}8) + 4 \cdot v_{Gas}$
Längs ebener Wand strömend; $v_{Gas} > 5$ m/s	$\alpha_{Gas} = (7{,}12 \ldots 7{,}14) \cdot v_{Gas}^{0{,}78}$
Luft an Erdoberfläche; $v_{Luft} <= 5$ m/s	$\alpha_{Luft} = 1{,}8 + 4{,}1 \cdot v_{Luft}$
Luft an Erdoberfläche; $v_{Luft} > 5$ m/s	$\alpha_{Luft} = 7{,}3 \cdot v_{Luft}^{0{,}78}$
Richtwert für Kontaktfläche Luft zu Wasser	
Windstill bis mäßiger Wind	7 … 25

Formelsammlung Wärmetechnik aus Tab. 2.5, 2.7 und 2.9

$$Nu = \alpha \cdot d/\lambda \tag{2.50}$$

$$Re = v \cdot d \cdot \rho/\eta = v \cdot d/\nu \tag{2.51}$$

$$Pr = \nu/a = \eta \cdot c_P/\lambda \tag{2.52}$$

$$Gr = d^3 \cdot g \cdot \rho^2 \cdot \beta \cdot \Delta t^3/\eta^2 \tag{2.53}$$

$$\dot{Q}_{\text{Aufw}} = \dot{m} \cdot c_{\text{P}} \cdot \Delta t_1 \tag{2.54}$$

$$\dot{Q}_{\text{Konv}} = k_{\text{Ferm}} \cdot A_{\text{Ferm}} \cdot \left(t_{\text{Ferm}} - t_{\text{Umgebung}}\right) \tag{2.55}$$

$$\dot{Q}_{\text{Biogas}} = \dot{m}_{\text{Gas,trock}} \cdot \left[c_{\text{P,Gas}} \cdot t + x_{\text{Dampf}} \cdot h_{\text{Dampf}}\right] \tag{2.56}$$

$$h_{\text{Dampf}} = h + \text{r} \tag{2.57}$$

$$\dot{Q}_{\text{Heiz}} = k_{\text{Heiz}} \cdot A_{\text{Heiz}} \cdot \Delta t_2 \tag{2.58}$$

$$k_{\text{Wand}} = \frac{1}{\left[\frac{1}{\alpha_{\text{Heizmedium}}} + \Sigma_{\text{i}}\left(\frac{s_{\text{i}}}{\lambda_{\text{i}}}\right) + \frac{1}{\alpha_{\text{Produkt}}}\right]} \tag{2.59}$$

$$\Delta t_{\text{M}} = \frac{\left[\left(t_{H_1} - t_{P_2}\right) - \left(t_{H_2} - t_{P_1}\right)\right]}{\ln\left[\frac{t_{H_1} - t_{P_2}}{t_{H_2} - t_{P_1}}\right]} \tag{2.60}$$

aus Gl. 2.50 folgt

$$\alpha = \boldsymbol{Nu} \cdot \lambda/\boldsymbol{d} \tag{2.61}$$

$$\alpha_{\text{Liquid}} = K_{\text{L}_1} + 2100 \cdot \sqrt{v_{\text{L}}} \tag{2.62}$$

$$\alpha_{\text{Gas}} = 16{,}335 \cdot e^{0{,}0944 \cdot v_{\text{Gas}}} \tag{2.63}$$

$$\alpha_{\text{Gas}} = 2 + 12 \cdot \sqrt{v_{\text{Gas}}} \tag{2.64}$$

$$\alpha_{\text{Gas}} = (5{,}6 \ldots 5{,}8) + 4 \cdot v_{\text{Gas}} \tag{2.65}$$

$$\alpha_{\text{Gas}} = (7{,}12 \ldots 7{,}14) \cdot v_{\text{Gas}}^{0{,}78} \tag{2.66}$$

$$\alpha_{\text{Luft}} = 1{,}8 + 4{,}1 \cdot v_{\text{Luft}} \tag{2.67}$$

$$\alpha_{\text{Luft}} = 7{,}3 \cdot v_{\text{Luft}}^{0{,}78} \tag{2.68}$$

2.3.3.2 Wärmeaustrag durch das Biogas

Die Biogasabwärme setzt sich zusammen aus dem Wärmetransportvermögen des trockenen Biogases in Form der spezifischen Gemisch-Wärmekapazität der Gaskomponenten

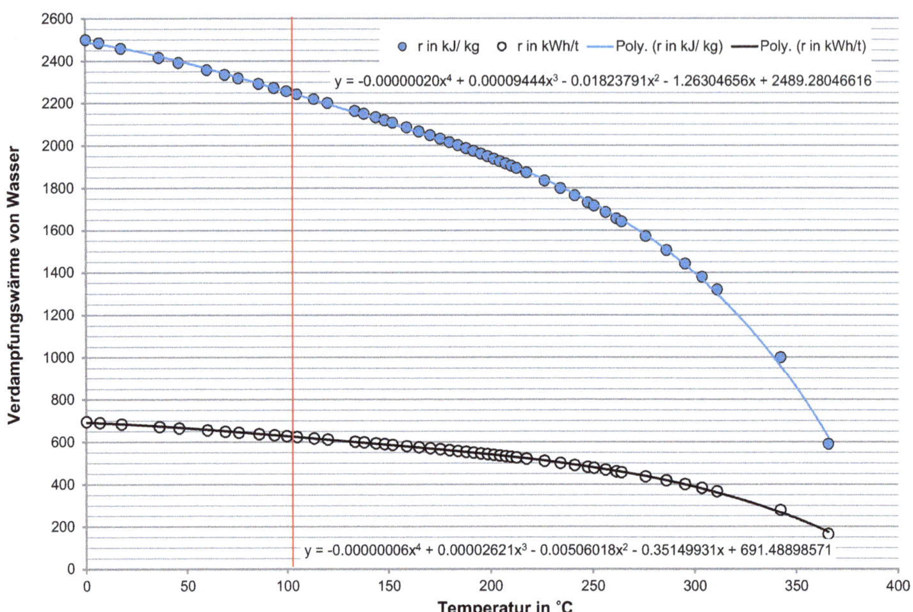

Abb. 2.28 Darstellung der Temperaturabhängigkeit der Verdampfungsenthalpie von Wasser in thermodynamischen und ingenieurtechnischen Dimensionen. (Datenquellen: VDI 1999; Faltin 1961; Mende und Simon 1965)

(dominant CH_4 und CO_2) und der Verdampfungs-(Verdunstungs-)Enthalpie des bei Prozessdruck und -temperatur durch das Biogas im Sättigungszustand ausgetragenen Wasserdampfes. Dabei gilt für den Dampfanteil x (Gl. 2.18, 2.23) bei Sättigung und Normaldruck die Temperaturabhängigkeit gemäß Abb. 2.6 und 2.8 in Abschn. 2.2.5 infolge der Temperaturabhängigkeit des Sättigungsdampfdrucks (Gl. 2.17).

Die Verdampfungsenthalpie des gesättigten Wasserdampfes im Biogas kann im interessierenden Temperaturbereich durch die aus den Auftragungen von Literaturdaten (VDI 1999; Faltin 1961; Mende und Simon 1965) in Abb. 2.28 entwickelten Regressionsformeln in KJ/kg nach Gl. 2.69 bzw. in kWh/t gemäß Gl. 2.70 berechnet werden:

$$r_{\mathrm{Dampf}} = -\,0{,}00000020 \cdot t^4 + 0{,}00009444 \cdot t^3 - 0{,}01823791 \cdot t^2 \\ -\,1{,}26304656 \cdot t + 2489{,}28046616 \tag{2.69}$$

$$r_{\mathrm{Dampf}} = -\,0{,}00000006 \cdot t^4 + 0{,}00002621 \cdot t^3 - 0{,}00506018 \cdot x^2 \\ -\,0{,}35149931 \cdot t + 691{,}48898571 \tag{2.70}$$

Der verfahrenstechnisch relevante Parameterbereich für biotechnologische Prozesse von 0 … 100 °C sowie der Bereich für Prozessdampf für $t > 100$ °C wurden entsprechend markiert.

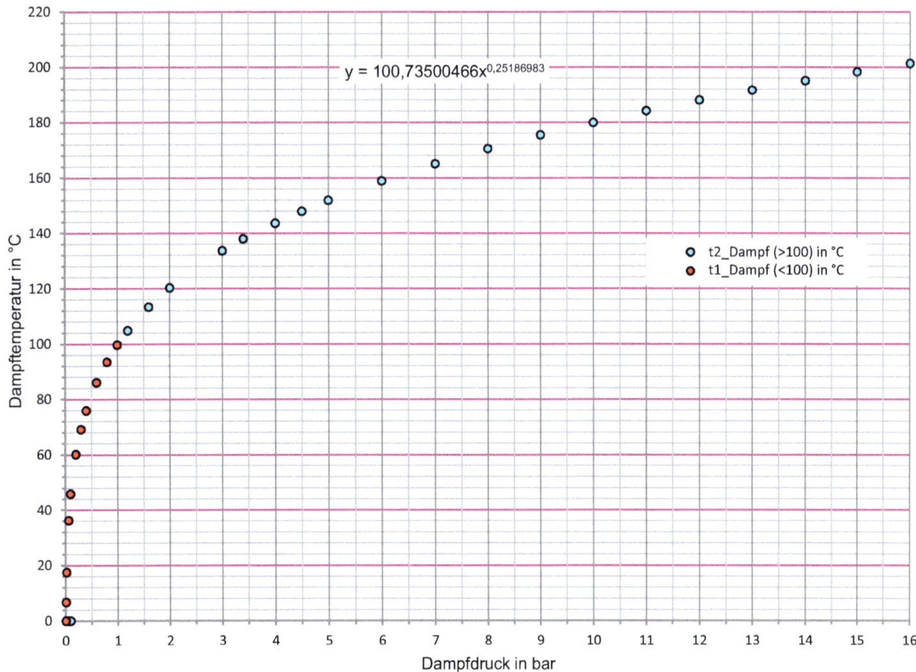

Abb. 2.29 Zuordnung von Druck und Temperatur für Sattdampf. (Datenquellen: VDI 1999; Faltin 1961; Mende und Simon 1965)

Die den Dampftemperaturen zugehörigen Drücke für Sattdampf sind in Abb. 2.29 dokumentiert.

Die Temperaturabhängigkeit der spezifischen Wärmekapazitäten für bei der Vergärung zu berücksichtigende Prozessgase und Wasserdampf ist in Tab. 2.10 ausgewiesen. Im mesophilen und thermophilen Temperaturbereich sind keine signifikanten Unterschiede in den Werten für die jeweiligen Gase vorhanden, sodass sich Nutzung von Berechnungsformeln erübrigt, deren Genauigkeit in der Größenordnung der temperaturbedingten Abweichungen liegt.

In Biogas ist die Konzentration sonstiger Gaskomponenten ein bis zwei Zehnerpotenzen niedriger als für die Hauptgasbestandteile Methan und Kohlenstoffdioxid. Deshalb genügt in der Regel für die Berechnung der spezifischen Wärmekapazität des Gasgemisches die Berücksichtigung der beiden Hauptkomponenten [$\Psi_{\mathrm{CH_4}}$ hier als Mol- bzw. Volumenanteile].

$$c_{\mathrm{p,Biogas}} = \Psi_{CH_4} \cdot c_{p,CH_4} + \left(1 - \Psi_{CH_4}\right) \cdot c_{p,CO_2} \tag{2.71}$$

Damit folgt für den Wärmeaustrag über das feuchte Biogas gemäß Gl. 2.71 sowie Gl. 2.23 und 2.70

$$\dot{Q}_{\mathrm{Biogas,feucht}} = \dot{m}_{\mathrm{Biogas,trocken}} \cdot \left(c_{\mathrm{p,Biogas}} \cdot t_{\mathrm{Biogas}} + x_{\mathrm{Wasserdampf}} \cdot r_{\mathrm{Dampf}}\right) [\mathrm{kWh/a}] \tag{2.72}$$

Für die Wasserphase wird hier vorausgesetzt, dass die Erwärmung auf Prozesstemperatur durch die Fermenterheizung gewährleistet ist.

Tab. 2.10 Spezifische Wärmekapazitäten gärrelevanter Gase, Wasserdampf und Wasser für ausgewählte Prozesstemperaturen. (Quellen: Mende und Simon 1975; D'Ans-Lax 1992; Langhans 2000; Adolphi, Hrsg. 1966)

Gärrelevante Gase, Wasserdampf und Wasser	kWh/(t·K) bei 0 °C	kWh/(t·K) bei 35 °C	kWh/(t·K) bei 42 °C	kWh/(t·K) bei 50 °C	kWh/(t·K) bei 55 °C
Methan	0,5843	0,6193	0,6262	0,6342	0,6392
Kohlenstoffdioxid	0,2317	0,2402	0,2419	0,2437	0,2449
Wasserstoff	3,9880	3,9877	3,9878	3,9879	3,9880
Sauerstoff	0,2487	0,2526	0,2534	0,2542	0,2547
Stickstoff	0,2835	0,2852	0,2855	0,2859	0,2861
Ammoniak	0,5655	0,5847	0,5885	0,5928	0,5955
Schwefelwasserstoff	0,2774	0,2795	0,2800	0,2805	0,2808
Luft	0,2737	0,2758	0,2762	0,2767	0,2770
Gesättigter Wasserdampf	0,5109	0,5155	0,5164	0,5175	0,5182
Wasser (flüssig)	1,1716 1,1616 (20 °C)	1,1606	1,1608	1,1613	1,1618
Zum Vergleich in Einheiten der Thermodynamik					
Wasser (flüssig)	4,2177 kJ/(kg·K) 4,1819 (20 °C) kJ/(kg·K)	4,1782 kJ/(kg·K)	4,1789 kJ/(kg·K)	4,1807 kJ/(kg·K)	4,1824 kJ/(kg·K)

Umrechnungsfaktor: $c_p[\mathrm{kJ/(kg \cdot K)}] = 3{,}6 \cdot c_p[\mathrm{kWh/(t \cdot K)}]$
Tab. 2.2 enthält die Gasdichten im trockenen Normzustand sowie temperaturabhängig feuchtigkeitsgesättigt

2.3.4 Hygienisierung, Sterilisation und Trocknung/Verdampfung sowie Abkühlung

Wird eine Hygienisierung bei 70 °C für eine Stunde Einwirkungsdauer gefordert, ist ein chargenweises Aufheizen mittels Wärmeübertrager unter Nutzung von BHKW-Abwärme das bevorzugte Verfahren der Wahl. Werden nur bestimmte Fraktionen des Substratzulaufs hygienisiert, kann der heiße Stoffstrom durch Dosierung in den Hauptabfallstrom zur direkten Gemischerwärmung (s. Abschn. 6.2) genutzt werden. Bei erforderlicher Vollstromhygienisierung ist jedoch eine Rückkühlung auf die Gärprozesstemperatur notwendig. Dazu dienen häufig in Reihe geschaltete Wärmeübertrager gemäß der Variantendarstellung in (Langhans 2000/1; Langhans 2000/2).

Besondere technologische Aufwendungen erfordert die Verarbeitung von Abfällen, die nach dem Tierkörperbeseitigungsgesetz zu sterilisieren sind. Das notwendige Temperaturniveau von 133 °C über die Zeitdauer von mindestens 20 min aufrechtzuerhalten, bedingt Betriebsdrücke von 3 bar in der Apparatur. Die Heizwärme kann nicht mehr direkt aus dem Kühlkreislauf von Standard-BHKWs entnommen werden. Eine Direktdampfeinspritzung in das zu sterilisierende Gut wird wegen der notwendigen Speisewasseraufbereitung und der eintretenden Produktverdünnung nach Möglichkeit vermieden. Die übliche Stator-/Rotor-Beheizung bei industriellen Sterilisatoren mit Sattdampf von 165 °C [6 bar] bzw. Wärmeträgeröl-Kreislauf kann aus einem biogasbetriebenen Dampferzeuger mit Vorheizung über BHKW-Abwärme erfolgen. Gasunabhängige, elektrisch oder mit Öl beheizte Dampferzeuger sind ebenfalls üblich.

Spezielle Vorrichtungen sorgen in den Sterilisatoren für die Einhaltung der vom Gesetzgeber geforderten maximalen Korngrößen < 10 mm beim entnommenen sterilisierten Gärsubstrat bzw. Gärrest. Eine Prozessintegrierte Sterilisation tritt bei der Anwendung von Sonderverfahren für die Substratkonditionierung ein. Dazu zählen die Thermo-Druck-Hydrolyse (Faulstich 2001) sowie der Einsatz von Autoklaven (Anonym 2013).

Trocknung/Verdampfung kann für die Gärrest-Feststoffe relevant sein, wenn man durch Wasserentzug eine Massenreduzierung oder verbesserte Lagerfähigkeit anstrebt. Prinzipiell gelten die Beziehungen aus Abschn. 2.3.3 und 2.2.5 für den Feuchtigkeits- und Wärmeaustrag; meist durch erwärmte Luft. Der direkte Einsatz von Verbrennungsabgasen aus den BHKW scheitert erfahrungsgemäß an der nicht erwünschten Schadstoffkontamination der Feststoffe, um deren Nutzungsmöglichkeit als Bodenverbesserer (Dünger, Kompost, Komponente für Erdenmischungen) nicht infrage zu stellen. Die entstehenden feuchten Trocknerabgase sind stark geruchskontaminiert und müssen weiter aufbereitet werden.

Die Abkühlung des Gärreaktors kann für drei grundsätzliche Betriebsfälle betrachtet werden:

- nur konvektive Verluste des Reaktors
- Gasproduktion und Wärmeverluste ohne Reaktorbeschickung mit Substrat
- Ausfall der Heizung bei voller Reaktorbeschickung und noch nennenswerter Gasproduktion einschließlich konvektiver Wärmeverluste des Reaktors.

Damit lassen sich folgende Extremwerte der Temperaturabnahmen je Tag für maximale konvektive Verluste und als unvermindert betrachtete Biogasproduktion ohne Berücksichtigung der reduzierten Medientemperatur auf die Wärmeverluste abschätzen (Langhans 2000/2):

	Temperaturdifferenz in [K/Tag]
Nur konvektive Verluste	0,12
Konvektive Verluste und Biogaswärmeverluste Konvektive Verluste, Biogaswärmeverluste	0,47
und Substratdosierung	1,33

Aufgrund der komplexen Einflüsse von Klima, Isolation und Reaktorgröße können diese Richtwerte nur ein Gefühl für die zu erwartenden Größenordnungen vermitteln und sind im konkreten Fall projektbezogen nachzurechnen.

2.4 Prozessbiologische Grundlagen

Der Prozess der Biogasproduktion basiert auf dem Stoffwechsel einer Vielzahl von Mikroorganismen, die in sehr enger Abhängigkeit untereinander und in Abhängigkeit von den durch technische, organisatorische und klimatische Einflüsse gegebenen Randbedingungen aktiv sind. Mikroorganismen sind überwiegend auf die Nutzung von biochemischen und physikalischen Abläufen innerhalb und außerhalb ihrer Zellstruktur angewiesen. Die Bilanzierung und Bewertung des Biogasbildungsprozesses erfordert daher ein Verständnis für diese Abläufe.

2.4.1 Synergistische und antagonistische Reaktionen innerhalb der anaeroben Stoffwechselkette

Das bei höher entwickelten Lebewesen zentral gesteuerte Zusammenspiel von spezialisierten Organen zur Ausführung von Teilreaktionen des Gesamtstoffwechsels wird im mikrobiellen Bereich durch synergistische oder symbiotische Effekte im Ergebnis des Zusammenlebens verschiedener Spezies erreicht (Abb. 2.30).

Für die anaerobe Biozönose folgt entsprechend, dass hydrolysierende Bakteriengruppen durch Ausschüttung von Exoenzymen in das umgebende feuchte Habitat eine Auflösung partikulärer Organik mittels enzymatischer Reaktionen bewirken.

Dabei können Einzeller aufgrund der begrenzten biochemischen Kapazität ihrer Zellstruktur üblicherweise nur wenige relevante, hydrolysierend wirkende Enzymgruppen produzieren. Die häufig in Kombination benötigten kohlenhydrat-, fett- und proteinspaltenden Enzyme werden deshalb von unterschiedlichen Bakteriengruppen generiert und führen je nach Substratzusammensetzung und damit freisetzbaren wasserlöslichen organischen Spaltprodukten zu einem variablen dynamischen Gleichgewicht zwischen den beteiligten Spezies.

Die durch Diffusion von den Bakterienzellen aufgenommenen löslichen organischen Verbindungen werden innerhalb der Zellen anaerob metabolisiert.

Bedingt durch den einfachen Enzymhaushalt können die archaischen Anaerobier höhermolekulare organische Verbindungen immer nur in nächst niedere organische Komponenten zerlegen, um daraus ihre Stoffwechselenergie zu beziehen.

Die jeweiligen Stoffwechselzwischenprodukte, neben organischen Molekülen auch Kohlenstoffdioxid und Wasserstoff, werden durch Diffusion wieder in die Zellumgebung

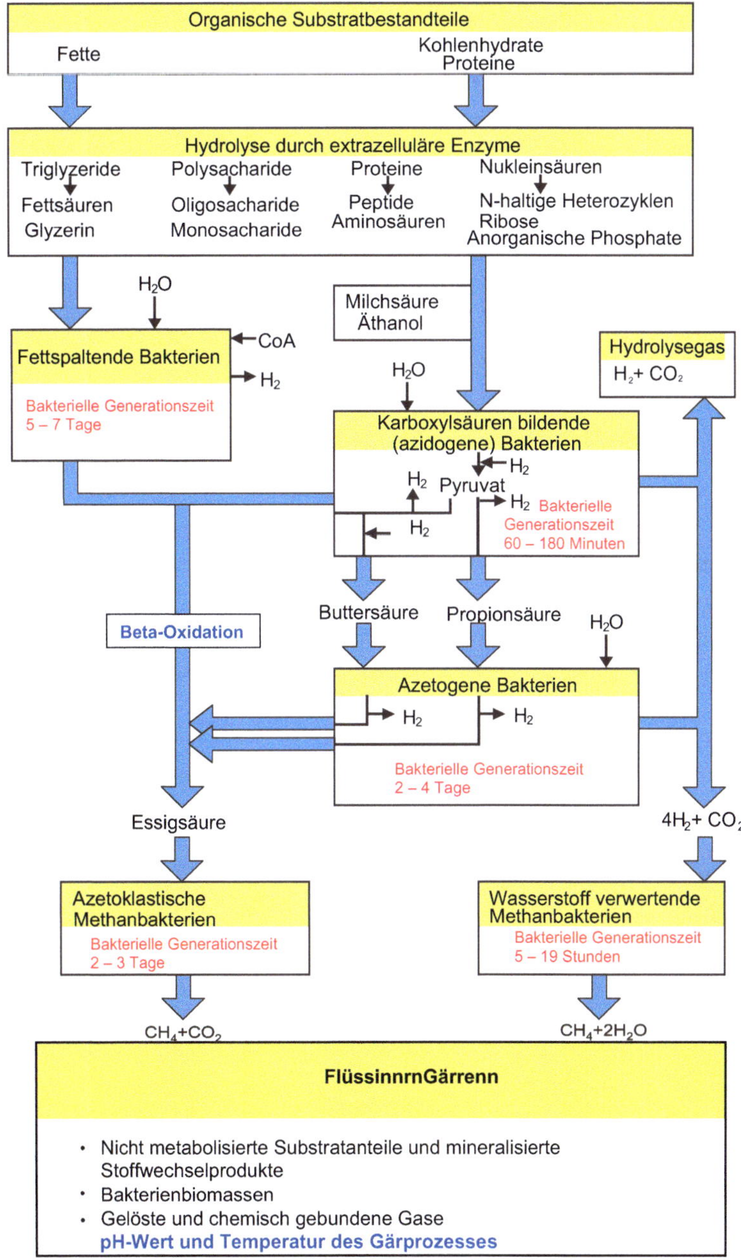

Abb. 2.30 Vereinfachte Darstellung der anaeroben Stoffwechselkette. (Nach Daten aus: Mosey 1983; Wiesmann 1988; Gosh 1974; Gujer 1983; Rehm 1999; Zehnder 1988; Ryhiner et al.1993)

ausgeschieden und dienen dort anderen spezialisierten Bakteriengruppen als Substrat für den weiteren enzymspezifisch katalysierten Ab- bzw. Umbau.

Letztendlich bleiben Kohlenstoffdioxid und Methan als Endprodukte des anaeroben Stoffwechsels übrig. Methan ist für Bakterien anaerob nicht weiter unter Energiegewinn metabolisierbar. Der CO_2-Umsatz in Verbindung mit freien Wasserstoffionen zu Methan und CO_2 ist durch die begrenzten Ressourcen an Wasserstoff aus den vorgelagerten Stoffwechselreaktionen limitiert. Somit entsteht als Endprodukt des anaeroben Stoffwechsels das als Biogas bezeichnete Methan-/Kohlenstoffdioxidgemisch.

Zu unterscheiden ist zwischen der in stöchiometrischen Verhältnissen erfolgenden Gaskomponentenfreisetzung durch die Bakterienzellen und der Zusammensetzung des aus dem Gärmedium emittierten „Biogases", veränderter Komposition infolge physikalischer Gaslösung sowie chemischer Reaktionen des CO_2 im wässrigen Milieu.

Der stufenweise Abbau der Substrate von komplexen organischen Molekülen bis zu den Endprodukten Methan und Kohlenstoffdioxid sowie in Abhängigkeit der chemischen Substratzusammensetzung auch Ammoniak und Schwefelwasserstoff führt zu einer Vielzahl von „verfahrenstechnischen Schnittstellen" zwischen den benötigten Mikrohabitaten der beteiligten Bakteriengruppen und macht die anaerobe Biozönose anfällig für aus der Prozessführung resultierende Einflüsse, die Störungen im Fließgleichgewicht des Abbaus von Stoffwechselzwischenprodukten verursachen und die unterschiedlichen Milieuanforderungen der mikrobiellen Spezies beeinträchtigen (s. Kap. 6).

2.4.2 Der Einfluss von Substrat und Milieubedingungen auf die anaerobe Prozessdynamik

Eine Reihe spezifischer Faktoren bestimmt das labile dynamische Gleichgewicht in einer anaeroben Biozönose.

Der überwiegende Teil an Spaltprodukten aus den anaeroben Abbau-Teilschritten bis zur resultierenden Essigsäure führt zu einer pH-Wert Absenkung im Habitat. Erst durch die abschließende Verwertung dieser überwiegend sauren Stoffwechselzwischenprodukte in der „Methanisierung" stellt sich im System ein physiologisch vorteilhafter, schwach alkalischer pH-Wert ein, den die meisten beteiligten Bakteriengruppen für ihr Aktivitätsoptimum benötigen.

Dabei zeigen hydrolysierende Bakterien und Säurebildner eine größere Toleranz gegenüber pH-Werten im sauren Bereich und erbringen noch bis abnehmend zu $pH \approx 5$ gute bis ausreichende Stoffwechselleistungen. Erst für $pH < 4$ stellen die meisten Spezies ihre Lebensfunktionen ein.

Andererseits sind die „methanisierenden" Bakteriengruppen noch bis $pH \approx 8{,}4$ zu reduzierten, aber stabilen Stoffwechselleistungen fähig. In einer stationär arbeitenden, ungestörten anaeroben Bakteriengemeinschaft überwiegt deshalb, als makroskopisch messbar, je nach Pufferung im System ein pH-Wert zwischen ca. 7 und 8,2.

2.4.2.1 Stoffwechselkette und Abbaupfade

Die prinzipielle Darstellung der Stoffwechselkette einer anaeroben Biozönose in Abb. 2.30 basiert auf den Ergebnissen aus den Veröffentlichungen von (Mosey 1983; Wiemann 1988; Gosh 1974; Gujer 1983; Rehm 1999; Zehnder 1988) u. a.

Man erkennt, dass die anaerob verwertbaren kohlenstoffhaltigen Substratgruppen Kohlenhydrate, Proteine und Fette durch einen komplex verknüpften Metabolismus stufenweise bis zu nicht mehr ohne Sauerstoff weiter energetisch nutzbaren Endprodukten abgebaut werden.

Dabei müssen in fester Form vorliegende Substrate erst durch Exoenzyme in wasserlösliche Verbindungen übergeführt werden, bevor sie von den Bakterienzellen für ihren Stoffwechsel aufgenommen werden können.

Während die gelösten molekularen Spaltprodukte aus Kohlenhydraten und Proteinen über eine Reihe forschungsseitig verifizierter Abbauwege letztendlich überwiegend in kurzkettige organische Säuren (C_2 bis C_6 Kohlenstoffatome) übergeführt werden, erfolgt die Spaltung langkettiger Fette und Fettsäuren nach einem speziellen Abbauschema, der sogenannten β-Oxidation, wobei jeweils enzymatisch zwei C-Atome enthaltende Molekülgruppen von den Enden der Fettmoleküle abgetrennt und durch Sauerstoffanlagerung aus Wassermolekülen zu Essigsäure katalysiert werden.

Zusammen mit der von azetogenen Bakterien aus niederen Fettsäuren gebildeten Essigsäure ergibt der „Säureabfall" aus dem Fettmetabolismus den Substrat-Pool für die azetoklastischen Methanbildner, die in einer stationär störungsfrei arbeitenden anaeroben Biozönose ca. 70 % des prozessspezifischen Methanaufkommens erzeugen.

Wasserstoffüberschüsse aus der Fettspaltung sowie aus den azidogenen und azetogenen Stoffwechselschritten werden von den methanogenen (hydrogenophilen), Wasserstoff verwertenden Spezies unter Kohlenstoffdioxidreduktion ebenfalls in Methan und anteilig Wasser umgewandelt. Dieser Reaktionsteilschritt liefert die restlichen ca. 30 % des Methanaufkommens im Gärprozess. Ihm kommt jedoch für die Stabilität des Prozesses durch den Wasserstoffverbrauch große Bedeutung zu, da ein niedriger Wasserstoffpartialdruck im bakteriellen Habitat die Voraussetzung ist für den energetisch nutzbaren Abbau von Propionsäure zu Essigsäure durch die azetogenen Bakterien.

Unter diesem Gesichtspunkt können auch die Schwefelwasserstoffbildner als Nahrungskonkurrenten der methanogenen Spezies infolge ihres Wasserstoffkonsums Prozess stabilisierend wirken.

Läuft die Vergärung in einer einstufigen anaeroben Mischbiozönose ab, steht der gesamte Wasserstoffüberschuss den methanogenen Spezies für ihren Stoffwechsel zur Verfügung. Die Effizienz seiner Verwertung ist dann nur von den realisierten Prozessbedingungen abhängig.

Sollen jedoch Hydrolyse/Versäuerung und Methanisierung in getrennten Prozessstufen ablaufen, um diese Teilschritte prozesstechnisch zu optimieren, geht der Wasserstoffanteil aus der Säurebildung für die Methanerzeugung verloren, wenn das Hydrolysegas nicht aufgefangen und in den Methanisierungsreaktor eingedüst wird.

Infolge der geringen Wasserstofflöslichkeit (Abschn. 2.2.2) muss jedoch der Reaktor dann technologisch gezielt darauf ausgerichtet sein, durch ein feinblasiges Gasblasenspektrum und lange Gas-Flüssigkeits-Kontaktzeiten die bakterielle Wasserstoffverwertung zu gewährleisten, damit nicht signifikante Wasserstoffanteile ohne Umsetzung den Reaktor mit dem Methangas wieder verlassen.

2.4.2.2 Besonderheiten von Hydrolyse und Versäuerung

In der anaeroben Mischbiozönose leben die beteiligten Bakterienspezies in Flocken- oder Biofilmstrukturen mit sehr geringen Abständen untereinander, die in den speziellen Granulen(Pellet)-Konfigurationen der Schlammbetten von UASB-Reaktoren zu 50 nm bis 80 nm gemessen wurden. Damit sind kurze Stoffaustausch- und Gastransportwege gewährleistet und die Stoffwechselzwischenprodukte einschließlich gelöster Gaskomponenten werden verlustarm zwischen den Bakterien ausgetauscht, bevor sie das Mikrohabitat der Flocken-/Filmstrukturen verlassen können.

Somit kann der in Hydrolyse und Versäuerung freigesetzte Wasserstoff weitgehend methanisiert werden (üblicherweise werden im Biogas bis zu 400 ppm(v) H_2 bei normalem Reaktorbetrieb erwartet) und der stöchiometrische CO_2-Ertrag des Prozesses wird erreicht.

Die Wasserstoffkonzentration im Biogas hängt zum einen von der Aktivität der Wasserstoff verwertenden Spezies ab, andererseits spielt aber auch die Zusammensetzung der relevanten Biozönose eine Rolle, da unterschiedliche Bakteriengruppen das gleiche Substrat nach verschiedenen Abbauwegen verwerten können. So kann Glukose u. a. auf drei unterschiedlichen Abbauwegen zu Milchsäure umgesetzt werden, ohne Wasserstofffreisetzung. In gleicher Weise ergibt die Wasserstoffbilanz für Ethanolbildung als Stoffwechselzwischenprodukt ebenfalls Null Verluste (Gavala et al. 2006).

Temperatur und pH-Wert des anaeroben Prozesses haben gleichfalls Einfluss auf die von den Bakterien für ihren Metabolismus nutzbaren Abbauwege. Damit wirken sowohl die Substratzusammensetzung als auch die Prozessbedingungen auf die sich im Reaktor einstellende Bakterienpopulation und auf die von den Spezies nutzbaren Substratabbaupfade. Eine Veränderung der messbaren Wasserstoffkonzentration signalisiert deshalb nicht zwingend eine Prozessstörung, sondern ist erst einmal nur Ausdruck einer Veränderung in der Zusammensetzung der Biozönose und/oder der bakteriellen Stoffwechselpfade.

Für dominant kohlenhydrathaltige NawaRo-Substrate ist das Phänomen bekannt, auch bei effizientem Gärprozess zu hohen Wasserstoffkonzentrationen größer 1000 ppm(v) im Biogas führen zu können. Dadurch wird dann nicht die Vergärung, sondern ggf. die Gasaufbereitung zu Biomethan beeinträchtigt, da die erforderliche Erdgasqualität für eine Netzeinspeisung nicht einzuhalten ist, weil sich durch die CO_2-Abtrennung in der Gasaufbereitung die Wasserstoffkonzentration im verbleibenden Methangasstrom etwa verdoppelt und Wasserstoff nicht ohne Weiteres abtrennbar ist.

Unter Berücksichtigung des Phänomens Wasserstoff als Stoffwechselzwischenprodukt wurden verschiedene verfahrenstechnische Ansätze für eine optimierte anaerobe zweistufige Prozessführung entwickelt:

a. ***Zweistufige Prozessführung mit getrennter Hydrolyse/Versäuerung und Methanisierung***

- Verwerfen des Hydrolysegases als H_2- und CO_2-haltiges Schwachgas, um in der Methanisierungsstufe bessere Gasqualität mit höherer CH_4-Konzentration zu erhalten. Der Biogasverlust durch den ausgekreisten Wasserstoffanteil wird in Kauf genommen.
- Das Hydrolysegas wird aufgefangen und in die Methanisierung eingedüst um den Wasserstoffanteil zu nutzen. Eine gute Wasserstoffverfügbarkeit für die Bakterien ist technologisch sicherzustellen.
- Die Hydrolyse wird (wie aus der aeroben Abwasserbehandlung bekannt) aerob betrieben ohne Wasserstoff- oder Methanbildung (Langhans 1994; Bandorf 2009). Es werden auch Stoffgruppen aufgeschlossen, die anaerob schwer verfügbar sind. Das kann zu absolut höheren Biogaserträgen in der Methanisierungsstufe führen. Spezifisch sinkt die Biogasausbeute, da der aerob für den Bakterienbiomasseertrag verbrauchte Substrat-CSB größer als unter anaeroben Bedingungen ist.

b. ***Ein- oder zweistufige Prozessführung mit zusätzlichem Wasserstoffeintrag aus externen Quellen***

In Ergänzung zu dem aus Hydrolyse sowie azidogenen und azetogenen Reaktionen stammendem Wasserstoff wird der Methanisierung extern bereitgestellter Wasserstoff zugeführt unter Beachtung der notwendigen bakteriellen Verfügbarkeit. Dadurch kann das Potenzial an überschüssigem Kohlenstoffdioxid aus dem anaeroben Metabolismus genutzt werden, um die absolute Methanausbeute sowie die Methankonzentration im Biogas zu erhöhen. Der externe Wasserstoff soll dabei bevorzugt durch Wasserelektrolyse unter Einsatz von Öko-Strom (Wind- und Solarenergie) erzeugt und zwischengespeichert werden für die dosierte Zugabe in die Vergärung. Auf diese Weise ließe sich nicht verbrauchskonform erzeugte Ökoenergie faktisch zwischenspeichern und umgewandelt in Bio-Methan über das Erdgasnetz verteilen.

c. ***Erzeugung von Bio-Wasserstoff für die kommerzielle Verwertung***

Theoretische Untersuchungen zeigen für Kohlenhydrate als Substrat ein Ausbeutepotenzial von 12 Mol Wasserstoff je Mol Glukose. Unter biotechnologischen Bedingungen sind jedoch maximal 4 Mol H_2/Mol $C_6H_{12}O_6$ als Ertrag zu erreichen, wenn es gelingt, den bakteriellen Stoffwechselpfad zu den Produkten Essigsäure-Wasserstoff-Kohlenstoffdioxid zu realisieren. Wird statt Essigsäure Buttersäure produziert, ist nur eine Ausbeute von 2 Mol H_2/Mol $C_6H_{12}O_6$ möglich. Bei Milchsäure als Endprodukt

Tab. 2.11 Experimentell ermittelte Wasserstoffausbeuten aus geregelter Hydrolyse unterschiedlicher Substrate. (Quelle: verändert nach Meyer et al. 2007)

Substrat	Wasserstoffausbeute [NLiter/g oTM]
Glukose	221 bis 317
Maisstärke	211
Kartoffelstärke	123
Futter- und Zuckerrüben	142 bis 239
Kartoffeln	160 bis 181
Kartoffelschalen	89
Ethanolschlempe (eingedickt)	134 bis 230
Glyzerin	26 bis 55

Die Versuche erfolgten mit selektierten Bakterienspezies bei thermophilen Bedingungen

entsteht überhaupt kein freier Wasserstoff. Realistisch für eine praxisnahe Versäuerung von Glukose unter Bildung von Essigsäure und Buttersäure neben Wasserstoff ist eine maximale Ausbeute von 2,5 Mol H_2/Mol $C_6H_{12}O_6$ (Gavala et al. 2006; Meyer et al. 2007).

Tab. 2.11 basiert auf den Versuchsergebnissen von (van Groenestijn et al. 2002; Kotsopoulos 2005; Meyer et al. 2007) für die gesteuerte hoch- und hyper-thermophile Versäuerung unterschiedlicher Substrate mittels speziell selektierter Mikroorganismen. Das Maximum der Wasserstofferzeugung liegt deutlich bei reinen Kohlenhydraten als Substrat. Die geringe Pufferung dieser Systeme und die hohe Säureproduktion führen zu einem drastischen Abfall des pH-Wertes bis zur bakteriellen Selbsthemmung. Eine aufwendige pH-Regelung ist deshalb unerlässlich oder es muss mit alkalischem Prozesswasser aus einer nachfolgenden Methanisierung verdünnt werden. Die resultierenden großen Volumenströme zwingen im Interesse minimierter Reaktorvolumina zu einer Entkopplung von hydraulischer und Biomasseverweilzeit, weshalb der Einsatz von UASB-Reaktoren favorisiert wird (Palazzi 2002; Kotsopoulos 2005; Meyer et al. 2007). Bei Verwendung von Schlempen als Substrat kann der verfahrensbedingt meist hohe Schwefelgehalt (Lin 2006) durch signifikante Schwefelwasserstoffgehalte im Hydrolysegas Probleme bereiten. Die Wasserstoffkonzentration im Gas kann (unter Berücksichtigung der anteiligen CO_2-Bindung im Prozesswasser) bis zu 76 NVol.-% betragen.

Um den prozesstechnisch nicht zu vermeidenden Anteil organischer Säuren im Ablauf der Hydrolysestufe weiter energetisch nutzen zu können, ist eine nachfolgende Methanisierungsstufe erforderlich. Ihr Ablauf kann, wie schon oben ausgeführt, anstelle von zusätzlichen Chemikalien zur pH-Wert Anhebung in der Hydrolyse genutzt werden.

Einzelheiten zur Hydrolysegasbilanzierung finden sich in Abschn. 3.2.2.4.

2.4.2.3 Abbau der Stoffwechselprodukte aus der Hydrolyse

In der anaeroben Stoffwechselkette reduziert sich von höher- zu niedermolekularen Verbindungen der spezifische Energiegewinn für die beteiligten Bakterienspezies von Abbauschritt zu Abbauschritt. Entsprechend verringern sich die Wachstumsgeschwindigkeiten und Biomasseausbeuten der beteiligten Bakteriengruppen zum Ende der Stoffwechselkette.

Deshalb muss eine gesteigerte Substratdosierung immer unter Limitierung der ersten Abbauschritte erfolgen, damit insbesondere die langsam wachsenden Methanbildner Zeit finden, sich in ihrer Populationsdichte einem veränderten Nahrungsangebot anzupassen.

Wird überproportional leicht hydrolysierbares Substrat dosiert, sind hydrolysierende und acidogene Spezies in der Lage, ihre Populationsstärke durch Vermehrung schnell auf das veränderte Nahrungsangebot einzustellen.

Dabei kommt es zu einer Anreicherung saurer Stoffwechselzwischenprodukte, da die nachfolgenden Bakteriengruppen nicht in der Lage sind, das erhöhte Nahrungsangebot sofort vollständig zu verwerten. Die erfolgende pH-Wert Absenkung stört die säuretoleranten Hydrolysierer und Azidogenen oberhalb eines pH-Wertes von ca. 4,5 nicht signifikant.

Für die aus den Bedingungen des stationären Betriebes auf schwach alkalisches Milieu optimal eingestellten Methanogenen bedeutet eine pH-Wert Verringerung in den sauren Bereich jedoch eine starke Hemmung ihrer sowieso schon geringeren Stoffwechselaktivität. Damit wird die Anpassung an das veränderte Substratangebot zunehmend behindert und der Prozess rutscht in bekannter Weise in den sauren pH-Bereich ab.

Bei pH-Werten zwischen ca. 3 und 4,5 stellen dann auch die säuretoleranten Bakteriengruppen ihre Aktivität ein.

Ein ins saure Milieu abgestürzter Gärreaktor muss komplett neutralisiert (bzw. entleert) und für den notwendigen Neustart wieder beimpft werden.

2.4.3 Thermodynamik des biologischen Prozesses

Biochemische Stoffwechselreaktionen erzeugen grundsätzlich eine exotherme Wärmetönung. Im Gegensatz zu aeroben Stoffwechselprozessen mit hohem Wärmeüberschuss ist jedoch die anaerobe Wärmetönung sehr gering (Abschn. 4.1.7). In Vergärungsanlagen werden deshalb insbesondere für die Nassvergärung unter konventionellen Betriebsbedingungen keine prozessrelevanten Wärmetönungen beobachtet.

Die Summe aller Reaktorwärmeverluste einschließlich der benötigten Wärme zur Substrataufheizung auf die gewählte mesophile oder thermophile Prozesstemperatur übersteigt bei Weitem das Wärmebildungspotenzial aus dem anaeroben Stoffwechsel. Trotzdem sind bei speziellen Betriebsweisen hoch belasteter Gärreaktoren deutliche Wärmetönungen beobachtbar, die im Extremfall zu einem Kühlbedarf für die Fermenter führen können. Dazu werden weiter in Abschn. 4.1.7 noch die Bedingungen diskutiert.

Die maximale Lebensvielfalt hat sich unter irdischen Bedingungen in einem Temperaturbereich zwischen 20 °C und 40 °C entwickelt. In diesem sogenannten mesophilen Temperaturbereich findet man die größte Artenvielfalt. Das gilt im gleichen Maße für Mikroorganismen.

Im mesophilen Temperaturbereich (bevorzugt 33 °C bis 42 °C) betriebene Vergärungsanlagen zeichnen sich deshalb durch einen großen Artenreichtum an anaeroben Mikroorganismen aus. Entsprechend gut ist die Anpassungsfähigkeit eines solchen Prozesses an qualitative Änderungen in der Substratzusammensetzung, da in einer ausgewogenen mesophilen Biozönose grundsätzlich eine Vielzahl substratspezifisch reagierender Spezies vorhanden ist. Diese teilweise unter den aktuellen Bedingungen gehemmt lebenden Bakteriengruppen können bei verändertem Substrat plötzlich günstige Stoffwechselbedingungen finden und sich entsprechend vermehren, während bisher bevorzugte Gruppen in ihrer Aktivität eingeschränkt werden.

Die Änderungen der Substratqualität dürfen die für eine Zellmasseverdopplung der jeweiligen Spezies benötigten Zeiten nicht unterschreiten, um eine problemlose Anpassung der Zelldichte im Medium an das jeweilige Substratangebot zu ermöglichen, Abschn. 6.2.

Bakterien, die sich im thermophilen Bereich (etwa 50 °C bis 60 °C) mit ihren Lebensfunktionen angepasst haben, sind faktisch dem Konkurrenzdruck bei mesophilen Bedingungen ausgewichen und besiedeln eine Populationsnische im klimatischen Bereich. Bei ihnen handelt es sich um Spezialisten, die sich an untypische Bedingungen angepasst haben. Entsprechend eingeengt ist die Artenvielfalt, verglichen mit der unter mesophilen Bedingungen (Zeikus 1979).

Aufgrund der möglichen höheren Stoffwechselleistungen unter optimalen thermophilen Prozessbedingungen zeichnet sie ein schnelleres Wachstum aus. Thermophile Gärprozesse können sich daher schneller quantitativen Substratänderungen anpassen. Allerdings sind sie wegen der eingeschränkten Artenvielfalt empfindlicher gegenüber qualitativen Änderungen. Zudem ist zu beachten, dass sich bei den höheren Temperaturen infolge der veränderten chemisch-physikalischen Bedingungen biotoxische Reaktionen verstärken können. Z. B. führt die Verschiebung des Dissoziationsgleichgewichts zu höheren Anteilen der Zellgifte Ammoniak und Schwefelwasserstoff. Damit liegt im thermophilen Bereich ein größeres Hemmpotenzial für die Bakterienflora vor als im mesophilen (Abschn. 4.1.4).

Andererseits sind bestimmte Substrate wie Fette thermophil aufgeschmolzen und damit als Tröpfchendispersion mit großer Oberfläche dem enzymatischen Abbau besser zugänglich als unter mesophilen Bedingungen. Abb. 2.31 zeigt dazu die Inhalte von zwei anaeroben Hochlast-Versuchsreaktoren mit trägerfixierten Mikroorganismen zur

Abb. 2.31 Einfluss der Prozesstemperatur auf den Fettumsatz in anaeroben Hochlastreaktoren

Behandlung von Schlachthofabwasser mit zusätzlicher Dosierung bei Raumtemperatur fester tierischer Fette. Dabei sicherte das Schlachthofabwasser die Basisversorgung der anaeroben Biozönose mit Nährstoffen. Einziger Unterschied in der quasi-kontinuierlichen Betriebsweise der Reaktoren über ein Dreivierteljahr war die Prozesstemperatur mesophil bzw. thermophil. Im thermophilen Reaktor zeigen sich zwischen den Schaumstoffträgern keinerlei angereicherte feste Ablagerungen, während bei mesophilem Betrieb deutlich die kaum verwerteten dosierten Fettpellets zu erkennen sind. Korrespondierend mit den Umsatzunterschieden betrug die Gasbildungsrate thermophil das Vierfache der unter mesophilen Bedingungen erreichten.

Ebenso können bei thermophilen Temperaturen pflanzliche Lignozellulosekomplexe erweichen und die Zellulosemoleküle besser enzymatisch kontaktiert und abgebaut werden. Entsprechend muss die Prozessauswahl immer unter Berücksichtigung aller verfahrenstechnischen Randbedingungen erfolgen, um ein stabiles optimiertes Betriebsregime in einer Vergärungsanlage zu etablieren.

Prozessstörungen können sich in Gärreaktoren schleichend und in einem frühen Stadium schwer erkennbar entwickeln, sofern es sich nicht um abrupte toxische Einwirkungen oder Änderungen der Prozessbedingungen handelt (letale Dosis von Zellgiften; dauerhaftes Überschreiten der physiologisch tolerierten Medientemperatur).

Hemmungen im enzymatischen Bereich werden partiell durch Anstieg der Substratkonzentration kompensiert. Das Gleiche gilt für Milieuänderungen; steigt beispielsweise die Ammonium-/Ammoniak-Konzentration, reduziert sich zuerst der Säureabbau durch die empfindlichen methanogenen Spezies. Die Zunahme der Säurekonzentration verhindert in gewissen Grenzen den zu erwartenden Anstieg des pH-Wertes, s. Abschn. 4.1.4.1 und 6.1.

Nach außen zeigt sich das Bild eines scheinbar stabilen Reaktorbetriebes. Wenn die sich aufbauende Störung dann endgültig den Toleranzbereich übersteigt, kommt es zu einem überraschenden abrupten Prozessabsturz.

2.4.4 Experimentelle Arbeiten zur Bestimmung von Bakterienwachstum und Biomasseerträgen

Zur Gewährleistung des optimalen Transfers von Substraten und Stoffwechselprodukten zwischen den bakteriellen Spezies der anaeroben Flora formiert sich die Biozönose bevorzugt in Biofilmen oder Flockenstrukturen mit minimalen Zellabständen im Nanometerbereich. Abb. 2.32 erläutert schematisch die Bedeutung der Zellanordnung in dieser Flockenstruktur für einen effizienten und störungsunempfindlichen anaeroben Prozess.

Die physikalisch-chemischen Bedingungen innerhalb der bakteriennahen Mikrohabitate unterscheiden sich von den labor- oder betriebsmesstechnisch erfassbaren Parametern im makroskopischen Bereich der Gärmedien. Der Interspeziestransfer von bevorzugt sauren Stoffwechselzwischenprodukten erfolgt bei niedrigeren pH-Werten zwischen den Zellen, als normalerweise außerhalb der Flocken-/Filmstrukturen gemessen werden. Bei im Stoffwechselgleichgewicht arbeitender Biozönose gelangen nur geringe Anteile dieser Transfer-Komponenten in den makroskopischen Gärmedienbereich, wodurch die vorherrschenden Puffersysteme das alkalische Milieu überwiegt. Erst bei gravierenden Störungen im Gärverlauf brechen nicht verwertete und akkumulierte saure Stoffwechselprodukte in signifikanten Größenordnungen in das umgebende Gärmedium durch und verschieben das gepufferte Milieu auch hier in den sauren Bereich.

Der qualitative Zustand des Mikrohabitats nimmt auch Einfluss auf die Zusammensetzung des emittierten Biogases und die Hemmung des anaeroben Prozesses durch toxi-

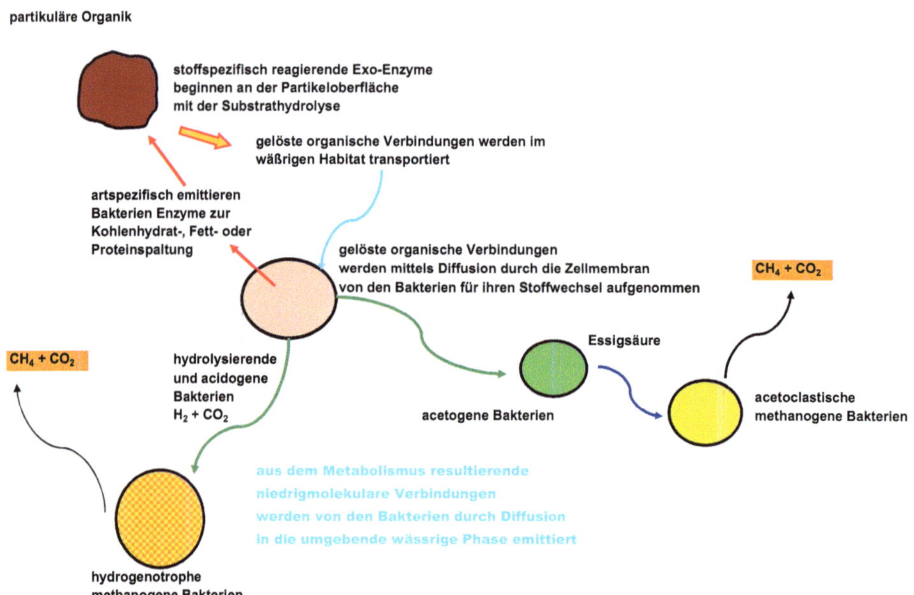

Abb. 2.32 Schematische Darstellung der Flockenstruktur einer anaeroben Biozönose

sche Substanzen, Kap. 4 und Abschn. 6.1. Diese vergröberte Modellvorstellung wird natürlich den weit komplexeren mikrobiologischen Abläufen nicht gerecht, kann aber dem Laien auf diesem Fachgebiet ein besseres Verständnis bei der Interpretation von beobachteten Betriebszuständen vermitteln. In der Literatur zugängliche Mikrofotografien, z. B. (Gronauer 2010), bestätigt den dreidimensionalen schichtweisen Aufbau für ein eingefärbtes Mikropräparat.

Die hauptsächlich aus fakultativen Anaerobiern bestehenden hydrolysierenden Bakterienstämme übernehmen neben der Bereitstellung wasserlöslicher Substratmoleküle zusätzlich eine Schutzfunktion für die sauerstoffempfindlichen obligaten Anaerobier. Zur effizienten Verteilung von Exoenzymen im Habitat besiedeln die fakultativen Anaerobier bevorzugt die Außenbereiche in den Clustern der Biozönose. Bei vorhandenem gelöstem Sauerstoff stellen sie ihren Stoffwechsel auf den energetisch höherwertigen aeroben Prozess um und sorgen dadurch für eine Verarmung an Sauerstoff innerhalb des Clusters.

Das bewirkt eine Verdrängung der sauerstoffempfindlichen methanisierenden Bakterien in den geschützten Innenbereich der Flocken oder Biofilme. Durch diese Strukturierung lässt sich auch die beobachtete Unempfindlichkeit des anaeroben Prozesses gegen geringe Konzentrationen an gelöstem Sauerstoff erklären, die zur Verfahrensentwicklung der reduzierten Schwefelwasserstoffbildung durch kontrollierte Dosierung geringer Sauerstoffmengen in das Gärmedium geführt hat (Langhans 1997). Hoch sauerstoffempfindliche Sulfidbildner, die leicht verwertbaren CSB und Wasserstoff für ihren Metabolismus benötigen und deshalb bevorzugt im Außenbereich oder randnah in den anaeroben biozönotischen Strukturen siedeln, sind weniger gegen gelösten Sauerstoff geschützt als die Acetogenen und die Methanisierer und werden in ihren Lebensprozessen behindert.

Wenn durch starke Medienbelüftung ein Sauerstoffüberangebot entsteht, reicht der Verbrauch durch die fakultativen Anaerobier nicht mehr als Schutzfunktion und es erfolgt ein Sauerstoffdurchbruch auch in die tieferen Schichten der anaeroben Bakterien-Cluster.

Analoge Effekte werden in der Abwasserbehandlung beim Zusammenleben von Nitrifikanten und Denitrifikanten in Biofilmen auf z. B. offenporigen Schaumstoffträgern beobachtet.

Die Untersuchungen präparierter Dünnschnitte von Granulen aus UASB-Gärreaktoren mittels Elektronenmikroskopie zeigen als Schichtenbildung den korrespondierenden Aufbau, wie w. o. für die anaeroben Schlammflocken beschrieben (Sekiguchi 1999).

In der Randzone der Granulen befinden sich sauerstofftolerante hydrolysierende Bakterien und Propionatoxidierende, aber auch Desulfurikanten, während im gegen Sauerstoff geschützten Innenraum der Granulen Kolonien methanisierender Archaeen (Prokaryoten) vorherrschen. Eine Reproduktion der Mikroschnitt-Abbildung aus (Sekiguchi 1999) findet sich in (Schieder 2010).

Die Substratzusammensetzung (Kohlenhydrate, Proteine, Fette) bestimmt die Entwicklung der angepassten Biozönose im stationären Betriebszustand. Änderungen der

Substratqualität führen zur Änderung der bakteriellen Zusammensetzung der Biozönose; verringerter Energiegewinn zum Ende der Stoffwechselkette bedingt reduziertes Wachstum und Anpassungsvermögen der Spezies. Zwischenproduktakkumulation verändert die Milieubedingungen einschließlich pH-Wert. Die Prozesstemperatur (mesophil, thermophil) beeinflusst das Bakterienwachstum und damit die Adaptionsfähigkeit ebenso wie die hydraulischen Bedingungen (Viskosität). Die Toxizität von potenziellen Hemmstoffen und die Biogasqualität werden von einer Vielzahl zum Teil kontraproduktiv wirkender Faktoren beeinflusst.

Im Ergebnis dieser Komplexität ist es nur in Ansätzen möglich, das Bakterienwachstum und die Biomasseerträge unter Praxisbedingungen allgemeingültig zu bilanzieren und zu modellieren.

Zahllose, in der Fachliteratur dokumentierte Laborversuche zur Bestimmung bakterieller Wachstumsraten in anaeroben Mischbiozönosen, aber auch unter Einsatz genetisch definierter bakterieller Zellkulturen vermitteln ein ungefähres Bild über die zu erwartenden Größenordnungen der Wachstumsgeschwindigkeiten. Ausgangspunkt sind jeweils wasserlösliche Substrate und ergänzende Nährlösungen zur Bereitstellung der essenziellen Nährstoffe und Spurenelemente. Mit einer vorgegebenen Impfkulturmasse erfolgt der Versuchsansatz, gemessen wird der zeitliche Zuwachs an Bakterien zu dieser Startmenge. Dazu werden nach festgelegten Kultivierungszeiten die Bakterienzellen durch Zentrifugieren und Filtrieren aus der Kulturlösung abgetrennt und gewaschen, um die Salzbestandteile der Nährlösung und Substratreste zu entfernen. Anschließend erfolgt die gravimetrische Bestimmung der Bakterientrockenmasse und ggf. die weitere analytische Untersuchung der Zellbestandteile. Für optisch klare Versuchsansätze lässt sich eine Trübungsmessung mit den gravimetrisch ermittelten Zellkonzentrationen kalibrieren und damit die Versuchsauswertung vereinfachen bzw. automatisieren.

Für verifizierbare Versuchsergebnisse erfolgen die Untersuchungen in stoffwechseloptimierten Nährlösungen unter Substratlimitierung. Messungen in feststoffreichen Substratsuspensionen sind nicht möglich, da es gegenwärtig noch keine mit vertretbarem Aufwand verlässlich reproduzierbare Methode zur Unterscheidung aktiver Zellen von sonstigen suspendierten Partikeln organischen Materials gibt.

Im Gegensatz zu den Untersuchungen der anaeroben Reaktionskinetik durch Bestimmung des substratabhängigen Biomassezuwachses über die abtrennbare Zellsuspension in der Kulturlösung können die Gärteste zur Bestimmung von Gasbildungspotenzialen (VDI 4630, 2015) auch in feststoffhaltigen Ansätzen erfolgen, da keine selektiven Untersuchungen in der Flüssigphase erfolgen müssen.

Die mathematische Beschreibung für die experimentelle Bestimmung der mikrobiellen Wachstumsgeschwindigkeit lautet

$$\mu = \frac{\mathrm{d}X}{\mathrm{d}t} \cdot \frac{1}{X} \tag{2.73}$$

Damit ergibt sich als Dimension $\left[\frac{\text{kg Zuwachs Bakterienmasse in der Zeiteinheit}}{\text{Zeiteinheit}\cdot\text{kg Bakterienmasse Inokulum}}\right]$

Während für die Zeiteinheit bei der Beschreibung aerober Prozesse wegen der hohen mikrobiellen Wachstumsgeschwindigkeiten *Minuten* oder *Stunden* gewählt werden, sind für den anaeroben Bereich *Tage* als Zeiteinheit üblich und es gilt μ [kg/(d·kg)], bzw. μ [1/d].

Durch Multiplikation mit der Biomassekonzentration im Reaktionsraum erhält man die volumenbezogene Wachstumsgeschwindigkeit $\mu^* = \mu \cdot c_X$ [kg/(d·m^3)].

Die versuchstechnisch gewonnenen Zuwachsraten der bakterieller Zellmasse werden mithilfe einer Vielzahl an unterschiedliche Versuchsergebnisse angepasster theoretischer und halbempirischer Wachstumsmodelle aufbereitet, um weitere Parameter der mikrobiellen (hier: anaeroben) Wachstumskinetik zu bestimmen.

Bekanntestes Basismodell der Wachstumskinetik ist das Modell nach Monod (Monod 1949), das in Analogie zur Enzymkinetik von Michaelis-Menten (Illanes 2008) entwickelt wurde.

Die Michaelis-Menten Kinetik beschreibt die Reaktionsgeschwindigkeit für enzymkatalysierte Reaktionen in Abhängigkeit der Substratkonzentrationen. Monod ging davon aus, dass die bakteriellen Stoffwechselreaktionen zur Energiebereitstellung für jedes Zellwachstum auf enzymkatalysierten Reaktionen basieren und sich folglich das Mikroorganismenwachstum mit einem analogen reaktionskinetischen Modell beschreiben lassen müsste. Dieser Nachweis gelang ihm für einfache substratlimitierte Versuchsansätze. Inzwischen gibt es eine Vielzahl aus den Monod'schen Überlegungen weiterentwickelte Modellansätze, die an scheinbar nicht dem Grundschema folgende Versuchsergebnisse angepasst wurden und insbesondere auch verzögerte bakterielle Start- und Sterbephasen für die meist im Batch-Test erfolgenden Untersuchungen beschreiben.

Die Zunahme der Wachstumsgeschwindigkeit mit steigender Substratkonzentration bis zum bakterienspezifisch unterschiedlichen maximalen Wachstum wird mit folgendem Ansatz beschrieben:

$$\mu = \mu_{\max} \cdot \frac{S}{K_S + S} \text{ (Monod 1949)} \tag{2.74}$$

bzw. in der mit $\mu_{\max}$ normierten Darstellung $$\frac{\mu}{\mu_{\max}} = \frac{S}{K_S + S} = 0 \ldots \leq 1 \tag{2.75}$$

Wichtig

Gl. 2.74 ist in Abb. 2.33 in der normierten Form nach Gl. 2.75 für die Modellierung des Wachstums unterschiedlicher anaerober Spezies grafisch ausgewertet worden. Durch die Normierung lässt sich Bedeutung und Einfluss der Sättigungskonstante gut erkennen. Bakterien mit kleinen K_S-Werten erreichen schon bei geringen Substratkonzentrationen ihre maximale Wachstumsgeschwindigkeit. Je größer K_S wird, desto höhere Substratkonzentrationen sind für das Erreichen hoher Wachstumsraten und damit auch hoher Stoffumsätze erforderlich. Daraus ergeben sich für Anlagenplanung und -Betrieb drei wesentliche Konsequenzen:

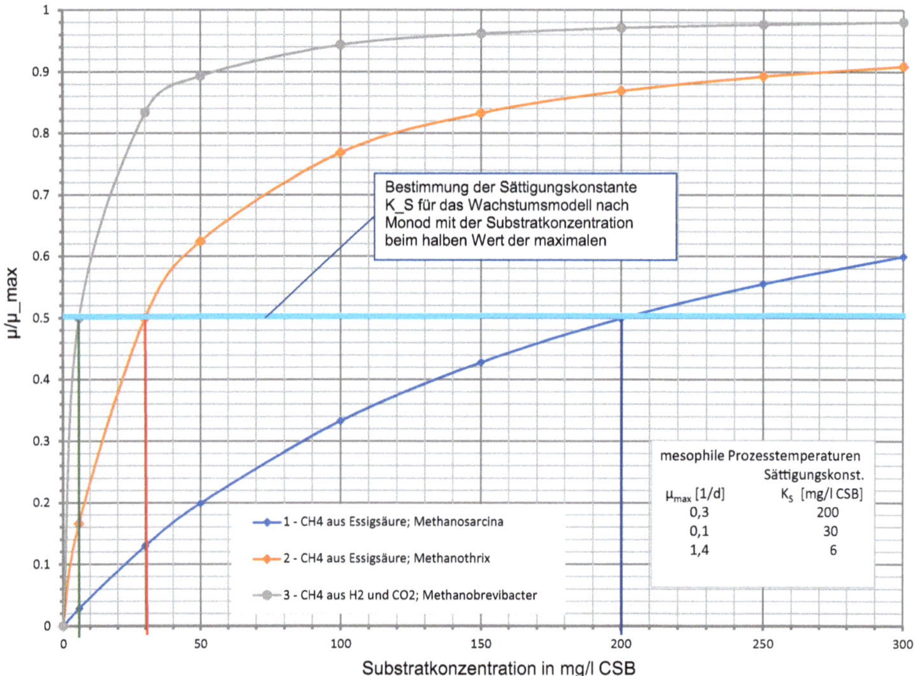

Abb. 2.33 Beschreibung des Zusammenhanges von mikrobieller Wachstumsgeschwindigkeit und Substratkonzentration nach dem empirischen Modell von Monod. (Datenquelle: Gujer 1983)

1. ***Erreichbarer Abbaugrad der bio-verfügbaren Substrate***
   Soll die Konzentration an gelösten organischen Verbindungen im Ablauf des Gärreaktors möglichst gering sein (Zielstellung: Abwasserreinigung), entfernt man sich im Anlagenbetrieb immer mehr von der maximal möglichen Wachstumsgeschwindigkeit und damit Abbauleistung der Bakterien. Das bedeutet für Reaktoren nach dem CSTR-Prinzip große hydraulische Verweilzeiten und unwirtschaftlich große Reaktionsvolumina.
   Dieses Problem ist auch aus der aeroben Abwasserreinigung bekannt. Aufgrund der über eine Zehnerpotenz höheren Wachstumsgeschwindigkeit von Aerobiern sind die erforderlichen Beckengrößen auch für niedrige Ablaufgrenzwerte noch technologisch sinnvoll.
   Im anaeroben Bereich ist jedoch ein Kompromiss zu finden zwischen noch bezahlbaren Reaktoren und den dafür in Kauf zu nehmenden höheren Ablaufbelastungen. Nur mit verfahrenstechnischen Sonderlösungen und innovativen Reaktortechnologien sind niedrige Ablaufgrenzwerte zu erreichen.
   Dazu zählen
   - Reaktorkaskaden (Reihenschaltungen),
   - Pfropfenstromreaktoren,

- die Entkopplung von hydraulischer und Biomasse-Verweilzeit (Reaktoren mit trägerfixierten Mikroorganismen, Schlammbettreaktoren [UASB, IC, etc.]).

2. Hohe gelöste Substratkonzentrationen bedeuten im Wesentlichen die Anreicherung saurer Stoffwechselzwischenprodukte im Reaktor. Das kann das Puffersystem des Gärprozesses im konkreten Einzelfall überfordern. Der Prozess kann instabil werden oder durch Versäuern völlig abstürzen. Diese Konsequenzen sind in Planung und Betrieb sorgfältig zu prüfen und im Betriebsregime zu berücksichtigen.
3. Hohe Konzentrationen an Substrat oder Stoffwechselzwischenprodukten können bei den betroffenen anaeroben Spezies Substrat- oder Produkthemmungen verursachen und damit zusätzlich Wachstum, Abbauleistung und Betriebsstabilität verringern (Abschn. 6.1).

Durch Linearisierung der wichtigsten Wachstumsmodelle können die Versuchsergebnisse in der Regel dergestalt grafisch dargestellt werden, dass aus den Schnittpunkten einer linearen Regressionsgeraden mit den Koordinatenachsen und aus dem Geradenanstieg alle Parameter des Wachstumsmodells ermittelbar sind (Abb. 2.34).

Ebenfalls für die Enzymkinetik entwickelt und dann für die Modellierung der mikrobiellen Wachstumskinetik übernommen, dienen diese Linearisierungen der grafischen Auswertung der bakteriellen Wachstumsversuche. Wenn auch mit dem derzeitigen Stand des Wissens und der Rechentechnik in den meisten Forschungseinrichtungen Computerprogramme für eine effiziente Versuchsauswertung eingesetzt werden, ist doch die grafische Veranschaulichung ein instruktives Hilfsmittel zum Erkennen der biotechnologischen und mathematischen Zusammenhänge.

Eine der bekanntesten Linearisierungsmethoden ist das Lineweaver-Burk-Diagramm (Haldane 1957; Bissing 2000).

Durch Umformung wird aus Gl. 2.74 der Ausdruck

$$\frac{1}{\mu} = \frac{K_S + S}{\mu_{\max} \cdot S} = \frac{K_S}{\mu_{\max}} \cdot \frac{1}{S} + \frac{1}{\mu_{\max}} \tag{2.76}$$

Nach Auftragung der experimentell ermittelten Wachstumsgeschwindigkeiten als Reziprokwerte über den Reziprokwerten der zugehörigen Substratkonzentrationen lassen sich sämtliche Parameter der Gleichungen Gl. 2.74 bzw. Gl. 2.76 ermitteln (Abb. 2.34).

Weiterführende Informationen zu den mathematischen Grundlagen der Modellbildung und Linearisierung finden sich bei (Monod 1949; Illanes 2008; Haldane 1957; Rehm et al.1981; Bissing 2000) ebenso wie in der gut recherchierten Zusammenstellung von Modellen einschließlich Ansätzen zur Wachstumshemmung z. B. bei (Gerber 2009).

Die zahllosen Einzelangaben in der Literatur zu Bakterienwachstum und Biomasseertrag liegen zum großen Teil recherchiert in Übersichten vor (Mosey 1983; Gujer 1983; Wiesmann 1988; Rehm et al. 1981; Rehm et al. 1988), u. a.

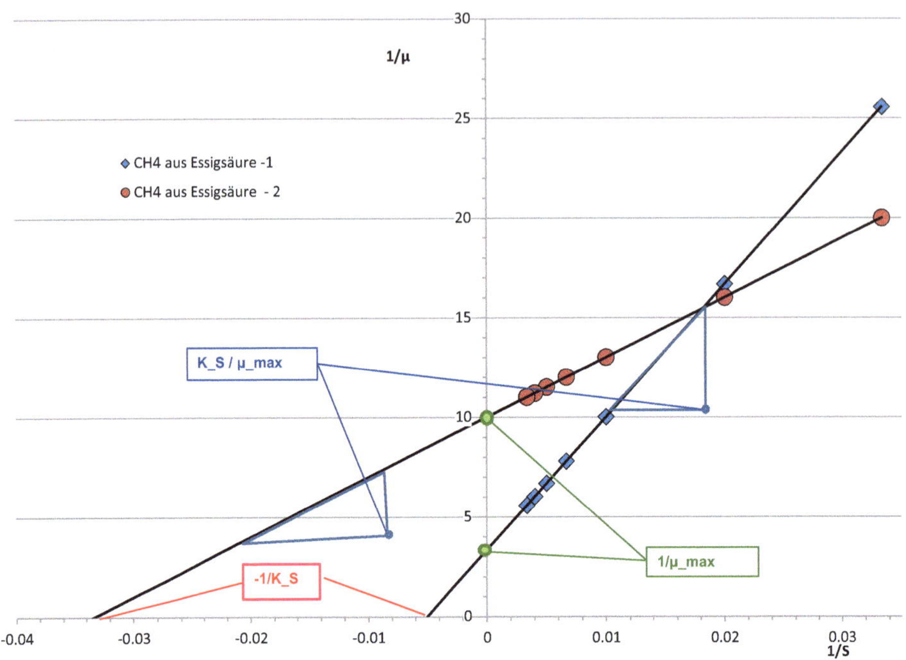

Abb. 2.34 Linearisierung des Wachstumsmodells von Monod im Lineweaver-Burk-Diagramm mit den Wachstumswerten aus Abb. 2.33. (Quellen: Haldane 1957; Bissing 2000)

Dabei findet man je nach Zielstellung der veröffentlichten Projektergebnisse Angaben zur spezifischen Wachstumsrate μ [1/d] bzw. μ_{max} [1/d], sowie zur

$$\text{minimalen hydraulischen Verweilzeit } \theta_{\text{H,min}} = \frac{1}{\mu_{\text{max}}} [\text{d}] \tag{2.77}$$

bei der Bakterienauswaschung (in der Literatur auch als „1/D" bezeichnet) erfolgt.

Außerdem wird häufig die sogenannte Generationszeit bestimmt, die für eine Verdopplung der vorhandenen Ausgangsbiomasse in Abhängigkeit der spezifischen Wachstumsrate benötigt wird. Durch Umstellung von Gl. 2.73 nach dem Zeitdifferential

$$\text{d}t = \frac{1}{\mu_{\text{max}}} \cdot \frac{\text{d}X}{X} \tag{2.78}$$

und Integration über die Verdopplungszeit für $X_2 = 2 \cdot X_1$ folgt

$$t = \frac{1}{\mu_{\text{max}}} \cdot \ln X|_1^2 \tag{2.79}$$

$$\text{und damit } t_{\text{Dopplung}} = \frac{0{,}6932}{\mu_{\text{max}}} \tag{2.80}$$

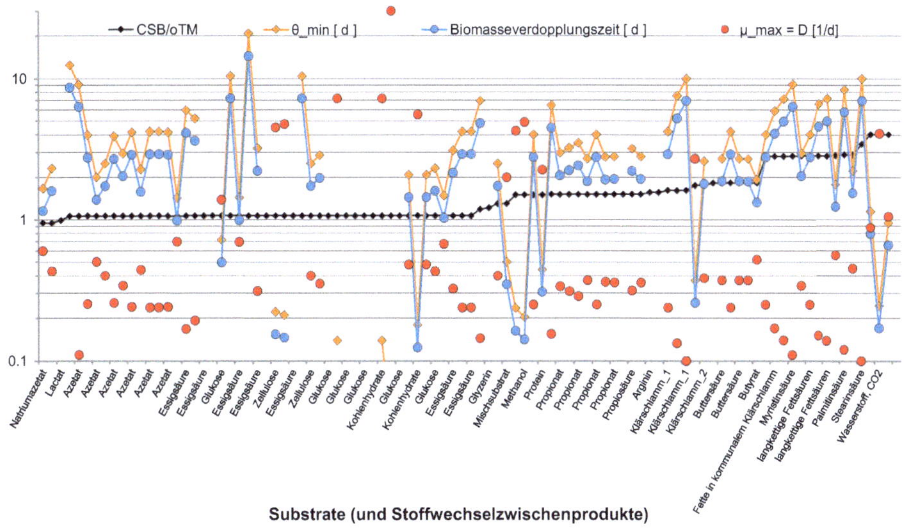

Abb. 2.35 Vergleich der Parameter „maximale spezifische Wachstumsgeschwindigkeit", „hydraulische Verweilzeit" und „Generationszeit (Biomasseverdopplungszeit)" für prozessrelevante anaerobe Bakterienspezies

Die vergleichende Auftragung der den vorstehend zitierten Arbeiten entnommenen spezifischen Wachstumsraten und ihre Umrechnung nach Gl. 2.77 sowie Gl. 2.80 in Abb. 2.35 lässt die Bedeutung dieser Parameter und die gegenseitigen Abhängigkeiten erkennen. Während die unter optimierten Versuchsbedingungen ermittelten maximalen spezifischen Wachstumsraten und die als Kehrwert daraus errechneten minimalen hydraulischen Verweil-(Auswasch-)Zeiten Instabilitätskriterien für den Prozess bedeuten, die keinesfalls erreicht werden dürfen, beschreibt die Generationszeit für die Biomasseverdopplung einen relativ sicheren Betriebszustand unter der Voraussetzung, dass die für die Ermittlung der Wachstumsraten eingestellten Versuchsbedingungen auch großtechnisch eingehalten werden.

Hintergrundinformation

Die maximale Wachstumsgeschwindigkeit μ_{max} ist nicht für die Modellierung und Bilanzierung im Engineering großtechnischer Anlagen verwendbar.

Wie weiter oben schon dargestellt, setzt sie Substratkonzentrationen im Gärmedium voraus, die aus einer Reihe von genannten Gründen in der Praxis nicht erreichbar sind.

Außerdem wurde bisher vereinfachend von dem experimentell bestimmten Biomassezuwachs als Grundlage für die Ermittlung der wachstumskinetischen Parameter ausgegangen. Tatsächlich laufen jedoch Biomasseneubildung und Biomassesterben immer simultan ab, wobei der Einfluss der Sterberate bei längeren Verweilzeiten bzw. geringeren organischen Raumbelastungen relativ zum Zuwachs wächst. Der im Experiment beobachtete Biomassezuwachs ist immer das Resultat der Differenz „Zuwachs – Lysis".

Ungeachtet dessen, dass die ermittelten Werte für die Sterberate, u. a. bei (Mosey 1983; Wiesmann 1988; Gosh 1974; Gujer 1983; Rehm 1999; Zehnder 1988; Ryhiner et al. 1993; Pavlostathis 2011), in Abhängigkeit der Prozess-/Versuchs-Bedingungen und betrachteten Bakterienspezies ebenso eine Bandbreite aufweisen wie die Werte für spezifische Wachstumsraten und Biomasseerträge, lassen sie sich in Bilanzierungen als erste grobe Näherung mit einem Pauschalwert von 10 % des Bakterienzuwachses je Zeiteinheit berücksichtigen.

Durch Substrat- bzw. Produkthemmungen (Abschn. 6.1) kann die Wachstumsgeschwindigkeit weiter reduziert werden.

Biotoxizität durch Schadstoffe oder Stoffwechselzwischenprodukte führen zu reduzierter Prozesseffizienz oder totalem Ausfall.

Prozessparameter wie Temperatur und pH-Wert nehmen direkten Einfluss auf die Wachstumsrate.

Als Summe dieser Einflüsse liegen die tatsächlichen Wachstumsraten in der Praxis weit unter den „theoretischen" maximalen Wachstumsraten und die hydraulischen Verweilzeiten zur Gewährleistung prozessstabiler Betriebsbedingungen weit über den in Abb. 2.35 ausgewiesenen Minimalwerten.

Neben einer Optimierung der Prozesskontrolle wird insbesondere versucht, durch die Entkopplung von hydraulischer Verweilzeit und Bakterienverweilzeit im Reaktor die Mikroorganismenauswaschung bei kürzeren hydraulischen Verweilzeiten zu minimieren, sodass gilt $\theta_X > \theta_{H,min}$.

Das sogenannte „Schlammalter" im CSTR ist definiert als Verhältnis von aktiver Bakterienzellmasse im Reaktor zur Biomasseentnahme per Zeiteinheit mit dem Gärablauf.

$$\theta_X = \frac{X_{Reaktor}}{\dot{m}_{X,Ablauf}} \left[\text{kg oBTS}/(\text{kg oBTS}/\text{d})\right]. \quad (2.81)$$

In Reaktoren mit Festbett, Fließbett oder Schlammbett wird der Gehalt an aktiver Bakterienbiomasse aus zwei Komponenten gebildet:

- Frei suspendierte Bakterienzellen, die mit dem Ablauf ausgetragen werden können wie beim CSTR
- Im Biofilm fixierte Bakterienzellen, die die gesamte spezifische Oberfläche des Aufwuchsträgers überziehen können, bzw. in den pelletierten Zellkonfigurationen, den sogenannten „Granulen", der Schlammbetten (UASB, IC, Hybridreaktoren).

Die beim aeroben Belebtschlammverfahren bewährte „Schlammrückführung" zur Erhöhung der Bakterienkonzentration im Reaktionsraum ist für den anaeroben Prozess wenig geeignet, da die Biomasseabtrennung unter Sauerstoffausschluss und ex-Bedingungen erfolgen muss, um Stoffwechselaktivität und Sicherheitsstandards zu gewährleisten.

Die unter Verwendung von Literaturdaten für die bakteriellen Wachstumsgeschwindigkeiten berechneten Generationszeiten sind in Abb. 2.36 unter Angabe der Datenquellen vergleichend dargestellt. Die min./max.-Angaben für jede Stoffwechselkategorie beschreiben jeweils die auftretende Spannweite der Resultate in Abhängigkeit der unterschiedlichen Versuchsbedingungen, der inokulierten Bakterienspezies und der zielstellungsabhängigen Bewertungen der Ergebnisse durch die Bearbeiter.

Da Abfall- und NawaRo-Vergärungsanlagen nicht unter sterilen Bedingungen betrieben werden und Impfbiomassen aus nicht mikrobiologisch definierten Quellen stammen, lässt sich schon erkennen, dass scheinbar gleicher Substrateinsatz bei

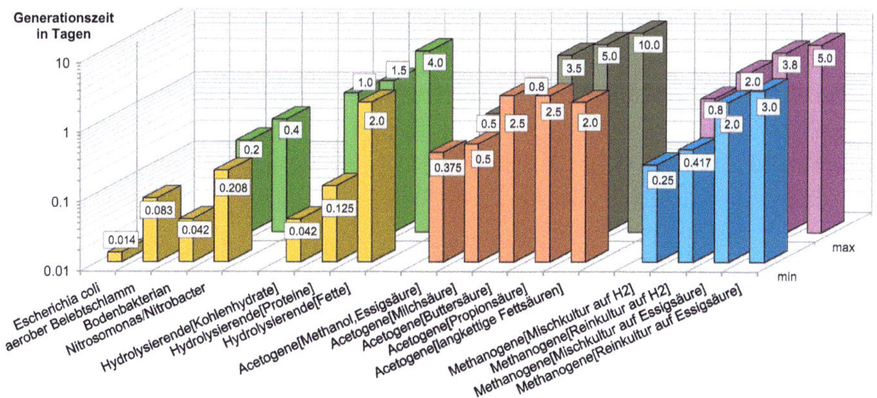

Abb. 2.36 Aus den Wachstumsraten berechnete Generationszeiten aerober und anaerober Mikroorganismen, gegliedert nach ihrem Substratstoffwechsel. (Datenquellen: Mosey 1983; Wiesmann 1988; Gosh 1974; Gujer 1983; Rehm 1999; Zehnder 1988; Ryhiner et al. 1993; Gerber 2009; Pavlostathis 2011)

wertmäßig gleichen Prozessbedingungen (Temperatur, pH-Wert, Verweilzeit, Raumbelastung) zu ganz unterschiedlichen Betriebsbedingungen führen können in Abhängigkeit der sich jeweils ausbildenden Zusammensetzung der Biozönose.

Anhand der hier aufgelisteten Generationszeiten wurden ihre Mittelwerte für die verketteten Stoffwechselschritte in Abb. 2.30 dargestellt, um die erforderlichen Reaktionsbedingungen für die synergistischen Abhängigkeiten im Interesse einer prozessstabil arbeitenden Biozönose zu dokumentieren.

Gleiche Abbauvorgänge können durch ganz unterschiedlich arbeitende bakterielle Spezies realisiert werden. Verändern sich durch äußere Einflüsse die Bedingungen für einen Abbauschritt in der Stoffwechselkette, werden die am besten an den neuen Zustand adaptierbaren Spezies dominieren, und daraus resultierende Milieuverschiebungen führen zu analogen bakteriellen Umstellungen in allen anderen Stoffwechselschritten, bis das Gesamtsystem ein neues labiles Gleichgewicht erreicht (sofern das Gesamtsystem nicht prozesstechnisch völlig überfordert wurde und zusammenbricht). Für den Anlagenbetreiber läuft die Anlage scheinbar betriebsstabil weiter, während die interne Prozesskinetik völlig verändert ist.

Andererseits können zwei Anlagen gleicher Technologie und übereinstimmender Betriebsweise mit dem gleichen Substrat ganz unterschiedliche Ausbeuten erzielen. Das Problem muss dann nicht an der Betriebsführung liegen, sondern kann darauf beruhen, dass sich in einer der Anlagen eine völlig anders zusammengesetzte Biozönose etabliert hat mit entsprechend unterschiedlichen Stoffwechselleistungen. Abhilfe für den weniger effizienten Betrieb schafft dann nur der völlige Austausch der bakteriellen Gemeinschaft, möglichst mit Inokulum aus der wirtschaftlicher arbeitenden Anlage.

Allerdings muss man auch bei solchen Maßnahmen vorsichtig sein, denn die Bakterienflora mit den geringeren Gasbildungsraten oder Abbauleistungen kann leichter adaptierbar an sich ändernde Prozessbedingungen sein oder robuster gegenüber Hemmungen und toxischen Einflüssen. Es ist auf jeden Fall zu prüfen, ob der Status quo der Betriebsweise absehbar weiter Bestand hat oder ob Umstellungen in Substratqualität und/oder Prozessbedingungen notwendig werden. Dann sollte man in diese Phase durchaus mit der etablierten Biozönose starten.

Details der Versuchsbedingungen für die in der Literatur veröffentlichten Ergebnisse sind häufig nicht belastbar nachzuvollziehen. Die Angaben sind deshalb zwar wertvolle Hilfen bei Engineering und Modellierung/Bilanzierung. Im konkreten Projektfall muss man jedoch immer mit größeren Abweichungen zu den Ergebnissen der realisierten Anlage rechnen.

Auch in einer nicht konkret gehemmten Bakterienpopulation nehmen insbesondere Temperatur und pH-Wert signifikanten Einfluss auf die bakterielle Wachstumsgeschwindigkeit sowie auf die genutzten Stoffwechselwege und damit auf die Substrat-/Produkt-Verhältnisse im Mikrohabitat.

Die meisten Wachstumsversuche erfolgten im mesophilen Temperaturbereich zwischen 30 °C und 40 °C. Thermophile Messungen in wesentlich geringerer Anzahl gibt es zwischen 50 °C und 60 °C (Abb. 2.37). Da hier mit einzelnen bakteriellen Spezies gearbeitet wurde, zeigen sich die bekannten Wachstums-Peaks für den mesophilen und thermophilen Optimaltemperaturbereich, mit dem steilen Abfall nach dessen Überschreitung. Infolgedessen kommt es zu dem in vielen Grafiken dargestellten Wachstumsminimum zwischen 40 °C und 50 °C. Neuere Ergebnisse aus großtechnischen Vergärungsanlagen zeigen jedoch, dass es ohne Aktivitätseinbußen möglich ist, den anaeroben Prozess temperaturmäßig zwischen dem mesophilen und thermophilen Bereich hin und her zu fahren. Abfälle und NawaRo ebenso wie Mist und Gülle enthalten in der Regel einen sehr artenreichen Pool an fakultativen und obligatorischen anaeroben Bakterien, bevorzugt mit Aktivität im mesophilen Bereich. In jedem Fall sind jedoch auch Sporen thermophiler Spezies vorhanden. Bei genügend langsamem Durchfahren des Übergangsbereiches von mesophil zu thermophil aktivieren und vermehren sich diese schnell wachsenden thermophilen Bakterien und übernehmen in dem Maße, wie mesophile Spezies mit steigender Temperatur inaktiv werden, den anaeroben Stoffumsatz. Somit kann das ganze physiologisch nutzbare Temperaturspektrum durchfahren werden, ohne dass es zu merklichen Effizienzeinbußen in den Betriebsergebnissen der Anlagen kommt. Wird aus dem thermophilen in den mesophilen Bereich gefahren, inaktivieren sich wieder zunehmend die Thermophilen. Mit dem Substrat wird jedoch genügend mesophile Impfbiomasse eingetragen, die bei geeignetem Temperaturniveau aktiv wird, sodass auch in dieser Richtung das „Aktivitätsloch" anlagentechnisch problemlos durchfahren werden kann. Die aus der Anfangszeit der Verfahrensentwicklung postulierte strikte Trennung mesophiler und thermophiler Prozesse aufgrund von theoretischen Überlegungen und zu spezieller Laborversuche bestätigt sich also in dieser Absolutheit in der Praxis nicht.

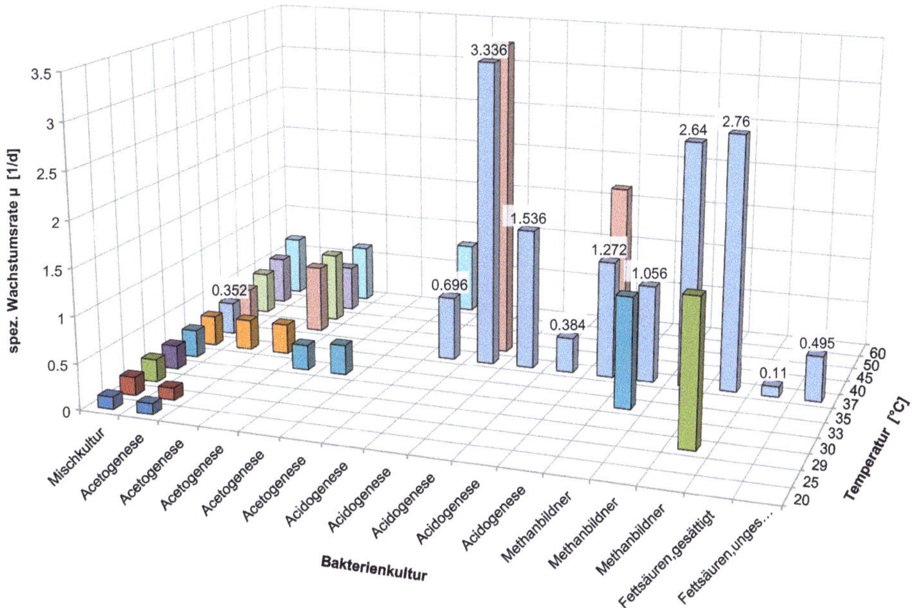

Abb. 2.37 Die Temperaturabhängigkeit der spezifischen Wachstumsraten anaerober Bakterien. (Datenquellen: Wiesmann 1988; Gosh 1974; Gujer 1983; Rehm 1999; Zehnder 1988; Pavlostathis 2011; Hill 1977; Hill et al. 1983; Hashimoto 1983; Langhans et al. 1991)

Abb. 2.37 zeigt auch anhand früher Messungen (Hashimoto 1983; Langhans 1991) der Wachstumsgeschwindigkeiten einer auf Gülle kultivierten Mischbiozönose die für den Bearbeiter scheinbar über den gesamten Temperaturbereich mesophil-thermophil ansteigende bakterielle Stoffwechselaktivität – ein Ergebnis, das allerdings bezüglich seiner Bedeutung für den Betrieb von Vergärungsanlagen kaum beachtet wurde.

Neben der direkten Einwirkung von Temperatur und pH-Wert auf Bakterienzellen z. B. durch Denaturierung von Zellproteinen wirken sie auch auf die chemisch-physikalischen Bedingungen im zellnahen Mikrohabitat [Löslichkeit, Dissoziation, Viskosität, Stoffübergang; Abschn. 2.2 und auf die Hemmwirkung und Biotoxizität von Substratinhaltsstoffen und Stoffwechselzwischenprodukten, s. (Abschn. 6.1).

Neben der spezifischen Bakterienwachstumsgeschwindigkeit ist insbesondere der Biomasseertrag je umgesetzte Substrateinheit $Y_{X/S}$ als kinetischer Parameter von Bedeutung (s. a. Abschn. 4.1.6).

$$Y_{X/S} = \frac{\text{gebildete Bakterienbiomasse}}{\text{metabolisiertes Substrat}}$$

Bei der Verwendung von Literaturwerten ist zu beachten, dass unterschiedliche Dimensionen in der Wertedarstellung zur Anwendung kommen.

Für die Bakterienbiomasse:	kg BTM, kg oBTM, kg CSB_oBTM
Für das Substrat:	kg S, kg CSB_S

Ggf. muss mit dem CSB/oTM-Verhältnis des Substrates bzw. CSB/oTM-Verhältnis des organischen Anteils der Bakterienbiomasse = 1,42 kg CSB/kg oBTM (Rehm 1999; Zehnder 1988; Pavlostathis 2011) sowie (Abschn. 3.3) umgerechnet werden.

Für den Biomasseertrag gilt in gleicher Weise wie für die Wachstumsgeschwindigkeit, dass die im Versuch messbare Bakterienbiomassekonzentration die Differenz aus Bruttozuwachs – sterbender Anteil bildet.

Abb. 2.38 präsentiert ausgewählte Ertragswerte aus der Literatur. Man erkennt, dass für die stoffgruppenspezifischen Spezies zum Ende der anaeroben Stoffwechselkette der Biomasseertrag abnimmt, da die geringere Energieausbeute zuerst für den Betriebsstoffwechsel der vorhandenen Zellen eingesetzt wird und nur die geringen Überschüsse zum Aufbau neuer Zellbiomasse verwendet werden. Der scheinbare Ertragswert einer Mischbiozönose als Summenparameter aus den Einzelwerten der innerhalb der Stoffwechselkette beteiligten Bakteriengruppen stellt einen gewichteten Mittelwert aus den gruppenspezifischen Erträgen der beteiligten Spezies dar.

Als Hintergrundsilhouette sind in der Abbildung gruppenspezifisch die maximalen Wachstumsraten dargestellt.

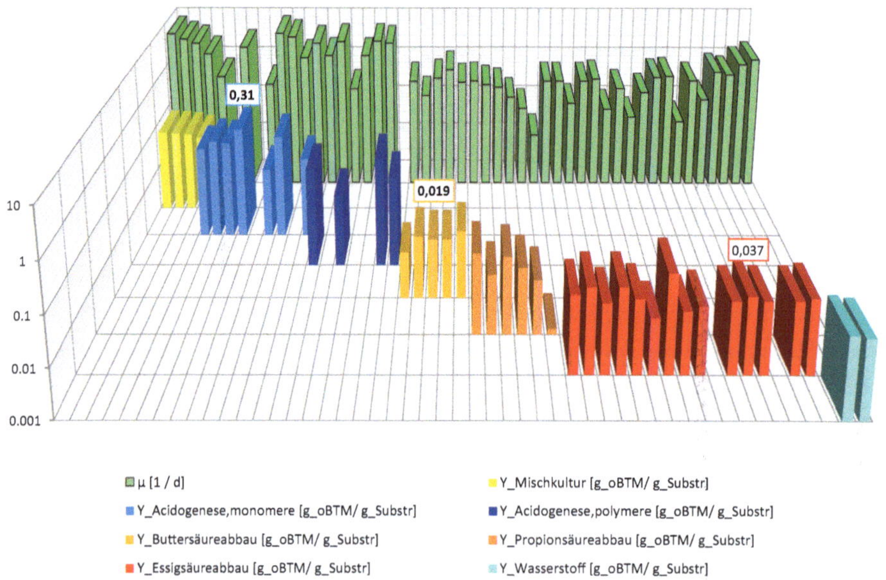

Abb. 2.38 Biomasseerträge für stoffspezifisch spezialisierte Bakteriengruppen der anaeroben Biozönose. (Datenquellen: Mosey 1983; Wiesmann 1988; Gosh 1974; Gujer 1983; Rehm 1999; Zehnder 1988; Pavlostathis 2011)

Der anaerobe Stoffwechsel und Methoden seiner mathematischen Beschreibung

3

3.1 Einführung

Eine Herausforderung für die Abfallvergärung sind die heterogenen, störstoffverunreinigten Stoffströme, die wesentlich komplexere Behandlungstechnologien verlangen und schwer analytisch und experimentell in ihrer Gärfähigkeit zu bewerten sind. Die Übertragbarkeit von Ergebnissen auf unterschiedliche Projekte wird selbst bei begrifflich gleichen Abfallkategorien erschwert, da die beschreibenden analytischen Summenparameter für eine stoffliche Bewertung der Substrate verfahrenstechnisch nicht detailliert genug aussagekräftig sind.

Außerdem erfordert die Gärrestentsorgung besondere Aufmerksamkeit, da durch stoffliche Umlagerungen und Konzentrierungen einzelner Komponenten neue Produktqualitäten entstehen können, die einer ökologisch unbedenklichen Gärrestverwertung Grenzen setzen und den Entsorgungsaufwand verteuern.

Saisonale Schwankungen in Menge und Zusammensetzung der biogenen organischen Abfälle und Qualitätsänderungen in Abhängigkeit der Sammelzyklen und bei der Aufbereitung für die Vergärung führen selbst bei stabiler Prozessführung mittel- bis langfristig zu größeren Abweichungen bei den Betriebsergebnissen. Bei Nachwachsenden Rohstoffen (NawaRo) machen sich insbesondere die langzeitlichen Lagerungsverluste bemerkbar. Dem überlagert sind die Auswirkungen der technologisch bedingten Dosierintervalle bei den Gärreaktoren und die durch begrenzte Kapazität der Dosierpuffer häufig reduzierten Dosiermengen im Nachtbetrieb und beim Wochenend- und Feiertagsbetrieb (s. Abschn. 6.1).

Theoretisch ist die anaerobe Vergärung bezüglich Bio-Verfahrenstechnik, Reaktionskinetik und Stoff- sowie Energiebilanzen in der nationalen und internationalen Fachliteratur gut dokumentiert. Die erforderlichen prozesstechnischen und reaktionskinetischen Parameter zur Anwendung auf Praxisbelange sind für den technischen

G. Langhans et al., *Handbuch zur Bilanzierung von Biogasanlagen für Ingenieure – Band I,* https://doi.org/10.1007/978-3-658-27339-2_3

Bearbeiter im Bedarfsfall jedoch kurzfristig kaum zugänglich. Fachbeispiele beziehen sich in der Regel punktuell auf Betrachtungen mit Kohlenhydraten oder niederen Fettsäuren als Substrat, was die Beispielrechnung vereinfacht, aber nicht bei notwendiger Übertragung auf komplexe Substrate weiterhilft.

Nachfolgende Ausführungen versuchen eine Verallgemeinerung der verfahrenstechnischen Resultate für die Anwendung bei in der Praxis auftretenden Gärsubstraten. Auf statistischer Grundlage werden universell nutzbare Regressionen erarbeitet, deren Verwendung für den Praktiker die Notwendigkeit vermeidet, schwer verfügbare Konstanten und Versuchsparameter für eine geschlossene Lösung der theoretischen Grundgleichungen in jedem Anwendungsfall bereitstellen zu müssen.

3.2 Die stöchiometrische Erfassung des anaeroben Stoffwechsels

Der Schwerpunkt liegt auf dem Versuch, Einzelmessungen und punktuelle Betriebsergebnisse in ein für die Prozessanalyse geeignetes Schema einzuordnen und eine Verallgemeinerung der Einzelparameter mittels Auswertung mit statistisch basierten Methoden zu ermöglichen. Damit können fehlende Prozessparameter interpoliert werden und für neue Substrate Abschätzungen zur Effizienz anaerober Behandlung erfolgen.

3.2.1 Die Bilanzierung der Biogasbildung ohne Berücksichtigung des Substratabbaus

Ausgehend von der nicht exakten, aber lange Zeit allgemein akzeptierten Gleichsetzung des Substratmassenverlustes mit der gebildeten Biogasmasse werden die verschiedenen Methoden der Verknüpfung von Biogasbildung und Substratumsatz bezüglich ihrer Anwendbarkeit und ihrer Grenzen bewertet.

3.2.1.1 Substratspezifische Gasertragswerte aus Gärtesten

Der standardisierte Batch-Test zur anaeroben Gasertragsbestimmung für organisch belastete Abwässer wurde in die „Deutschen Einheitsverfahren zur Wasser-, Abwasser- und Schlammuntersuchung“ (DEV 1995) aufgenommen und mittels VDI-Richtlinie (VDI 4630, 2015) auch für die Bewertung des Gasbildungspotenzials von feststoffreichen Substraten standardisiert. Er ermöglicht zeitaufwendig, aber mit vergleichsweise einfachen labortechnischen Mitteln die Bestimmung eines substratspezifischen Biogasertrages. Unsicherheiten in der Bewertung der Ergebnisse resultieren insbesondere aus der Notwendigkeit des Einsatzes eines bakteriellen Test-Inokulums. Seine Adaptionsfähigkeit an die jeweiligen substratspezifischen organischen Inhaltsstoffe bestimmt den erreichbaren Metabolisierungsgrad für die Substrate und damit die messbare Gasausbeute. Für die Bereitstellung einer möglichst breitgefächerten bakteriellen Startpopulation wird in der Regel eine aus der anaeroben Klärschlammbehandlung kultivierte Impfbiozönose verwendet. Diese hat den Nachteil, mesophil ausgerichtet zu sein, sodass Gasausbeuten thermophiler Prozesse nicht ohne Weiteres aus Gärtesten abzuleiten sind. Das Vorhalten eines thermophilen Inokulums erhöht den labortechnischen Aufwand.

Verschiedene Institutionen und Hochschulen haben den Standard-Gärtest für rationelleres Arbeiten bei speziellen Fragestellungen angepasst (z. B. Hohenheimer Gärtest, Bergedorfer Gärtest, Rostocker Aktivitäts- und GRW-Biogasertragstest [Engler 2010]), basieren jedoch in jedem Fall auf der Grundvariante. Hinweise zu den wichtigsten Testvarianten und Einsatzgrenzen finden sich in (VDI 4630, 2015).

Je heterogener das zu untersuchende Substrat ist bezüglich Zusammensetzung und Störstoffgehalt, desto schwieriger gestaltet sich die Bereitstellung einer mit Organik angereicherten Testmenge für die Analysen und die Rückrechnung der Gasbildungsraten auf die Originalprobenzusammensetzung. Alternativ können für die kontaminierten Originalproben größere Gärtestvolumina angesetzt werden mit entsprechend höherem Versuchsaufwand.

Durch die Probenverdünnung mit dem Inokulum kann der Einfluss von toxischen Hemmungen sowie von Mangelerscheinungen durch den Gärtest nicht bewertet werden. In der einfachsten Variante liefert der Gärtest eine über die Versuchsdauer (gemäß definiertem Abbruchkriterium nach VDI 4630) summierte Gasmenge, die auf die Einwaage an Originalprobensubstanz bezogen wird. Dabei sollte über einen Blindversuch die Gaseigenproduktion des Inokulums ermittelt und vom Testergebnis abgezogen werden. Durch Ansäuern des Probenvolumens nach Versuchsende lässt sich auch das in der Flüssigkeit gebundene CO_2 austreiben und messen, um den gemessenen Gasertrag dem stöchiometrisch korrekten Bildungsverhältnis CH_4 zu CO_2 anzunähern.

Soll statt des Biogases der Methanertrag bestimmt werden, kann der Methangehalt im gespeicherten Gas beispielsweise gaschromatografisch gemessen werden. Durch Leiten des Gases über eine alkalische Waschsäule lässt sich CO_2 auch chemisch binden und das verbleibende Methangasvolumen wird registriert.

Der Feuchtegehalt im Gas ist zu berücksichtigen und das Gas ggf. zu trocknen oder auf Normbedingungen umzurechnen (Abschn. 2.2.5).

Soll die Gasbildung auf die zugeführte oTM statt auf die OS (FM) bezogen werden, ist in der Probeneinwaage der Glühverlust der TM zu bestimmen. Sofern der Gasertrag mit der umgesetzten oTM normiert wird, gestaltet sich die Prozedur wesentlich aufwendiger, da auch das Inokulum analytisch definiert werden muss. Wird die Gasmasse gleich der metabolisierten oTM gesetzt, bleibt der in den Stoffwechsel integrierte Wasseranteil unberücksichtigt (s. Abschn. 4.1.5). Um diesen Fehler auszuschließen, ist eine CSB-Bilanzierung erforderlich, die auch das CSB-Äquivalent des Methans erfasst, wodurch der Wasserumsatz berücksichtigt wird. Nicht einfach explizit bestimmbar ist jedoch der oTM-Anteil der während der Testdauer neu gebildeten Bakterienzellen.

Der Gärtest ist deshalb ein Informationsmittel zur Abschätzung des Gasbildungspotenzials der untersuchten Gärsubstrate mit ausreichender Praxisgenauigkeit, aber mit systematischen Fehlern behaftet und ohne strenge Reproduzierbarkeit der Ergebnisse.

Die grafische Darstellung der kumulativen Gaserträge über die Dauer des Gärtestes (Abb. 3.1) nach einer mehr oder weniger ausgeprägten Adaptionsphase des eingesetzten Inokulums (der sog. Lag-Phase) lässt im einfachsten Fall ungestörten Abbaus einen zügigen Substratumsatz erkennen. Der Test kann beendet werden, wenn die als Abbruchkriterium in (VDI 4630, 2015) definierte relative tägliche Zunahme der Gasproduktion unterschritten wird. Aus Zeit-und Kostengründen wird häufig auch mit einem festen Testzeitraum von 30 Tagen gearbeitet. Hemmungen oder schrittweiser Abbau unterschiedlich bioverfügbarer Substratkomponenten lassen sich gut an den Abweichungen der Gasbildungskurve vom Idealverlauf erkennen. Ggf. muss dann über die Verwertbarkeit des Tests oder veränderte Ansatzbedingungen entschieden werden. Die Bruttogaskurve wird häufig über den Blindwert aus einem parallel angesetzten Test mit Inokulum korrigiert.

Im einfachsten Fall wird zur Beschreibung von Veränderungen in Abhängigkeit einer gegebenen Ausgangsgröße für biotechnologische Prozesse häufig eine Reaktion 1. Ordnung genutzt. Danach gilt für die Reaktionsgeschwindigkeit der Ansatz

$$v = \frac{\mathrm{d}[A]}{\mathrm{d}t} = C \cdot [A] \tag{3.1}$$

mit C als Reaktionskonstante 1. Ordnung und A als zeitlich veränderbarem Reaktanten.

$$\text{Integration führt zu} \quad A(t) = A(0) \cdot \mathrm{e}^{-C \cdot t} \tag{3.2}$$

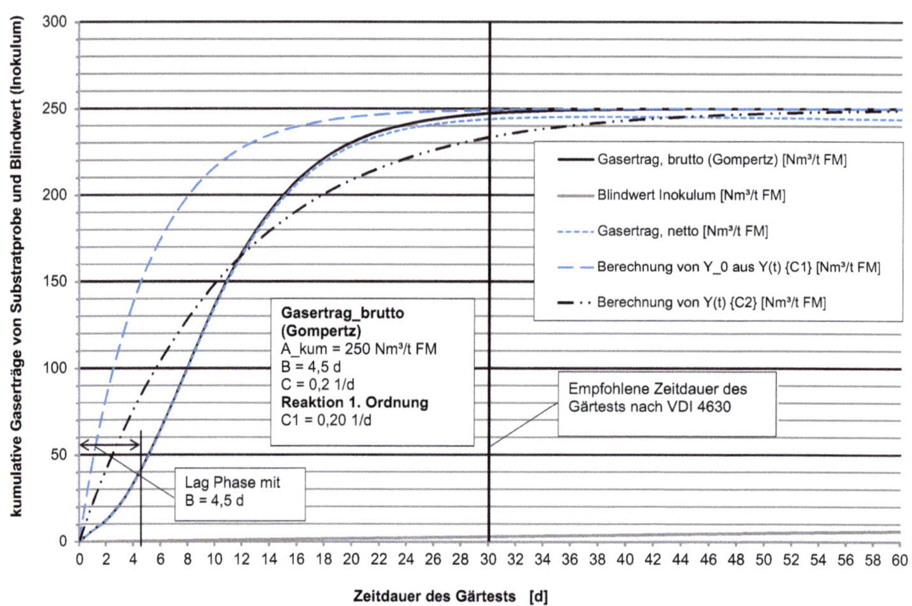

Abb. 3.1 Modellierung der aus Gärtesten zu erstellenden Gasbildungskurven

für die zeitliche Abnahme des Reaktanten, bezogen auf einen Anfangswert $A(0)$ zu einer Zeit $t=0$.

Bei der analytischen Beschreibung der Gasbildungs-Summenkurve als umgekehrt-proportionales Verhältnis der Substratabbaureaktion in Abb. 3.1 ist es erforderlich, auf den (theoretischen) Maximalwert der substratspezifischen Biogasausbeute zu beziehen bzw. auf den erreichten kumulativen Wert für den Batch-Gärversuch bei Erfüllung des Abbruchkriteriums gemäß (VDI 4630, 2015).

$$\text{Dazu wird Gl. 3.2 umgeformt in} \quad Y(t) = Y_{\text{kum}} \cdot (1 - \mathrm{e}^{-C \cdot t}) \tag{3.3}$$

Zur Bestimmung der Reaktionsgeschwindigkeitskonstanten C wird Gl. 3.3 entsprechend aufgelöst:

$$C = \frac{1}{t} \cdot \ln \frac{1}{1 - \frac{Y(t)}{Y_{\text{kum}}}} \tag{3.4}$$

Die Grenzen einer Reaktion 1. Ordnung für die mathematische Modellierung der Gärtest-Gassummenkurven zeigen sich im nicht Erfassen der Lag-Phase des Batchversuchs. Wie die Beispielkurven in Abb. 3.1 für zwei unterschiedliche Reaktionsgeschwindigkeitskonstanten 1. Ordnung im Vergleich zu den Ergebnissen der Berechnungen mit der GOMPERTZ-Formel (Gl. 3.5) erkennen lassen, werden mit Gl. 3.3 Prozesse ohne Anlaufverzögerung abgebildet.

Eine mathematische Beschreibung der aus diskreten Messungen gebildeten Gassummenkurven unter Berücksichtigung einer Adaptionsphase für das eingesetzte Inokulum kann über die aus der Medizin und Biologie bekannte GOMPERTZ-Formel erfolgen (Klingel 1999), wenn eine weitere rechentechnische Verwertung der Ergebnisse erfolgen soll:

$$Y_{\text{Gas}}(t) = Y_{\text{kum}} \cdot \mathrm{e}^{-B \cdot \mathrm{e}^{-C \cdot t}} \tag{3.5}$$

Dabei wird mit Y_{kum} der maximale kumulative Gasertragswert erfasst (der ggf. bei zu zeitigem Testabbruch über eine Regressionsgleichung aus den Messwerten angenähert werden muss); über B wird die Länge der Lag-Phase modelliert und C liefert die Anpassung an die tägliche Gasbildungsrate über die Reaktionsgeschwindigkeitskonstante 1. Ordnung.

Hintergrundinformation
Für die Bereitstellung des Kumulativwerts gibt es drei Möglichkeiten:

- In der bereits vorliegenden Gasbildungskurve aus einem Gärtest (auch als Abbildung aus der Literatur) erreicht die Kurve einen kumulativen Maximalwert (quasi horizontaler Verlauf über der Versuchszeit oder wenigstens nur noch minimale Abweichungen unter Erfüllung des Abbruchkriteriums nach VDI 4630).

- Bei Gärtestkurven, die mit ihrem Endwert noch weit weg sind vom Abbruchkriterium, lässt sich eine Trendkurve über die Messwerte legen und nach vorwärts verlängern, bis die Kurvensteigung das Abbruchkriterium unterschreitet.
- Das berechnete biochemische Maximum eines Substrates ist auch möglich; es muss jedoch geprüft werden, ob dieser Wert in die stetige Verlängerung der Gärtestkurve passt. Wenn Sprünge nach oben oder unten entstehen, gibt es offensichtlich verdeckte Diskrepanzen zwischen den Parametern, die qualitativ oder quantitativ sein können.

Tabellierte Literaturwerte zu substratspezifischen Gasausbeuten sind in der Regel als Bereiche angegeben oder stellen einen eher konservativen Durchschnittswert dar. Die Werte müssen deshalb selbst bei formal gleichen Substratbezeichnungen nicht für die aktuelle Testprobe passend sein. Hier gilt das Gleiche wie im vorstehenden Anstrich.

Wenn es nur um die punktweise Darstellung einer vorhandenen Kurve geht, kann auch einfach der nicht mit dem Maximalwert übereinstimmende Endwert aus der Darstellung verwendet werden. Dann lässt sich über die Kurvendarstellung allerdings nicht mehr abschätzen, welches Gasbildungspotenzial noch bis zum maximalen Gasertragswert des Substrates vorhanden ist.

Mit modernen Regressionsverfahren lassen sich auch einfach passgenaue beschreibende Gleichungen zu den Messwerten erstellen, für die jedoch der Einfluss der prozesstechnischen Parameter nicht mehr erkennbar ist. Hier ist die GOMPERTZ-Formel im Vorteil, über die drei Koeffizienten eine Bewertung veränderter Testbedingungen zu ermöglichen.

Die in Abb. 3.1 als Beispiel dargestellte Ermittlung der Gasbildung, bezogen auf die Feuchtmasse der Originalsubstanz, lässt sich in gleicher Weise auch für die Methanbildung verwenden oder auf die organische Trockenmasse der Originalsubstanz beziehen.

Die Übertragung der Gärtestergebnisse auf kontinuierliche Gärprozesse ohne Inokulumeinfluss ist nicht ohne Weiteres möglich. Einige Hinweise zu möglichen Abschätzungen der prozesstechnischen Unterschiede finden sich in (VDI 4630, 2015).

3.2.1.2 Die Massenbilanzgleichungen des stationären Gasbildungsprozesses auf der Basis von Gärtestergebnissen

Formal lassen sich die Gärtestergebnisse in Abschn. 3.2.1.1 mit den Massenströmen der Gärsubstrate (s. nachfolgende {Bezüge}) zur Abschätzung der Gas- bzw. Methanproduktion verknüpfen:

$$\dot{V}_{\mathrm{Gas,FM}} = \dot{m}_{\mathrm{FM}} \cdot \left\{ \frac{V_{\mathrm{Gas,kum}}}{m_{\mathrm{FM,Einwaage}}} \right\} \tag{3.6}$$

$$\dot{V}_{\mathrm{CH_4,FM}} = \dot{m}_{\mathrm{FM}} \cdot \left\{ \frac{V_{\mathrm{CH_4,kum}}}{m_{\mathrm{FM,Einwaage}}} \right\} \tag{3.7}$$

$$\dot{V}_{\text{Gas, oTM}} = \dot{m}_{\text{FM}} \cdot \frac{\text{TM in \% FM}}{100} \cdot \frac{\text{oTM in \% TM}}{100} \cdot \left\{ \frac{V_{\text{Gas,kum}}}{m_{\text{oTM,Einwaage}}} \right\} \tag{3.8}$$

$$\dot{V}_{\text{CH}_4\text{,oTM}} = \dot{m}_{\text{FM}} \cdot \frac{\text{TM in \% FM}}{100} \cdot \frac{\text{oTM in \% TM}}{100} \cdot \left\{ \frac{V_{CH_4\text{,kum}}}{m_{\text{oTM,Einwaage}}} \right\} \tag{3.9}$$

Für die Übertragbarkeit der Gasausbeuten aus Batch-Gärtesten auf die Bilanzierung kontinuierlich betriebener Anlagen gelten die schon weiter oben dargestellten Einschränkungen.

Eine Parameterabschätzung für die Erstellung von Anlagenkonzepten und Projektvorplanungen ist jedoch mit den Batch-Ergebnissen möglich, wenn die modellierten Ergebnisse im Vergleich zu bekannten Anlagenergebnissen auf Plausibilität geprüft werden.

3.2.1.3 Methanäquivalentbestimmung aus dem CSB-Umsatz des metabolisierten Substratanteils

Der stöchiometrische Zusammenhang der Methanoxidation

$$CH_4 + 2O_2 \rightarrow CO_2 + 2H_2O \tag{3.10}$$

lässt erkennen, dass zwei Mole (gasförmiger) Sauerstoff [2 · 32 g/Mol O_2] für die Reaktion von einem Mol Methan [16 g/Mol CH_4] erforderlich sind und als Reaktionsprodukte ein Mol Kohlenstoffdioxid und zwei Mole Wasser ergeben. Definiert man gemäß Abschn. 3.2.1.3 den für die Reaktion verbrauchten Sauerstoff als theoretischen stöchiometrischen CSB, ergibt sich ein Äquivalent von 64/16 = 4 g CSB je g CH_4, bzw. 1/4 = 0,25 g CH_4 je g CSB. Unter Berücksichtigung des Gesetzes von AVOGADRO, dass ein Mol eines zweiatomigen Elementes in gasförmigem Zustand bei 0 °C und 1 bar den Raum von 22,4 Litern einnimmt, lassen sich aus einem Gramm anaerob metabolisiertem CSB-Äquivalent einer organischen Verbindung (22,4 Nl/mol)/(64 g/mol) = 0,35 Nl CH_4 erzeugen:

stöchiometrische Bildung von 0,35 N
m^3 CH_4 kg^{-1}CSB anaerob metabolisiert.

Hierbei handelt es sich tatsächlich um *trockenes* Gas im Gegensatz zu allen unter realen Bedingungen mit physikalischen Methoden eingestellten Normbedingungen, bei denen immer noch eine geringe Restfeuchte im Gas enthalten ist (Abschn. 2.2.5).

Diese Definition setzt voraus, dass das CSB-Äquivalent der anaerob metabolisierten organischen Substratkomponenten vollständig für die bakterielle Energiebereitstellung genutzt wird. Tatsächlich wird jedoch in der Regel ein Anteil des Substratkohlenstoffs für den Aufbau neuer Zellbiomasse verwendet. Deshalb stehen etwa zwischen 3 % bis 10 % des für die Bakterien verfügbaren Substrat-CSB (VDI 4630) und Abb. 4.38 nicht für die Methanbildung zur Verfügung und der Wert von 350 Nl/kg CSB ist entsprechend zu reduzieren. Darauf und auf weitere Minderungen des verfügbaren CSB wird in Abschn. 3.2.2 näher eingegangen.

Im Unterschied zu der vorstehend behandelten Gasertragsbilanzierung aus den Ergebnissen von Gärtesten sind für die rechnerische Bestimmung der Methanerzeugung aus dem umgesetzten CSB folgende methodische Besonderheiten zu beachten:

1. Das Äquivalent der Methanbildung aus CSB wird nicht auf die mit dem Substrat zugeführte oTM angewendet, sondern gilt für den bakteriell im Rahmen des Energiestoffwechsels verfügbaren CSB aus dem anaerob metabolisierten oTM-Anteil.
2. Die Nutzung des Substrat-CSB für die Methanbilanzierung berücksichtigt die Verwendung von Wasserstoff- und Sauerstoffionen (Elektronendonatoren und -akzeptoren) zur Elektronenübertragung innerhalb der anaeroben Stoffwechselabläufe und den Einbau dieser Ionen aus den verbrauchten Wassermolekülen in den Stoffwechselabfall Methangas und Kohlenstoffdioxidgas. Die stöchiometrischen Bedingungen dazu werden in Abschn. 3.2.2.2 und 3.2.2.3 dargestellt, der substratabhängige stoffwechselbedingte Wasserverbrauch in Abschn. 4.1.5.
3. Über den CSB ist nur die Methanbildung bilanzierbar. Es gibt keine Aussagen zum CO_2-Anfall und damit zur Gesamt-Biogasbilanz. Die Methankonzentration im Biogas zur Ermittlung des Biogasvolumenstroms ist deshalb anderen Quellen zu entnehmen. Das können Gärversuche oder Ergebnisse aus Praxisanlagen sein (mit den Unsicherheiten, dass diese Ergebnisse zumindest eine Restfeuchte enthalten und die sowohl chemische als auch physikalische CO_2-Bindung im Wasser des Gärmediums nicht immer berücksichtigt wird).
4. Alternativ lässt sich jedoch die CSB-bezogene Methanbilanz auch mit der theoretischen Stöchiometrie der BUSWELL-Formel koppeln, um zu einer geschlossenen Bilanz bei vertretbarem analytischen Aufwand (die CSB-Bestimmung ist neben der Berechnung auch nach unterschiedlichen Analysenmethoden möglich, die ebenfalls für heterogene, störstoffbelastete Bioabfälle anwendbar sind), bzw. zu statistisch gesicherten theoretischen Abschätzungen aus der Substratbruttosummenformel zu kommen (Abschn. 3.2.2).

3.2.1.4 Die Massenbilanzgleichungen des stationären Gasbildungsprozesses unter Verwendung des Methanäquivalents für den umgesetzten CSB

Die analytische Beschreibung des zum Einsatz kommenden Gärsubstrats ist Voraussetzung für eine Bilanzierung des Methanertrages auf Basis des totalen Substrat-CSB.

Ist das Substrat stofflich verfügbar, sind aus einer repräsentativen Mischprobe mindestens analytisch zu bestimmen:

- TM in %FM, oTM in %TM, CSB total (gelöster Anteil im Substratwasser plus CSB aus dem aufgeschlossenen suspendierten oTM-Anteil).

Nach Möglichkeit sollten ebenfalls analysiert werden:

- Gesamtstickstoff (TKN) in %TM in der FM, S in %TM in der FM, zur Bestimmung des Ammonium-/Ammoniak-Gehaltes, der Alkalinität und des Potenzials für die Schwefelwasserstoffkonzentration (s. Abschn. 4.1.4.2).

Für weitergehende Gärrestbewertungen bezüglich Düngewert und möglicher Verwertungswege empfiehlt sich zusätzlich die Ermittlung der P, K, Mg, Na, Cl -Konzentrationen.

Sollen Monosubstrate vergoren werden, ist auch die Ermittlung der essenziellen Spurenelemente erforderlich Abschn. 4.1.2, um im Bedarfsfall Hemmungen der Aktivität der anaeroben Biozönose vorzubeugen durch Dosierung von spurenelementehaltigen Gärhilfsstoffen. Sofern eine Substratanalytik nicht möglich ist (ein häufiger Fall für Vorplanungen von neuen Anlagenstandorten ohne in diesem Stadium verfügbare Substrate), sind die erforderlichen Werte aus Literaturdaten abzuschätzen. Angaben dazu finden sich in Abschn. 4.1.1 und im Anhang dieses Buches.

Gl. 3.11 bildet die Basis der Abschätzung der Methanbildung [Volumenstrom i.N./Zeiteinheit] aus dem Substrat-CSB der metabolisierten Substrat-Organik.

$$\dot{V}_{CH_4} = \dot{m}_{FM} \cdot \frac{\mathbf{TM\ in\ \%FM}}{100} \cdot \frac{\mathbf{oTM\ in\ \%TM}}{100} \cdot \frac{\eta_{oTM}\ \mathrm{in}\ \%}{100} \cdot \left(\frac{\mathbf{CSB}}{\mathbf{oTM}}\right) \cdot \frac{\eta_{CSB}\ \mathrm{in}\ \%}{100} \cdot \mathbf{350} \tag{3.11}$$

Der erforderliche Wert für den Umsatzgrad der Substrat-oTM in der Vergärung wird entweder aus Erfahrungswerten vorgegeben oder über eine Bewertung der nicht vergärbaren oTM-Anteile des Substrats abgeschätzt. Hinweise für erreichbare Abbaugrade bei unterschiedlichen Substraten und Prozessbedingungen finden sich in Abschn. 4.1.3. Angaben zum für die Methanbildung verwertbaren Energiegehalt der metabolisierten oTM sind in Abschn. 4.1.6 zusammengestellt.

Soll das in dem Prozess gebildete Biogas bilanziert werden, ist der Erwartungswert für die Methankonzentration bei Gas im trockenen Normzustand vorzugeben und es wird mit Gl. 3.12 gearbeitet.

$$\dot{V}_{Gas} = \dot{m}_{FM} \cdot \frac{\mathbf{TM\ in\ \%FM}}{100} \cdot \frac{\mathbf{oTM\ in\ \%TM}}{100} \cdot \frac{\eta_{oTM}\ \mathrm{in}\ \%}{100} \cdot \left(\frac{\mathbf{CSB}}{\mathbf{oTM}}\right) \cdot \frac{\eta_{CSB}\ \mathrm{in}\ \%}{100} \cdot \mathbf{350} \cdot \left(\frac{100}{\psi_{CH_4}\ \mathrm{in}\ \%}\right) \tag{3.12}$$

Ausführliche Darstellungen zu ψ_{CH_4} sind Kap. 4 zu entnehmen. Aufgrund seiner geringen Löslichkeit und chemischen Inaktivität unter anaeroben Bedingungen kann davon ausgegangen werden, dass das gemäß Stöchiometrie gebildete Methan weitgehend als Gasphase aus dem Gärmedium emittiert wird. Für das stöchiometrisch gebildete CO_2 gelten die schon aufgeführten im Gärmedium fixierten Anteile infolge der hohen Gaslöslichkeit und der pH-Wert sowie temperaturabhängigen chemischen Bindungen.

Damit ist im Anlagenbestrieb immer mit einer latent höheren Methankonzentration im trockenen Biogas zu rechnen, als aus der Bildungsstöchiometrie zu erwarten wäre.

Will man die spezifischen Methan- oder Gasbildungsraten, bezogen auf Feuchtmasse bzw. organische Trockenmasse, darstellen, gelten die folgenden Gleichungen:

$$Y_{CH_4,FM} = \frac{\dot{V}_{CH_4}}{\dot{m}_{FM}} = \frac{\mathbf{TM\ in\ \%FM}}{100} \cdot \frac{\mathbf{oTM\ in\ \%TM}}{100} \cdot \frac{\eta_{oTM}\ \text{in}\ \%}{100} \cdot \left(\frac{\mathbf{CSB}}{\mathbf{oTM}}\right) \cdot \frac{\eta_{CSB}\ \text{in}\ \%}{100} \cdot \mathbf{350} \tag{3.13}$$

$$Y_{Gas,FM} = \frac{\dot{V}_{Gas}}{\dot{m}_{FM}} = \frac{\mathbf{TM\ in\ \%FM}}{100} \cdot \frac{\mathbf{oTM\ in\ \%TM}}{100} \cdot \frac{\eta_{oTM}\ \text{in}\ \%}{100} \cdot \left(\frac{\mathbf{CSB}}{\mathbf{oTM}}\right) \cdot \frac{\eta_{CSB}\ \text{in}\ \%}{100} \cdot \mathbf{350} \cdot \left(\frac{100}{\psi_{CH_4}\ \text{in}\ \%}\right) \tag{3.14}$$

$$Y_{CH_4,oTM} = \frac{\dot{V}_{CH_4}}{\dot{m}_{FM} \cdot \frac{\mathbf{TM\ in\ \%\ FM}}{100} \cdot \frac{\mathbf{oTM\ in\ \%TM}}{100}} = \frac{\eta_{oTM}\ \text{in}\ \%}{100} \cdot \left(\frac{\mathbf{CSB}}{\mathbf{oTM}}\right) \cdot \frac{\eta_{CSB}\ \text{in}\ \%}{100} \cdot \mathbf{350} \tag{3.15}$$

$$Y_{Gas,oTM} = \frac{\dot{V}_{Gas}}{\dot{m}_{FM} \cdot \frac{\mathbf{TM\ in\ \%\ FM}}{100} \cdot \frac{\mathbf{oTM\ in\ \%TM}}{100}} = \frac{\eta_{oTM}\ \text{in}\ \%}{100} \cdot \left(\frac{\mathbf{CSB}}{\mathbf{oTM}}\right) \cdot \frac{\eta_{CSB}\ \text{in}\ \%}{100} \cdot \mathbf{350} \cdot \left(\frac{100}{\psi_{CH_4}\ \text{in}\ \%}\right) \tag{3.16}$$

Hintergrundinformation

Werden analytisch bestimmte (CSB/oTM)-Werte verwendet ist zu beachten, dass der totale CSB als Summenparameter für die gesamte vorhandene oTM auch die nicht vergärbaren Anteile mit bewertet. Wenn sich das (CSB/oTM)-Verhältnis für vergärbaren und nicht vergärbaren Anteil stark unterscheidet, kann der Gasertrag aus der tatsächlich metabolisierten oTM [$(CSB/oTM)_{met}$] anders ausfallen, als bei Berechnung mit dem totalen Gemisch-CSB erwartet wird.

In solchem Fall lässt sich das Bilanzergebnis verbessern, indem der CSB-Anteil der nicht umsetzbaren Komponente(n) aus dem totalen Misch-CSB herausgerechnet wird:

$$\left(\frac{\text{CSB}}{\text{oTM}}\right)_{\text{total}} = \left(\frac{\text{CSB}}{\text{oTM}}\right)_{\text{met}} \cdot \left(\frac{\text{oTM}_{\text{met}}}{\text{oTM}}\right) + \left(\frac{\text{CSB}}{\text{oTM}}\right)_{\text{bio-inert}} \cdot \left(\frac{\text{oTM}_{\text{bio-inert}}}{\text{oTM}}\right) \tag{3.17}$$

$$\text{mit} \quad \left(\frac{\text{oTM}_{\text{met}}}{\text{oTM}}\right) + \left(\frac{\text{oTM}_{\text{bio-inert}}}{\text{oTM}}\right) = 1 \tag{3.18}$$

Folgendes Beispiel verdeutlicht die Methodik:

Bei ermittelten (CSB/oTM)-Werten (Tab. 7.1)

für Holz/Sägemehl	= 1,36 bis 1,41
für Stroh	= 1,27 bis 1,44
sowie für Zellulose	= 1,07
für Lignin	= 1,9 bis 2,6

kann mittels der Gl. 3.17 und 3.18 entweder das Mischungsverhältnis von metabolisierbarer Zellulose und bio-inertem Lignin errechnet und damit der oTM-Abbaugrad abgeschätzt werden.

Alternativ erhält man bei analysiertem $CSB_{total} = 1{,}33$ g CSB/g oTM und z. B. bekanntem Ligninanteil der Substrat-oTM von 23 % für den vergärbaren CSB den spezifischen Wert 1,07 bis 1,15 g CSB/g oTM; in diesem Fall also bestehend aus Zellulose und einem geringen Proteingehalt.

3.2.2 Die modellmäßige Abbildung des anaeroben Stoffumsatzes

3.2.2.1 Die BUSWELL-Stöchiometrie auf Basis der substratspezifischen Bruttosummenformeln

Es ist gängige Praxis des chemischen Rechnens, Reaktionsabläufe durch stöchiometrische Gleichungen darzustellen, in denen die Zusammensetzung molekularer Verbindungen aus den beteiligten Grundelementen mittels Bruttosummenformeln beschrieben wird.

In Verallgemeinerung dieser Methodik werden inzwischen auch komplexe heterogene Stoffgemische elementaranalytisch untersucht und mit einer daraus abgeleiteten Pseudo-Bruttosummenformel in ihrer Zusammensetzung charakterisiert. So wurden z. B. von (De Renzo 1977; Stadelbauer 1984) Schweinegülle mit der empirischen Bruttosummenformel $C_{10}H_{19}O_3N$ und Klärschlamm mit $C_{30}H_{48}O_{19}N_{0,5}S_{0,05}$ beschrieben.

Auf diese Weise ist inzwischen eine umfangreiche Bibliothek von Bruttosummenformeln potenziell als Gärsubstrate nutzbarer organischer Stoffe verfügbar, die neben den chemisch reinen Grundstoffen alle Arten bio-organischer Stoffgemische enthält und ständig erweiterbar ist (Tab. 7.1).

Bruttosummenformeln werden in der Literatur meist auf die ganzzahlige Anzahl der Atome C, H, O und möglichst auch N als Formelindexe hochgerechnet. Nutzt man prozentuale Angaben zu dem Gehalt an Grundelementen in organischen Verbindungen, um selbst mit den zugehörigen Atomgewichten die Anzahl der relevanten Atome im Stoffgemisch zu berechnen, bleibt es der Einfachheit halber meist bei den ermittelten Dezimalzahlen.

Hintergrundinformation

Die aus der Chemie übernommene Bruttosummenformel wurde ursprünglich dafür entwickelt, die atomare Zusammensetzung der Moleküle chemischer Verbindungen widerzuspiegeln mit der Anforderung, dass die im Molekül vereinigten Elemente zueinander in einfachen ganzzahligen Verhältnissen stehen. Damit sind in übersichtlicher Weise stöchiometrische Bilanzen chemischer Reaktionen rechenbar.

Beispiele sind Glukose $C_6H_{12}O_6$ oder Essigsäure $C_2H_4O_2$ [CH_3COOH], bzw. die in Tab. 3.1 aufgelisteten essenziellen Aminosäuren. Diese Bruttosummenformeln stellen für den Fachmann die Kurzschreibweise der chemischen Strukturformeln dar, die den räumlichen Molekülaufbau veranschaulichen. Für Essigsäure ist zusätzlich die Übergangsform der Summenformel-Schreibweise mit dem Bezug zur Molekülstruktur angedeutet.

Tab. 3.1 Berechnung von Proteinwerten als gewichtete Mischung der enthaltenen Aminosäuren

–	C [Mol]	H [Mol]	O [Mol]	N [Mol]	S [Mol]	% Gesamt	C nach Aminosäureanteil [Mol]	H nach Aminosäureanteil [Mol]	O nach Aminosäureanteil [Mol]	N nach Aminosäureanteil [Mol]	S nach Aminosäureanteil [Mol]	CSB/oTM
Molgewicht	12	1	16	14	32,1	–	12	1	16	14	32,1	–
Thyroxin	15	11	4	1	0	–	0,00	0,00	0,00	0,00	0,00	**0,62**
Canavanin	5	12	3	4	0	–	0,00	0,00	0,00	0,00	0,00	**0,64**
Glycin	2	5	2	1	0	***4***	*0,08*	*0,20*	*0,08*	*0,04*	0,00	***0,64***
Asparagins	4	7	4	1	0	***6,7***	*0,27*	*0,47*	*0,27*	*0,07*	0,00	***0,72***
Asparagin	4	8	3	2	0	–	0,00	0,00	0,00	0,00	0,00	**0,73**
Serin	3	7	3	1	0	***4,6***	*0,14*	*0,32*	*0,14*	*0,05*	0,00	***0,76***
Glutamins	5	9	4	1	0	***19,8***	*0,99*	*1,78*	*0,79*	*0,20*	0,00	***0,98***
Glutamin	5	10	3	2	0	–	0,00	0,00	0,00	0,00	0,00	**0,99**
Arginin	6	14	2	4	0	***4,8***	*0,29*	*0,67*	*0,10*	*0,19*	0,00	***1,01***
Histidin	6	9	2	3	0	***3,1***	*0,19*	*0,28*	*0,06*	*0,09*	0,00	***1,03***
Threonin	4	9	3	1	0	***3,6***	*0,14*	*0,32*	*0,11*	*0,04*	0,00	***1,08***
Alanin	3	7	2	1	0	***7,6***	*0,23*	*0,53*	*0,15*	*0,08*	0,00	***1,08***
Cystin	6	12	4	2	2	***1,5***	*0,09*	*0,18*	*0,06*	*0,03*	*0,03*	***1,27***
Cystein	3	7	2	1	1		0,00	0,00	0,00	0,00	0,00	**1,32**
Ornithin	5	12	2	2	0		0,00	0,00	0,00	0,00	0,00	**1,33**
Amino-butters.	4	9	2	1	0		0,00	0,00	0,00	0,00	0,00	**1,40**
Citrullin	6	13	3	1	0		0,00	0,00	0,00	0,00	0,00	**1,52**
Prolin	5	9	2	1	0	***9***	*0,45*	*0,81*	*0,18*	*0,09*	0,00	***1,53***

(Fortsetzung)

Tab. 3.1 (Fortsetzung)

–	C [Mol]	H [Mol]	O [Mol]	N [Mol]	S [Mol]	% Gesamt	C nach Aminosäureanteil [Mol]	H nach Aminosäureanteil [Mol]	O nach Aminosäureanteil [Mol]	N nach Aminosäureanteil [Mol]	S nach Aminosäureanteil [Mol]	CSB/oTM
Molgewicht	12	1	16	14	32,1	–	12	1	16	14	32,1	–
Lysin	6	14	2	2	0	***3,2***	*0,19*	*0,45*	*0,06*	*0,06*	0,00	***1,53***
Valin	5	11	2	1	0	***4,9***	*0,25*	*0,54*	*0,10*	*0,05*	0,00	***1,64***
Tyrosin	9	11	3	1	0	***3,3***	*0,30*	*0,36*	*0,10*	*0,03*	0,00	***1,68***
Methionin	5	11	2	1	1	***1***	*0,05*	*0,11*	*0,02*	*0,01*	0,01	***1,72***
Tryptophan	11	12	2	2	0	***2***	*0,22*	*0,24*	*0,04*	*0,04*	0,00	***1,80***
Leuzin	6	13	2	1	0	***12,5***	*0,75*	*1,63*	*0,25*	*0,13*	0,00	***1,83***
Isoleuzin	6	13	2	1	0	***3,4***	*0,20*	*0,44*	*0,07*	*0,03*	0,00	***1,83***
Phenylalanin	9	11	2	1	0	***4,9***	*0,44*	*0,54*	*0,10*	*0,05*	0,00	***1,94***
						99,9	**5,26**	**9,88**	**2,67**	**1,27**	**0,04**	**1,31**

Die Bruttosummenformel für das Maisproteingemisch wird beispielhaft aus dem zugrunde gelegten Aminosäurespektrum von Mais berechnet und lautet $\mathbf{C_{5,26}\,H_{9,88}\,O_{2,67}\,N_{1,27}\,S_{0,04}}$

Damit hat es seine Berechtigung, dass die meist nach dem Ordnungsprinzip C – H – O –... aufgestellten Bruttosummenformeln organischer Verbindungen unterschiedliche ganzzahlige Atomanzahlen Kohlenstoff aufweisen.

Wird eine formale Bruttosummenformel für Stoffgemische aufgestellt, wie z. B. in Tab. 3.1 für ein aus seinen Aminosäurebestandteilen errechnetes Protein, sind ganzzahlige Atomanzahlen für das Stoffgemisch häufig nicht mehr gegeben. Will man sie doch erreichen, muss die Atomanzahl so lange hochgerechnet werden, bis ganzzahlige Verhältnisse zwischen den (zumindest) Hauptelementen erreicht werden. Das kann, wie w. o. dargestellt, für Schweinegülle oder Klärschlamm zu C_{10}- bzw. C_{30}-Atomanzahlen führen und erreicht bei Pflanzenbiomasse C_{106} und für α-Amylase C_{2589} (s. Tab. 7.1).

Deshalb werden für die „pseudo"-Bruttosummenformeln von organischen Stoffgemischen (Bioabfällen, Pflanzenbiomassen, organische Produktionsrückstände, etc.) in der Regel nicht-ganzzahlige Verhältnisse genutzt, um die Indexzahlen der Elemente klein zu halten. Für die stöchiometrischen Ausbeuterechnungen zur Bilanzierung anaerober Prozesse spielt der gewählte Aufbau der Substrat-Bruttosummenformeln keine signifikante Rolle (außer beim Molgewicht), da alle Werte spezifisch auf die oTM des Substrats bezogen werden.

Anders sieht es aus, wenn vergleichende Untersuchungen mit Energiebilanzen und unterschiedlichen Metabolisierungsabläufen in den Bereichen Biochemie und Mikrobiologie erfolgen. Dabei werden die Reaktionsabläufe und ihre Bewertung für gebrochene Indexzahlen in den Summenformeln der beteiligten Reaktanten schnell unübersichtlich. Deshalb findet man in diesen Arbeitsbereichen häufig die Normierung der Bruttosummenformeln auf ein Mol Kohlenstoff; in der Fachliteratur gekennzeichnet als „1 C-mol"-Darstellung. Damit enthält jede Verbindung rechnerisch 12 g Kohlenstoff und somit die gleiche Basis des für viele Modellierungen wichtigen Kohlenstoffelements.

Die Tab. 7.1 zeigt die Gegenüberstellung der Mol- und 1C-mol -Varianten.

Werden Literaturdaten dieser Form in die Projektmodellierung übernommen, ist die ggf. notwendige Umrechnung in konventionelle Darstellung zu beachten.

Wird eine Vergleichbarkeit der Molekulargewichte unterschiedlicher Verbindungen angestrebt, kann es häufig sinnvoll sein, diese Normierung der Bruttosummenformel auf 1C-Atom vorzunehmen. Den Einfluss auf die Molekulargewichte zeigt Abb. 3.2. Werden die aus den Bruttosummenformeln errechenbaren Parameter wie CSB, Methanertrag usw. auf die Molekularmasse der betrachteten organischen Verbindung bezogen, sind die mit unterschiedlichen Darstellungsformen der „Molekül- bzw. Stoffgemisch-Masse" bestimmten spezifischen Produkterträge problemlos untereinander vergleichbar.

Abweichungen in den spezifischen Produktertragswerten sind gegeben, wenn statt der vollständigen Bruttosummenformel chemischer Verbindungen nur der energiestoffwechselrelevante C–H–O-Atomanteil für die stöchiometrische Ertragsbestimmung verwendet wird. Solange die Betrachtung sich auf reine Kohlenhydrate oder lipide Stoffe beschränkt, die sich nur aus C–H–O-Atomen zusammensetzen, ist diese Diskussion hinfällig. Werden jedoch Verbindungen verwendet, die weitere Atome, wie N, P, S, Mg, Cl usw. enthalten (z. B. Aminosäuren, Proteine, Aromaten oder auch heterogene Stoffgemische), können sich je nach berücksichtigtem Reaktionsweg für diese Elemente in der stöchiometrischen Gleichung zusätzliche Verbräuche an Sauerstoff und Wasserstoff ergeben und zu Verschiebungen in den Produktanteilen führen. Trägt man die Produkterträge über ansteigendem CSB/oTM-Verhältnis der betrachteten Gärsubstrate auf, reicht

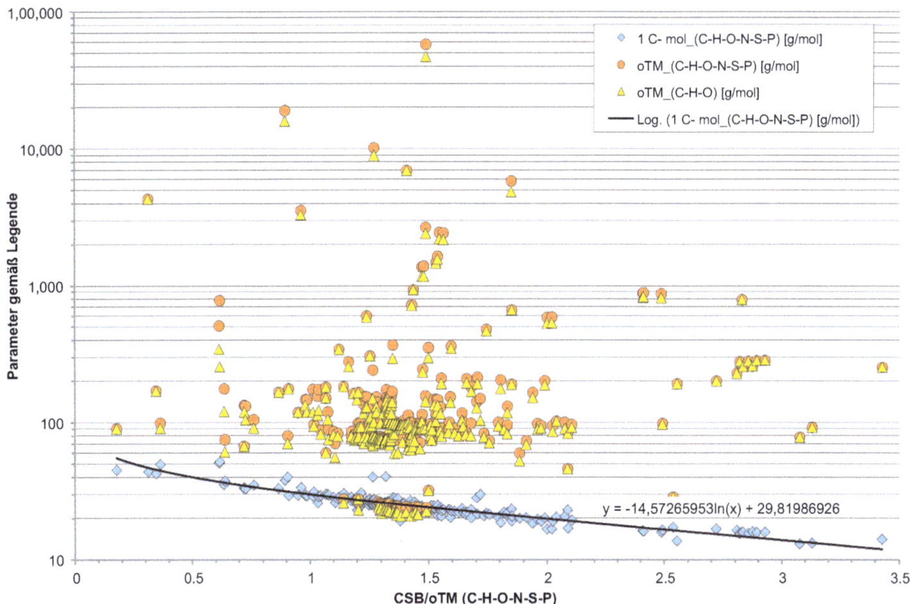

Abb. 3.2 Vergleich der unkorrigierten laboranalytischen Molgewichte [alternativ C–H–O–N–S und C–H–O] organischer Stoffe mit den auf ein Mol C in der Bruttosummenformel kalibrierten Werten [C–H–O–N–S]. Der Einfluss der Normierung der Bruttosummenformel organischer Verbindungen auf 1C-Atom bezüglich der funktionellen Abhängigkeit zwischen Molgewicht und CSB/oTM-Verhältnis

der für die Vergärung relevante Bereich von CSB/oTM = 1,067 für Kohlenhydrate bis zu ca. 2,8 für lipide Stoffe. Im CSB/oTM-Wertebereich zwischen 1,3 und 1,9 sind die meisten komplexen Verbindungen (z. B. Proteine) und Substratgemische angesiedelt und auch die größten Unterschiede in den bilanzierbaren Ertragswerten in Abhängigkeit der berücksichtigten Substrat-Elemente zu verzeichnen. Weitere Erläuterungen dazu werden in Abschn. 3.2.2.2 gegeben.

Der Anhang enthält für die aufgelisteten potenziellen Gärsubstrate vergleichend die Angaben zu der 1C-Atom-Normierung sowie die Ertragsunterschiede bei vollständiger Berücksichtigung der Bruttosummenformel alternativ zu der nur C–H–O-Betrachtung. Dabei wird die Erfahrungstatsache berücksichtigt, dass beim anaeroben Substratabbau der frei werdende Stickstoff überwiegend in Ammoniak/Ammonium umgewandelt wird.

In Abschn. 3.2.1.3 und 3.2.1.4 wurde schon darauf eingegangen, dass über das Methanäquivalent der Masseeinheit des anaerob umgesetzten CSB einer organischen Verbindung das Methanbildungspotenzial eines Gärsubstrates berechnet werden kann. Unbefriedigend bleibt dabei, dass keine Aussage zum CO_2-Anteil und damit zum Ertrag an Gesamtbiogas möglich ist, weshalb die sich in der zweiten Hälfte des 20. Jahrhunderts langsam entwickelnde Biogasanlagentechnik ihre grundlegenden Verfahrensparameter weiterhin überwiegend aus experimentellen Untersuchungen und den wenigen Ergebnissen aus Betriebsanlagen erhielt.

Dabei ist mit den bahnbrechenden Arbeiten von BUSWELL und Mitarbeitern seit über 80 Jahren das theoretische verfahrenstechnische Instrumentarium zur Biogasertragsbilanzierung bekannt, aber bis in das vergangene Jahrzehnt hinein weitgehend ungenutzt geblieben.

Ausgehend von einer organischen C_n–H_a–O_b-Verbindung wurden durch Disproportionierung die drei Teilreaktionen (Stadelbauer 1982, 1984)

- Entfernung des Sauerstoffs über Wasserbildung
- Entfernung des Wasserstoffs über Methanbildung
- Entfernung des überschüssigen Kohlenstoffs unter Verbrauch von Wasser als Methan und Kohlenstoffdioxid

gebildet und durch Addition der stöchiometrischen Teilschrittgleichungen die Bruttoreaktionsgleichung der anaeroben Biogasbildung erstellt (Buswell et al. 1932, 1933):

$$C_nH_aO_b + \left(n - \frac{a}{4} - \frac{b}{2}\right)\mathbf{H_2O} \rightarrow \left(\frac{n}{2} - \frac{a}{8} + \frac{b}{4}\right)\mathbf{CO_2} + \left(\frac{n}{2} + \frac{a}{8} - \frac{b}{4}\right)\mathbf{CH_4} \quad (3.19)$$

Der markierte Summand *Wasserverbrauch* beschreibt die verbleibende Wasserdifferenz zwischen den wasserverbrauchenden Hydrolyse-Stoffwechselschritten und dem erzeugten Wasseranteil im Ergebnis der methanogenen Methanbildung aus Wasserstoff und Kohlenstoffdioxid

$$4H_2 + CO_2 \rightarrow CH_4 + 2H_2O \quad (3.20)$$

In Auswertung von Gl. 3.19 lässt sich darstellen, dass für $H_2O = 0$ stöchiometrisch die gleiche Molanzahl CO_2 und CH_4 gebildet wird und damit die Methanvolumenkonzentration im Biogas 50 NVol.-% beträgt. Das ist für reine Kohlenhydrate und Essigsäure als Substrate der Fall. Für $H_2O > 0$ folgt auch stöchiometrisch für die Biogasbildung: Mol CH_4 > Mol CO_2.

Liest man die in den 30er-Jahren des 20. Jahrhunderts unter Federführung von BUSWELL herausgegebenen Bulletins und sonstigen Fachveröffentlichungen des Staates Illinois, USA, kann man feststellen, dass das gesamte erforderliche theoretische Fundament einschließlich der experimentellen Bestätigung zur Bilanzierung des Biogasprozesses schon vorhanden war. 40 Jahre später begann dann das weitgehend empirische und nur mühsam fehlerüberwindende erneute Erarbeiten der verfahrenstechnischen und biotechnologischen Grundlagen des anaeroben Prozesses. So konnte noch nach dem Jahr 2000 eine fachliche Diskussion geführt werden, dass experimentell ermittelte Biogasertragswerte nicht korrekt sein können, weil die experimentell bestimmte Gasmasse größer als das Organik-Massendefizit der vergorenen Substrate war. Die grundlegende Erkenntnis aus der BUSWELL-Gleichung, dass der anaerobe Stoffwechsel neben dem metabolisierten Organikanteil des Gärsubstrates auch Wasser umsetzt, indem die Wasserstoff- und Sauerstoffionen zerlegter Wassermoleküle als Elektronendonatoren und -akzeptoren in den biochemischen Reaktionen genutzt und letztendlich in dem Stoffwechselabprodukt Biogas integriert ausgeschieden werden, war selbst zu diesem Zeitpunkt noch nicht fachliches Allgemeingut geworden.

Mit der Voraussetzung, über Gl. 3.19 nur den Energiestoffwechsel relevanten Substratanteil erfasst zu haben, lassen sich die oTM-bezogen maximal möglichen Methan- und Biogaserträge ermitteln:

$$Y_{\mathrm{CH_4,theor}} = \frac{\left(\frac{n}{2} + \frac{a}{8} - \frac{b}{4}\right) \cdot 22{,}42}{12 \cdot n + 1 \cdot a + 16 \cdot b} \tag{3.21}$$

$$Y_{\mathrm{Biogas,theor}} = \frac{n \cdot 22{,}42}{12 \cdot n + 1 \cdot a + 16 \cdot b} \tag{3.22}$$

$$Y_{\mathrm{CO_2,theor}} = Y_{\mathrm{Biogas,theor}} - Y_{\mathrm{CH_4,theor}} \tag{3.23}$$

Definitionsgemäß handelt es sich bei diesen Gasertragswerten um [N m^3, trocken/kg], die unter Nutzung des Molvolumens zweiatomiger Gase (Abschn. 3.2.1.3) und der Molmassen der beteiligten Elemente im Substrat errechnet wurden.

Die Bestimmung des Ertrages an Kohlenstoffdioxid als Differenz aus Biogas- und Methanertrag auf dieser Berechnungsgrundlage ist ausschließlich für die theoretische stöchiometrische Betrachtung gültig.

Wie schon in Abschn. 2.2.2 und 3.2.1.3 dargestellt, kann nur der mit dem Biogas emittierte Methanertrag näherungsweise der stöchiometrischen Bildung als Stoffwechselabprodukt gleichgesetzt werden. Da Kohlenstoffdioxid infolge seiner hohen Wasserlöslichkeit und chemischen Reaktivität in signifikanter Größenordnung (prozessabhängig latent) im Gärrest verbleibt, ist sein messbarer Anteil im Biogas für stationären Betriebszustand immer geringer als aus der Stoffwechselstöchiometrie zu erwarten wäre. Damit reduziert sich der gasseitig messbare Biogasertrag bei erhöhter Methankonzentration im Gas unter der Voraussetzung einer Rückrechnung der Gaswerte auf trockenes Biogas im Normzustand.

Die BUSWELL-Gleichung als Brutto-Reaktionsgleichung für den Biogasertrag ist im Vergleich zu den komplexen biochemischen Reaktionsabläufen des anaeroben Energiestoffwechsels (Abb. 2.30) vergleichsweise einfach aufgebaut. Die biochemischen Abläufe der Energie bereitstellenden Reaktionen des anaeroben bakteriellen Stoffwechsels sind heute zu einem großen Teil bekannt, sodass auch für die Teilschritte des Substratumsatzes plausible stöchiometrische Brutto-Reaktionsgleichungen erstellt werden konnten. Dazu gibt es eine Vielzahl weiterführender Fachliteratur, z. B. (Lawrence 1970; Mosey 1983; Mather 1987; van Haandel 1994; Grepmeier 2002; Kotsopoulos 2005; Hüttenberg 2010).

Die Verfolgung der stöchiometrischen (hauptsächlichen) Einzelreaktionen zeigt in der Summierung der Bilanzwerte für den Substratumsatz bis zu den Stoffwechselabprodukten Methan und Kohlenstoffdioxid die Übereinstimmung mit den Ergebnissen der BUSWELL-Formel einschließlich des zu berücksichtigenden Reaktionswasseranteils.

Das gilt auch, wenn für das gleiche Substrat unterschiedliche Stoffwechselwege möglich sind, die entweder von das gleiche Substrat metabolisierenden unterschiedlichen Bakterienspezies genutzt werden oder auch pH-Wert und temperaturabhängig in der gleichen Spezies variieren können.

Dabei kann die theoretisch aus dem Stoffwechsel verfügbare Energiemenge von den diversen Bakterienarten je nach ihrem evolutionären Entwicklungsstand und den aktuellen Prozessbedingungen ganz unterschiedlich effizient genutzt werden, sodass Wachstum und Aktivität bei gleichem Substratumsatz nicht übereinstimmen müssen (Zehnder 1982, 1988).

Zur Vereinfachung erfolgt in den nachfolgenden Beispielen die Darstellung der stöchiometrischen Reaktionsgleichungen mit den Molekülformeln. Auf reaktionskinetische Details durch Ionenschreibweise wird verzichtet.

Für Glukose aus der Stoffgruppe der Kohlenhydrate ergibt sich folgende Bilanz nach BUSWELL:

$$\mathbf{C_6H_{12}O_6 \rightarrow 3CO_2 + 3CH_4} \quad (3.24)$$

Das entspricht stöchiometrisch 50 NVol.-% CH_4 im trockenen Biogas.

(1) **Glukose als anaerob leicht hydrolysierbares Substrat kann direkt über Essigsäurebildung methanisiert werden.**

Dieser Abbauweg lässt sich wie folgt darstellen

$$\mathbf{C_6H_{12}O_6 + 2H_2O \rightarrow 2CH_3COOH + 2CO_2 + 4H_2} \quad (3.25)$$

Hier werden zwei Moleküle Wasser aus dem umgebenden Habitat für die hydrolytische Reaktion benötigt.

Die Essigsäure wird von den azetoklastischen Bakteriengruppen weiter zu Methan und Kohlenstoffdioxid abgebaut.

$$2CH_3COOH \rightarrow 2CO_2 + 2CH_4 \quad (3.26)$$

Gleichzeitig nutzen die methanogenen (hydrogenophilen) Bakterien die Stoffwechselzwischenprodukte Wasserstoff und Kohlenstoffdioxid, um unter Bildung von Methan und Wasser ihre Stoffwechselenergie beziehen. Dabei wird die Reaktion durch die Minimierung gelösten Wasserstoffs bestimmt und durch diese Wasserstoffsenke das „thermodynamische Fenster“ (Rehm 1999) bezüglich eines Energiegewinns für die darauf spezialisierten azetogenen Bakterien aus der Umwandlung von Propionsäure in Essigsäure optimiert.

$$\mathbf{4H_2 + CO_2 \rightarrow CH_4 + 2H_2O} \quad (3.27)$$

Die Formel 3.106 und Formel 3.108 dokumentieren, dass der anfängliche Wasserverbrauch für die Hydrolyse der Glukose durch die Bildung der gleichen Molekülanzahl

Wasser bei dem methanogenen Syntheseschritt wieder kompensiert wird. Damit bestätigt sich der in der Bruttosummenformel, Formel 3.105 ausgewiesene Null-Wasserverbrauch der Gesamtreaktion.

Hier handelt es sich um ein allgemeines Merkmal des anaeroben Kohlenhydratumsatzes. Gleicher Null-Wasserverbrauch gilt auch für den reinen Essigsäureumsatz, während höhere organische Säuren als Monosubstrat jeweils einen Verbrauch an Stoffwechselwasser aufweisen.

Mit jeweils drei verbleibenden Molekülen an Kohlenstoffdioxid sowie an Methan entspricht auch dieses Ergebnis der Vorhersage der BUSWELL-Formel.

Außerdem bestätigt sich, dass im Mittel etwa 70 % des Methans aus der Essigsäureverwertung stammen (hier konkret 67 %) und der Rest aus der Synthesereaktion von Wasserstoff und Kohlenstoffdioxid.

(2) **Ein alternativer Abbauweg kann mit Propionsäure als primärem Hydrolyseprodukt beginnen.**

$$\mathbf{C_6H_{12}O_6 + 2H_2 \rightarrow 2CH_3CH_2COOH + 2H_2O} \tag{3.28}$$

$$2CH_3CH_2COOH + \mathbf{4H_2O} \rightarrow \mathbf{2CH_3COOH} + \mathbf{2CO_2} + \mathbf{6H_2} \tag{3.29}$$

$$2CH_3COOH \rightarrow \mathbf{2CO_2} + \mathbf{2CH_4} \tag{3.30}$$

$$\mathbf{4H_2 + CO_2 \rightarrow CH_4 + 2H_2O} \tag{3.31}$$

Für diesen (stöchiometrisch) möglichen Stoffwechselweg wird für den primären Hydrolyseschritt Wasserstoff benötigt. Im Ergebnis des Umsatzes der Propionsäure zu Essigsäure mit Bedarf eines „Stoffwechselwasser"-Anteils wird der erforderliche Wasserstoff für den Ablauf des Gesamtprozesses freigesetzt. Anschließend erfolgt wieder die simultane Methanbildung aus Essigsäureabbau (Gl. 3.30) sowie Synthese über H_2 und CO_2 (Gl. 3.31).

Im Gesamtprozess erscheint auch hier explizit kein Bedarf an „Stoffwechselwasser" und zwei Drittel des freigesetzten Methans werden aus dem Essigsäureumsatz bereitgestellt.

(3-a) **Anaerober Metabolismus von Glukose unter Einbeziehung von Buttersäure als primäres Hydrolyseprodukt und deren direkte Umsetzung zu Essigsäure durch azetogene Bakterien**

$$\mathbf{C_6H_{12}O_6 \rightarrow CH_3CH_2CH_2COOH + 2CO_2 + 2H_2} \tag{3.32}$$

$$\mathbf{CH_3CH_2CH_2COOH + 2H_2O} \rightarrow 2CH_3COOH + \mathbf{2H_2} \tag{3.33}$$

$$2CH_3COOH \rightarrow \mathbf{2CO_2} + \mathbf{2CH_4} \tag{3.34}$$

$$4H_2 + CO_2 \rightarrow CH_4 + 2H_2O \tag{3.35}$$

(3-b) **Anaerober Metabolismus von Glukose unter Einbeziehung von Buttersäure als primäres Hydrolyseprodukt und deren direkte Umsetzung zu Essigsäure über den Zwischenschritt der Propionsäurebildung durch azidogene Bakterien**

$$C_6H_{12}O_6 \rightarrow CH_2CH_2CH_2COOH + 2CO_2 + 2H_2 \tag{3.36}$$

$$CH_3CH_2CH_2COOH + 2H_2O \rightarrow CH_3CH_2COOH + CO_2 + 3H_2 \tag{3.37}$$

$$CH_3CH_2COOH + 2H_2O \rightarrow CH_3COOH + CO_2 + 3H_2 \tag{3.38}$$

$$CH_3COOH \rightarrow CO_2 + CH_4 \tag{3.39}$$

$$8H_2 + 2CO_2 \rightarrow 2CH_4 + 4H_2O \tag{3.40}$$

Im Ergebnis dieses stoffwechselseitig nicht favorisierten Abbauwegs (3-b) würde sich die anteilige Methanbildung von acetogenen und hydrogenophilen Bakterienstämmen gegenüber den alternativen Abbauwegen für Glukose umkehren. Ein expliziter Verbrauch von „Stoffwechselwasser" ist auch hier nicht vorhanden.

Bei jedem der vier Stoffwechselwege beträgt die bilanzierte Methankonzentration stöchiometrisch 50 NVol.-% im trockenen Biogas.

Für Ethanol und Glyzerin als häufigen Gärsubstratanteilen der Abprodukte aus der Bio-Diesel und Bio-Ethanol Produktion ist die stöchiometrische Übereinstimmung der Brutto-Reaktionsgleichung nach BUSWELL mit der Summierung der schrittweisen Abbaureaktionen ebenfalls gegeben.

Ethanol (C_2H_6O)

$$\begin{gathered}\text{BUSWELL-Formel:}\quad CH_3CH_2OH \rightarrow 1{,}5CH_4 \\ +0{,}5CO_2CH_3CH_2OH + H_2O \rightarrow CH_3COOH + 2H_2\end{gathered} \tag{3.41}$$

$$CH_3COOH \rightarrow CO_2 + CH_4 \tag{3.42}$$

$$2H_2 + 0{,}5CO_2 \rightarrow 0{,}5CH_4 + H_2O \tag{3.43}$$

Die Methanbereitstellung aus dem Essigsäureumsatz beträgt ebenfalls 67 % der Gesamterzeugung. Die Methankonzentration im Biogas beträgt stöchiometrisch 75 NVol.-% im trockenen Biogas. Ein expliziter Verbrauch an „Stoffwechselwasser" findet nicht statt.

Glyzerin ($C_3H_8O_3$)

$$\text{BUSWELL-Formel:}\quad CH_2OHCHOHCH_2OH - 0{,}5H_2O \rightarrow 1{,}75CH_4 + 1{,}25CO_2 \tag{3.44}$$

$$C_3H_8O_3 + \mathbf{H_2O} \rightarrow CH_3COOH + \mathbf{CO_2} + \mathbf{3H_2} \quad (3.45)$$

$$CH_3COOH \rightarrow \mathbf{CO_2} + \mathbf{CH_4} \quad (3.46)$$

$$\mathbf{3H_2} + \mathbf{0{,}75CO_2} \rightarrow \mathbf{0{,}75CH_4} + \mathbf{1{,}5H_2O} \quad (3.47)$$

Hier werden 57 % des Methans aus dem Essigsäureumsatz gebildet und es gibt die Besonderheit, dass die Bilanz an „Stoffwechselwasser" einen Überschuss in der Bildung aufweist.

Die Methankonzentration im Biogas beträgt stöchiometrisch 58 NVol.-% im trockenen Biogas.

Die Reaktionsgleichungen für den anaeroben Abbau eines komplexeren Substrates als Mischung aus Molkeprotein und Laktose in einem Molkereiabwasser werden bei (Mather 1986) zitiert.

Die BUSWELL-Formel liefert das Ergebnis

$$C_6H_{11{,}1}O_{5{,}12} + 0{,}66H_2O \rightarrow 3{,}1CH_4 + 2{,}9CO_2 \quad (3.48)$$

Mit den stöchiometrischen Koeffizienten

$z = 0{,}66$ (Moleküle Wasserverbrauch)
$x = 3{,}1$ (Moleküle Methanbildung)
$y = 2{,}9$ (Moleküle Kohlenstoffdioxidbildung)

Für den primären Hydrolyseschritt wird postuliert, dass neben den Komponenten des Hydrolysegases simultan Propionsäure und Essigsäure gebildet werden. Als azetogener Stoffwechselschritt wird dann Propionsäure ebenfalls zu Essigsäure abgebaut. Dafür muss der Wasserstoffpartialdruck durch den Stoffwechsel der hydrogenophilen Methanbildner kleiner 10^{-4} bar gehalten werden, damit sich in dem schon zitierten „thermodynamischen Fenster" ein Arbeitspunkt für den Stoffwechsel einstellt, bei dem die azetogenen Anaerobier einen Energiegewinn aus dem Abbau der Propionsäure erzielen.

Zur Aufstellung der Reaktionsgleichungen ist eine Vorgabe zu machen zum Bildungsverhältnis der Hydrolyseprodukte Propion- und Essigsäure. Im Beispiel wurde dazu der Methananteil aus Essigsäure gleich 80 % definiert.

Damit lässt sich für die primäre Hydrolyse schreiben:

$$C_nH_aO_b + cH_2O \rightarrow dCH_3CH_2COOH + eCH_3COOH + fCO_2 + gH_2 \quad (3.49)$$

Für die Umwandlung der Propionsäure gilt:

$$dCH_3CH_2COOH + 2dH_2O \rightarrow dCH_3COOH + dCO_2 + 3dH_2 \quad (3.50)$$

Die Methanbildung aus Wasserstoff erfolgt gemäß:

$$\left(\frac{g+3d}{4}\right)4H_2 + \left(\frac{g+3d}{4}\right)CO_2 \rightarrow \left(\frac{g+3d}{4}\right)CH_4 + \left(\frac{g+3d}{4}\right)2H_2O \quad (3.51)$$

Die gesamte gebildete Essigsäure wird in Methan und Kohlenstoffdioxid umgewandelt:

$$(e+d)CH_3COOH \rightarrow (e+d)CH_4 + (e+d)CO_2 \quad (3.52)$$

Die stöchiometrischen Koeffizienten der anaeroben Teilprozesse errechnen sich bei den getroffenen Vorgaben zu

$c = 2{,}05$
$d = 0{,}125$
$e = 2{,}16$
$f = 1{,}3$
$g = 2{,}96$

und ergeben in den Gleichungen Gl. 3.49 bis 3.52 eingesetzt in der Aufsummierung die Ergebnisse aus der BUSWELL-Formel, Gl. 3.48.

Mithilfe eines z. B. in Excel zu erstellenden SOLVER-Iterationsprogrammes lassen sich mit diesem Gleichungssatz die Stoffwechselzwischenprodukte aus der anaeroben Substratverwertung abschätzen und insbesondere Informationen über die Möglichkeiten der biogenen Wasserstoffproduktion aus einer getrennten Hydrolysestufe einschließlich der Verfügbarkeit der gelösten Hydrolyseprodukte für die anschließende Methanisierung in einer möglichst als Hochlaststufe betriebenen Methanisierung mit Entkopplung der hydraulischen von der Biomasseverweilzeit bewerten.

Der anaerobe Abbau längerkettiger Fettsäuren und Fette unterschiedlichen Sättigungsgrades führt gemäß Abb. 2.30 zu einer komplexeren Stoffwechselkinetik als bei den vorstehend dargestellten einfacher strukturierten organischen Verbindungen. Der schrittweise Abbau der Fettmoleküle erfolgt mittels der schon zitierten β-Oxidation durch jeweils Abspaltung von zwei Kohlenstoffatomen der Kette nach Aktivierung durch das Coenzym-A, zweifacher Dehydrierung und Aufnahme eines Moleküls „Stoffwechselwasser". Das daraus resultierende Essigsäuremolekül geht direkt in den anaeroben Stoffwechsel ein, während das um zwei C-Atome verkürzte Fettmolekül dem gleichen Ablauf erneut unterzogen wird, bis der vollständige Umsatz erreicht ist. Weiterführende biochemische und mikrobiologische Details finden sich in (Mudrack 1994; Lanz 1995; Grepmeier 2002; Madigan 2006).

Der **C–H–O**-Anteil von Gärsubstraten hat zwar die größte Relevanz für den bakteriellen anaeroben Energiestoffwechsel, aber reine **C–H–O**-Verbindungen wie Kohlenhydrate und Fette sind als Monofraktionen nicht vergärbar, da der Biozönose jegliche Nährstoffe und essenzielle Spurenelemente fehlen. Außerdem enthalten Aminosäuren und Proteine sowie Mischsubstrate zumindest Stickstoff- und häufig auch Schwefelanteile, wie die w. o. zitierten Bruttosummenformeln für Schweinegülle und Klärschlamm (De Renzo 1977; Stadelbauer 1984) zeigen.

Es lag also nahe, die BUSWELL-Formel um diese beiden substratimmanenten Elemente zu erweitern, um den Einfluss ihrer biochemischen Reduktion auf die Bildungsstöchiometrie von Methan und Kohlenstoffdioxid bewerten zu können (Buswell und Müller 1952; Boyle 1976).

$$\begin{aligned}&C_nH_aO_bN_cS_d + \left(n - \tfrac{a}{4} - \tfrac{b}{2} + \tfrac{3}{4}c + \tfrac{d}{2}\right)\mathbf{H_2O} \rightarrow \\ &\left(\tfrac{n}{2} - \tfrac{a}{8} + \tfrac{b}{4} + \tfrac{3}{8}c + \tfrac{d}{4}\right)\mathbf{CO_2} + \left(\tfrac{n}{2} + \tfrac{a}{8} - \tfrac{b}{4} - \tfrac{3}{8}c - \tfrac{d}{4}\right)\mathbf{CH_4} + c\mathbf{NH_3} + d\mathbf{H_2S}\end{aligned} \tag{3.53}$$

Stickstoff und Schwefel werden bei dieser Reaktionsstöchiometrie zu den undissoziierten Verbindungen Ammoniak und Schwefelwasserstoff reduziert, die bei den relevanten Prozessbedingungen (pH-Wert, Temperatur) entsprechend des Dissoziationsgleichgewichts (Abschn. 2.2.3) anteilig als Ionen NH_4^+ sowie SH^- vorliegen und ihrerseits im wässrigen Gärmedium untereinander bzw. mit CO_2 weiter reagieren können:

$$NH_3 + CO_2 + H_2O \rightarrow NH_4HCO_3 \tag{3.54}$$

$$\text{bzw. } NH_3 + H_2S \rightarrow NH_4HS \tag{3.55}$$

Damit wird gemäß Gl. 3.55 infolge des Mehrverbrauchs an Wasserstoff für die reduzierten Stickstoff- und Schwefelverbindungen nicht nur das Verhältnis von Methan- und Kohlenstoffdioxidbildung gegenüber den Werten nach Gl. 3.53 verändert, sondern auch die Bindung von CO_2 z. B. in Abhängigkeit der Sekundärreaktion Gl. 3.54 erfasst.

Hintergrundinformation

Die Methodik der in den Arbeiten von BUSWELL und BOYLE entwickelten stöchiometrischen Bestimmung des Biogasbildungspotenzials aus der Bruttosummenformel von Gärsubstraten lässt sich formal noch weiter ausbauen. So zitiert (Roediger 1990) die nachfolgende Gleichung unter Einbeziehung eines vorhandenen Substratphosphorgehaltes

$$\begin{aligned}&C_nH_aO_bN_cS_dP_p + \left(n - \tfrac{a}{4} - \tfrac{b}{2} + \tfrac{7}{4}c + \tfrac{d}{2} + \tfrac{7}{4}p\right)\mathbf{H_2O} \rightarrow \\ &\left(\frac{n}{2} - \frac{a}{8} + \frac{b}{4} - \frac{5}{8}c + \frac{d}{4} + \frac{3}{8}p\right)\mathbf{CO_2} + \left(\frac{n}{2} + \frac{a}{8} - \frac{b}{4} - \frac{3}{8}c - \frac{d}{4} + \frac{5}{8}p\right)\mathbf{CH_4} \\ &\qquad + c\mathbf{NH_4^+} + d\mathbf{H_2S} + (n-p)\mathbf{HCO_3^-} + p\mathbf{H_2PO_4^-}.\end{aligned}$$

Für die Anlagenpraxis und Prozessmodellierung spielen diese theoretisch möglichen Erweiterungen der Gasbildungsstöchiometrie so gut wie keine Rolle, da die gebräuchlichen Substratbruttosummenformeln in der Regel nur auf C–H–O–N–S-Basis erstellt werden.

In Summe dieser Einflüsse lässt sich abschätzen, welche Veränderungen in Biogasquantität und -qualität sich aus der als Bruttosummenformel vorliegenden Substratzusammensetzung ergeben, wenn der reine C–H–O-Energiestoffwechsel chemisch von den weiteren Reaktionen überlagert wird. Erfasst man zusätzlich noch die hohe physikalische Löslichkeit von CO_2 im Gärmedium (Abschn. 2.2.2), folgt daraus ein wesentlicher Einfluss auf die aus Praxisanlagen bekannten Tatsachen, dass höhere Methankonzentrationen im Biogas auftreten können als erwartet und Schwankungen in der Gasqualität ohne erkennbare biologische Veränderungen im Prozess möglich sind (Abschn. 4.1.4.1.5).

3.2.2.2 Die CSB-Bestimmung für Gärsubstrate

Der in Abschn. 3.2 diskutierte Chemische Sauerstoffbedarf „CSB“ als Summenparameter zur Bestimmung des benötigten Sauerstoffs zur chemischen Totaloxidation organischer Verbindungen ist infolge der möglichen Umrechnung des Verbrauchs an CSB in ein Methanbildungspotenzial (Abschn. 3.2.1.3) ein geeigneter Parameter zur Bewertung des Methanertrages aus anaerob metabolisierbaren organischen Verbindungen.

Die von unterschiedlichen Herstellern angebotenen konfektionierten „Küvettenteste“ ermöglichen eine vergleichsweise rationelle analytische Bestimmung des CSB nach dem standardisierten Kaliumdichromatverfahren. Bei dieser ursprünglich für die Wasseranalytik entwickelten Methode erfordert die Anwendung zur analytischen Charakterisierung feststoffreicher Abfall- und Reststoffproben die Beachtung spezifischer methodischer Anpassungen an die erweiterte Aufgabenstellung (Abschn. 3.2). Umfangreiche Untersuchungen zum Wiederfindungsgrad chemischer Verbindungen in Form ihres Sauerstoffverbrauchs für die Totaloxidation finden sich in (Janicke 1973). Danach zeigt sich, dass Stickstoffverbindungen so gut wie nicht oxidiert werden, wobei im Einzelfall eine Teiloxidation jedoch nicht auszuschließen ist. Das ergibt eine gewisse Unschärfe in den Analysenergebnissen. Für die Untersuchung heterogener feststoffreicher Gärsubstrate fällt diese methodische Unsicherheit gegenüber dem Problem der Bereitstellung einer repräsentativen homogenen und mechanisch gut zerkleinerten Probe nicht gravierend ins Gewicht.

Analog zur BUSWELL-Formel lässt sich auch für den CSB eine Berechnungsstöchiometrie in Form des erforderlichen Sauerstoffs für die Oxidation einer durch ihre Bruttosummenformel definierten organischen Verbindung formulieren. Diese lautet für den energiestoffwechselrelevanten C–H–O-Anteil der Substrat-Bruttosummenformel, der streng genommen auch durch die analytische CSB-Bestimmung erfasst werden sollte:

$$C_nH_aO_b + \left(n + \frac{a}{4} - \frac{b}{2}\right)O_2 \rightarrow nCO_2 + \left(\frac{a}{2}\right)H_2O \tag{3.56}$$

Wie vorstehend diskutiert wurde, lässt sich anhand der praktischen labortechnischen Erfahrungen mit der CSB-Analytik diese hohe Selektivität des Testverfahrens nicht für jede organische Verbindung bestätigen. Deshalb werden mit den nachfolgenden stöchiometrischen Gleichungen die maximalen theoretischen Potenziale für mögliche Abweichungen der Messergebnisse vom angestrebten exakten CSB-Wert modelliert.

Unter der Annahme einer Stickstoffreduktion zu Ammoniak aber keiner Stickstoffoxidation folgt nach (Wouda 1989):

$$C_nH_aO_bN_c + \left(n + \frac{a}{4} - \frac{b}{2} - \frac{3}{4}c\right)O_2 \rightarrow nCO_2 + \left(\frac{a}{2} - \frac{3}{2}c\right)H_2O + cNH_3 \tag{3.57}$$

Alternativ ergibt sich für eine Totaloxidation des Stickstoffs gemäß (Eckenfelder 1964):

$$C_nH_aO_bN_c + \left(n + \frac{a}{4} - \frac{b}{2} + \frac{3}{2}c\right)O_2 \rightarrow nCO_2 + \left(\frac{a}{2}\right)H_2O + cNO_3^- \quad (3.58)$$

Die grafische Darstellung der theoretischen CSB-Modellierung nach Gl. 3.56 bis 3.58 mit der Gesamtheit der Datensätze aus Tab. 7.1 in Abb. 3.3 verdeutlicht die Zusammenhänge. Erwartungsgemäß würde die Totaloxidation des Substratstickstoffs eine signifikante Zunahme des oTM-spezifischen CSB-Wertes ergeben. Diese Werte wären nicht mehr mit dem Methanäquivalent in einen anaeroben Methanertrag umrechenbar.

Andererseits würde die Stickstoffreduktion zu Ammoniak einen Teil des Substratwasserstoffs verbrauchen, der dann nicht mehr oxidiert als CSB erfasst wird. Das Methanbildungspotenzial würde über den CSB unterbewertet.

In den Bereichen reiner Kohlenhydrate bzw. Fette/Fettsäuren/Öle als Substrate besteht durch das Fehlen von Stickstoffverbindungen kein entsprechender Einfluss.

Zu einigen über ihre Bruttosummenformel modellierten Stoffen gibt es parallel auch analytisch bestimmte CSB-Werte. Ohne Stickstoffeinfluss zeigt sich eine gute Vergleichbarkeit von berechnetem und analysiertem CSB. Eine vorhandene Schwankungsbreite in den Ergebnissen ist im Wesentlichen durch die schwierige CSB-Analytik in feststoffreichen Suspensionen bedingt.

Für stickstoffhaltige Substrate lassen sich teilweise Abweichungen durch die reduzierende Wirkung auf Stickstoff erkennen. Ohne weitere systematische Untersuchungen sind jedoch keine gesicherten Trends zu belegen. Durch die gegebene Unterbewertung des Methanpotenzials liegen Bilanzierungen auf CSB-Basis jedoch auf der sicheren Seite.

Eine Stickstoffoxidation durch die CSB-Laboranalytik ist nicht nachzuweisen.

Wenn die Oxidationsstöchiometrie die analytische CSB-Bestimmung widerspiegeln soll, ist (Kalium-)Dichromat mit in die Gleichung einzubeziehen und es ergibt sich

$$\begin{aligned} &C_nH_aO_bN_c + \left(\tfrac{2}{3}n + \tfrac{a}{6} - \tfrac{b}{3} - \tfrac{c}{2}\right)Cr_2O_7^{2-} + \left(\tfrac{16}{3}n + \tfrac{4}{6}a - \tfrac{8}{3}b - 3c\right)H^+ \\ &\rightarrow nCO_2 + \left(\tfrac{8}{3}n + \tfrac{7}{6}a - \tfrac{4}{3}b - \tfrac{11}{2}c\right)H_2O + cNH_4^+ + \left(\tfrac{4}{3}n + \tfrac{a}{3} - \tfrac{2}{3}b - c\right)Cr^{3+} \end{aligned} \quad (3.59)$$

Die mit Gl. 3.59 errechenbaren CSB-Werte sind in Abb. 3.3 zum Vergleich mit den rein theoretischen Oxidationsreaktionen dargestellt. Es zeigt sich eine gute Übereinstimmung mit den Ergebnissen nach Gl. 3.56, sodass von einer ausreichenden Vertrauensbasis bei alternativer Nutzung laboranalytischer Messergebnisse und errechneter Sauerstoffbedarfswerte für die Substratoxidation ausgegangen werden kann.

Die CSB-gestützte Bilanzierung des Biogasprozesses hat gegenüber anderen Modellierungsparametern den Vorteil, dass es unterschiedliche Möglichkeiten gibt, den CSB potenzieller Biogassubstrate zu bestimmen bzw. wenigstens als Größenordnung abzuschätzen. Das ermöglicht zum einen die Erarbeitung einer CSB-Spezifikation für Substrate, die bei Projektplanungen noch gar nicht zur Verfügung stehen und hilft insbesondere bei den vielfach sehr heterogenen und mit Grobstoffen verunreinigten

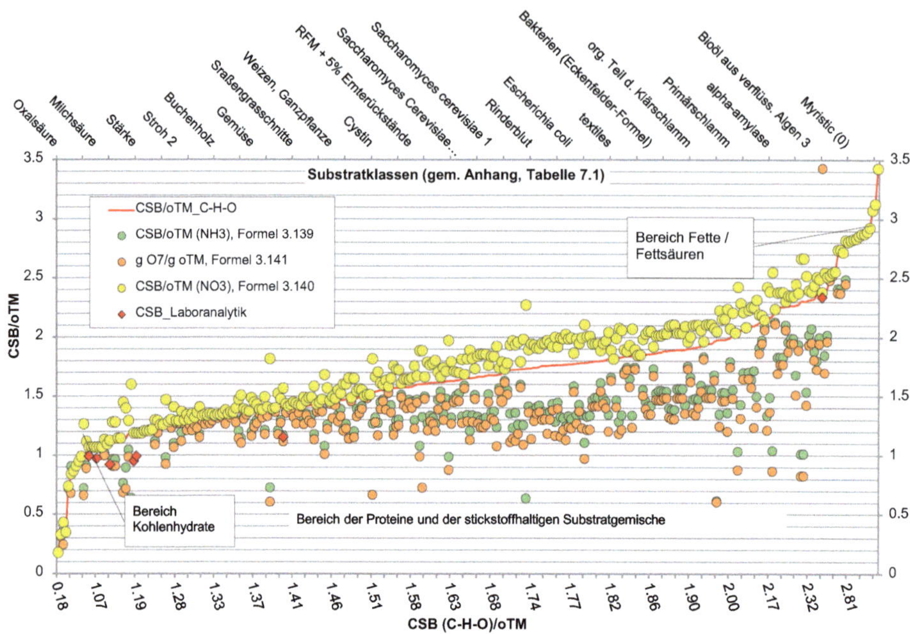

Abb. 3.3 Modellierung des theoretischen CSB gemäß Gl. 3.56 für ausgewählte Substratklassen und Vergleich mit dem maximalen Fehlerpotenzial (Gl. 3.57 und 3.58) aus der möglichen Analysenbeeinflussung durch Stickstoffkomponenten im Substrat

Abfällen auch Parameter zu erhalten, die im Labor normalerweise nicht oder nur mit unverhältnismäßig hohem Aufwand zu realisieren sind.

Die analytische Bestimmung nach der Normmethode (ISO 15705) und die heute bevorzugt eingesetzten konfektionierten Küvetten-Teste wurden für feststoffarme bzw. feststofffrei Abwässer entwickelt und sind deshalb nur bedingt bei feststoffreichen Abfällen, Reststoffen und Agrarprodukten einsetzbar. Voraussetzung ist in jedem Fall, dass ein homogener, feinpartikulärer Organikschlamm aus dem feststoffhaltigen Gärsubstrat herstellbar ist, der in repräsentativer Zusammensetzung analysiert werden kann. Mehrfachbestimmungen sind für belastbare Ergebnisse unerlässlich.

Die Elementaranalyse zur Aufstellung von Bruttosummenformeln für die rechnerische CSB-Bestimmung ist infolge der meist begrenzten Aufnahmekapazität für die Einzelprobenmengen bei den verfügbaren Analysatoren ebenfalls für sehr grobstrukturierte Substrate nur noch bedingt geeignet.

Die in Abschn. 2.3 in anderem Zusammenhang dargestellte Beziehung zwischen Sauerstoffumsatz und resultierender Reaktionsenthalpie bietet jedoch eine weitere Möglichkeit der CSB-Bestimmung aus dem Brennwert eines Stoffes, die unter anderem auch schon von (Wouda 1989) aufgegriffen und für die Charakterisierung von Klärschlämmen genutzt wurde.

- Die konventionelle Brennwertberechnung (Kathiravale 2003) der Thermodynamik summiert die Massenanteile der Elemente eines Stoffes (umrechenbar mit den Molgewichten in eine Bruttosummenformel des Stoffes), jeweils multipliziert mit der elementspezifischen Verbrennungsenthalpie.
- Im Umkehrschluss kann mittels der schon für BUSWELL-Formel und CSB-Berechnung verwendeten Bruttosummenformel jeweils ein stoffspezifischer Brennwert (in MJ/kg oTM) errechnet und in Abhängigkeit von CSB/oTM modelliert werden.
- Weiterhin lässt sich mit dem Brennwert von Methan = 11,06 kWh/N m^3 = 39,82 MJ/N m^3 und dem Methanäquivalent des anaerob für den bakteriellen Energiestoffwechsel umgesetzten CSB von 350 Nl/kg CSB zu jedem CSB/oTM ein Brennwert errechnen.
- Mit gleicher Zielstellung der Brennwertermittlung für einen gegebenen CSB-Umsatz kann man postulieren, dass es sich bei der CSB-Oxidation um einen chemischen Verbrennungsprozess handelt und eine Proportionalität besteht zwischen der für eine Verbrennung benötigten Sauerstoffmenge und der dabei freisetzbaren Wärmemenge (Abschn. 2.3.1) in der Größenordnung von 14 MJ/kg O_2.

Die Ergebnisse der drei Modellierungsansätze sind in Abb. 3.4 grafisch dargestellt. Ergänzt werden die Modellrechnungen durch kalorimetrische Brennwertmessungen aus der Literatur, z. B. (Wouda 1989) für Klärschlamm und eigene Untersuchungen an ausgewählten Organikfraktionen, bei denen gleichzeitig der Gesamt-CSB des organischen

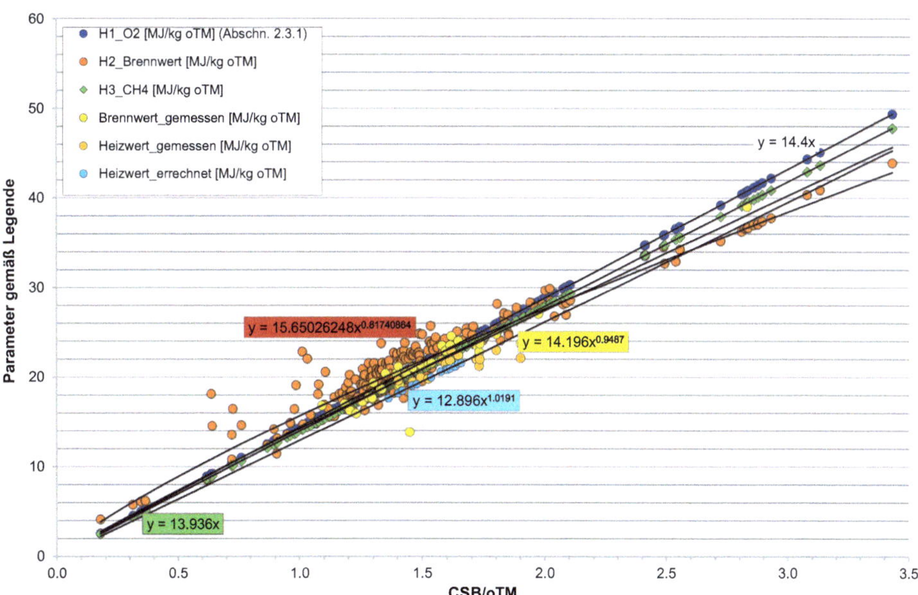

Abb. 3.4 Zusammenhang zwischen Brennwert und CSB einer Organikfraktion als methodische Hilfe bei der anaeroben Prozessmodellierung

Materials analytisch ermittelt wurde. Die experimentellen Untersuchungen bestätigen erwartungsgemäß die thermodynamischen Modellierungen.

Eingetragene Vergleichswerte verdeutlichen die zu berücksichtigenden Unterschiede zwischen Brennwert H_s und Heizwert H_i für die Umrechnung zwischen CSB und Verbrennungsenthalpie.

Wichtig

Bei Verwendung von Literaturdaten ist darauf zu achten, dass häufig nicht explizit dargestellt wird, ob die Verbrennungswerte sich auf die Feuchtmasse oder die Trockenmasse des Brennstoffes beziehen. Insbesondere bei Werten unter 10 MJ/kg kann von einem Feuchtmassebezug ausgegangen werden.

Während für die Umrechnung zwischen CSB des oTM-Anteils und Brennwert der Trockenmasse neben der Relation Wärmetönung je CSB-Umsatz nur der oTM-Gehalt der Trockenmasse in die Rechnung eingeht (Abb. 3.5), ist bei der Umrechnung auf Feuchtmassewerte die Verdampfungsenthalpie des in der Organik enthaltenen Wassers als Minderung der Wärmetönung anzusetzen.

Dient der Heizwert als Modellierungsgrundlage, ist zusätzlich die Verdampfungsenthalpie des im Ergebnis der Verbrennung gebildeten Wassers (aus dem elementaren Wasserstoffgehalt der oTM) als Minderung des Brennwertes zu berücksichtigen (Abb. 3.6).

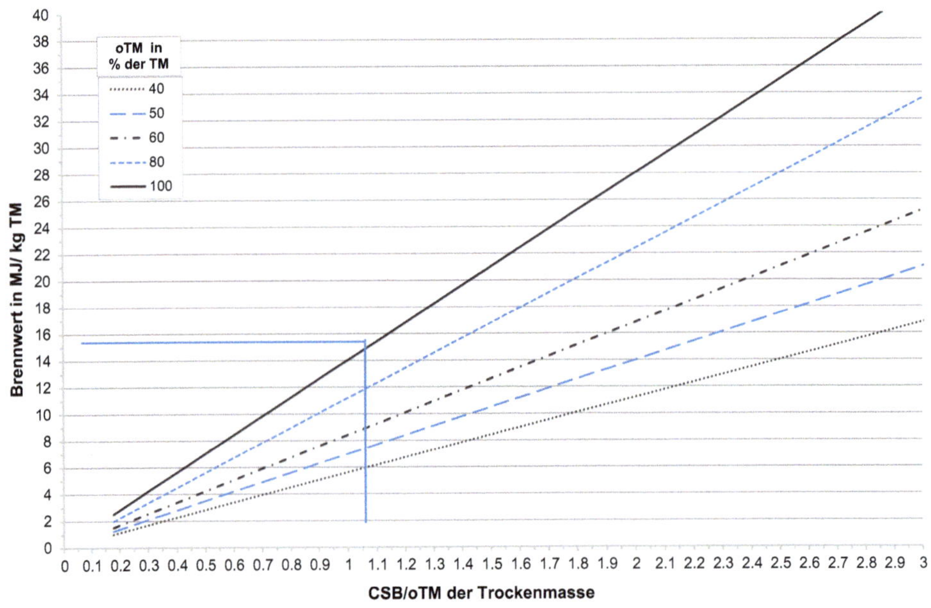

Abb. 3.5 Brennwerte je kg TM in Abhängigkeit von CSB/oTM und dem oTM-Gehalt der Trockenmasse für die erzielbare Verbrennungswärme je umgesetztem kg Sauerstoff von 14,4 MJ/kg CSB

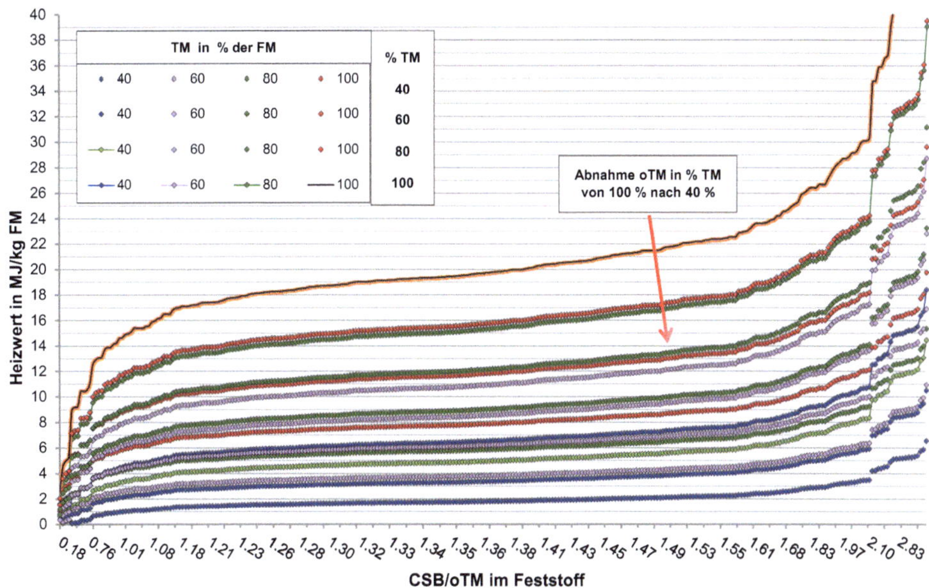

Abb. 3.6 Heizwert der Feuchtmasse in Abhängigkeit von oTM- und Wassergehalt in der Feuchtmasse in Abhängigkeit des CSB/oTM-Verhältnisses für [14,4 MJ/kg CSB]

> Brennwert- und Heizwertangaben in der Literatur sind in der Regel auf 25 °C bezogen. Der Unterschied in der Verdampfungsenthalpie von Wasser beträgt 45,1 kJ/Mol [0 °C] zu 44 kJ/Mol [25 °C].

Bei der Ermittlung des CSB aus dem Brennwert ist zu beachten, dass er anteilig auch aus der Oxidation von Komponenten eines Stoffgemisches bestehen kann, die nicht biologisch umsetzbar sind. Für heterogene Substrate empfiehlt sich deshalb als Vorstufe zur Laboruntersuchung der biochemischen und/oder kalorischen Bestimmung von Stoffparametern die Sortieranalyse, um biologisch abbaubare Fraktionen von nicht abbaubaren in Masseanteilen zu selektieren. Über in ausreichendem Umfang bekannte und aus der Literatur verfügbare Brennwerte, u. a. (Demirbas 1997; Kathiravale 2003; Schreiner 2009), von nicht anaerob abbaubaren Fraktionen – in den nachfolgenden Gleichungen braun – (z. B. Plastik, Lignin, Holzbestandteilen, beschichtete Kartonagen, Textilien) lässt sich dann aus dem Gemischbrennwert – rot – ein bereinigter Brennwert der Bioorganik – grün – abschätzen (Gl. 3.61) als Grundlage für die Umrechnung in CSB-Äquivalente:

$$m_{oTM,misch} * H_{s,misch} = m_{oTM,Bio} * H_{s,Bio} + \sum_i (m_i * H_{s,i}) \tag{3.60}$$

$$H_{s,Bio} = \frac{m_{oTM,misch} * H_{s,misch} - \sum_i (m_i * H_{s,i})}{m_{oTM,Bio}} \tag{3.61}$$

Bruttosummenformeln zur CSB- bzw. BUSWELL-Modellierung für Nahrungsgüter, Agrarprodukte und Futtermittel lassen sich aus den verfügbaren detaillierten Datensammelwerken zu Nährwerttabellen, z. B. (Souci-Fachmann-Kraut 2008) und Futterwerttabellen, z. B. (DLG 2015; LfL Bayern 2017) errechnen. Gegeben sind in der Regel die Masseanteile für TM, Aschegehalt, Rohprotein, Rohfett, verdauliche Kohlenhydrate und Rohfaser. Setzt man die bekannten Mittelwerte zum Methanertrag für die einzelnen Organikfraktionen aus der Literatur an, z. B. (Baserga 1998), lassen sich damit gemäß Abschn. 3.3.1 die Gasausbeuten des jeweiligen Stoffgemischs berechnen. Andererseits basieren die Ausbeutewerte auf für die Stoffgruppen gemittelten Bruttosummenformeln, aus denen sich über die Massenanteile eine Gesamtbruttosummenformel für das Substratgemisch ermitteln lässt.

Hintergrundinformation

Abb. 3.2 veranschaulicht die mögliche Bündelung der laboranalytisch bestimmten Werte des Molgewichts von organischen Verbindungen/Stoffgemischen durch Kalibrierung auf die 1C-Mol Bruttosummenformel in der Auftragung über dem Parameter CSB/oTM. Der Zusammenhang lässt sich mit Gl. 3.62 mathematisch beschreiben.

$$1\text{C Mol-Gewicht} = -14{,}57265953 * \ln\left(\frac{\text{CSB}}{\text{oTM}}\right) + 29{,}81986926 \; [\text{g/mol}] \quad (3.62)$$

Mit der invertierten Darstellung der Parameter gemäß Darstellung in Abb. 3.7 ergibt sich andererseits die Möglichkeit, aus dem 1C-Molgewicht das CSB/oTM-Verhältnis abzuschätzen.

Für diese Modellierungsvariante wurden im Diagramm, Abb. 3.7 sowohl der Einfluss einer Berücksichtigung des Stickstoffs in der Organik erfasst als auch die Verwendung unterschiedlicher mathematischer Ansätze für die Regressionsanalysen.

Unter Nutzung der logarithmischen Ansätze ergeben sich die Modellgleichungen (in [kg/kg]) ohne Berücksichtigung von Stickstoff:

$$\frac{\text{CSB}}{\text{oTM}} = -2{,}04495086 * \ln(1\text{C Mol-Gew.}) + 8{,}00102190 \quad (3.63)$$

mit Berücksichtigung von Stickstoff:

$$\frac{\text{CSB}}{\text{oTM}} = -2{,}06159359 * \ln(1\text{C Mol-Gew.}) + 8{,}14723487 \quad (3.64)$$

Für den markierten gärrelevanten Bereich CSB/oTM = 1,07 ... 2,0 g/g haben die untersuchten Regressionsansätze keinen signifikanten Einfluss auf das Modellierungsergebnis. Die 1C-mol oTM-Molekülmasse liegt dabei zwischen 20 und 30 g/mol.

Zusätzlich lassen sich für die Bruttosummenformeln die Anteile an Kohlenstoff (TOC), Wasserstoff sowie Sauerstoff innerhalb der Molekülmasse der untersuchten Organik ermitteln und grafisch auswerten, wie in Abb. 3.8 dargestellt. Infolge der Quotientenbildung bei der Berechnung der Parameter gilt diese Darstellung gleichermaßen für die Darstellung mit nicht normierten C–H–O-Bruttosummenformeln als auch bei 1C-mol-Normierung.

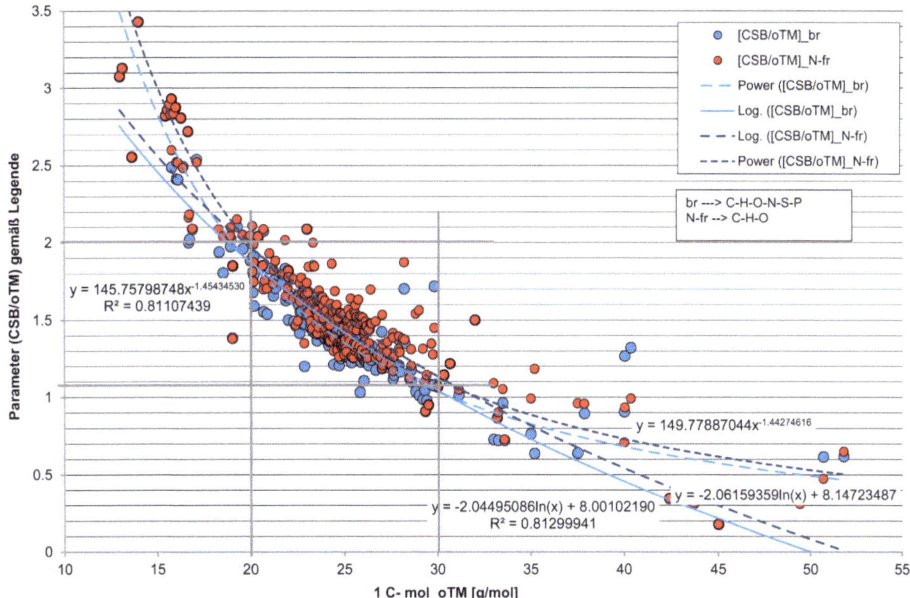

Abb. 3.7 Die funktionelle Abhängigkeit des spezifischen CSB/oTM-Wertes von den 1C-Molgewichten organischer Stoffe mit und ohne Berücksichtigung der Stickstoffkomponente in der Bruttosummenformel

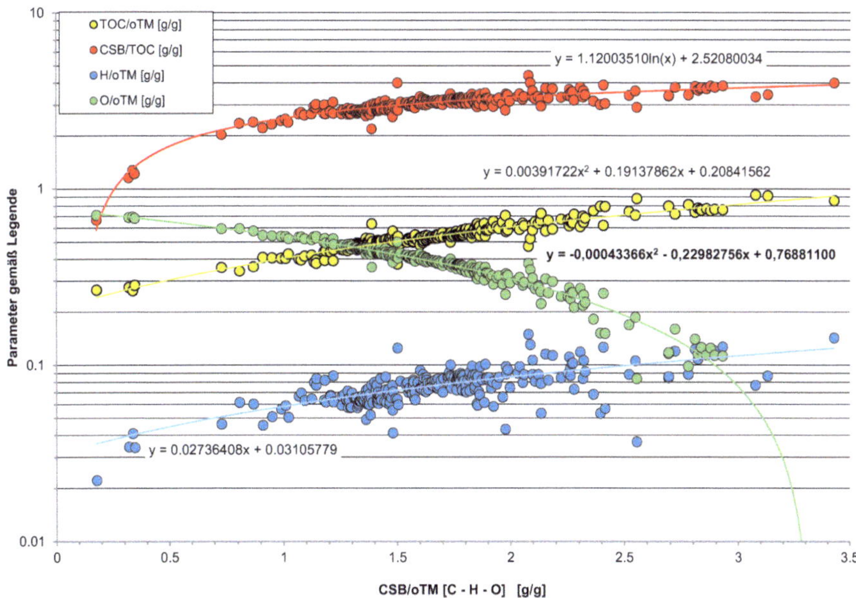

Abb. 3.8 Die Massenanteile C–H–O innerhalb der Substrat-Molekularmassen in Abhängigkeit des CSB/oTM-Verhältnisses

Für die Umrechnung von Rohprotein in Stickstoffgehalt des Substrats und vice versa gilt der bekannte Faktor XP=6,25*N (erste Tabelle in Abschn. 1.4 und vgl. Abschn. 3.3.1) als Durchschnittswert.

Ist an Stelle des Rohproteingehalts der Gehalt an essenziellen Aminosäuren im Substrat gegeben, lässt sich mit deren bekannten Bruttosummenformeln die substratspezifische Bruttosummenformel des resultierenden Proteins berechnen gemäß dem Muster in Tab. 3.1.

Diese Vorgehensweise hat noch den Vorteil, dass nicht-organische Stickstoffanteile nicht wie bei der Rohproteinbestimmung in Protein hochgerechnet werden und diese Fraktion damit überbestimmen. Für die Beispiele der essenziellen Aminosäuren zeigt Abb. 3.7 die mögliche Abweichung im Stickstoffgehalt von den üblicherweise verwendeten Mittelwerten (ohne Zusätzlichen Einfluss von anorganischem Stickstoff). So ergibt sich für das arithmetische Mittel aller essenziellen Aminosäuren ein Stickstoff-Protein-Faktor von 6,76 (Abb. 3.9), während er für die in Tab. 3.1 vorgestellte Berechnung von Maisprotein 6,19 beträgt.

In der Tabelle sind zusätzlich die drei schwefelhaltigen Aminosäuren markiert, die neben anorganischen schwefelhaltigen Verbindungen potenzielle Quellen für die biochemische H_2S-Bildung darstellen.

In Abb. 3.9 ist für den Stickstoffgehalt im Vergleich zu den Einzelwerten der Aminosäuren der Mittelwert von 16 Masse-% an der Molekülmasse dargestellt, entsprechend dem Faktor 6,25. Es zeigt sich, dass im Einzelfall jeweils durchaus relevante Abweichungen davon möglich sind.

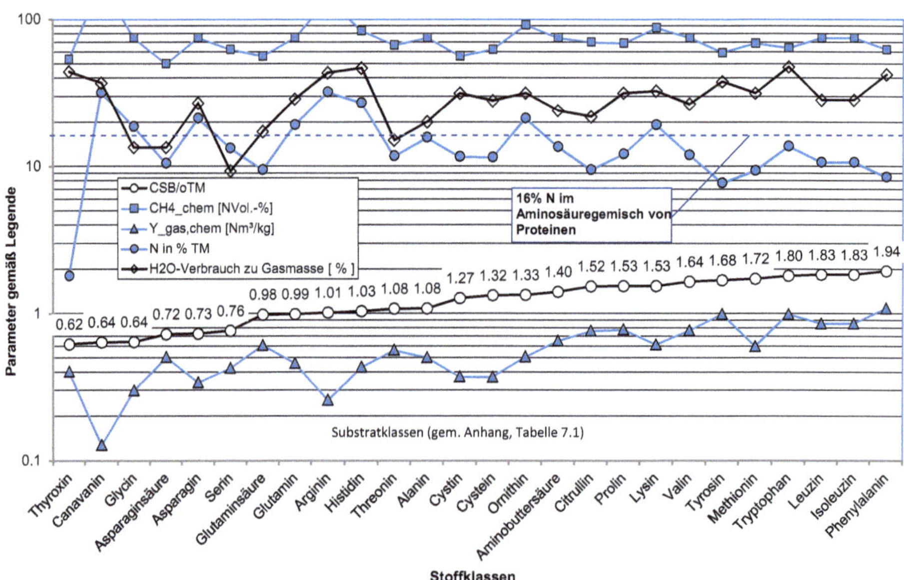

Abb. 3.9 Biochemische Kennwerte der essenziellen Aminosäuren

3.2.2.3 Zusammenführung von CSB- und BUSWELL-Stöchiometrie zu einem statistisch auswertbaren Modellansatz

Nutzt man den ermittelten CSB-Wert einer vergärbaren organischen Verbindung zur Berechnung des theoretisch möglichen maximalen Methanertragspotenzials mithilfe des CSB-Methan-Äquivalents (Abschn. 3.2.1.3), ist auch für komplexe organische Stoffgemische ohne Kenntnis der Bruttosummenformel der verfügbare kalorische Energiegehalt aus dem Methanertrag abschätzbar. Das ist besonders vorteilhaft bei der Bewertung heterogener, grobdisperser Stoffgemische, wie sie für die Verwertung organischer Abfälle und Reststoffe typisch sind.

Die Möglichkeiten einer CSB-Herleitung über alternative Methoden (Abschn. 3.2.2.2) bietet immer die Möglichkeit der Auswahl des für den zu untersuchenden Stoff am besten geeigneten Verfahrens. Außerdem können Literaturangaben für den relevanten Stoff, die keinen expliziten Bezug zum Methanertrag haben müssen, entsprechend umgerechnet werden.

Nachteilig bleibt, dass über den Methanertrag hinaus keine weiteren biogasrelevanten Parameter wie Gesamtgasertrag, Methankonzentration im Gas und Verbrauch an Stoffwechselwasser explizit aus der CSB-Reaktionskinetik ermittelbar sind.

Hintergrundinformation

Während der CSB über das zitierte Methanäquivalent die Abschätzung des zu erwartenden maximalen Methanertrages aber nicht des Gesamtbiogases ermöglicht, kann über den TOC mithilfe des konstanten Molvolumens zweiatomiger Gase das theoretisch zu erwartende Gesamtbiogasvolumen prognostiziert werden [12 g TOC (1 Mol Kohlenstoff) entsprechen 22,414 Normliter Gas], (Scherer 2007). Über die Anteile CH_4 und CO_2 im Gas ist jedoch keine Aussage möglich.

Wird neben dem CSB jeweils auch der TOC in der untersuchten Probe bestimmt, lässt sich das Potenzial für eine CO_2-Bildung und damit für die Biogasgesamtmenge sowie die enthaltene Methankonzentration abschätzen.

Dafür erfolgen die Errechnung der theoretischen Methanmenge nach Gl. 3.77 aus dem analysierten CSB sowie die des TOC aus der Parallelanalyse zum CSB bzw. nach Gl. 3.72. Mit dem Kohlenstoffanteil im Methan von $C/CH_4 = 0{,}75$ kg/kg kann dann abgeschätzt werden, welcher TOC-Anteil der methanisierten Substratprobe für eine CO_2-Bildung übrig bleibt.

Diese Methodik bietet sich an, wenn homogene Substrate eingesetzt werden und sowieso eine Kohlenstoffbilanz um den betrachteten Bilanzraum benötigt wird (Zak 2012). Dann lässt sich die Stimmigkeit der CSB- und TOC-Bilanzen mit dieser Modellierung verifizieren. Für Praxisanlagen mit insbesondere feststoffreichen, heterogenen Substraten ist sie wegen des hohen analytischen Aufwands eher nicht zu empfehlen. Eine vollständige Musterbilanz für methanisierte Glukose findet sich bei (Reuters 2011).

Liegt die Bruttosummenformel des Substrats vor, kann der CSB errechnet und der TOC direkt abgegriffen werden. In diesem Fall empfiehlt es sich jedoch, gleich die vollständige stöchiometrische Bilanz gemäß BUSWELL-Formel zu rechnen.

Bei Anwendung der BUSWELL-Stöchiometrie ist eine umfassende und detailreiche Aussage zum anaeroben Biogasertrag möglich unter der Voraussetzung, dass die benötigte Bruttosummenformel für die zu untersuchenden Stoffe bzw. Stoffgemische zur Verfügung steht.

Während es für chemisch reine Stoffe kein Problem ist, die atomare Zusammensetzung des Moleküls einschlägigen Fachpublikationen zu entnehmen, sind gerade für die hauptsächlich benötigten Abfälle und Reststoffe verwertbare Detailangaben zur stofflichen Zusammensetzung nur begrenzt verfügbar.

Hier bietet es sich an, die über den Methanertrag aus der anaerob abgebauten Organik verknüpften Berechnungsmethoden „CSB“ und „BUSWELL“ zusammenzuführen und einfachere Analytik sowie umfassendere Aussagen zum Biogas mit einer verallgemeinerbaren und damit weitgehend universellen Modellbildung zu beschreiben.

Basisparameter der erstellten Bilanzen ist dabei der theoretische Zusammenhang zwischen dem Methanertrag und dem anaerob metabolisierten Organikanteil für die Bereitstellung der bakteriell benötigten Stoffwechselenergie CH_4/oTM in der Auftragung über CSB/oTM.

Der spezifische Methanertrag kann sowohl aus der CSB-Stöchiometrie als auch nach BUSWELL berechnet werden. Aus den für die BUSWELL-Modellierung verwendeten Bruttosummenformeln lassen sich dann jeweils auch die substratkonformen CSB-Werte errechnen.

Die Grundauftragung erfolgt unter Verwendung der „BUSWELL-Werte“, sodass über den CSB/oTM-Bereich von Kohlenhydraten bis zu lipiden Stoffen mehr oder weniger lückenhafte Datenreihen für die spezifischen Parameter (trockenes Gas unter Normbedingungen) vorliegen, deren Tendenz über den gesamten CSB-Bereich mittels Regressionsgleichungen interpoliert darstellbar ist.

Wie schon in Abschn. 3.2.2.2 dargestellt wurde, stellt das Elemente-Tripel C–H–O das energetische Potenzial für den bakteriellen Energiestoffwechsel dar. Als Modellierungsgrundlage liefert es den höchsten Methanertrag. Bezieht man für Proteine und Stoffgemische als Substrate zusätzlich die Elemente N und S in die Modellierung ein, und postuliert die sauerstofffreie Umwandlung in NH_3 und H_2S als Stoffwechselprodukte, wird Wasserstoff für die Reduktion benötigt, wodurch die Methanbildung reduziert und der Verbrauch an „Stoffwechselwasser“ erhöht werden kann. Die der Modellierung zu Grunde gelegten Vereinfachungen des anaeroben Stoffwechsels nehmen hier Einfluss auf das Ergebnis.

Entsprechend lassen sich folgende Parameter in funktioneller Abhängigkeit über dem für die Modellierung gewählten CSB/oTM-Verhältnis ermitteln:

- CH_4[stöchiometrisch]/oTM aus C–H–O
- CO_2[stöchiometrisch]/oTM aus C–H–O
- Biogas [stöchiometrisch]/oTM aus C–H–O
- Stoffwechselwasser H_2O[stöchiometrisch]/oTM aus C–H–O
- Methankonzentration [stöchiometrisch] ψ_{CH_4} aus C–H–O, sowie
- CH_4[stöchiometrisch]/oTM aus C–H–O–N–S
- CO_2[stöchiometrisch]/oTM aus C–H–O–N–S

- Biogas [stöchiometrisch]/oTM aus C–H–O–N–S
- Stoffwechselwasser H_2O[stöchiometrisch]/oTM aus C–H–O–N–S
- Methankonzentration [stöchiometrisch] ψ_{CH_4} aus C–H–O–N–S.

Wird weiterhin berücksichtigt, dass Stickstoff infolge seiner überwiegend höheren Massekonzentration in den Substraten (Beispiel in Tab. 3.1) größeren Einfluss auf die Stöchiometrie nimmt als Schwefel und durch die chemische Reaktion mit Kohlenstoffdioxid (Gl. 3.54 und 3.55) auch für Gaszusammensetzung und Gasertrag relevant ist, ergeben sich für die Modellierungen mit C–H–O–N–S Bruttosummenformeln die zusätzlichen Parameter, gekennzeichnet mit dem Index [chemisch]:

- CH_4[chemisch]/oTM aus C–H–O–N–S
- CO_2[chemisch]/oTM aus C–H–O–N–S
- Biogas [chemisch]/oTM aus C–H–O–N–S
- Stoffwechselwasser [chemisch] H_2O/oTM aus C–H–O–N–S
- Methankonzentration [chemisch] ψ_{CH_4} aus C–H–O–N–S.

Dabei gilt:

- CH_4[stöchiometrisch] = CH_4[chemisch],
- CO_2[stöchiometrisch] $\geq$ CO_2[chemisch],
- Biogas [stöchiometrisch] $\geq$ Biogas [chemisch],
- Methankonzentration [stöchiometrisch] $\leq$ Methankonzentration [chemisch].

Werden in der gleichen Auflistung die aus dem CSB errechneten Methanertragswerte nach CSB/oTM sortiert eingeordnet, zeigt sich zum einen, wie aus der Reaktionskinetik nicht anders zu erwarten, die Übereinstimmung solcher Werte, die aus CSB und BUSWELL parallel errechnet wurden, als auch das nahtlose Einfügen der Ergebnisse CH_4/oTM in den Trend, die nur über CSB ermittelt wurden (Abb. 3.10).

Neben den aus dem CSB errechneten Methanerträgen gelten auch für die weiteren der oben gelisteten Parameter die Interpolationen der „BUSWELL"-definierten Trends, sodass für wesentlich mehr potenzielle Gärsubstrate komplette Datensätze zur Biogasbildung verfügbar sind, als aus der begrenzten Zahl vorliegender Bruttosummenformeln nach BUSWELL modelliert wurden.

Ist gemäß dem in Abschn. 3.2.2.2 Gesagten aus der zur Anwendung gekommenen CSB-Analysenmethode bzw. Umrechnung aus Brennwerten nicht erkennbar, inwieweit N- und S-Oxidationsreaktionen mit erfasst wurden, muss entschieden werden, ob die Datensätze [stöchiometrisch] oder [chemisch] als relevant zu betrachten sind. Andernfalls muss für die Gasbilanzen eine Min-Max-Betrachtung erfolgen.

Generell ist davon auszugehen, dass in der Anlagenpraxis die Ungenauigkeiten bei der stofflichen Definition gleich oder größer als die Unschärfen in den Modellparametern sind.

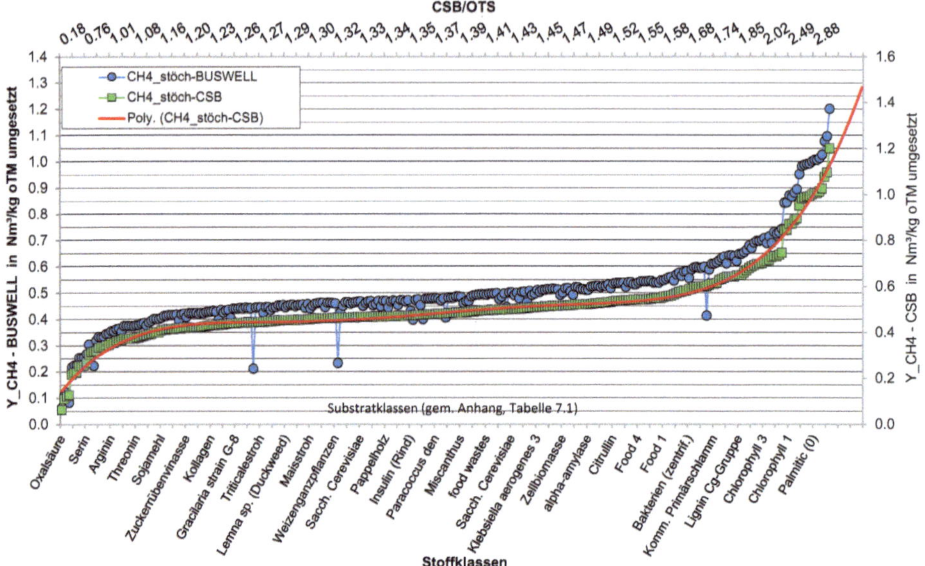

Abb. 3.10 Übereinstimmung der modellierten Methanerträge aus CSB und BUSWELL-Stöchiometrie

Die Diagramme der nachfolgenden Abschnitte enthalten die wesentlichen Parameterdarstellungen auf Basis der beschriebenen Modellierung. Berücksichtigt wird jeweils die Gesamtheit der in Tab. 7.1 und 7.2 aufgelisteten potenziellen Substrate über CSB/oTM. Für Abb. 3.10 und 3.12 erfolgen auf primärer und sekundärer Abszisse die Kopplung des gesamten biogasrelevanten CSB/oTM-Bereiches mit paralleler Angabe einiger Substratnamen als charakteristische Eckwerte für die Zuordnung CSB zu Substrat. Im Weiteren wird jedoch aus Platzgründen und Lesbarkeit auf die namentliche Darstellung der Materialien verzichtet.

3.2.2.4 Hydrolysezwischenprodukte und Gesamt-Biogas

Die Modellierung des Methanertrages aus dem bakteriell für den Energiestoffwechsel genutzten CSB-Anteil der verfügbaren Substrate basiert auf der Voraussetzung des gesamten CSB-Umsatzes bis zu den Endprodukten Methan und Kohlenstoffdioxid der anaeroben Stoffwechselkette.

Auch die BUSWELL-Formel (Gl. 3.19 bzw. 3.53) beschreibt den totalen Substratumsatz bis zu den anaerob nicht mehr verwertbaren gasförmigen Abprodukten.

Allerdings wurde schon in Abschn. 3.2.2.1 anhand der Gleichungen Gl. 3.24 bis 3.52 dargestellt, dass der schrittweise anaerobe Substratabbau (Abb. 2.30) je nach Substrat und etablierten bakteriellen Spezies ganz unterschiedlichen Stoffwechselpfaden folgen kann.

Wird durch entsprechende Gestaltung der Prozessbedingungen die anaerobe Stoffwechselkette zwischen Hydrolyse/Säurebildung und Methanisierung der sauren Stoffwechselzwischenprodukte unterbrochen, reichern sich im Hydrolysat Wasserstoff, Kohlenstoffdioxid und in geringerem Maße auch Schwefelwasserstoff an, die letztendlich als Hydrolysegas emittiert werden. Dazu bleiben in der Flüssigkeit niedere Alkohole, niedermolekulare Fettsäuren und andere gelöste Stoffwechselzwischenprodukte, die einer anschließenden separaten Methanisierung zugeführt werden können. Dagegen tritt Ammoniak als Biogaskomponente nur untergeordnet in Erscheinung, da infolge der pH-Wert bedingten Dissoziation von NH_3 zu NH_4^+ (Abschn. 2.2.3) und der hohen NH_3 -Löslichkeit in wässrigen Medien (Abschn. 2.2.2) die Triebkräfte für einen Ammoniakübergang in die Gasphase gering sind.

Die Hydrolysegase lassen sich ebenso wie die Stoffwechselendprodukte über dem CSB/oTM-Verhältnis modellieren und grafisch darstellen. Es muss jedoch für eine belastbare Ermittlung der aktuelle prozessrelevante Stoffwechselpfad bis zum azetogenen Abbauschritt bekannt sein, bzw. modellmäßig vorgegeben werden, um die zu erwartende H_2- und CO_2-Freisetzung ohne simultane Methanisierung sowie die gelösten Zwischenprodukte realitätsnah (Abschn. 3.2.2.1) bilanzieren zu können. Während die Hydrolyse von Kohlenhydraten und niedermolekularen Fettsäuren noch überschaubar modelliert werden kann, ist für zunehmenden Protein- und insbesondere Fettanteil sowie organische Ringverbindungen im Substrat der Metabolismus immer vielschichtiger und komplexer. Die Aufstellung der stöchiometrischen Gleichungen für den konkreten Einzelfall führt schnell zu unübersichtlich vielen potenziell möglichen Varianten. Die für eine Lösung erforderliche aufwendige Rechentechnik ist für Problemlösungen wissenschaftlicher Grundlagenforschung zum anaeroben Stoffwechsel vertretbar, übersteigt jedoch derzeit Kapazitäten und Möglichkeiten einer praxisorientierten schnellen Bereitstellung von Prozessdaten im Anlagenbetrieb.

Abschätzungen mit einfachen verallgemeinerten Ansätzen (Abb. 3.11) führen erwartungsgemäß mit zunehmendem CSB/oTM-Verhältnis (wachsender Protein- und Fettgehalt) zugrößeren Unsicherheiten in den theoretisch zu erwartenden Erträgen der Gaskomponenten. Als Richtwerte für die zu erwartenden trockenen Normgasmengen bis zu einem CSB/oTM-Wert etwa ≤ 2 lassen sich die Gl. 3.65 bis 3.67 für

$$\text{Wasserstoff}\ \left[\mathrm{N\ m^3/kg}\right] \quad Y_{\mathrm{oTM}}^{\mathrm{H2}} = 0{,}4005 \cdot \left(\frac{\mathrm{CSB}}{\mathrm{oTM}}\right)^{1{,}6045} \tag{3.65}$$

$$\text{Kohlenstoffdioxid}\ \left[\mathrm{N\ m^3/kg}\right] \quad Y_{\mathrm{oTM}}^{\mathrm{CO_2}} = 0{,}2434 \cdot \left(\frac{\mathrm{CSB}}{\mathrm{oTM}}\right)^{0{,}662} \tag{3.66}$$

und

$$\text{Hydrolyse-Gesamtgas}\left[\mathrm{N\ m^3/kg}\right] \quad Y_{\mathrm{oTM}}^{\mathrm{Gas}} = 0{,}6392 \cdot \left(\frac{\mathrm{CSB}}{\mathrm{oTM}}\right)^{1{,}3303} \tag{3.67}$$

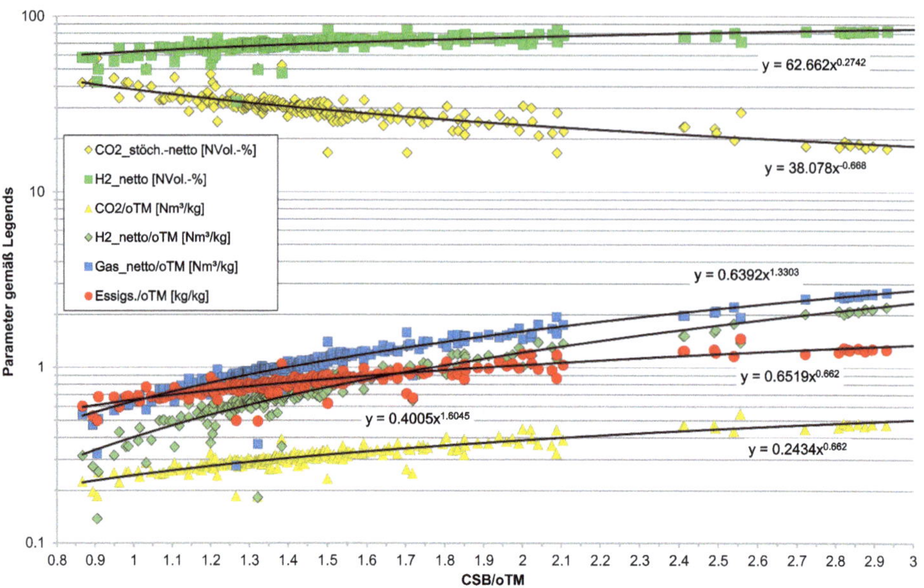

Abb. 3.11 Modellierung der Stoffwechselzwischenprodukte aus Hydrolyse und Versäuerung

verwenden.

Die prozentualen Normvolumenanteile der Gaskomponenten am Gesamthydrolysegas werden mit den Gleichungen Gl. 3.68 und 3.69 beschrieben:

$$\text{Wasserstoff [NVol.-\%,trocken]} \quad \Psi_{H_2} = 62{,}662 \cdot \left(\frac{\text{CSB}}{\text{oTM}}\right)^{0{,}2742} \tag{3.68}$$

$$\text{Kohlenstoffdioxid [NVol.-\%,trocken]} \quad \Psi_{CO_2} = 38{,}078 \cdot \left(\frac{\text{CSB}}{\text{oTM}}\right)^{-0{,}668} \tag{3.69}$$

Einen Richtwert für die gelösten organischen Stoffwechsel-Zwischenprodukte der Hydrolyse in der summarischen Darstellung als Essigsäure in [kg/kg] liefert Gl. 3.70:

$$Y_{\text{oTM}}^{\text{Ac}} = 0{,}6519 \cdot \left(\frac{\text{CSB}}{\text{oTM}}\right)^{0{,}662} \tag{3.70}$$

Tab. 3.2 zeigt für einige über das gesamte CSB/oTM-Spektrum verteilte Substrate, wie im Einzelfall die aus der Reaktionsstöchiometrie ermittelten Hydrolyseprodukt-Kennwerte mit den über das verallgemeinerte Modell errechneten Parametern in Abb. 3.11 übereinstimmen.

Tab. 3.2 Aus der Stöchiometrie errechnete Hydrolyseparameter für ausgewählte Substrate

Stoff	CSB/oTM	$Y_{oTM}^{H_2}$	$Y_{oTM}^{CO_2}$	Y_{oTM}^{Ac}	Ψ_{H_2}	Ψ_{CO_2}
Glukose	1,067	0,5	0,249	0,667	67	33
Molke	1,21	0,453	0,194	0,831	70	30
Glyzerin	1,217	0,731	0,244	0,652	75	25
Ethanol	2,078	0,974	–	1,3	100	–
Valin	2,097	0,87	0,218	1,165	80	20
Benzoat	2,308	0,6462	0,2154	1,731	75	25
Palmitin	2,875	1,225	–	1,875	100	–

Reaktionsstöchiometrien nach (Mosey 1983; Hall 1988; Ryhiner 1993)

Hintergrundinformation

Eine getrennte Hydrolysestufe wird in der Regel bei pH-Werten kleiner 7 betrieben. Das resultiert zum einen aus den sauren Hydrolyseprodukten in der Flüssigkeit. Es ist aber auch eine prozesstechnische Notwendigkeit, um das Ansiedeln von Methanbakterien zu unterdrücken, wenn Wasserstoffproduktion die Zielstellung der Hydrolyse ist.

Ohne Anwesenheit wasserstoffverwertender hydrogenophiler Spezies in der Biozönose einer separat arbeitenden Hydrolysestufe wird Wasserstoff infolge seiner geringen Löslichkeit unmittelbar als Bestandteil des Hydrolysegases emittiert.

Da Kohlenstoffdioxid im sauren Bereich weitgehend undissoziiert vorliegt, ist im Gegensatz zur Methangärung die chemische CO_2-Fixierung in der Flüssigkeit nicht dominant, einzig die physikalische Löslichkeit bestimmt die Differenz zwischen stöchiometrisch gebildetem und gasförmig emittiertem CO_2. Ammoniak ist überwiegend als Ammonium dissoziiert und deshalb in der Gasphase nicht signifikant präsent. Im Gegensatz dazu ist mit einer entsprechend großen Schwefelwasserstoffemission bei aus dem Gärsubstrat resultierenden Sulfiden zu rechnen (s. Abb. 2.2). Da Schwefel nicht nur aus organischen Verbindungen stammt, sondern auch sonstige externe Schwefelquellen wie Sulfate oder Gips im Gärsubstrat vorhanden sein können, lässt sich das Auftreten von Schwefelwasserstoff im Hydrolysegas nicht über den CSB/oTM-Parameter modellieren.

Die Summe der Massen aller Hydrolyseprodukte führt im Wesentlichen jeweils zu Werten größer als die Substratmasse-Bezugseinheit oTM. Die Ursache liegt in dem schon dargestellten Bedarf an Wassermolekülen für den notwendigen Elektronentransfer bei den anaeroben Stoffwechselreaktionen (Abschn. 3.2.2.1 und 4.1.5). Dabei werden die Wasserstoff- und Sauerstoff-Ionen in die Stoffwechselprodukte integriert und erhöhen deren Masse gegenüber der Ausgangsmenge an umgesetzter organischer Trockenmasse des Gärsubstrats.

Die mit den vorstehend aufgeführten Gleichungen abzuschätzenden Erträge an Hydrolyseprodukten sind als theoretisches Potenzial des jeweils betrachteten Substrats zu werten, dessen für den bakteriellen Stoffwechsel nutzbarer Energiegehalt durch den CSB/oTM-Wert charakterisiert wird.

Um die im konkreten Einzelfall tatsächlich anfallenden Hydrolyseproduktmengen zu präzisieren, sind weitere Detailuntersuchungen erforderlich:

- Welcher Bilanzraum wird der Betrachtung zugrunde gelegt?
  Wie die Beispiele Gl. 3.25 bis 3.40 zur Stöchiometrie des anaeroben Abbaus unterschiedlicher Gärsubstrate verdeutlichen, wird ein wesentlicher Wasseranteil benötigt, um aus organischen Makromolekülen durch enzymkatalysierte Reaktionen wasserlösliche niedrigmolekulare Stoffwechselzwischenprodukte zu erzeugen. Weiterer Wasserbedarf besteht, um in der azidogenen Phase niedrigmolekulare Fettsäuren bis herab zur Propionsäure zu bilden und anschließend in der azetogenen Phase alle gelösten Stoffwechselzwischenprodukte in Essigsäure umzuwandeln. Dabei werden die das physikalische Lösungsvermögen überschreitenden Anteile von Wasserstoff und Kohlenstoffdioxid als Hydrolysegas emittiert.
  Erst der anschließende Stoffwechsel der hydrogenophilen Bakterien bindet H_2 und CO_2 und setzt dafür Methan und einen Anteil Wasser frei, der den vorangegangenen Wasserverbrauch teilweise bis vollständig kompensiert.
  Maximaler Wasserstoffertrag wäre also theoretisch erst nach Ablauf der Azetogenese möglich. Dabei würde jedoch der Wasserstoffpartialdruck im bakteriellen Mikrohabitat zu groß. Es käme zur Anreicherung von Propionsäure und der anaerobe Prozess stagniert in der azidogenen Phase.
  In jedem Fall ist der aus der Substratumsatz-Stöchiometrie theoretisch errechenbare maximale Wasserstoffertrag in der Praxis nicht erreichbar.
  In gleicher Weise wäre maximale Essigsäureproduktion erst bei Einbeziehung der azetogenen Phase in die Hydrolysestufe möglich, wofür dann über den notwendigen Wasserstoffverbrauch durch hydrogene Spezies Methan freigesetzt und in das Hydrolysegas übergehen würde.
  Die tatsächlichen Erträge an Hydrolyseprodukten werden also durch die technologischen Möglichkeiten limitiert, die nicht-methanogenen Prozessstufen anlagentechnisch autark und betriebssicher zu realisieren.
- Zur Maximierung der Wasserstoffproduktion sind Substrate auszuwählen, deren anaerober Umsatz in der Hydrolyse hohe Wasserstofferträge erwarten lässt. Substrat- und Prozessbedingungen müssen die Etablierung bakterieller Populationen unterstützen, deren Stoffwechsel ein Maximum der gewünschten Produkterträge gewährleistet.
  Dazu sind insbesondere pH-Wert und Temperatur des Hydrolyseprozesses zu optimieren, aber auch Verweilzeit und Raumbelastung.
  Da die Anreicherung der sauren Stoffwechselprodukte zu einer Eigenhemmung der Biozönose führen kann (Abschn. 6.1), ist dieses Problem besonders zu beachten.
  Um die verfahrenstechnisch konträren Anforderungen an Verweilzeit und Schlammbelastung in den Griff zu bekommen, kann eine Trennung von hydraulischer und Biomasseverweilzeit sinnvoll sein.
  Für die dabei zum Einsatz geeigneten Festbett- und Schlammbettreaktoren gibt es jedoch noch wenige Erfahrungen zur Prozessstabilität der Biofilme und Schlammflocken/Granulen unter den sauren Bedingungen der getrennten Hydrolyse.

Eine Prozesshemmung durch Schwefelwasserstoff kann substratabhängig ein Problem beim Reaktorbetrieb, aber auch bei der anschließenden Aufbereitung des Hydrolysegases werden.

Für die Modellierung des Gesamtbiogasertrages aus dem anaeroben Stoffwechsel werden die vorstehend im Abschn. 3.2.2 zusammengeführten Bilanzierungsansätze über das Methanäquivalent des CSB und die BUSWELL-Formel verwendet. Damit ist das Verhältnis CSB/oTM die Berechnungsbasis zur Beschreibung des verfügbaren Energiegehaltes der Gärsubstrate wie schon bei der Abschätzung der Hydrolyse-Stoffwechselprodukte.

Kohlenstoff ist das wichtigste Element für den bakteriellen Metabolismus. Er wird sowohl für den Energiestoffwechsel benötigt als auch für den Aufbau neuer Zellbiomasse in direkter Nutzung organischen Substratkohlenstoffs (Heterotrophie) oder bei autotropher Lebensweise unter Nutzung von Kohlenstoffdioxid, das beim anaeroben Stoffwechsel als Bestandteil des Biogases im Gärmedium in gelöster Form zur Verfügung steht. Abb. 3.12 zeigt für die Bandbreite der CSB/oTM-Werte gärrelevanter Substrate die Kenngrößen TOC/oTM und CSB/TOC. Der Datenpool für diese und alle weiteren Modellierungen ist in Tab. 7.1 und 7.2 ausgewiesen. Die Abbildung enthält neben CSB/

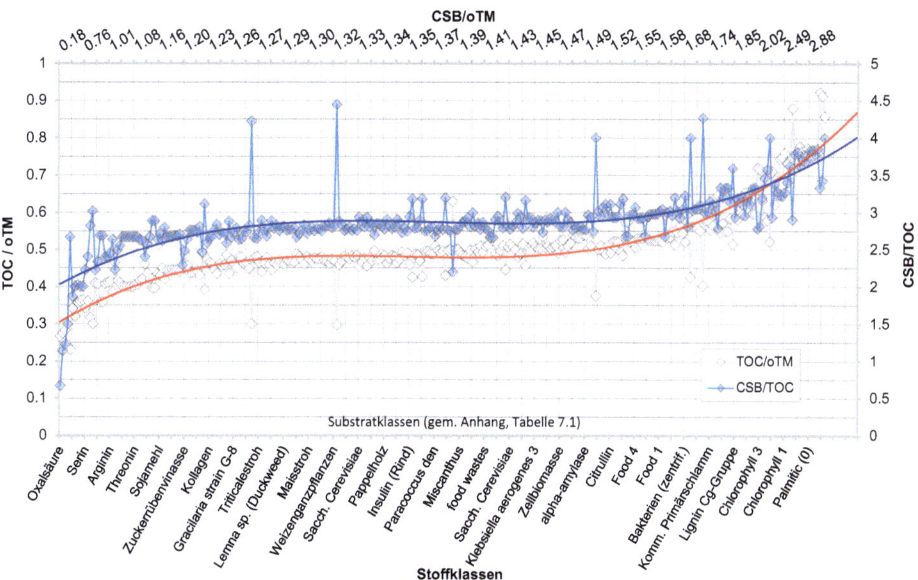

Abb. 3.12 Darstellung der Parameter CSB/TOC und TOC/oTM in Abhängigkeit des auf die organische Trockenmasse bezogenen CSB von Gärsubstraten. Aus Platzgründen kann nur etwa jedes fünfte Substrat im Diagramm namentlich dargestellt werden (die Gesamtheit der Substrate kann Tab. 7.1 im Anhang entnommen werden). Infolge der starken nichtmetrischen Spreizung der CSB/oTM-Auftragung können in dieser Darstellung keine Regressionsgleichungen erstellt werden

oTM als unabhängigem Parameter die Zuordnung ausgewählter Substratklassen aus dem Anhang, soweit die eingeschränkte Auflösung der grafischen Darstellung das zulässt. Es zeigt sich auch für die trockenmassereichen Gärsubstrate die Gültigkeit des aus der Abwasserbehandlung bekannten Richtwertes für CSB/oTM ≈ 3,0...3,3 mit der Einschränkung, dass im oberen und unteren Grenzbereich der Bandbreite für CSB/oTM durchaus erhebliche Abweichungen davon auftreten können. Der organische Kohlenstoffanteil an der oTM liegt im Wesentlichen zwischen 45 % und 50 %, mit derselben Einschränkung wie vorstehend.

Die aus der regressionskonformen Auftragung (Abb. 3.8) ermittelten Gleichungen Gl. 3.71 und 3.72 ermöglichen über das CSB/oTM-Verhältnis [C–H–O-Bruttosummenformel] die (näherungsweise) Bestimmung des Parameters CSB/TOC

$$\frac{\mathrm{CSB}}{\mathrm{TOC}} = 1{,}1200351 \cdot \ln\left(\frac{\mathrm{CSB}}{\mathrm{oTM}}\right) + 2{,}52080034 \tag{3.71}$$

sowie des organischen Kohlenstoffgehalts TOC/oTM [kg/kg]

$$\frac{\mathrm{TOC}}{\mathrm{oTM}} = 0{,}00391722 \cdot \left(\frac{\mathrm{CSB}}{\mathrm{oTM}}\right)^2 + 0{,}19137862 \cdot \left(\frac{\mathrm{CSB}}{\mathrm{oTM}}\right) + 0{,}20841562 \tag{3.72}$$

auf der Grundlage praxisnaher CSB-Standardanalytik auch für komplexe oder noch nicht als Produkt verfügbare Substrate.

Abb. 3.8 verdeutlicht ebenfalls die Massenanteile von Wasserstoff und Sauerstoff an der Substrat-oTM in Abhängigkeit des CSB/oTM-Verhältnisses. Die zugehörigen Regressionsgleichungen lauten

$$\frac{m_{\mathrm{Wasserstoff}}}{\mathrm{oTM}} = 0{,}02736408 \cdot \left(\frac{\mathrm{CSB}}{\mathrm{oTM}}\right) + 0{,}1964945 \tag{3.73}$$

$$\frac{m_{\mathrm{Sauerstoff}}}{\mathrm{oTM}} = -0{,}00043366 \cdot \left(\frac{\mathrm{CSB}}{\mathrm{oTM}}\right)^2 - 0{,}22982756 \cdot \left(\frac{\mathrm{CSB}}{\mathrm{oTM}}\right) + 0{,}768811 \tag{3.74}$$

Damit kann aus dem analytisch bestimmten CSB ohne weitere elementaranalytische Untersuchung eines Substrates mithilfe der Gl. 3.72 bis 3.74 eine C–H–O-Bruttosummenformel abgeschätzt werden.

Hintergrundinformation

Alternativ ergeben lineare Regressionen in konventioneller Darstellung der Bruttosummenformel für die Elemente

Wasserstoff

$$\boldsymbol{\frac{m_{\mathrm{Wasserstoff}}}{\mathrm{oTM}} = 0{,}02736408 * \left(\frac{\mathrm{CSB}}{\mathrm{oTM}}\right) + 0{,}03105779} \tag{3.75}$$

Sauerstoff

$$\frac{m_{\text{Sauerstoff}}}{\text{oTM}} = -\mathbf{0{,}23133773} * \left(\frac{\text{CSB}}{\text{oTM}}\right) + \mathbf{0{,}77003832} \tag{3.76}$$

Die Anteile Stickstoff und Schwefel lassen sich in dieser Modellierung nicht integrieren, da wie schon w. o. ausgeführt keine direkte Proportionalität zum durch den CSB repräsentierten energetischen Gehalt eines Stoffes besteht und beide Elemente sowohl als Bestandteile des organischen Moleküls als auch in anorganischer Form extern in der Substratmischung vorhanden sein können.

Die im jeweiligen Gärsubstrat stoffwechselverfügbar enthaltenen Mengen an Kohlenstoff, Wasserstoff und Sauerstoff bilden zusammen mit den Anteilen Wasserstoff und Sauerstoff aus dem „Stoffwechselwasser" das Bildungspotenzial für das stöchiometrisch maximal zu erwartende Biogas.

Diesen Übergang von der elementaren Zusammensetzung des Gärsubstrates zum Erwartungswert des Biogasertrages unter Einbeziehung des gemäß BUSWELL-Formel umgesetzten „Stoffwechselwassers" verdeutlicht Abb. 3.13. Der Einfluss des Verbleibs von 10 % der stöchiometrisch gebildeten Masse an CO_2 in der Gärflüssigkeit auf die Gesamtmasse des emittierten Biogases ist ebenfalls dargestellt.

Je nach den noch aus dem metabolisierten Substrat mobilisierten Stickstoff- und Schwefelanteilen sowie deren Umsatz zu Ammoniak und Schwefelwasserstoff können sich der Bedarf an „Stoffwechselwasser" und damit die stöchiometrischen Verhältnisse

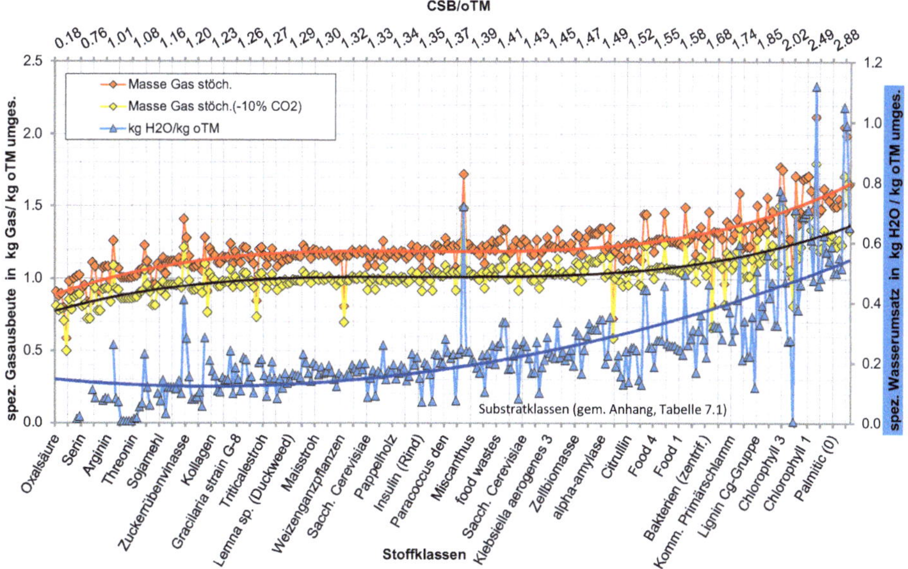

Abb. 3.13 Anteile des verbrauchten „Stoffwechselwassers" für den anaeroben Metabolismus in Abhängigkeit des CSB/oTM-Verhältnisses [H – C – O] von Gärsubstraten, um das jeweilige H- und O- Defizit in der oTM für die Biogasausbeute gemäß Modellierung mit der BUSWELL-Formel zu kompensieren

für die Biogasbildung gegenüber einem reinen C–H–O-Substrat in gewissen Grenzen ändern, gemäß den in Abschn. 3.2.2.1 diskutierten Varianten der BUSWELL-Formel.

Mit der bezüglich NH_3 und H_2S erweiterten BUSWELL-Formel, Gl. 3.53, werden im Folgenden die Standardmodellierungen zu den Gaserträgen und Gasqualitäten dargestellt. Dazu wird definiert:

- Gaserträge mit dem Zusatz „stöchiometrisch“ beziehen sich auf die Ausbeuten und den externen Stoffwechselwasserverbrauch (Abschn. 4.1.5) unter Berücksichtigung des Wasserstoffbedarfs für die NH_3- und H_2S-Bildung.
- Gaserträge mit dem Zusatz „chemisch“ beschreiben die Biogasemissionen für den Fall, dass aus dem anaeroben Substratumsatz gebildetes Ammoniak (NH_3) und CO_2 miteinander reagieren gemäß Gl. 3.54 und damit bei konstantem Methanertrag unter den Bedingungen des vorstehenden Anstrichs der CO_2-Ertrag und das Gesamtbiogas entsprechend reduziert werden. Die Methankonzentration steigt entsprechend im reduzierten Biogasertrag. Wie in Abschn. 4.1.4.1.5 dargestellt, kann diese latente Erhöhung der Biogaskonzentration mehrere Volumenprozente (absolut) betragen.
  Sie ist jedoch keine prozesstechnisch stabil realisierbare Größe und kann sich in Abhängigkeit der Prozessbedingungen (z. B. pH-Wert und Temperatur) aber auch des Auszehrungsgrads oder der Anreicherung an sauren Stoffwechselzwischenprodukten (und damit Verschiebung des pH-Puffersystems) jederzeit ändern.

Werden die als Stoffwechselprodukte gebildeten Gasmassen je Kilogramm für den Energiestoffwechsel metabolisierter Substrat-oTM nach Gl. 3.19 innerhalb des für Gärsubstrate relevanten CSB/oTM-Bereichs berechnet, ergeben sich für CH_4 und CO_2 sowie die daraus resultierende Biogasmasse die „stöchiometrischen“ Bilanzen gemäß Abb. 3.14. Und es folgt auch aufgrund der in Abschn. 3.2.1.3 vorgestellten theoretischen Methanausbeute von 350 Normlitern je kg CSB durch Multiplikation mit der Methan-Normdichte (bzw. analog der Methanausbeute in Mol per CSB-Masseeinheit, multipliziert mit dem Methanmolgewicht) für den spezifischen Methanmasseertrag die Proportionalitätsgleichung zum CSB

$$\frac{m_{CH_4}}{oTM} = 0{,}251 \cdot \left(\frac{CSB}{oTM}\right) \quad [kg/kg] \tag{3.77}$$

wenn statt des spezifischen Methanvolumens mit der spezifischen Methanmasse gearbeitet werden soll.

Die Darstellung zeigt deutlich die in den Anfangszeiten der Biogasprozesstechnik häufig als Messfehler interpretierte Tatsache, dass die gebildete Gasmasse jeweils größer als die für den Energiestoffwechsel umgesetzte Organik ist. Deshalb wird in der Bilanz ebenfalls das von den Anaerobiern verbrauchte „Stoffwechselwasser“ dargestellt zum Nachweis, dass die Summe aus Organik und Wasser der stöchiometrisch gebildeten trockenen Biogasmasse entspricht. Ausführliche Bilanzierungsangaben zu diesem Wasserverbrauch für den Stoffwechsel finden sich in Abschn. 4.1.5.

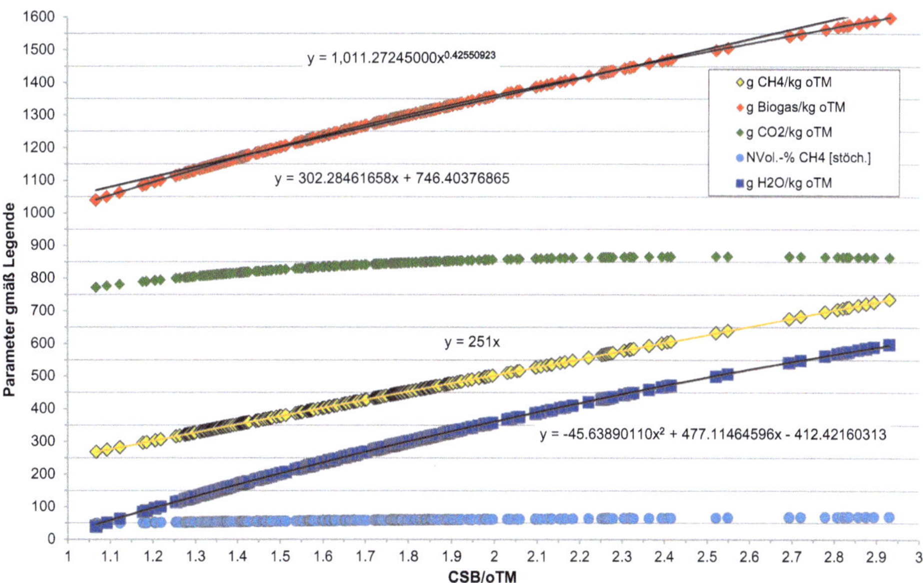

Abb. 3.14 Geschlossene Gasmassenbilanz über den gärrelevanten CSB/oTM-Bereich für die potenziellen Substrate

Die unter den definierten Bedingungen resultierende Methankonzentration (trockenes Gas bei Normbedingungen) wurde in die Abbildung integriert, um den Anschluss an die übliche Volumendarstellung für die Gasparameter zu finden.

Diese erfolgt in den Abb. 3.21 und 2.22 unter Nutzung der Gleichungen Gl. 3.19, 3.53 und 3.54 sowie Gl. 3.56 und 3.57.

Dazu wird einleitend die Verteilung des Substratkohlenstoffs auf das Biogas modelliert unter der Voraussetzung, dass theoretisch der gesamte Kohlenstoffgehalt des für den Energiestoffwechsel genutzten Substratanteils in die als „Stoffwechselendprodukte" emittierten Bestandteile Methan und Kohlenstoffdioxid übergeführt wird.

Abb. 3.15 zeigt, ausgehend vom Kohlenstoffanteil in der Substrat-Organik (Gl. 3.72), den Kohlenstoffanteil an der Biogasgesamtmasse als Summe der Biogaskomponenten CH_4 und CO_2 in Abhängigkeit des CSB/oTM-Verhältnisses der Organik. Dieser steigt mit abnehmendem CO_2-Anteil im Gas von ca. 40 % auf 50 %.

Der prozentuale Massenanteil des aus dem Substrat in das Biogas übergeführten Kohlenstoffs an der trockenen Masse der beiden Biogaskomponenten Methan und Kohlenstoffdioxid wird in Abb. 3.16 dargestellt.

Alternativ lässt sich mittels Abb. 3.17 der Zusammenhang zwischen den Kohlenstoffmassen der Gaskomponenten CH_4 und CO_2 und der für den Energiestoffwechsel umgesetzten Substratmasse ablesen. Während für den Methananteil wieder die aus der Stöchiometrie zu erwartende Proportionalität zum CSB/oTM-Verhältnis des Substrates

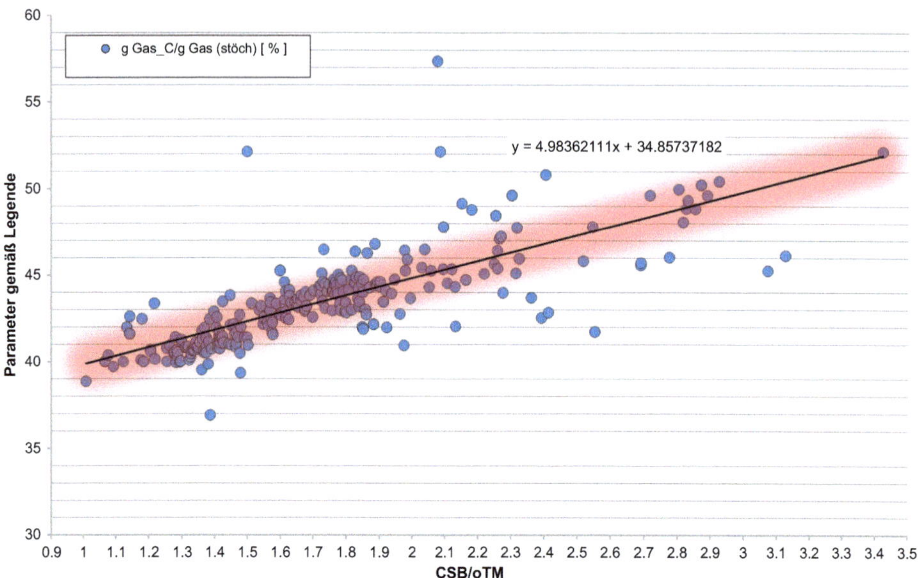

Abb. 3.15 Prozentualer Anteil des Substratkohlenstoffs an der aus dem Substrat gebildeten Biogasmasse (CH_4 und CO_2 [stöchiometrisch, trocken]) in Abhängigkeit des CSB/oTM-Verhältnisses für das Substrat

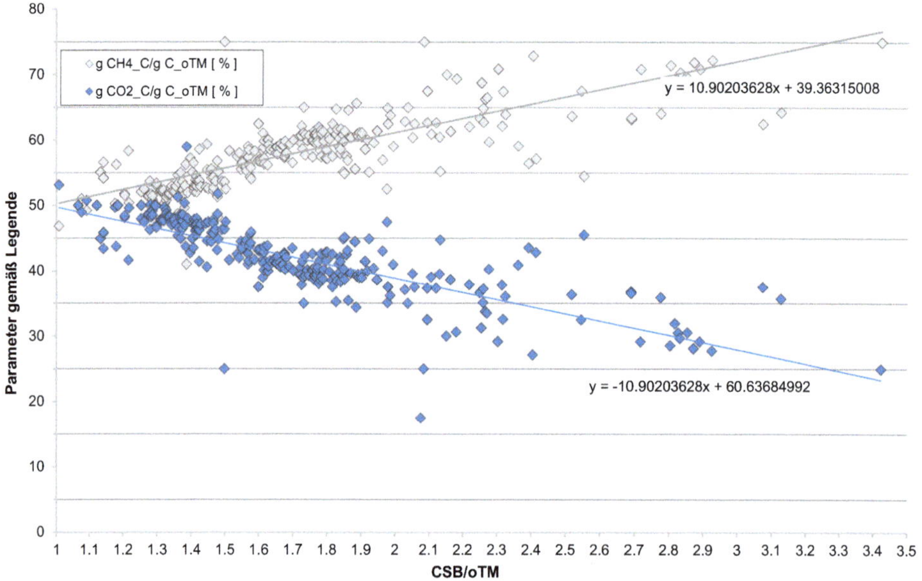

Abb. 3.16 Veränderung des Massenanteils Biogaskohlenstoff an den trockenen Biogaskomponenten CH_4 und CO_2 mit steigendem CSB/oTM-Verhältnis des Substrates

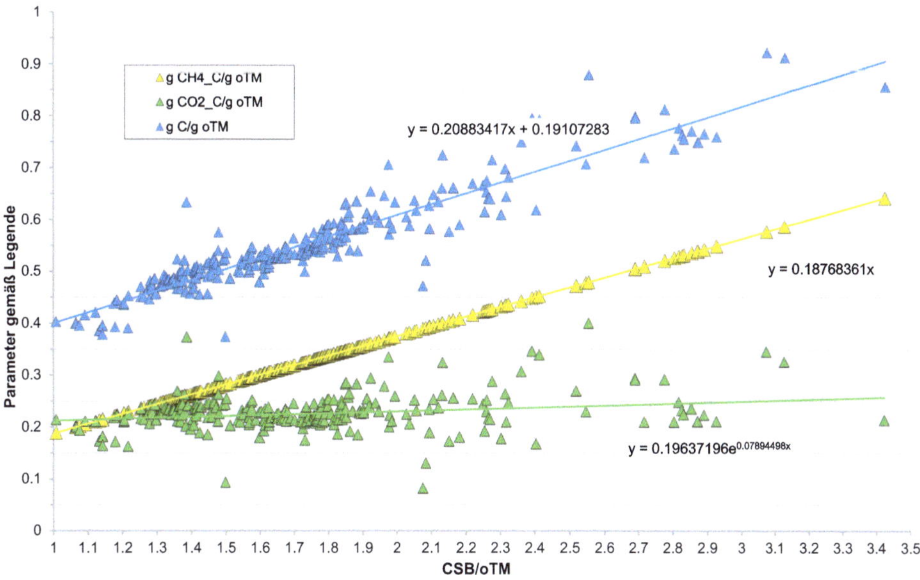

Abb. 3.17 Zusammenhang zwischen dem Kohlenstoffgehalt der Biogaskomponenten sowie des Gesamtbiogases und dem für den Energiestoffwechsel umgesetzten Substratanteil

erkennbar ist, beträgt der Kohlenstoffgehalt des CO_2 über den gesamten CSB-Bereich der Gärsubstrate im Mittel ca. 0,2 kg CO_2-C/kg oTM.

Die Angaben zum CO_2 beziehen sich auf die stöchiometrisch gebildete Menge und nicht auf den in der Regel geringeren, im emittierten Gas messbaren Anteil. Beschreibende Regressionsgleichungen für die Zusammenhänge können den Abbildungen entnommen werden.

Die gegebenen Zusammenhänge ermöglichen in der Praxis aus vorliegenden Gasmessungen die Abschätzung der prozesstechnischen Abhängigkeiten zwischen Stoffumsatz und Gasbildung. So kann aus der Methanemission auf den Substratumsatz geschlossen werden, bzw. ist eine Abschätzung des aktuell im Gärablauf fixierten Kohlenstoffdioxids möglich.

In Anlehnung an Gl. 3.56 lässt sich die Bedeutung der Elemente C–H–O auf den Gesamt-CSB der Gärsubstrate darstellen gemäß

$$\mathrm{CSB}_{\mathrm{gesamt}} = \mathrm{CSB}_{\mathrm{C}} + \mathrm{CSB}_{\mathrm{H}} - \mathrm{CSB}_{\mathrm{O}}.$$

Die grafische Darstellung in Abb. 3.18 zeigt, dass sich für Kohlenhydrate und niedere Fettsäuren der Einfluss der Elemente Wasserstoff und Sauerstoff kompensiert und der analysierte CSB dem Kohlenstoffgehalt proportional ist. Für sauerstofffreie Lipide gibt es zwangsläufig keinen Sauerstoffeinfluss, der gesamt-CSB resultiert zu ca. 70 % aus dem Kohlenstoffanteil des Substrates und entsprechend zu ca. 30 % aus dem Wasserstoffgehalt.

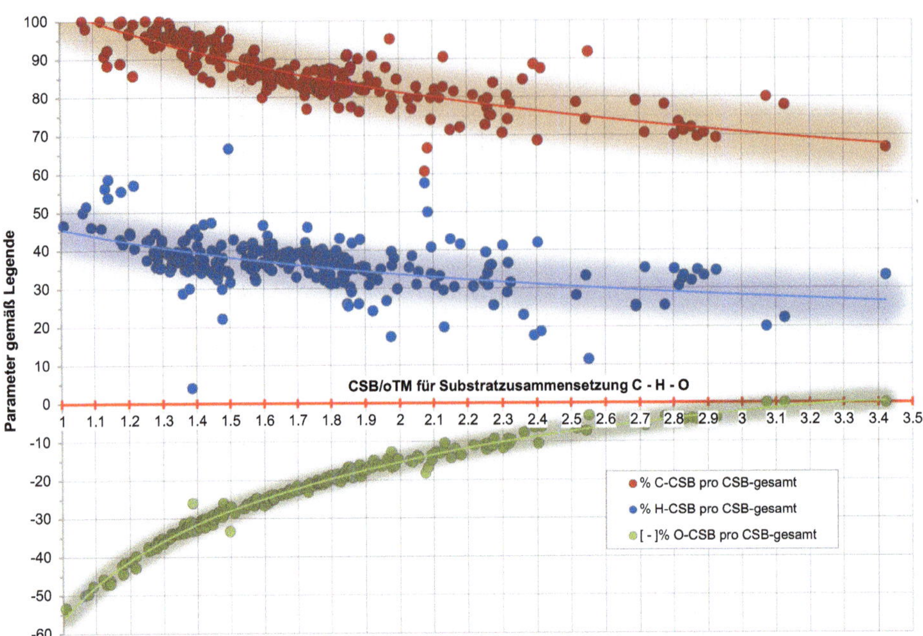

Abb. 3.18 Einfluss der C–H–O-Zusammensetzung von Gärsubstraten auf den gärrelevanten Gesamt-CSB

Damit lässt sich aus dem CSB/oTM-Verhältnis auf die elementare Zusammensetzung des Substrates schließen. Außerdem kann über den stöchiometrischen Ertrag der Biogaskomponenten die in Abschn. 4.1.5 noch erläuterte Bedeutung des „Stoffwechselwassers" für die Biogasbildung verifiziert werden.

Grafisch stellen sich die Ergebnisse der Gasausbeuterechnungen über BUSWELL und CSB wie folgt dar. Zur Berücksichtigung der in Abschn. 3.2.2.3 aufgelisteten Unterschiede bei den alternativ in der Fachliteratur verwendeten und aus eigenen Messungen resultierenden Bruttosummenformeln gärrelevanter Substrate (Tab. 7.1) wird in den Abbildungen die nachfolgende Nomenklatur verwendet.

(1) Als Modellierungsgrundlage dient die *C–H–O*-Bruttosummenformel
(2) Als Modellierungsgrundlage dient die *C–H–O–N–S*-Bruttosummenformel

Im Gegensatz zur stöchiometrischen Gasbildung wird die Reduzierung des Kohlenstoffdioxids durch chemische Reaktion (Gl. 3.54) mit dem gemäß Stickstoffanteil der Bruttosummenformel freigesetzten Ammoniak und die dadurch auftretende Änderung in emittierter Gasmenge und Zusammensetzung als „chemisch" gekennzeichnet. Wird zusätzlich noch eine Sulfid-(H_2S)-Bildung berücksichtigt mit der daraus resultierenden Veränderung des Wasserstoff-Ionenverbrauchs, werden die Unterschiede im verbleibenden Kohlenstoffdioxid unterteilt als (α) verbleibendes CO_2, nach Reaktion mit dem noch verfügbaren Rest-NH_3 bei vorheriger Reaktion von NH_3 mit dem vorhandenen Sulfid gemäß Gl. 3.55

(β) verbleibendes CO_2 nach Reaktion mit NH_3 (Maximalmenge gemäß Stickstoffpotenzial der Bruttosummenformel) ohne vorherige Ammoniumsulfidbildung.

Die Unterschiede in dem oTM-spezifischen CSB-Potenzial der Gärsubstrate je nach Modellierungsgrundlage (*C–H–O*-Bruttosummenformel bzw. *C–H–O–N–S*-Bruttosummenformel) werden aus Abb. 3.19 ersichtlich. Dabei ist die zur Skalierung verwendete oTM-Masse jeweils auf die auch für die CSB-Berechnung angesetzten Elemente bezogen. Maximaler CSB und damit auch Methanertrag folgen für die C–H–O-Parametrierung, während bei der Basis C–H–O–N–S mit ansteigendem Stickstoff- und Schwefelgehalt das CSB-/CH_4-Potenzial abnimmt. Berücksichtigt wurde in dieser Darstellung nur der dem Organikanteil der Substratmasse immanente Stickstoff- und Schwefelanteil.

Der Einfluss auf die Abschätzung von Gaserträgen kann signifikant sein und sollte in jedem Fall sorgfältig verifiziert werden.

Die resultierenden Gaserträge (trockenes Normgasvolumen) sind in Abb. 3.20 dargestellt. In diesem Fall wurde alternativ der CSB [C–H–O–N–S] als Basis gewählt. Entsprechend liegen die Methanausbeuten für den CSB [C–H–O] über der Symmetriediagonalen. Der schon in Abb. 3.19 auf den CSB erkennbare Einfluss der unterschiedlich

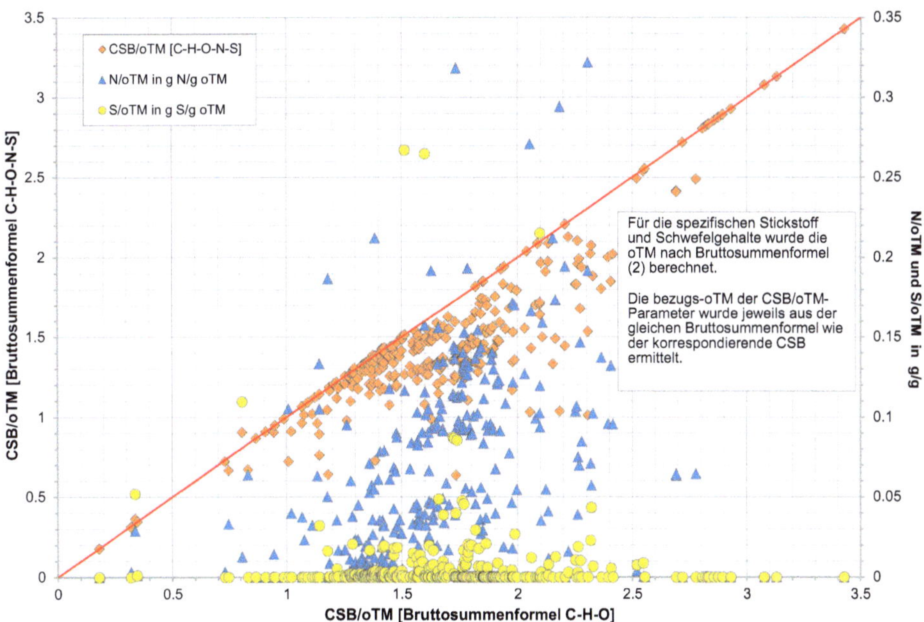

Abb. 3.19 Der bilanzierbare spezifische CSB-Gehalt von Gärsubstraten in Abhängigkeit der verwendeten Bruttosummenformel und der Einfluss der Elemente Stickstoff und Schwefel

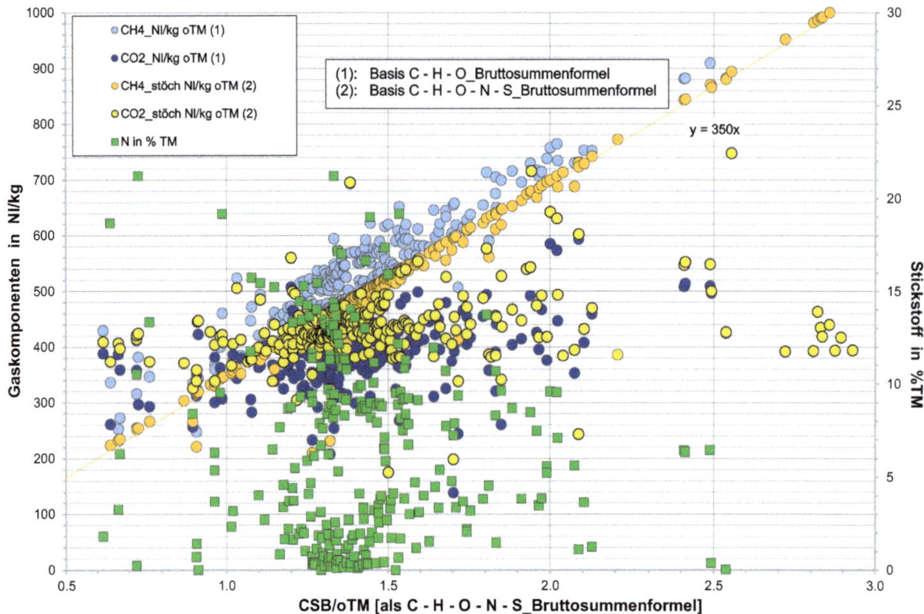

Abb. 3.20 Spezifische Methan- und Kohlenstoffdioxidausbeuten für den anaeroben Energiestoffwechsel in Abhängigkeit der Substrate unterschiedlichen CSB-Potenzials

definierten Bruttosummenformeln zeigt sich in analoger Weise bei der Modellierung der Gaserträge.

Die (Organik)-Stickstoffanteile wurden hier zum Anschluss an die übliche Darstellungsweise in Prozent der Trockenmasse mit für die jeweiligen Substrate repräsentativen oTM/TM-Werten aus den oTM-bezogenen Angaben in der Abb. 3.19 umgerechnet (dabei gilt für Substrate ohne separaten Anorganikanteil oTM/TM = 1).

Während die bisherigen Darstellungen immer von der „stöchiometrischen" Gasbildung ausgingen – d. h. der Einfluss von Stickstoff und Schwefel wurde nur über den CSB bzw. die veränderte Wasserstoffionenverteilung und den korrespondierenden „Stoffwechselwasseranteil" gemäß Gl. 3.53 berücksichtigt –, wird im Folgenden die Reaktion des Stoffwechselproduktes Ammoniak mit CO_2 als zusätzliche „chemische" Reaktion ergänzt. Dadurch verringern sich der „stöchiometrische" CO_2-Anteil und damit die Gesamtgasmenge, während das chemisch (ohne Sauerstoffreaktion) inaktive Methan unbeeinflusst bleibt und im Gesamtbiogasvolumen einen Konzentrationszuwachs erhält.

Ausgegangen wird bei dieser Modellierung generell von der C–H–O–N–S-Bruttosummenformel. Zur besseren Übersichtlichkeit werden die Gesamtinformationen auf zwei Abbildungen aufgeteilt.

In Abb. 3.21 erfolgt die Darstellung des Gasbildungspotenzials infolge des anaeroben bakteriellen Energiestoffwechsels in Abhängigkeit des relevanten Substratanteils C–H–O (Gl. 3.19). CSB und oTM werden als Modellierungsbasis auf das Gesamtsubstrat bezogen.

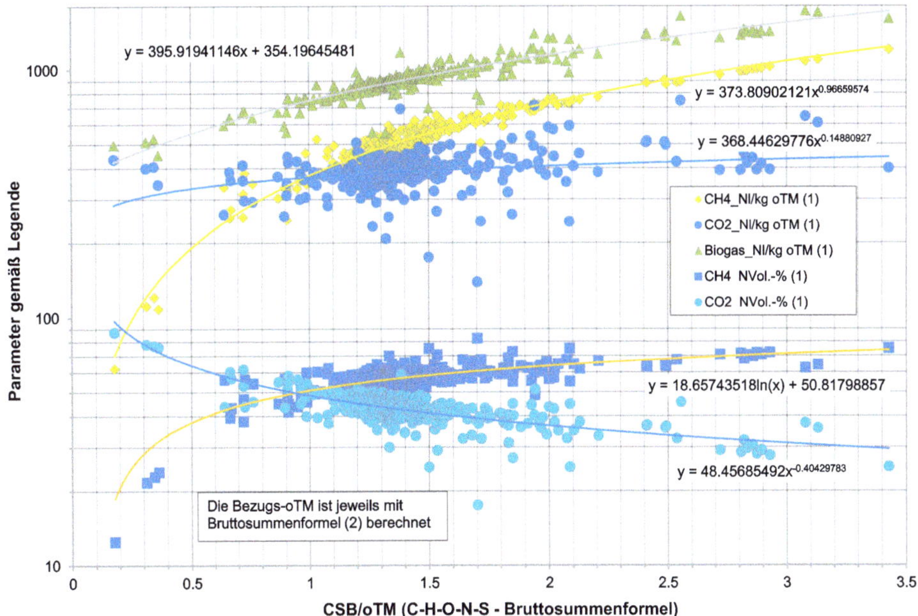

Abb. 3.21 Die Veränderung von Biogasquantität und -qualität für den Bereich des gärrelevanten Substrat-CSB im Ergebnis des anaeroben bakteriellen Energiestoffwechsels als stöchiometrisches Ertragspotenzial

Dabei kann das für reine Kohlenhydrate sowie lipide Stoffe eine Bruttosummenformel auf C–H–O-Basis sein oder für Proteine bzw. Substrate mit zusätzlichen anorganischen Komponenten und für beliebige Stoffgemische eine solche auf C–H–O–N–S-Basis.

Sämtliche Biogaswerte sind dabei gemäß der modelltheoretischen Berechnungsgrundlagen als trockene Gase unter Normbedingungen zu verstehen.

Zur Nutzung der Modellierungsergebnisse für die Abschätzung des stöchiometrischen Gasbildungspotenzials werden nachfolgend die gewonnen Regressionsgleichungen zusammengestellt.

Methanbildungspotenzial (1) [N m³/kg]

$$Y_{\mathrm{oTM}}^{\mathrm{CH4}} = 373{,}8090212 \cdot \left(\frac{\mathrm{CSB}}{\mathrm{oTM}}\right)^{0{,}96659574} \tag{3.78}$$

Bildungspotenzial Kohlenstoffdioxid (1) [N m³/kg]

$$Y_{\mathrm{oTM}}^{\mathrm{CO2}} = 368{,}4429777 \cdot \left(\frac{\mathrm{CSB}}{\mathrm{oTM}}\right)^{0{,}14880927} \tag{3.79}$$

stöchiometrischer Biogasertrag (1) [N m³/kg]

$$Y_{\text{oTM}}^{\text{Biogas}} = 395{,}9194116 \cdot \left(\frac{\text{CSB}}{\text{oTM}}\right) + 354{,}19645481 \tag{3.80}$$

Volumenkonzentration Methan (1) [NVol.-%]

$$\Psi_{\text{stöch}}^{\text{CH}_4} = 18{,}65743518 \cdot \ln\left(\frac{\text{CSB}}{\text{oTM}}\right) + 50{,}81798857 \tag{3.81}$$

Volumenkonzentration Kohlenstoffdioxid (1) [NVol.-%]

$$\Psi_{\text{stöch}}^{\text{CO}_2} = 48{,}45685492 \cdot \left(\frac{\text{CSB}}{\text{oTM}}\right)^{-0{,}40429783} \tag{3.82}$$

Alternativ wird in Abb. 3.22 die C–H–O–N–S-Bruttosummenformel sowohl für die Bestimmung des Gasertragspotenzials (Gl. 3.53) als auch für die Berechnung der Bezugs-oTM verwendet. Für reine Kohlenhydrate sowie lipide Stoffe bleibt dabei die Berechnungsgrundlage C–H–O bestehen. Bei stickstoff- und schwefelhaltigen Substraten ändern sich jedoch die Bilanzanteile Wasserstoff und Sauerstoff, sodass sich die stöchiometrischen Ertragspotenziale an Methan und Kohlenstoffdioxid verschieben. Da der für die Biogasbildung verfügbare Substratkohlenstoff bei beiden Bruttosummenformelvarianten gleich ist, ändert sich das stöchiometrische Biogasertragspotenzial

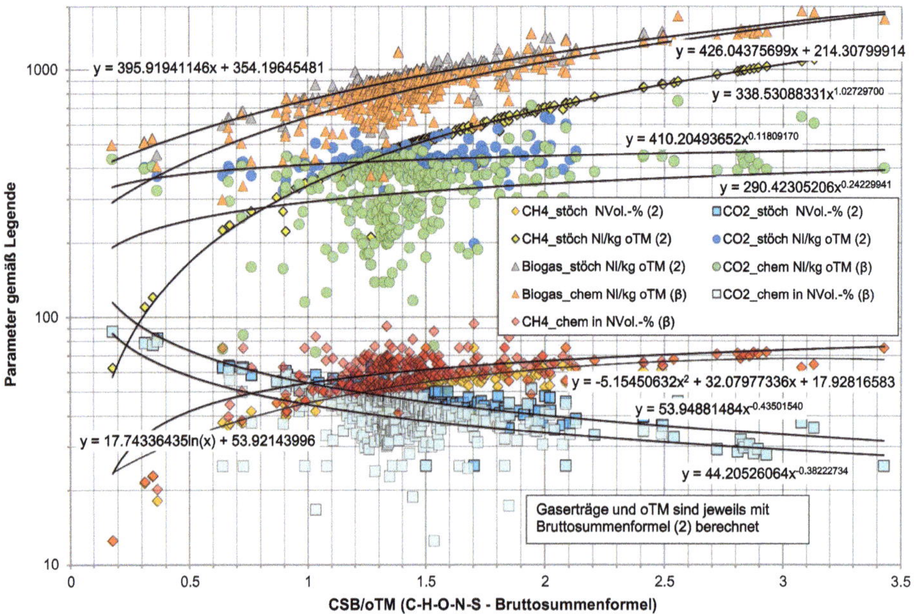

Abb. 3.22 Die Gasertragspotenziale für stickstoff- und schwefelhaltige Gärsubstrate

in der Volumendarstellung nicht. Das zeigt sich auch in der Übereinstimmung der ausgewiesenen Regressionsgleichungen. Allerdings nimmt der Verbrauch an Stoffwechselwasser zu (Abschn. 4.1.5), um den erhöhten Wasserstoffbedarf abzudecken, und der zusätzlich frei werdende Sauerstoff muss als Kohlenstoffdioxid gebunden und aus dem System entfernt werden. Damit ändert sich die Aufteilung des Kohlenstoffs auf die Gaskomponenten; der stöchiometrische CO_2-Ertrag steigt an und die CH_4-Produktion verringert sich. Diese Einflüsse sind für die stickstoff- und schwefelhaltigen Substrate in Abb. 3.22 erkennbar.

Wie zu erwarten, zeigen die Messpunkthäufungen zwischen den Datenpunkten „stöchiometrisch“ und „chemisch“ die größten Abweichungen im Bereich von Substraten mit hohem Stickstoffgehalt (proteinreich oder Mischsubstrate mit externen Stickstoffquellen); für reine C–H–O-Substrate (Kohlenhydrate; lipide Stoffe) sind die Werte „stöchiometrisch“ und „chemisch“ gleich.

Werden zusätzlich die Ammonium- und Sulfidreaktionen untereinander und mit Kohlenstoffdioxid berücksichtigt (Gl. 3.54 und 3.55), führt das als Maximalbetrachtung (Reaktion mit dem gesamten anorganischen Stickstoff, dissoziiert in Form von NH_4^+) zu einer teilweisen Fixierung des stöchiometrisch gebildeten Kohlenstoffdioxids, was eine Verringerung des emittierbaren Gesamtbiogasvolumens bedeutet bei gleichzeitiger Zunahme der Methankonzentration im Gas.

Unter Vernachlässigung der Sulfidreaktion mit Ammonium folgen die als *„chemisch“, Variante (β)* gekennzeichneten Modellierungsergebnisse.

Chemischer Biogasertrag (β) [N m³/kg]

$$Y_{\mathrm{oTM}}^{\mathrm{Biogas}} = 426{,}04375699 \cdot \left(\frac{\mathrm{CSB}}{\mathrm{oTM}}\right) + 214{,}30799914 \tag{3.83}$$

Während die stöchiometrischen Biogasertragspotenziale für die Varianten (1) und (2) der Bruttosummenformel, wie schon w. o. erläutert, gleiche Volumenerträge ausweisen, ergeben sich für Variante (2) geringere Methanerträge als für Variante (1). Gleichzeitig verändert sich der Kohlenstoffdioxidertrag CO_2 (2)>CO_2 (1). Damit folgt auch für die Volumenkonzentration Methan CH_4_stöch (2)<CH_4_stöch (1).

Volumenkonzentration Methan (2) [NVol.-%]

$$\psi_{\mathrm{stöch}}^{\mathrm{CH_4}} = -5{,}15450632 \cdot \left(\frac{\mathrm{CSB}}{\mathrm{oTM}}\right)^2 + 32{,}07977336 \cdot \left(\frac{\mathrm{CSB}}{\mathrm{oTM}}\right) + 17{,}92816583 \tag{3.84}$$

Durch die Möglichkeit der chemischen Reaktion von CO_2 mit Ammonium kann bei konstanter Methanproduktion CH_4_stöch (2) die Verringerung der Volumenkonzentration Methan prozessabhängig kompensiert werden gemäß ψ_{CH_4}_chem (β)>_ψ_{CH_4}stöch (2).

Volumenkonzentration Methan (β) [NVol.-%]

$$\Psi_{\text{chem}}^{\text{CH4}} = 17{,}74336435 \cdot \ln\left(\frac{\text{CSB}}{\text{oTM}}\right) + 53{,}92143996 \tag{3.85}$$

Für die nach Variante (2) der Bruttosummenformel berechnete stöchiometrische CO_2-Konzentration sowie für die chemische Reaktion mit Ammonium gelten somit die nachfolgenden Gleichungen

ψ_{CO_2}_stöch (1) < ψ_{CO_2}_stöch (2) und ψ_{CO_2}_chem (β) < ψ_{CO_2}_stöch (2).

Volumenkonzentration Kohlenstoffdioxid (2) [NVol.-%]

$$\Psi_{\text{stöch}}^{\text{CO2}} = 53{,}94881484 \cdot \left(\frac{\text{CSB}}{\text{oTM}}\right)^{-0{,}4350154} \tag{3.86}$$

Volumenkonzentration Kohlenstoffdioxid (β) [NVol.-%]

$$\Psi_{\text{chem}}^{\text{CO2}} = 44{,}20526064 \cdot \left(\frac{\text{CSB}}{\text{oTM}}\right)^{-0{,}38222734} \tag{3.87}$$

Den Gesamtüberblick zum Einfluss der beschriebenen bilanztechnischen und chemischen Varianten auf die Gaskomponenten einschließlich der vorstehend nicht berücksichtigten Ammonium-Sulfid-Reaktion gibt Abb. 3.22. Man erkennt den für die üblichen Gärsubstrate geringen Einfluss des substratimmanenten Schwefelgehaltes auf die Gasbildungsstöchiometrie. Das darf jedoch nicht dazu führen, die Einflüsse des Schwefels auf den anaeroben Prozess zu unterschätzen. Neben der Beeinträchtigung der anaeroben Biozönose durch die hohe Schwefelwasserstofftoxizität können auch schon vergleichsweise geringe Schwefelanteile im Gärsubstrat zu signifikanten Volumenkonzentrationen im emittierten Biogas führen und Probleme bei der Biogasnutzung verursachen (Abschn. 4.1.4.2) (Abb. 3.23).

Werden statt der Volumenbilanzen die Massenbilanzen für das Biogas benötigt, errechnet sich die trockene Gasdichte unter Normbedingungen [kg/N m^3, trocken] zu

$$\rho_{\text{Biogas}} = 0{,}7168 \cdot \Psi_{\text{CH4}} + 1{,}9768 \cdot \Psi_{\text{CO2}} \quad \text{bzw.} \tag{3.88}$$

$$\rho_{\text{Biogas}} = 0{,}7168 \cdot \Psi_{\text{CH4}} + 1{,}9768 \cdot (1 - \Psi_{\text{CH4}}), \tag{3.89}$$

wenn nur die *Volumenanteile* (hier: [N m^3/N m^3]) der Hauptkomponenten Methan und Kohlenstoffdioxid am Gesamtbiogasvolumen in Betracht zu ziehen sind.

Für den Temperatureinfluss auf die Dichte des trockenen Gases bei Prozesstemperaturen größer Null Grad Celsius gilt nach den Gasgesetzen (Mende 1975; VDI-Wärmeatlas 1999; Kowaczeck 1978).

$$\frac{\rho_t}{\rho_0} = \frac{273{,}15}{273{,}15 + \rho_t}. \tag{3.90}$$

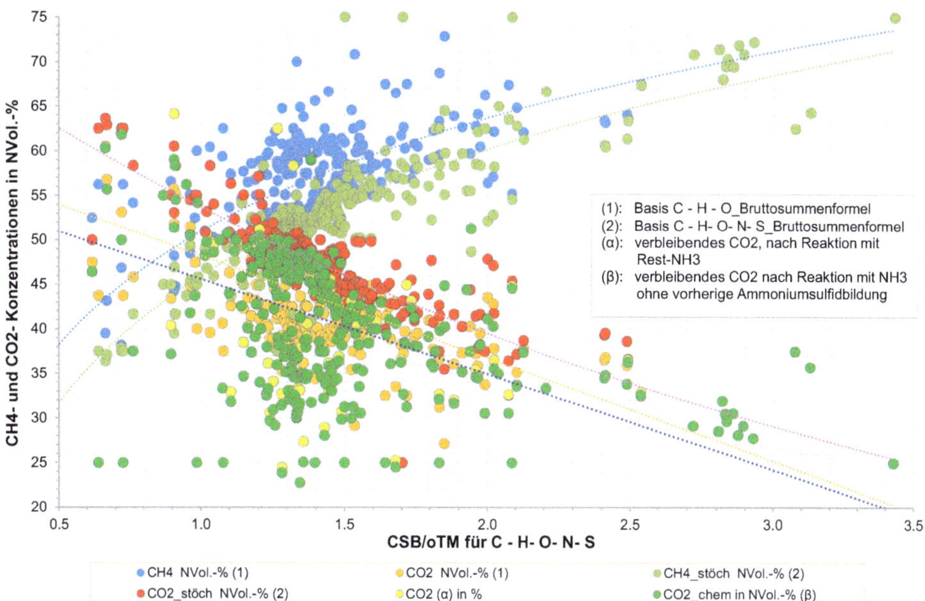

Abb. 3.23 Vergleich der Biogaszusammensetzung für unterschiedliche Modellierungsansätze zur Gasbildung

Dieser rein theoretische Ansatz spiegelt für Biogasanlagen nicht die Praxisbedingungen wider, da das Biogas im Reaktor bei Prozesstemperatur feuchtigkeitsgesättigt emittiert wird und selbst Gas bei Normbedingungen noch eine messbare Feuchte enthält. Bei Abkühlung bleibt das Biogas immer bei der jeweiligen End-Temperatur feuchtigkeitsgesättigt. Erst bei anschließender Erwärmung des Gases bzw. bei Wasserentzug mittels chemischer oder physikalischer Verfahren (Leiten durch hygroskopische Stoffe, Molsiebe, etc.) kann der spezifische Dampfanteil im Gas unter dem Sättigungswert bei gegebener Gastemperatur liegen.

Der Ansatz eines trockenen Biogases resultiert aus der modelltheoretischen Herleitung der Bildungsstöchiometrie. Für die Anlagenpraxis ist immer die Berücksichtigung der prozessrelevanten Gasfeuchte erforderlich. Der Feuchteeinfluss auf Gaszusammensetzung und Gasdichte ist in Abschn. 2.2.5 dargestellt.

Die abschließenden Diagramme dieses Kapitels bringen einen Überblick zu den Erwartungswerten der trockenen Normgasdichten bei alternativer Anwendung der vorstehend beschriebenen Modellierungsansätze für die Gasbildung.

Abb. 3.24 stellt den Bereich der ermittelten Normgasdichten (als $CH_4 + CO_2$ – Biogas) in Kontext zu den Gärsubstraten und ihren durch den CSB gekennzeichneten Energiegehalten. Da die kategorienorientierte Diagrammform nur bedingt für die formelmäßige Auswertung von Trendkurven geeignet ist, wurde in Abb. 3.25 eine Auftragung gewählt, die auswertbare Regressionsgleichungen für die Abschätzung von Biogasdichten in

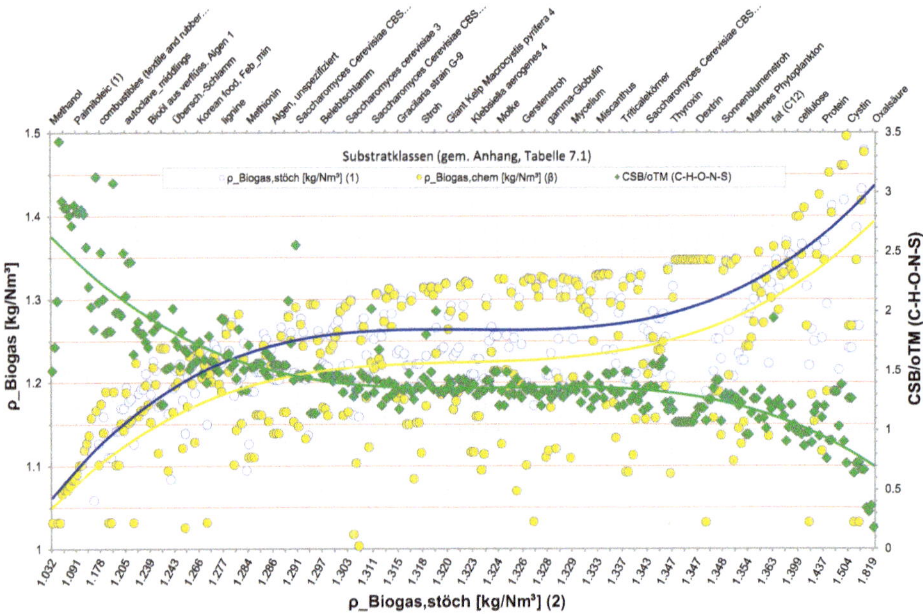

Abb. 3.24 Erwartungsbereiche zu den Biogasnormdichten in Abhängigkeit der Gärsubstrate sowie der verwendeten Modellierungsansätze

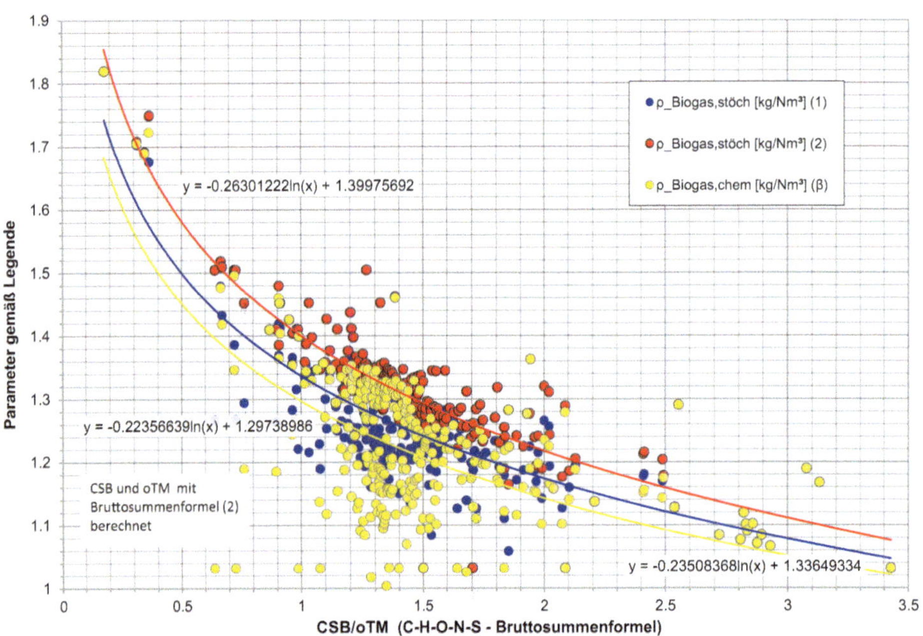

Abb. 3.25 Modellierung zu erwartender Biogasdichten zur Ableitung von Berechnungsgleichungen

Abhängigkeit der CSB/oTM-Werte für die im Anhang (Tab. 7.1) zusammengestellten Gärsubstrate liefert.

Für die Bedingungen der w. o. definierten Modellierungsansätze lassen sich folgende Gleichungen zur Abschätzung der Normgasdichte trockener Biogase ermitteln:

Trockene Normgasdichten für die Gaserträge in Auswertung der C–H–O–N–S-Bruttosummenformeln, Variante (2):

$$\rho_{\text{Biogas},(2)} = -0{,}26301222 \cdot \ln\left(\frac{\text{CSB}}{\text{oTM}}\right) + 1{,}39975692 \tag{3.91}$$

Trockene Normgasdichten für die Gaserträge in Auswertung der C–H–O-Bruttosummenformeln, Variante (1):

$$\rho_{\text{Biogas},(1)} = -0{,}23508368 \cdot \ln\left(\frac{\text{CSB}}{\text{oTM}}\right) + 1{,}33649334 \tag{3.92}$$

Trockene Normgasdichten für die Gaserträge in Auswertung der C–H–O–N–S-Bruttosummenformeln, Variante (β):

$$\rho_{\text{Biogas},(\beta)} = -0{,}22356639 \cdot \ln\left(\frac{\text{CSB}}{\text{oTM}}\right) + 1{,}29738986 \tag{3.93}$$

Gemäß Gl. 3.93 verringert sich die Biogasdichte mit abnehmender CO_2-Konzentration. Infolge der vielfältigen Einflüsse auf die Gasertragsmodellierung ist das Bestimmtheitsmaß für die Trendauswertung nicht sehr hoch. Die generellen Tendenzen in der Gasdichteentwicklung sind jedoch deutlich erkennbar. So nehmen die Gasdichten von dem Bereich der Kohlenhydrate zu den lipiden Stoffen stetig ab, da der Methangehalt ansteigt.

Im Protein- und Mischsubstratbereich zwischen CSB/oTM = 1,2 … 1,8 zeigt sich der Einfluss des im Substrat befindlichen Stickstoffs auf die CO_2-Fixierung als Potenzial für große Unterschiede in der Gaszusammensetzung und damit auch in der Gasdichte.

Die vorstehenden Untersuchungen zur Modellierung der substratspezifischen Biogaserträge auf Basis theoretischer reaktionskinetischer Bilanzierungsansätze führen zu dem Ergebnis, dass für per Definition gleiche Gärsubstrate signifikant unterschiedliche Ergebnisse im biochemischen Gasbildungspotenzial auftreten können.

Den Unterschieden in den trockenen Biogasdichten unter Normbedingungen überlagert sich die Dichteabnahme für das Biogas bei höheren Temperaturen bei Berücksichtigung der relevanten Feuchtesättigung gemäß Gl. 2.24.

Zieht man weiterhin folgende sekundären Einflüsse auf die tatsächlich gegebene Ausnutzung des Bildungspotenzials im realen Gärprozess in Betracht:

- variierende Substratverwertungspfade beim anaeroben Metabolismus unterschiedlicher bakterieller Spezies,

- Beeinflussung der bakteriellen Aktivität durch die Prozessbedingungen (pH-Wert, Temperatur, hydraulische Verweilzeit, organische Raumbelastung, Stoffwechselmangelerscheinungen, Biotoxizität im Gärmedium, etc.),
- sich in Abhängigkeit von Temperatur und pH-Wert einstellendes Dissoziations- und Lösungsverhalten der gasförmigen Stoffwechselprodukte,
- zusätzliche chemische Reaktionen (z. B. Fällungsreaktionen, etc.) infolge der komplexen stofflichen Zusammensetzung des Gärmediums,
- Viskositäts- und Rühreinfluss auf Gasfreisetzung, Phasentrennung (Schwimm- und Sinkschichtbildung), Stoffübergang,
- Substratverluste im Anlagenbetrieb durch suboptimale Substratlagerung und Prozessführung,

lassen sich die häufig im Anlagenbetrieb beobachteten unterschiedlichen bzw. variierenden Betriebsergebnisse für oberflächlich betrachtet gleiche Substrat- und Prozessbedingungen erklären. Nur eine detaillierte Prozessanalyse hilft dann bei der Ursachenforschung.

In der Planungsphase und Konzeptgestaltung einer Anlagenentwicklung empfiehlt es sich, durch Bewertung der möglichen Variationsbreite des zu erwartenden Betriebsergebnisses dem Investor und Anlagenbetreiber ein Gefühl für die spätere Dynamik der Betriebsführung zu vermitteln. Einen generellen Überblick zum theoretischen Biogasbildungspotenzial der in vorliegender Arbeit berücksichtigten Substratauswahl für die Vergärung geben die Diagramme in Abschn. 7.2. Die Darstellungen sind branchenspezifisch geordnet und ermöglichen für eine gegebene Aufgabenstellung einen schnellen Einstieg in die Erwartungsbereiche der prozesstechnisch relevanten energetischen und stofflichen Substratparameter.

3.3 Alternative Methoden der Gasertragsbestimmung

Die vom Gesetzgeber, beginnend mit dem seit 1991 geltenden „Stromeinspeisegesetz“ und dem Nachfolger „Erneuerbare Energien Gesetz“ (EEG) ab 2000 bis zur derzeit aktuellen Novellierung von 2016, geförderte Abkehr von der dominanten Nutzung fossiler Brennstoffe und der Kernenergie für die Primärenergieerzeugung führte insbesondere in der Forschung und Entwicklung biotechnologischer Energieerzeugungsanlagen zu einer Fokussierung auf den Einsatz von Agrarprodukten und -reststoffen sowie vegetabilen Massenprodukten wie Grünschnitt oder Landschaftspflegematerial als Rohstoffe für den Betrieb von Biogasanlagen.

Die Prozessbilanzierung für die angesprochenen Gärsubstrate kann im Gegensatz zu den sehr heterogenen, störstoffbelasteten und saisonal sowie langzeitlich (Änderungen im Konsumverhalten sowie der Wertstoffabschöpfung und Sammellogistik) stofflich veränderlichen kommunalen und gewerblichen Abfällen, wenn sie einer anaeroben

Behandlung unterzogen werden, von quantitativ und qualitativ relativ konstanten Parametern ausgehen.

Deshalb bot es sich an, die in der Landwirtschaft traditionell genutzten Analysenverfahren zur Futterwertbestimmung für die Tierhaltung zu adaptieren, um daraus Erwartungswerte für die Biogasproduktion aus nachwachsenden Rohstoffen abzuleiten. Es handelt sich generell um vereinfachte Bestimmungsverfahren, zugeschnitten für die Substrate von NawaRo-Anlagen ohne signifikante Störstoffanteile. Dabei werden die für den „Futterwert" bestimmten Stoffgruppen Kohlenhydrate, Proteine, Fette mit den z. B. nach BUSSWELL/Boyle errechneten Mittelwerten der Methanerträge aus diesen Stoffgruppen multipliziert und für das Gesamtsubstrat aufsummiert.

Große Anstrengungen werden unternommen, den für die Belange der Tierernährung standardmäßig ermittelten Parameter „Futterverdaulichkeit" an die spezifischen Bedingungen des anaeroben bakteriellen Metabolismus in Vergärungsanlagen zu adaptieren. Ein wesentlicher begrenzender Faktor für die Nutzung der am Markt vorhandenen laboranalytischen Möglichkeiten zur Optimierung der Prozessbilanzierung von Biogasanlagen sind die Analysenkosten. Während die standardmäßige Futterwertbestimmung relativ kostengünstig ist, steigen Laboraufwand und damit die Kosten für die verfeinerte Bestimmung der Verdaulichkeit stark an, sodass der Einsatz dieser Methoden mittelfristig auf Forschungsprojekte beschränkt bleiben wird und nicht als Routineanalytik für den Anlagenbetrieb Bedeutung gewinnt. Und die Bereitstellung für alle Bereiche der Vergärung verallgemeinerbarer und einfach anwendbarer Berechnungsmodelle ist noch in weiter Ferne.

3.3.1 Weender-Analyse

Das im Stadtteil Weende/Göttingen Ende des 19. Jahrhunderts entwickelte Analysenverfahren zur Abschätzung des Futterwerts von Futtermitteln für die Tierzucht beruht auf der Bestimmung der Trockenmasse des Futters (Substrates). In Abhängigkeit von pH-Wert und Trocknungstemperatur der Probe bis zur Gewichtskonstanz können dabei neben der Substratfeuchte auch leicht flüchtige organische Komponenten sowie undissoziierte Säure- und Gasbestandteile abdampfen, die dann als Wasser bilanziert werden. Damit kann die Spezifizierung der anteilig zu gering bewerteten organischen Trockenmasse im Weiteren fehlerhaft werden.

Diese oTM wird weiter spezifiziert (Gruber 2009, 2010; Wiedner 2009) durch Ermittlung der Fraktionen an

- Rohprotein,
- Rohfett,
- Rohfaser,
- Stickstofffreien Extraktionsstoffen sowie
- Rohasche.

Der Wert für **Rohprotein** wird aus der Bestimmung des sauerstofffreien Stickstoffgehalts der Probe als TKN (und bei höheren Genauigkeitsanforderungen unter zusätzlicher Berücksichtigung von NH_4-N) in bekannter Weise mittels Multiplikation mit dem Faktor 6,25 ermittelt (Abschn. 4.1.4.1).

Hintergrundinformation

Der im EU-Bereich für die Nährwertkennzeichnung vorgeschriebene Umrechnungsfaktor 6,25 als Äquivalent für 16 Masse-% Stickstoff im Protein stellt auch nur einen Mittelwert dar. Wie Abb. 3.9 zeigt, liegen die Stickstoffgehalte der essenziellen Aminosäuren zwischen 8,5 und 31,8 % der TM, was einen aminosäurespezifischen Konvertierungsfaktor zwischen 11,8 und 3,15 bedeutet. Gewichtet nach Aminosäureanzahl und Massenanteil im Protein sind die 16 Masse-% TKN im Protein ein repräsentativer Durchschnittswert. Jedoch selbst in proteindominierten Lebensmitteln sind deutliche Abweichungen feststellbar. So sind in einschlägigen Nährwerttabellen (zitiert in: Lexikon der Ernährung, Spektrum Akademischer Verlag, Heidelberg 2001) nachfolgende Werte angegeben:

- Milch und Milchprodukte 15,37 % TM (6,38)
- Getreide und Getreideprodukte 17,54 % bis 15,85 % TM (5,7 bis 6,31)
- Soja und Sojaerzeugnisse 17,51 % TM (5,71)
- Ölsamen, Schalenobst 18,87 % TM (5,3)
- Pilze 23,98 % TM (4,17)
- Gelatine 18,18 % TM (5,55)
- andere Lebensmittel 16 % TM (6,25)

Für sonstige potenzielle Gärsubstrate gemäß Tab. 7.1 mit signifikanten Anteilen nicht proteinhaltiger Organikstoffgruppen sind die TKN-Gehalte bedeutend niedriger:

- Bakterienbiomasse 8 % bis 11 % TM
- Hefen 8 % bis 10 % TM
- Algen 2 % bis 10 % TM
- Speisereste 2 % bis 5 % TM
- Stroh 0,15 % bis 0,7 % TM
- Güllen, Klärschlamm 2,5 % bis 8 % TM

Bei den letztgenannten Stoffgruppen ist die Angabe eines Konvertierungsfaktors zu Proteingehalten auf Basis des Stickstoffanteils in der Trockenmasse irrelevant, da diese überwiegend aus Nichtproteinen besteht. Außerdem sind darin Proteine nicht die einzige Stickstoffquelle (Harnstoff CH_4N_2O, Harnsäure $C_5H_4N_4O_3$, und andere), sodass der Bezug zu Proteinen nicht mehr gegeben ist.

Rohfett wird unter Einsatz eines Fettlösungsmittels durch Extraktion der Lipide bestimmt.

Kohlenhydrate bilden die Summe von *Rohfaser* und *stickstofffreien Extraktionsstoffen.*

Als *Rohfaser* werden die säure- und alkalienunlöslichen Bestandteile des Substrates verstanden, die nach Kochen in den entsprechenden Chemikalien und anschließender Wäsche übrig bleiben. Sie stellen im Wesentlichen die unverdaulichen Gerüstsubstanzen des Pflanzenmaterials dar. Das Analysenverfahren der Weender-Analyse liefert jedoch dafür keine eindeutig spezifische Stoffgruppentrennung.

Der *Anteil stickstofffreier Extraktionsstoffe* wird errechnet, indem von der oTM-Masse die Werte für Rohprotein, Rohfett und Rohfaser abgezogen werden. Er besteht im Wesentlichen aus den in Lösung gegangenen verdaulichen Kohlenhydraten. Es können jedoch auch Anteile in Lösung gegangenen Lignins vorhanden sein.

Rohasche setzt sich zusammen aus den bei der Probenvorbereitung nicht abscheidbaren anorganischen Fremdstoffen (z. B. Sande) sowie den in den eigentlichen Organikbestandteilen enthaltenen gelösten Salzen und Mineralstoffen. Dazu kommt noch die Unschärfe in den Ergebnissen, dass je nach den eingestellten Bedingungen bei der Glühverlustbestimmung nicht der Anteil reiner mineralischer Elemente bestimmt wird, da Oxidbildungen zu einer Massenzunahme infolge des aufgenommenen Sauerstoffs führen.

Der Terminus „Roh-“ drückt jeweils aus, dass die eingesetzten Analysenverfahren nicht völlig stoffspezifisch sind (s. Abb. 3.26). So werden im Stickstoffgehalt auch nicht proteinimmanente Stickstoffanteile erfasst und dann als Protein hochgerechnet. Bei der Fettextraktion erscheinen alle mit dem Extraktionsmittel lösbaren Verbindungen als Fette.

Van Soest und Mitarbeitern entwickelten ein Analysensystem zur verbesserten Spezifizierung der unverdaulichen pflanzlichen Gerüstsysteme innerhalb der Stoffgruppe Kohlenhydrate, das Bestandteil einer „erweiterten Weender-Analyse“ wurde (van Soest 1963, 1967, 1976). Dabei wird über die „Detergentien-Methode“ die Summe der ermittelten Gerüstsubstanzen (Neutral Detergent Fiber, NDF) weiter aufgetrennt in Zellulose, Hemizellulose und Lignin. Für die Vergärung spielt diese erweiterte Analytik nur eine untergeordnete Rolle. Sie kann Bedeutung gewinnen für reaktionskinetische Untersuchungen beim Einsatz verholzten Pflanzenmaterials bzw. ausgewählter Holzstofffraktionen für die Vergärung.

Als Analysenverfahren für die Futtermittelbewertung wurde die Weender-Analyse für weitgehend störstofffreie Substrate entwickelt, aus denen problemlos eine kleine repräsentative Probenmenge für die Laboranalytik gewonnen werden kann.

Bei Abfallfraktionen ist es wesentlich aufwendiger, aus dem heterogenen, störstoffreichen Eingangsmaterial nach den standardisierten Methoden der Probenahme und Aufbereitung (VDI 4631, 2009) eine repräsentative störstofffreie Probe mit für die anschließende Weender-Analyse geeigneter Qualität zu erzeugen. So wird häufig bei dem Vorschlag, Erwartungswerte zur Gasausbeute für Planung und Prozesskontrolle sowie bei Garantienachweisen mittels Stoffgruppenwerten nach Weender-Analyse zu berechnen, nicht berücksichtigt, dass aus dem üblicherweise 40er- bis 60er-Abfall-Siebschnitt als Fermenterinput z. B. einer Trockenvergärung ohne weitere Aufbereitung mit gärrelevanter Veränderung des Substrates keine Weender-Analyse durchzuführen ist.

Fließbild zur Bestimmung des Gärpotentials in Bioabfällen mittels Weender-Analyse

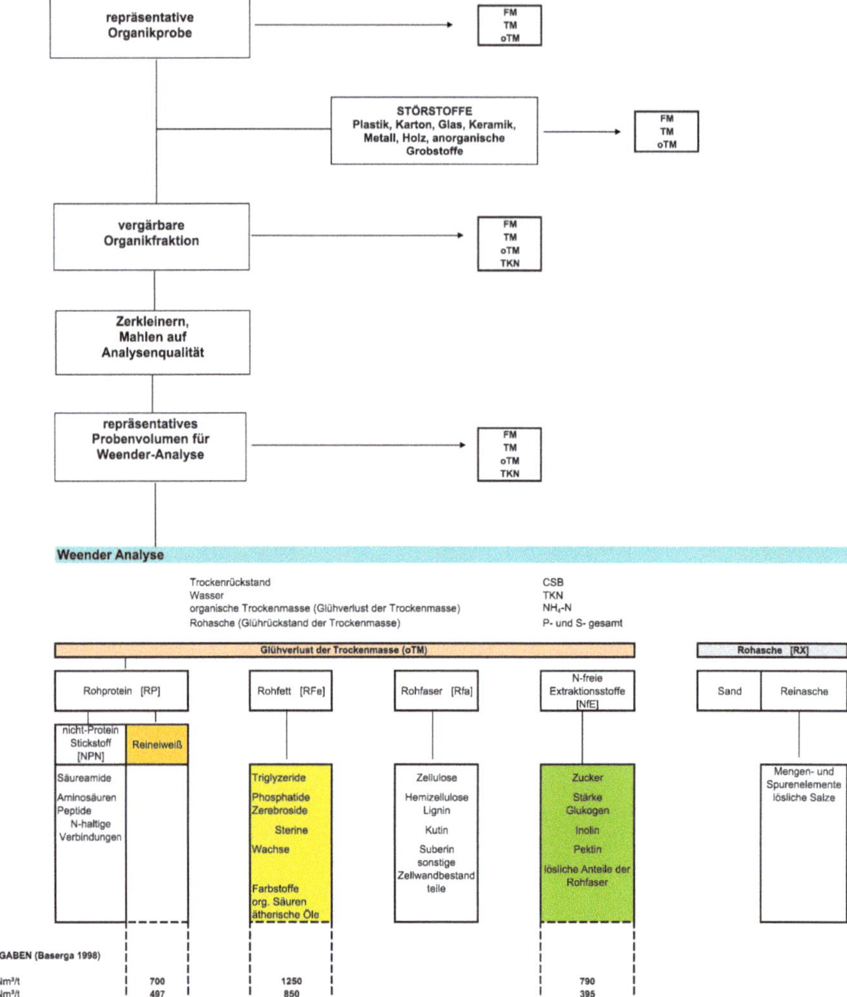

Abb. 3.26 Schema der Probenaufbereitung und Analyse für die Futterwertbestimmung nach Weender-Analyse

Außerdem ist gegenüber Futtermitteln sowie den artverwandten NawaRo eine viel größere Häufigkeit der Probenahme erforderlich, um bei der ständig mit den Sammelgebieten sowie infolge der saisonal bedingten unterschiedlichen Abfallzusammensetzung statistisch belastbare Analysenergebnisse zu bekommen.

Zusätzlich ergeben sich aus der Probenaufbereitung bis zur Analyse sowie aus der Rückrechnung der abgeschätzten Biogaswerte auf den Rohabfall vielfältige Fehlermöglichkeiten in der Bestimmung der spezifischen Input-Gasausbeuten.

Abb. 3.26 fasst die vorstehend beschriebenen Schritte zur Probenaufbereitung und Analyse zusammen.

Da die Weender-Analyse kein Gaspotenzial, sondern nur verdauliche Stoffgruppenanteile liefert, müssen die Anteile Rohprotein, Rohfett und stickstofffreie Extraktionsstoffe (als leicht vergärbare Kohlenhydrate) mit den entsprechenden, meist der Literatur, z. B. (Baserga 1998), entnommenen, mittleren stoffgruppenspezifischen Gasbildungsraten multipliziert werden. Diese Ergebnisse können schrittweise auf die spezifischen Gas-/CH_4-Ausbeuten der Originalprobe rückgerechnet werden.

In Tab. 3.3 werden die stoffgruppenspezifischen mittleren Gasausbeutewerte aus der Literatur den nach BUSWELL/Boyle modellierten und in Abschn. 3.2.2.3 bezüglich der ausschließlich durch die anaerobe Umsatzstöchiometrie definierten möglichen Gasertragsbereiche je Stoffgruppe gegenübergestellt.

Infolge der hohen Löslichkeit und Reaktionsfähigkeit des Kohlenstoffdioxids kann die je nach Prozessbedingungen in Fermentern gemäß dem Stand der Technik frei-

Tab. 3.3 Variationsbereich der stoffgruppenspezifischen Biogaswerte im Vergleich zu den Mittelwerten aus der Literatur

	Y_Gas [N m^3/t]	Y_CH_4 [N m^3/t]	ψ_CH_4 [NVol.-%]	CSB/oTM
Proteine (Literatur)	**700**	**497**	**71**	–
Proteine, min	793	398	47	1,2
Proteine, max	1080	544	53	1,7
Proteine (chem), min	307	398	57	–
Proteine (chem), max	950	544	75	–
Aminosäuren, min	430	210	35	0,64
Aminosäuren, max	1220	678	63	1,8
Aminosäuren (chem), min	127	210	50	–
Aminosäuren (chem), max	1086	679	92	–
Fette (Literatur)	**1250**	**850**	**68**	–
Fette, min	1345	950	68	2,8
Fette, max	1600	1200	72	2,9
org. Säuren, min	747	373	50	1,067
org. Säuren, max	1098	714	65	2,4
Kohlenhydrate (Literatur)	**790**	**395**	**50**	–
Kohlenhydrate, min	747	304	50	1,067
Kohlenhydrate, max	830	415	50	1,18

Als Literaturwerte wurden die von vielen Autoren zitierten Werte (Baserga 1998) gewählt

gesetzte Menge bis zu 15 % geringer als die stöchiometrisch gebildete sein, (bezogen auf den in den abgebauten Organikmolekülen enthaltenen Stickstoff; bei zusätzlichen nicht-organischen Stickstoff-, Phosphor- oder Kalziumquellen im Substrat kann die chemische CO_2-Fixierung noch wesentlich größer sein [Abschn. 4.1.4.1.5]), während das unter anaeroben Bedingungen kaum lösliche und inerte Methan weitgehend über die Gasphase ausgetragen wird. Entsprechend schwanken die emittierten Gasmengen in Quantität und Qualität unter Einfluss der Substratqualität und der Prozesswerte pH und Temperatur.

Während gemäß Tab. 3.3 für Kohlenhydrate und Fette ohne Stickstoff im Molekül theoretisch nur die stöchiometrischen Gasausbeutewerte existieren, lässt sich für Proteine aus dem Stickstoffanteil im Molekül eine CO_2-Bindung als Ammoniumkarbonat abschätzen (mit „chem" gekennzeichnete Ausbeuteparameter). Aus der Tabelle ist auch ersichtlich, dass die in der Literatur für Proteine angegebene mittlere Methankonzentration nur bei berücksichtigter chemischer CO_2-Bindung erreicht wird. Da es sich um eine prozessbeeinflusste Bindung handelt, können im praktischen Betrieb entsprechende Abweichungen gegenüber dem angegebenen Literaturwert auftreten.

Im Substrat befinden sich neben Proteinen meist noch andere stickstoffhaltige Verbindungen sowie Kalziumverbindungen, die ebenfalls mit CO_2 reagieren können. Dabei wird auch CO_2 aus dem Umsatz von Kohlenhydraten und Fetten in die Reaktionen mit einbezogen, sodass auch deren als Monofraktion unbeeinflusste stöchiometrische Bildungswerte von der emittierten Gasqualität abweichen können. Damit kann sich das CO_2-Bindungspotenzial in der Praxis noch zusätzlich von den Werten des theoretischen Modells unterscheiden. Zudem bestehen Unterschiede zwischen den stöchiometrisch zu erwartenden Gasausbeuten und der tatsächlichen Gasfreisetzung im Gärtest bzw. in der Großanlage (Einflüsse von Übersättigung, Prozessparametern, Rührintensität, etc.).

Im Gegensatz zu dem noch überschaubaren Änderungspotenzial gegenüber Gärtest und analytisch/stöchiometrischen Bilanzen für die relativ definierten und stabilen Zusammensetzungen von NawaRo sind die Schwankungen bei Abfallbehandlungsanlagen in großen Bereichen zu erwarten. Es bedarf hier einer dichten Beprobung und langzeitlichen Auswertung, um belastbare, statistisch abgesicherte Betriebswerte zu erhalten.

Werden unter Verwendung von Gl. 3.94 und 3.95 die Gas- und Methanproduktionen bei der Vergärung unterschiedlicher Abfallzusammensetzungen simuliert, mit variierten Masseanteilen von Kohlenhydraten Proteinen und Fetten, ergeben sich durch Summation der stoffgruppenspezifischen Gas- und Methanertragswerte die in Tab. 3.4 aufgeführten Ergebnisse. Dabei werden die möglichen Schwankungsbereiche der stoffgruppenspezifischen Gaswerte aus Tab. 3.3 zugrunde gelegt.

Es gelten:

- TM/FM, oTM/TM in [kg/kg]
- RP/oTM, RFe/oTM, NfE/oTM in [kg/kg]
- Y in [N m^3/kg]
- Ψ in [N m^3/N m^3]

Tab. 3.4 Modellierung der Gas- und Methanausbeuten für unterschiedliche Mischungsverhältnisse von Rohprotein, Rohfett und vergärbaren Kohlenhydraten bei 100 %-igem Umsatz mit Variation der stoffgruppenrelevanten Gasausbeuten gemäß Tab. 3.3

Nr.	RP [kg RP/kg oTM]	Rfe [kg Rfe/kg oTM]	NfE [kg NfE/kg oTM]		Y_Gas [N m³/t]	Y_CH_4 [N m³/t]
1	**0,2**	**0,1**	**0,7**	**Literatur**	**818**	**461**
–	–	–	–	Min	816	387
–	–	–	–	Max	957	519
–	–	–	–	Min (chem)	719	–
–	–	–	–	Max (chem)	906	–
2	**0,2**	**0**	**0,8**	**Literatur**	**772**	**415**
–	–	–	–	Min	756	323
–	–	–	–	Max	880	441
–	–	–	–	Min (chem)	659	–
–	–	–	–	Max (chem)	854	–
3	**0,2**	**0,05**	**0,75**	**Literatur**	**795**	**438**
–	–	–	–	Min	786	355
–	–	–	–	Max	919	480
–	–	–	–	Min (chem)	689	–
–	–	–	–	Max (chem)	880	–
4	**0,3**	**0,05**	**0,65**	**Literatur**	**786**	**448**
–	–	–	–	Min	791	365
–	–	–	–	Max	944	493
–	–	–	–	Min (chem)	645	–
–	–	–	–	Max (chem)	892	–
5	**0,4**	**0,05**	**0,55**	**Literatur**	**777**	**459**
–	–	–	–	Min	795	374
–	–	–	–	Max	969	506
–	–	–	–	Min (chem)	601	–
–	–	–	–	Max (chem)	904	–
6	**0**	**0**	**1**	**Literatur**	**790**	**395**
–	–	–	–	Min	747	304
–	–	–	–	Max	830	415
–	–	–	–	Min (chem)	747	–
–	–	–	–	Max (chem)	830	–

$$\frac{V_{\text{Gas}}}{m_{\text{FM,Weende}}} = \frac{\text{TM}}{\text{FM}} \cdot \frac{\text{oTM}}{\text{TM}} \cdot (\text{RP} \cdot Y_{\text{Gas,RP}} + \text{RFe} \cdot Y_{\text{Gas,RFe}} + \text{NfE} \cdot Y_{\text{Gas,NfE}}) \; [\text{N m}^3 \text{ Gas/kg FM}] \tag{3.94}$$

Für die Ermittlung von V_{CH_4} werden in Gl. 3.94 die stoffgruppenspezifischen Gaserträge Y_{Gas} durch die Methanerträge Y_{CH_4} ersetzt. Alternativ können auch die stoffgruppenspezifischen Gaserträge mit den jeweiligen Methankonzentrationen multipliziert werden und es ergibt sich Gl. 3.95.

$$\frac{V_{\text{CH4}}}{m_{\text{FM,Weende}}} = \frac{\text{TM}}{\text{FM}} \cdot \frac{\text{oTM}}{\text{TM}} \cdot (\text{RP} \cdot Y_{\text{RP}} \cdot \Psi_{\text{CH4,RP}} + \text{RFe} \cdot Y_{\text{RFe}} \cdot \Psi_{\text{CH4,RFe}} + \text{NfE} \cdot Y_{\text{NfE}} \cdot \Psi_{\text{CH4,NfE}}) \tag{3.95}$$

Dabei bedeutet der Index „Weende" für die Feuchtmasseangabe, dass es sich um die störstoffentfrachtete Probenmasse für die Weender-Analytik handelt. Diese Werte sind bedarfsweise auf die repräsentative Originalprobe des Abfalls rückzurechnen (Abb. 3.26).

Unter der Voraussetzung fehlender Rohfaseranteile und 100 %-igem Abbau der Komponenten Rohprotein, Rohfett sowie vergärbarer Kohlenhydrate beschreiben die Klammerausdrücke in den oben zitierten Formeln die spezifische Biogas- bzw. Methanausbeute für die nach Weende zu analysierende Proben-oTM. Eine Darstellung der Tabellenwerte zur Methan- und Gasausbeute als Grafik erfolgt in Abb. 3.27 und 3.28. Wie schon erwähnt, handelt es sich bei dieser Betrachtung um die theoretisch möglichen Maximalwerte des Gasbildungspotenzials.

Minderungen ergeben sich

- durch Vernachlässigung eines Anteils unvergärbarer Rohfaser; dieser kann je nach Abfallquelle zwischen 5 und 15 % betragen;
- durch die analytisch bedingte Überbewertung der Rohprotein- und Rohfettgehalte;
- durch den niemals 100 %-igen Metabolisierungsgrad der gärrelevanten Stoffgruppen.

Die Abb. 3.27 und 3.28 vermitteln ein deutliches Bild von den nur aus den Stöchiometrieunterschieden herrührenden Abweichungen der Gasertragswerte im Vergleich zu den mit üblichen Literaturwerten errechneten. Alle sonst noch in diesem Abschnitt diskutierten Einflüsse auf das Modellierungsergebnis vergrößern die realen Abweichungen von der Bilanzierung mit Durchschnittswerten noch.

Ein Vergleich der Betriebsergebnisse von NawaRo- und Abfallvergärung (Langhans 2012; DWA-M 389 2015) verdeutlicht die diskutierten Probleme bei der Gasertragsbestimmung unter Zuhilfenahme der Weender-Analyse insbesondere für die anaerobe (Bio)-Abfallbehandlung.

Dargestellt werden die langzeitlichen Tagesmesswerte im stationären Betriebszustand von Pfropfenstrom-Trockenfermentern für eine NawaRo-Vergärung (Abb. 3.29) sowie für eine Bioabfallvergärung (Abb. 3.30). Für die NawaRo-Anlage mit Maissilage

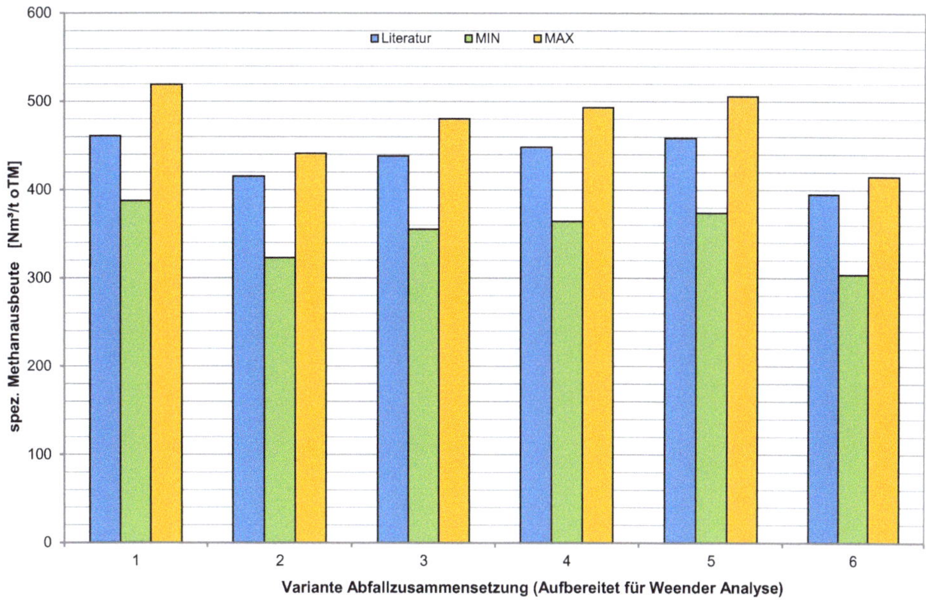

Abb. 3.27 Bestimmung der **Methanbildung** für die Stoffgruppen nach Weender-Analyse mit variierten Methanertragswerten für unterschiedliche Stoffgruppenanteile im Gärsubstrat gemäß Tab. 3.4

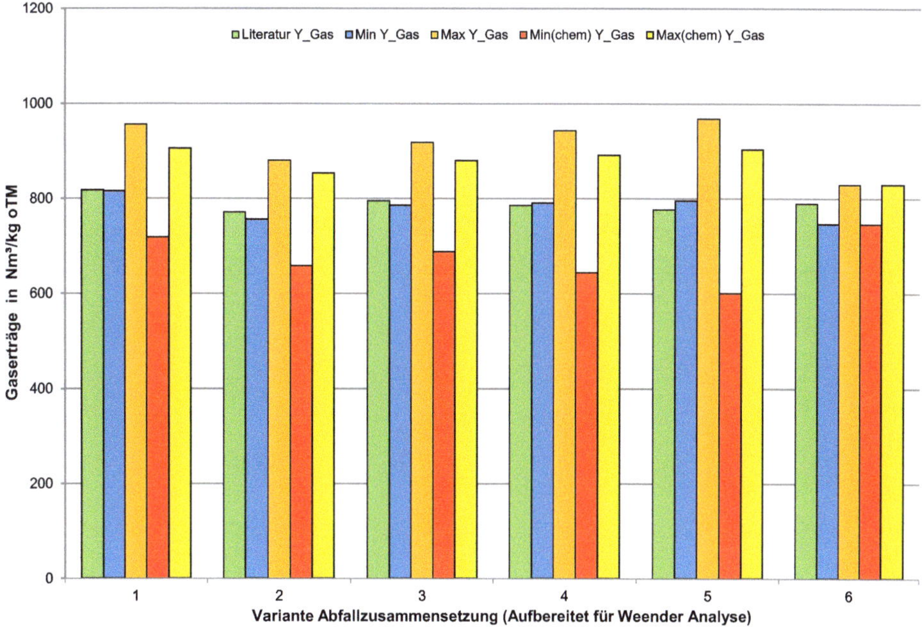

Abb. 3.28 Bestimmung der **Biogasbildung** für die Stoffgruppen nach Weender-Analyse mit variierten Gasertragswerten für unterschiedliche Stoffgruppenanteile im Gärsubstrat gemäß Tab. 3.4

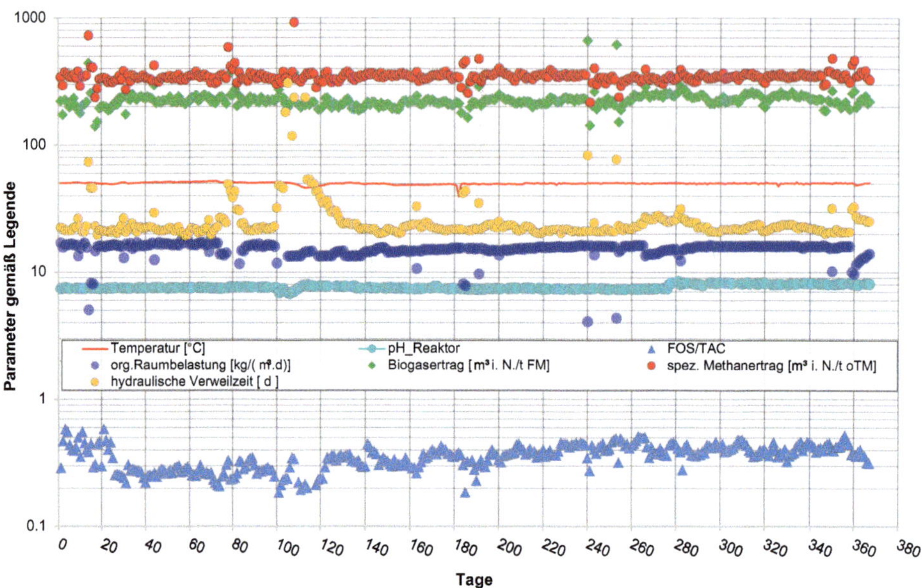

Abb. 3.29 Betriebsmessungen für die NawaRo-Vergärung in einem Pfropfenstrom-Trockenfermenter

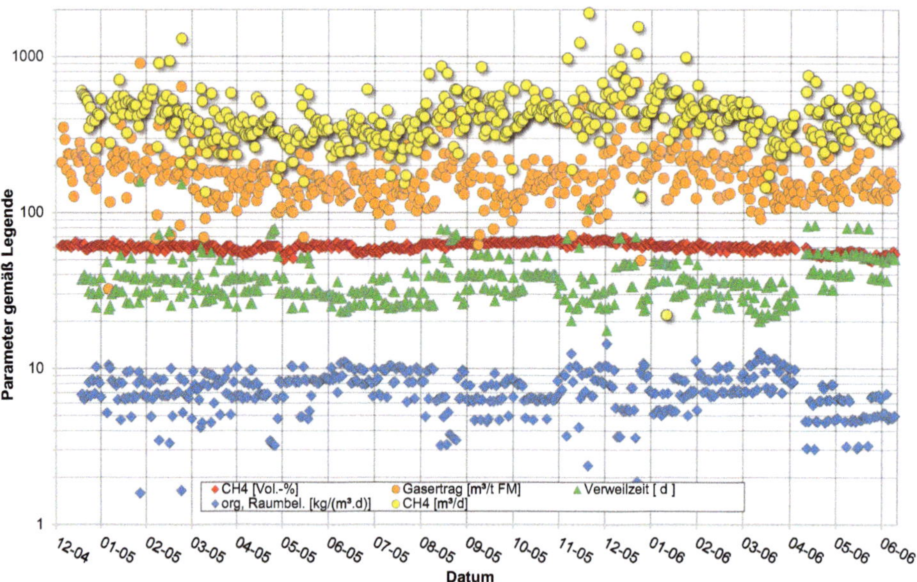

Abb. 3.30 Betriebsmessungen für die Bioabfallvergärung in einem Pfropfenstrom-Trockenfermenter

dominiertem Substrat erkennt man die hohe Prozesskonstanz infolge der gut dosierbaren und qualitativ weitgehend konstanten Substrate. Trotz der hohen organischen Raumbelastung infolge minimierter Input-Verdünnung sind die Gasausbeuten stabil und liegen innerhalb eines engen Schwankungsbereiches.

Für den Bioabfall sind größere Schwankungen der Prozessparameter charakteristisch, die sich aus der variierenden Inputzusammensetzung des gesammelten Bioabfalls ergeben.

Trotzdem läuft der Prozess insgesamt stabil. Die höhere oTM-bezogene Methanausbeute resultiert aus den im Bioabfall enthaltenen signifikanten Fett- und Eiweißanteilen, verglichen mit den dominanten Kohlenhydraten in NawaRo's. Allerdings ist die frischmassebezogene Gasausbeute bei dem betrachteten Bioabfall geringer infolge seines höheren Feuchtegehaltes, verglichen mit der NawaRo-Mischung.

Insgesamt zeigt die Darstellung die Komplexität bei der Bewertung von Anlageneffizienzen bei unterschiedlichen Fermentationstechnologien und Substratqualitäten. Für die Bewertung des Gärpotenzials von NawaRo ist die Weender-Analyse deshalb eher geeignet als bei der Abfallvergärung, wo zur Erfassung der täglich wechselnden Abfallzusammensetzung ständig eine Vielzahl mit hohem Aufwand zu präparierender Proben untersucht werden müssten.

3.3.2 Weißbach-Formel

Die Forschungsarbeiten von WEIßBACH und Mitarbeitern greifen insbesondere das Problem der Substratverfügbarkeit für den anaeroben Metabolismus bei NawaRo und sonstigen Agrarprodukten auf. Während andere Autoren (Abschn. 3.3.3) häufig auf die in den Futterwerttabellen für Rinder aufgeführten Verdauungsquotienten zur Abschätzung des vergärbaren Anteils zurückgreifen (getreu der viel zitierten Analogie zwischen Rinder-Verdauungstrakt und anaerobem Stoffwechsel-Modell), wird für die Biogasausbeute nach WEIßBACH eine „fermentierbare organische Trockensubstanz" (FoTS) definiert. Dafür werden die aus der Futterwertbestimmung bekannten Parameter Rohaschegehalt (XA) und Rohfaser (RF) von der Substrattrockenmasse abgezogen. Mithilfe eines empirischen Modellansatzes sowie über Regressionsanalysen bestimmte substratspezifische Modellkoeffizienten wird die FoTS für häufig in landwirtschaftlichen Biogasanlagen eingesetzte Agrarprodukte abschätzbar. Der Ansatz FoTS/TM [g/kg] lautet danach für Silomais

$$\frac{\mathrm{FoTS}}{\mathrm{TM}} = 984 - (\mathrm{XA}) - 0{,}47 \cdot (\mathrm{XF}) - 0{,}00104 \cdot (\mathrm{XF})^2 \tag{3.96}$$

Weitere angepasste Modellgleichungen für eine Reihe wichtiger Agrarprodukte als Gärsubstrate finden sich u. a. in (Weißbach 2008). Die Untersuchungen basieren auf der Voraussetzung von in ihrer Zusammensetzung einheitlichen Stoffgruppen; für jede neue stoffliche Substratzusammensetzung ist eine Anpassung der Modellgleichung erforderlich.

Damit ist die Methodik nicht für die Belange der Abfallvergärung und der anaeroben Verwertung sonstiger, in ihrer Zusammensetzung häufig wechselnder gewerblicher organischer Reststoffe verallgemeinerbar.

Neben der Spezifizierung des vergärbaren Trockenmasseanteils von NawaRo befasst sich eine Reihe von Fachpublikationen (Weißbach 1995, 2009) auch mit dem in diesem Handbuch schon mehrfach angesprochenen Problem der Substratverluste bei der thermischen Bestimmung der Substrattrockenmasse. Neben der generellen Beeinflussbarkeit leicht flüchtiger Substrat- bzw. Hydrolysatkomponenten spielt insbesondere die pH-Wert-abhängige Dissoziation der organischen C_1- bis C_6-Säuren sowie der Hydrolysegase für die Möglichkeit eines thermischen Stoffabtriebs bei der Probentrocknung eine Rolle, die zu Fehlbewertungen des Feuchte-/Trockenmasse-Verhältnisses der untersuchten Probe führen kann.

Diese Untersuchungen (Weißbach 1995) beziehen sich auf die Verwendung von Silagen als Gärsubstrate, die insbesondere durch die Silierungsprozesse im stark sauren pH-Wertbereich liegen können, wo niedere organische Fettsäuren und Milchsäure weitgehend undissoziiert (s. Abschn. 2.2.3) und damit flüchtig vorliegen. Infolge des meist geringen natürlichen Schwefelgehaltes vegetabilischer Agrarprodukte wird der im sauren Bereich undissoziiert vorliegende Schwefelwasserstoff für die Trockenmassekorrektur nicht berücksichtigt. Ammoniak wird jedoch als Faktor für die Korrektur einbezogen, dessen undissoziierter Anteil bei pH-Werten <6 sehr gering ist. Allerdings kann davon ausgegangen werden, dass in ruhenden Silagen gegenüber den theoretischen Bedingungen gemäß Henry-Gesetz (Abschn. 2.2.2) eine Übersättigung in der Silagefeuchte eintritt.

Hintergrundinformation

pH-Wert-abhängige Korrekturen der Trockenmasse bei Silagen, basierend auf experimentell ermittelten Flüchtigkeitsquoten für die berücksichtigten Stoffgruppen (Weißbach 1995).

Erkennbar ist die pH-Wert-Unabhängigkeit der thermischen Flüchtigkeit von Milchsäure und Alkoholen, während sich in den Koeffizienten für die niederen organischen Säuren und das Ammoniak die aus den Dissoziationsgleichgewichten zu erwartenden Abhängigkeiten widerspiegeln (Abschn. 2.2.3). Die Dimension der Gehalte % der Frischmasse.

pH bis 4,0: $TM_k = TM_0 + 0{,}94 \cdot FFS + 0{,}08 \cdot MS + A + 0{,}16 \cdot NH_3$
pH 4,01 bis 4,5: $TM_k = TM_0 + 0{,}80 \cdot FFS + 0{,}08 \cdot MS + A + 0{,}32 \cdot NH_3$
pH 4,51 bis 5,0: $TM_k = TM_0 + 0{,}68 \cdot FFS + 0{,}08 \cdot MS + A + 0{,}48 \cdot NH_3$
pH 5,01 bis 5,5: $TM_k = TM_0 + 0{,}58 \cdot FFS + 0{,}08 \cdot MS + A + 0{,}64 \cdot NH_3$
pH über 5,51: $TM_k = TM_0 + 0{,}50 \cdot FFS + 0{,}08 \cdot MS + A + 0{,}80 \cdot NH_3$

TM_0: unkorrigierter Trockenmassegehalt
TM_k: korrigierter Trockenmassegehalt
FFS: Gehalt an flüchtigen Fettsäuren
MS: Gehalt an Milchsäure
A: Gehalt an Alkohol
NH_3: Gehalt an Ammoniak

zitiert in: Diss. (Ohl 2011)

Der analytische Aufwand zur Bestimmung der für die Korrektur erfassten Stoffgruppen in jeder auf den Trockenmassegehalt untersuchten Probe ist sehr hoch, sodass versucht wurde, für unterschiedliche Silagetypen aus dem vorliegenden Datenmaterial mittels Regressionsanalyse einen direkten mathematischen Zusammenhang zwischen TM_k und TM_0 ohne Zusatzanalytik zu ermitteln. Neuere Veröffentlichungen (Weißbach 2008) weisen jedoch auf die hohen Fehlermöglichkeiten bei Verwendung dieser den analytischen Aufwand reduzierenden Gleichungen hin. Auch hier besteht das generelle Problem, dass für jede Stoffgruppe die Modellkoeffizienten neu ermittelt werden müssen.

Die Entwicklung einer allgemeingültigen Methodik für die Korrektur der Trockenmassebestimmung bezüglicher flüchtiger Komponenten, die dann auch für Bioabfälle und generell für jede aus organischen Proben bestimmte Trockenmasse angewendet werden kann, ist derzeit nicht in Sicht.

3.3.3 Sonstige Bilanzierungsansätze

Die aktuell mit der Problematik der NawaRo-Vergärung befassten Forschungseinrichtungen und Hochschulen präsentieren in Veröffentlichungen und auf relevanten Internet-Plattformen ihre projektspezifischen Erfahrungen zur Abschätzung der Biogaserträge aus landwirtschaftlichen Gärsubstraten sowie zur Vergleichbarkeit der Modellergebnisse mit experimentellen Untersuchungen und Praxiserfahrungen. Stellvertretend für die Vielzahl der mit Fachbeiträgen auftretenden renommierten Institutionen sollen die Bayerische Landesanstalt für Landwirtschaft (LfL 2007; Keymer 1999) und die Landesanstalt für Agrartechnik und Bioenergie der Universität Hohenheim (Czepuck 2006) angeführt werden.

Die Modelle zur Abschätzung der Gaserträge basieren dabei grundsätzlich auf der schon in den vorstehenden Abschnitten diskutierten Kombination von mittels Weender-Analyse ermittelten Substratfutterwerten (DLG 1994; Kling 1983) mit den ebenfalls für die Tierfutterbewertung ermittelten Verdauungsquotienten. Dabei wird in der Regel auf die Bestimmung des Anteils der realitätsnäheren fermentierbaren oTM nach WEIßBACH verzichtet, um den analytischen Aufwand zu reduzieren.

Die formale Berechnung des Gasertrages erfolgt durch Aufsummierung der oTM-spezifischen Teilerträge gemäß

$$\frac{V_{\mathrm{KH}}}{m_{\mathrm{oTM}}} = (\mathrm{RF} \cdot \mathrm{VQ}_{\mathrm{XF}} + \mathrm{NfE} \cdot \mathrm{VQ}_{\mathrm{NfE}}) \cdot Y_{\mathrm{Gas,KH}} \quad \left[\mathrm{N\,m^3\,Gas\_KH/kg\,oTM}\right] \quad (3.97)$$

$$\frac{V_{\mathrm{RFe}}}{m_{\mathrm{oTM}}} = \mathrm{RFe} \cdot \mathrm{VQ}_{\mathrm{RFe}} \cdot Y_{\mathrm{Gas,RFe}} \quad \left[\mathrm{N\,m^3\,Gas\_RFe/kg\,oTM}\right] \quad (3.98)$$

$$\frac{V_{\mathrm{RP}}}{m_{\mathrm{oTM}}} = \mathrm{RP} \cdot \mathrm{VQ}_{\mathrm{RP}} \cdot Y_{\mathrm{Gas,RP}} \quad \left[\mathrm{N\,m^3\,Gas\_RP/kg\,oTM}\right] \quad (3.99)$$

Dabei werden die stoffgruppenspezifischen Gaserträge entweder als Y_{Gas} oder Y_{CH_4} (bzw. $Y_{Gas} \cdot \psi_{CH_4}$) angesetzt, je nachdem, ob der stöchiometrische Gesamtbiogasertrag oder der Methanertrag ermittelt werden sollen.

An der BOKU Wien wurde eine Methode entwickelt (Amon 2002, 2003, 2005), aus den Ergebnissen von Batch-Versuchen zur Vergärung von NawaRo-Silagen einen sogenannten Methanenergiewert (MEW) zu ermitteln, der letztendlich den zu erwartenden Methanertrag aus der für die Vergärung eingesetzten organischen Substrattrockenmasse darstellt. Auch diese Methodik basiert auf den nach Weender-Analyse zu bestimmenden Stoffgruppenanteilen Rohfaser, Rohprotein, Rohfett sowie stickstofffreie Extraktstoffe, denen die spezifischen Methanerträge zugeordnet werden.

In diesem Fall wird experimentell die tatsächliche (Erwartungs-) Methanausbeute bestimmt, was einer Zusammenfassung des stoffgruppenspezifischen Methanertrages und des unter den anaeroben Versuchsbedingungen erfolgenden oTM-Umsatzes (aufgrund der Prozessbedingungen realisierter „Verdauungsquotient") entspricht, die als Regressionskoeffizienten in die Berechnungsgleichungen eingehen.

In Weiterentwicklung erfolgte eine analytische Vereinfachung der Modelle (Amon 2007), sodass die aktuelle Gleichung lautet

$$\mathrm{MEW} = x_1 \cdot \mathrm{RP} + x_2 \cdot \mathrm{RFe} + x_3 \cdot \mathrm{RF} + x_4 \cdot \mathrm{NfE} \quad [\mathrm{Nl/kg\,oTM}] \tag{3.100}$$

wobei die Stoffgruppenanteile in Prozent der Substrat-oTM angegeben sind.

Die verfügbaren Regressionskoeffizienten der Modellgleichung für einige Silagen sind in der Diss. (Ohl 2011) zitiert.

Da diese Koeffizienten sowohl von der für die Versuche verfügbaren Silagequalität als auch von der Genauigkeit der TM- bzw. oTM-Analytik abhängen (Abschn. 3.3.2), sowie von den Versuchsbedingungen der Gärteste, erscheint es sinnvoll, die Modellrechnungen zum einen mit den Betriebsergebnissen aus Praxisanlagen abzugleichen und andererseits zu prüfen, in welchem Verhältnis die Regressionskoeffizienten zu den aus spezifischen Methanerträgen und Verdaulichkeiten bei den Modellen nach KEYMER und WEIßBACH stehen. Der ggf. größeren Realitätsnähe der BOKU-Modellierung steht der bedeutend höhere Versuchs- und Analysenaufwand gegenüber, um auf geänderte Substratqualitäten bzw. neue Gärsubstrate mit der Ermittlung angepasster Regressionskoeffizienten zu reagieren. Für die Vergärung von gewerblichen und kommunalen Bioabfällen und organischen Restmüllfraktionen ist die Methodik gleichermaßen nicht geeignet.

Weniger Anwendung findet derzeit eine Methodik der Prozessbewertung, die in der Mitte des 20. Jahrhunderts speziell für homogene, pumpfähige und relativ qualitätskonstante organische Schlämme entwickelt wurde. Ausgehend von der anaeroben Reaktionskinetik wird durch Kombination der Gleichungen für die Substratumsatzgeschwindigkeit, Bakterienbiomassesynthese und damit proportional gekoppelter Methanfreisetzung eine Beziehung zwischen der organischen Raumbelastung des Fermenters und der volumenspezifischen Biogasproduktion abgeleitet (Hawkes 1981; Hashimoto 1983; Williams 1981):

$$P_{\text{Gas}} = Y_{\text{Gas,max}} \cdot \frac{\text{oTM}_{\text{zu}}}{\overline{t_{\text{hydr}}}} \cdot \left(1 - \frac{K}{\overline{t_{\text{hydr}}} \cdot \mu\text{max} - 1 + K}\right) \tag{3.101}$$

Dabei gilt $b_{\text{R,org}} = Q_{\text{zu}} \cdot \text{oTM}_{\text{zu}}/V_{\text{Reaktor}} = \text{oTM}_{\text{zu}}/t_{\text{hydr}}$ sowie $Y_{\text{Gas}} = P_{\text{Gas}}/b_{\text{R,org}}$ und $K = f(\text{oTM}_{\text{zu}})$.

Der Hemmfaktor K fasst alle prozess- und substratspezifischen Minderungen des maximalen Biogasertrages für das betrachtete und analysierte Anlagenbetriebsregime zusammen. Als Ergebnis lässt sich ein Kennfeld für die prozesstechnischen Parameter eines als stoffspezifisch konstant betrachteten Substrates für die gewählten Betriebsbedingungen des anaeroben Behandlungsprozesses erstellen.

Die Abb. 3.31, 3.32, 3.33 und 3.34 veranschaulichen die Modellierungsergebnisse der Erwartungswerte für Rindergülle, Schweinegülle, Geflügelgülle bzw. pumpfähig angemaischten Geflügeltrockenkot sowie für die Unterschiede im Betriebsergebnis bei der Vergärung von kommunalem Primär- und Überschussschlamm.

Die Güllemesswerte sind das Ergebnis eigener langjähriger Untersuchungen (Langhans 1984, 1991), während die Modellierungsparameter für Klärschlamm aus den Messwerten von KAPP (Kapp 1984) errechnet wurden. In den Kennfeldern für Geflügel- und Rindergülle (Abb. 3.31 und 3.32) wurden die Betriebspunkte einiger Pilot- und Betriebsanlagen eingetragen. Die Kennfelder ermöglichen für die betrachteten Gärsubstrate einen

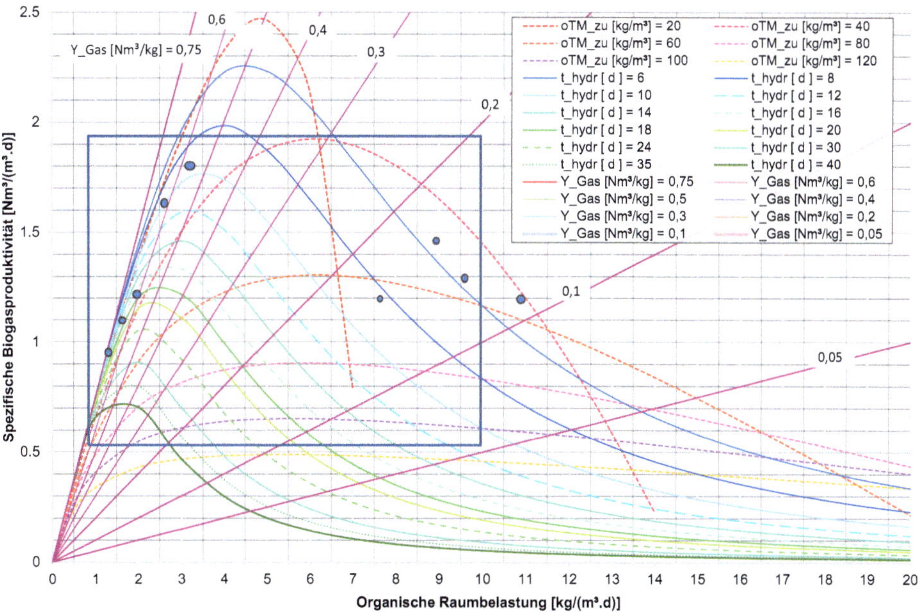

Abb. 3.31 Kennfeld der prozesstechnischen Erwartungswerte für die Vergärung von Geflügelgülle bzw. angemaischten Geflügelexkrementen

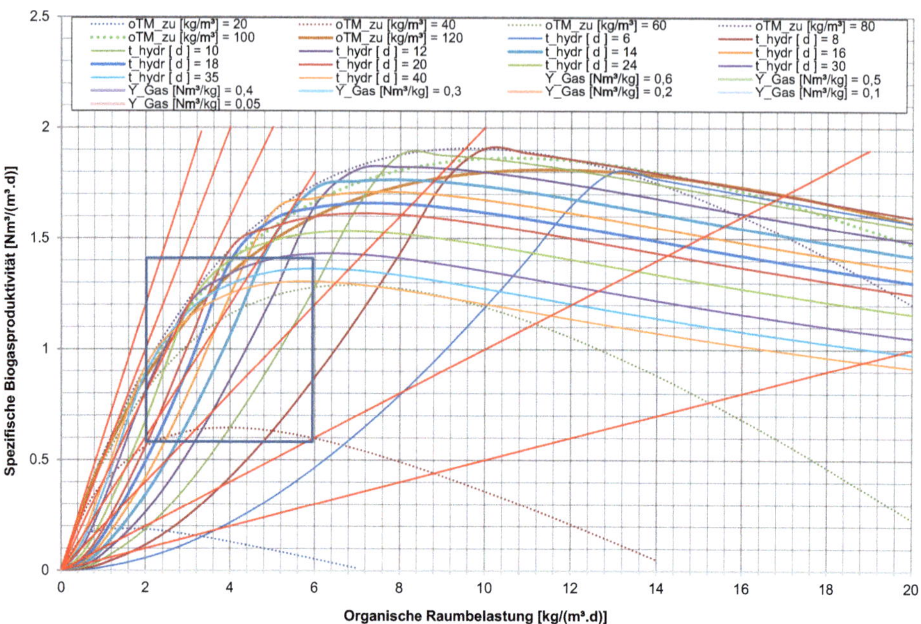

Abb. 3.32 Kennfeld der prozesstechnischen Erwartungswerte für die Vergärung von Rindergülle

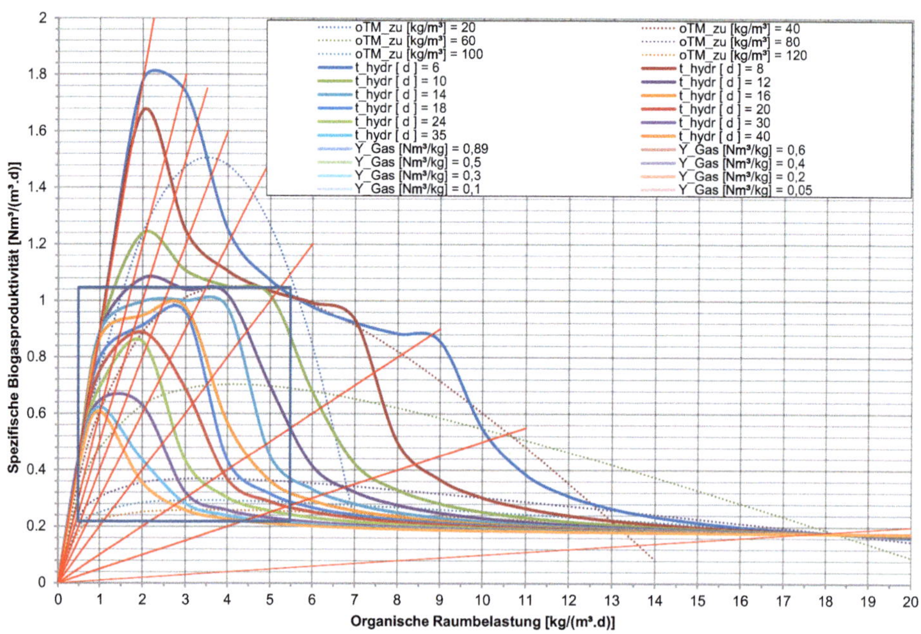

Abb. 3.33 Kennfeld der prozesstechnischen Erwartungswerte für die Vergärung von Schweinegülle

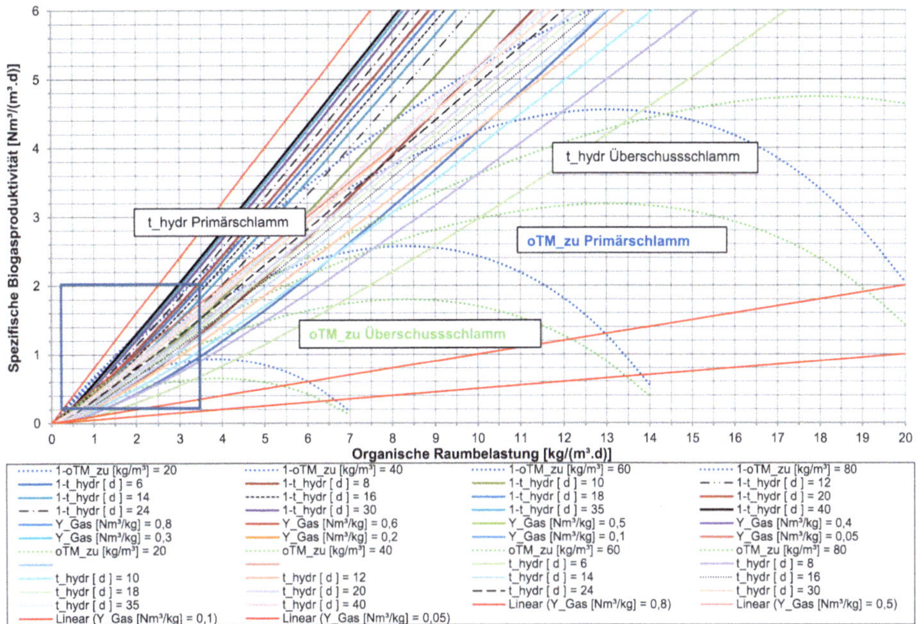

Abb. 3.34 Kennfeld der prozesstechnischen Erwartungswerte für die Vergärung kommunaler Primär- und Überschussschlämme im Vergleich der Biogasproduktivität

schnellen Überblick bezüglich der zu erwartenden verfahrenstechnischen Bedingungen bei ausgewählten Anlagenbetriebspunkten.

Dabei gilt im Einzelnen:

- Solange sich die Betriebspunkte der vorgegebenen Biogasproduktivität links der zugehörigen organischen Raumbelastung befinden, ist auch bei wechselnden Prozessbedingungen stabiler Anlagenbetrieb zu erwarten (sofern nicht akute Biotoxizität auftritt). Jenseits des Produktivitätsmaximums ist nach sorgfältiger Adaption des Prozesses auch noch Anlagenbetrieb möglich. Der Prozess ist jedoch wesentlich empfindlicher gegen Störungen und kann schon bei geringen Änderungen der Betriebsparameter irreversibel gehemmt werden. Für die betrachteten stickstoffreichen Substrate kommt mit steigender Belastung häufig die wachsende Inhibierung durch Ammoniak als Störungsursache zum Tragen.
- Das Kennfeld für Rindergülle ohne abrupten Produktivitätsabfall nach einem ausgeprägten Maximum veranschaulicht die bekannte Tatsache, dass infolge des hohen Anteils aktiver anaerober Rumen-Bakterien in den Exkrementen bei steigender Raumbelastung ein Selbstbeimpfungseffekt auftritt, der den Prozess stabilisiert. Es kommt zwar auch zu einem langsamen Abfall der Produktivität, aber ohne die Gefahr des abrupten Anlagenabsturzes. Diese Tatsache macht Rindermist/Rindergülle zu

einem günstigen Inokulum für die Inbetriebnahme bzw. Prozessregenerierung von Vergärungsanlagen.

- Ein für Rindergülle ebenfalls erkennbarer Zusatzeffekt ist die steigende Prozessstabilität und Produktivität mit höheren Feststoffkonzentrationen. Die Suspension der gut mit Bakterien besiedelten Güllefeststoffe wirkt wie ein natürliches Trägermaterial und ermöglicht bei angepasster Reaktorbetriebsführung eine Trennung der Feststoffverweilzeit von der hydraulischen Verweilzeit mit entsprechender Anreicherung der Bakterienkonzentration im Reaktionsraum. Für den Hemmfaktor gilt deshalb $K \sim 1/f(\mathrm{oTM}_{\mathrm{zu}})$.
- Für Schweine- und Geflügelgülle zeigt sich eine Umkehr des Feststoffeinflusses auf das Produktivitätsverhalten. In beiden Flüssigabgängen gibt es einen hohen Anteil gelösten vergärbaren CSB im Zulauf. Das führt für geringe oTM-Konzentrationen zu einer hohen Gasproduktivität. Bei steigender Raumbelastung infolge Durchsatzerhöhung kommt es jedoch zu einem schnellen Auswaschen der anaeroben Biozönose und damit zur Störung des Prozesses. Wird die Raumbelastung durchwachsende Feststoffkonzentration bei reduziertem Durchsatz bestimmt, verringert sich der je Zeiteinheit dem Reaktor zugeführte gelöste CSB, während die Feststoffe zum Teil aus bio-inerter Organik bestehen wie Borsten oder Federbestandteile, bzw. sehr stark proteinhaltig sind und damit die Ammoniakhemmung verstärken. Für den Hemmfaktor gilt deshalb $K \sim f(\mathrm{oTM}_{\mathrm{zu}})$. Allerdings wirken zunehmende suspendierte Feststoffe wieder als Trägermaterial, sodass es zu einer Stabilisierung der (gehemmten) Biozönose im Reaktor kommt.
- Für Schweinegülle zeigt sich bei niedrigen Feststoffgehalten und kurzen Verweilzeiten eine ausgesprochene Plateaubildung beim Verweilzeiteinfluss auf die Produktivität, da in begrenzten Betriebsbereichen der Auswascheffekt durch die erhöhte Masse an Trägermaterial und noch hydrolysierbare Bestandteile ohne signifikant gesteigerte Hemmwirkung kompensiert wird.
- Die Produktivitätsmodellierung für Klärschlämme zeigt die bekannte Tatsache, dass der organische Anteil von Primärschlämmen gut vergärbar ist, während Überschussschlamm als Bakterienzellsuspension schwer enzymatisch angreifbar ist und bei gleicher Raumbelastung geringere Gasausbeuten liefert. Für den Hemmfaktor gilt hier $K \sim 1/f(b_{\mathrm{R,oTM}})$.

Ähnliche Modellbildungen mit abweichenden grafischen Darstellungen, basierend auf den gleichen Quellen aus den 70er- und 80er-Jahren des 20. Jahrhunderts, u. a. (Lawrence 1970; Wiiliams 1981; Hashimoto 1983; Hill 1983), finden sich auch bei (Linke 2003; Mähnert 2007; Ohl 2011; Reuters 2011). Weitere, nach vorstehender Methodik modellierbare Substrate sind feststoffhaltige Abläufe aus Brauereien und Keltereien, Vinasse und Molasse aus Raffinerien sowie Schlempen aus der Ethanolproduktion. Diese Methodik ist ebenfalls nicht geeignet für die Prozessbewertung von Abfällen ständig wechselnder Qualität, da der betriebstechnische und analytische Aufwand zur Erstellung der Produktivitätsdiagramme hoch ist.

In den Hemmfaktor geht in wesentlichem Maße der erreichbare oTM-Abbaugrad für die untersuchten Gärsuspensionen ein. Die dafür bekannten Messungen aus Betriebsanlagen, z. B. (Langhans 1984; Kapp 1984) sind in Abb. 3.35 zusammengestellt. Dabei handelt es sich um Ergebnisse aus Anlagen ohne vorherigen chemischen oder physikalischen Aufschluss der Substrate. Potenzielle Verfahren zur Verbesserung der Vergärbarkeit durch Substrataufschluss sind in der Studie (Kühn 2003) recherchiert worden.

Allgemein kann festgestellt werden, dass die politisch motivierten Entscheidungen zur Favorisierung erneuerbarer Energien mit entsprechender Bereitstellung von Fördermitteln auch die zugehörige Grundlagen- und Anwendungsforschung stimuliert haben.

Mit der Novellierung der Erneuerbare-Energien-Gesetzgebung, die insbesondere Vergärungsprojekte auf der Substratbasis NawaRo nur noch eingeschränkt fördert, zeigt sich auch eine Reduzierung der publizierten wissenschaftlichen Beiträge zu dieser Thematik. Damit wird eine weitere Vertiefung der optimierten Biogasausbeutemodellierung aus nachwachsenden Rohstoffen erst einmal stagnieren. Für einige der vorstehend diskutierten Methoden bedeutet das mittelfristig ein Einfrieren des aktuellen Wissensstandes.

Schwerpunkte von Forschungsprojekten werden wieder verstärkt die Optimierung der anaeroben Prozesstechnik für Agrarreststoffe und Hofdünger sowie kommunale und gewerbliche Bioabfälle werden.

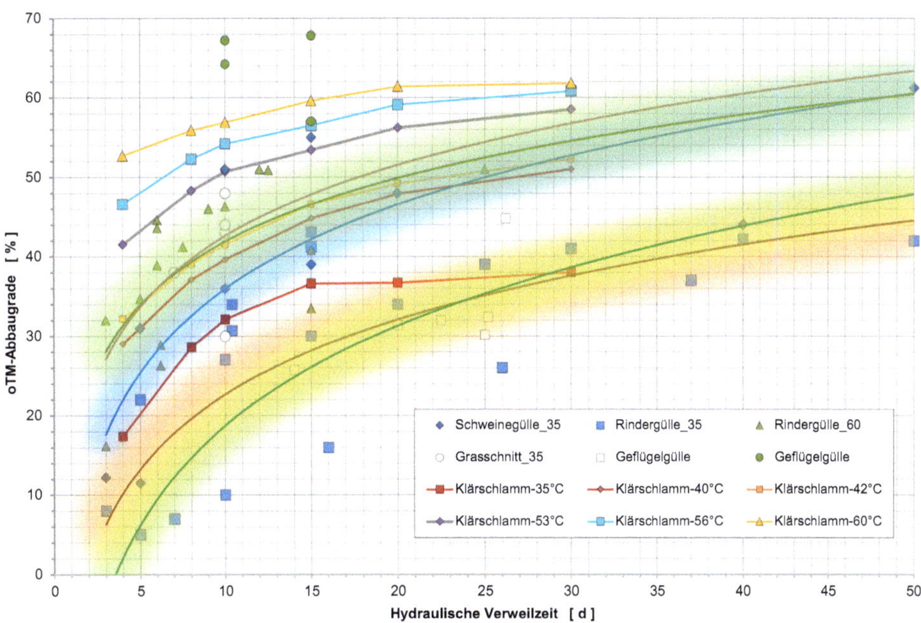

Abb. 3.35 In Praxisanlagen erreichte Abbaugrade nicht vorbehandelter Gärsuspensionen nach Literaturangaben und eigenen Untersuchungen (Kapp 1984; Langhans 1984, 1988, 1994, 1998, 1999, 2006; Reinhold 2005)

4 Beschreibung des Stoffverhaltens im Fermenter

4.1 Die Bilanzierung von Prozessparametern

Die erweiterte BUSWELL-Formel in Kombination mit der CSB-Stöchiometrie ist neben der konventionellen Auswertung bezüglich Substratumsatz und Gasertrag auch die Basis für weitere Informationen zu Makronährstoffen, Gasqualitäten, Bakterienbiomasseertrag sowie biogener Eigenerwärmung und Gärrestheizwert.

4.1.1 Nährstoffgehalte der Gärsubstrate

Die wertgebenden Makroelemente für Wirtschaftsdünger sowie für die futterwertrelevanten Bestandteile von Agrarprodukten sind in den einschlägigen Publikationen gut dokumentiert. Das Gleiche gilt für die stoffliche Zusammensetzung von Nahrungs- und Genussmitteln, z. B. (Kling 1983; Kraut 1986).

Weniger verfügbar sind die Gehalte an Spurenelementen, deren analytische Bestimmung größeren Aufwand erfordert. Ihre Bedeutung für den Stoffwechsel wurde erst in den letzten Jahrzehnten verstärkt berücksichtigt und die Einbeziehung in die Routineuntersuchung von potenziellen Gärsubstraten erst in jüngster Zeit als notwendig erkannt.

Somit findet man zwar problemlos analytische Daten für C-, N-, S-, P-, K- und teilweise Ca- und Mg-Gehalte der meisten landwirtschaftlichen Produkte und Reststoffe sowie für gewerbliche Abprodukte und kommunale Bioabfälle (Tabasaran 1993), jedoch nur unvollständig die korrespondierenden Werte für Na, Cl, und die Palette der Schwermetalle, insbesondere der essenziellen Spurenelemente.

In Tab. 4.1 sind die aus unterschiedlichen Literaturquellen und eigenen analytischen Untersuchungen verfügbaren elementaren Zusammensetzungen einiger marktrelevanter

G. Langhans et al., *Handbuch zur Bilanzierung von Biogasanlagen für Ingenieure – Band I*, https://doi.org/10.1007/978-3-658-27339-2_4

Tab. 4.1 Elementaranalytik für ausgewählte potenzielle Gärsubstrate nach Literaturwerten und eigenen Untersuchungen. (Quellen: Langhans 2009, 2016; VDLUFA 1997; Souci 2008; Kraut 1986; Tabasaran 1993; Kling 1983; Propfe 1994)

Substrat	TM [% FM]	oTM [% TM]	TKN [% TM]	NH4-N [% TM]	P [% TM]	S [% TM]	Cl [% TM]	Ca [% TM]	Na [% TM]	Mg [% TM]	K [% TM]	Cd [mg/kg TM]	Cr [mg/kg TM]	Cu [mg/kg TM]	Ni [mg/kg TM]
Getreide	86	98	1,9	0	0,406	0,26	0,055	0,0437	0,0078	0,147	0,502		0,03	6,3	0,34
Weizenkorn 1	86,8	97,93	2,02		0,406	0,1025	0,0426	0,0437	0,0078	0,147	0,502		0,03	6,3	0,34
Weizenkorn 2	87,20	98,08	2,16		0,39	0,14	0,06	0,04	0,0088	0,111	0,437		0,03	4,23	0,15
Weizenkeime	88,30	95,24	5,20		1,16	0,28		0,06	0,01	0,32	1,12		0,07	0,01	0,91
Weizenmehl	86,1	99,6	1,86					0,015	0,002		0,108			2,9	
Weizenkleie	88,5	93	2,8		1,24			0,043	0,002	0,59	1,39		0,05	15,5	
Roggenkorn	86,3	97,8	1,52	0	0,373	0,1058	0,0863	0,064	0,04	0,12	0,51		0,25	5	2,7
Roggenmehl	85,7	99,2	1,22		0,185		0,032	0,022	0,001	0,026	0,17			2	
Triticale	87,70	97,87	2,54		0,43	0,11		0,04	0,03	0,18	0,51			7,70	
Maiskorn	87,50	98,51	1,68		0,24	0,09	0,01	0,01	0,01	0,10	0,34		0,10	2,74	0,54
Reis, unpoliert	86,90	98,62	1,44		0,32	0,07		0,02	0,01	0,14	0,27		0,03	3,31	0,43
Sonnenblumen-samen, getrocknet	93,40	96,47	4,54		0,66	0,22		0,10	0,00	0,45	0,78			0,02	3,32
Getreide GPS	33	93	1,2	0,2	0,4363	0,26	0,00372	0,07147	0,0012	0,12062	0,58107			2,33	
Maissilage	32	95	1,5	0,177	0,24	0,2	0,175	0,18	0,03	0,12	1,13	0,2	0,5	4,8	5
Luzerne GPS	38	93	1,5	0,3	0,31	0,5	0,1	0,429		0,181	2,24			10	
Zuckerrübe	23	93	1,5	0,1	0,175	1,4		1,36		0,34	0,83			1,5	
Weidelgras	35	90	2	0,3	0,31	0,5	0,3	0,429		0,181	2,24			10	
Vinasse	50	80	4,6	0,5	0,153	0,98	0,01	0,929	2	0,332	10,8	0,393	9,82	5	9,82
Stroh	89	92	0,5	0	0,131		0,33	0,357	0,132	0,091	1,25			5	

(Fortsetzung)

Tab. 4.1 (Fortsetzung)

Substrat	TM [% FM]	oTM [% TM]	TKN [% TM]	NH4-N [% TM]	P [% TM]	S [% TM]	Cl [% TM]	Ca [% TM]	Na [% TM]	Mg [% TM]	K [% TM]	Cd [mg/kg TM]	Cr [mg/kg TM]	Cu [mg/kg TM]	Ni [mg/kg TM]
Landschafts-pflegegut	38	93	1,5	0,3	0,31	0,5	0,1	0,429		0,181	2,24			10	
Rindergülle	9	83	4,7	2,5	1,091	0,05		1,86		0,724	5,064	0,5	5,4	47,5	4,9
Pansen	13	78	3	1	1,091	0,004	10	1,86	0,4	0,724	5,064	0,5	5,4	47,5	4,9
Schweinegülle	8	70	3,5	2,40	2,09	0,3	3	3,43	2	0,784	3,47	0,5	5,7	375	10
Hühnertrocken-kot	75,4	86,6	4,75		1,466304	0,677875	0,58	2,07263	0,474816	0,615162	2,174862		205,26	719,01	235,74
Hühnermist	46,04	51,76	3,45	1,59	1013	0,34		7,65	0,2523	0,8323	1,32			49	
Putenmist	51,4	86	2,72		18547	0,434775	0,47	2,115512	0,415464	0,536759	2,374086		205	239,67	235,74
anaerobe Bakterien	10	92	6,3		2	0,9		0,150	0,900	0,350	1,5	2,5	4	30	80
Hefe, trocken	94,00	91,60	8,15		2,02	0,37		0,053	0,082	0,245	1,50			0,04	
Kartoffeln	22,20	95,41	1,49		0,01	0,05	0,23	0,029	0,012	0,095	1,88		0,11	4,10	0,27
Kartoffel-flocken	93,05	96,77	1,41		0,33	0,06		0,035	0,148		1,39				0,27
Pommes Frites	56,40	96,45	1,19		0,19			0,035	0,011		1,64				
Sojabohnen	91,51	94,87	6,57		0,60	0,31	0,01	0,22	0,01	0,24	1,97		0,07	0,01	5,23
Vegetabilien dominierter Bioabfall	11,02	56,1		3,64		4,86	3,64	0,110	2330	0,030	2,27			136,36	22,09

(Fortsetzung)

Tab. 4.1 (Fortsetzung)

Substrat	Pb [mg/kg TM]	Zn [mg/kg TM]	Mn [mg/kg TM]	Fe [mg/kg TM]	Co [mg/kg TM]	Hg [mg/kg TM]	Se [mg/kg TM]	Mo [mg/kg TM]	B [mg/kg TM]	F [mg/kg TM]	I [mg/kg TM]	Si [mg/kg TM]	V [mg/kg TM]	Sr [mg/kg TM]	Ba [mg/kg TM]	Al [mg/kg TM]
Getreide		41	34	33	0,02		1	0,8	7,3	4	0,006	80				
Weizenkorn 1		41	34	33	0,02		1	0,8	7,3	4	0,006	80	2,3			
Weizenkorn 2		29,82	35,55	36,70	0,02		0,02	0,40	5,31	1,03	0,08	91,74				
Weizenkeime		192,53	181,20	96,26	0,02		0,03	0,44	0,02	1,59						
Weizenmehl		11	7,4	19,5				0,045	0,059			0,019				
Weizenkleie		133	37	35,8			1									
Roggenkorn		13	24	46	0,031		0,08	0,62	72	1,5	0,072	90				
Roggenmehl		7,7		21				1,6								
Triticale		36,49	44,47	67,27												
Maiskorn		19,43	47,43	17,14			0,14	0,63	1,71	0,49	0,03					
Reis, unpoliert		18,41	24,17	36,82			0,12	0,36	3,16	0,48	0,03	103,57				
Sonnenblumensamen, getrocknet		59,96	29,98	67,45												
Getreide GPS		37	56	24,4												
Maissilage	2	40	31	67	0,06	0,001	0,03	0,48	5,6							
Luzerne GPS		50	60	100			0,06									
Zuckerrübe		6	6	6			0,03	0,13	7							
Weidelgras		50	60	100												
Vinasse	1,97	35	82,12			0,098			14,77							
Stroh		6	64	291			0,05	0,2								

(Fortsetzung)

Tab. 4.1 (Fortsetzung)

Substrat	Pb [mg/kg TM]	Zn [mg/kg TM]	Mn [mg/kg TM]	Fe [mg/kg TM]	Co [mg/kg TM]	Hg [mg/kg TM]	Se [mg/kg TM]	Mo [mg/kg TM]	B [mg/kg TM]	F [mg/kg TM]	I [mg/kg TM]	Si [mg/kg TM]	V [mg/kg TM]	Sr [mg/kg TM]	Ba [mg/kg TM]	Al [mg/kg TM]
Landschafts-pflegegut		50	60	100			0,06									
Rindergülle	10	226				0,05	0,49									
Pansen	10	226	236			0,05										
Schweinegülle	7	704	205	3850		0,05										
Hühnertrocken-kot		401,7	504,21	839,28	235,95								401,70	253,68	268,68	635,04
Hühnermist		219														
Putenmist		321,36	432,18	699,4	235,95								168,03	253,68	268,68	687,96
anaerobe Bak-terien		300	10	1400	30		100	40				35		4	11	40
Hefe, trocken		85,11	5,64	191,49							0,04					
Kartoffeln		154,95	66,22	195,50	42,12		4,50	0,17	0,12	2,25	0,44	67,57				
Kartoffel-flocken		80,60														
Pommes Frites				30,14												
Sojabohnen		45,90	29,50	72,12	0,09		0,21	2,29			0,07					
Vegetabilien dominierter Bioabfall			332,73	8600	4,28		0,47	9,35								

Gärsubstrate zusammengefasst worden. Dabei sind fehlende Zahlenwerte kein Beleg des nicht Vorhandenseins der entsprechenden Elemente im betrachteten Substrat, sondern in den meisten Fällen Ausdruck für die nicht verfügbare analytische Bestimmung.

Während für schüttfähige, trockene Produkte mit minimaler Restfeuchte der Stickstoff, als TKN gemessen, eiweißgebunden vorliegt, sind für feuchte Materialien auch Ammonium-/Ammoniakwerte messbar. Bei Güllen (oder Fäkalien/Klärschlamm) kann letzterer Anteil aus hydrolysierten Proteinen oder aus Harnstoff/Harnsäure herrühren. Für sonstige flüssige Abprodukte, Silagen und Bioabfälle resultiert Ammonium-/Ammoniak ausschließlich aus hydrolysierten Proteinen bzw. Aminosäuren. Entsprechend ist bei der Abschätzung des Proteingehaltes aus dem eiweißgebunden Stickstoff zu beachten, dass für trockenes Material gilt $m_{Protein} = 6{,}25 \cdot TKN$ [g/kg] und für feuchtes Material $m_{Protein} = 6{,}25 \cdot (TKN - NH_4\text{-}N)$ [g/kg].

Neben der Auswertung der Bruttosummenformeln der Einzelstoffe und Stoffgemische (Tab. 7.1) lassen sich auch für Wirtschaftsdünger, Agrarreststoffe und Bioabfälle aus den schon zitierten vielfältigen Quellen die in den nachfolgenden Grafiken (Abb. 4.1 bis Abb. 4.5) zusammengetragenen Bereiche für die düngewertgebenden Makroelemente darstellen. Dabei werden in den landwirtschaftlich orientierten Publikationen traditionell für die meisten Elemente Oxidationszustände als wertgebend aufgeführt. Entsprechend

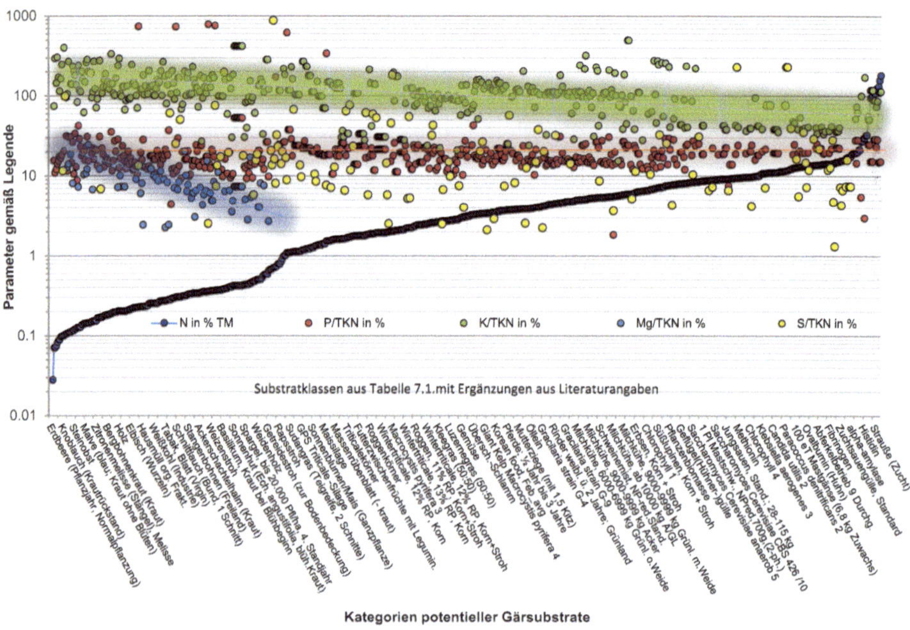

Abb. 4.1 Der Bereich des als TKN gemessenen Stickstoffs in potenziellen Gärsubstraten sowie die auf TKN bezogenen Gehalte der Elemente S, P, K und Mg (Langhans 2009; VDLUFA 1997; Souci 2008; Kraut 1986; Tabasaran 1993; Kling 1983; Propfe 1994)

sind die Umrechnungsfaktoren zwischen Oxidationszustand und Elementardarstellung zu beachten (Tab. 4.2 und 1.1).

Generell werden die in den Substraten enthaltenen Anteile der wertgebenden Elemente auf die jeweilige Trockenmasse bezogen. Daher ist für die aus den Bruttosummenformeln ermittelten Relationen zu beachten, dass es sich hierbei um den Bezug auf die oTM handelt und zur Angleichung an die übliche Darstellung noch stoffspezifisch ein relevantes oTM/TM-Verhältnis vorgegeben werden muss.

Hintergrundinformation

Neben den zitierten Quellen beinhalten die vorstehenden Diagramme noch zahlreiche Einzelmesswerte aus hier nicht explizit genannten, aber im Literaturverzeichnis erfassten Publikationen.

Infolge der drucktechnischen Erfordernisse für die Lesbarkeit der Abszissenbeschriftungen wird in Abb. 4.1 nur jeder achte Messpunkt namentlich dargestellt. Für Abb. 4.2 ist jeder Wert benannt. In Abb. 4.3 und 4.4 wird jeder fünfte Wert ausgewiesen. Abb. 4.5 enthält wieder die Zuordnungen aller erfassten Messwerte. Während Abb. 4.1 die Verteilung der Makroelemente über den gesamten Bereich der erfassten potenziellen Gärsubstrate enthält, erfolgten in den TM-bezogenen Einzeldarstellungen die Größensortierungen immer elementbezogen, sodass die Anordnung der Bezeichnungen auf den Abszissen unterschiedlich ist.

Eine Zusammenfassung aller zitierten Stoffwerte findet sich auch in Tab. 7.1 des Anhangs.

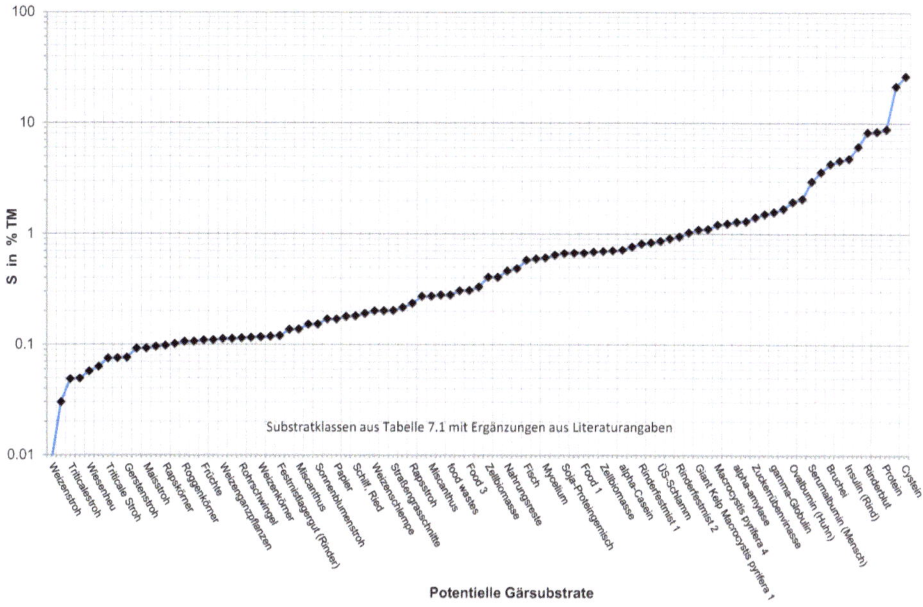

Abb. 4.2 Bereich der TM-bezogenen Gehalte an Elementarschwefel für potenzielle Gärsubstrate (Langhans 2009; VDLUFA 1997; Souci 2008; Kraut 1986; Tabasaran 1993; Kling 1983; Propfe 1994)

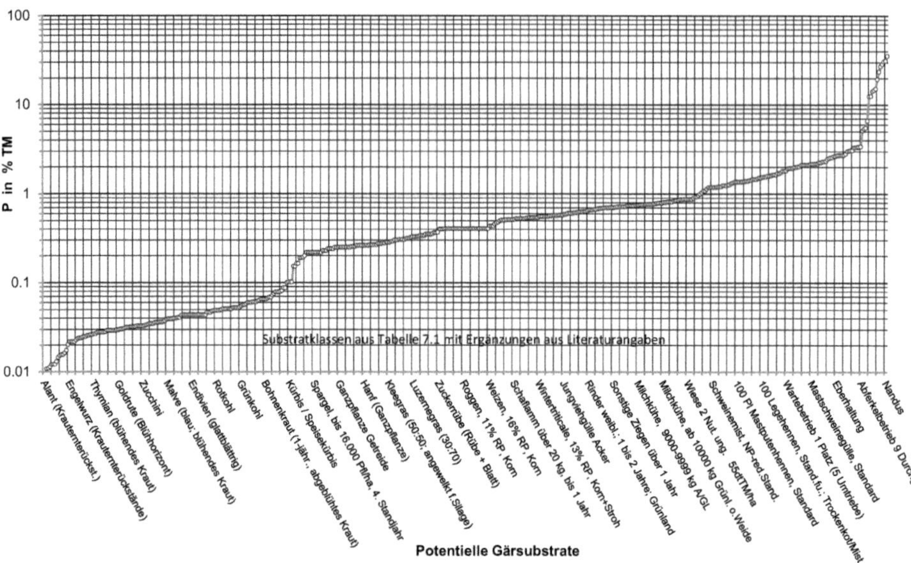

Abb. 4.3 Bereich der TM-bezogenen Gehalte an Elementarphosphor für potenzielle Gärsubstrate (Langhans 2009; VDLUFA 1997; Souci 2008; Kraut 1986; Tabasaran 1993; Kling 1983; Propfe 1994)

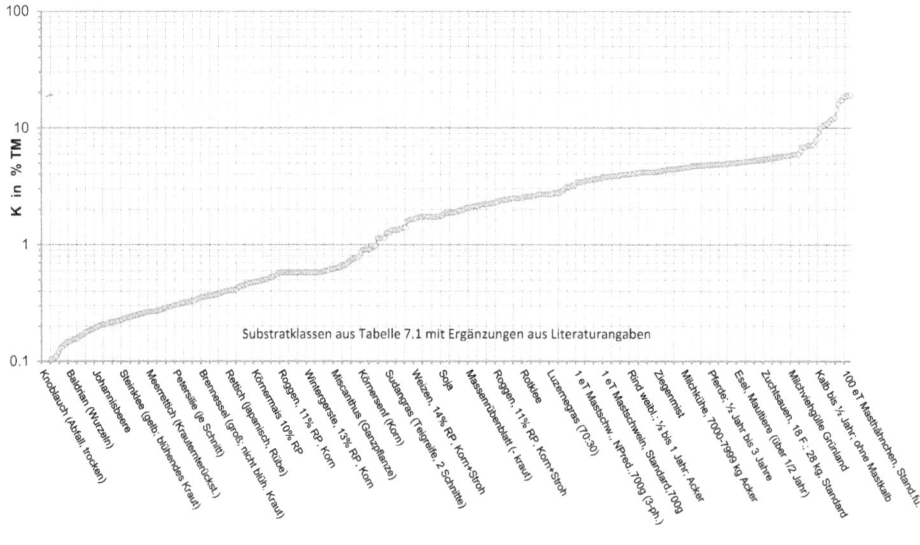

Abb. 4.4 Bereich der TM-bezogenen Gehalte an Kalium für potenzielle Gärsubstrate (Langhans 2009; VDLUFA 1997; Souci 2008; Kraut 1986; Tabasaran 1993; Kling 1983; Propfe 1994)

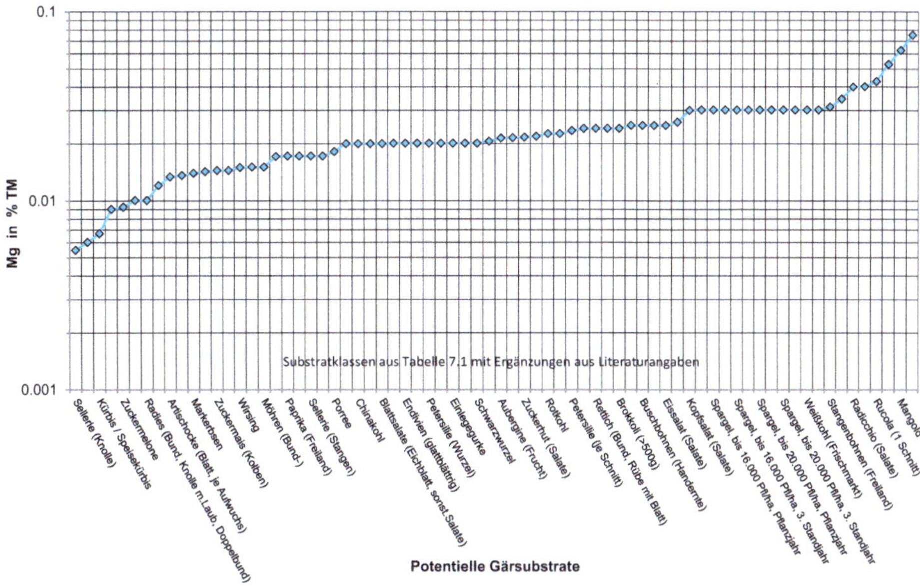

Abb. 4.5 Bereich der TM-bezogenen Gehalte an Magnesium für potenzielle Gärsubstrate (Langhans 2009; VDLUFA 1997; Souci 2008; Kraut 1986; Tabasaran 1993; Kling 1983; Propfe 1994)

Tab. 4.2 Umrechnungsfaktoren für die düngewertgebenden Elemente in Substraten und Gärresten

Bruttosummenformel	P_2O_5	PO_4	K_2O	MgO	CaO	SO_4
Molgewicht [g/mol]	151,94	94,97	94,2	40,31	56,08	96,07
Element/Oxid	0,4368	0,3216	0,8301	0,6031	0,7147	0,3338

Ionenschreibweise vernachlässigt

Das mit den Substraten der Vergärung zugeführte Nährstoffpotenzial ist die Basis für die Wiederfindungsbilanzen im Gärrest. Theoretisch müssen die Elemente P, K, Mg im Gärrest in den gleichen absoluten Mengen (bei kontinuierlichen Prozessen zeitbezogen) wie im dosierten Substrat (zuzüglich separater Nährstoffdosierung) vorhanden sein, allerdings in veränderten qualitativen Zuständen. Durch den anaeroben Abbau der bio-verfügbaren oTM erfolgt die Freisetzung eines Anteils der anorganischen Komponenten, die dadurch in Abhängigkeit der Prozessbedingungen untereinander neu reagieren können.

Die gebildete anaerobe Bakterienbiomasse erhält aus diesem Nährstoff-Pool die für ihren Zellaufbau erforderlichen Makro- und Mikroelemente. Der Überschuss kann durch Fällungsreaktionen zu partikulären Feststoffen führen, die sich bevorzugt der vorhanden suspendierten Trockenmasse anlagern. Gelöste Verbindungen bleiben in der Flüssigphase.

Durch Fest-Flüssig-Trennverfahren können Presswässer/Zentrate mit angereicherter gelöster Trockensubstanz und feuchte Feststoffkuchen mit dominantem suspendierten Trockenmasseanteil erzeugt werden – mit verfahrensabhängiger Umverteilung der Düngewert gebenden Nährstoffe. Werden thermische Verfahren zur Trocknung/Eindampfung des Gärrestes eingesetzt, kann ein weitgehend wertstofffreies Kondensat erzeugt werden.

Eine Ausnahme bilden bei diesen Prozessen die Elemente Stickstoff und Schwefel, die nach ihrer Freisetzung durch die anaeroben Stoffwechselprozesse entsprechend ihren Dissoziationsgleichgewichten (Abschn. 2.2.3) die gasförmigen Komponenten Ammoniak und Schwefelwasserstoff bilden und damit in Abhängigkeit der Prozessbedingungen gasförmig über das Biogas ausgetragen werden können. Sie werden deshalb im Abschn. 4.1.4 gesondert betrachtet.

4.1.2 Der Nährstoffbedarf der anaeroben Biozönose

Während die Bruttosummenformel der Trockenmasse anaerober Bakterien in der Literatur überwiegend mit $C_5H_7O_2N$ angesetzt wird (Tab. 7.1) und sich vereinzelt eine Erweiterung auf die Elemente S und P findet, sind vollständige Elementaranalysen nur bei wenigen Autoren verfügbar (Rehm 1981; Scherer 1981; Scherer 1983).

Häufiger finden sich Untersuchungen zu ausgewählten Makro- und Mikroelementen, deren Einfluss auf die Prozesseffizienz der Vergärung in Abhängigkeit ihres Vorhandenseins bzw. einer Zusatzdosierung zum Substrat bestimmt wird (Schönheit 1979; Speece 1964, 1985; Takashima 1989, 2011; Leighton 1995; Harder 1983; Müller 1988; Murray 1981; Kida 1991; Gonzales-Gil 2003; Kube 2009; Lemmer 2010; Oechsner 2011; Ortner 2012).

Zur Klärung der ggf. bestehenden Defizite an essenziellen Nährstoffen und Spurenelementen im Verhältnis zu dem für den Stoffwechsel zur Verfügung stehenden Substratkohlenstoff, um optimale Lebensbedingungen für die anaerobe Biozönose einzustellen, ist insbesondere die Verfügbarkeit der analytisch bestimmten Elementkonzentrationen für die Bakterien von Bedeutung.

Speziell die essenziellen Spurenelemente spielen eine wichtige Rolle für den anaeroben Metabolismus und die Generierung neuer Bakterienbiomasse. Sie sind in kleinen, aber entscheidenden Mengen Bestandteil aller Enzyme und Energietransfersysteme der Zellen (Fermoso 2009).

Die Analytik der Gesamtnährstoffkonzentrationen ist dafür wenig aussagekräftig, da in diesen Werten sowohl die Anteile in noch unvergorenen Substratbestandteilen als auch die Inkorporationen in der Bakterienbiomasse und in Fällungsprodukten summarisch erfasst werden. Ein für neu zu bildende Biomasse verfügbarer freier Nährstoffanteil ist nicht spezifizierbar.

Teilweise wird versucht, einen unter physiologischen Temperatur- und pH-Wertbedingungen eluierbaren Bestandteil zu ermitteln unter der Annahme, dass dieser auch für die Bakterien verfügbar ist. Eine andere Herangehensweise besteht in der weitgehenden Abtrennung aller suspendierten Feststoffe, die nach Waschung mit destilliertem Wasser auf Nährstoffe analysiert werden. Die Differenz zwischen den Ergebnissen aus dem Totalaufschluss und der Feststoffuntersuchung wird als gelöst und verfügbar betrachtet. Ob das jedoch mit den Bedingungen im bakteriellen Mikrohabitat korrespondiert, ist bisher umstritten (Friedemann 2007; Agraferm 2010; Oechsner 2008).

Eine bewusste hohe Überdosierung sollte in jedem Fall vermieden werden, da speziell für die essenziellen Spurenelemente nur ein enger Spielraum zwischen der physiologisch notwendigen Dosiermenge und der toxischen Wirkung als Schwermetall gegeben ist (Zellmann 2006; Turk 2008). In gleicher Weise können Stickstoff und Schwefel stimulierend oder hemmend auf den Gärprozess wirken, z. B. in Form von gebildeten unlöslichen sulfidischen Fällungsprodukten (Tab. 4.3 und 4.4).

Die beiden letztgenannten Elemente sind als Zellbestandteil notwendig, wirken jedoch in Abhängigkeit der Prozessbedingungen im hohen Überschuss auch toxisch (Abschn. 4.1.4). Außerdem nehmen sie auch noch über ihre chemische Aktivität direkten Einfluss auf die Prozessbedingungen und die Nährstoffreaktionen (Langhans 1998).

Tab. 4.3 Löslichkeit von ausgewählten Schwermetallionen in Abhängigkeit des pH-Wertes; zitiert in: Lawrence (1965), Langhans (1997, 1998, 2007)

Schwermetalle	pH-Wert Bereich des wässrigen Lösungsmittels	Lösliche Schwermetallionen [mg/l]
Zn, Hg, Cd, Cu, Ni, Fe	≤ 3 bis 6,5	5×10^2 bis 5×10^3
	$\geq 7{,}2$ bis 9	10^1 bis 10^0

Tab. 4.4 Löslichkeit von sulfidischen Schwermetallsalzen bei 18 °C; zitiert in: Lawrence (1965); Langhans (1997, 1998, 2007)

Schwermetall	Sulfidische Schwermetallsalze	Löslichkeit bei 18 °C [mg/l]
Kupfer	Cu_2S	3×10^{-11}
Kupfer	CuS	9×10^{-18}
Blei	PbS	4×10^{-9}
Kobalt	CoS	4×10^{-8}
Nickel	NiS	1×10^{-7}
Zink	ZnS	3×10^{-7}
Eisen	FeS	5×10^{-5}

Hintergrundinformation
Die Löslichkeit von Schwermetallionen selbst zeigt schon eine starke Abhängigkeit vom pH-Wert des wässrigen Lösungsmittels. Werden aus Schwefelquellen unter anaeroben Bedingungen Sulfide freigesetzt, kommt es mit vorhandenen Schwermetallionen zur Bildung extrem unlöslicher Metallsulfide und der Anteil aktiver Metallionen im Medium kann signifikant reduziert werden (Tab. 4.3). Es besteht also als kurzfristige Maßnahme zur Reduzierung von akuter Schwermetalltoxizität durch gesteuerte Dosierung von Schwefelquellen die Möglichkeit, den freien Metallionengehalt im Gärmedium zu senken.

Andererseits lässt sich durch Dosierung von wasserlöslichen Schwermetallsalzen der H_2S-Gehalt im Biogas reduzieren. In der Regel werden dazu Eisenchlorid und Eisenhydroxid verwendet, da Eisen zu den am wenigsten biotoxisch wirkenden Metallionen gehört und seine Konzentrationen im Fermenter nicht so strikt überwacht werden müssen, s. Abschn. 6.1.4.

Eine besondere Stellung nehmen Natrium und Kalium in ihren biochemischen Wirkungen ein. Sie spielen eine Schlüsselrolle beim Ionentransfer zwischen Zelle und umgebendem Habitat. Es zeigt sich, dass Kaliumkonzentrationen, beginnend ab etwa 3 g/l bei ca. 6 g/l eine deutliche Stoffwechselhemmung verursachen. Für Natrium liegt, bei beginnender Hemmung ab etwa 6 g/l, der kritische Wert bei ca. 30 g/l (De Baere 1984). Sind beide Elemente im Gärmedium vorhanden, wurde eine antagonistische Reaktion beobachtet in Form reduzierter Hemmwirkung (Sprott 1981). Für Magnesium in Konzentrationen zwischen 300 mg/l und 550 mg/l wurde eine Reduzierung der Natriumtoxizität beschrieben (Sprott 1981; Basharat 2004).

Infolge der komplexen Einflussnahmebedingungen sowie der schwierigen experimentellen und analytischen Nachweise sind die Angaben in der Literatur bezüglich der Wirkungen von Nährstoffen und Spurenelementen auf den bakteriellen Stoffwechsel zum Teil widersprüchlich. Anhaltswerte liefert die bei (Turk 2008) aus dort zitierten Quellen zusammengestellte Tabelle, die nachfolgend als Tab. 4.5 übernommen wird.

Generell zeigt sich, dass längere Adaptionsphasen den Bakterien in gewissen Grenzen (die wieder vom Gesamtmilieu abhängen) eine Anpassung an höhere Konzentrationen der Erdalkalimetalle ermöglichen.

Chloride werden relativ gut von den Anaerobiern vertragen. Das ist wichtig für die Zusatzdosierung von Nährstoffen, da Kationen in Form leicht löslicher Chloride zugeführt werden können (Kugelmann 1965). Zu beachten ist jedoch die hohe Korrosivität von Chlorionen bei Edelstahl und die Beeinflussung der CSB-Analytik durch Chloride.

Tab. 4.6 und 4.7 fassen die Ergebnisse der recherchierten und anhand eigener Messungen verifizierten Nährstoff- und Spurenelementanalysen von Bakterientrockenmasse zusammen.

Die für einige essenzielle Spurenelemente von (Takashima, Speece 2011) gemessenen Spurenelementkonzentrationen unter mesophilen und thermophilen Bedingungen sind zum Vergleich in Tab. 4.7 dargestellt. Es zeigt sich, dass die im mesophilen Prozess ermittelten Konzentrationswerte sich in den Min-max-Bereich der Konzentrationsmessungen sonstiger Autoren einfügen, während die thermophilen Werte deutlich über den mesophilen Max-Werten liegen.

Tab. 4.5 Optimale Spurenelementversorgung und Hemmung durch zu hohe Konzentrationen nach verschiedenen Quellen. (Quellen: (1) Kayhanian 1996, (2) Kloss 1986, (3) Silveira 1991, (4) Kaltschmitt und Hartmann 2001; Parkin 1982; Duarte 1982; Oleszkiewicz 1990; de Baere 1983)

Element	Optimale Bedingungen (mg/kg)			Hemmung (mg/kg)	
–	(1)	(2)	(3)	(4)	(1)
K	–	75–250	–	>3000	–
S	–	50–100	–	>50 mg/kg H_2S >100 mg/kg S^{2-} >160 mg/kg Na_2S	–
Mg	–	10–40	–	>2400 mg/kg $MgCl_2$	–
Ni	10	0,5–10	0,042	>10	>10–300
Zn	–	0–3	–	>400	>150–600
Mo	2	0,1–0,35	–	–	–
Co	2	0,5–20	0,42	–	–
Se	0,03	0,1–0,35	–	–	–
Fe	1000	10–200	1	–	–
Na	–	45–200	–	>6000–30.000	–
W	0,1	0,1–0,35	–	–	–
Cd	–	–	–	–	>150–600
Cr	–	–	–	>130	>100–300
Cu	–	–	–	>40	>40–250
Pb	–	–	–	>340	>300–340
Ca	–	–	–	>2800 mg/l $CaCl_2$	–

Tab. 4.6 Ergebnisse der Elementaranalysen von Bakterientrockenmasse – In der Trockenmasse anaerober Bakterien enthaltene Nährstoffe. (Quellen: Rehm 1981; Scherer 1981, 1983; Zellmann 2006; Langhans 2007; Turk 2008; Fermoso 2009; Takashima 2011)

Element (Nährstoffe)	Element-symbol	Min [%BTM]	Max [%BTM]	Min [g/kg BTM]	Max [g/kg BTM]
Stickstoff	**N**	5,54	6,26	**55,40**	**62,60**
Phosphor	**P**	0,52	2,85	**5,20**	**28,50**
Schwefel	**S**	0,565	1,2	**5,65**	**12,00**
Natrium	**Na**	0,365	4	**3,65**	**40,00**
Kalium	**K**	0,13	5,45	**1,30**	**54,50**
Kalzium	**Ca**	0,018	0,43	**0,18**	**4,30**
Magnesium	**Mg**	0,08	0,47	**0,80**	**4,70**
Chloride	**Cl^-**	0,1385	–	**1,39**	**0,00**

organischer Kohlenstoff in Bakterienzellen 43 bis 51 % BTM

Tab. 4.7 Ergebnisse der Elementaranalysen von Bakterientrockenmasse – In der Trockenmasse anaerober Bakterien enthaltene lebensnotwendige Spurenelemente. (Quellen: Rehm 1981; Scherer 1981, 1983; Zellmann 2006; Langhans 2007; Turk 2008; Fermoso 2009; Takashima 2011, Werte Takashima, Speece 2011)

Element	Element-symbol	Min [ppm]	Max [ppm]	Mesophil	Thermophil
Eisen	**Fe**	720	3160	**1000**	**5000**
Nickel	**Ni**	60	290	**37**	**550**
Kobalt	**Co**	10	120	**87**	**670**
Molybdän	**Mo**	10	70	–	–
Zink	**Zn**	50	1810	**250**	**3000**
Mangan	**Mn**	5	27	–	–
Kupfer	**Cu**	10	160	–	–
Selen	**Se**	14	320	–	–
Bor	**B**	3,32	–	–	–
Wolfram	**W**	3,3	4,3	–	–

Daraus läßt sich ableiten, dass thermophile Anaerobprozesse ein Mehrfaches an Spurenelementkonzentrationen im Fermenter benötigen, als unter mesophilen Bedingungen beobachtet wurde (Takashima 2011; Sprott 1981; Schönheit 1979). Somit sollte man sich beim Dosieren essenzieller Spurenelemente in thermophil betriebenen Anlagen darauf einstellen, höhere Konzentrationen zu benötigen, als Erfahrungen aus mesophilen Anlagen erwarten lassen. Da die Literaturdaten jedoch keine schlüssige Erklärung liefern, ob die Verfügbarkeit für die Bakterien unter thermophilen Bedingungen geringer ist oder durch schnelleres Wachstum der Thermophilen und veränderten Zellaufbau höherer Bedarf vorliegt, und welche temperaturabhängigen Faktoren sonst noch Einfluss nehmen, ist die schrittweise Mehrdosierung sorgfältig prozesstechnisch zu überwachen, um keinen Umschlag in Schwermetalltoxizität zu provozieren.

Für die elementaranalytische Bewertung der Bakterienbiomasse lässt sich davon ausgehen, dass der Stickstoffanteil der Bakterientrockenmasse im Wesentlichen aus dem Gehalt der zelleigenen Aminosäuren und Proteine stammt. Aufgrund der Tatsache, dass die essenziellen Spurenelemente ebenfalls Bestandteil dieser Verbindungen sind und Proteine die Bausteine der stoffwechsel-und speziesrelevanten Zellstrukturen bilden, während Kohlenhydrate und Fette hauptsächlich Speicherstoffe für den Betriebs- und Baustoffwechsel bilden, ist es naheliegend, nicht die BTM, sondern den Stickstoffgehalt der BTM als Bezugsbasis für den Bedarf an Makro- und Mikroelementen zum Zellbiomasseaufbau zu verwenden (Rehm 1981). Tab. 4.8 und 4.9 liefern diese Darstellungsart mit den original stickstoffbezogenen Werten aus der Literatur sowie den entsprechend umgerechneten Angaben aus Tab. 4.6 und 4.7.

Tab. 4.8 Stickstoffbezogene Nährstoff- und Spurenelementgehalte von Bakterienzellen – Nährstoffanteile an der Bakterientrockenmasse [% der BTM] nach Rehm **aus** Tab. 4.6

Element	Verhältnis zu N [%]	Min	Max	Verhältnis min. zu N [%]	Verhältnis max. zu N [%]
Stickstoff	100	5,54	6,26	100	100
Phosphor	23	0,52	2,85	9,39	45,53
Schwefel	8,9	0,565	1,2	10,20	19,17
Natrium	3,2	0,365	4	6,59	63,90
Kalium	14	0,13	5,45	2,35	87,06
Kalzium	3	0,018	0,43	0,32	6,87
Magnesium	4,9	0,08	0,47	1,44	7,51
Chlor	2,5	0,1385		2,5	–

Tab. 4.9 Stickstoffbezogene Nährstoff- und Spurenelementgehalte von Bakterienzellen – Spurenelementanteile an der Bakterientrockenmasse [ppm] bzw. [mg/kg BTM]

Element	Verhältnis zu N [%]	Min	Max	Verhältnis min. zu N [%]	Verhältnis max. zu N [%]
Eisen	0,3	720	3160	1,2996	5,05
Nickel	**0,286**	60	290	0,1083	0,46
Kobalt	0,003	10	120	0,0181	0,19
Molybdän	0,002	10	70	0,0181	0,11
Zink	0,14	50	1810	0,0903	2,89
Mangan	0,05	5	27	0,0090	0,04
Kupfer	0,03	10	160	0,0181	0,26
Selen	**0,268**	14	320	0,0253	0,51
Bor	0,006	3,32	–	0,0060	–

Die Werte für Ni und Se wurden aus den Mittelwerten für BTM rückgerechnet

Die Umrechnungen aus Tab. 4.6 und 4.7 auf Stickstoffbezug zeigen keine völlige Übereinstimmung zu den Originalangaben nach (Rehm 1981), befinden sich jedoch größtenteils mit einem Bereichswert aus der Min-max-Spannweite der Messungen in derselben Größenordnung.

Es liegt in der Natur der Materie, dass mit diesen Wertespannweiten gerechnet werden muss:

- Von den Bearbeitern wurden unterschiedliche Spezies für ihre Untersuchungen eingesetzt, sodass hier schon artbedingte Abweichungen in der elementaren Zusammensetzung der BTM auftreten können.

- Bakterien zeigen generell die Tendenz, bei Nährstoffüberschuss im Kulturmedium Speicherstoffe in ihrem Zellmaterial einzulagern. Die für die Analytik gewinnbare Bakterientrockenmasse aus den angelegten Zellkulturen hängt somit von den durch die unterschiedlichen Bearbeiter gewählten Züchtungsbedingungen sowie von der gewählten Konditionierung des Zellmaterials für die Elementaranalytik ab. Diese Abhängigkeiten sind anhand der verfügbaren Veröffentlichungen nicht vollständig verifizierbar.

Die präsentierten Messwerte sollten deshalb als realitätsnahe Größenordnungen betrachtet werden, deren absolute Zahlenwerte jedoch als variationsfähig zu verstehen sind.

Für den Anlagenbetrieb lässt sich als Entscheidungshilfe die Größenordnung von Nährstoff- und Spurenelementmangel nach Art und Menge der betroffenen Elemente mithilfe eines einfachen Mengenbilanzprogrammes abschätzen. Dazu werden die Angaben aus Tab. 4.1 für relevante Substrate genutzt, um mit der täglichen Fermenterdosiermenge den TM-bezogenen Nährstoff- und Spurenelementeintrag zu berechnen. Bei komplexen Abfällen kann auch eine Elementaranalyse des verwendeten Materials in Auftrag gegeben werden.

Über den erfolgten CSB-Umsatz im Gärreaktor lässt sich dann mit den Angaben in Abschn. 2.4.4 und 4.1.6 ein Biomasseertrag abschätzen, aus dem über Tab. 4.6 und 4.7 oder Tab. 4.8 und 4.9 der Nährstoff- und Spurenelementbedarf als Tagesmenge der neu gebildeten Bakterienzellen dargestellt wird. Der Vergleich von Eintrag und Bedarf zeigt, ob und für welche Elemente die theoretische Bilanz schon Mangelerscheinungen erwarten lässt. In Abb. 4.6 und 4.7 werden dazu für zwei unterschiedliche Substrate die Ergebnisse die Bilanzierung vorgestellt und in ihrer Aussage diskutiert.

Die erste Prozessvariante entspricht einer Anaerobanlage zur Energieerzeugung mit maximierter Methanproduktion durch Vergärung von Roggenkorn mit einer Beimischung von 14 % Rindergülle, die schon für die Supplementierung fehlender Nährstoffe und Spurenelemente gedacht ist.

Für einen zugrunde gelegten Betriebszustand werden in Abb. 4.6 die täglichen Eintragsmengen der Substratmischung dem Bedarf aus dem modellierten Biomasseertrag gegenübergestellt. Letzterer wurde für die Kohlenhydrat und proteinreichen Substrate bei einer angenommenen Nutzung von 8 % des umgesetzten Substrat-CSB zum Aufbau neuer Zellmasse abgeschätzt (Abschn. 2.4.4 und 4.1.6).

Für die Biomasse sind die Min-max-Werte nach Tab. 4.6 und 4.7 dem Erwartungsbereich des Bedarfs zugrunde gelegt. Für die Mehrheit der Nährstoffe zeigt sich ein relativ ausgeglichenes Verhältnis von Angebot und Bedarf. Allerdings sind für die generell als Mangelelemente bekannten Metalle Ni, Co, Mo und insbesondere Se die 14 % Rindergülle noch nicht ausreichend, um den Bedarf wirklich zu decken. Hier ergibt sich also die Notwendigkeit, das Dosierkonzept zu überarbeiten. Sollte aus verfahrenstechnischen, ökonomischen oder rechtlichen Gründen eine Erhöhung des Gülleanteils nicht erwünscht

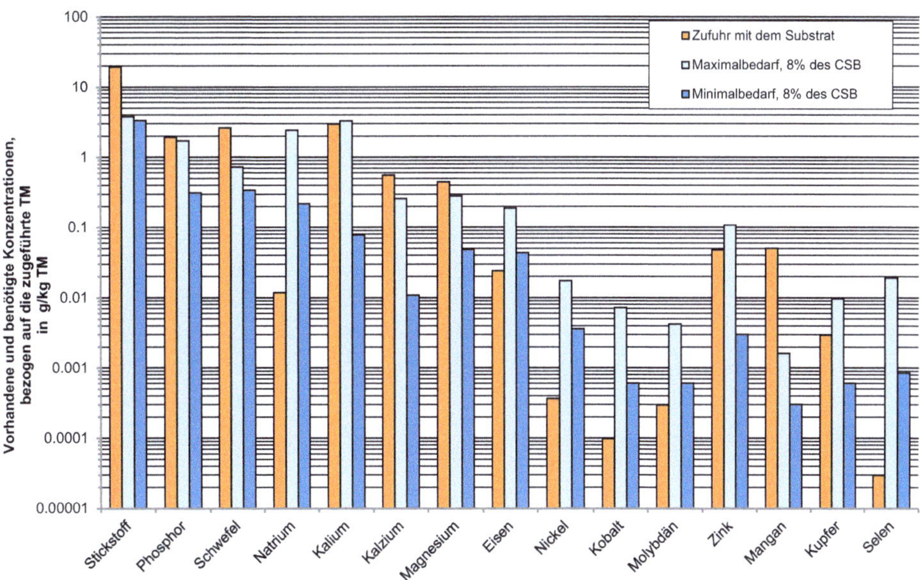

Abb. 4.6 Nährstoffgehalt einer Substratmischung aus Roggenkorn und 14 % Rindergülle im Vergleich zum Bedarf der bei Vergärung dieses Substrats neu gebildeten Bakterienbiomasse. Die Modellierung gilt für die Prozessdaten eines anlagentypischen Betriebspunktes

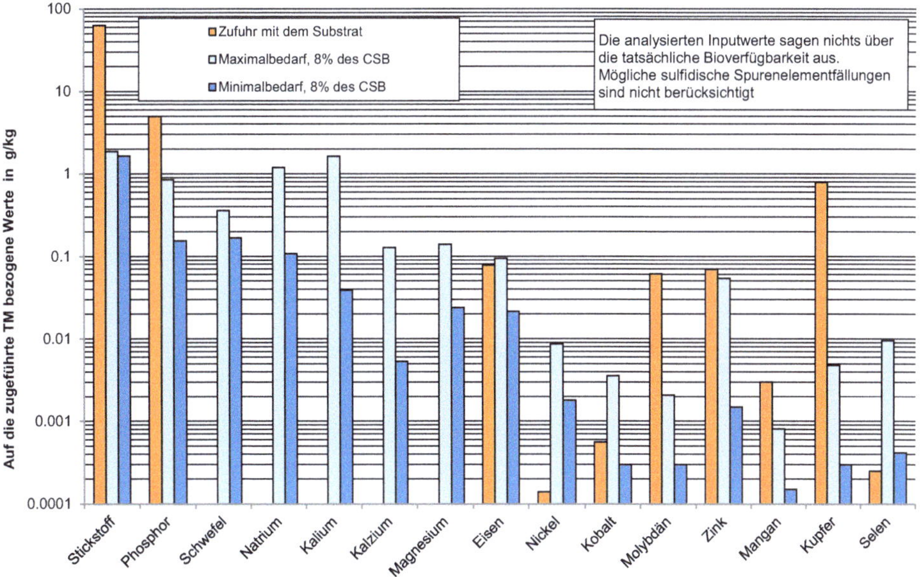

Abb. 4.7 Kontrolle der verfügbaren Nährstoffe und Spurenelemente in einer Bioabfallvergärungsanlage

sein, muss auf die zusätzliche Dosierung handelsüblich angebotener Nährstoff-/Spurenelementmischungen zurückgegriffen werden.

Variante zwei zeigt den typischen Einsatzfall einer Vergärung von häuslichen und Supermarkt-Bioabfällen. Hier muss der Abfall verarbeitet werden, wie er angeliefert wird, und ein stabiler biologischer Prozess ist Grundvoraussetzung für die Entsorgungssicherheit.

Mangelerscheinungen müssen ständig überwacht und ausgeglichen werden. Zink und Kupfer zeigen das bekannte Erscheinungsbild höherer Konzentrationen in Bioabfällen. Bei den Spurenelementen liegen jedoch selbst bei diesen Bioabfällen die Mangelerscheinungen für Ni, Co, und Se vor. Für Stickstoff und Phosphor ist aufgrund des tendenziell hohen Eiweißgehalts von Bioabfällen ein Überschuss im Angebot erkennbar (Bezüglich der Elemente Schwefel bis Magnesium erfolgte keine Überwachungsanalytik, sodass die Werte fehlen; es ist jedoch von ausreichender Versorgung in Bioabfällen auszugehen).

Da der Einsatz von Gülle in Bioabfallbehandlungsanlagen problematisch sein kann, ist es also wieder erforderlich, auf Handelsware für die Nährstoffbereitstellung zurückzugreifen. Eventuell lässt sich mit einem passenden Ko-Substrat, das die Mangelelemente enthält, ein Ausgleich schaffen.

Die Notwendigkeit einer Nährstoff- und Spurenelementdosierung wurde erst signifikant, seit Vergärungsanlagen mit höheren Raumbelastungen und Trockenmassegehalten im Reaktor entwickelt und aus ökonomischen Gründen betrieben wurden.

In der konventionellen, schwach belasteten Nassvergärung mit geringen TM-Konzentrationen im Fermenter <4 % und hohen Rückführraten von Verdünnungswasser – sodass Zulaufmenge ungefähr gleich Ablaufmenge galt, da die geringen Massenverluste über die Gasphase vernachlässigbar waren – spielten Mangelerscheinungen eine untergeordnete Rolle. Der geringe Biomassebesatz im Reaktor führte nur zu geringem Zellzuwachs und das Rückführwasser aus nachgeschalteten Prozessstufen stellte zusätzliche Nährstoffe bereit. Damit konnten diese Systeme sich in einem stabilen Fließgleichgewicht bezüglich Stoffangebot und -nachfrage halten. Erst in modernen Hochlast- und Trockenfermentationsanlagen (Abschn. 6.2) sind Mangelerscheinungen prozesstypisch und in ihrer Kontrolle und Behebung in die Betriebsführung mit einzubeziehen.

4.1.3 Abschätzung des Gärrest-Düngewertes

Die stoffliche Nutzung des Gärrestes als Dünger, Bodenverbesserer oder auch in fraktionierter Form als Beregnungswasser bzw. Zuschlagstoff in Kompostierungsanlagen hängt von mehreren Bedingungen ab:

- Die Zulässigkeit der Gärrestverwendung für jede weitere Verwertung oder Verarbeitung in Abhängigkeit der Substratherkunft sowie der Prozessbedingungen bei Substrat-Aufbereitung, -Vergärung und Gärrest-Nachbehandlung unterliegt strengen

gesetzlichen Regelungen und behördlichen Vorgaben. Diese sind vor einem in Verkehr bringen des Gärrestes sorgfältig zu prüfen, bevor weitere technische und kommerzielle Randbedingungen analysiert werden. Mengenregelungen und Quarantäne- sowie Hygienisierungsvorgaben sind zu beachten und in ihren anlagentechnischen und kommerziellen Auswirkungen zu recherchieren.
- Physikalische Parameter wie rheologische Stoffwerte, Feststoffsedimentation und Dichtewerte in Abhängigkeit vom TM- und oTM-Gehalt, ggf. Oberflächenspannung und Schaumfähigkeit/-Stabilität, spezifische Wärmekapazität und Wärmeleitung sind in gärrestspezifischer Größenordnung zu definieren.
- Chemische Parameter wie Düngewert gebende Inhaltstoffe, Elementaranalyse zur Deklaration der signifikanten Einzelstoffe im Gärrest, sowohl im Gemisch als auch in den Feststoff- und Zentrat-/Presswasserfraktionen nach erfolgter Fest-Flüssig-Trennung sollten bekannt sein. Die Verteilung der Nährstoffe und Spurenelemente auf die Feststoff- und Flüssigkeitsfraktion bestimmt über deren spätere Nutzung. Konzentrationsänderungen gegenüber dem Zulauf spielen eine zentrale Rolle infolge des über das Biogas aus dem Reaktor abgeleiteten Massenstroms. Chemische und biochemische Reaktionen führen zu einer signifikanten Veränderung des Substratmaterials in Menge und Qualität. Reaktive Elemente werden während des anaeroben Stoffwechsels daraus freigesetzt. Fällungs-/Kristallisationsprodukte können entstehen und die Korrosivität des Mediums ändert sich. Vor einer thermischen Nutzung ist der Brennwert der Gärrest-Trockenmasse abzuschätzen (Abschn. 3.2.2.2).

Die Stoffgruppen Kohlenhydrate, Proteine und Fette unterliegen dem anaeroben Stoffwechsel, was analytisch zu einer signifikanten Verringerung der organischen Kohlenstoffmasse im Gärrest führt. Dabei werden insbesondere durch den Abbau von Proteinen und Aminosäuren Stickstoff, Phosphor und Schwefel aus ihren Verbindungen freigesetzt und in Lösung übergeführt. Das Gleiche geschieht mit den essenziellen Spurenelementen je nach den pH-Wert und temperaturabhängigen Reaktions- und Dissoziationsbedingungen im Reaktor. Gleichzeitig versucht das sich neu bildende anaerobe Zellmaterial, aus dem Pool gelöster Nährstoffe seinen Bedarf zu decken. Als Sonderfall können Stickstoff und Schwefel neben den Komponenten NH_4^+ und SH^- entsprechend ihren Dissoziationsgleichgewichten (Abschn. 2.2.3) jeweils die undissoziierten gasförmigen Konfigurationen NH_3 und H_2S bilden, die dann nach dem Löslichkeitsgesetz von HENRY (Abschn. 2.2.2) im Gleichgewicht zur Biogasphase stehen und entsprechend den Gleichgewichtsbedingungen mit über das Biogas ausgetragen werden. Damit zeigen diese beiden Elemente eine echte mengenmäßige Reduzierung im Gärrest gegenüber dem Substrateintrag. Zusätzlich können im Gärrest noch Minderungen auftreten durch Bildung von Kristallisations- und Fällungsprodukten, die im Reaktor Inkrustierungen bilden oder als Granulat im Bodensediment verbleiben. Bei Letzteren handelt es sich vorwiegend um MAP (Magnesiumammoniumphosphat, $MgNH_4PO_4 \cdot 6H_2O$ [STRUVIT]), (Schulze-Rettmer 1992; Seyfried 1993) oder HAP

(Hydroxylapatit, $Ca_5[OHI(PO_4)_3]$), (Battistoni 1998) bzw. um Schwermetallsulfide. Das führt im Gärrest zu einer sekundären Verminderung der ebenfalls an diesen Fällungsreaktionen beteiligten Elemente Mg und P sowie der Schwermetallionen. Liegt Stickstoff außer als Bestandteil der oTM (Proteinstickstoff) noch in zusätzlichen Komponenten wie Harnstoff oder Harnsäure vor und Schwefel als Konservierungsstoff (z. B. Bisulfit) oder in Form von Gips als Füller in Gipskarton und Kartonagen/Packpapier, werden die beschriebenen Effekte noch verstärkt und können sich der Standardbilanzierung über die oTM entziehen.

Neben der Kohlenstoffreduzierung im Gärrest sind insbesondere die stoffwechselbedingte Zerlegung von Wassermolekülen und die Implementierung der Wasserstoff- und Sauerstoffionen in das Biogas ein wesentlicher Faktor für die verringerte Gärrestfeuchtmasse im Vergleich zum Zulauf (Abschn. 4.2; Kap. 5).

Tab. 4.7 verdeutlicht am Beispiel der Prozessbilanz einer NawaRo-Biogasanlage, wie sich von der Substratmischung im Anlagenzulauf über den anaeroben Abbau der Organik bis einschließlich eingesetztem Entwässerungsverfahren für den Gärrest die Verteilung der Nährstoffe und Spurenelemente ändert.

Dabei wird in der Prozessmodellierung der oTM- sowie Wasserverlust über die Gasphase einschließlich der Sättigungsfeuchte des Biogases bei Prozesstemperatur berücksichtigt. Für Stickstoff und Schwefel werden die Gasphasenverluste unter den angenommenen Prozessbedingungen in Form von Ammoniak und Schwefelwasserstoff erfasst. Die anteilige Fixierung der Nährstoffe und Spurenelemente in der neu gebildeten suspendierten Bakterienbiomasse und weitere Kristallisierungs-/Fällungsreaktionen, die in unterschiedlicher Weise Elemente an suspendierte Feststoffe binden, beeinflussen bei Einsatz mechanischer Trennverfahren für den Gärrest die Nährstoffverteilung auf die Fest- und Flüssigphase.

Je nachdem, ob man den Gärrest als Flüssigdünger oder die separierten Feststoff- und Flüssigphasen weiter verwendet, stellen sich in den unterschiedlichen Produkten abweichende N: P : K – Nährstoffverhältnisse ein. Diese sind jeweils produktspezifisch zu ermitteln, um die zulässigen jährlichen Jahresfrachten der Ausbringung auf Agrarflächen zu bilanzieren, bzw. um notwendige Nährstoffergänzungen aus anderen Quellen festzulegen (Gottschall 2010; Pfundtner 2001; LfL 2006; DLG 2014; Hoppenheidt 1998; Formowitz 2011; Mayer 2006; Kluge 2008).

Es kann davon ausgegangen werden, dass die unmittelbare Pflanzenverfügbarkeit der gelösten Nährstoffverbindungen am größten ist. Allerdings besteht auch die Gefahr einer Schädigung des Pflanzengewebes bei zu hohen Ausbringkonzentrationen oder es können Nährstoffverluste durch Reaktionen innerhalb des umgebenden Habitats auftreten. Andererseits sind feststoffgebundene Nährstoffe erst nach Sekundärreaktionen mit Übergang in Lösung verfügbar und gewährleisten damit eine gewisse Depotwirkung.

Auswaschungen in das Grundwasser sind eine negative Folge von Überdüngung oder ungenügender Abstimmung des Angebots an den wachstumsabhängigen Bedarf der kultivierten Pflanzen.

Wird der Gärrest mit mechanischen Entwässerungsverfahren in Fest- und Flüssigphase aufgetrennt, ist zu beachten, dass die Fraktionierung je nach eingesetzter Technologie ganz unterschiedlich ausfallen kann:

- Pressschneckenseparatoren trennen grundsätzlich in einen Grobstoff-Feststoffkuchen und ein Presswasser mit noch erheblichem feinpartikulären Feststoffanteil. Letzter kann durch die Perforation des Siebmantels beeinflusst werden. Allerdings sind einer Minimierung Grenzen gesetzt durch die Verblockungsgefahr bei zu feiner Perforation sowie durch die stark ansteigenden Pressdrücke.
- So werden bei Trockenfermentationen in der Regel TM-Konzentrationen im Presswasser zwischen 12 % und 17 % erreicht, während bei Nassfermentation 6 % bis 8 % typisch sind.
- Der Feststoffkuchen kann bei Feststoffen aus der Abfallvergärung mit hohem mineralischem Anteil bis 45 % TM betragen, während bei Agraranlagen aufgrund des hohen inneren Feuchtegehalts der überwiegend organischen Feststoffe nur Werte von 28 % bis 35 % TM bei subjektiv sehr trocken erscheinendem Presskuchen erreicht werden.
- Der Einsatz von Dekanterzentrifugen erfolgt bevorzugt bei Abfallvergärungsanlagen und für sehr große Anlagenkapazitäten. Ohne Einsatz von Flockungsmitteln erreichen Dekanter Trenngrade von 60 % bis 70 % und damit TM-Konzentrationen im Zentrifugat von 4 % bis 6 %. Der Feststoffkuchen liegt bei 35 % bis 40 % TM.
- Werden weitgehend feststofffreie Zentrifugate verlangt, ist der Einsatz von Flockungsmitteln unerlässlich. Bei genügend hohem Flockungsmitteleinsatz sind Trockenmassen mit TM < 1 % nur noch in Form echt gelöster Substanzen erreichbar. Da dann der feinpartikuläre Feststoffanteil mit hohem Kapillarwassergehalt auch im Feststoffkuchen landet, sinkt die TM-Konzentration im Kuchen meist auf 24 % bis 33 %.
- Der Einsatz synthetischer organischer Flockungsmittel ist wegen ihrer langzeitlichen Belastung der Austragsflächen bei Agrarnutzung von dekantierten Feststoffen nicht mehr gestattet.
- Deshalb sind entweder biologisch leicht abbaubare und unbedenkliche Flockungsmittel wie pflanzliche Öle u. Ä. oder konventionelle anorganische Substanzen wie Kalk oder Zeolithe zu verwenden. Die Flockungsmittel pflanzlicher Herkunft haben den Nachteil, erst bei hohen Konzentrationen effiziente Trenngrade zu gewährleisten, was zu breiigen, schlecht händelbaren Feststofffraktionen führt. Die mineralischen Flockungsmittel führen in der Regel zu einer pH-Werterhöhung der Feststofffraktion und können dadurch den Chemismus der Bodenreaktionen nachhaltig beeinflussen.
- Wird nur eine möglichst feststoffarme Wasserfraktion als Beregnungswasser oder für die belastungsarme Einleitung in kommunale Kläranlagen benötigt, kann der Flockungsmitteleinsatz dafür optimiert werden, wenn die abgetrennte Feststofffraktion keiner stofflichen Verwertung, sondern z. B. einer Entsorgung durch Verbrennung zugeführt wird.

Weitere Details zu den erreichbaren Trennleistungen und den aus Praxisanlagen bekannten Belastungen insbesondere der separierten Wasserfraktion sind der weiterführenden Fachliteratur zu entnehmen. Darin finden sich neben den zitierten maschinellen Trennverfahren auch weitere Separationstechnologien wie Siebbandpressen oder Trommelsiebe, deren Einsatz für die Gärresttrennung jedoch weniger gebräuchlich ist.

Wird Ammoniak im Rahmen der gewählten Verfahrensführung aus Gärresten durch Strippen oder als Bestandteil von Trocknungswrasen abgetrennt, erfolgt in der Regel eine Weiterverarbeitung zu Ammoniumsulfat $(NH_4)_2SO_4$.

Ausgehend von dem zu verwertenden Ammoniakstickstoff ergibt sich über die stöchiometrischen Verhältnisse:

- Schwefelbedarf je kg Stickstoff für Ammoniumsulfatbildung, kg S/kg N = 32/(2·14) = 1,1445
- Schwefelsäureeinsatz je kg Schwefelbedarf, kg H_2SO_4/kg S = 3,063 (theoretischer Wert, 100 % reine Schwefelsäure)
- zusammengefasst ein Schwefelsäurebedarf je kg Ammoniakstickstoff für die Ammoniumsulfatbildung von 3,5 kg H_2SO_4/kg NH_3-N.

Je kg Ammoniakstickstoff werden stöchiometrisch 4,72 kg Ammoniumsulfat gebildet. Wird zur Schwefelwasserstoffentfernung aus dem Biogas ein Biowäscher eingesetzt, kann das schwefelsäurehaltige Sumpfprodukt als „Bio-Säure“ mit für die Ammoniumsulfaterzeugung eingesetzt werden. Da der aus dieser Quelle stammende Schwefelsäureanteil meist nicht stöchiometrisch für die Ammoniumsulfatbildung aus dem zu verwertenden Stickstoff ausreicht, muss üblicherweise technische Schwefelsäure zugekauft werden.

Die Waschprozesse laufen in wässriger Phase ab und auch die technische Säure liegt verdünnt in niedrigen Konzentrationen vor. Damit ist das Endprodukt eine niedrig konzentrierte Ammoniumsulfatlösung (ASL).

Werden die Presswässer/Zentrate aus der Fest-Flüssig-Trennung von Gärresten einer weiteren Entfrachtung von suspendierten Feststoffen mittels Mikro- oder Nanofiltration unterzogen, lässt sich ein Verregnungswasser mit dominantem Stickstoff-/Kaliumgehalt als Nährstoffe erzeugen, da diese Elemente bevorzugt in Lösung bleiben, während sonstige Nährstoffkomponenten eine Affinität zu den abgetrennten Feststoffen aufweisen.

4.1.4 Stickstoff und Schwefel im anaeroben Prozess

Stickstoff und Schwefel sind im Vergleich zu den anderen „Nährstoff“-Elementen besonders bemerkenswert, da sie in unterschiedlichen oxidierten als auch reduzierten Zuständen auftreten können und außerdem als undissoziierte Zustandsformen Ammoniak sowie Schwefelwasserstoff gasförmig auftreten. Da letztere hochwirksame Zellgifte darstellen, können sie akut biotoxisch wirken und auch schon bei geringeren Konzentrationen in biologischen Systemen zumindest wachstumshemmend wirken (Abschn. 6.1).

Andererseits sind beide Elemente Bestandteile proteinbildender Aminosäuren und als solche notwendig für Zellwachstum und Stoffwechsel. Stickstoff bildet außerdem in seiner dissoziierten anorganischen Form ein wichtiges Puffersystem zur Stabilisierung des physiologisch tolerierbaren pH-Wertbereiches.

Dissoziierte Sulfide können durch Bildung schwer löslicher Metallsulfide zur Entgiftung bei Überschuss toxischer Schwermetallionen in Substraten und Fermentationslösungen beitragen, aber auch durch die verringerte Verfügbarkeit essenzieller Spurenelemente Mangelerscheinungen verursachen. Durch die entsprechend HENRY-Gesetz (Abschn. 2.2.2) in das Biogas übergehenden Anteile an Ammoniak und Schwefelwasserstoff nehmen sie auch Einfluss auf die Verwertungsqualität des Biogases.

- So bilden die Verbrennungsprodukte mit der Abgasfeuchte stark korrosive Säuren bzw. Basen, wobei insbesondere die schweflige Säure zusätzlich zu schneller Alterung der Motorenöle führt.
- Als potenzielle Katalysatorgifte können sie die Effizienz und Standzeit chemisch-physikalischer Gasveredelungsverfahren beeinträchtigen.

Infolge der anaeroben/anoxischen Bedingungen des Vergärungsprozesses werden die oxidierten Stickstoff- und Schwefelverbindungen sehr schnell biochemisch abgebaut und spielen in der anaeroben Verfahrenstechnik keine weitere Rolle. Während Stickstoff bis zur elementaren Form reduziert wird und als reaktionsneutrale gasförmige Verbindung N_2 mit dem Biogas entweicht, werden oxidierte Schwefelverbindungen in der Regel bis zum Sulfid reduziert und als solches im Gärmedium reaktionswirksam.

Die mineralisierte, reduzierte Stickstoffkomponente Ammonium stammt dagegen aus den Sekundärreaktionen der durch Protein-/Aminosäureabbau freigesetzten Amino-Gruppen und dem anaeroben Abbau von Harnstoff/Harnsäure.

4.1.4.1 Stickstoff im anaeroben Prozess

4.1.4.1.1 Analytischer Nachweis

Die konventionelle analytische Definition betrachtet den Gesamtstickstoff als Summe aller oxidierten und reduzierten Stickstoffverbindungen in der untersuchten Probe.

Infolge der bei anaerober Substratlagerung und -vergärung praktisch immer vorhandenen Denitrifikationsprozesse werden, wie w. o. schon ausgeführt, die oxidierten Stickstoffverbindungen abgebaut und es bleiben nur die anorganischen sowie proteingebundenen Stickstoffverbindungen im Gärmedium, die in ihrer Summe als „Kjeldahl"-Stickstoff nach dem Entwickler dieser Analysenmethode, dem dänischen Chemiker Kjeldahl, bezeichnet werden.

Dazu werden durch Kochen in Säure die Proteine zerstört und der gesamte Stickstoff in die anorganische Form übergeführt. Anschließend erfolgt durch Alkalisieren der Probe eine Einstellung des pH-Wertes ≈ 11, sodass der gesamte Stickstoff als undissoziiertes Ammoniak vorliegt, dessen Konzentration mittels Farbreaktion Kolorimetrisch ausgewertet wird.

Soll nur die anorganische Komponente bestimmt werden, unterbleibt die Zerstörung der Proteine und es wird nur der in der Medienfeuchte gelöste anorganische Anteil durch Alkalisierung und Farbreaktion analysiert. Die Differenz zwischen TKN und anorganischem Stickstoff liefert den organisch gebundenen Stickstoffanteil.

Das Analytikschema ist in Abb. 4.8 dargestellt. Bedingt durch die Analysenmethode wird der anorganische Anteil nur als „anorganischer Stickstoff" erfasst. Eine analytische Unterscheidung in Ammonium NH_4^+ und Ammoniak NH_3 ist nicht möglich. Diese Bewertung kann nur rechnerisch über das temperatur- und pH-Wert abhängige Dissoziationsgleichgewicht erfolgen.

Während in der analytischen Chemie, ausgehend von der Analysenmethode, der „anorganische Stickstoff" bevorzugt als NH_3-N (bzw. NH_3-N + NH_4-N) definiert wird mit der Komplementärkomponente als aus dem Dissoziationsgleichgewicht bestimmt, betrachtet man in der Verfahrenstechnik den Messwert in der Regel als NH_4-N mit einem davon nach den Gleichgewichtsbedingungen undissoziiert vorliegenden Anteil NH_3-N. Auf die zu beachtenden Besonderheiten des Sprachgebrauchs bei Nutzung englischsprachiger Fachliteratur, z. B. (Velsen 1979), wurde schon hingewiesen.

Für Substrate mit hohem Trockenmassegehalt kann vorausgesetzt werden, dass keine signifikanten Konzentrationen anorganischer Stickstoffverbindungen vorliegen und der analysierte TKN den eiweißgebundenen Stickstoff repräsentiert. Sobald jedoch genügend Feuchtigkeit vorhanden ist biochemische Prozesse zu ermöglichen, kann auch von einer beginnenden Proteinzersetzung mit NH_3-/$NH4$-Freisetzung ausgegangen werden und es gilt wieder Rohprotein = (TKN minus NH_4-N) * 6,25 statt Rohprotein = 6,25*TKN [16 g N auf 100 g Protein], s. a. Abschn. 3.3.1.

4.1.4.1.2 Alkalinität und pH-Wert im Gärmedium in Abhängigkeit der Ammoniumkonzentration

Die für Trink- und Oberflächenwasser als Qualitätsmerkmal definierte Alkalinität beschreibt das Säurebindungsvermögen und berücksichtigt in der Originalanalytik im Wesentlichen die Pufferwirkung von Karbonationen, insbesondere Kalzium- und Magnesiumkarbonat. Kommen auch noch weitere Salze wie Phosphate, Borate, Silikate oder Ammonium ins Spiel, spricht man statt von Karbonatalkalinität von Gesamtalkalinität. Die Alkalinität steht in enger Beziehung zur „Härte" des Wassers, da die Erdalkaliionen zur Bildung unlöslicher Kalkseifen führen und Ausfällungen bilden.

Definition Die Karbonathärte wird durch Titration mit Salzsäure bis zum pH = 4,3 bestimmt und der Säureverbrauch in ml, multipliziert mit 2,8 ergibt °dH (deutsche Härtegrade). Gleichzeitig ist formal 1°dH als 10 mg CaO je einem Liter Wasser definiert. Damit entspricht 1°dH:

$$10\,\text{mg/l} \times (\text{CaCO}_3/\text{CaO}) = 10 \times (100{,}08/56{,}08) = 17{,}846\,\text{mg/l}\,\text{CaCO}_3,\ \text{bzw. } 1\ ^\circ\text{dH} = (1/2{,}8) = 0{,}3751\,\text{mmol/l}\,\text{HCl}.$$

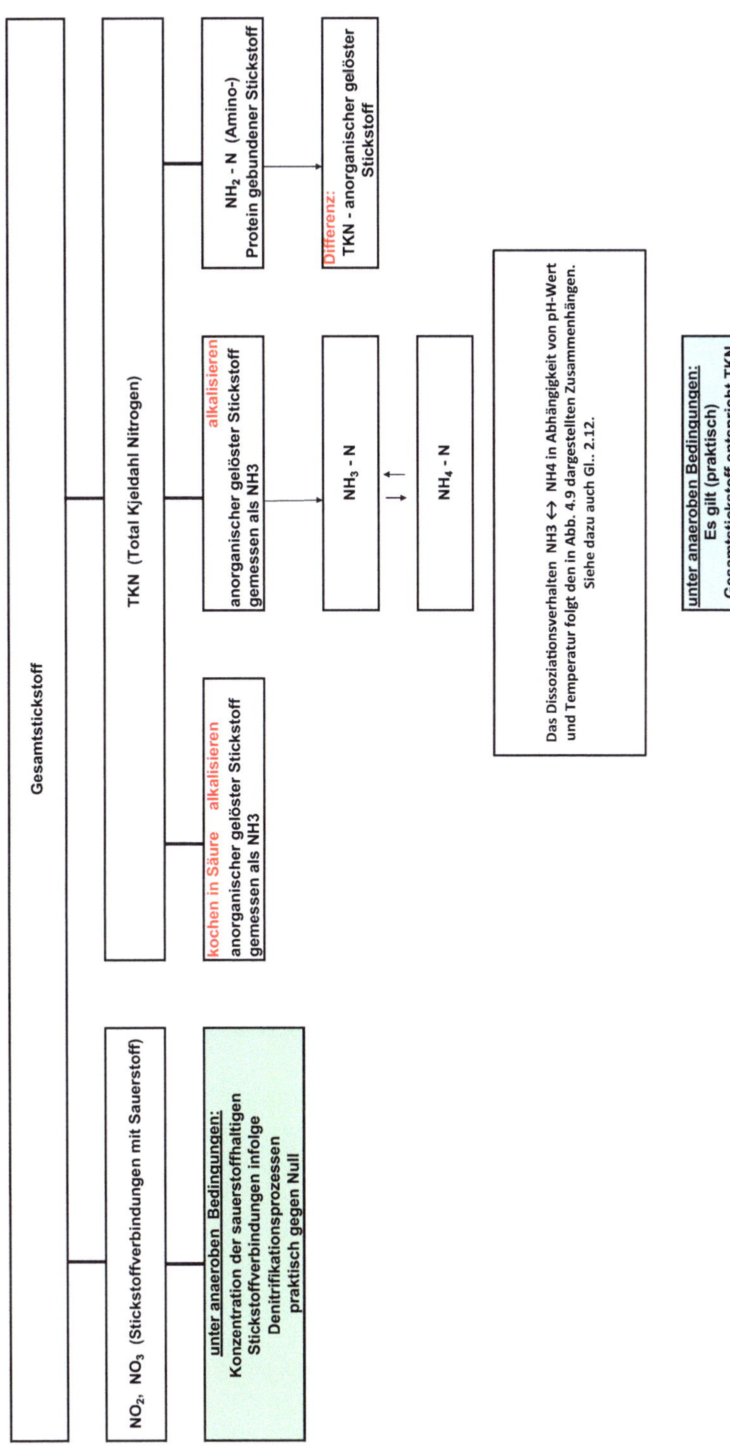

Abb. 4.8 Methodik der Stickstoffanalytik in Gärmedien

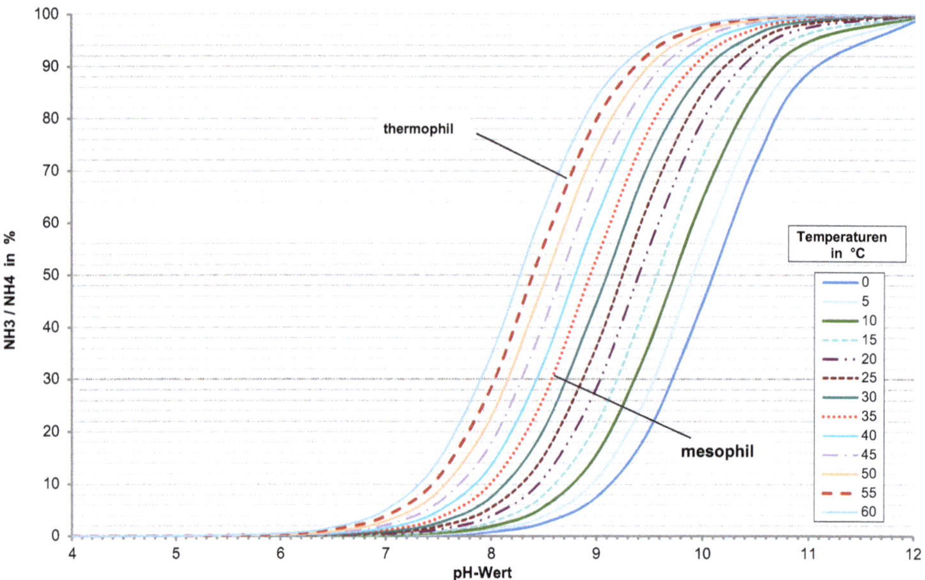

Abb. 4.9 Dissoziationsgleichgewichte des gelösten anorganischen Stickstoffs in Abhängigkeit von Prozesstemperatur und pH-Wert

Somit lassen sich als Umrechnungsfaktoren bilden

1 Grad deutsche Härte = 0,357 mmol/l HCl
1 mmol/l HCl = 2,8 Grad deutsche Härte
1 mmol/l HCl = 50 mg/l $CaCO_3$
1 mg/l $CaCO_3$ = 0,02 mmol/l HCl

In der Regel wird die Alkalinität in der Fachliteratur in mg/l $CaCO_3$ angegeben. Sofern man sich darauf beschränkt, den Säureverbrauch zu protokollieren, kann entsprechend umgerechnet werden. Wenn für gereinigte Abwässer als Verregnungswasser oder für die Einleitung in Oberflächengewässer Härtegrade als Grenzwerte definiert sind, ist eine Abschätzung ebenfalls möglich. Es muss jedoch beachtet werden, dass die definitionsgemäß der Härtebestimmung in der Wasser- und Abwassertechnik zugrunde liegenden Erdalkaliionen nicht den gelösten Inhaltsstoffen bei gereinigten Zentraten aus der Vergärung entsprechen werden.

Die komplexen Zusammenhänge der Karbonat-Kohlensäure-Chemie sind nicht Gegenstand dieser Publikation. Dafür gibt es genügend Grundlagenliteratur sowie abwasserspezifische Fachveröffentlichungen wie (Kapp 1984; Kroiss 1985; Roediger 1990; Svardal 1991).

Die Alkalinität spielt jedoch eine wichtige Rolle bei der Beurteilung des Puffervermögens von Gärmedien, denn in einem wässrigen Medium mit geringer Alkalinität, also mit wenigen Pufferkapazitäten, schwankt der pH-Wert in Folge der assimilatorischen und dissimilatorischen Prozesse stark. Damit wird der Prozess anfällig gegen die pH-Wert absenkende Wirkung akkumulierter organischer Säuren und neigt zu Instabilitäten bei Belastungsschwankungen. Außerdem fehlt die notwendige Pufferkapazität für nachfolgende biologische Wasserbehandlungsverfahren wie Nitrifikation, wenn Gärrestzentrate aufzubereiten sind.

Frühe Arbeiten zur Alkalinität in anaeroben Reaktoren fußten auf den Betriebsergebnissen der kommunalen Klärschlammfaulung (Albertson 1961; McCarty 1964; Melbinger 1971; de Renzo 1977; Ferguson 1984) und lieferten die Grundlagen der Modellierungsansätze zu den stöchiometrischen Abhängigkeiten von Alkalinität, pH-Wert im Faulwasser und CO_2-Konzentration im Klärgas. Trotz der teilweise fehlenden exakten Definitionen für die ausgewerteten Prozessparameter lassen sich die Ergebnisse schon in gute Übereinstimmung mit den aktuellen analytischen Werten bringen, wenn auf die heutigen Reaktortypen, Prozessparameter und Gärsubstrate extrapoliert wird.

Im Gegensatz zu kommunalen Abwässern sowie Trink- und Oberflächenwasser überwiegen bei feststoffreichen Gärmedien mit pH-Werten im physiologisch tolerierbaren Bereich das Ammoniumpuffersystem und, mit allerdings geringerem Einfluss, der Phosphatpuffer (Roediger 1990).

Für die anaerobe Prozessbilanzierung ohne vorhandene medienspezifische Analytik ist es wichtig, statistisch gesicherte Zusammenhänge zwischen Ammoniumkonzentration, pH-Wert und Alkalinität nutzen zu können, ohne sich intensiv mit der Wasserchemie bei fehlenden exakten analytischen Basisdaten befassen zu müssen.

Nach der Theorie wird gerade so viel biologisch gebildetes CO_2 als Hydrogenkarbonat im Wasser gelöst, dass die negativen Ionen die positiven Ammoniumionen neutralisieren; die Molenkonzentrationen sind also im Gleichgewicht:

$$[NH]_4^+ = [HCO]_3^-$$

Damit lässt sich aus dem Zusammenhang zwischen pH-Wert im wässrigen Medium und dem Verhältnis der Puffersystemkomponenten ableiten

$$pH = pK_{s,c1} + \log\frac{[HCO]_3^-}{[CO_2]} = pK_{s,N1} + \log\frac{[NH]_4^+}{[CO_2]} \tag{4.1}$$

Wenn $[HCO]_3^-$ durch $[NH]_4^+$ ersetzt wird, kann die modellmäßige Auswertung von Gl. 4.1 für mesophile und thermophile Bedingungen erfolgen, mit den in Tab. 4.10 zusammengefassten Reaktionskonstanten und Stoffwerten einschließlich der Beachtung von Gl. 2.14, und führt zu den in Abb. 4.10 präsentierten Ergebnissen im Bereich der bei Gärversuchen und in großtechnischen Biogasanlagen gemessenen gelösten anorganischen Stickstoffkonzentrationen.

Der in Vergärungsanlagen als typisch beobachtete Bereich der von der anaeroben Misch-Biozönose infolge Adaption physiologisch tolerierten pH-Werte liegt zwischen 6,6 und 8,5. Als charakteristische mesophile Temperatur wurde 35 °C markiert, wobei

Tab. 4.10 Modellkonstanten für Gl. 4.1. (Quellen: Kapp 1984; Roediger 1990; Svardal 1991)

Prozesstemperatur [°C]	Gleichgewichtskonstante $pK_{s,c1}$	CO_2 gelöst [mmol/l]
35	6,31	10,46
55	6,29	7,27

Die temperatur- und pH-Wert abhängige Aufteilung der gelösten anorganischen Stickstoffkonzentrationen in den Anteil freies undissoziiertes Ammoniak und dissoziiertes Ammonium gemäß Gl. 2.13 ist in Abb. 4.9 grafisch veranschaulicht. CO_2 im Biogas 40 Vol.-%, CO_2 – Molgewicht 44 g/mol, $NH_4/NH_4^+-N = 1{,}285714$, $NH_3/NH_3\text{-}N = 1{,}214286$

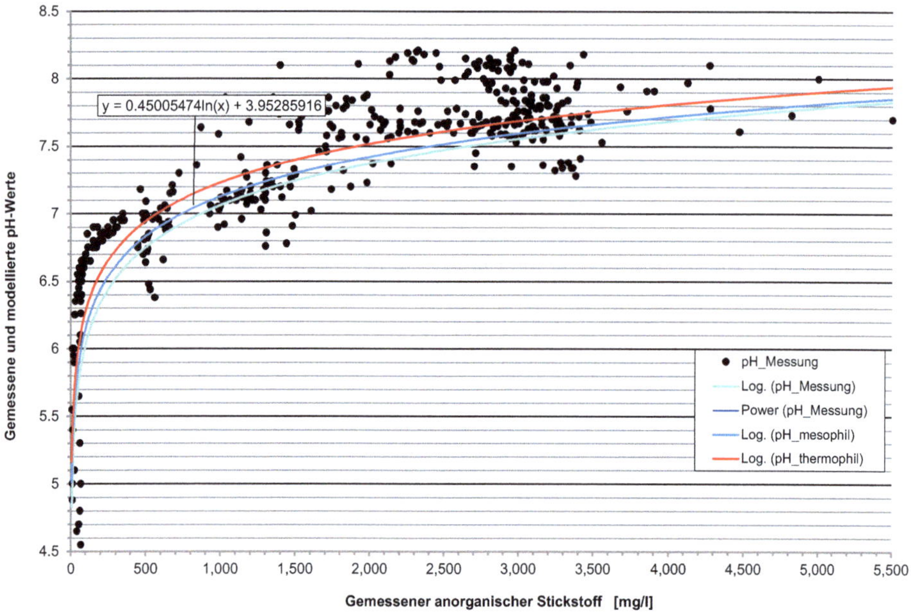

Abb. 4.10 Theoretische Modellierung des pH-Wertes in Abhängigkeit der Ammoniumkonzentration (Gl. 4.3) in Gärmedien, nach (Kapp 1984; Roediger 1990) für mesophile und thermophile Prozessbedingungen im Vergleich zu den Messungen in Versuchs- und Betriebsanlagen

häufig auch im oberen mesophilen Temperaturbereich um 42 °C gearbeitet wird, um beispielsweise sicheren Fettumsatz zu gewährleisten.

Für thermophilen Anlagenbetrieb ist der Bereich zwischen 50 °C und 55 °C in Schrittweiten von 1 K gekennzeichnet. Die Betriebspraxis zeigt, dass bei Prozessinstabilitäten infolge Ammoniakhemmung vielfach schon Temperaturabsenkungen um wenige Grade genügen können, um das Dissoziationsgleichgewicht unter den prozessspezifisch kritischen Wert abzusenken (s. Abb. 4.16 und 4.17; Langhans 2009, 2012).

Bezugsgröße in Abb. 4.10 ist der im Gärmedium analysierte gelöste anorganische Stickstoffanteil (gemessen als NH_3-N), dessen NH_4^+-N Anteil mit Gl. 2.13 temperatur- und pH-Wert abhängig ermittelt wird. Die Messwerte sind in jedem Fall als der gelöste

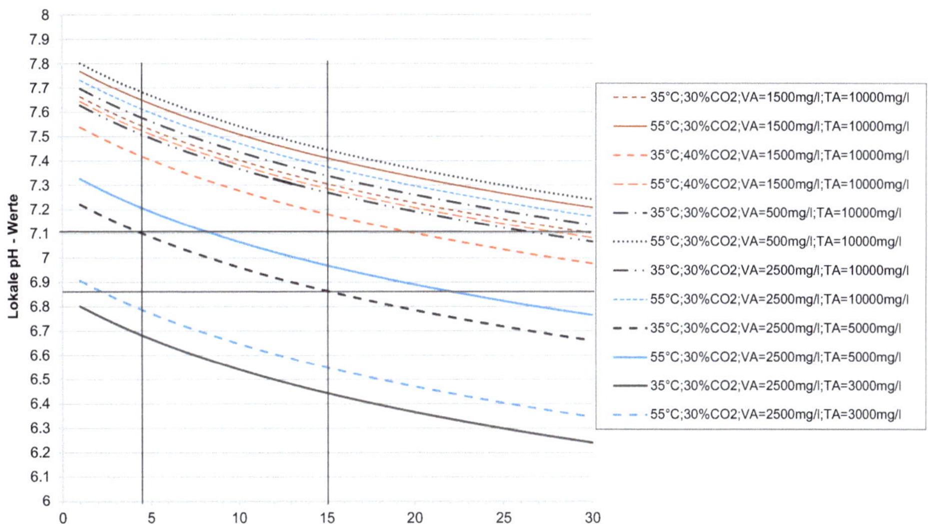

Abb. 4.11 Einfluss der Reaktortiefe auf die Abnahme des pH-Wertes infolge der druckabhängigen Zunahme der CO_2-Löslichkeit im Gärmedium (idealisiert betrachtet für Wasser)

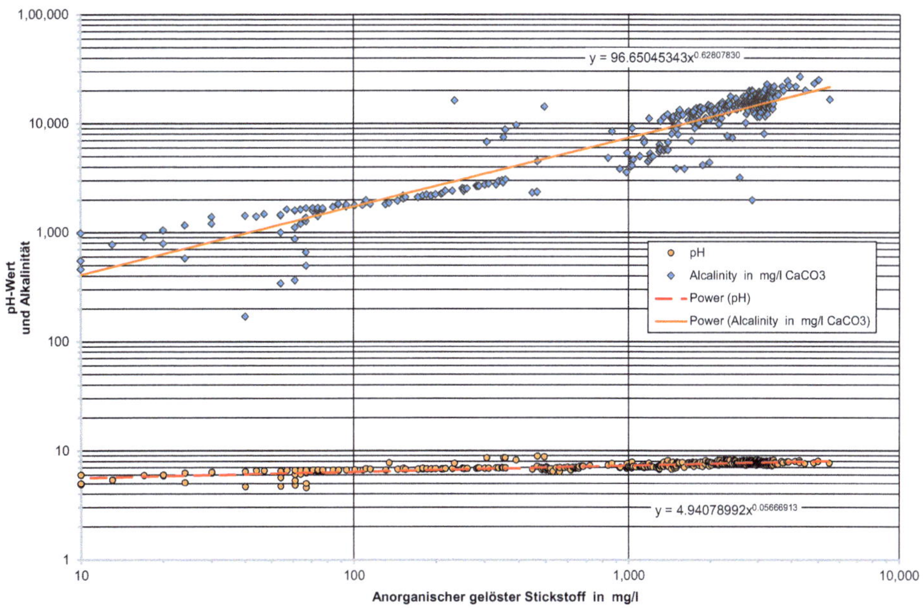

Abb. 4.12 Zusammengehörige Messwertpaare für die pH-Wert- und Alkalinitätsmodellierung in Abhängigkeit der Konzentration an gelöstem anorganischem Stickstoff in Gärmedien

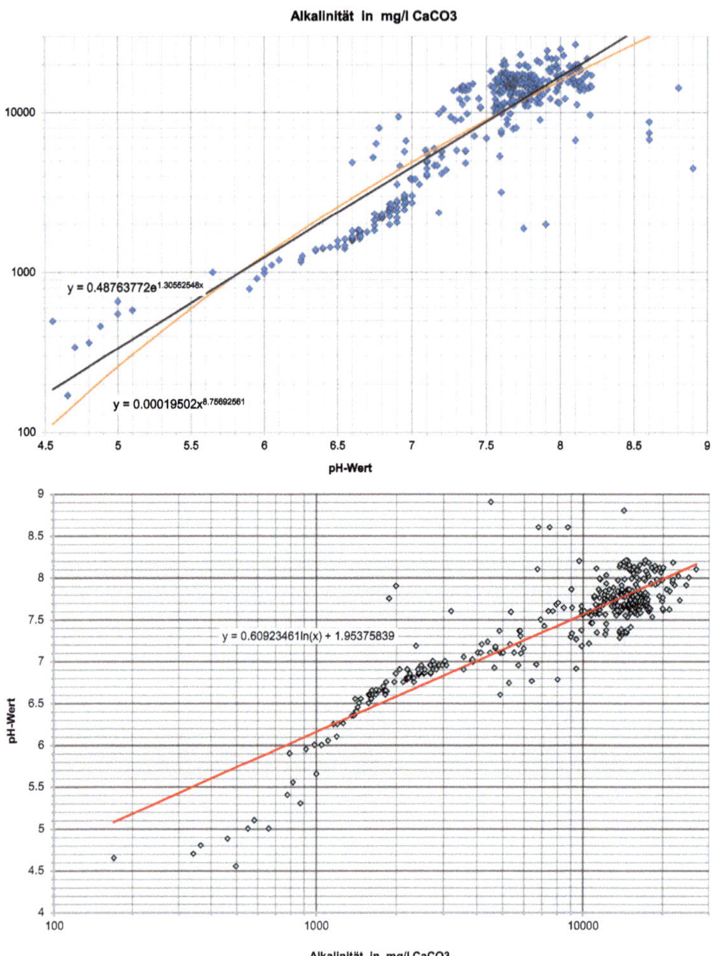

Abb. 4.13 Vergleichende Darstellung der Modellierung von Alkalinität und pH-Wert in Gärmedien aus den Messwerten in Praxisanlagen (oben). Neben der Trendkurve zur Berechnung der Alkalinität aus dem pH-Wert des Gärmediums (unten), ist alternativ auch die Abschätzung des pH-Wertes aus der Alkalinität dargestellt (Mitte)

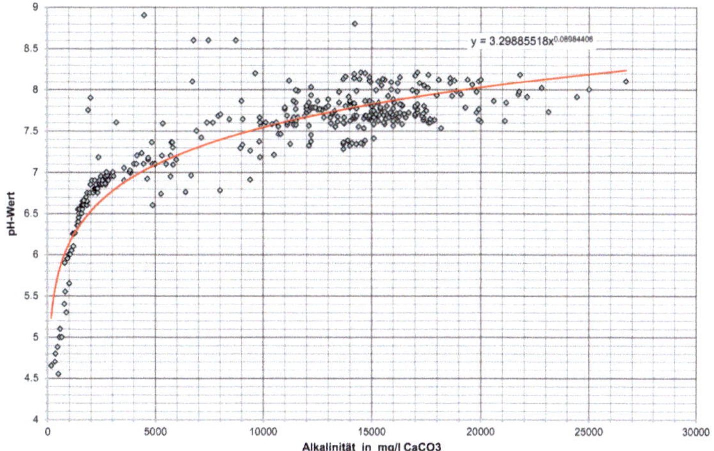

Abb. 4.13 (Fortsetzung)

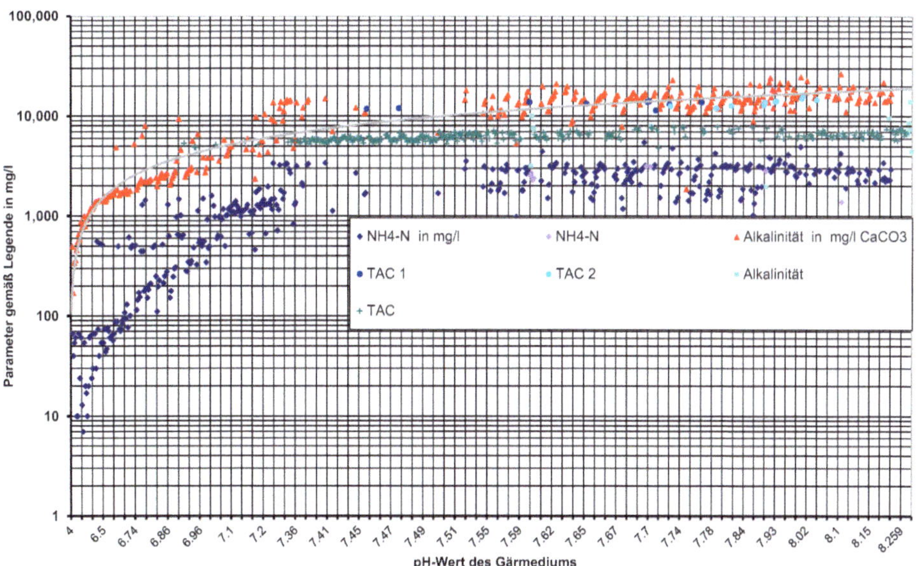

Abb. 4.14 Abhängigkeit von anorganischem Stickstoff und Pufferkapazität in Gärmedien als Messwert-Gesamtdarstellung (oben). Im Hilfsdiagramm (unten) sind für eine einjährige analytische Begleitung des Anlagenbetriebes einer NawaRo-Vergärungsanlage die Einflüsse des nach FOS-Analysenvorschrift bestimmten Säurewertes sowie die verfahrensrelevanten organischen Säuren und deren Essigsäureäquivalent dargestellt

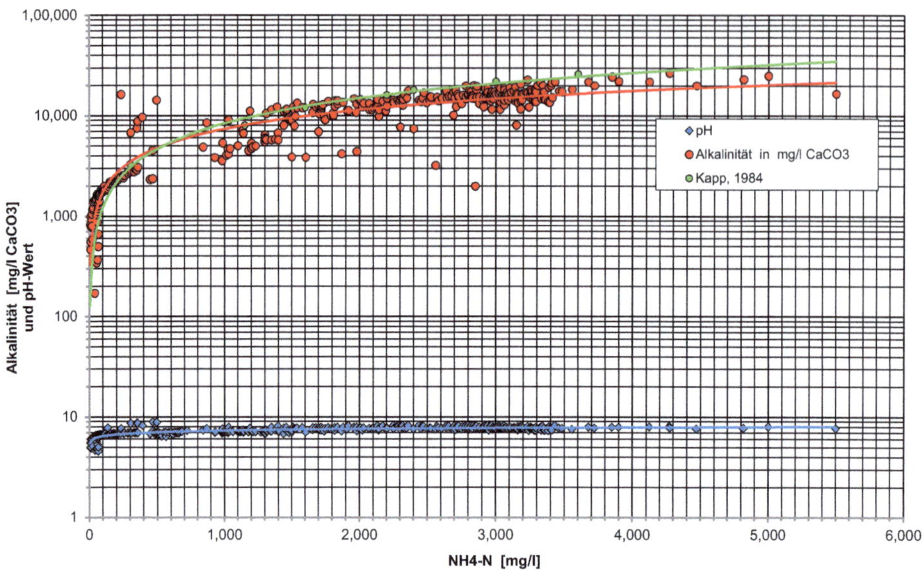

Abb. 4.15 Pufferkapazitäten in Abwässern der 80er-Jahre des 20. Jahrhunderts im Vergleich zur Alkalinität in heutigen Vergärungsanlagen

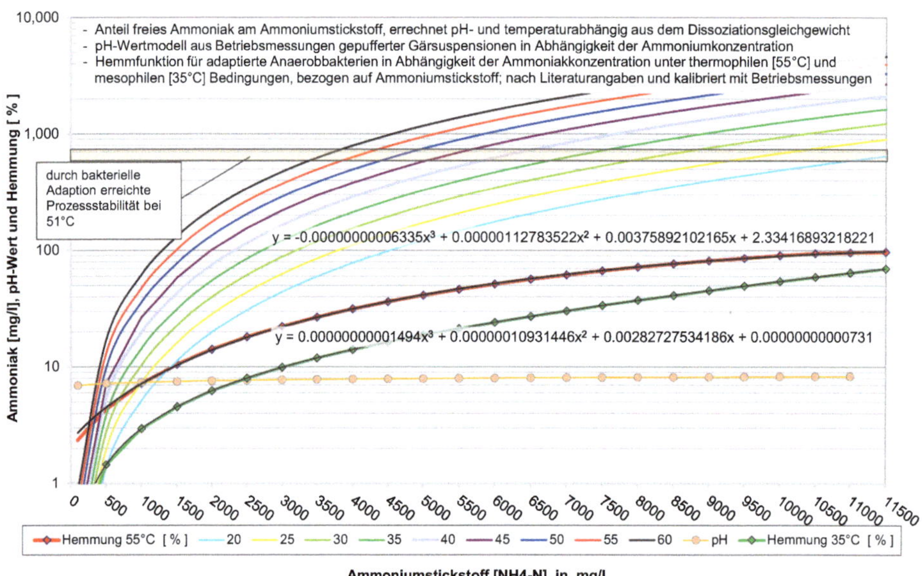

Abb. 4.16 Ammoniakkonzentrationen in Gärreaktoren in Abhängigkeit der sich substratabhängig einstellenden Ammoniumkonzentration und durch bakterielle Adaption erreichbare Toxizitätsgrenze in Vergärungsanlagen nach Literaturwerten. (Quellen: Kovacs 2013; Velsen 1979; Angelidaki 1992; Langhans 2009, 2012)

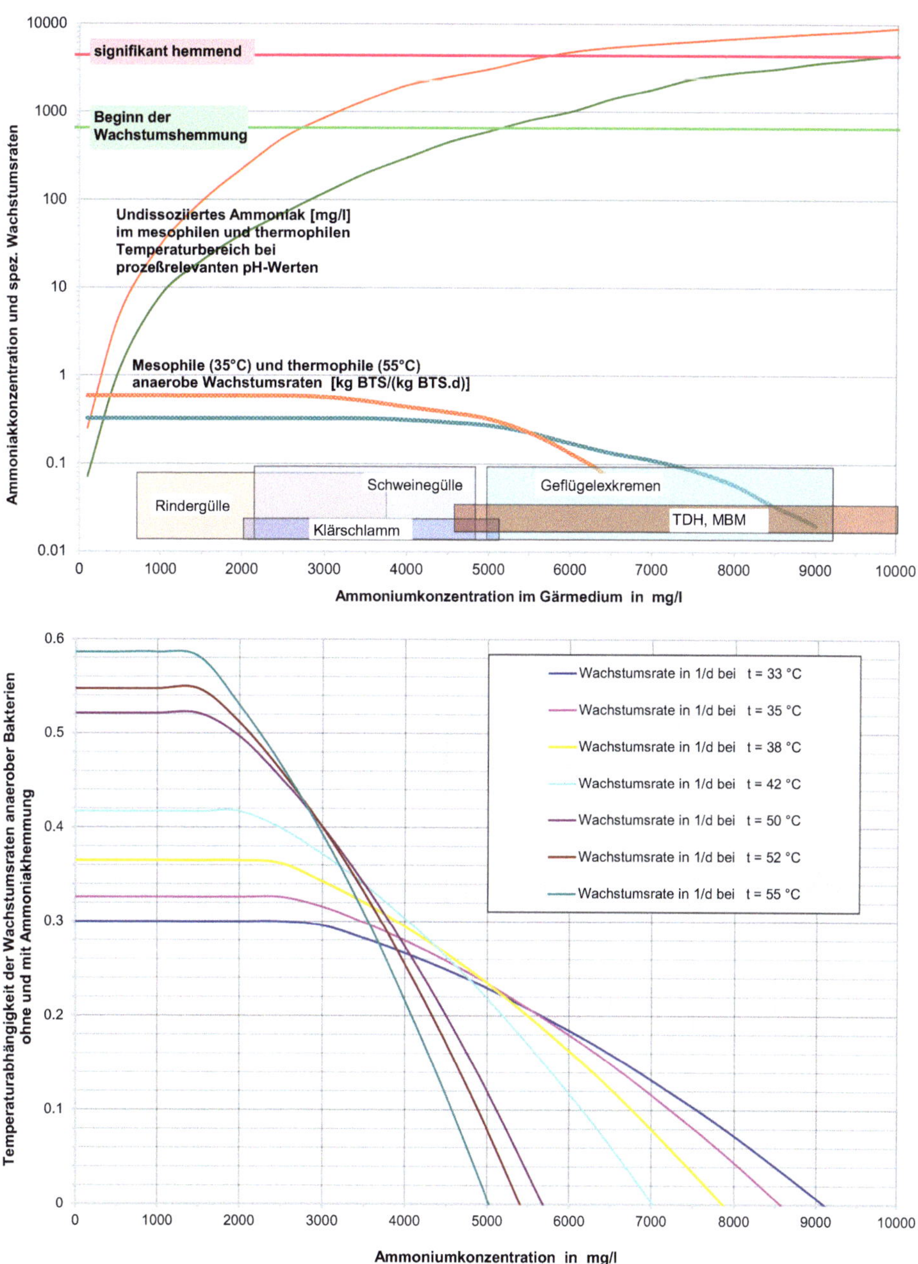

Abb. 4.17 Betriebsfähigkeit des mesophilen und thermophilen Prozesses bei zunehmenden Ammoniumkonzentrationen in Abhängigkeit unterschiedlicher Gärsubstrate (oben). Das Hilfsdiagramm (unten) zeigt in vergrößertem Ausschnitt für temperaturabhängig variierte anaerobe bakterielle Wachstumsraten den Bereich, in dem ammoniakgehemmte Wachstumsraten für mesophile und thermophile Betriebsweise vergleichbare Größenordnungen erreichen

anorganische Stickstoffanteil zu verstehen. Die im Anlagenbetrieb protokollierten Daten sind in der Regel unvollständig und gestatten meist nicht die Rückrechnung auf den tatsächlich vorliegenden Ammoniumanteil. Auch die Messung der pH-Werte erfolgt normalerweise nicht mit der für theoretische Untersuchungen erforderlichen Laborgenauigkeit und Reproduzierbarkeit.

Alternativ zu Gl. 2.13 wird der NH_4^+-N Anteil am *gesamten* gelösten anorganischen Stickstoff gemäß Gl. 4.2 ermittelt:

$$NH_4^+-N = \frac{\text{gelöster anorganischer Stickstoff}}{1 + \left(\frac{NH_3-N}{NH_4^+-N}\right)} \tag{4.2}$$

Damit lässt sich aus dem (als NH_3-N gemessenen) gelösten anorganischen Stickstoff der Ammoniumanteil für die Auswertung der Gl. 2.12 berechnen, wenn Temperatur und pH-Wert unter Prozessbedingungen bekannt sind. Sofern nur unspezifisch der gelöste anorganische Stickstoff als Analysenwert bekannt ist, muss man mit der Unschärfe der weiteren Ergebnisse auskommen und den in der Anlage gemessenen pH-Wert in Beziehung zum anorganischen Stickstoff setzen. Für den pH-Wert sind zusätzlich die bei Betriebsmessungen unvermeidlichen Fehlerquellen und Messtoleranzen zu akzeptieren.

Hintergrundinformation

Die pH-Wertmessung stellt für erforderliche hohe Genauigkeiten spezielle labortechnische Anforderungen an die Bestimmung. Diese werden in der pharmazeutischen und kosmetischen Industrie mit großem Aufwand für die biotechnologischen Produktionsprozesse gewährleistet.

In kommerziellen Vergärungsanlagen kann Mess- und Analysentechnik aus Kostengründen nur mit minimiertem Aufwand realisiert werden, sodass die Messgenauigkeit einen Kompromiss zwischen Aufwand und nutzbarem Ergebnis darstellt.

Für die pH-Wertmessung ergeben sich daraus folgende Randbedingungen und Genauigkeitseinschränkungen:

- Als on-line Messungen lassen sich realisieren
  a) Einstecksonde mit direktem Kontakt zum Medium im Reaktionsraum,
  b) Sonde in einer außen liegenden Messkammer, beaufschlagt mit einem kontinuierlichen „by-pass"-Strom aus dem Reaktor.
- In beiden Fällen ist eine intensive Wartung und Kalibrierung der Messsonde erforderlich, da in kurzer Zeit der Sondenkopf mit einem biologischen Rasen der anaeroben Bakterienflora bewächst und somit statt des Medien-pH-Wertes die Anzeige den pH-Wert des Mikrohabitats im Bakterienfilm abbildet.
- Die Einbauhöhe der Messsonde bzw. des Probenahmestutzens im Reaktor nimmt Einfluss auf den Messwert, da die über den statischen Druck der Flüssigkeitssäule über dem Mess-/Probenahmeort veränderliche Konzentration an gelöstem CO_2 im Gärmedium den pH-Wert verändert (Abschn. 2.2.2; Abb. 4.11)
- Probenahme zur pH-Wertmessung im Labor führt immer dazu, dass in unkontrollierter Weise gelöstes CO_2 unter den Probenahmebedingungen am Messort ausgast und damit der pH-Wert gegenüber der prozesswirksamen Größe im Reaktor als Messwert ansteigt.
- Die schon diskutierte Übersättigung an gelösten Gasen gegenüber dem theoretischen Sättigungswert nach HENRY bei ruhendem Gärmedium und steigendem Feststoffgehalt führt

zu zusätzlichen Unsicherheiten bei Bewertung der Unterschiede zwischen prozessrelevantem pH-Wert im Reaktor und dem verfügbaren Messwert.

- Der bakteriell relevante pH-Wert im Mikrohabitat mit Abständen zwischen den Bakterienzellen der anaeroben Biozönose im Nanometerbereich ist mit den derzeit verfügbaren Messsystemen unter technischen Bedingungen nicht messbar.

Den Einfluss der statischen Flüssigkeitssäule im Gärreaktor auf die Gelöstkonzentration an CO_2 und damit auf den pH-Wert verdeutlicht Abb. 4.11. Dabei sind Übersättigungen gegenüber dem theoretischen Wert nach HENRY nicht berücksichtigt. Es zeigt sich unter Beachtung der Pufferbedingungen je 10 m Flüssigkeitssäule über dem Bilanzort im Reaktor eine Abnahme des pH-Wertes um ca. 0,3 Einheiten.

Somit kann für die in der Landwirtschaft überwiegend eingesetzten Nassreaktoren mit Membrandach und Füllhöhen um 8 m bei ausreichender Medienhomogenisierung von geringen pH-Wertänderungen über der Füllhöhe ausgegangen werden. Gleiches gilt für horizontal ausgerichtete Trockenfermenter mit Pfropfenstromcharakteristik, deren Füllstände konstruktionsbedingt bei $\leq$8 mn liegen.

Bei stehenden Trockenfermentern und insbesondere den in industriellen Vergärungsanlagen eingesetzten stehenden Nassreaktoren mit Festdach (sowie schlanken Schlammbettreaktoren, z. B. UASB-/IC-Typ) sind Füllhöhen zwischen 25 und 30 m nicht ungewöhnlich. Das führt dann über die Reaktorhöhe zu pH-Wertänderungen bis zu einer Einheit.

Für diese Reaktortypen ist durch ausreichende vertikale Durchmischung mittels innerem oder äußerem Umpumpen eine Schichtung in horizontalen Ebenen mit entsprechend unkontrollierten lokalen Prozessbedingungen zu minimieren. Insbesondere Rührwerke mit horizontaler radial auswärts gerichteter Strömung neigen zum Induzieren von stehenden horizontalen Toruswirbeln mit stark behindertem Medienaustausch zur Umgebung; ein Effekt, der sich bei höheren Feststoffgehalten und Viskositätszunahme verstärkt. Im Ergebnis können lokale toxische Hemmungen, Übersäuerungen oder auch Überhitzungen die anaerobe Biozönose schädigen (Langhans 2009), ohne dass mit der Standardprozessüberwachung die Ursachen klar zu identifizieren und zu lokalisieren sind.

Sämtliche Wirkungen werden bei ungenügender Durchmischung des Gärmediums noch verstärkt durch Übersättigung an gelösten Gasen, Schwimm- und Sinkschichtbildung, Entmischung sowie Aufblähen durch Gaseinschlüsse bei hochkonzentrierten viskosen Medien.

Statistische Auswertungen vermeiden die komplizierte und infolge fehlender Einflussparameter ungenaue Stöchiometrie und bieten einfache Zusammenhänge für Abschätzungen des pH-Wertes sowie der Alkalinität aus verfügbaren Messwerten der Konzentration an anorganischem gelöstem Stickstoff in Gärmedien bzw. bei Annahme plausibler Erwartungswerte für Variantenbetrachtungen in der Phase der Projektentwicklung.

Da von einem für die anaerobe Biozönose tolerierbaren pH-Wertbereich auszugehen ist, kann aus Abb. 4.9 abgeleitet werden, dass der Ammoniumanteil am anorganischen gelösten Stickstoff >90 % bis 95 % beträgt und beide Stickstoff- Konzentrationen in der Betriebspraxis näherungsweise als gleichwertig betrachtet werden können.

In Abb. 4.10 sind alternativ zwei Trendgleichungen für die Modellierung der gemessenen pH-Werte in unterschiedlichen Gärreaktoren dargestellt. In der Regel wird jedoch mit Gl. 4.3 aus Abb. 4.12 gearbeitet, die ausschließlich zusammengehörige Messwerte „anorganischer Stickstoff (in mg/l) – pH-Wert – Alkalinität (als mg/l $CaCO_3$)" erfasst. Das Modell für die zugehörige Alkalinität verkörpert Gl. 4.4.

$$\text{pH-Wert:}\quad \text{pH} = 4{,}94078992 \cdot [\text{NH}]_4^{+\,0{,}05666913} \tag{4.3}$$

$$\text{Alkalinität:}\quad \text{ALK}\left(\frac{\text{mg}}{\text{l}}\text{CaCO}_3\right) = 96{,}65045343 \cdot [\text{NH}]_4^{+\,0{,}6280783} \tag{4.4}$$

Entsprechend ergibt sich (Abb. 4.13) durch Umformung der pH-Wert bei bekannter Alkalinität im Bereich zwischen 1000 mg/l und 25000 mg/l $CaCO_3$ zu

$$\text{pH} = 0{,}617243 \cdot \ln\left(\frac{\text{mg}}{\text{l}}\text{CaCO}_3\right) + 1{,}853149 \tag{4.5}$$

und für die Abschätzung der Alkalinität aus dem pH-Wert

$$\text{ALK}\left(\frac{\text{mg}}{\text{l}}\text{CaCO}_3\right) = 0{,}00019502 \cdot \text{pH}^{8{,}75692561}. \tag{4.6}$$

Alternativ kann gemäß Abb. 4.13 auch eine Exponentialdarstellung als Regression verwendet werden.

Neben den bisher präsentierten Messwerten gemäß Standard-Wasseranalytik lassen sich auch die TAC-Messungen für die speziell im Agrarbereich eingeführte FOS/TAC-Bestimmung als Stabilitätskriterium des anaeroben Prozesses zur Abschätzung der Alkalinität nutzen. Abb. 4.14 stellt die Alkalinitätswerte $CaCO_3$ in Kontext zu den TAC-Werten aus verschiedenen Anlagen. Zwar stimmen die Endpunkte der Säuretitration bei beiden Methoden nicht völlig überein (Kovacs 2013); das Puffervermögen wird jedoch in vergleichbarer Weise zur Alkalinität abgebildet. Unbefriedigend ist, dass in Anlagen mit bevorzugter FOS/TAC-Bestimmung als Betriebsmessung häufig nur eine eingeschränkte Stickstoffanalytik erfolgt. Damit ist dieser Parameter für eine vergleichende Untersuchung nicht ausreichend verfügbar und es muss auf den pH-Wert als gemeinsamen Bezugsmesswert ausgewichen werden.

Werden sämtliche Anlagenbezüge anonymisiert, ergeben sich für anorganischen Stickstoff und Alkalinität die Gesamtdarstellungen gemäß Abb. 4.14 mit den resultierenden totalen Trendgleichungen.

Zu beachten ist die in Gärmedien immer vorhandene Konzentration an gelösten organischen Säuren, die die Messung von pH-Wert und Alkalinität beeinflusst. Dazu enthält das Teildiagramm in Abb. 4.14 den Vergleich der FOS-Analytik mit den separat gemessenen C_2- bis C_5-Fettsäuren und dem daraus abgeleiteten Gesamtsäuregehalt. Deutlich erkennbar ist eine auftretende Prozessstörung mit Säureanstieg und absinkendem pH-Wert.

Außerdem lässt sich aus der Häufung der Messwerte ablesen, dass die meisten Vergärungsanlagen in einem Bereich der pH-Werte zwischen 7,3 und 8,3 betrieben werden.

Prozessstabile Anlagen mit hohem Ammoniumgehalt im Gärmedium weisen in der Regel auch erhöhte Säurekonzentrationen auf. Durch die beginnende Ammoniakhemmung werden zuerst die empfindlicheren methanogenen Bakterien beeinträchtigt und können die noch stabile Säureproduktion aus der Hydrolyse nicht mehr simultan verwerten, sodass es zu einer Akkumulation kommt, die wiederum den pH-Wert absenkt und damit entgiftend wirkt. Wenn dann die Schlammbelastung zurückgenommen wird, ist die Biozönose in der Lage, auf höherem Stickstoff- und Säureniveau weiter stabil zu arbeiten. Allerdings darf die Summe aller wirkenden Hemmungen nicht die physiologischen Toleranzgrenzen der Mikroorganismen überschreiten und es muss ausreichend Verweilzeitpuffer für Adaptionsprozesse vorhanden sein.

In der Arbeit von (Kapp 1984) werden die bei der Klärschlammfaulung wirkenden Puffersysteme beschrieben und in ihrer Wirksamkeit bewertet. Auf dem damaligen Niveau des Phosphateinsatzes in Haushaltchemikalien und Tensiden wurde die Bedeutung des Phosphatpuffers für die Gesamtpufferkapazität zu ca. 5 % ermittelt.

Die unter den zum Bearbeitungszeitpunkt ermittelten Pufferkapazitäten liegen generell an der oberen Grenze der Messungen in heutigen Anlagen (Abb. 4.15) und dokumentieren die inzwischen erfolgte Verringerung des Gehalts an eutrophierenden Chemikalien durch Marktverfügbarkeit von Wasch- und Reinigungsmitteln sowie Kosmetika, basierend auf Rezepturen mit verbesserter ökologischer Verträglichkeit.

4.1.4.1.3 Ammoniaktoxizität

Freies Ammoniak NH_3 ist ein starkes Zellgift. Es durchdringt die Zellwände der Mikroorganismen, bewirkt Protonenungleichgewichte in der Zelle und verursacht Kaliummangel durch Verdrängung der Kaliumionen aus dem Zytoplasma der Zellen (Sprott 1984, 1986; Rückauf 1992; Kovacs 2013).

Während für nicht adaptierte Bakterienkulturen Konzentrationen an freiem Ammoniak um 150 mg/l schon als akut biotoxisch beschrieben werden (Braun 1981; Hashimoto 1986), zeigten Untersuchungen mit adaptierten anaeroben Biozönosen bis zu aus den Dissoziationsgleichgewichten errechneten Ammoniakkonzentrationen zwischen 600 und 900 mg/l noch stabile Stoffwechselaktivität (Melbinger 1971; de Renzo 1977; Kovacs 2013; Velsen 1979; Angelidaki 1992; Koster 1986; Langhans 2009, 2012). Diese Resultate wurden aus den Gärversuchen mit proteinreichen Monosubstraten (Kasein, Blut), eingedickten Klärschlämmen, tierischen Exkrementen und kommerziellen sowie häuslichen Bioabfällen erzielt.

Für Bioabfälle konnte die Temperaturabhängigkeit des Ammoniak-/Ammonium-Dissoziationsgleichgewichtes zur Prozessstabilisierung genutzt werden. Während bei thermophilem Anlagenbetrieb (55 °C) für NH_3-Konzentrationen >1100 mg/l kein stabiler

Betriebszustand zu erreichen war, genügte die Absenkung der Prozesstemperatur auf 51 °C, um bei errechneter NH_3-Konzentration <900 mg/l ein störungsfreies Arbeiten der Anlage zu gewährleisten (Langhans 2009).

Den Zusammenhang zwischen Ammonium- und Ammoniakkonzentrationen zeigt die grafische Auswertung der prozessabhängigen Dissoziationsgleichgewichte in Abb. 4.16. Dabei wird der pH-Wert ammoniumabhängig nach Gl. 4.3 abgeschätzt.

In Auswertung der Betriebsmessungen unterschiedlicher industrieller Biogasanlagen bezüglich des toxischen Einflusses der gelösten anorganischen Stickstoffkonzentration lässt sich die zunehmende Ammoniakhemmung grafisch auswerten. Infolge der starken Spreizung des Dissoziationsgrades mit der Temperatur wurden separate Hemmfunktionen für den mesophilen und den thermophilen Temperaturbereich erstellt, mit N_{anorg} [mg/l]:

$$\begin{aligned} \text{HEM}(\text{NH}_3)^{\%}_{35\,^\circ\text{C}} = {} & 0{,}00000000001494 \cdot \left(N_{\text{anorg}}\right)^3 + 0{,}00000010931446 \cdot \left(N_{\text{anorg}}\right)^2 \\ & + 0{,}00282727534186 \cdot \left(N_{\text{anorg}}\right) + 0{,}00000000000731 \end{aligned} \tag{4.7}$$

$$\begin{aligned} \text{HEM}(\text{NH}_3)^{\%}_{55\,^\circ\text{C}} = {} & -\,0{,}00000000006335 \cdot \left(N_{\text{anorg}}\right)^3 + 0{,}00000112783522 \cdot \left(N_{\text{anorg}}\right)^2 \\ & + 0{,}00375892102165 \cdot \left(N_{\text{anorg}}\right) + 2{,}33416893218221 \end{aligned} \tag{4.8}$$

Die mit Gl. 4.7 und 4.8 berechneten Hemmwerte sind in Abb. 4.16 veranschaulicht. Vergleicht man diese mit den Schnittpunkten der bei entsprechender Adaption noch zulässigen NH_3-Konzentration im Gärreaktor von ca. 800 mg/l bei den Dissoziationskurven für 35 °C und 55 °C, werden jeweils etwa 35 % Hemmung erreicht, bei denen noch stabiler Anlagenbetrieb möglich bleibt, wenn die erforderliche Verweilzeitverlängerung infolge der verringerten bakteriellen Aktivität realisierbar ist. Die nicht mehr gegebene biologische Betriebsstabilität bei beobachteten NH_3-Konzentrationen zwischen 1100 und 1200 mg/l tritt bei Hemmungen größer 50 % ein. Noch höhere Hemmungen führen zu weitgehend irreversiblen Prozessstörungen.

Im Bereich unter 1000 mg/l NH_3-Konzentration wird die funktionelle Abhängigkeit der Hemmung von der Stickstoffkonzentration indifferent. Das entspricht der Erfahrung, dass eine Mindestkonzentration an verfügbarem gelöstem Stickstoff für das ungestörte bakterielle Wachstum erforderlich ist und signifikante Hemmungen bis in den Bereich von 1000 mg/l nicht beobachtet werden.

Für den Anlagenbetrieb unter den Bedingungen hoher Ammoniumkonzentrationen, insbesondere bei thermophiler Prozessführung, sind folgende Kriterien zu beachten:

- bei der Inbetriebnahmeplanung müssen ausreichend lange Adaptionszeiten berücksichtigt werden, damit sich die Biozönose den extremen Betriebsbedingungen anpassen kann. Die Belastungssteigerung bis zur Nennkapazität der Anlage muss ausreichend messtechnisch und analytisch überwacht werden, um beginnende Störungen sofort zu erkennen und durch verringerte Belastung oder sonstige angemessene Maßnahmen reagieren zu können. Im stationären Anlagenbetrieb sind abrupte Änderungen in der Prozessführung oder Fütterung zu vermeiden. Jede Änderung erfordert eine Anpassungsphase für die Bakterienflora.

- Anaerobe Spezies reagieren unterschiedlich sensibel auf hohe Ammoniakkonzentrationen. Deshalb verändert sich die Zusammensetzung der Biozönose bei steigenden Belastungen durch Selektion der bestangepassten Spezies (Rückauf 1992; Kovacs 2013). Diese Phase muss für das Zeitfenster der Adaption berücksichtigt werden.
- Je höher die Erwartungswerte für das freie Ammoniak in der Anlage liegen, desto geringer sollte die Anlagenbelastung gewählt werden bei ausreichender hydraulischer Verweilzeit. Die Möglichkeit stabiler Prozessführung bis zu den dargestellten Ammoniakgrenzwerten ist nicht gleichbedeutend mit der Gewährleistung der maximalen bakteriellen Stoffwechselleistung unter optimalen Prozessbedingungen.
- Thermophile Prozessführung kann aus unterschiedlichen verfahrenstechnischen Gründen präferiert werden. Dazu gehören
  - die Möglichkeit der Fermenter integrierten Gärresthygienisierung,
  - der verbesserte Fettumsatz oder auch
  - die verringerten Reaktorvolumina infolge der theoretisch höheren bakteriellen Stoffwechselleistung. Gerade letzterer Vorteil muss jedoch bei hohen Stickstoffkonzentrationen aus den Gärsubstraten kritisch hinterfragt werden. Die thermophile Biozönose wird bei gleicher Ammoniumkonzentration stärker durch Ammoniak gehemmt als es bei mesophilen Bedingungen der Fall wäre. Entsprechend reduzieren sich Stoffwechselleistung und Zellvermehrung.

Hintergrundinformation

Werden die reaktionskinetischen Parameter thermophiler Bakterien diskutiert, ist zu beachten, dass zwischen Temperaturen von 40 °C bis ca. 60 °C der Lebensbereich der im üblichen Sprachgebrauch als thermophile Spezies bezeichneten Mikroorganismen liegt. Darauf bezieht sich auch der anaerobe thermophile Gärprozess. Hier gelten die getroffenen Feststellungen zu Stoffwechselleistung, Wachstum und möglichen Hemmungen. Im mesophilen Temperaturbereich reduzieren diese Bakterien ihre Stoffwechselleistung und können auch für sie ungünstig niedrige Temperaturen als gekapselte Dauerformen längere Zeit überleben.

Im Gegensatz zu diesen thermotoleranten Organismen bezeichnen die Mikrobiologen extrem angepasste, in bis über 90 °C heißem oder sogar kochendem Wasser (Kraterseen, heiße Quellen) lebensfähige Mikroorganismen als obligate thermophile Bakterien (auch hyperthermophil, extremophil oder caldoaktiv bezeichnet). Diese hochspezialisierten Lebensformen sind unterhalb ca. 60 °C nicht mehr effizient lebensfähig. Sie haben hohe Stoffwechselraten und hohe Erträge an Stoffwechselendprodukten, aber reduzierte Wachstumsgeschwindigkeiten infolge der Notwendigkeit, extrem temperaturbeständige komplexe Makromoleküle zu synthetisieren.

Hinweise auf langsames thermophiles Wachstum, wie z. B. bei (Zeikus 1979), beziehen sich auf diese Extremophilen und nicht auf den thermophilen Prozess konventioneller Vergärungsanlagen.

Damit gleicht sich der Raum-Zeit-Umsatz thermophiler Reaktoren zunehmend den mesophilen Parametern an. Bei weiter steigendem Ammoniumgehalt im Fermenter kann die Aktivität unter die bei vergleichbaren Bedingungen mesophil erreichbare absinken. Letztendlich wird der thermophile Prozess bei entsprechend hohen Ammoniumkonzentrationen eher zum Erliegen kommen als der mesophile. Abb. 4.17 verdeutlicht diese Zusammenhänge.

Während im Hauptbild von Abb. 4.17 die Ammoniakhemmung des Bakterienwachstums exemplarisch für die Temperaturen 35 °C und 55 °C dargestellt ist, dokumentiert das eingebettete Teilbild anhand der gewählten Temperaturspreizung detailliert die Möglichkeit der Prozessstabilisierung bei Ammoniakproblemen durch passend variierte Gärtemperaturen.

Zu beachten ist jedoch, dass im Konzentrationsbereich anorganischer Stickstoffverbindungen > ca. 4000 mg/l die Grenze liegt, für die das gehemmte Wachstum thermophiler Bakterien geringer wird als das der mesophilen Bakterien mit ihrer dissoziationsbedingt niedrigeren wirksamen hemmenden Ammoniakkonzentration im Medium.

Daraus lässt sich ableiten, dass bei zu erwartendem Einsatz stickstoffreicher Substrate in geplanten Anlagen die Reaktorgröße bei thermophilem Betrieb nicht infolge des theoretisch (ungehemmten) schnelleren Wachstums reduziert werden darf, da dann die Betriebsstabilität infolge der zu erwartenden signifikanten Wachstumshemmung infrage gestellt ist.

4.1.4.1.4 Stickstoffkomponenten im Gärrest

Der Stickstoffaustrag in Form von Ammoniak aus dem Gärreaktor über die Biogasphase ist mit den üblicherweise gemessenen Konzentrationen zwischen 30 und 200 ppm(v) gering, sodass in der Flüssigphasenbilanz in erster Näherung der mit dem Substrat und ggf. Rückführwasser dem Fermenter zugeführte Stickstoff sich auch im ablaufenden Gärrest wiederfinden muss.

Der Wasseranteil der Stoffströme enthält im Wesentlichen den gelösten anorganischen Stickstoff mit seiner gemäß Dissoziationsbedingungen gegebenen Aufteilung in Ammonium- und Ammoniakstickstoff sowie in geringen Mengen gelöste Proteine und als Hydrolyseprodukte Aminosäuren. Die partikulären Feststoffanteile beinhalten den organisch gebundenen Stickstoff und eingelagerte kristalline, schwer lösliche Salze wie MAP, HAP.

Für schüttfähige feststoffreiche Substrate wird vereinfachend der TKN als Parameter bestimmt, während in wasserreichen pumpfähigen Substraten (Flüssigabgänge der Landwirtschaft, Produktionsabwässer) TKN und gelöster anorganischer Stickstoff analysiert werden müssen, um durch Differenzenbildung den organisch gebundenen Stickstoffanteil zu ermitteln. Im Gärrest findet sich dann der Stickstoffmengenstrom in anderer Komponentenverteilung wieder.

Der Gelöstanteil Stickstoff der wässrigen Gärrest-Phase besteht aus dem anorganischen Stickstoff des Fermenterzulaufs zuzüglich des durch anaeroben Proteinabbau freigesetzten Stickstoffs unter Abzug der für den Aufbau neuer Zellbiomasse benötigten Stickstoffanteile. Entsprechend finden sich im partikulären Feststoff die nicht umgesetzten stickstoffhaltigen Substratbestandteile, schwer lösliche Stickstoffsalze und die anaerobe Bakterienbiomasse mit ihrem stickstoffhaltigen Proteinanteil.

In den vorangehenden Abschnitten wurde immer wieder mit dem gelösten anorganischen Stickstoffanteil als Basisparameter für die Bilanzierung wichtiger Prozessparameter gearbeitet. Für seine Prozessmodellierung ergibt sich die Schwierigkeit, dass für Anlagenkonzeptstudien und die Phase des Basic Engineering in der Planung von Neuanlagen keine belastbaren Gärrestanalysen zur Verfügung stehen. Eine aufwendige Prozessbilanz unter Einbeziehung des gesamten anaeroben Anabolismus und Katabolismus zur stofflichen Ablaufspezifizierung übersteigt in den meisten Fällen die Möglichkeiten einer Variantenuntersuchung als Entscheidungsgrundlage für die Anlagenplanung.

Aus den begrenzt in der Literatur verfügbaren problemrelevanten Messwerten sowie unter Verwendung eigenen Analysenmaterials wurden deshalb die nachfolgenden Diagramme zur Abschätzung der Konzentration an gelöstem anorganischem Stickstoff in Abhängigkeit des Trockenmassegehalts von Stoffströmen aus Vergärungsanlagen erstellt.

In Abb. 4.18 sind die Messwerte aus Fermenterabläufen sowie für Feststoffkuchen und Presswässer bei Gärrestentwässerung mittels Pressschneckenseparator und Stickstoffanalysen von Dekanterzentraten aus der Bioabfallvergärung zusammengefasst.

Letztere sind sehr feststoffarm (Trockenrückstand der gelösten Salze und unerheblicher Organikbestandteile), sodass die Stickstoffkonzentrationen innerhalb eines engen Trockenmassebereiches stark streuen. Sofern keine Flockungsmittel verwendet werden, sinkt der Dekantertrenngrad rapide und die Qualität der Zentrate überlappt mit der von den Presswässern aus Nassvergärungsanlagen.

Infolge der technologisch bedingten niedrigen Trenngrade von Pressschneckenseparatoren weisen die Trockenmassegehalte von Gärabläufen feststoffreicher Trockenvergärungsanlagen (17 bis 25 % TM) und der daraus resultierenden Presswässer in der Trockenmassekonzentration keine großen Unterschiede auf. Die in geringen Mengen anfallenden Presskuchen haben TM-Gehalte zwischen 30 und 45 % der FM; wirken optisch jedoch sehr trocken, da die Feuchte kein freies Wasser darstellt, sondern als Kapillarwasser oder in den Zellen der oTM gebunden ist. Aus diesem Grund ist in den Bereichen hoher Trockenmassegehalte in der Regel keine Standardanalytik des gelösten anorganischen Stickstoffs mehr möglich.

Für das Erstellen einer modellmäßigen Anlagenbilanz kann davon ausgegangen werden, dass der Stickstoffgehalt der Substrate bekannt ist und als Massenstrom in den Gärrest eingeht. Die Verluste an Wasser und Trockenmasse über die Biogasphase im Ergebnis des anaeroben Prozesses sind ebenfalls bestimmbar. Damit liegen für den Gärrest auch der Feuchtmassenstrom und sowie sein Trockenmassegehalt fest.

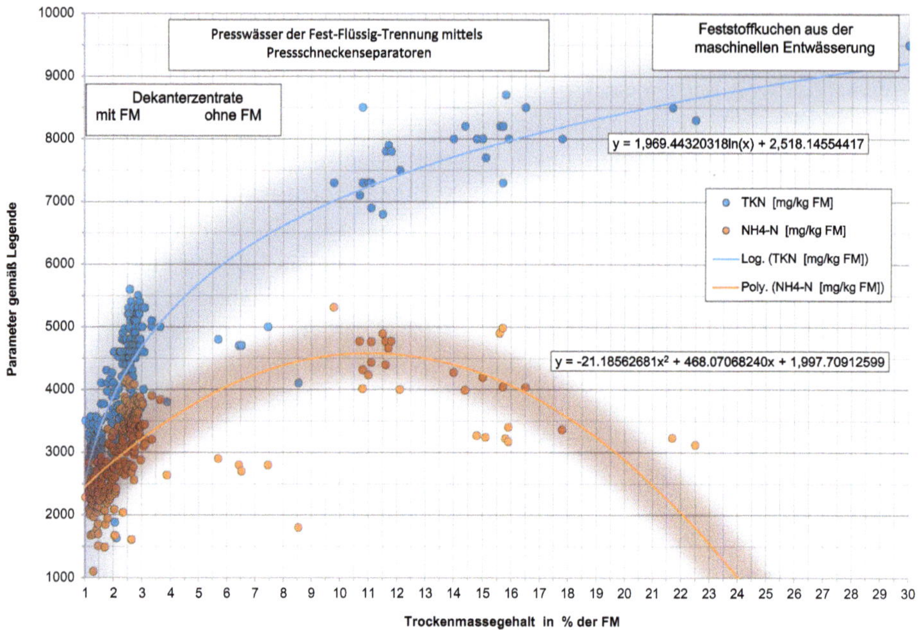

Abb. 4.18 Gemessene feuchtmassebezogene Konzentrationen an TKN und gelöstem anorganischem Stickstoff in Abhängigkeit der Trockenmassekonzentration des betrachteten Stoffstromes aus Vergärungsanlagen

Um den Anteil des zu erwartenden gelösten anorganischen Stickstoffs am Gesamtstickstoff (TKN) zu bewerten, lässt sich die Auftragung Gelöststickstoff am TKN über dem Trockenmassegehalt gemäß Abb. 4.19 verwenden.

Für TM-Gehalte größer 30 % der FM (entwässerte Feststoffkuchen) liegt kein freier Wasseranteil mehr vor.

Als Näherungsgleichung für die Aufteilung des TKN in Gärmedien und daraus erzeugten separierten Fest- bzw. Flüssigfraktionen lässt sich die nachfolgende Regressionsgleichung verwenden:

$$(\text{TKN}-\text{Anteil})_{\text{Feststoff}}^{\text{gebunden}} = -0{,}05763353 \cdot \text{TM}^2 + 4{,}47065414 \cdot \text{TM} \tag{4.9}$$

mit TKN-Anteil in [% $\text{TKN}_{\text{gesamt}}$] und TM in [% FM].

Wie bei allen Modellbildungen mit Werten statistisch belegter Genauigkeit können im Einzelfall die realen Werte von den errechneten abweichen. Eine Plausibilitätsbetrachtung für die ermittelten Ergebnisse und deren Überprüfung anhand der Grafik in Abb. 4.19 ist deshalb erforderlich. Modellierte Erwartungswerte sind in keinem Fall als Garantiewerte zu verwenden.

Das C/N-Verhältnis der zugeführten Substrate lässt sich aus der jeweiligen Bruttosummenformel berechnen, solange keine sonstige externe Stickstoffquelle existiert, kann

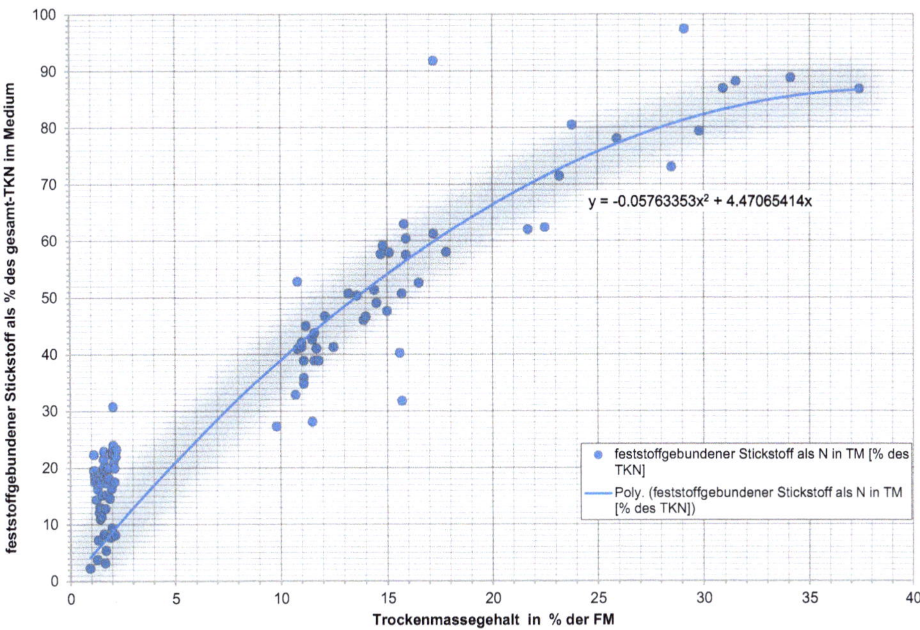

Abb. 4.19 Modellierung des feststoffgebundenen Stickstoffs in Abhängigkeit des Trockenmassegehaltes in Gärresten und den daraus abgetrennten Flüssigphasen bei Einsatz maschineller Entwässerungsverfahren

aber auch als Analysenwert aus in der Literatur gelisteten Substraten übernommen werden (Tabasaran 1993). Eine Übersicht der Werte gibt Abb. 4.20. Dabei wurde im Teildiagramm zusätzlich das reziproke Verhältnis N/C aufgetragen, um die nicht grafisch abbildbaren Werte „Unendlich" als Nullwerte darzustellen (die Skalenwerte 0,001 sind entsprechend als Null zu interpretieren). Für die C/N-Werte kleiner „Unendlich" sind die Angaben im Diagramm gespiegelt ausgewiesen. Die namentliche Zuordnung der Substrate zum CSB/oTM kann Tab. 7.1 im Anhang entnommen werden.

Im Hauptdiagramm wurden die Werte nach dem Stickstoffgehalt bzw. C/N-Verhältnis sortiert, sodass links im Bild die stickstofffreien Substrate (Kohlenhydrate, organische Säuren, Fette) zusammengefasst sind. Die C/N-Werte gehen dafür gegen „Unendlich".

Für die Abschätzung des C/N-Verhältnisses im Gärrest wird der nicht abgebaute Anteil der Substrat-oTM berücksichtigt und mittels Gl. 3.72 in Abhängigkeit des Verhältnisses CSB/oTM für das Substrat der noch vorhandene Substratkohlenstoff ermittelt. Für den modellierten Zuwachs an anaerober Bakterienbiomasse (Abschn. 4.1.6) erfolgt mit gleicher Formel und dem Verhältnis CSB/oTM = 1,42 … (1,53) für Bakterienzellen die Bestimmung des inkorporierten Kohlenstoffs. Aus diesen Werten ergibt sich C/N für den Gärrest.

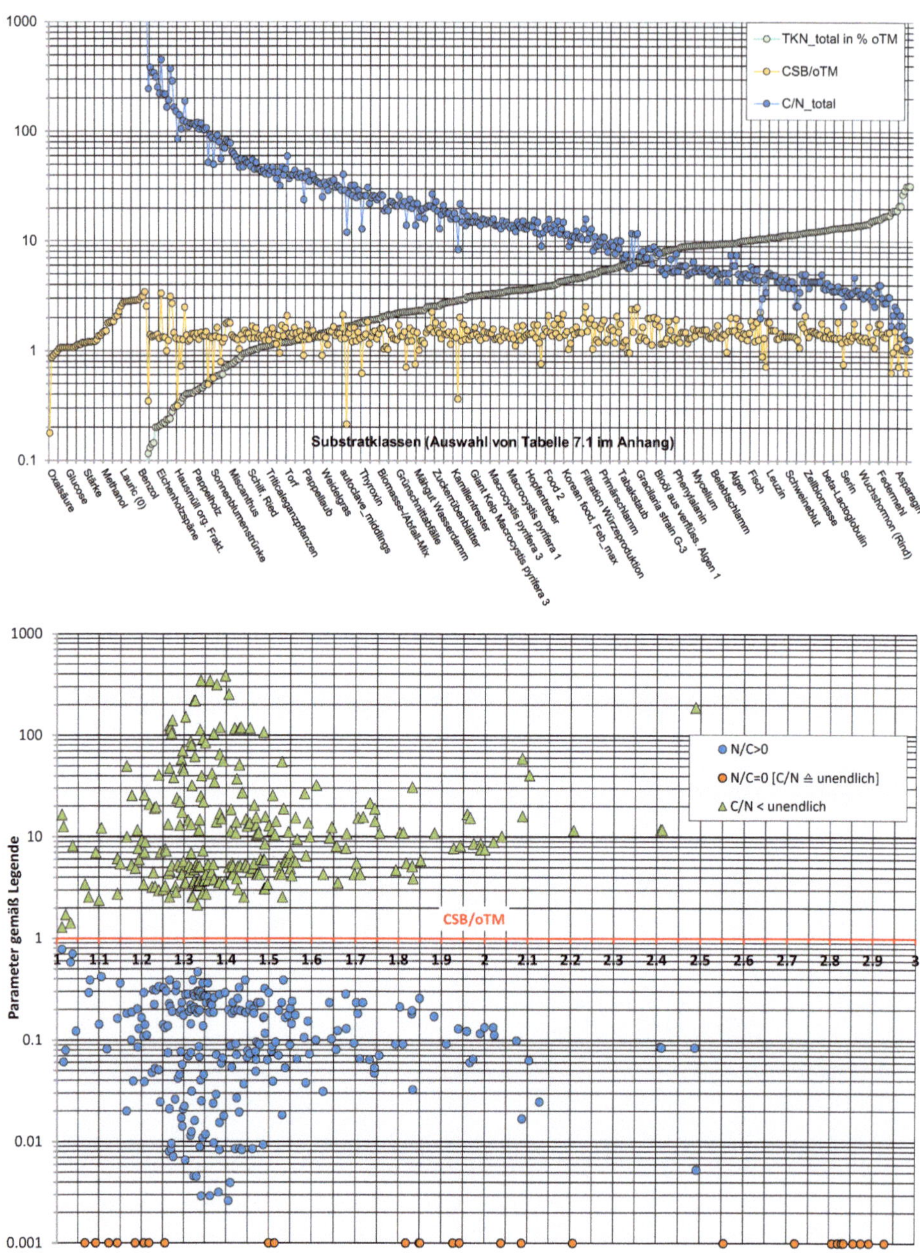

Abb. 4.20 Stickstoff-Kohlenstoff-Verhältnisse für die ausgewerteten Substrate (oben). Die Hilfsgrafik (unten) beschreibt die aus den Substratbruttosummenformeln berechneten C/N-Werte der Substrate aus dem Hauptdiagramm und gespiegelt die reziproken Werte N/C. C/N-Werte $= \infty$ sind für die grafische Darstellung als N/C $\rightarrow$ 0 konvertiert worden

4.1.4.1.5 Die Qualität des emittierten Biogases unter Berücksichtigung der chemischen und physikalischen Einflüsse des anorganischen Anteils am Substratstickstoff auf die Fixierung von Kohlenstoffdioxid im Gärmedium

Ammoniak im Biogas reduziert die Klopffestigkeit bei Verbrennung in Motoren, spielt jedoch infolge seiner normalerweise geringen Konzentrationen im Gas in dieser Hinsicht keine signifikante Rolle. Wichtiger ist der indirekte Einfluss des gelösten anorganischen Stickstoffs auf die Biogasqualität infolge seiner alkalisierenden Wirkung auf den pH-Wert des Gärmediums und damit auf die zunehmende Dissoziation des durch den anaeroben Stoffwechsel gemäß der Bildungsstöchiometrie freigesetzten Kohlenstoffdioxids.

Die schon in Abschn. 3.2.2.4 diskutierte Fixierung von dissoziiertem CO_2 in Form von Karbonaten führt zusammen mit der hohen physikalischen Löslichkeit des Gases (Abb. 2.1) zu prozessrelevanten Unterschieden zwischen den Mengen des stoffwechselseitig gebildeten und als Biogaskomponente emittierten Kohlenstoffdioxids.

In Abschn. 3.2.2.4 wurde ebenfalls das CO_2-Bindungspotenzial des in den Substrat-Bruttosummenformeln erfassten Stickstoffs interpretiert und die Veränderungen der Methankonzentrationen im emittierten Biogas stöchiometrisch sowie für das Potenzial maximaler chemischer Bindung des Kohlenstoffdioxids für Karbonatbildung in Abhängigkeit des Substratstickstoffs gemäß Gl. 3.83 dargestellt.

Nachfolgend werden die Veränderung der Methankonzentration im Gas und die Reduzierung der emittierten Biogasmenge unter Berücksichtigung des im Gärmedium gebundenen Gesamtanteils an Kohlenstoffdioxid diskutiert.

Ausgehend von der erweiterten BUSWELL-Formel, Gl. 3.53 und unter Einbeziehung von Gl. 3.54 für die gegebene Reaktion von Ammoniak mit Kohlenstoffdioxid vermitteln die Abb. 4.21 und 4.22 die Größenordnung der theoretisch möglichen CO_2-Fixierung in der Gärflüssigkeit und der daraus resultierenden qualitativen und quantitativen Änderungen der Parameter des emittierten Biogases.

In Ergänzung zu den in Abschn. 3.2.2.4 zusammengestellten Regressionsgleichungen für die wichtigsten modellierten Biogasparameter sind entsprechende Trendgleichungen auch den Bilanzparametern in den vorstehenden Abbildungen zugeordnet, um die Abhängigkeiten besser zu veranschaulichen.

CO_2 wird nach der Theorie mit dem nicht durch die Bakterien genutzten Stickstoffgehalt des Substrats als Ammonium-/Ammoniumhydrogen-Karbonat in der Flüssigkeit fixiert und gegenüber der stöchiometrischen Biogaszusammensetzung der gasförmigen Emission entzogen. Deshalb weist in der Regel emittiertes Biogas höhere Methankonzentrationen auf bei verringerter Gasmenge. Dies ist ein latenter Zustand, der sich bei unterschiedlicher Substratzusammensetzung bzw. pH-Wertänderungen verändert.

Die modellierte CO_2-Bindung als theoretische Maximalrechnung wird in dieser vereinfachten Form in der Praxis nicht stattfinden. Sowohl der anorganische gelöste Stickstoff als auch das Kohlenstoffdioxid reagieren auch mit anderen reaktiven Komponenten im Gärmedium bzw. werden als Nährstoffe in die Neubildung von anaerober Biomasse einbezogen.

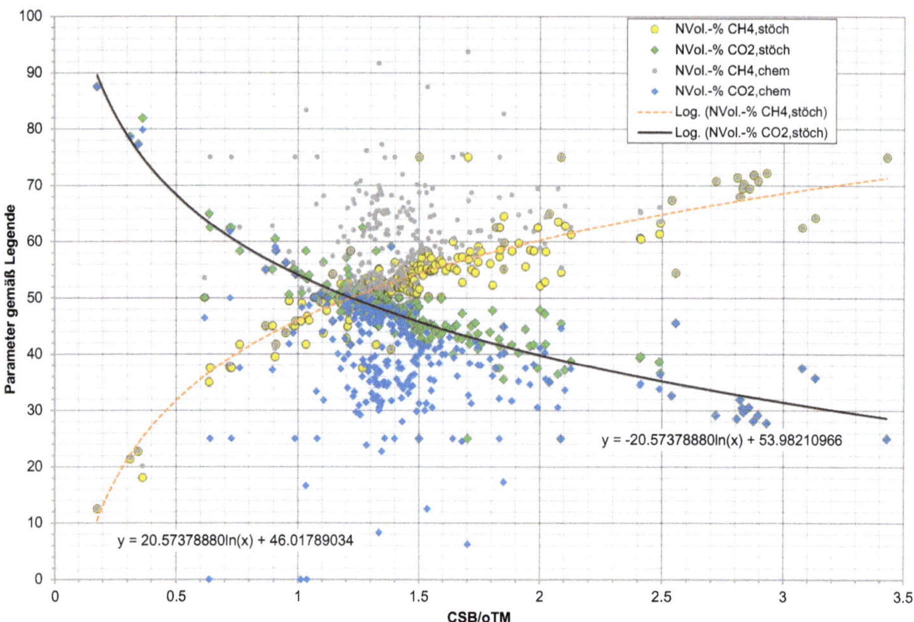

Abb. 4.21 Stöchiometrische Konzentrationen der Biogaskomponenten CH_4 und CO_2 (trockenes Gas im Normzustand) gemäß der BUSWELL-Stöchiometrie sowie unter Berücksichtigung einer Reaktion des Substratstickstoffs mit CO_2 für den substratrelevanten Bereich von CSB/oTM

Außerdem lässt sich über das Henry-Gesetz für CO_2 temperatur-, pH-Wert- und druckabhängig ein Austrag aus dem Fermenter mit der Gärflüssigkeit in (physikalisch) gelöster Form (Gl. 4.10 und 4.11) in der Größenordnung von 0,5 bis 1,6 Masse-% des stöchiometrisch gebildeten CO_2 abschätzen.

Wertet man die Modellierungen für die Darstellungen in Abb. 4.21 und 4.22 dergestalt aus, dass dem gelösten Anteil des stöchiometrisch gebildeten CO_2 jeweils die entsprechende Erhöhung der Methankonzentration im emittierten Biogas zugeordnet wird, ergibt sich die in Abb. 4.23 dargestellte Abhängigkeit der Parameter. Zur Charakterisierung der den Rechnungen zugrunde liegenden Substrate sind die zugehörigen CSB/oTM-Werte eingetragen. Man erkennt, dass es sich im Wesentlichen um die protein- und fäkalienhaltigen Stoffströme handelt, die das Einfluss nehmende Stickstoffpotenzial liefern.

Die Regressionsgleichungen als Polynome zweiten oder dritten Grades zeigen keine signifikanten Unterschiede, sodass für die einfachere Anwendung ein Polynom zweiten Grades verwendet werden kann, das den Zuwachs der Methankonzentration gegenüber dem stöchiometrischen Wert in absoluten Prozentwerten darstellt:

$$\mathrm{DELTA}_{\mathrm{absolut}}^{\mathrm{CH4,\%}} = 0{,}00262444 \cdot (\mathrm{CO}_{2\,\mathrm{fixiert}}^{\%})^2 + 0{,}20378552 \cdot (\mathrm{CO}_{2\,\mathrm{fixiert}}^{\%}) \quad (4.10)$$

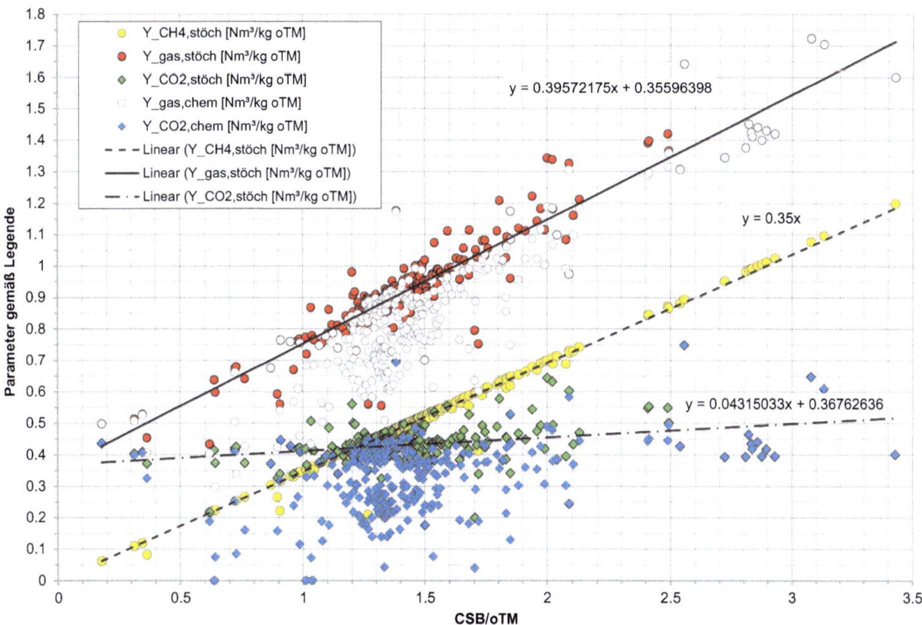

Abb. 4.22 Einfluss der CO_2-Bindung gemäß Bedingungen für Abb. 4.21 auf die substratspezifischen Gasertragswerte Y_{Gas}

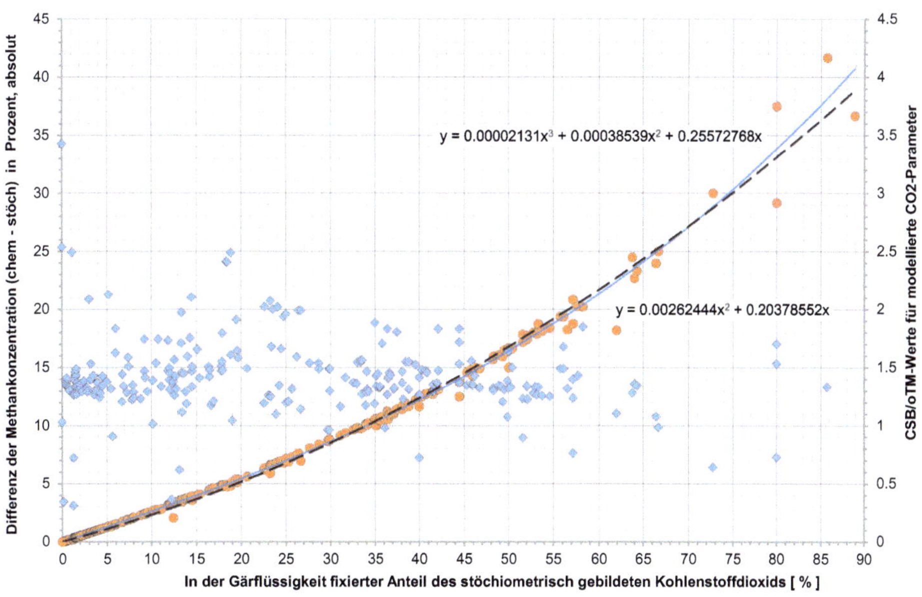

Abb. 4.23 Zusammenhang zwischen CO_2-Fixierung in der Gärflüssigkeit und Erhöhung der Methankonzentration im mengenmäßig reduzierten Biogas

$$\text{Es gilt:}\quad CH_4^{\%} = CH_4^{\text{stöch},\%} + DELTA_{\text{absolut}}^{CH4,\%} \tag{4.11}$$

Dabei ist $CO_{2,\text{ fixiert}}$ jetzt als Summe aller in der Gärflüssigkeit fixierten Anteile des stöchiometrisch gebildeten CO_2 zu verstehen (gelöstes CO_2 + chemisch gebundenes CO_2).

Splittet man den Konzentrationszuwachs für Methan nach CO_2-Fixierung und relevantem CSB/oTM-Verhältnis des betrachteten Substrates, lässt sich die Übersicht gemäß Abb. 4.24 für eine schnelle Bewertung des CH_4-Konzentrationszuwachses verwenden.

Für typische CSB/oTM-Verhältnisse sind in Abb. 4.24 Regressionsgleichungen dargestellt.

Die Betriebspraxis bestätigt den latenten Zustand der CO_2-Fixierung in der Gärflüssigkeit in Abhängigkeit der Prozessbedingungen. So kann bei Anlagen mit quasikontinuierlicher Substratdosierung bei ausgesetzter Fütterung an den Wochenenden ein Anstieg des pH-Wertes beobachtet werden, verbunden mit einer Reduzierung der emittierten Gasmenge bei zunehmender Methankonzentration. Ursache ist der Abbau des im stationären Betrieb vorhandenen Gelöstspiegels der organischen Säuren. Dadurch steigen der pH-Wert infolge der Verringerung des Säurepuffers und die Methankonzentration im Biogas infolge der verstärkten CO_2-Fixierung in der Gärflüssigkeit. Die dadurch bedingte Verringerung der Biogasmenge wird überlagert von der abnehmenden Stoffwechselaktivität aufgrund des Substratmangels.

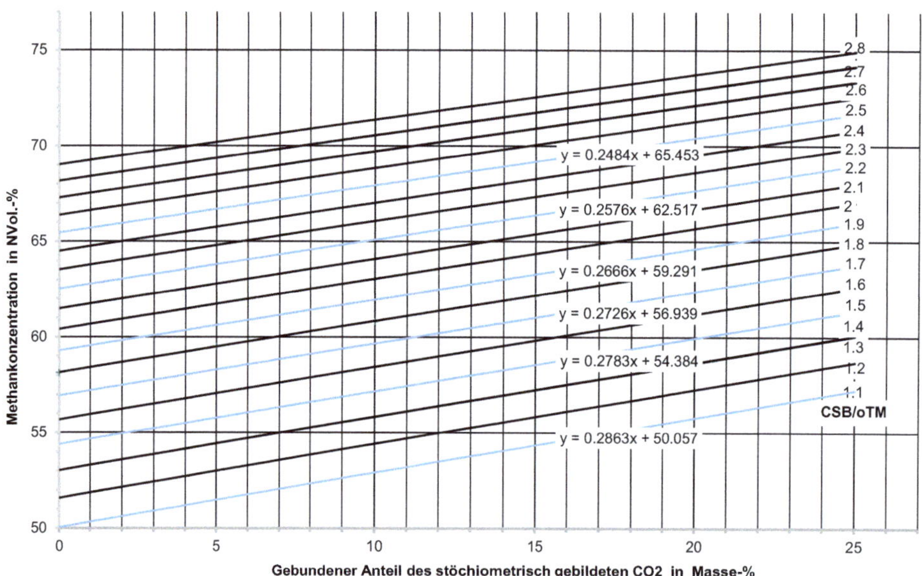

Abb. 4.24 Änderung der prozentualen Methankonzentration für unterschiedliche Substrate gegenüber dem stöchiometrisch ermittelten Zustand in Abhängigkeit des gebundenen stöchiometrischen CO_2-Anteils

Mit der neuen Fütterung zum Wochenbeginn akkumulieren aus der wieder verstärkt einsetzenden Hydrolyse organische Säuren, bis die anaerobe Biozönose wieder stabiles Stoffwechselgleichgewicht erreicht hat. Damit sinkt der pH-Wert und es kommt durch Verschiebung der Dissoziationsgleichgewichte zur Freisetzung fixierter Kohlenstoffdioxidanteile, was in der Regel zu einem Gasstoß mit erhöhter CO_2-Konzentration führt. Die zeitlich begrenzte Zunahme der aus dem Fermenter abgeführten Biogasmenge resultiert aus dieser CO_2-Freisetzung bei reduzierter Methankonzentration und wird überlagert von der gesteigerten Gasproduktion durch die Zuführung frischen Substrats.

4.1.4.2 Einfluss des Substratschwefels auf den Gärprozess und die Nutzung des Biogases

4.1.4.2.1 Die Schwefelwasserstofftoxizität

Schwefelwasserstoff zählt ebenso wie Ammoniak zu den akuten Zellgiften. Während für Letzteres die Ursachen der toxischen Wirkungen jedoch als Arbeitshypothesen weitgehend bekannt sind (Abschn. 4.1.4.1.3), gibt es bei Schwefelwasserstoff zwar Vorstellungen zur Schädigung von Zytochrom in der Atmungskette durch Hemmung der Sauerstoffbindungsstelle. Inwiefern diese Reaktion jedoch auch auf die molekularen Mechanismen obligater Anaerobier innerhalb ihrer stoffwechselbedingten Elektronenübertragungsreaktionen Einfluss nimmt, wird in den zugänglichen Publikationen nicht ausgeführt.

Neben der Toxizität wird allgemein auch auf die Möglichkeit sekundärer Hemmungen hingewiesen, indem durch Fällung essenzieller Spurenelemente deren Verfügbarkeit für den Aufbau wichtiger Zellenzyme eingeschränkt wird. Auch dazu gibt es jedoch unterschiedliche Ergebnisse. In (Parkin et al. 1990) wird darauf hingewiesen, dass häufig im Gärmedium ausreichend gelöste Metallionen beobachtet wurden, unabhängig von der Sulfidkonzentration. Daraus wurde abgeleitet, dass anaerobe Bakterien in der Lage sind, komplexbildende Wirkstoffe zu erzeugen, um ausreichend Spurenelemente für die bakterielle Versorgung verfügbar zu halten.

Während Sulfate selbst nicht toxisch sind und weitgehend chemisch inert bleiben, stellen sie doch im anaeroben Prozess einen Risikofaktor dar, indem sie von Sulfat reduzierenden Bakterien bei ihrem Stoffwechsel als Wasserstoffakzeptor verwendet werden, was zu den Endprodukten Sulfid/Schwefelwasserstoff führt.

Als Gärsubstrate genutzte industrielle Abprodukte mit hohem Sulfatgehalt sind Fermentationsbrühen der pharmazeutischen und kosmetischen Industrie sowie Schlempen aus der Hefe- und Ethanolproduktion, bei deren Produktionsprozessen Schwefelsäure als vergleichsweise billige Chemikalie zur pH-Werteinstellung und dem Schutz der säuretoleranten Hefefermentation vor Infektionen durch Fremdbakterien eingesetzt wird.

Des Weiteren enthalten Trockenbaustoffe sowie Gebrauchspapiere Gips als Füllstoff. Als Abfälle findet man sie dann im Gemischt- und Restmüll. Dort landen gleichfalls die sulfathaltigen Aschen aus regional noch immer genutzten und mit schwefelhaltigen Kohlen beschickten Feuerungsanlagen.

Bei der mit Standardtechnologien betriebenen Separierung einer angereicherten Bioorganik aus diesen Abfällen gehen die sulfathaltigen Bestandteile überwiegend ebenfalls in die als Gärsubstrat aufbereitete Fraktion über und stellen für den Gärprozess ein hohes Gefährdungspotenzial der Schwefelwasserstoffbildung dar.

Die veröffentlichten Daten zu Untersuchungen der Schwefelwasserstofftoxizität auf die anaerobe Biozönose (Kroiss 1985; Svardal 1991; Rehm 1999; Parravicini 2006) spiegeln punktuelle Versuchs-und Betriebserfahrungen zu beobachteten Prozesshemmungen in Abhängigkeit von Substratschwefelgehalt, Einfluss des undissoziierten Sulfidanteils sowie Zusammenhängen zwischen gelöstem und mit dem Biogas emittierten Schwefelwasserstoffgehalt wider.

Analog zu den Ergebnissen für die Ammoniaktoxizität lässt sich auch für den Schwefelwasserstoff aus den vorliegenden Untersuchungen eine Hemmkurve in Abhängigkeit des gelösten H_2S in der Gärflüssigkeit erstellen. Infolge der geringen Dissoziationsunterschiede zwischen mesophilen und thermophilen Temperaturen und bei den zu erwartenden Unschärfen in der Wertegenauigkeit aus unterschiedlichen Quellen reicht eine mittlere Hemmkurve aus allen verfügbaren Messergebnissen zur Berücksichtigung des Dissoziationsverhaltens.

Die alternativen Regressionsgleichungen auf Basis der Hemmwerte sind im Teildiagramm der Abb. 4.25 dargestellt. Eine exakte funktionelle Erfassung der verfügbaren Daten in Abhängigkeit der H_2S-Konzentration [mg/l] ist mit einem Polynom 6-ten Grades möglich. Diese Scheingenauigkeit entspricht jedoch nicht der Realität der Messwertstreuungen, sodass die logarithmische Trendkurve gemäß Gl. 4.12 dem Zweck angemessen erscheint.

$$\mathrm{HEM}(\mathrm{H_2S})^{\%}_{35/55\,^\circ\mathrm{C}} = 17{,}95943382 \cdot \ln(\mathrm{H_2S}) - 27{,}45816457 \tag{4.12}$$

Die Gelöstkonzentrationen an Schwefelwasserstoff für mesophile und thermophile Prozessbedingungen wurden mittels HENRY-Gesetz (Abschn. 2.2.2) für einen statischen Druck von 5 m WS im Reaktor errechnet und dafür mit Gl. 4.12 die erwarteten Hemmwerte bestimmt. Der Gesamtsulfidgehalt in der Flüssigkeit folgt aus dem gelösten H_2S gemäß dem Dissoziationsmodell für Sulfide (Abschn. 2.2.3). Für die betrachteten Prozessbedingungen beträgt bei pH-Werten zwischen 7,6 und 8,0 der Anteil an gelöstem H_2S theoretisch zwischen 10 und 20 % der gelösten Sulfide. Fällungsreaktionen wurden hier nicht berücksichtigt.

Die eingetragenen Betriebswerte stehen für aktivitätsgehemmten, aber noch stabilen Anlagenbetrieb. Ab ca. 4 Vol.-% H_2S im Gas ist stabiler Anlagenbetrieb nicht mehr möglich. Externe Verfahren zur Schwefelwasserstoffabscheidung sind nur sinnvoll, wenn die Gasqualität für die nachfolgende Nutzung verbessert werden soll. Auf die Toxizität im Fermenter haben sie keinen Einfluss.

Die Verringerung von toxischen Gelöstkonzentrationen erfolgt im Wesentlichen durch Dosierung von weitgehend für den Gärprozess unbedenklichen Eisenpräparaten zur Ausfällung als schwer lösliche Eisensulfide. Die Anreicherung dieser Produkte im Gärrest ist dann für dessen weitere Nutzung zu beachten.

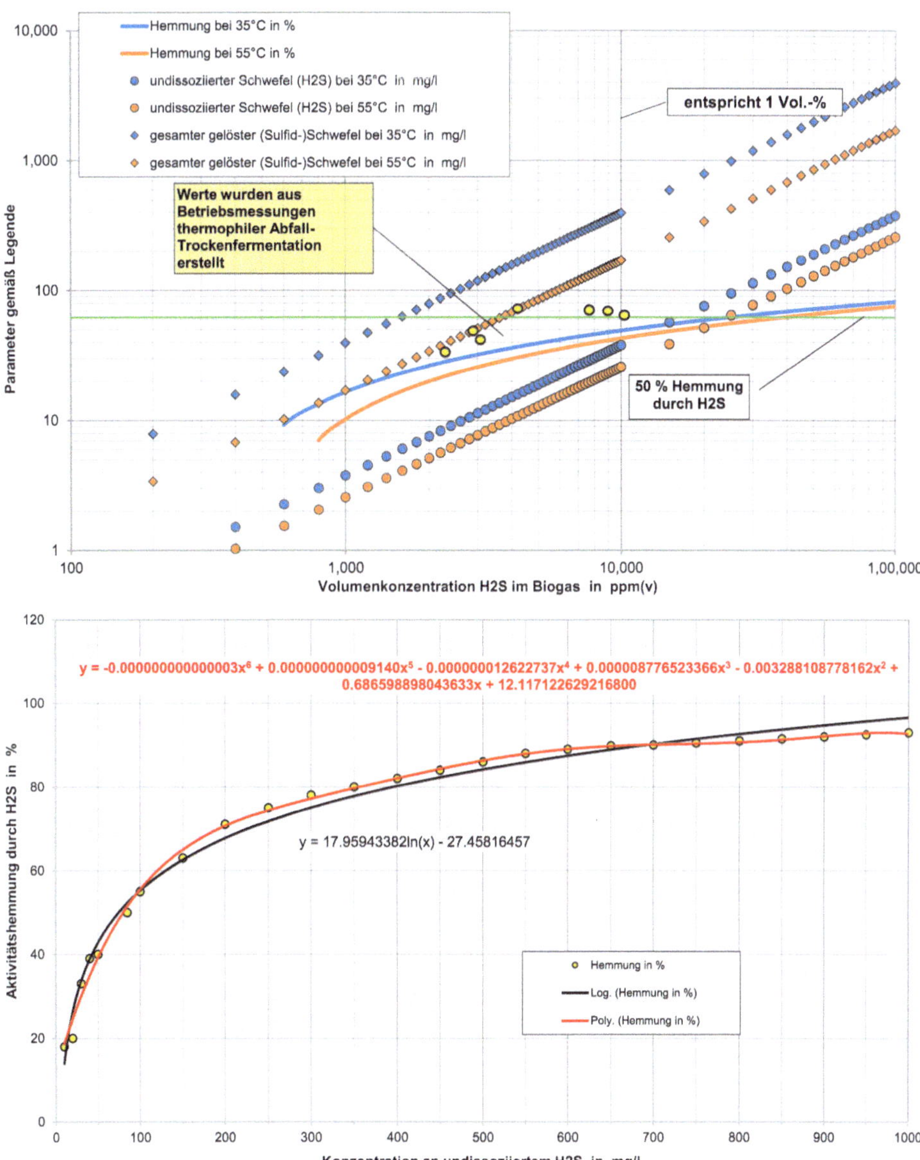

Abb. 4.25 Beobachtete und modellierte Aktivitätshemmungen durch Schwefelwasserstoff in Abhängigkeit der H_2S-Konzentrationen im Biogas und mit theoretischer Zuordnung der Sulfidschwefel- sowie der gelösten H_2S-Konzentration im Gärmedium (oben)

Alternativ wird auch abgereinigtes Biogas im Kreislauf geführt und möglichst tief im Reaktor in das Gärmedium eingeblasen, um H_2S verstärkt zu strippen. Der Gaskreislauf um den Reaktor ist dann technologisch entsprechend zu gestalten. Mögliche verstärkte Schaumbildung im Reaktor muss geprüft werden.

Die hohe Humantoxizität von Schwefelwasserstoff ist in der gesamten Anlage sicherheitstechnisch zu beachten. Infolge der hohen Dichte von H_2S (Tab. 2.2) sind insbesondere bodennahe Bereiche umbauter Räume und tiefgelegte Schächte vor Betreten sorgfältig auf Schadstoffkonzentrationen zu prüfen (das gilt analog auch für CO_2).

4.1.4.2.2 Wirkungen auf das bakterielle Mikrohabitat und auf die Biogasqualität

In Ergänzung zu Abb. 4.2, die im Wesentlichen eine Auswertung der in den Substratbruttosummenformeln erfassten Schwefelgehalte darstellt, wird in Abb. 4.26 das Schwefelpotenzial weiterer Gärsubstrate, aus (TLL 1999) und sonstigen Quellen, in % der TM sowie in Verbindung mit dem TM-Gehalt alternativ als Schwefelkonzentration in der Substratfeuchtmasse erfasst. Zu beachten ist die unterschiedliche Zuordnung der Messwerte zu den auf Primär- und Sekundärachse erfassten Substraten.

Die Betriebserfahrung zeigt, dass ca. 60 bis 80 % des organisch gebundenen bzw. des Sulfatschwefels im anaeroben Prozess von Sulfat reduzierenden Bakterien in Sulfid umgewandelt werden, das damit in Abhängigkeit der Prozessparameter pH-Wert und Temperatur gemäß Dissoziationsgleichgewicht im physiologisch relevanten pH-Bereich als H_2S oder SH^- vorliegt.

Die Schwierigkeit der praxisrelevanten Modellierung folgt aus der schon mehrfach a. a. O. diskutierten Tatsache, dass die verfügbare Betriebsmesstechnik nur die makroskopische Ermittlung von Prozessparametern ermöglicht. Im biochemisch primär wirksamen Bereich von wenigen Nanometern bis Mikrometern der ablaufenden Interspezies-Stoffübertragungsprozesse sind insbesondere pH-Wert-abhängige chemisch-physikalisch relevante Prozesse wirksam, die mit konventionellen Messmethoden nicht erfasst werden können.

Die Auswirkungen auf die Schwefelwasserstoffbilanz veranschaulicht Abb. 4.27. Aus den Betriebsmessungen einer landwirtschaftlichen Biogasanlage wurde die substratbezogene Biogasausbeute zu ca. 250 m^3/t ermittelt, bei einer Prozesstemperatur von 35 °C bis 55 °C und einem pH-Wert im Fermenter 7,8 bis 8,1. Aus der eingetragenen Gesamtschwefelkonzentration von 180 mg/l konnten ca. 110 mg/l gelöste Sulfide bestimmt werden. Nach dem Dissoziationsgleichgewicht entspricht diese Konzentration bis pH $\approx$ 5,5 auch dem undissoziierten, physikalisch gelösten Schwefelwasserstoff. Mit steigendem pH-Wert verringert sich dann der Anteil an undissoziiertem H_2S drastisch und entsprechend nimmt theoretisch auch die H_2S-Konzentration im Biogas ab. Die über Dissoziation und H_2S-Sättigung in der Flüssigkeit modellierten Konzentrationen für pH = 5 und pH = 8 sind in Abb. 4.27 markiert.

Die Messungen der zu verschiedenen Betriebszeiten im ungereinigten Biogas aufgenommenen Schwefelwasserstoffkonzentrationen zeigen jedoch viel höhere Werte. Eine Tatsache, die auch aus Güllevergärungsanlagen bekannt ist, wo bei pH-Werten zwischen 7,8 und 8,2 im Biogas H_2S zwischen 2000 und 2500 ppm(v) gemessen wird.

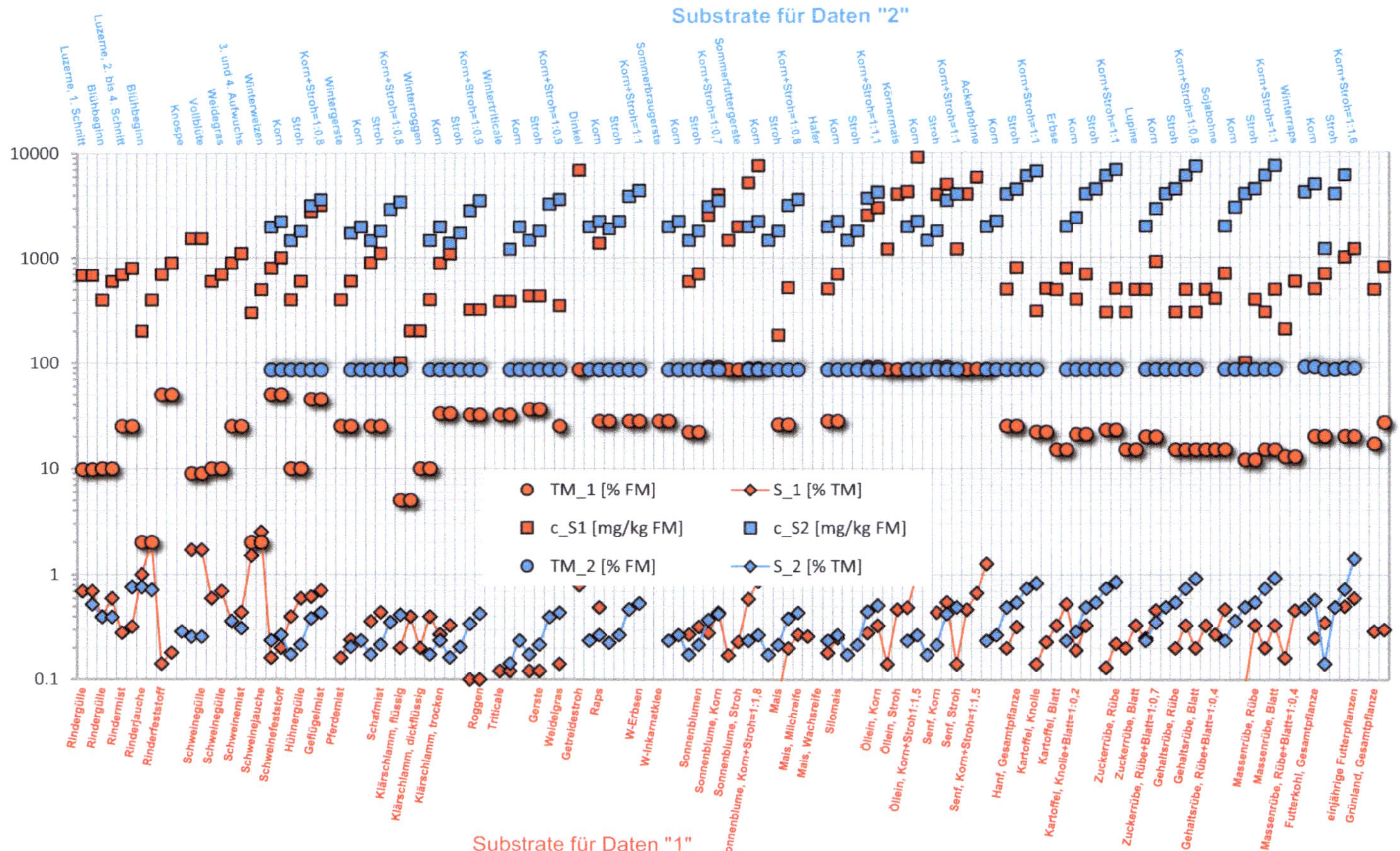

Abb. 4.26 Das Schwefelpotenzial landwirtschaftlicher Gärsubstrate. (Quellen: TLL 1999; Konavec 1999; Peu 2012, eigene Messungen)

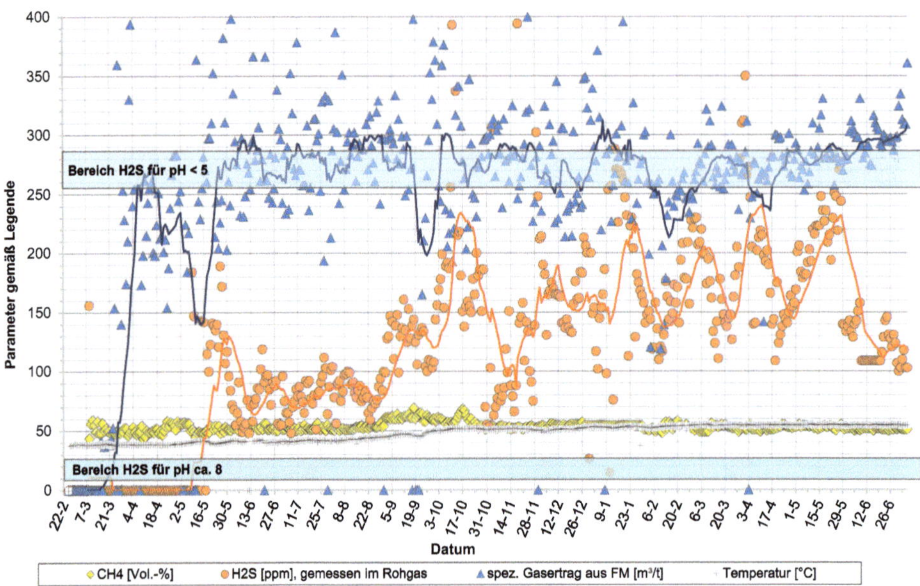

Abb. 4.27 Theorie und Praxis des Überganges von Schwefelwasserstoff in die Gasphase bei Vergärungsanlagen

Es kann also davon ausgegangen werden, dass neben sonstigen physikalisch-chemischen und Prozess bedingten Einflüssen der primäre H_2S-Übergang in das Biogas im sauren Interspezies-Mikrohabitat einen nicht unerheblichen Einfluss auf die Biogasqualität hat.

Die Biogasfreisetzung aus dem Fermentationsmedium unterliegt den komplexen Abhängigkeiten von Dissoziation, Gaslöslichkeit und Stoffübergangskinetik zwischen Flüssigkeit und Gasphase. Neben dem über das Gärsubstrat bereitgestellten Bildungspotenzial für die Gaskomponenten spielen insbesondere die erreichten spezifischen Gaserträge je Tonne Substrat sowie je Kubikmeter Gärvolumen eine wichtige Rolle für die Desorptionsrate der gelösten Gase und die erreichten Stripp-Effekte. Die Zusammenhänge von spezifischem Gasertrag, mit dem Substrat in den Fermenter eingetragenen Gesamtschwefel sowie dem Umsatz in Sulfid und dem Schwefelwasserstoffgehalt im feuchten Biogas ohne Berücksichtigung von überlagerten Fällungsreaktionen sind in Abb. 4.28 veranschaulicht.

Hier zeigt sich die deutliche Abhängigkeit des H_2S-Gehaltes im Biogas von dem erreichten spezifischen Gasertrag aus dem Gärsubstrat. Bei gleichem H_2S-Bildungspotenzial des Substrates, aber unterschiedlichem spezifischen Gasertrag verändert sich die H_2S-Konzentration umgekehrt proportional zur Gasbildung. Der formelmäßige Zusammenhang ist in dem Hilfsdiagramm in Abb. 4.28 dargestellt.

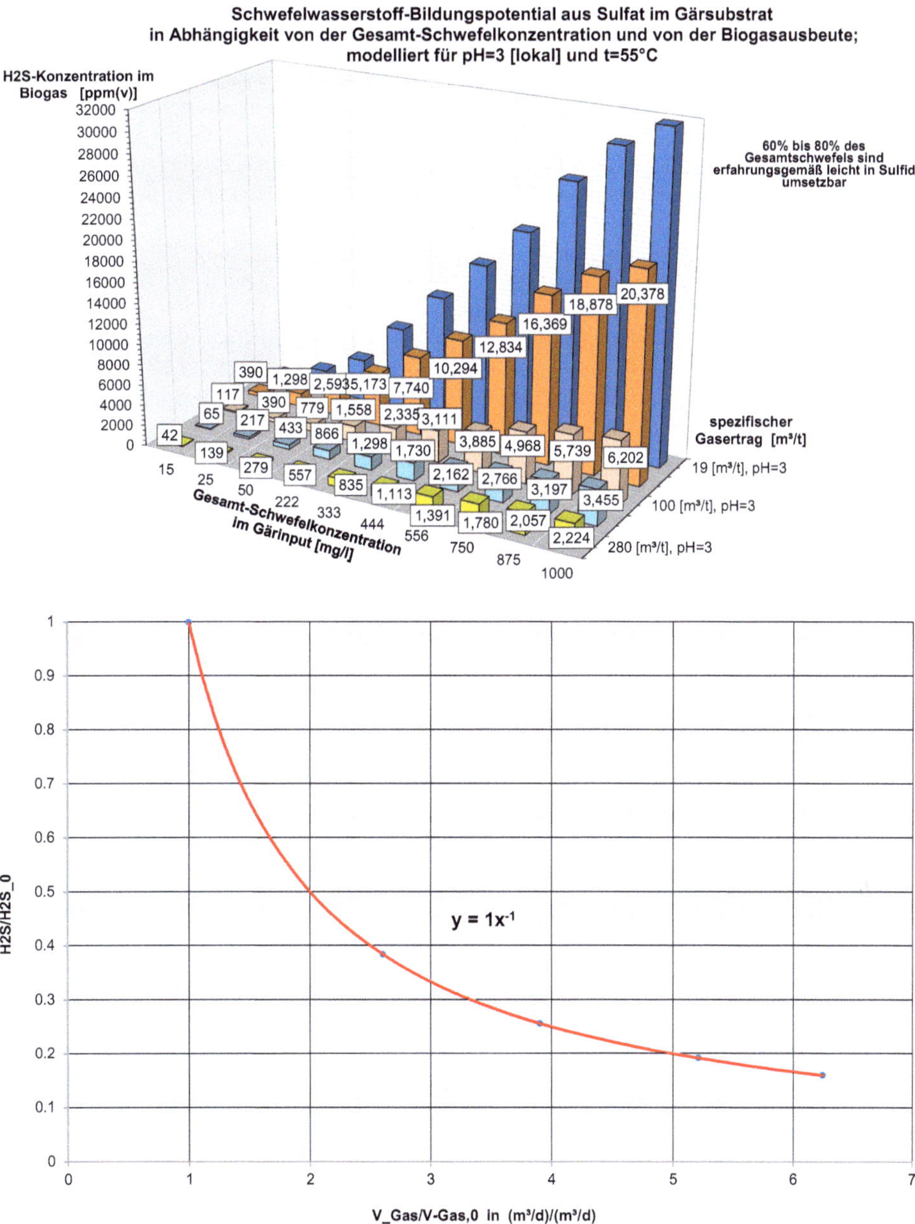

Abb. 4.28 Die Schwefelwasserstoffkonzentration im Biogas in Abhängigkeit von den Substrat- und Prozessparametern (oben)

Hintergrundinformation

Sowohl für Ammonium/Ammoniak als auch für Sulfid/Schwefelwasserstoff ist jeweils zu unterscheiden zwischen den chemisch-physikalischen sowie toxischen Wirkungen in der Flüssigphase und den Einflüssen der undissoziierten Komponentenkonzentrationen im Biogas auf dessen Qualität und damit auf seine Verwertungsmöglichkeiten und umweltrelevanten Emissionsparameter.

Die primäre Biotoxizität beider undissoziierter gelöster Gaskomponenten beruht auf der schon diskutierten Beeinträchtigung wichtiger biochemischer Stoffwechselreaktionen in den anaeroben Bakterienzellen.

Ammoniak führt außerdem infolge seiner starken alkalischen Pufferung des Gärmediums zu einer Beeinflussung des gesamten chemisch-physikalischen Milieus und zu stärkerer chemischer Bindung von Kohlenstoffdioxid in der Gärflüssigkeit.

Die Reduktion von Schwefelverbindungen im anaeroben Milieu kann durch die sulfidische Schwermetallfällung essenzielle Spurenelemente für den mikrobiellen Stoffwechsel blockieren und dadurch zu sekundären Aktivitätshemmungen bei der anaeroben mikrobiellen Flora führen.

Stickstoff und Schwefel im Gärrest stellen prinzipiell wertvolle Düngerkomponenten dar, wenn sie bei Land- und Forstwirtschaft entsprechend bedarfsgerecht eingesetzt werden. Das inzwischen vorhandene Überangebot an anorganischem Stickstoff führt jedoch dazu, dass er nicht an jedem Ort und zu jeder Wachstumsperiode ausreichend von Pflanzen und Bodenbakterien verwertet werden kann. Damit kommt es einerseits zu Ausgasungen von Ammoniak aber auch zu Nitrifikationsreaktionen, in deren Ergebnis Nitrit/Nitrat in das Grundwasser eingetragen wird.

Während Ausgasungen auch bei Schwefelwasserstoff ein Problem darstellen können, verbunden mit dem Effekt, dass er sich infolge seiner höheren Dichte gegenüber Luft an tiefgelegenen Punkten sammeln und dort toxische Konzentrationen erreichen kann, sind andererseits oxidierte Schwefelverbindungen in Gärresten in der Landwirtschaft inzwischen vielfach gesucht, da infolge des Rückganges an „saurem" Regen regional schon deutlich Schwefelmangel im Boden registriert wird.

Die sulfathaltigen Waschwässer aus der Gasreinigung werden deshalb häufig dem Gärrest vor seiner Ausbringung im Agrarbereich wieder beigemischt. Die Beachtung der dafür bestehenden gesetzlichen Rahmenbedingungen ist erforderlich. Als „Biosäure" finden sie ebenfalls Verwendung für die chemische Bindung von Ammoniak aus der Stickstoffentfrachtung von Gärresten in Form von Ammoniumsulfat.

Ammoniak und Schwefelwasserstoff als gasförmige Bestandteile des Biogases führen neben den immer möglichen toxischen Ausgasungen insbesondere zu Qualitätsminderungen des Biogases bei seiner Verwertung sowie zu Problemen bei Transport und Speicherung.

In Verbindung mit der vorhandenen Biogasfeuchte kommt es bei Gasabkühlung zur Bildung von Kondensaten, in denen sich dann hohe Konzentrationen gelöster Schadgaskomponenten anreichern können, die punktuell starke Metall- oder Betonkorrosion verursachen. Dazu sind aus der Betriebspraxis zahlreiche Beispiele von Lecks in Gasleitungen, an Kollektorhauben und in der Flüssigkeits-/Gaswechselzone von Betonkonstruktionen bekannt.

Bei der Biogasverwertung in Gasmotoren führt Ammoniak zur Verringerung der Klopffestigkeit, während die Oxidationsprodukte von H_2S eine verstärkte Alterung von Motorenölen bewirken, was infolge hoher notwendiger Ölwechselraten einen nicht unerheblichen Kostenfaktor darstellt. Aus diesem Grund begrenzen Motorenhersteller den zulässigen H_2S-Gehalt im Brenngas und fordern eine entsprechende Gasreinigung im System.

Wird Biogas für die Einspeisung in das Erdgasnetz oder zur Nutzung als Brenngas in Fahrzeugen bzw. zum Einsatz in Brennstoffzellen aufbereitet, bestehen von vornherein strenge gesetzliche Regelungen bezüglich der einzuhaltenden Qualitäten von Biomethan.

Für die Entsorgung der Verbrennungsabgase der thermischen Biogasnutzung sind ebenfalls die bestehenden Verordnungen und Emissionsrichtlinien einzuhalten.

Neben der direkten Gasnutzung ist in komplexen industriellen Biogasanlagen ebenfalls der Einfluss von NH_3- und H_2S-Emissionen auf die Dimensionierung und Arbeitsweise von Biofiltern zur Reinigung der Anlagenabluft zu beachten. Werden höhere Konzentrationen an beiden Schadgasen über die Hallen- bzw. Maschinenabsaugung in das Abluftbehandlungssystem eingetragen und ohne vorherige saure und/oder alkalische Abluftwäsche dem biologischen Abluftfilter zugeführt, kann beginnend vom Ablufteintritt eine mehr oder weniger weitreichende Versäuerung des Filterbettes eintreten. Die Ursache sind aerobe Nitrifikationsprozesse und die Schwefelwasserstoffoxidation zu schwefliger Säure. Aus dem versauerten Filterbereich werden die konventionellen neutral/alkalisches Milieu benötigenden Bakterien verdrängt. Dadurch kommt es in dem noch verbleibenden Filterbereich zu einer Überlastung der Osmogene abbauenden Filterbiozönose und die Reinigungsleistung geht entsprechend zurück, was sehr schnell zu Beschwerden der Anrainer führt und durch olfaktometrische Messungen nachgewiesen werden kann. Entsprechend aufwendige Maßnahmen zur Schadensbegrenzung sind die Folge.

4.1.5 Stoffwechselbedingter biochemischer Wasserverbrauch

Ein wesentliches Ergebnis der Interpretation der BUSWELL-Formel und ihrer Stöchiometrievarianten in Abschn. 3.2.2 ist, dass die anaerob generierte Biogasmasse nicht der abgebauten organischen Trockenmasse des Gärsubstrats gleichgesetzt werden darf (wobei hier zur Vereinfachung der Substratanteil für die Bildung neuer Bakterienbiomasse nicht berücksichtigt wird). Die bakterielle (enzymatische) Hydrolyse der meisten als Substrat einsetzbaren organischen Verbindungen verbraucht Wasser, wobei die Wasserstoff- und Sauerstoffionen für den Elektronentransfer bei den ablaufenden biochemischen Stoffwechselreaktionen benötigt werden und letztendlich Bestandteil der Hydrolyseprodukte sind. In einer weiteren Teilreaktion des anaeroben methanogenen Metabolismus wird aus Wasserstoff und Kohlenstoffdioxid Methan synthetisiert und dabei wieder Wasser freigesetzt, dessen Masse jedoch bis auf wenige Ausnahmen kleiner als die des in der Hydrolyse verbrauchten Wassers ist. Die BUSWELL-Formel weist entsprechend den verbleibenden Bedarf als Wasserverbrauch aus.

Diese Zusammenhänge sind in Abb. 4.29 verdeutlicht mit signifikanten Anschlusswerten aus dem Abschnitt „Hydrolyse" und der Darstellung der drei Komponenten

- Hydrolysewasserbedarf
- Wasserbildung bei der Methanreaktion aus Wasserstoff und Kohlenstoffdioxid
- verbleibender Gesamtwasserbedarf aus der BUSWELL-Stöchiometrie,

die mit den in Abschn. 3.2.2 ausgewiesenen Trendgleichungen modelliert wurden.

Als Bilanzkontrolle ist das Verhältnis $(H_2O_{hydr}\text{-}H_2O_{synth})/H_2O_{BUSWELL}$ eingetragen, das definitionsgemäß „Eins" ergeben muss.

Die rot markierten Bilanzpunkte entsprechen den Sonderfällen

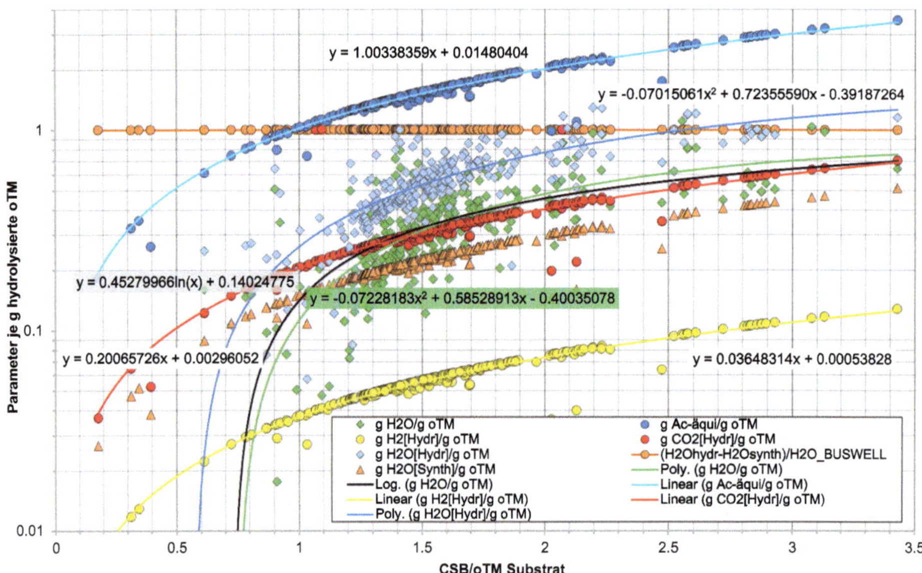

Abb. 4.29 Der Zusammenhang zwischen der resultierenden Wasserbilanz der anaeroben Stoffwechselkette und dem BUSWELL – „Stoffwechselwasserbedarf"

- Kohlenhydrate und Ethanol (Abschn. 3.2.2.1) mit der Gleichheit von Hydrolysewasserverbrauch und Wasserrückgewinnung sowie für
- Essigsäuremethanisierung ohne Wasserverbrauch.

Damit ist die stöchiometrisch gebildete trockene Biogasmasse überwiegend größer als der oTM-Abbau des Substrates. Das hat entsprechende Auswirkungen auf die Prozessbilanzierung. So darf im Versuchs- und Anlagenbetrieb nicht aus der Gasproduktion auf den Organik-Abbaugrad im Fermenter geschlossen werden, da dieser dann zu hoch eingeschätzt wird. Außerdem tritt durch den Gesamtwasseraustrag („Stoffwechselwasser" und Sättigungsfeuchte des Biogases) eine Konzentrationszunahme der Feststoffe im Fermenter ein, die je nach Substrat und Prozessbedingungen bis zu 2 % absolut betragen kann.

Weitere Details zu der Bilanzierung der Zu- und Ablaufströme des Gärreaktors finden sich in Abschn. 4.2; Kap. 5.

Die Auswertung der BUSWELL-Formel bezüglich des stoffwechselbedingten Wasserumsatzes zeigt für den gärrelevanten CSB/oTM-Bereich durchschnittlich zwischen 10 und 30 Masse% der umgesetzten Organik in Form von verbrauchtem Wasser als relevant für die stöchiometrische Biogasbildung (Abb. 4.30). Für lipide Stoffe, die nur anteilig im Mischsubstrat vergoren werden können, besteht die Gasmasse sogar bis zu 50 % aus dem verbrauchten Wasseranteil.

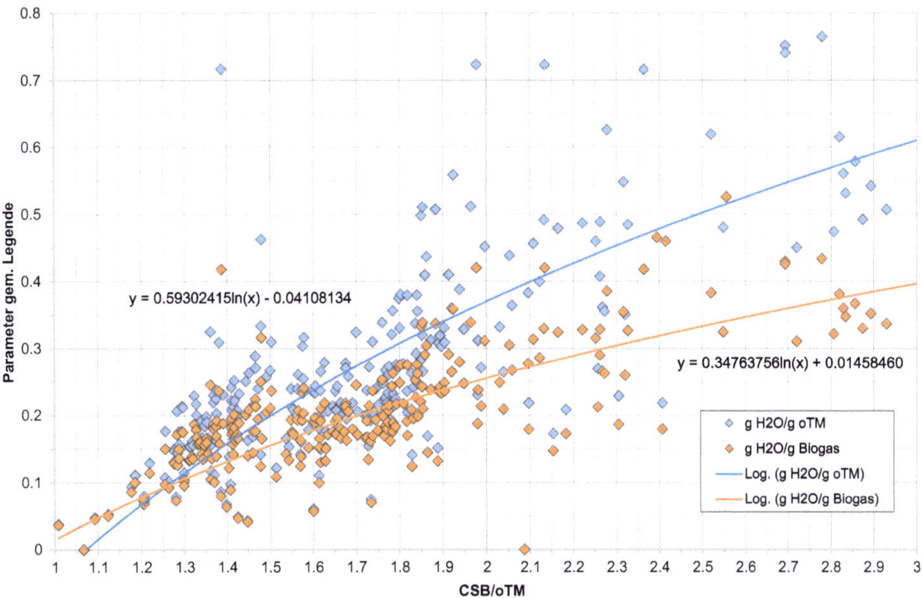

Abb. 4.30 Das für den anaeroben Stoffwechsel verbrauchte Wasser in Abhängigkeit des CSB/oTM-Verhältnisses von Gärsubstraten, bezogen auf die metabolisierte Organik und alternativ auf den stöchiometrisch zu erwartenden Biogasertrag

Zur Abschätzung des Wasserverbrauchs aus der metabolisierten Organik als Masseanteil kann Gl. 4.13 verwendet werden.

$$\frac{m_{H_2O}}{m_{oTM}} = 0{,}593024 \cdot \ln\left(\frac{CSB}{oTM}\right) - 0{,}04108134 \tag{4.13}$$

Das daraus resultierende Verhältnis der Biogasmasse (stöchiometrisch, trocken) zur umgesetzten oTM des Substrats berechnet sich gemäß Abb. 3.14 zu

$$\frac{m_{Biogas}}{m_{oTM}} = 0{,}30228461658 \cdot \left(\frac{CSB}{oTM}\right) + 0{,}74640376865 \tag{4.14}$$

Alternativ ist in Abb. 3.14 noch eine Regression als Potenzfunktion angegeben, die verwendet werden kann, wenn Substrate aus den Randbereichen der CSB/oTM-Verhältnisse zum Einsatz kommen.

Liegt der stöchiometrisch aus der metabolisierten oTM gebildete Biogasmassenstrom vor, lässt sich der enthaltene Anteil „Stoffwechselwasser" aus der als Abb. 4.31 vorgestellten Grafik entnehmen.

Wird der Stoffwechsel bedingte Wasserverbrauch anstelle der umgesetzten Substrat-oTM auf die theoretisch generierte stöchiometrische trockene Gasmasse bezogen, ergibt sich gemäß Abb. 4.30 die Regressionsgleichung

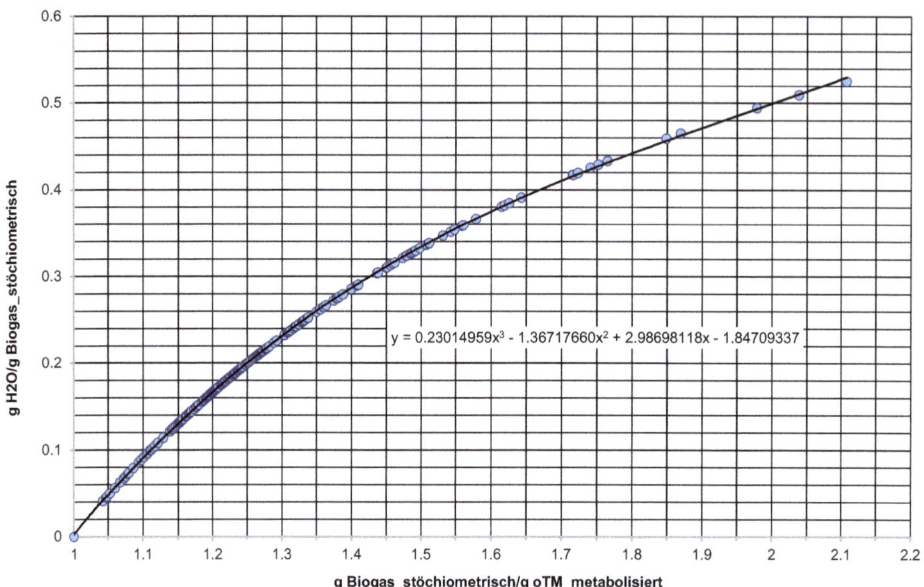

Abb. 4.31 Die Bestimmung des „Stoffwechselwasser"-Anteils in dem nach BUSWELL ermittelten, stöchiometrisch aus der metabolisierten oTM gebildeten Biogasmassenstrom

$$\frac{m_{\mathrm{H_2O}}}{m_{\mathrm{Biogas}}} = 0{,}34763756 \cdot \ln\left(\frac{\mathrm{CSB}}{\mathrm{oTM}}\right) + 0{,}0145846, \tag{4.15}$$

die je nach Bilanzierungsmodell ebenfalls zur Anwendung kommen kann.

Die dargestellten modellierten „Stoffwechselwasser"-Verbrauchsregressionen beziehen sich auf den „CSB/oTM (1)"-Parameter, d. h. auf die C–H–O-Bruttosummenformel der Gärsubstrate (s. Abschn. 3.2.2).

Die Unterschiede im „Stoffwechselwasserverbrauch" für die alternative Verwendung der C–H–O (1)-bzw. C–H–O–N–S (2)-Bruttosummenformel für die Modellierung veranschaulicht Abb. 4.32. Infolge des zusätzlichen Wasserstoffverbrauchs für die Stickstoff- und/oder Schwefelreduktion wird für die Variante (2) ein höherer Wasserverbrauch als Quelle für die H- und O-Ionen zur Elektronenübertragung benötigt.

Regressionsgleichungen zur mathematischen Modellierung können im Bedarfsfall der Abb. 4.32 entnommen werden. Infolge der allgemeinen Variationsbreite aller Modellparameter sind diese theoretisch bedingten Unterschiede in den Bilanzwerten eher von untergeordneter Bedeutung und dienen im Wesentlichen nur der verfahrenstechnischen Diskussion der möglichen Einflüsse auf die Bilanzierung des anaeroben Prozesses.

Der Anteil der Verteilung der Wasserstoff- und Sauerstoffionen aus dem Stoffwechselwasser auf die theoretischen Methan- und Kohlenstoffdioxiderträge des Biogases ist in Abb. 4.33 dargestellt.

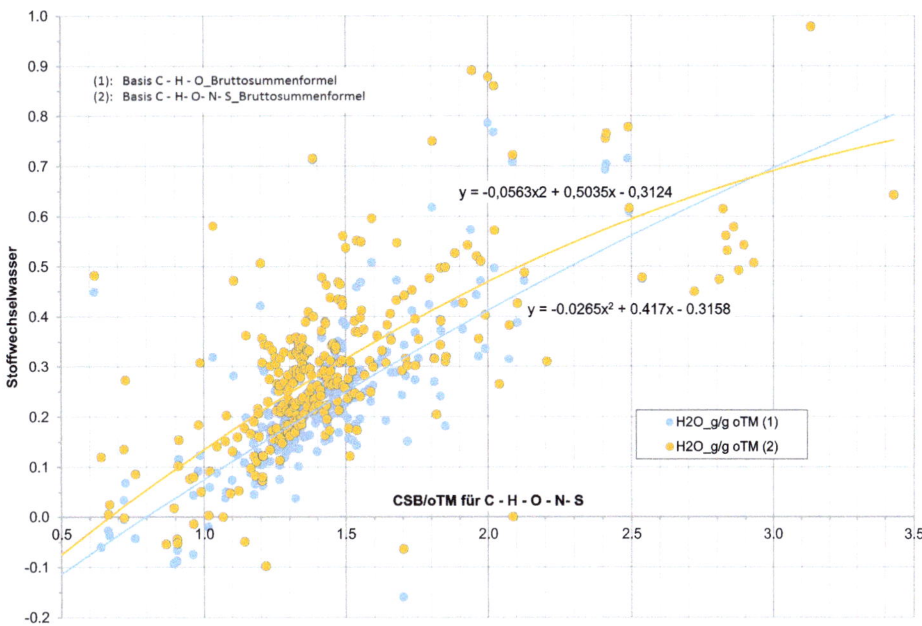

Abb. 4.32 Abhängigkeit des theoretischen „Stoffwechselwasserbedarfs" für den anaeroben Metabolismus je nach verwendeter Bruttosummensummenformel der Gärsubstrate

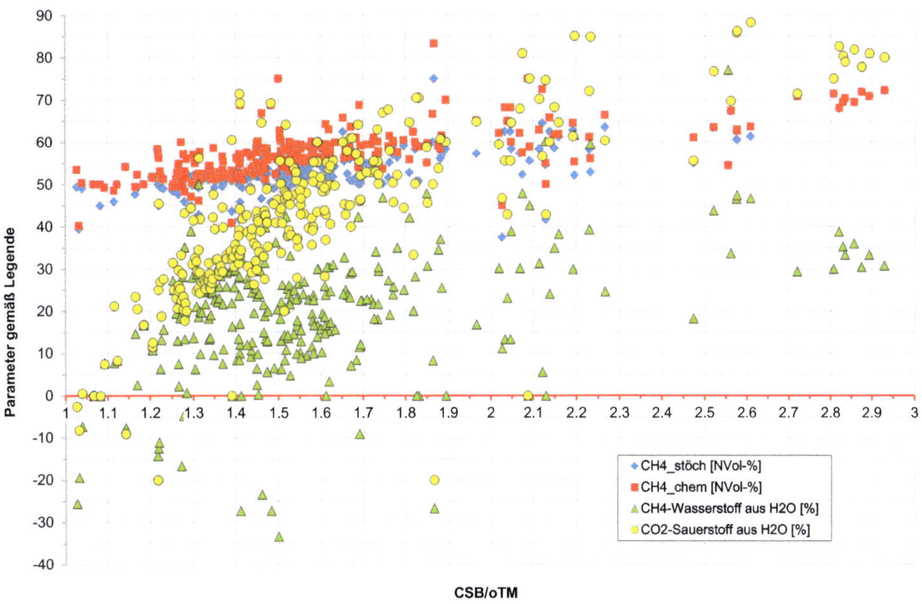

Abb. 4.33 Stöchiometrische CH_4-Konzentrationen im Biogas und Anteile H_2 und O_2 aus dem „Stoffwechselwasser" in den Gaskomponenten unter Berücksichtigung des theoretischen Wasserstoffverbrauchs für die Stickstoff- und Schwefelreduzierung zu NH_3 und H_2S

Dabei beschreibt die Darstellung den Wasserverbrauch zur stöchiometrischen Methan- und Kohlenstoffdioxidbildung einschließlich des Wasserstoffverbrauchs für die Reduzierung von Stickstoff und Schwefel, soweit in Substratbruttoformel enthalten, zu NH_3 und H_2S. Der dadurch bedingte Mehrverbrauch an Wasser resultiert in entsprechend höherer CO_2-Bildung zur Bindung des Sauerstoffs. Die theoretisch anschließende Verringerung des Kohlenstoffdioxidgehalts durch stöchiometrische Reaktion mit Ammoniak wird an dieser Stelle nicht berücksichtigt.

$$\frac{m_{\mathrm{H-H_2O}}}{m_{H-\mathrm{CH_4}}}[\%] = 34{,}74597139 \cdot \ln\left(\frac{\mathrm{CSB}}{\mathrm{oTM}}\right) + 3{,}66823032 \tag{4.16}$$

$$\frac{m_{\mathrm{O-H_2O}}}{m_{\mathrm{O-CO_2}}}[\%] = 76{,}76751687 \cdot \ln\left(\frac{\mathrm{CSB}}{\mathrm{oTM}}\right) + 7{,}9046574 \tag{4.17}$$

Grundsätzlich gilt das schon a. a. O. Gesagte, dass die vielfältigen Varianten der hydrolytischen Stoffwechselwege in ihrer Komplexität nicht durch diese „Geradeaus-Modellierung“ erschöpfend dargestellt werden können. So steigt mit wachsendem CSB/oTM-Verhältnis die Unschärfe der Stoffwechselbilanz und entsprechend größere Abweichungen sind im Einzelfall von den Modellierungsergebnissen möglich. Diese sollen nur die prinzipiellen Abhängigkeiten der Stoffwechsel- und energetischen Bilanzen von den verfahrenstechnischen und Prozessparametern verdeutlichen.

4.1.6 Biomasseertragswerte in Abhängigkeit der substrat- und prozessspezifisch angepassten bakteriellen Zusammensetzung der anaeroben Biozönose

4.1.6.1 Methodik zur Bilanzierung der Biomasseertragswerte sowie Problemdiskussion

Im Zusammenhang mit der experimentellen Bestimmung der spezifischen Wachstumsraten anaerober Bakterien wurde in Abschn. 3.2.1.1 auch auf die Ermittlung der Biomasseertragswerte $Y_{X/S}$ eingegangen (Abb. 2.38), da beide Parameter sowohl reaktionskinetisch als auch im Versuchsbetrieb in gegenseitiger Abhängigkeit miteinander verknüpft sind.

Für die Erstellung von Verfahrensmodellen mit stofflichen und energetischen Bilanzen sowie die Bewertung von Betriebsergebnissen sind die Abschätzungen von substratspezifischen Erwartungswerten des Bakterienbiomasseertrages im stationären anaeroben Prozess ein wichtiges Instrument zur Betriebsoptimierung und Verbesserung der Anlagensicherheit sowie Hilfsmittel bei der Erarbeitung realistischer Anlagenkonzepte und bei der Risikoanalyse für zu gewährende Garantien.

Sowohl für die experimentelle Untersuchung als auch für die modellmäßige Bilanzierung der Biomasseertragswerte sind die komplexe mikrobielle Zusammensetzung der anaeroben Biozönose (Abb. 2.30) und der schrittweise Abbau der makromolekularen

Substratorganik bis zu den Gärendprodukten durch in synergistisch beeinflusster Nährstoffkonkurrenz lebende unterschiedliche Bakterienspezies erschwerende Voraussetzungen.

In der anaeroben Biozönose stehen für jeden Stoffwechselschritt, ausgehend vom Originalsubstrat über die vielfältigen Stoffwechselzwischenprodukte den beteiligten Bakteriengruppen jeweils substratspezifisch unterschiedliche theoretische Energiepotenziale (die zum Ende der Stoffwechselkette geringer werden) für ihren Metabolismus zur Verfügung. Damit ändern sich auch die Biomasseertragspotenziale mit jedem Abbauschritt. Dem überlagern sich noch durch lokale Hemmungen oder Mangelerscheinungen reaktionskinetische Unstetigkeiten gegenüber dem stationären theoretischen Abbaumodell.

Bei der experimentellen Untersuchung bestehen zwei Möglichkeiten zur Erfassung des Biomasseertrages:

- Messung des anaeroben Substratabbaus mithilfe eines definierten Inokulums bis zu den gasförmigen Endprodukten und analytische Bestimmung des Biomassezuwachses. Dieser verkörpert dann die Gesamtheit der beteiligten Biozönose für den Substratumsatz und stellt einen punktuellen Messwert dar, der genau für das eingesetzte Substrat, die realisierten Versuchsbedingungen und das verwendete Inokulum gilt. Durch eine Vielzahl zeitaufwendiger Versuche nach genauer Versuchsplanung lässt sich eine statistisch abgesicherte Abschätzung der Misch-Biomasseertragswerte im Rahmen der variierten Versuchsparameter modellieren.
- Der anaerobe Prozess kann zumindest in die Hauptstoffwechselschritte zerlegt werden und es erfolgen Messungen zur primären Hydrolyse des eingesetzten Substrats, zur Versäuerung bis zur Essigsäure und zur Methanisierung von Essigsäure/Azetat sowie von H_2/CO_2. Diese Messungen können getrennt unter jeweils optimierten Versuchsbedingungen erfolgen. Voraussetzung ist, dass für den jeweils untersuchten Abbauschritt die gasförmigen und gelösten Stoffwechselzwischenprodukte bestimmt und ins Verhältnis zum jeweiligen Substrateinsatz gesetzt werden. Dann lässt sich aus den substratbezogenen Ertragswerten der Einzelabbauschritte der Gesamtbiomasseertrag für den vollständigen anaeroben Umsatz des verwendeten Originalsubstrats bilanzieren. Problematisch ist, dass Monosubstratfraktionen nicht ohne Supplementierung notwendiger Nähr- und Spurenstoffe vergärbar sind. Deren Wirkung auf das verwendete Inokulum ist durch Blindversuche zu überprüfen und ggf. sind daraus Korrekturen für die eigentlichen Abbauteste abzuleiten. Damit erhöhen sich die Fehlermöglichkeiten bei der Ergebnisinterpretation.

Neben der Arbeitsintensität haben beide Methoden ihre individuellen Schwächen bezüglich der realistischen Widerspiegelung des Gärprozesses. Für Methode 1 sind Ungleichgewichte in der Stoffwechselkette und daraus resultierende lokale Störungen mit Veränderungen der Stoffwechselwege und möglichen Umstrukturierungen der Zusammensetzung der Biozönose in Auftreten und Auswirkungen kaum zu erfassen.

Methode 2 gestattet bei entsprechendem experimentellem Aufwand einen störungsminimierten Ablauf der Einzelschritte. Die Bilanzierung als Gesamtprozess erfolgt dann jedoch unter idealisierten Bedingungen und es ist durch Sensitivitätsanalyse zu prüfen, welchen Einfluss simulierte Störungen bei den Einzelschritten auf das Gesamtergebnis haben.

Für beide Methoden besteht das gleiche Problem, dass mit den verfügbaren analytischen Methoden derzeit die Messung der Bakterienbiomasse über Trübungsmessung oder gravimetrisch als Trockenmasserückhalt durch Filtration erfolgt. Damit erfordern diese experimentellen Untersuchungen die Verwendung gelöster Substrate. Untersuchungen in feststoffreichen Suspensionen von Bioorganik, ggf. für noch mit anorganischen oder nicht anaerob abbaubaren organischen Bestandteilen belastete Substrate sind weitgehend ausgeschlossen.

Das erschwert insbesondere die Untersuchung der primären (Feststoff-)Hydrolyse sowie die des Einflusses von inerten Feststoffpartikeln im Substrat als natürliche Aufwuchsträger auf die Zusammensetzung der Biozönose im Prozess.

Aufgrund der arbeitsintensiven und im Ergebnis nicht unbedingt zufriedenstellenden Versuche sind vergleichsweise wenige Biomasseertrags-Messwerte in der Fachliteratur verfügbar. Daraus resultiert, dass auch in aktuellen Veröffentlichungen überwiegend die gleichen in der Anzahl überschaubaren Quellen aus den vergangen 50 Jahren, weitergereicht von Publikation zu Publikation, zitiert werden; z. B. (Speece 1996; Rehm 1999).

Eine Verallgemeinerung der Biomasseertragswerte wird durch Bezug auf das theoretische Energiepotenzial des metabolisierten Substrats versucht. Entsprechend werden Ertragswerte häufig mit dem Substrat-CSB normiert. Generell finden sich in der Literatur die Ertragswerte in folgenden Einheiten angegeben:

- g Biomasse/g Substrat, abgebaut
- mol Biomasse/mol Substrat, abgebaut
- 1 C-mol Biomasse/1 C-mol Substrat, abgebaut
- g Biomasse/mol Substrat, abgebaut
- g Biomasse/g Substrat-CSB, abgebaut
- g Biomasse-CSB/g Substrat-CSB, abgebaut
- g Biomasse/mol CH_4, gebildet.

Für die Vergleichbarkeit der Ergebnisse hat eine Umrechnung unter Verwendung der CSB/oTM-Werte und der Molmassen der Substrate sowie der Bakterienbiomasse zu erfolgen.

Für letztere schwanken die vergleichbaren Literaturangaben zwischen C_4 bis C_7 mit entsprechenden Molgewichten von 75 bis 156 g/mol. Bei der 1 C-mol Darstellung wird überwiegend mit 24,6 g/mol (Bereich 20,7 bis 25,6) gearbeitet. Als CSB/oBTM hat sich der Wert 1,42 eingebürgert, der etwa einer aus dominantem Protein bestehenden Bakterienbiomasse entspricht. Je nach Versuchsbedingungen können Bakterienzellen unterschiedliche Kohlenhydrat- und/oder Fettanteile eingelagert haben, sodass die veröffentlichten Werte in Abhängigkeit der Autoren zwischen CSB/oBTM = 1,35 … 1,53 variieren (Andrews 1988; Rehm 1999, Vol. 3). Der Mittelwert über alle Tab. 7.1 gelisteten Mikroorganismenspezies beträgt CSB/oBTM = 1,47. Dieser und weitere stoffliche Parameter zu Biomasse können Tab. 4.11 entnommen werden. Einzelheiten zum Nährstoffbedarf und speziell bezüglich der essenziellen Spurenelemente zum Zellaufbau sind in Tab. 4.6 zusammengefasst.

Nicht vorhandene Angaben zu S/oTM und P/oTM in Tab. 4.11 sind Ausdruck der fehlenden analytischen Werte in der jeweiligen Originalquelle.

4.1.6.2 Modellierungsansätze zum anaeroben Katabolismus und Anabolismus

Die theoretische Herleitung von Modellbeziehungen zur bakteriellen Biomassebildung nutzt das verfügbare Instrumentarium an Massenbilanzen, stöchiometrischen Elementarbilanzen sowie Energie- und Entropiebilanzen zur Beschreibung der durch den bakteriellen Stoffwechsel verknüpften Beziehungen zwischen Edukten und Produkten (Roels 1980, 1983; Mosey 1983; Costello 1991; Rehm 1999; Blesgen 2009). Das Problem liegt auch hier wieder in der experimentellen Verifizierung der entwickelten reaktionskinetischen Modelle und in dem hohen rechentechnischen Aufwand für ihre Anwendung bei der mathematischen Beschreibung der anaeroben Stoffwechselkette in ihrer vielschichtigen Gesamtheit.

Allgemein lässt sich der Metabolismus in zwei Teilschritte zerlegen:

- Katabolismus zur Erzeugung der von den Mikroorganismen benötigten Stoffwechselenergie durch enzymgesteuerte schrittweise Zerlegung der Substrate in die jeweiligen Stoffwechselendprodukte (die in der anaeroben Stoffwechselkette überwiegend als Stoffwechselzwischenprodukte die Substrate für die nächste Abbaustufe bilden).
- Anabolismus als Betriebs- und Baustoffwechsel, der mit der biochemischen Energie aus dem Katabolismus der Bakterienzelle die chemische, osmotische und mechanische Arbeit für die energieverbrauchenden, aufbauenden Stoffwechselreaktionen ermöglicht und unter Verwendung erforderlicher Kohlenstoffquellen sowie Nährstoffe und essenzieller Spurenelemente aus dem die Bakterienzellen umgebenden Habitat die Lebensfähigkeit der Zelle gewährleistet. Bei vorhandenem Energieüberschuss und Verfügbarkeit der notwendigen Aufbaustoffe sichert er zusätzlich die bakterielle Vermehrung durch Zellteilung.

Durch Substratlimitierung wird der Anabolismus in Richtung Betriebsstoffwechsel verschoben, da der Erhalt vorhandener Biomasse Vorrang vor neuem Wachstum hat.

Die Sterberate der Mikroorganismen durch altersbedingte Lysis, toxische Einflüsse oder mechanische Beschädigung ist den vorstehend genannten Prozessen überlagert. Mit steigender Zellverweilzeit im Reaktionsraum (Schlammalter) erhöht sich der Einfluss der Sterberate auf den Netto-Biomasseertrag im Reaktor. Freigesetzte Bestandteile aus

Tab. 4.11 Stoffwerte mikrobieller Zellbiomasse (Zusammenfassung aus Tab. 7.1)

Stoffklasse	C [12]	H [1]	O [16]	N [14]	S [32,07]	P [30,97]	C:N	oTM [g/mol]	CSB/ oTM	oBTM/ TOC	TOC/ oTM [%]	CSB/ TOC	CH4_ stöch [NVol.-%]	Y_gas, stöch [Nm³/ kg]	CH4_ chem [NVol.-%]	Y_gas, chem [Nm³/ kg]	N [% oTM]	S [% oTM]	P [% oTM]
Saccha-romyces Cerevisiae CBS 426/3	3,00	5,46	1,74	0,49	0,0000	0,00	5,22	76,19	1,313	2,12	47,25	2,78	52,12	0,882	62,34	0,737	8,383		
Saccha-romyces Cerevisiae anaerob 4	1,00	1,83	0,55	0,19	0,0000	0,00	4,51	25,29	1,316	2,11	47,45	2,77	52,00	0,886	64,20	0,717	9,710		
Macrocystis pyrifera 1	3,00	4,86	1,99	0,19	0,0446	0,00	13,27	76,84	1,317	2,13	46,85	2,81	50,86	0,875	54,37	0,818	1,899	1,001	
Saccha-romyces Cerevisiae CBS 426/9	3,00	5,57	1,89	0,37	0,0000	0,00	6,93	77,01	1,317	2,14	46,75	2,82	52,83	0,873	60,29	0,765	6,217		
Saccha-romyces Cerevisiae CBS 426/1	3,00	6,01	1,80	0,52	0,0000	0,00	4,96	78,07	1,318	2,17	46,12	2,86	53,57	0,861	64,75	0,712	8,782		
Saccha-romyces Cerevisiae anaerob 6	1,00	1,80	0,55	0,18	0,0000	0,00	4,76	25,12	1,325	2,09	47,77	2,77	52,00	0,892	63,41	0,731	9,425		
Saccha-romyces Cerevisiae CBS 426/7	3,00	6,43	1,89	0,48	0,0000	0,00	5,37	79,38	1,332	2,20	45,35	2,94	55,07	0,847	65,53	0,711	8,184		

(Fortsetzung)

Tab. 4.11 (Fortsetzung)

Stoffklasse	C [12]	H [1]	O [16]	N [14]	S [32,07]	P [30,97]	C:N	oTM [g/mol]	CSB/oTM	oBTM/TOC	TOC/oTM [%]	CSB/TOC	CH4_stöch [NVol.-%]	Y_gas, stöch [Nm³/kg]	CH4_chem [NVol.-%]	Y_gas, chem [Nm³/kg]	N [% oTM]	S [% oTM]	P [% oTM]
Saccharomyces cerevisiae 2	1,00	1,83	0,56	0,17	0,0000	0,00	5,04	25,17	1,335	2,10	47,68	2,80	52,50	0,890	63,25	0,739	9,456		
Pseudomonas C12B	1,00	2,00	0,52	0,23	0,0000	0,00	3,73	25,54	1,338	2,13	46,99	2,85	53,38	0,877	69,32	0,675	12,608		
Macrocystis pyrifera 2	3,00	4,76	1,96	0,17	0,0465	0,01	14,71	76,48	1,338	2,12	47,07	2,84	50,91	0,879	54,06	0,827	1,802	1,098	0,300
Saccharomyces Cerevisiae average	3,00	5,48	1,68	0,50	0,0000	0,00	5,12	75,40	1,338	2,09	47,75	2,80	52,56	0,891	63,14	0,742	8,586		
Paracoccus denitrificans 1	1,00	1,81	0,51	0,20	0,0000	0,00	4,29	24,77	1,353	2,06	48,45	2,79	52,38	0,904	65,47	0,723	11,304		
Saccharomyces cerevisiae 1	1,00	1,64	0,52	0,16	0,0000	0,00	5,36	24,20	1,362	2,02	49,59	2,75	51,50	0,926	61,31	0,778	9,256		
Average biomass 1	1,00	1,79	0,50	0,20	0,0000	0,00	4,29	24,59	1,363	2,05	48,80	2,79	52,38	0,911	65,47	0,729	11,387		
Zellbiomasse	1	1,8	0,5	0,2			4,29	24,6	1,366	2,05	48,78	2,80	52,50	0,911	65,63	0,728	8,31		
Paracoccus denitrificans 2	1,00	1,51	0,46	0,19	0,0000	0,00	4,51	23,53	1,367	1,96	51,00	2,68	50,25	0,952	62,04	0,771	11,305		
Mycelium	1,00	1,64	0,52	0,16	0,0046	0,01	5,36	24,51	1,371	2,04	48,95	2,80	51,39	0,914	61,17	0,768	9,137	0,602	0,682

(Fortsetzung)

Tab. 4.11 (Fortsetzung)

Stoffklasse	C [12]	H [1]	O [16]	N [14]	S [32,07]	P [30,97]	C:N	oTM [g/mol]	CSB/oTM	oBTM/TOC	TOC/oTM [%]	CSB/TOC	CH4_stöch [NVol.-%]	Y_gas, stöch [Nm³/kg]	CH4_chem [NVol.-%]	Y_gas, chem [Nm³/kg]	N [% oTM]	S [% oTM]	P [% oTM]
Klebsiella aerogenes 2	1,00	1,73	0,43	0,24	0,0000	0,00	3,57	23,97	1,385	2,00	50,06	2,77	51,88	0,935	68,26	0,710	14,018		
Klebsiella aerogenes 4	1,00	1,73	0,43	0,24	0,0000	0,00	3,57	23,97	1,385	2,00	50,06	2,77	51,88	0,935	68,26	0,710	14,018		
Giant Kelp Macrocystis pyrifera 2	4,00	6,44	2,53	0,20	0,0564	0,02	17,02	100,00	1,389	2,08	48,00	2,89	52,09	0,896	54,85	0,851	1,633	1,048	0,289
Giant Kelp Macrocystis pyrifera 3	3,00	5,04	1,90	0,17	0,0437	0,01	15,04	75,73	1,393	2,10	47,54	2,93	52,65	0,887	55,83	0,837	1,861	1,090	0,330
Saccha-romyces cerevisiae 3	1,00	1,81	0,51	0,17	0,0000	0,00	5,04	24,35	1,406	2,03	49,28	2,85	53,50	0,920	64,46	0,764	9,774		
Saccha-romyces Cerevisiae CBS 426/6	3,00	4,72	1,44	0,47	0,0000	0,00	5,47	70,35	1,414	1,95	51,17	2,76	51,81	0,955	61,44	0,805	8,544		
Bakterien (Eckenfelder-Formel)	5,00	7,00	2,00	1,00	0,0000	0,00	4,29	113,00	1,416	1,88	53,10	2,67	50,00	0,991	62,50	0,793	9,912		
Zellbiomasse	5	7	2	1			4,29	113	1,416	1,88	53,10	2,67	50,00	0,991	62,50	0,793	9,04		
Saccha-romyces Cerevisiae CBS 426/4	3,00	5,69	1,56	0,50	0,0000	0,00	5,14	73,65	1,420	2,05	48,88	2,91	54,47	0,912	65,36	0,760	8,696		

(Fortsetzung)

Tab. 4.11 (Fortsetzung)

Stoffklasse	C [12]	H [1]	O [16]	N [14]	S [32,07]	P [30,97]	C:N	oTM [g/mol]	CSB/ oTM	oBTM/ TOC	TOC/ oTM [%]	CSB/ TOC	CH4_ stöch [NVol.-%]	Y_gas, stöch [Nm^3/kg]	CH4_ chem [NVol.-%]	Y_gas, chem [Nm^3/kg]	N [% oTM]	S [% oTM]	P [% oTM]
Giant Kelp Macrocystis pyrifera 4	4,00	6,22	2,27	0,32	0,0362	0,02	10,87	96,66	1,423	2,01	49,66	2,87	52,11	0,927	56,57	0,854	3,322	0,872	0,458
Klebsiella aerogenes 1	1,00	1,75	0,43	0,22	0,0000	0,00	3,90	23,71	1,427	1,98	50,61	2,82	52,88	0,945	67,79	0,737	12,990		
Saccha-romyces Cerevisiae CBS 426/10	3,00	4,76	1,38	0,51	0,0000	0,00	5,08	69,92	1,428	1,94	51,49	2,77	52,00	0,961	62,54	0,799	8,809		
Saccha-romyces Cerevisiae CBS 426/8	3,00	5,85	1,56	0,50	0,0000	0,00	5,15	73,81	1,435	2,05	48,78	2,94	55,14	0,910	66,16	0,759	8,662		
Saccha-romyces Cerevisiae anaerob 5	1,00	1,89	0,51	0,16	0,0000	0,00	5,36	24,29	1,446	2,02	49,40	2,93	54,88	0,922	65,33	0,775	8,191		
Macrocystis pyrifera 3	4,00	6,44	2,34	0,23	0,0454	0,02	14,91	96,97	1,449	2,02	49,50	2,93	53,08	0,924	56,32	0,871	1,999	0,903	0,301
Klebsiella aerogenes 3	1,00	1,75	0,47	0,17	0,0000	0,00	5,04	23,65	1,455	1,97	50,74	2,87	53,75	0,947	64,76	0,786	10,063		
Candida utilis 3	1,00	1,83	0,46	0,19	0,0000	0,00	4,51	23,85	1,456	1,99	50,31	2,89	54,25	0,939	66,98	0,761	11,153		

(Fortsetzung)

Tab. 4.11 (Fortsetzung)

Stoffklasse	C [12]	H [1]	O [16]	N [14]	S [32,07]	P [30,97]	C:N	oTM [g/mol]	CSB/ oTM	oBTM/ TOC	TOC/ oTM [%]	CSB/ TOC	CH4_ stöch [NVol.-%]	Y_gas, stöch [Nm³/ kg]	CH4_ chem [NVol.-%]	Y_gas, chem [Nm³/ kg]	N [% oTM]	S [% oTM]	P [% oTM]
Saccharomyces Cerevisiae CBS 426/2	3,00	5,44	1,41	0,52	0,0000	0,00	4,93	71,30	1,465	1,98	50,49	2,90	54,40	0,943	65,84	0,779	8,824		
Belebtschlamm	4,2	7,3	2	0,66			5,45	98,94	1,465	1,96	50,94	2,88	53,93	0,951	63,98	0,801	7,94		
Giant Kelp Macrocystis pyrifera 1	4,00	6,76	2,24	0,33	0,0611	0,03	10,43	97,96	1,471	2,04	49,00	3,00	53,69	0,915	58,50	0,839	2,547	1,084	0,482
Zellbiomasse	60	87	23	12		1	4,29	1373,97	1,473	1,91	52,40	2,81	51,04	0,978	63,80	0,783	8,93		1,65
Zellbiomasse	5	8	2	1			4,29	114	1,474	1,90	52,63	2,80	52,50	0,982	65,63	0,786	8,96		
Zellbiomasse	60	87	23	12	0,38	1,2	4,29	1392,35	1,480	1,93	51,71	2,86	50,88	0,965	63,60	0,772	8,81	0,64	1,95
Zellbiomasse	7	10	3	1			6	156	1,487	1,86	53,85	2,76	51,79	1,005	60,42	0,862	6,55		
Bakterien (Helmer-Formel)	118,00	170,00	51,00	17,00	0,0000	1,00	5,95	2670,97	1,489	1,89	53,01	2,81	51,80	0,990	60,52	0,847	7,128		0,928
Bakterienbiomasse	118	170	51	17		1	5,95	2670,97	1,489	1,89	53,01	2,81	51,80	0,990	60,52	0,847	6,50		0,85
Candida utilis 1	1,00	1,83	0,54	0,10	0,0000	0,00	8,57	23,87	1,491	1,99	50,27	2,97	55,63	0,938	61,81	0,845	5,865		
Zellbiomasse	5	9	2	1			4,29	115	1,530	1,92	52,17	2,93	55,00	0,974	68,75	0,779	8,89		
Algen	7	8,1	2,5	1			6	146,1	1,539	1,74	57,49	2,68	50,18	1,073	58,54	0,920	8,15		

(Fortsetzung)

Tab. 4.11 (Fortsetzung)

Stoffklasse	C [12]	H [1]	O [16]	N [14]	S [32,07]	P [30,97]	C:N	oTM [g/mol]	CSB/oTM	oBTM/TOC	TOC/oTM [%]	CSB/TOC	CH4_stöch [NVol.-%]	Y_gas, stöch [Nm^3/kg]	CH4_chem [NVol.-%]	Y_gas, chem [Nm^3/kg]	N [% oTM]	S [% oTM]	P [% oTM]
Algen (Oswald-Formel)	7,00	8,10	2,50	1,00	0,0000	0,00	6,00	146,10	1,539	1,74	57,49	2,68	50,18	1,073	58,54	0,920	9,582		
Pflanzenbiomasse	106	180	46	16		1	5,68	2442,97	1,546	1,92	52,07	2,97	54,72	0,972	64,44	0,825	7,52		1,04
Pflanzenbiomasse	106,00	180,00	46,00	16,00	0,0000	1,00	5,68	2442,97	1,546	1,92	52,07	2,97	54,72	0,972	64,44	0,825	9,169		1,268
Algen	5,70	9,80	2,30	1,00	0,0000	0,00	4,89	129,00	1,550	1,89	53,02	2,92	54,82	0,990	66,49	0,816	10,853		
Algen, unspezifiziert	5,7	9,8	2,3	1			4,89	129	1,550	1,89	53,02	2,92	54,82	0,990	66,49	0,816	9,22		
Süßwasseralge Chlorella 1	5,70	9,80	2,30	1,00	0,0000	0,00	4,89	129,00	1,550	1,89	53,02	2,92	54,82	0,990	66,49	0,816	10,853		
Süßwasseralgen Spirulina maxima	4,00	7,14	1,51	0,82	0,0000	0,00	4,16	90,81	1,555	1,89	52,86	2,94	55,15	0,987	69,46	0,784	11,297		
Algen	106	180	45	16		1	5,68	2426,97	1,562	1,91	52,41	2,98	54,95	0,978	64,72	0,831	7,85		1,08
Algen (Gloyna-Formel)	106,00	180,00	45,00	16,00	0,0000	1,00	5,68	2426,97	1,562	1,91	52,41	2,98	54,95	0,978	64,72	0,831	9,230		1,276
Zellbiomasse	106	180	45	16		1	5,68	2426,97	1,562	1,91	52,41	2,98	54,95	0,978	64,72	0,831	6,74		0,93
Süßwasseralge Chlorella 2	7,60	8,10	2,50	1,00	0,0000	0,00	6,51	153,30	1,592	1,68	59,49	2,68	50,16	1,111	57,77	0,964	9,132		
ÜS-Schlamm	4,55	7	1,94	0,4		0,055	9,75	99,94	1,646	1,83	54,63	3,01	55,27	1,020	60,60	0,930	4,48		1,36

(Fortsetzung)

Tab. 4.11 (Fortsetzung)

Stoffklasse	C [12]	H [1]	O [16]	N [14]	S [32,07]	P [30,97]	C:N	oTM [g/mol]	CSB/oTM	oBTM/TOC	TOC/oTM [%]	CSB/TOC	CH4_stöch [NVol.-%]	Y_gas, stöch [Nm³/kg]	CH4_chem [NVol.-%]	Y_gas, chem [Nm³/kg]	N [% oTM]	S [% oTM]	P [% oTM]
Bakterien (zentrif.)	4,26	8,18	1,28	1,03	0,032	0,1	3,55	98,32	1,678	1,92	51,99	3,23	57,24	0,971	75,49	0,736	10,71	0,76	2,30
Zellbiomasse	5	19	3	1			4,29	141	1,702	2,35	42,55		75,00	0,794	93,75	0,635	7,25		
Übersch.-Schlamm	3,48	5,82	1,45	0,21			14,20	73,87	1,756	1,77	56,53	3,11	58,23	1,055	61,96	0,992	3,18		
ÜS-Schlamm	4,56	7,36	1,25	0,71	0,032	0,087	5,51	95,74	1,832	1,75	57,15	3,20	57,31	1,067	67,88	0,901	8,31	0,86	2,25
Zellbiomasse	250	611	77	55	1	6	3,90	5830,89	1,849	1,94	51,45	3,59	64,50	0,960	82,69	0,749	9,64	0,40	2,33
Mittelwert							*6,21*		1,47	*1,98*	*50,73*	2,89	53,63	0,947	64,10	0,795	8,294	0,86	1,10

der zerfallenen Zelle können dabei als Substrate für Katabolismus und Anabolismus vorhandener aktiver Bakterienzellen dienen.

Hintergrundinformation

Energiezwischenspeicherung, -transport und -bereitstellung für den Anabolismus innerhalb der Mikroorganismenzelle erfolgt durch biochemische Umwandlung von Adenosindiphosphat (ADP) in Adenosintriphosphat (ATP) unter Nutzung der durch den Katabolismus aus dem kalorischen Energiegehalt des Substrats gewonnenen bio-verfügbaren Energie (Thauer 1977).

In einer grundlegenden Arbeit (Bauchop 1960) wurde dazu ermittelt, dass ***für unterschiedliche Organismenspezies und Substrate das energetische Potenzial für den Ertrag an neuer Zellmasse in engen Grenzen von 8,3 bis 12,6 g BTM pro verfügbares mol ATP variierte mit einem Mittelwert von 10,5 g BTM/mol ATP***, der allgemein als Richtwert für das Potenzial der Biomasseneubildung gilt.

Aus thermodynamischen Berechnungen wurde in späteren Arbeiten für die Umwandlung von ADP in ATP ein biochemischer Energiebedarf unter *Standardbedingungen* von 32 … 37 kJ/mol gebildetes ATP ermittelt. Unter *physiologischen Bedingungen* für mesophile Temperaturen und dem relevanten Zell-pH-Wert wird mit Bildungsenergien von 44 … 52 kJ/mol ATP gerechnet (Smith 1980; Rehm 1981, 1999; Roels 1983; Lübken 2007).

Dieser Wert wird Bestandteil der Abschätzung der exothermen Stoffwechselwärme in Abschn. 4.1.7.

Als Beispiel für die vollständige Bilanzierung der Massen- und Energieverteilung im Ergebnis des anaeroben Stoffwechsels wird in der Literatur regelmäßig der Glukoseabbau gewählt (Mosey 1983; Rehm 1999; Blesgen 2009). Anhand von Gl. 3.24 bis Gl. 3.27 erkennt man, dass nach BUSWELL ein Mol Glukose ohne expliziten Fremdwasserbedarf in Methan und Kohlenstoffdioxid als Stoffwechselendprodukte umgewandelt wird. Das vereinfacht die Stoff- und Energiebilanzierung, da sich für den Katabolismus unter Nutzung von Glukose als Substrat ausschließlich die Gesamtheit der im Glukosemolekül enthaltenen Atome in den gasförmigen Produkten des Biogases wiederfindet.

GALLERT und WINTER haben (Rehm 1999; Blesgen 2009; Rosenwinkel 2015) für Glukose als Substrat den aeroben und anaeroben Abbau in kombinierten Massen-/Energiefließschemata unter vereinfachenden Annahmen prinzipiell gegenübergestellt. Danach ergeben sich für den anaeroben Glukoseabbau in überarbeiteter Form die Zusammenhänge gemäß Tab. 4.12.

Dazu ist einschränkend anzumerken, dass die Glukose als einzige Kohlenstoffquelle für Energie- und Baustoffwechsel ohne explizite Berücksichtigung sonstiger essenzieller Nähr- und Spurenstoffe angesetzt wird. Während die Energiebilanz zwischen Glukose und Biogas-Endprodukten des Metabolismus erfolgt, wird die Biomassebildung nur für den Hydrolyseschritt dargestellt.

Der grundsätzliche Ablauf der Stoffwechselschritte „Energiebereitstellung für die ATP-Synthese“ als Differenz („Energiepotenzial des Glukosemoleküls“ – „Methanenergiegehalt“) und Nutzung der verfügbaren ATP-Anteile zur Neubildung von Biomasse unter Verwendung des experimentell ermittelten durchschnittlichen Richtwertes 10,5 g BTM/mol ATP nach (Bauchop 1960) ist anschaulich nachvollziehbar.

Tab. 4.12 Beispiel der Massen- und Energiebilanz für den anaeroben Abbau von Glukose als alleiniger Kohlenstoffquelle unter mesophilen Prozessbedingungen

Parameter	Definitionen	Masse	Energie
Glukose	$C_6H_{12}O_6$	1 mol = 180 g	CSB/oTM = 1,0667 H_S = 14,95 kJ/g q_S = 2870 kJ/mol
Zellbiomasse (oBTM)	$C_5H_7O_2N$	1 mol = 113 g	CSB/oTM = 1,42 H_S = 19,81 kJ/g q_S = 2238 kJ/mol
ATP	$C_{10}H_{16}N_5O_{13}P_3$	1 mol = 507,38 g	CSB/oTM = 0,617 H_S = 8,58 kJ/g q_S = 4351 kJ/mol
Essigsäure	CH_3COOH [$C_2H_4O_2$]	1 mol = 60 g	CSB/oTM = 1,0667 H_S = 14,95 kJ/g q_S = 897 kJ/mol
Biochemische Energie der Produkte aus dem 100 %igen Katabolismus von 1 mol Glukose	Biogas, stöchiometrisch	3 mol CH_4 ≙ 67,3 Nl 3 mol CO_2 ≙ 67,3 Nl	$(CSB/oTM)_{CH_4=4}$ H_S = 55,55 kJ/g q_S = 892 kJ/mol
Glukoseanteil für Erhaltungsstoffwechsel	6 % von 1 mol Glucose	10,8 g Glucose	172,2 kJ; für Katabolismus noch verfügbarer Anteil des Energiepotenzials von 1 mol Glucose ≙ 2870 – 172,2 = 2698 kJ
Katabolismus mit biochemischer Energiespeicherung in ATP	44 kJ/mol ATP Kurzzeitspeicherung	0,94·3 mol CH_4 = 2,82 mol CH_4	2515,4 kJ im Biogas = 87,65 % des Energiepotenzials von 1 mol Glucose; 2698 – 2515,2 = 182,8 kJ es folgt für ADP → ATP = 182,8/44 = 4,16 mol aktiviertes ATP

(Fortsetzung)

Tab. 4.12 (Fortsetzung)

Parameter	Definitionen	Masse	Energie
Verfügbarer Kohlenstoff für Biomasseneubildung		10,8 g Gluc · (72/180) = 4,32 g Gluc-C für Biomasse und damit: Biomasse = 4,32 g C · (113/60) = 8,14 g oBTM	nach (Bauchop 1960) reicht die konservierte Energie von 1 mol ATP für die Neubildung von ca. 10 g BTM
Maximales Potenzial für dissipierte Wärme des gesamten anaeroben Glukoseabbaus			In ATP konservierte Energie = 182,8 kJ; Anteil Erhaltungsstoffwechsel und Glukoseanteil für Anabolismus = 172,2 kJ; Brennwert der neuen Biomasse = 161,25 kJ; dissipierte Gesamtwärme = 193,75 kJ

Gemäß Gl. 3.24 bis Gl. 3.27 sowie Abb. 4.38 zeigt sich, dass auch für den einfachsten anaeroben Glucose-Metabolismus bis zu den gasförmigen Endprodukten mindestens drei Bakteriengruppen mit einer Vielzahl vergesellschafteter Spezies am Abbau beteiligt sind mit unterschiedlichen individuellen Biomasseertragskoeffizienten

Wird bei Glukose als einziger C-Quelle beispielhaft ein Gesamtverbrauch von 6 % des molaren Glukoseenergiepotenzials für den Erhaltungsstoffwechsel, die Deckung energetischer Verluste der biochemischen Prozesse sowie für die Kohlenstoffbereitstellung für neue Bakterienbiomasse postuliert, ergeben sich die nachfolgenden summarischen Masse- und Energieumsätze für die anaerobe Glukosefermentation. Das Vorhandensein essenzieller Nährstoffe und Spurenelemente wird vorausgesetzt

Wird in einer Mischbiozönose und bei Einsatz von Mischubstraten der Glukoseanteil überwiegend nur für den anaeroben Katabolismus genutzt, während der Kohlenstoff für den Anabolismus aus anderen Substratkomponenten stammt, bzw. auch autotroph CO_2 als C-Quelle dient, verschieben sich die Bilanzen entsprechend

Es wurde schon darauf hingewiesen, dass für die realitätsnahe Bilanzierung des Biomasseertrages aus dem anaeroben Substratabbau sowie für die Heranziehung und Bewertung der dafür geeigneten Fachliteratur der stufenweise Metabolismus (Abschn. 2.4.2.1) zur Verwertung der Substrate unter Beteiligung einer Vielzahl unterschiedlicher bakterieller Spezies zu beachten ist.

Die wissenschaftlichen Veröffentlichungen zur Thematik sind in ihrer Darstellung selten einfach kompatibel und damit nur bedingt geeignet als schnelle Informationshilfe zur Klärung aktueller Fragestellungen bei der ingenieurtechnischen Arbeit und zur Prozesssicherung im Anlagenbetrieb.

So werden die energetischen Verhältnisse der anaeroben Stoffwechselreaktionen, des Biomasseertrages und der Freisetzung biochemischer Reaktionswärme auf Basis der freien Enthalpie unter Standardbedingungen, aber auch unter physiologischen Bedingungen in der aktiv wachsenden Zelle dargestellt (s. w. o.). Alternativ wird die verfügbare freie Energie häufig in die Regeneration von Molen ATP als bioverfügbarem Kurzzeitenergiespeicher umgerechnet und nach den Untersuchungen von (Bauchop 1960) als energetisches Potenzial für den Biomasseertrag und die dissipierte Reaktionswärme verwendet. Im Gegensatz zu dem für mesophile Bedingungen als konstanter Mittelwert postulierten Ertrag von 10,5 g Biomasse je verfügbares Mol ATP wird in späteren Arbeiten (Russel 1979) z. B. für die Pansenbiozönose auf eine Abhängigkeit von der spezifischen Wachstumsrate, dem spezifischen bakteriellen Betriebsstoffwechsel und der Zusammensetzung des Substrats und der Anwesenheit toxischer Verbindungen hingewiesen.

Häufig werden Ertragskoeffizienten (unter Verwendung der schon w. o. zusammengestellten Einheiten) in ihrer Variationsbreite in Bereichen für Substratstoffgruppen oder Einzelsubstrate dargestellt, ohne dass ersichtlich ist, ob es sich um den totalen Biomasseertrag über den gesamten Substratabbau bis zum Endprodukt Biogas handelt oder ob nur ein Abbauschritt aus der anaeroben Stoffwechselkette untersucht wurde.

Außerdem ist für den weniger mit den theoretischen Zusammenhängen vertrauten Praktiker nicht ohne Weiteres erkennbar, dass die meisten Arbeiten sich vordergründig nur mit dem Energiegewinn durch den Katabolismus befassen, wofür die als Substrat definierten organischen Verbindungen genutzt wurden, während die für die anabolischen Reaktionen eingesetzten Salz- und Nährlösungen nur aus der Mediendefinition für die Versuchsdurchführung erkennbar sind.

Die meisten fakultativ oder obligatorisch anaeroben Spezies verwenden für ihren Energiestoffwechsel einen Hauptbestandteil aus Mischsubstraten, von dem nur minimale Anteile für die Zellsynthese verwendet werden. Als C-Quelle für die Zellsynthese dienen dann andere Substratkomponenten und natürlich CO_2 im Fall autotropher Spezies.

Durch Messungen unter Verwendung (C^{14})-markierter Glukose als Substrat für Gärversuche (Bauchop 1960) konnte gezeigt werden, dass für die Synthese neuer Biomasse nur kleiner 1 % der Glukose (4 % des Glukosekohlenstoffs) verwendet wurde, während der gemessene Gesamtbiomassezuwachs aus der Hydrolyse/Versäuerung mithilfe der je nach kultivierten Spezies gebildeten 2 bis 4 Mol ATP aus Verbindungen der eingesetzten Nährlösung stammte.

Ohne Darstellung der vollständigen stöchiometrischen Bilanz mit Glukose als Substrat für den Katabolismus bis zur vollständigen Versäuerung (Mosey 1983; Costello 1991) folgt theoretisch als maximales ATP-Bildungspotenzial

$$\mathbf{C_6H_{12}O_6 \rightarrow 2CH_3COOH + 2CO_2 + 4H_2 + 4ATP} \tag{4.18}$$

und für die Milchsäurebildung als Zwischenschritt

$$\mathbf{C_6H_{12}O_6 \rightarrow 2CH_3CHOHCOOH + 2ATP}. \tag{4.19}$$

In Abhängigkeit der an der Hydrolyse beteiligten bakteriellen Spezies und der Prozessbedingungen kann bei den konkret ablaufenden Reaktionen auch weniger ATP gebildet werden als in Gl. 4.18 ausgewiesen wird [nach (Costello 1991) 2…4 Mol ATP]. Die Angaben des Gewinns an regeneriertem ATP werden in der Literatur unterschiedlich entweder auf das Edukt oder das Produkt bezogen.

Der biochemische Umbau von 1 Mol Glukose als Energie lieferndes Substrat zu den Hydrolyseprodukten erfolgt in der Bakterienzelle schrittweise zuerst bis zur Bildung von 2 Mol Pyruvat (Brenztraubensäure) sowie 4 Mol ATP (von denen 2 Mol verbraucht werden für die vorbereitende Phosphorylierung der Glukose in zwei unterschiedliche C_3-Phosphate, die im Gegensatz zur Glukose nicht wieder aus der Zelle diffundieren können und sich damit für den weiteren Stoffwechsel anreichern) und die Trägermoleküle NAD^+ bzw. reduziert NADH ([Nikotinamidadenindinukleotid], die den Wasserstoffionentransfer innerhalb der Stoffwechselreaktionen gewährleisten und damit die Menge und Verteilung der gelösten Hydrolyseprodukte und des gasförmig freigesetzten Wasserstoffs regulieren).

Die Katalysereaktionen bis zur Pyruvatbildung werden in der Biochemie als Glykolyse bezeichnet, bzw. nach ihren Entdeckern als „Emden-Meyerhof-Parnas-Weg" (alternativ verwenden einige Bakterien und Archaeen den „Entner-Doudoroff-Weg" für ihre Energiegewinnung, der neben 2 Mol Pyruvat nur 1 Mol ATP bereitstellt).

Das oxidierte Koenzym NAD^+ nimmt überschüssige Glukosewasserstoffatome auf und bildet die reduzierte Form NADH, aus der anschließend gelöste Wasserstoffmoleküle freigesetzt werden.

Das Verhältnis NAD^+/NADH bestimmt die Anteile der weiteren aus dem Pyruvatabbau resultierenden Stoffwechselprodukte Propionsäure und Azetyl-Koenzym A (Acetyl-CoA), wobei je nach Reaktionsbedingungen auch noch alternativ ein Zwischenschritt mit Milchsäurebildung integriert ist:

$$\frac{d[\mathrm{Ac-CoA}]}{d[\mathrm{Prop}]} = \frac{[\mathrm{NAD^+}]}{[\mathrm{NADH}]} \tag{4.20}$$

Liegt genügend oxidiertes NAD + vor zur Wasserstoffaufnahme, wird der Stoffwechselweg in Richtung Acetyl-CoA und damit zur Essigsäurebildung favorisiert; ansonsten kommt es zu der unerwünschten Propionsäureanreicherung.

In gleicher Weise wird über den Abbauweg Acetyl-CoA die Reaktionssteuerung zwischen Buttersäure- und Essigsäurebildung als Stoffwechselprodukte realisiert. Abb. 4.34 verdeutlicht als Flussdiagramm in vereinfachter Darstellung den Glukoseabbau zur Energiegewinnung über die Glykolyse.

Definition In der Biochemie verwendete Abkützungen für stoffwechselrelevante chemische Verbindungen:

- G6P Glucose-6-phosphat
- F-1,6-bP Fructose-1–6-biphosphat
- GAP Glycerinaldehyp-3-phosphat, Triosephosphat
- DHAP Dihydrxyacetonphosphat, Triosephosphat
- 1,3-bPG 1,3-Biphosphoglycerat
- 3-PG 3-Phosphoglycerat
- PEP Phophoenolpyruvat
- NAD^+ Nikotinamidadenindinukleotid, oxidiert [zur Wasserstoffaufnahme bereites Trägermolekül]
- NADH Nikotinamidadenindinukleotid, reduziert [Trägermolekül mit aufgenommenem Wasserstoff, das über Abgabe gasförmigen Wasserstoffs reoxidiert werden kann]
- ADP Adenosindiphosphat
- ATP Adenosintriphosphat
- CoA oder CoASH Koenzym A mit Thiolgruppe (SH)
- Acetyl-CoA oder Ac-CoA über die SH-Gruppe mit CoA verbundener „aktivierter" Essigsäurerest als enrgiereiche Verbindung

Mit Propionsäure als Endprodukt folgt die theoretische Energiebereitstellung für anabolische Reaktionen gemäß

$$\mathbf{C_6H_{12}O_6 \rightarrow 2CH_3CH_2COOH + 2ATP} \tag{4.21}$$

und in gleicher Weise für Buttersäure

$$\mathbf{C_6H_{12}O_6 \rightarrow CH_3CH_2CH_2COOH + 2CO_2 + 2H_2 + 2ATP}. \tag{4.22}$$

Daraus ergeben sich die theoretischen Erwartungswerte der Ertragskoeffizienten an Bakterienbiomasse im Falle der Bildung organischer C_2- bis C_4-Säuren aus abgebauter Glukose:

mit Gl. 4.18

$$Y_{X/Ess}^{Gluk} = \frac{20\,\text{g BTM}}{\text{mol Essigsäure}} = \frac{20\,\text{g}}{60\,\text{g}} = 0{,}333\,\text{g BTM/g Essigsäure, gebildet}$$

$$\text{bzw.} = 40\,\text{g}/180\,\text{g} = 0{,}222\ \text{g BTM/g Glukose, abgebaut} \tag{4.23}$$

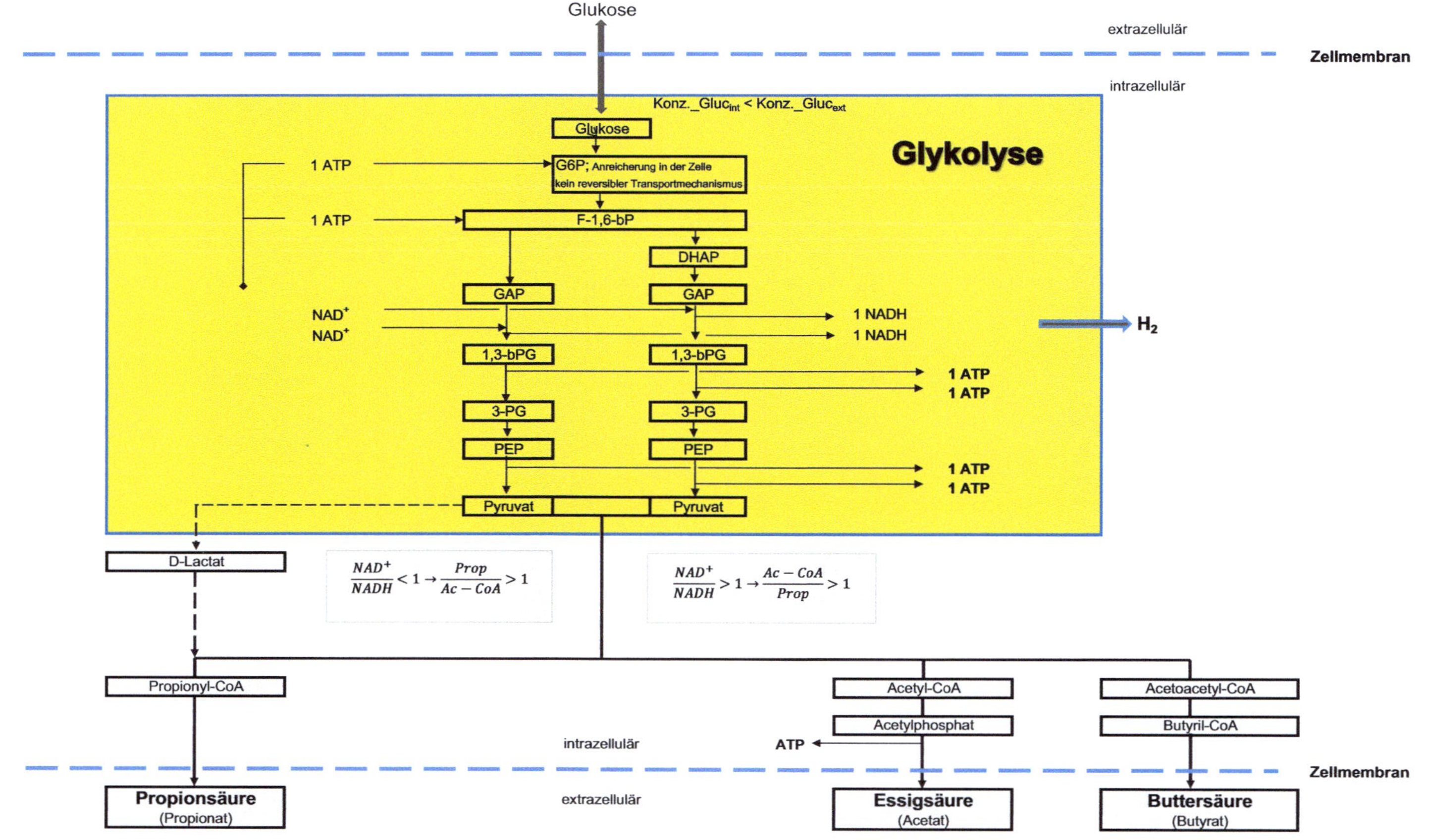

Abb. 4.34 Flussdiagramm in vereinfachter Darstellung zum Hydrolyse-/Versäuerungsstoffwechsel von Glukose. Je nach Organismus und Habitatbedingungen unterscheiden sich die bevorzugten Stoffwechselwege und die Mengenverhältnisse der gebildeten Endprodukte, die innerhalb der anaeroben Biozönose als Stoffwechselzwischenprodukte weiter metabolisiert werden

mit Gl. 4.21

$$Y_{\text{X/Prop}}^{\text{Gluk}} = \frac{10\,\text{g BTM}}{\text{mol Propionsäure}} = \frac{10\,\text{g}}{74\,\text{g}} = 0{,}135\,\text{g BTM}/g\,\text{Propionsäure, gebildet}$$
$$\text{bzw.} = 20\,\text{g}/180\,\text{g} = 0{,}111\,\text{g BTM/g Glukose, abgebaut} \tag{4.24}$$

mit Gl. 4.22

$$Y_{\text{X/But}}^{\text{Gluk}} = \frac{20\,\text{g BTM}}{\text{mol Buttersäure}} = \frac{20\,\text{g}}{88\,\text{g}} = 0{,}227\,\text{g BTM/g Buttersäure, gebildet}$$
$$\text{bzw.} = 20\,\text{g}/180\,\text{g} = 0{,}111\,\text{g BTM/g Glukose, abgebaut} \tag{4.25}$$

Somit beträgt das Potenzial für den Biomassezuwachs an hydrolysierenden bzw. versäuernden Bakterien infolge der durch den Katabolismus aus Glukose bereitgestellten bio-verfügbaren Energie

$$\frac{dX_{\text{Versäuerung}}^{\text{Gluk}}}{dt} = Y_{\text{X/Ess}}^{\text{Gluk}} \cdot \frac{d[\text{Ess}]}{dt} + Y_{\text{X/Prop}}^{\text{Gluk}} \cdot \frac{d\left[\text{Prop}\right]}{dt} + Y_{\text{X/But}}^{\text{Gluk}} \cdot \frac{d[\text{But}]}{dt} - dX_{\text{Versäuerung}}^{\text{Gluk}} \cdot \text{k}_{\text{d}} \tag{4.26}$$

*[...] entspricht molarer Konzentration im Medium.

Voraussetzung für den tatsächlichen Biomassezuwachs an hydrolysierenden/versäuernden Bakterien ist die Verfügbarkeit der für die Zellsynthese benötigten Nährstoffe und Spurenelemente proportional zu der ATP-äquivalenten Energie, soweit deren Betrag den Energiebedarf der vorhandenen Zellen für den Betriebsstoffwechsel übersteigt. Anderenfalls stagnieren der anaerobe Stoffwechsel und damit der Substratabbau bzw. kommen zum Erliegen.

Da gemäß dem Verhältnis $\frac{[\text{NAD}^+]}{[\text{NADH}]}$ die Konzentration an gelösten Wasserstoffmolekülen und der Übergang von gasförmigem Wasserstoff in das Biogas gesteuert wird, lässt sich zwischen beiden Komponenten eine reaktionskinetische Beziehung definieren (Mosey 1983), die in Abhängigkeit der $\frac{[\text{NAD}^+]}{[\text{NADH}]}$ – Regulierung die zu erwartende Wasserstoffvolumenkonzentration im Biogas beschreibt und damit die Möglichkeit gibt, die anteilige Bildung der C_2- bis C_4-Säuren im Ergebnis der Hydrolyse alternativ über beiden Parametern darzustellen, Abb. 4.35. Dabei wird modellmäßig der Oxidationsstatus des NAD-Trägermoleküls mit der Wasserstoffkonzentration im Biogas verknüpft, indem das Redoxpotenzial für das Oxidations-/Reduktionsverhältnis $\frac{[\text{NAD}^+]}{[\text{NADH}]}$ im Gleichgewichtszustand auch den Anteil der zu gasförmigem Wasserstoff reduzierten Wasserstoffionen bestimmt.

Durch Anwendung der unter festgelegten Randbedingungen ableitbaren Beziehung (Mosey 1983)

$$\frac{[\text{NADH}\,]}{[\text{NAD}^+]} = 1{,}5 \cdot 10^{-3} \cdot \text{Wasserstoff}\,[\text{ppm(v)}] \tag{4.27}$$

auf die reaktionskinetische Beschreibung der Versäuerung von Glukose folgt, dass sich für die in ungestört arbeitenden Anaerobreaktoren gemessenen Redoxpotenziale −260 mV theoretisch Wasserstoffkonzentrationen < 10 ppm(v) einstellen sollten mit NAD dominant in der oxidierten Form, wenn der direkte Abbauweg zu Essigsäure (s. Abb. 4.34) favorisiert wird. Für die im Anlagenbetrieb häufig gemessenen Redoxpotenziale bis ca. −300 mV liegt dann der für die Prozessstabilität als tolerierbar eingeschätzte Wasserstoffkonzentrationswert bei 100 bis 400 ppm(v), wobei das Verhältnis Essigsäure/Propionsäure bis ca. 5:1 beträgt. Die auftretende Buttersäurekonzentration ist in der Regel eine Größenordnung kleiner. Damit entsprechen die modelltheoretischen Zusammenhänge in ihren darstellbaren Trends den praktischen Erfahrungen.

Unter dem Gesichtspunkt der Abschätzung zu erwartender aktiver Biomassekonzentrationen im Gärreaktor bringt schon die Hydrolyse eines so homogenen, analytisch überschaubaren Substrats wie Glukose drei mögliche unterschiedliche Abbauwege bis zum azidogenen Säurespektrum, die sich in ihrer anteiligen Produktbildung in Abhängigkeit der Prozessbedingungen ganz unterschiedlich entwickeln können und damit Einfluss nehmen auf die Etablierung und Änderung der relevanten Gruppen bakterieller Spezies (Abb. 4.35).

Den Einfluss der hemmenden Wirkung akkumulierten Wasserstoffs auf die Bereitstellung von Stoffwechselenergie aus der Glykolyse und die daraus resultierende Verringerung des Biomassebildungspotenzials der hydrolysierenden/azidogenen Spezies gegenüber dem ungehemmten Prozess verdeutlicht Abb. 4.36.

Die Auswertung von Gl. 4.27 für ein spezifisches Prozessszenario führt zu der in Abb. 4.37 in verändertem Maßstab dargestellten relativen Produktverteilung organischer C_2- bis C_4-Säuren infolge der vom akkumulierten Wasserstoffanteil gesteuerten Glukoseabbauwege bei der Glykolyse.

Bis zu einer Wasserstoffkonzentration im Biogas kleiner 500 ppm(v) zeigt sich die aus energetischen Gründen deutliche Bevorzugung des direkten Reaktionsweges zur Essigsäurebildung als Stoffwechselprodukt. Bei etwa 1000 ppm(v) werden alle drei Leitsäuren in etwa gleicher Größenordnung erzeugt; bei weiterem Anstieg der Wasserstoffkonzentration dominiert die Propionsäurebildung. Da gleichzeitig infolge der hohen Wasserstoffkonzentration das „thermodynamische Fenster“ für energieeffizienten Abbau der Propionsäure zu Essigsäure durch azetogene Spezies nicht mehr genutzt werden kann, stagniert der Prozess und kommt durch zunehmende Produkthemmung (Abschn. 6.1) und Versäuerung letztendlich zum Erliegen.

Mit einer weiteren (teilweise noch hypothetischen) Bakterienpopulation (McInerney 1971), den sog. Azetogenen, werden Propionsäure und ggf. auch Buttersäure katabolisch weiter zu Essigsäure abgebaut. Die dabei gewonnene Stoffwechselenergie wird gemäß folgenden Reaktionen (Mosey 1983; Costello 1991) postuliert (nicht die vollständige stöchiometrische Bilanz):

$$\text{Propionsäure: } \mathbf{CH_3CH_2COOH \rightarrow CH_3COOH + CO_2 + 3H_2 + (0{,}5\ldots 1)\,ATP} \tag{4.28}$$

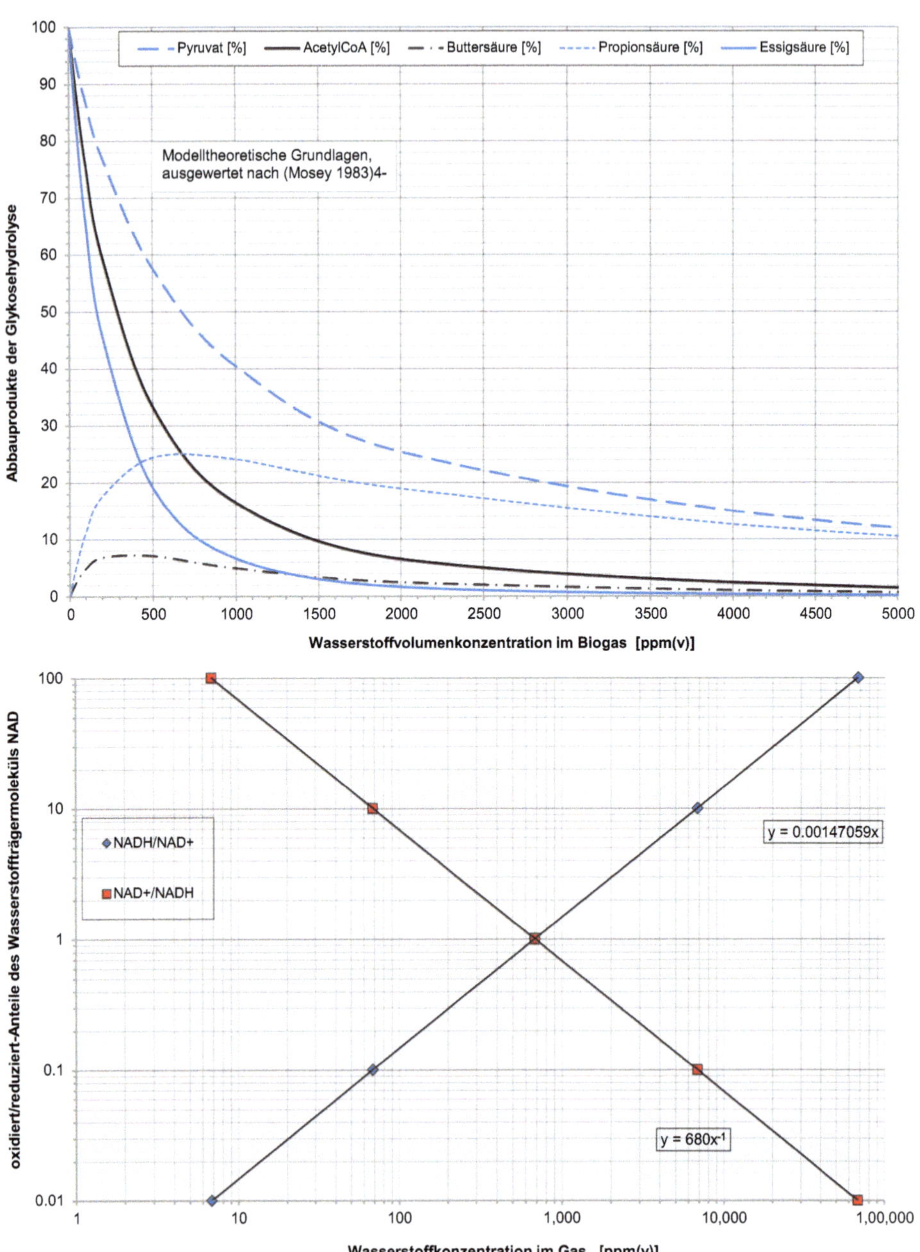

Abb. 4.35 Der Zusammenhang zwischen dem Wasserstoffgehalt im Biogas und dem Spektrum der modellierten Hydrolyse-/Versäuerungsprodukte aus Glukose als Gärsubstrat (oben). Das Hilfsdiagramm (unten) zeigt den funktionellen Zusammenhang zwischen den oxidierten/reduzierten Anteilen des Wasserstoffträgermoleküls NAD und dem Wasserstoffvolumenanteil im Biogas. (Quelle: Modellentwicklung nach Mosey 1983)

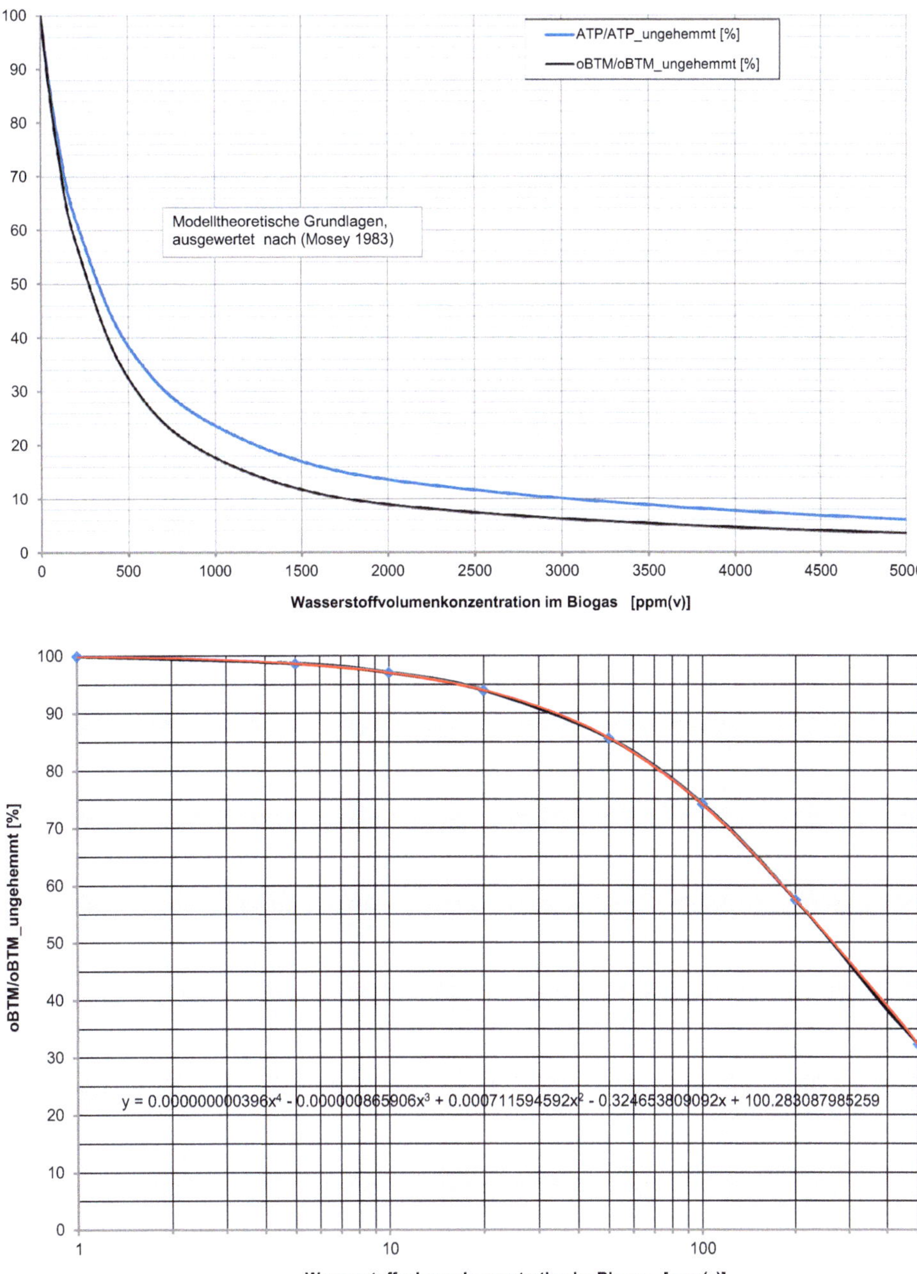

Abb. 4.36 Verringerung der verfügbaren Stoffwechselenergie aus der Glykolyse und daraus resultierendes reduziertes Zellneubildungspotenzial infolge Wasserstoffakkumulation im bakteriellen Habitat (oben). Das Hilfsdiagramm (unten) zeigt der Einfluss der Wasserstoffkonzentration bis 100 ppm(v) in anderem Maßstab

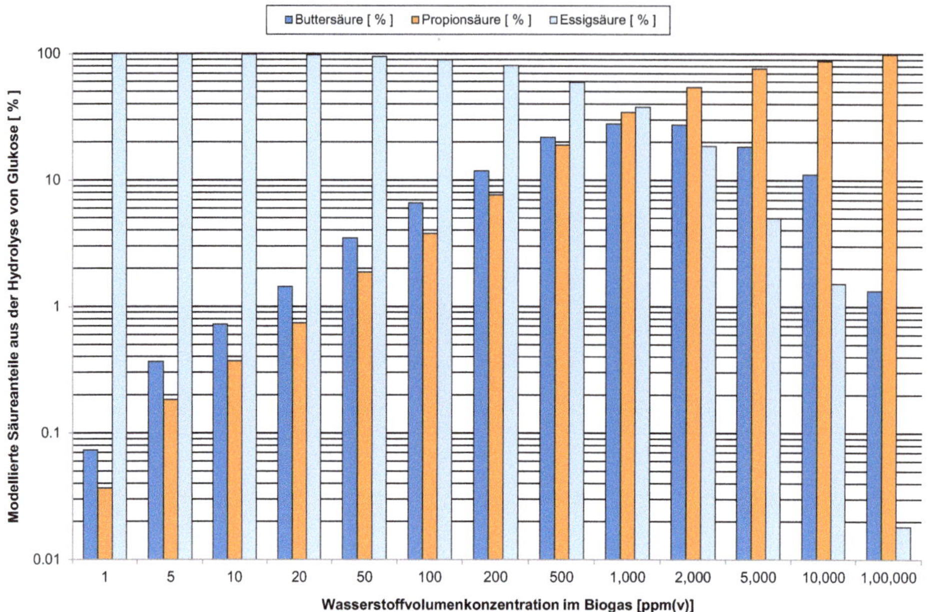

Abb. 4.37 Der Einfluss der Wasserstoffkonzentration auf die präferierten Glukoseabbauwege der Glykolyse und die damit verbundene relative Verteilung der Bakterienbiomassekonzentrationen der beteiligten Spezies

$$\text{Buttersäure: } \mathbf{CH_3CH_2CH_2COOH \rightarrow 2CH_3COOH + 2H_2{+}(0{,}75\ldots 2)\,ATP} \tag{4.29}$$

mit Gl. 4.28

$$Y^*_{\text{X/Prop}} = \frac{5\ldots 10\,\text{g BTM}}{\text{mol Propionsäure}} = \frac{5\ldots 10\,\text{g}}{74\,\text{g}} = 0{,}068\ldots 0{,}135\,\text{g BTM/g Propionsäure, abgebaut} \tag{4.30}$$

mit Gl. 4.29

$$Y^*_{\text{X/But}} = \frac{7{,}5\ldots 20\,\text{g BTM}}{\text{mol Buttersäure}} = \frac{7{,}5\ldots 20\,\text{g}}{88\,\text{g}} = 0{,}085\ldots 0{,}227\,\text{g BTM/g Buttersäure, abgebaut} \tag{4.31}$$

Da die Versäuerungsprodukte Propionsäure und Buttersäure aus der Hydrolyse bei entsprechend förderlichen Prozessbedingungen bakteriell abgebaut werden zu Essigsäure, lassen sich die Biomasseertragskoeffizienten beider Reaktionsschritte jeweils zusammenfassen (Gl. 4.36). Deshalb sind Gl. 4.30 und 4.31 auf die Edukte der Reaktionen bezogen (in analoger Weise könnten sie jedoch auch produktspezifisch dargestellt werden).

Im Ergebnis liegen damit Essigsäure und Wasserstoff sowie Kohlenstoffdioxid als Substrate für den Katabolismus und Anabolismus vor für die bakteriellen Reaktionen bis zu den gasförmigen anaeroben Stoffwechselendprodukten Methan und Kohlenstoffdioxid.

Mit Essigsäure als Ausgangsprodukt der Methanbildung folgt die katabolische Reaktion azetoklastischer Bakterien

$$\mathbf{CH_3COOH \rightarrow CH_4 + CO_2 + 0{,}25\,ATP} \tag{4.32}$$

und für die hydrogenophilen Spezies

$$\mathbf{CO_2 + 4H_2 \rightarrow CH_4 + 2H_2O + 1\,ATP}. \tag{4.33}$$

Die hypothetische Annahme.

von 1 Mol ATP pro Mol $CH_{4,\,\text{gebildet}}$ ergibt 0,25 Mol ATP je Mol $H_{2,\,\text{metabolisiert}}$.

Die Ertragskoeffizienten dieser finalen anaeroben Reaktionen lassen sich entsprechend definieren:

mit Gl. 4.32

$$Y_{\text{X/Ess}}^{\text{CH}_4} = \frac{2{,}5\,\text{g BTM}}{\text{mol Essigsäure}} = \frac{2{,}5\,\text{g}}{60\,\text{g}} = 0{,}0417\,\text{g BTM/g Essigsäure, abgebaut} \tag{4.34}$$

mit Gl. 4.33

$$Y_{\text{X/CH}_4}^{\text{CH}_4} = \frac{10\,\text{g BTM}}{\text{mol Methan}} = \frac{10\,\text{g}}{16\,\text{g}} = 0{,}625\,\text{g BTM/g Methan, gebildet} \tag{4.35}$$

Werden die vorstehend dargestellten Ertragskoeffizienten für Biomasse aus den katabolischen Teilreaktionen des anaeroben Stoffwechsels zusammengefasst (Bildung des Säurespektrums aus der Glykolyse plus weiterer Abbau von Propion- und Buttersäure sowie die methanogenen Reaktionen der azetoklastischen und hydrogenophilen Bakterien), lässt sich das Zellvermehrungspotenzial aufgrund der über ATP bereitgestellten Energie für den anaeroben Anabolismus formulieren, Gl. 4.36.

$$\begin{aligned}
\frac{\mathrm{d}X_{\text{Katabolismus}}^{\text{Gluk}}}{\mathrm{d}t} &= \left(Y_{\text{X/Ess}}^{\text{Gluk}}\right) \cdot \frac{d[\text{Ess}]}{\mathrm{d}t} + \left(Y_{\text{X/Prop}}^{\text{Gluk}} + Y_{\text{X/Prop}}^{*}\right) \cdot \frac{d\left[\text{Prop}\right]}{\mathrm{d}t} \\
&+ \left(Y_{\text{X/But}}^{\text{Gluk}} + Y_{\text{X/But}}^{*}\right) \cdot \frac{d[\text{But}]}{\mathrm{d}t} \\
&+ Y_{\text{X/Ess}}^{\text{CH}_4} \cdot \left(\frac{d[\text{Ess}]}{\mathrm{d}t} + \frac{d\left[\text{Prop}\right]}{\mathrm{d}t} + 2 \cdot \frac{d[\text{But}]}{\mathrm{d}t}\right) \\
&+ \frac{1}{\mathrm{d}t} \cdot \left[\text{CH}_4^{\text{BUSWELL}} - \text{ESS}_{\text{Glykolyse}} - \text{ESS}_{\text{Prop}} - \text{ESS}_{\text{But}}\right] \cdot Y_{\text{X/CH}_4}^{\text{CH}_4} - \sum \left(\mathrm{d}X_{\text{Teilreaktion}}^{\text{Gluk}} \cdot k_{\text{d,X}}\right)
\end{aligned} \tag{4.36}$$

Diese Darstellung gilt wieder beispielhaft für den anaeroben Abbau von Glukose. Der Methananteil für den hydrogenophilen Metabolismus wurde als Differenz gemäß nach BUSWELL aus Glukose erzeugbaren Molen Methan minus der Summe aller anaerob erzeugten Mole Essigsäure (1 Mol Essigsäure ergibt 1 Mol Methan) für die azetoklastische Methanisierung ermittelt.

Wie schon w. o. ausgeführt, ist der über den Energiebedarf des Erhaltungsstoffwechsels der lebenden Zellen hinausgehende Anteil an über ATP bereitgestellter Energie eine notwendige, aber nicht hinreichende Voraussetzung für die bakterielle Zellteilung.

Hintergrundinformation

Die mathematische Formulierung des Zusammenhangs von ATP-Gesamtumsatz und den beiden Verbrauchsanteilen ATP für Erhaltungsstoffwechselenergie und Energie zur Neubildung von Zellmaterial lässt sich darstellen in der Form (Roels 1983):

$$r_{ATP}\left[\frac{mol\ ATP}{m^3 \cdot h}\right] = \frac{r_{X/ATP}}{Y_{ATP}^{max}}\left[\frac{\cancel{mol\ X} \cdot mol\ ATP}{m^3 \cdot h \cdot \cancel{mol\ X}}\right] + m_{ATP} \cdot c_X \left[\frac{mol\ ATP\, \cancel{mol\ X}}{\cancel{mol\ X} \cdot h \cdot m^3}\right], \text{(4.37)} \tag{4.37}$$

wobei gilt

- volumenspezifischer ATP-Gesamtumsatz im Reaktionsraum r_{ATP}
- volumenspezifische Zellmasseneubildung unter aus ATP bereitgestellter Energie $r_{\mathrm{X/ATP}}$
- Biomasseertrag aus bereitgestellter Energie über ATP $Y_{\mathrm{ATP}}^{\mathrm{max}}$
- spezifischer ATP-Verbrauch zur Energiebereitstellung für Prozesse des Erhaltungsstoffwechsels in der vorhandenen aktiven Zellbiomasse m_{ATP}
- aktive Biomassekonzentration im Reaktionsraum c_{X}.

Man erkennt, dass für $r_{\mathrm{ATP}} <= m_{\mathrm{ATP}} \cdot c_{\mathrm{X}}$ keine Energie für die Neubildung von Zellbiomasse verfügbar ist.

Gemäß der Summenformel für Bakterienzellen (Tab. 4.6) wird in erster Linie eine nicht vom Energiestoffwechsel verwendete Kohlenstoffquelle benötigt. Außerdem sind Stickstoff und weitere Nährstoffe sowie eine Vielzahl essenzieller Spurenelemente für die Synthese von Zellmaterial erforderlich (Tab. 4.5), die dem anaeroben Prozess nicht zwangsläufig mit dem eingesetzten Substrat zugeführt werden. So enthält die vorstehend als Modellsubstrat für den Katabolismus genutzte Glukose außer Kohlenstoff, Wasserstoff und Sauerstoff keine weiteren Bedarfselemente für die Zellsynthese. Die gewonnene Energie kann also nicht für die Bildung neuer Zellen eingesetzt werden, wenn nicht entsprechende Nährlösungen oder anders zusammengesetzte Ko-Substrate verfügbar sind. So beschreibt die Literatur (Bauchop 1960) die dominante Nutzung der Glukose als Energiequelle, während nur 4 % des Kohlenstoffs für neue Biomasse verwendet werden und der Hauptbedarf aus den Peptiden und Hefeextrakten etc. der eingesetzten Nährlösung gedeckt wird. (Mosey 1983) definiert dagegen seine Modellbildung mit Glukose als Substrat für den gesamten anaeroben Metabolismus. Für den benötigten Stickstoff für die Biomasseneubildung führt er ohne genauere Herkunftsdefinition als Quelle Ammoniak ein.

Bei Kohlenhydraten und lipophilen Stoffen als Gärsubstrate ist darauf zu achten, dass sie als Monosubstrate bevorzugt für den Energiestoffwechsel Verwendung finden können, während der Anabolismus nur durch zusätzliche Absicherung der sonstigen Bedarfselemente realisiert werden kann.

Proteinhaltige Substrate gewährleisten in der Regel die Verfügbarkeit eines breiteren Spektrums der benötigten Elemente für neue Zellmasse. Auf möglichen Mangel einzelner seltener Spurenelemente muss trotzdem geachtet werden.

Substrate aus Bioabfällen enthalten häufig alle erforderlichen Bestandteile für den Katabolismus und Anabolismus, sodass unter dominanter Verwendung der Kohlenhydrate und Fette für den Energiestoffwechsel die Zellneubildung energielimitiert unter Nutzung der weiteren Elemente aus den Bestandteilen der Ko-Substrate und löslichen Salze abläuft.

Der organische Kohlenstoff für die Neubildung von Zellbiomasse kann je nach Art der betrachteten anaeroben Bakterien aus dem Kohlenstoff organischer Verbindungen für heterotrophe Spezies oder aus CO_2-Kohlenstoff, der im Gärmedium auch im Überschuss vorhanden ist, für Bakterien mit autotrophem bzw. mixotrophem Wachstum bestehen.

Die weitgehend empirisch entwickelten stöchiometrischen Gleichungen für die Zellbiomassesynthese (Roels 1980; Mosey 1983; Rehm 1999; Costello 1991) führen mit Glukose als Gärsubstrat zu folgenden Darstellungen der Biomassebildung in Abhängigkeit des jeweiligen anaeroben Abbauschrittes. Dabei wird Biomasse über die Summenformel $C_5H_9O_3N$ definiert und Stickstoff als Leitnährstoff in Form von bioverfügbarem Ammoniak eingeführt.

- **an der Glykolyse beteiligte acidogene Bakterien**

$$5C_6H_{12}O_6 + 6NH_3 \rightarrow 6C_5H_9O_3N + 12H_2O \tag{4.38}$$

unter Einbeziehung des Abbauweges über Milchsäure gilt

$$5CH_3CHOHCOOH + 3NH_3 \rightarrow 3C_5H_9O_3N + 6H_2O \tag{4.39}$$

- **azetogene Bakterien**

$$CO_2 + CH_3CH_2COOH + 2NH_3 \rightarrow 2C_5H_9O_3N + 2H_2O + H_2 \tag{4.40}$$

$$CO_2 + CH_3CH_2CH_2COOH + NH_3 \rightarrow C_5H_9O_3N + H_2O \tag{4.41}$$

- **azetoklastische Bakterien**

$$5CH_3COOH + 2NH_3 \rightarrow 2C_5H_9O_3N + 4H_2O \tag{4.42}$$

- **hydrogenophile Bakterien**

$$5CO_2 + 10H_2 + NH_3 \rightarrow C_5H_9O_3N + 7H_2O \tag{4.43}$$

Es zeigt sich, dass unter dem Aspekt der postulierten Zellbildungsstöchiometrie (Mosey 1983) sowohl heterotrophe als auch autotrophe und mixotrophe Bakterienspezies in der anaeroben Biozönose syntrophisch vergesellschaftet sind.

4.1.6.3 Näherungen zur Abschätzung des Biomassebildungspotenzials auf Basis der Energiegehalte der Gärsubstrate

Die vorstehende, notwendigerweise vereinfachte Zusammenfassung der mikrobiologischen und energetischen Abläufe des anaeroben Stoffwechsels innerhalb der Bakterienzellen der beteiligten Spezies bildet die Grundlage für das Verständnis der Komplexität der zu berücksichtigenden Prozesse, um Modellierungsansätze einer verfahrenstechnischen Bilanzierung zu entwickeln.

Für eine effiziente Bewertung aktueller Probleme in der Anlagenbetriebspraxis und die Variantenuntersuchung bei der Konzeptfindung und Planung von neuen Projekten sind weitergehende Verallgemeinerungen erforderlich, um praxisgerechte Abschätzungen von Engineering-Parametern einschließlich einer objektiven Beurteilung ihrer Vertrauensgrenzen und Unsicherheiten zu ermöglichen.

Auf der Basis des CSB/oTM-Parameters als mit Standardanalytik zu ermittelndes stoffwechselrelevantes energetisches Gütekriterium der verfügbaren Gärsubstrate werden unter Berücksichtigung der w. o. erläuterten theoretischen Grundlagen die Biomasseertragspotenziale modelliert und in den nachfolgenden Diagrammen zur Beschreibung mittels vereinfachter Regressionsansätze genutzt. Eine Verifizierung anhand vorhandener Messwerte aus der Fachliteratur ermöglicht die individuelle Bewertung der Vertrauensbasis für die Gültigkeit.

In Abschn. 4.1.6.1 wurde schon auf die in der Literatur verwendeten unterschiedlichen Einheiten der dargestellten Messwerte hingewiesen. Deshalb finden sich auch in den Diagrammen gleiche Modellparameter in unterschiedlicher Dimensionierung, um einen schnellen Vergleich mit verfügbaren externen Werteangaben zu ermöglichen.

Außerdem ist speziell für den Einsatz von Kohlenhydraten und Fetten als Substraten bei der experimentellen Bestimmung von Biomasseertragskoeffizienten zu beachten, dass dabei immer zusätzlich der Einsatz von Kulturmedien erfolgt, die auch kohlenstoffhaltige Nährstoffträger enthalten, die als zusätzliche C-Quelle wirken und nicht immer über Blindansätze verlässlich quantifiziert werden können. Schon in frühen Arbeiten (Bauchop 1960) wurde auf ein nicht spezifizierbares mikrobielles Wachstum bei theoretisch nicht vorhandener Kohlenstoffquelle hingewiesen.

Teilweise über der Streubreite der vorgestellten Modellbilanzen liegende experimentelle Ertragswerte können solche Ursachen haben. Im Zweifelsfall sollte die Abschätzung alternativ mit oberem und unterem Erwartungswert für die Ermittlung des Einflusses auf die bearbeitete Projektbilanz erfolgen.

Abb. 4.38 dient der Darstellung des Bildungspotenzials für den organischen Anteil oBTM der neugebildeten Bakterienbiomasse, bezogen entweder auf die Substratorganik oTM oder den CSB des Substrats. Umrandete Kreissymbole kennzeichnen Literaturangaben, z. T. für bessere Bewertung nach markierten Schranken unterteilt. Sonstige Symbole beschreiben die modellierten Parameter. Mit roter Ausgleichsgeraden wurden die Daten der azetogenen/azetoklastischen Bakterien gekennzeichnet.

Für einen schnellen Überblick zum Biomasseertragspotenzial des Gesamtprozesses kann die Mittelwertformel über alle Werte

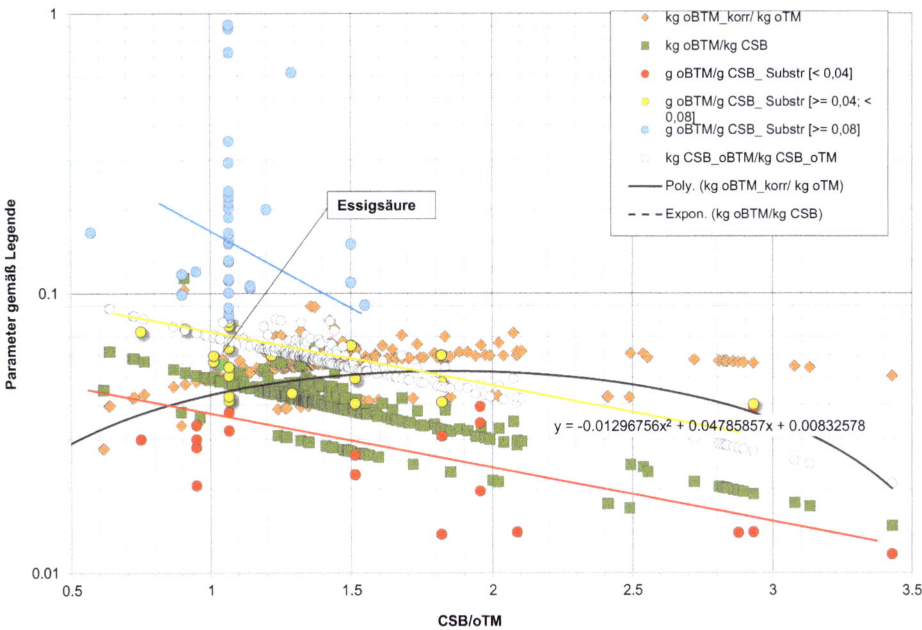

Abb. 4.38 Substratabhängig zu erwartende Biomasseertragswerte in unterschiedlich dimensionierter Darstellung und verifiziert anhand verfügbarer Literaturangaben (Rehm 1999; Bauchop 1960; Thauer 1977; Roels 1980, 1983; Gujer 1983; Nielsen 1995; VDI 4630, 2015)

$$Y_{\text{anaerob}}^{\text{Potential}} = 0{,}08563686 \cdot \mathrm{e}^{-0{,}54233914 \cdot \left(\frac{\text{CSB}}{\text{oTM}}\right)} \left[\frac{\text{kg oBTM}}{\text{kg CSB}}\right] \tag{4.44}$$

verwendet werden.

Dabei werden für den Bereich CSB/oTM = 1,07 … 1,5 die im Substrat dominierenden Kohlenhydrate unterbewertet. Für CSB/oTM ≈ 1,07 ist der Wert zu verdoppeln um den Biomasseertrag über den gesamten anaeroben Substratabbau bis zu CH_4/CO_2 darzustellen. Der Formelwert bei CSB/oTM = 1,07 entspricht dem Biomasseertragspotenzial der Methanisierung von Essigsäure (hellgrünes Quadratsymbol in Abb. 4.38).

Die Literaturangaben zu den experimentellen Biomasseertragswerten unterscheiden sich erheblich, je nachdem, ob der Biomassezuwachs nur aus den Hydrolysereaktionen oder aus der kompletten Methanisierung des untersuchten Substrats bestimmt wurde. Ebenfalls spielt eine Rolle, ob ein Substrat für die Gewinnung der Stoffwechselenergie und gleichzeitig als C-Quelle für den Aufbau neuer Bakterienzellen genutzt wird oder ob für den Anabolismus ein zweites Substrat zur Verfügung steht.

Die dunkelblauen Vollpunkte beschreiben den Biomasseertrag auf Basis der CSB-Werte von Bakterien (CSB/oBTM = 1,42) und dem CSB des jeweiligen Substrates. Diese Kurve wird noch einmal gesondert in Abb. 4.40 präsentiert im Bezug zum Substrat-CSB und der Substratklasse, soweit in der Abbildung darstellbar. Ausführlich ist der

Zusammenhang Substratklasse – CSB dem tabellierten Anhang (Tab. 7.1 und 7.2) zu entnehmen.

Die blaugrün gefüllten Romben sind als Verhältnis Bakterien-oTM/Substrat-oTM(umgesetzt) definiert. Dafür lautet die Regressionsformel

$$Y_{\text{anaerob}}^{\text{Potential}} = -0{,}00811187 \cdot \left(\frac{\text{CSB}}{\text{oTM}}\right)^2 + 0{,}03370527 \cdot \left(\frac{\text{CSB}}{\text{oTM}}\right) + 0{,}02463455 \tag{4.45}$$

Häufig erfolgt die Darstellung der Bakterienbiomasseertragswerte auf die Methanausbeute des eingesetzten Substrats bezogen. Dabei kann die Angabe des Methanwertes in Mol, kg oder Nm³ erfolgen. Die entsprechenden Varianten und zugehörigen Regressionsformeln sind in Abb. 4.39 erfasst.

Die schon erwähnte formelmäßige Biomasseertragsdarstellung in CSB-Verhältnissen von Bakterienmasse und Substrat erfolgt als Regressionsauswertung gemäß Abb. 4.40 in Gl. 4.46.

$$Y_{\text{anaerob}}^{\text{Potential}} = -4{,}03740325 \cdot \ln\left(\frac{\text{CSB}}{\text{oTM}}\right) + 7{,}22386258 \left[\frac{\text{CSB\_oBTM}}{\text{CSB\_oTM}}\right] \tag{4.46}$$

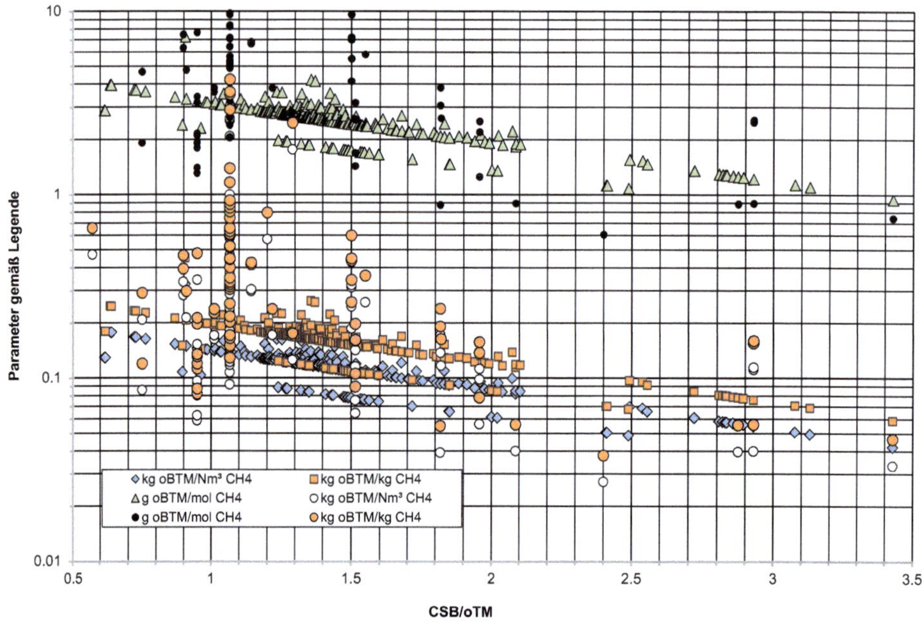

Abb. 4.39 Biomasseertragswerte der Gärsubstrate, bezogen auf die substratspezifische Methanausbeute und dargestellt in unterschiedlicher Dimensionierung. Es gilt wieder, dass gefüllte Kreissymbole die Literaturwerte aus den Quellen gemäß Abb. 4.38 repräsentieren

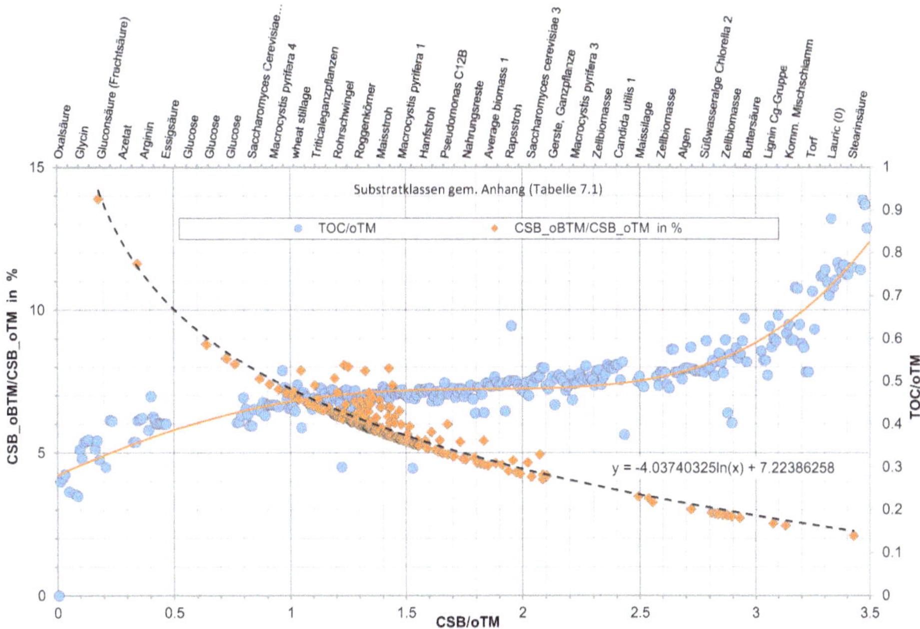

Abb. 4.40 Das Potenzial des Biomasseertrags aus dem anaeroben Substratumsatz in CSB-Werten von Biomasse und Substrat dargestellt und in Zusammenhang mit dem TOC des Substrats gebracht

Je nach den Prozessbedingungen sind in Praxisanlagen z. T. wesentlich geringere Biomasseerträge als die theoretisch ermittelten Werte für optimierten, ungestörten anaeroben Substratabbau nahe der Auswaschzeit (entspricht μ_{max}) zu erwarten. Neben den Mangelerscheinungen bei fehlenden essenziellen Nährstoffen und Spurenelementen und den Einflüssen der in Abschn. 6.1 zusammengefassten Hemmungen spielen auch die Raum- und Schlammbelastung des Prozesses sowie die hydraulische Verweilzeit eine wesentliche Rolle für die tatsächlich erreichten Ertragswerte. Einzelheiten dazu finden sich in Abschn. 2.4.2; Kap. 5.

Das aus der Enzymkinetik hergeleitete halbempirische Bakterienwachstumsmodell (Monod 1949), Gl. 2.74; Abschn. 2.4.4, ist definiert für die Bildung neuer Zellmasse proportional zur vorhandenen aktiven Mikroorganismenmasse im Bereich der logarithmischen bakteriellen Wachstumsphase (Zehnder 1989; Rehm 1999). Dabei beschreibt die Gleichung von MONOD den Einfluss des limitierenden Substrats bzw. Nährstoffs auf das bakterielle Wachstum gemäß folgenden Kriterien:

- Steigt die wachstumslimitierende Stoffkonzentration, nimmt auch die bakterielle Wachstumsgeschwindigkeit μ in Richtung μ_{max} zu.
- Nach Erreichen von μ_{max} bringt eine weitere Erhöhung der limitierenden Stoffkonzentration keine weitere Zunahme der Wachstumsgeschwindigkeit.

- Substrat- und prozessbedingte Hemmungen können auftreten, s. Abschn. 6.1.
- Die komplexen Verhältnisse einer anaeroben Mischbiozönose können nur mit begrenzter Genauigkeit abgebildet werden.

Aus der Kopplung von Monod-Gleichung und den Mikroorganismen- sowie Substratmassenbilanzen um den anaeroben Reaktor folgt, dass die dem Substratabbau proportionale Biomassebildung unter vergleichbaren Prozessbedingungen reproduzierbar ist. Dieses Verhältnis neu gebildeter Bakterienzellen je umgesetzter Substratanteil wird als Biomasseertragskoeffizient $Y_{X/S}$ dargestellt und es gilt der Zusammenhang zwischen Substratabbaugeschwindigkeit, bakterieller Wachstumsgeschwindigkeit und Biomasseertragskoeffizient

$$v_s = \frac{\mu}{Y_{X/S}} \tag{4.47}$$

In der Betriebspraxis befinden sich nicht alle Bakterienzellen gleichzeitig in der logarithmischen Wachstumsphase, sondern infolge höherem Zellalter muss man bei zunehmender Aufenthaltszeit der Biomasse im Fermenter mit steigendem Anteil der Bakterienzellen in der Phase des Erhaltungs-(Betriebs-) Stoffwechsels ohne neuen Zellaufbau rechnen (s. Gl. 4.51). Zelltod und Inaktivierungen durch Hemmungen reduzieren zusätzlich den wachstumsaktiven Biomasseanteil (s.Abschn. 6.1).

Die Summe dieser Einflüsse wird zusammengefasst in der Sterberate (oder endogenen Verfallsrate) und ist ebenfalls proportional der aktiven Biomassekonzentration im Fermenter.

Damit gilt

$$\mu = \mu\text{max} \cdot \frac{S}{K_S + S} - k_d \quad \left[\frac{\text{kg oBTM}}{\text{kg oBTM} \cdot \text{d}}\right] \tag{4.48}$$

bzw. über die Biomassekonzentration im Fermenter auf das Reaktionsvolumen bezogen.

$$r_{oBTM} = \mu_{max} \cdot \frac{S \cdot X}{K_S + S} - k_d \cdot X \quad \left[\frac{kg\ oBTM}{\cancel{kg\ oBTM} \cdot d} \cdot \frac{\cancel{kg\ oBTM}}{m^3}\right] \text{(4.49)} \tag{4.49}$$

Hintergrundinformation

Die Notwendigkeit, einen Teil der aus dem Katabolismus verfügbaren Stoffwechselenergie für die Aufrechterhaltung der Zellfunktionen und damit der Lebensfähigkeit der Mikroorganismen verwenden zu müssen, führt dazu, dass der beobachtbare Biomasseertrag geringer ist als das theoretische Ertragspotenzial proportional zum katabolischen Bruttoenergiegewinn. Zur Beschreibung dieses reaktionskinetischen Phänomens wurden zwei unterschiedliche Konzepte entwickelt (Heijnen 2003):

- Die Bakterienzelle deckt den Erhaltungsenergiebedarf aus ihrem eigenen Zellmaterial (endogene Respiration), was letztendlich zur Lysis führt, wenn durch Substratmangel keine Erneuerung des Zellmaterials über den Metabolismus in Form von Zellteilung erfolgen kann. Zur mathematischen Beschreibung der Verfallsrate werden in der Literatur die Terme $\boldsymbol{k_d}$ bzw. **b** genutzt.

- Die Zelle verbraucht grundsätzlich mehr Substrat als für die normalen Reproduktionsprozesse der Zellteilung erforderlich ist, um diesen Anteil als Elektronendonator für die Reaktionen des Erhaltungsstoffwechsels einzusetzen. Der dafür erforderliche Molmassenanteil Substrat je 1 C-mol Biomasse und Zeiteinheit wird als $\boldsymbol{m}_{\mathrm{D}}$ bezeichnet.

Die makroskopische Wirkung auf die Größe des beobachteten Ertragswertes ist gleich. Mit der Formel

$$k_{\mathrm{d}} = m_{\mathrm{D}} \cdot Y_{\mathrm{X/S}}^{\max} \tag{4.50}$$

lassen sich beide Parameter ineinander umrechnen.

Durch entsprechende Zusammenfassung und Umformung der relevanten Gleichungen erhält man einen Ausdruck zur Abnahme des Biomasseertragspotenzials mit steigender Biomasseaufenthaltszeit θ_{c} im Fermenter:

$$\frac{Y_{\mathrm{X/S}}^{\mathrm{net}}}{Y_{\mathrm{X/S}}^{\mathrm{pot}}} = \frac{1}{(1 + \theta_{\mathrm{c}} \cdot k_{\mathrm{d}})} \tag{4.51}$$

Die grafische Auswertung von Gl. 4.51 ergibt das Diagramm gemäß Abb. 4.41 für zwei repräsentative endogene Verfallskoeffizienten $k_{\mathrm{d}} = 0{,}01\ \mathrm{d}^{-1}$ und $k_{\mathrm{d}} = 0{,}05\ \mathrm{d}^{-1}$ (Speece 1996).

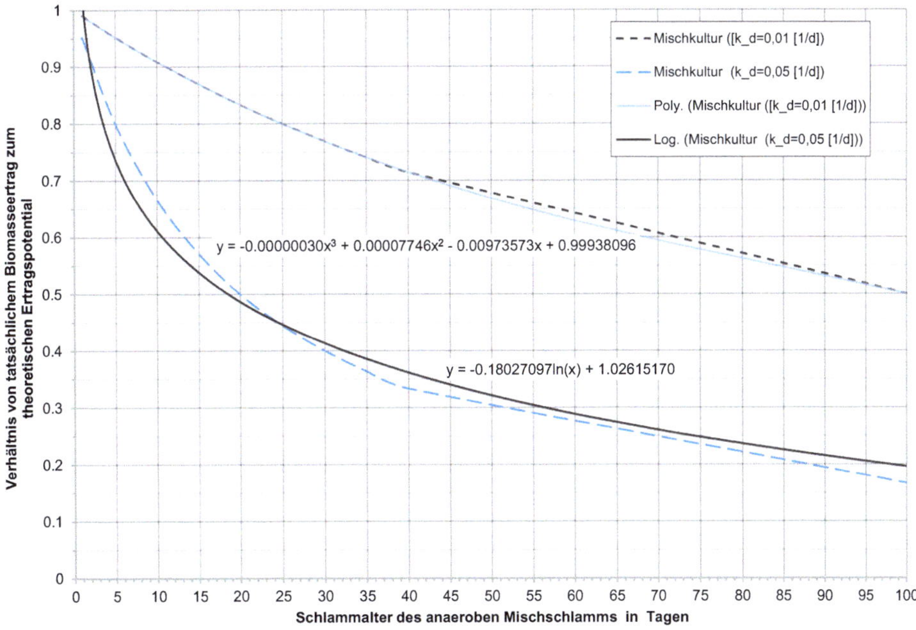

Abb. 4.41 Verringerung des messbaren Biomasseertragskoeffizienten im anaeroben Fermenter gegenüber dem energetisch theoretisch möglichen substratspezifischen Ertragspotenzial bei zunehmender Biomasseverweilzeit im Reaktor

Die vorstehende Modellierung erfolgte unter Vorgabe eines kurzschluss- und rückvermischungsfrei durchströmten Reaktionsraumes ohne Schlammrückführung. Man erkennt, dass für die üblichen hydraulischen Verweilzeiten (die hier definitionsgemäß gleich der Schlammaufenthaltszeit sind) zwischen 20 und 30 Tagen für einen weitgehend ungestörten anaeroben Prozessablauf etwa 20 % des theoretischen Biomasseertragspotenzials abgemindert werden. Berücksichtigt man sonstige prozessimmanente Hemmungen durch Temperatur- und pH-Werteinflüsse sowie toxische Einflüsse und Mangelerscheinungen einschließlich Substrat- und Produkthemmungen, kann der Biomasseertrag um 50 % gemindert werden. Dazu kommt noch der über die Monod-Gleichung beschriebene generelle Einfluss der Substratkonzentration im Reaktionsraum auf die spezifische Bakterienwachstumsgeschwindigkeit (s. Abb. 2.33), die über die Substratabbaugeschwindigkeit mit dem Ertragskoeffizienten (Gl. 4.47) verknüpft ist. Die Summe dieser Einflüsse kann bewirken, dass sich der beobachtete Ertragskoeffizient auf bis zu 20 % des theoretischen Potenzials verringert.

Wird Gl. 4.51 unter Berücksichtigung von $\theta = 1/\mu$ umgeformt, folgt

$$\frac{Y_{\mathrm{X/S}}^{\mathrm{net}}}{Y_{\mathrm{X/S}}^{\mathrm{pot}}} = \frac{1}{(1 + \frac{k_{\mathrm{d}}}{\mu})} \tag{4.52}$$

und man erkennt die Sensitivität des Verhältnisses der Biomasseertragswerte bezüglich der Relation Verfallsrate zu Wachstumsrate. Dabei wirken wieder die schon mehrfach zitierten Einflussgrößen

- Prozessbedingungen
- Zusammensetzung der Biozönose
- Hemmungen und Mangelerscheinungen,

die jeweils k_{d} vergrößern und μ verkleinern können gegenüber den optimalen Verfahrensparametern.

Die in Abb. 4.42 grafisch ausgewertete Gl. 4.52 zeigt für große Wachstumsraten den vernachlässigbaren Einfluss der Verfallsrate auf das Biomasseertragsverhältnis. Liegen jedoch speziesbedingt oder durch Prozessstörungen niedrige Wachstumsraten vor, gewinnt der Erhaltungsstoffwechsel großen Einfluss auf die Biomasseertragssituation. In der anaeroben Mischbiozönose trifft es dann besonders die langsam wachsenden Bakteriengruppen.

Für die Betriebsstabilität einer Vergärungsanlage ist dies eine kritische Situation, da sich anbahnende Störungen kaschiert werden. Es erfolgt immer noch ein merklicher Substratabbau. Die gewonnene Energie wird jedoch zu großen Teilen für den Erhaltungsstoffwechsel eingesetzt und nicht für Biomasseneubildung. Wenn dann noch Dosierspitzen auftreten, ist die Biozönose nicht mehr in der Lage, diesen Belastungszustand abzufangen und es kann zu einer plötzlichen unerwarteten massiven Prozessstörung kommen.

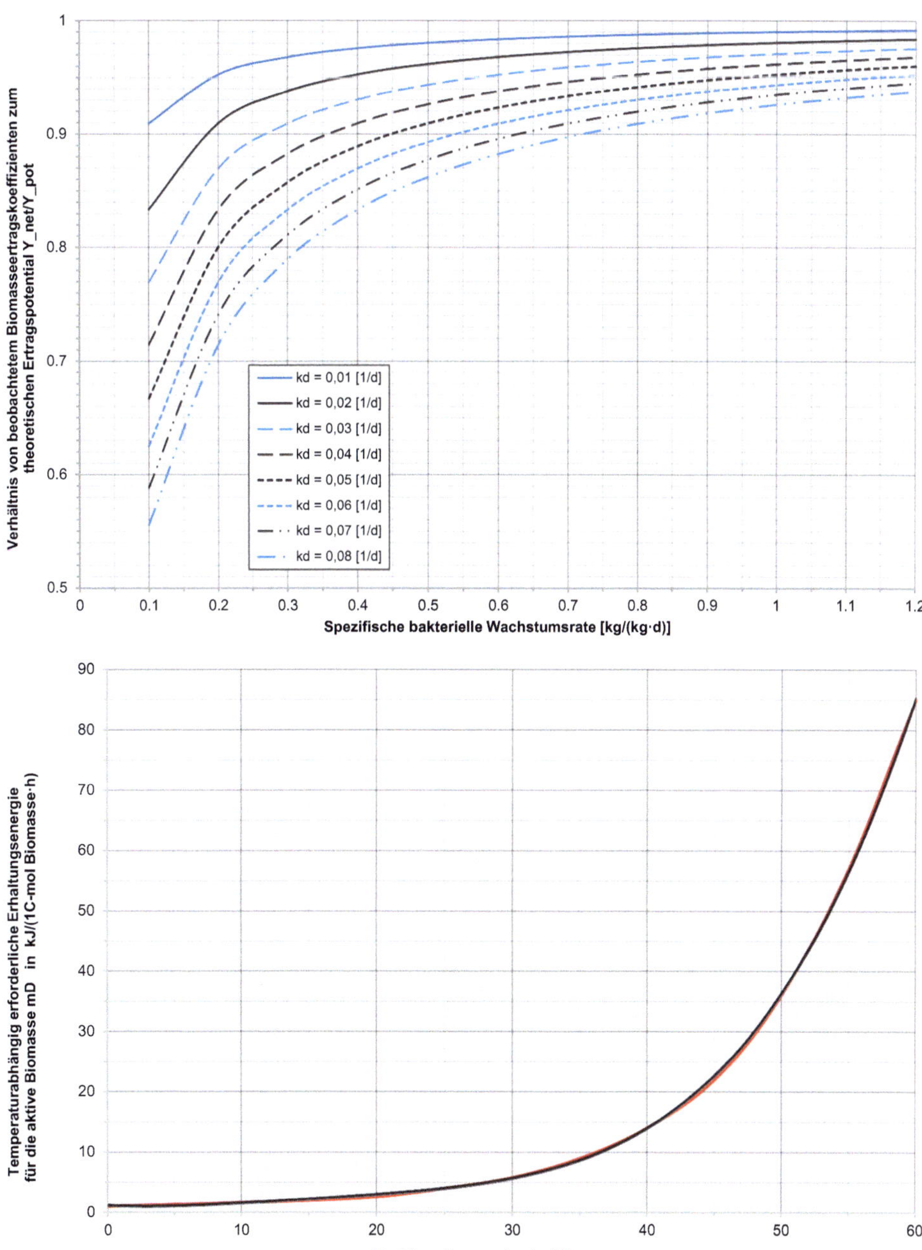

Abb. 4.42 Einfluss von Verfallsraten und Wachstumsraten der am Prozess beteiligten anaeroben Bakterienspezies auf das Biomasseertragsverhältnis gemäß Gl. 4.52 für einen kurzschluss- und rückführungsfreien Reaktor (oben). Das Hilfsdiagramm (unten) zeigt den modellierten Einfluss der Prozesstemperatur auf den bakteriellen Bedarf an Erhaltungsenergie

Der Erhaltungsstoffwechsel der Bakterienzellen ist stark temperaturabhängig. Infolge der Aktivitätserhöhung des Metabolismus mit steigender Temperatur steigt auch der Energiebedarf für den Erhaltungsstoffwechsel.

Die aus experimentellen Daten und theoretischen Herleitungen ermittelte Temperaturabhängigkeit wird mit einer funktionellen „Arrhenius-Typ“- Abhängigkeit beschrieben. Dabei wurde experimentell eine Aktivierungsenergie von 69000 J/mol ermittelt (Heijnen 2003). Damit stellt sich der als Elektronendonator benötigte Substratmassenanteil m_D in seiner Temperaturabhängigkeit dar als

$$E_{A,m_D} = 4{,}5 \cdot e^{\left\{\frac{-69.000}{R} \cdot \left[\frac{1}{(273{,}15+t)} - \frac{1}{273{,}15}\right]\right\}}$$

mit der universellen Gaskonstanten R = 8,3144598 J/(mol·K). Dieser Einfluss ist als „Bild-im-Bild“ in Abb. 4.42 grafisch ausgewertet. Temperaturänderungen in der Prozessführung können das labile Gleichgewicht der Reaktionskinetik nachhaltig beeinflussen.

Hintergrundinformation

Betrachtet man alternativ das Biomasse-Bildungspotenzial bei aerobem mikrobiellem Stoffwechsel, kommt die schon mehrfach erwähnte Tatsache zum Tragen, dass der unter anaeroben Bedingungen nicht mehr für den Katabolismus nutzbare Energiegehalt des Methans vollständig als Energiequelle zur Verfügung steht. Gemäß Gl. 3.56 kann die gesamte Verbrennungsenthalpie im Beisein von Sauerstoff energetisch genutzt werden, wobei die Stoffwechselendprodukte Kohlenstoffdioxid und Wasser sind. Die für den mikrobiellen Metabolismus nutzbare höhere spezifische Energiemenge je umgesetzten Substratanteil führt zu dem wesentlich höheren Biomasseertrag unter aeroben Bedingungen, der im Mittel bis zu 50 % der metabolisierten organischen Substratmasse beträgt und zu den bekannten Problemen einer unzureichenden Stabilisierung (Mineralisierung) der Produkte aus der aeroben Abwasser- und Abfallbehandlung führt.

Zusätzlich hat die Verfügbarkeit größerer Energiemengen aus dem aeroben Stoffwechsel dazu geführt, dass die energetische Effizienz der biochemischen Reaktionen des aeroben Metabolismus in vielen Bereichen geringer ist als unter anaeroben Bedingungen, sodass ein wesentlich höherer Anteil der im Katabolismus aus dem Substrat freigesetzten Energie dissipiert und in die Umgebung als „Prozess-Abfallwärme“ abgeleitet wird. Das führt zu der bekannten Exothermie aerober biochemischer Prozesse und erfordert häufig spezielle technologische Maßnahmen der Wärmeabfuhr und Prozesskühlung bei aerober Abwasserbehandlung, Kompostierung oder aerober Gärrestnachrotte.

Die wichtigsten Kenngrößen aus der Reaktionskinetik aerober Prozesse sind in Abb. 4.43 zusammengestellt.

Zu beachten ist, dass die aus der Theorie postulierte Substratverflüssigung unter Einwirkung aerober biochemischer Reaktionen in beobachtbarer Weise in der Anlagenpraxis nicht auftritt. Die exothermen aeroben Reaktionen führen zu einer starken simultanen Verdampfung des gebildeten Wassers und resultieren häufig in einer Austrocknung des erhitzten Materials. Das macht gerade bei Kompostierung oder Biofiltern zur Abluftreinigung in der Regel eine externe Befeuchtung erforderlich.

Wird das metabolisierte Substrat biochemisch nur zur Energiefreisetzung abgebaut, ergibt sich das zitierte Wasserbildungspotenzial in Prozent der aerob umgesetzten Organik nach Gl. 4.54 (blau gefüllte Kreissymbole in Abb. 4.43).

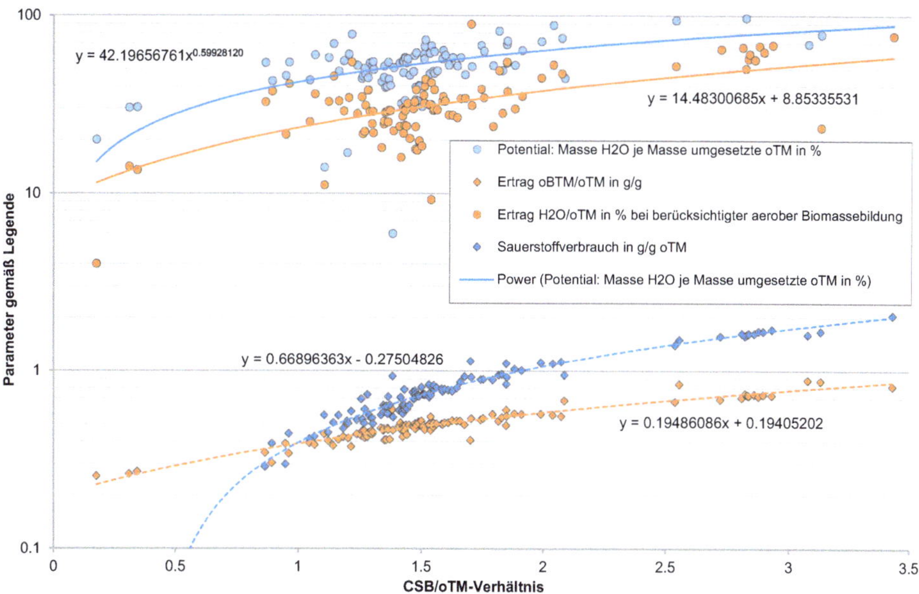

Abb. 4.43 Biomasseertragspotenzial, Bildung von Wasser als Stoffwechselendprodukt und theoretischer Sauerstoffverbrauch des aeroben Metabolismus in Abhängigkeit der substratspezifischen Verbrennungswärme

$$\frac{m_{H_2O}}{\Delta oTM} = 42{,}19656761 \cdot \left(\frac{CSB}{oTM}\right)^{0{,}5992812} \quad [\text{Masse} - \%] \tag{4.54}$$

Bei Berücksichtigung einer Zellbiomassebildung aus dem gleichen Substrat in der Bilanz verringert sich das freie Wasser (gelb gefüllte Kreissymbole). Entsprechend vergrößert sich die Gefahr der Materialaustrocknung durch die exothermen Prozesse.

Eine Parameterabschätzung kann bedarfsweise mit den weiteren in Abb. 4.43 dargestellten Trendformeln erfolgen.

4.1.7 Energiegehalte des Substrats und Selbsterwärmungspotenzial aus dem Stoffwechsel der anaeroben Biozönose

4.1.7.1 Grundlagen des Energiestoffwechsels

Die durch den anaeroben Katabolismus bereitgestellte Energie für den Erhaltungsstoffwechsel sowie die Bildung neuer Zellbiomasse im Ergebnis des Anabolismus wird aus dem energetischen Potenzial der in den organischen Verbindungen und Stoffgemischen enthaltenen „Gibbs' freien Energie" freigesetzt. Dabei stehen die „Gibbs'schen Energiegehalte" der Edukte und sonstigen am Stoffwechsel beteiligten Verbindungen und die der Stoffwechselprodukte im Gleichgewicht. Da keine unter realen Bedingungen ablaufenden Prozesse einen hundertprozentigen Reaktionswirkungsgrad aufweisen, werden die energetischen Verluste der innerhalb der Bakterienzellen ablaufenden anaeroben Stoffwechselreaktionen im umgebenden Habitat dissipiert und stellen in ihrer Summe die exotherme Wärmetönung der (bio-)chemischen Prozesse dar.

Während für aerobe Reaktionen ein direkter Zusammenhang zwischen Sauerstoffverbrauch und umgesetzter kalorischer Energie besteht (s. Abschn. 2.3 und 4.1.6.1), müssen im anaeroben Bereich ohne verfügbaren Sauerstoff andere externe oder interne Elektronenakzeptoren verwendet werden. Dadurch ist die Nutzung des energetischen Potenzials der Gärsubstrate für den bakteriellen Metabolismus stark reduziert und ein großer Teil Substratenergiegehalt, der durch den anaeroben Katabolismus nicht für den Zellstoffwechsel nutzbar gemacht werden kann, geht dem Prozess in Form des energiereichen Methans als Abprodukt verloren. Infolge dieser rektionskinetisch bedingten eingeschränkten Nutzbarkeit der Substratenergie unter anaeroben Bedingungen wird die geringe, für die zellinternen biochemischen Reaktionen verfügbare Energie effizienter genutzt als bei den über ein großes Energiereservoire verfügenden aeroben Reaktionen (Roels 1983). Im Ergebnis beträgt die exotherme Wärmetönung aerober Prozesse etwa das Zehnfache der unter anaeroben Bedingungen beobachteten (Nielsen 1995; Rehm 1999).

Die reaktionskinetisch positive Seite der energetischen Verluste in Form dissipierter Wärmeenergie folgt aus der Tatsache, dass (bio-)chemische Reaktionen, für die eine Aktivierungsenergie zum Start der molekularen Reaktionen überwunden werden muss, mit steigender Temperatur bis zu einer jeweils reaktionsspezifisch unterschiedlichen Maximaltemperatur in ihrer Aktivität zunehmen. Somit wirkt die Temperaturerhöhung durch die exothermen Wärmeverluste in verfahrenstechnisch bedingten Grenzen aktivierend auf die Stoffwechselreaktionen der anaeroben Biozönose und reduziert damit die üblicherweise erforderliche Fremdenergie für die Medienerwärmung auf optimale Prozesstemperatur.

Für die belebte Materie unter irdischen Verhältnissen haben sich evolutionär der mesophile und thermophile Temperaturbereich als solche Optimaltemperaturen zum effizienten Ablauf biochemischer Reaktionen herausgebildet [psychrophile und hyperthermophile Temperaturzonen werden als Nischen extremer Lebensbedingungen nur von wenigen hochspezialisierten Lebensformen besiedelt].

Mathematisch beschrieben wird die Abhängigkeit der Reaktionsgeschwindigkeitskonstanten k von der Temperatur mittels der ARRHENIUS-Gleichung

$$k = A \cdot \mathrm{e}^{-\frac{E_\mathrm{A}}{R \cdot T}} \tag{4.55}$$

bzw. zur Berechnung der Aktivierungsenergie aus zwei Messpunkten in der Umstellung nach $\mathrm{E_A}$

$$E_\mathrm{A} = R \cdot \ln\left(\frac{k_2}{k_1}\right) \cdot \frac{T_1 \cdot T_2}{T_2 - T_1} \tag{4.56}$$

mit den Parametern:

- universelle Gaskonstante $R = 8{,}314$ J/(mol·K)
- Aktivierungsenergie E_A [J/mol]
- absolute Temperatur T [K]
- Reaktionsgeschwindigkeitskonstante (Kinetik 1.Ordnung) k [mol/(mol·s)]
- Arrhenius-Koeffizient A [s^{-1}].

Die ARRHENIUS-Gleichung dient als Basis für zahlreiche halbempirische Modelle zur Beschreibung von Temperaturabhängigkeiten in der Biochemie (Wiesmann 1988; Rehm 1999; Klingel 1999).

Damit wird unter anderem der Vorteil des Selbsterwärmungseffekts mathematisch beschrieben, die Energieverluste noch zu einer Temperaturerhöhung in ihrem Habitat nutzen zu können und damit eine höhere und vergleichmäßigte Reaktionsaktivität ihres Stoffwechsels zu erzielen.

Für aerobe Fermentationsprozesse ist dabei zu beachten, dass infolge der industriell angestrebten hohen Raum-Zeit-Ausbeuten an Produkten die biochemische Aktivität im Reaktor sehr hoch werden kann. Die Energiedissipation führt dann häufig zu einer Medienerwärmung über die für die beteiligte Biozönose zulässige Maximaltemperatur (was insbesondere durch thermische Denaturierung von Proteinen das zelleigene Enzymsystem schädigt), sodass eine Prozesskühlung erfolgen muss, um eine thermische Inhibierung zu vermeiden.

Für den anaeroben Prozess galt lange Zeit die Erfahrung aus der Nassvergärung von Abwässern und organischen Dünnschlämmen, dass eine Wärmetönung in der Praxis nicht beobachtet wurde und eine Reaktorheizung auf die gewünschte Prozesstemperatur fester Bestandteil des Gärverfahrens war. Deren Kapazität muss die drei Komponenten abdecken:

- Aufheizung des Flüssigsubstrats auf Prozesstemperatur, ausgehend von seiner entweder konstanten oder einer Ganglinie folgenden Eigentemperatur (Knauer 2016)
- Deckung des mit dem feuchten Biogas bei Prozesstemperatur dem Reaktor entnommenen (Wärme-)Energiestroms (Langhans 2012)
- Deckung der Reaktorwärmeverluste durch Konvektion und Abstrahlung bei Prozesstemperatur und entsprechend der Jahresganglinie der Umgebungstemperatur (Langhans 2000).

Betrachtet man das Potenzial für eine Eigenerwärmung bei einem durchschnittlichen Nassvergärungssubstrat (Tab. 4.13), ist gut erkennbar, wie gering die biochemische Eigenerwärmung im Vergleich zu der erforderlichen Heizleistung des Reaktors ist.

Die Ursache liegt in der geringen Konzentration metabolisierbarer Organik in Substraten der Nassvergärung und der daraus resultierenden niedrigen Energie- und Bakteriendichte je Kubikmeter dem Reaktor zugeführten Materials. Das führt nach Tab. 4.13

Tab. 4.13 Exothermes Potenzial einer Dünnschlamm-Nassvergärung im Vergleich zu dem anlagenspezifischen Wärmebedarf

Parameter	Einheit	Wert
Substrat Rindergülle	m^3/d	100
TM	% FM	9
	kg/m^3	90
oTM	% TM	80
	kg/m^3	72
oTM-Abbau	%	50
oTM abgebaut	kg/m^3	36
CSB/oTM	kg/kg	1,48
Dichte Gülle	kg/m^3	1050
Biomasseertrag $Y_{X/S}$	% oTM abgebaut	17,24
oBTM	kg/m^3	6,2064
exotherme Wärmetönung für 42 kJ/1 C-mol oBTM und C_{10}	kJ/kg oBTM	421 (aus Abb. 4.51)
	kJ/m^3	2613
	kWh/m^3	0,7258
c_P-Wert für Wasser	$kJ/(kg \cdot K)$	4,1868
	$kWh/(t \cdot K)$	1,1630
Erwärmung von 1 m^3 Substrat durch exotherme biochemische Wärmetönung	K	0,6241
Erforderliche Aufwärmung von 1 m^3 mit 10 °C auf 35 °C	K	25
Erforderliche Aufwärmung von 1 m^3 mit 10 °C auf 55 °C	K	45
Wärmebedarf für Erreichen von $\Delta T = 25$ K	kJ/m^3	109.904
	kWh/m^3	31
Wärmebedarf für Erreichen von $\Delta T = 45$ K	kJ/m^3	197.826
	kWh/m^3	55

zu einer Eigenerwärmung des Substratzulaufs von $\Delta T = 0{,}63$ K, die praktisch vernachlässigbar ist im Vergleich zu dem benötigten Wärmeeintrag für die Substratheizung auf mesophile oder thermophile Prozesstemperaturen. Dabei sind die Wärmeverluste über die Gasphase und die Fermenteroberfläche noch nicht berücksichtigt.

Seit Trockenvergärungen mit energiereichen Substraten und bei hohen Trockenmassegehalten betrieben werden, ist jedoch auch für anaerobe Verfahren ein deutlicher Einfluss der Eigenerwärmung infolge biochemischer Exothermie zu erkennen (Tab. 4.14) und sollte bei relevanter Prozessführung zur Kostenoptimierung und Verfahrensstabilisierung in der Bilanzierung berücksichtigt werden.

Tab. 4.14 Potenzial der biochemischen Eigenerwärmung für die Vergärung eines organikreichen Substrats im Trockenfermenter

Parameter	Einheit	Wert
Substrat Bioabfall/NawaRo	m^3/d	100
TM	% FM	33
	kg/m^3	330
oTM	% TM	88
	kg/m^3	290,4
oTM-Abbau	%	83
oTM abgebaut	kg/m^3	241
CSB/oTM	kg/kg	1,7
Dichte Substrat	kg/m^3	1150
Biomasseertrag $Y_{X/S}$	% oTM abgebaut	15
oBTM	kg/m^3	36
exotherme Wärmetönung für 60 kJ/1 C-mol oBTM und C_5	kJ/kg oBTM	3000 (aus Abb. 4.51)
	kJ/m^3	108.464
	kWh/m^3	30,13
cP-Wert für Wasser	kJ/(kg·K)	4,1868
	kWh/(t·K)	1,163
Erwärmung von 1 m^3 Substrat durch exotherme biochemische Wärmetönung	K	25,91
Erforderliche Aufwärmung von 1 m^3 mit 10 °C	–	–
	–	–
auf 35 °C	K	25
auf 55 °C	K	45
Wärmebedarf für Erreichen von $\Delta T = 25$ K	kJ/m^3	109.904
	kWh/m^3	31
Wärmebedarf für Erreichen von $\Delta T = 45$ K	kJ/m^3	197.826
	kWh/m^3	55

Auch unter Berücksichtigung der Wärmeverluste über die Gasphase und die Fermenteroberfläche ist für die stofflichen und energetischen Voraussetzungen der Trockenvergärung erkennbar, dass bei sommerlichen Umgebungstemperaturen das mesophile Temperaturniveau überschritten werden kann und eine Kühlung vorzusehen ist, wenn man nicht auf einen thermophilen Prozess umstellen will.

Neben den biokinetischen Parametern haben auf den Wärmehaushalt des Fermenters auch die zu- und abfließenden Stoffströme einen signifikanten Einfluss. Darauf wird in Abschn. 4.2; Kap. 5 noch näher eingegangen.

4.1.7.2 Abschätzung der bio-energetischen Wärmetönung aus Parametern der chemischen Thermodynamik

Die Mikroorganismen der anaeroben Biozönose stellen offene thermodynamische Systeme dar, in denen das jeweils verfügbare energetische Potenzial den Ablauf der Stoffwechselreaktionen ermöglicht. Wesentliche thermodynamische Größe für die Beschreibung dieser Prozesse ist die *Enthalpie* als Summe aus innerer Energie des Systems und dem Energiegehalt des Produktes aus Druck und Volumen,

$$H = U + p \cdot V \tag{4.57}$$

bzw. dargestellt auf die molare Stoffmenge bezogen als *molare Enthalpie* $H_m = H/\mathrm{Mol}$ [J/mol] oder bezogen auf die Stoffmasse als *spezifische Enthalpie* $h = H/m$ [J/kg].

In Erweiterung des Enthalpiebegriffs definierte GIBBS[1] die sog. *freie Enthalpie* oder *Gibbs freie Energie*

$$\Delta G = \Delta H^0 - T \cdot \Delta S^0 + R \cdot T \cdot \ln(c) \tag{4.58}$$

$$\text{mit} \quad \Delta G^0 = \Delta H^0 - T \cdot \Delta S^0, \tag{4.59}$$

$$\text{sodass gilt} \quad \Delta G = \Delta G^0 + R \cdot T \cdot \ln(c) \tag{4.60}$$

Die mathematische Verknüpfung von Enthalpie ***H*** und Entropie *S* ermöglicht die Vorhersage, ob eine Reaktion (unter praktischen Bedingungen meist isotherm und isobar) exergon [$\Delta G^0 < 0$] und in Richtung der Produktbildung oder endergon [$\Delta G^0 > 0$] Richtung Ausgangsstoffe abläuft, Gl. 4.59.

Für $\Delta H^0 = T \cdot \Delta S^0$ folgt $\Delta G^0 = 0$ und das System befindet sich im energetischen Gleichgewicht. Es gibt keine energetische Triebkraft in einer Reaktionsrichtung und biochemisch gesehen ist das System tot. Dieser Zustand ist für die Stoffwechselreaktionen auszuschließen.

Die Hochzahl 0 in den Formeln verweist auf die in der Makrochemie häufig genutzten Standardbedingungen

- 1 atm
- 298 K
- sowie 1 mol/l und pH = 7.

Weitere Hinweise zur Definition von Standardbedingungen finden sich in Abschn. 2.2.5.

Wird die Enthalpie unter Standardbedingungen benutzt, handelt es sich um eine reaktionskinetische Konstante. Sollen die thermodynamischen Berechnungen unter realen Bedingungen erfolgen, z. B. in den Bakterienzellen, werden also eine Reihe zusätzlicher systemrelevanter Werte benötigt einschließlich der molaren Stoffkonzentration **c.**

[1]Josiah Willard Gibbs, US-amerikanischer Physiker (1839 bis 1903).

Diese sind für die terminisierte Bearbeitung von Tagesaufgaben kaum zu beschaffen. Deshalb nimmt man Abschätzungen meist unter Verwendung der Parameterangaben bei Standardbedingungen vor.

Eine solche Arbeitsweise wird noch dadurch unterstützt, dass die Bilanzierungen immer auf Differenzenbildung von Energiewerten hinauslaufen und dabei die Korrekturglieder von Standardbedingungen zu Realbedingungen weitgehend gekürzt werden können. Verifizierung der Fehlereinflüsse dieser Vereinfachungen (Roels 1983; Hanselmann 1991; Heijnen 1992; Nielsen 1995) haben gezeigt, dass die Abweichungen in der Regel nicht signifikant sind im Vergleich zu den sonstigen materiebedingten Unschärfen bei allen Prozesswerten.

Standardenthalpien finden sich tabelliert zu einer Vielzahl von Stoffen. Sie lassen sich ebenfalls aus den CSB/oTM-Werten der Gärsubstrate ermitteln (s. Abschn. 3.2.2.2).

Während für das Methanbildungspotenzial der Substrate reaktionskinetisch der *Oxidationsstatus des Substratkohlenstoffs* die entscheidende Rolle spielt, sodass an Stelle des CSB (Abschn. 3.2.1.3) auch mit dem Kohlenstoff als Elektronensenke auf die Methankonzentration im Biogas geschlossen werden kann (Oxidationsstatus −4 von 1 Mol Kohlenstoff als Bindungspotenzial von 4 Wasserstoffionen führt zu 1 Mol CH_4) und sich für die Praxis (Gujer 1983) die Berechnung des Oxidationsstatus OS (Tab. 7.2) gemäß

$$OS = 4 - \frac{3}{2} \cdot \left[\frac{CSB}{TOC}\right] \tag{4.61}$$

ergibt, folgt als *Reduktionsgrad* κ der Gehalt an Elektronen per 1 C-mol organisches Substrat.

Aus Abb. 4.44 ist ersichtlich, dass die Masse potenzieller Gärsubstrate einen Oxidationsstatus zwischen 0 und −1 aufweist sowie einen Reduktionsgrad zwischen 3,5 und 5. Regressionsformeln lassen sich bedarfsweise der Abbildung entnehmen.

Die grafische Darstellung der Auswirkung des Oxidationsgrades auf den Methananteil im substratspezifischen Biogasertrag erfolgt in Abb. 4.45.

Der Reduktionsgrad ist Bestandteil eines speziell entwickelten Wachstums-Bezugssystems, dessen Anwendung zusätzliche Erkenntnisse zum Energiestoffwechsel der Mikroorganismen liefert gegenüber den einfachen makrochemischen Bilanzen für die Biomassebildung (Roels 1983; Hanselmann 1991; Heijnen 1992; Nielsen 1995).

Ausgehend von einer organischen Verbindung der allgemeinen elementaren Zusammensetzung $CH_aO_bN_c$ (1 C-Mol Schreibweise) wird der energetische Gewinn aus deren Umsetzung in die Produkte CO_2, H_2O sowie N_2 bei stickstoffhaltigen Verbindungen berechnet. Merkmal des Bezugssystems ist die willkürliche Festsetzung des biochemisch verfügbaren Energiegehalts von CO_2, H_2O und N_2 gleich Null aufgrund der Tatsache, dass diese Komponenten von lebenden Systemen nicht für Energiegewinnungsprozesse genutzt werden können. Dabei gibt es Betrachtungsweisen, zur besseren Vereinheitlichung der mathematischen Beschreibung der Stoffwechselprozesse statt N_2 das NH_3 zu wählen, auch, wenn dafür ein Null-Energie-Level nicht zu begründen ist.

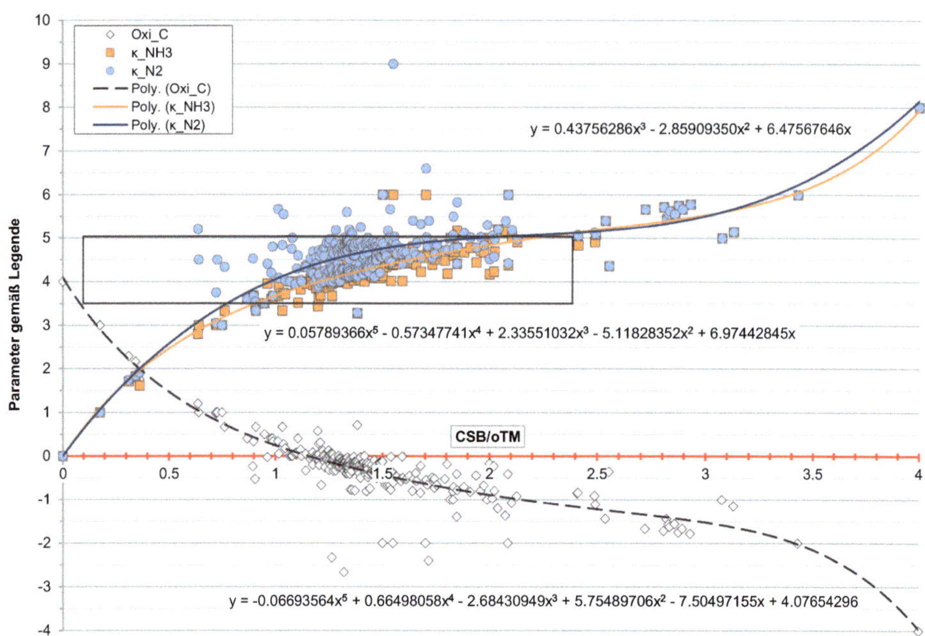

Abb. 4.44 Zuordnung von Oxidationsstatus und Reduktionsgrad (mit unterschiedlichen neutral-N Bezugssystemen) für den CSB/oTM-Bereich der Gärsubstrate

Entsprechend ergeben sich die Reduktionsgrade aus der Berechnung mit den Molanteilen der Elemente in der Organik-Bruttosummenformel in 1 C-mol Schreibweise (Tab. 7.2) für NH_3 als neutrale Stickstoffkomponente zu

$$\kappa_{NH_3} = 4 + a - 2b - 3c \tag{4.62}$$

bzw. für N_2 als neutrale Stickstoffkomponente zu

$$\kappa_{N_2} = 4 + a - 2b \tag{4.63}$$

Dabei beschreibt der Reduktionsgrad jeweils den Gehalt an Mol Elektronen des Substrats per C-mol, die bei Umwandlung in die neutralen Referenzprodukte freigesetzt werden können (Heijnen 2003).

Zwischen dem Reduktionsgrad und dem CSB einer Verbindung besteht ein direkter Zusammenhang. Ein Mol Sauerstoff (O_2) hat als Elektronenakzeptor den negativen Reduktionsgrad $\kappa = -4$ (Gl. 4.63 für C = 0, H = 0 und $b = 2$) und repräsentiert damit die Aufnahme von 4 Mol Elektronen. Aus dem Molgewicht von 32 g/mol O_2 ergibt sich der Bezug, dass 1 Mol Elektronen 8 g CSB entspricht.

Durch Umschreiben des CSB/TOC-Verhältnisses in mol O_2/1 C-mol und Ersetzen von 1Mol O_2 durch 4 Mol Elektronen, erhält man

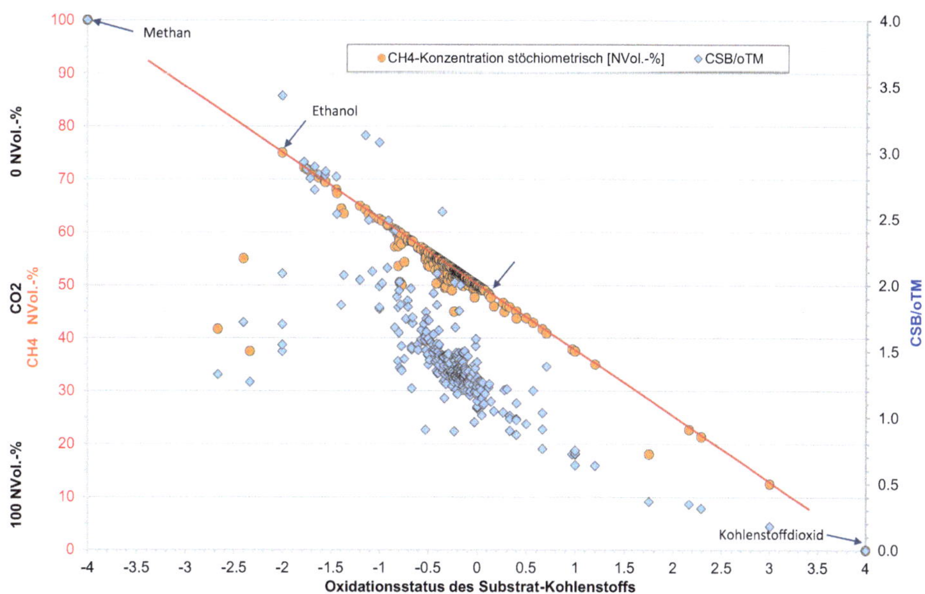

Abb. 4.45 Darstellung des Methangehaltes (bzw. alternativ des stöchiometrischen Kohlenstoffdioxidgehaltes) im Biogasertrag in Abhängigkeit des Oxidationsstatus für den Kohlenstoff des eingesetzten Gärsubstrats. Für die Zuordnung der beispielhaften Substratklassen ist der unterschiedliche Darstellungsmaßstab zu beachten

$$\frac{4}{32}\cdot \mathrm{g\,CSB}\cdot \frac{12}{\mathrm{g}\,C} = \frac{3}{2}\cdot\left[\frac{\mathrm{CSB}}{\mathrm{TOC}}\right]\cdot\left[\frac{\mathrm{mol}\,e}{1C-\mathrm{mol}}\right].$$

Somit lässt sich der Reduktionsgrad für N_2 als neutrale Stickstoffkomponente auch errechnen gemäß

$$\kappa = \frac{3}{2}\cdot\left[\frac{\mathrm{CSB}}{\mathrm{TOC}}\right] \text{ als } \left[\frac{\mathrm{mol}\,e}{1\mathrm{C}-\mathrm{mol}}\right]. \tag{4.64}$$

Über das Verhältnis [CSB/TOC] in Abhängigkeit des substratspezifischen Parameters CSB/oTM aus dem formelmäßigen Zusammenhang.

$$\left[\frac{\mathrm{CSB}}{\mathrm{TOC}}\right] = 0{,}03974825\cdot\left(\frac{\mathrm{CSB}}{\mathrm{oTM}}\right)^5 - 0{,}43158024\cdot\left(\frac{\mathrm{CSB}}{\mathrm{oTM}}\right)^4 + 1{,}85744170\cdot\left(\frac{\mathrm{CSB}}{\mathrm{oTM}}\right)^3 - 4{,}06182812\cdot\left(\frac{\mathrm{CSB}}{\mathrm{oTM}}\right)^2 + 5{,}13225705\cdot\left(\frac{\mathrm{CSB}}{\mathrm{oTM}}\right) \tag{4.65}$$

gemäß Abb. 4.46 oder mit den Werten für die namentlich aufgelisteten Substrate in Tab. 7.1 des.

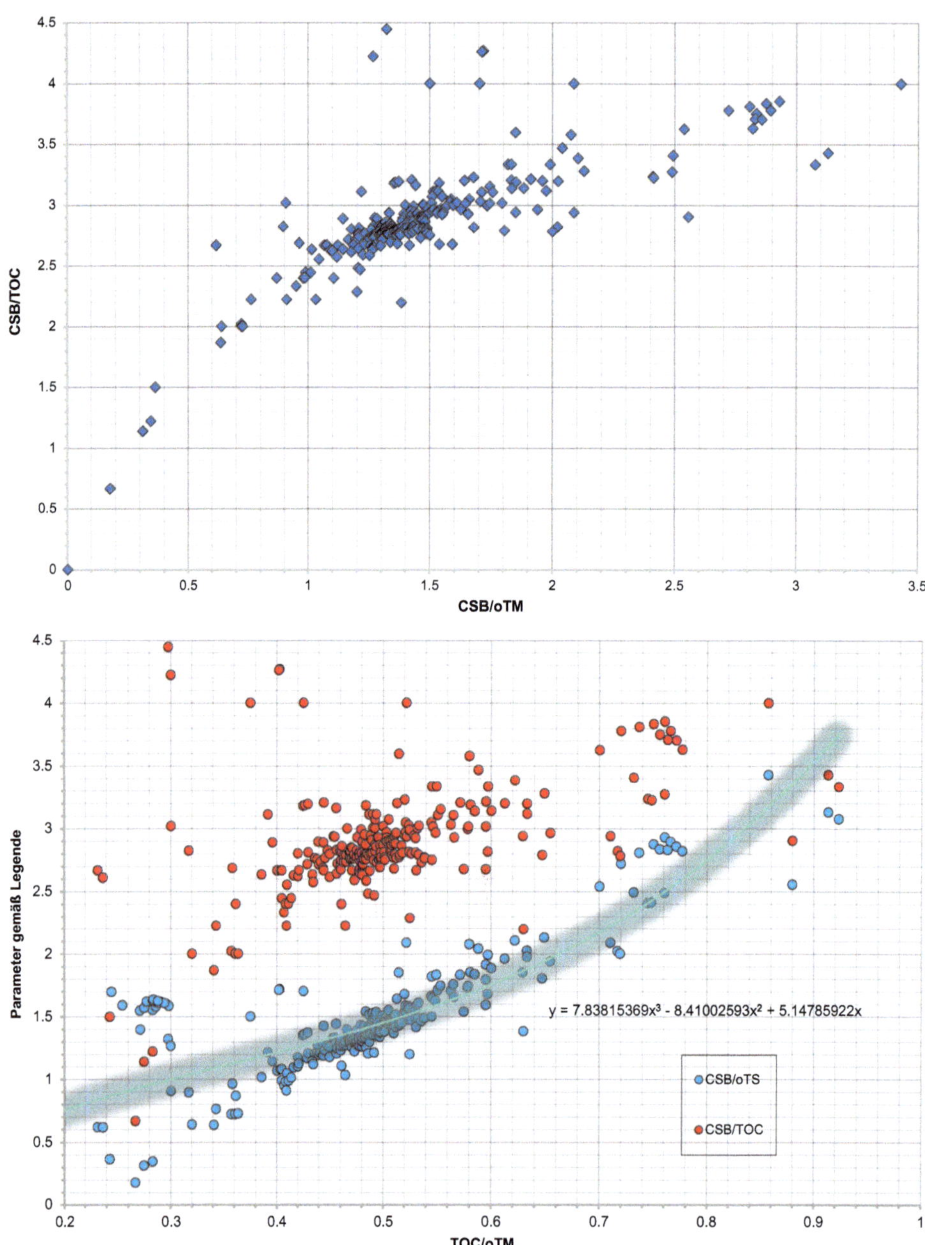

Abb. 4.46 Grafische Darstellung des analytischen Zusammenhangs der Parameter [CSB/TOC] und [CSB/oTM] für Gärsubstrate (oben). Alternativ zeigt das Hilfsdiagramm (unten) die Auftragung über TOC/oTM als der unabhängigen Variablen

Anhangs können auch für komplexe Mischsubstrate ohne Kenntnis der 1 C-mol Bruttosummenformel die Reduktionsgrade innerhalb des aus dem Diagramm zu entnehmenden Vertrauensbereiches abgeschätzt werden. Das „Bild-im-Bild" enthält dazu die alternative Auftragung über dem Parameter TOC/oTM.

Anhand des in Abb. 4.47 präsentierten Reduktionsgrad-Wertevergleichs zwischen den von (Roels 1983) tabellierten Stoffwerten einer Auswahl reiner chemischer Verbindungen mit den für die Gesamtheit der in Tab. 7.2 des Anhangs gelisteten potenziellen Gärsubstrate erkennt man, dass Erstere einen oberen Grenzbereich der erreichbaren Reduktionsgrade belegen, während viele Gärsubstratgemische deutlich niedrigere Werte aufweisen. Die Reduktionsgrade wurden für N_2 als neutral-N (Gl. 4.63) ermittelt.

In analoger Weise lassen sich auch die Heizwerte, Enthalpien und Gibbs freie Energien für die durch CSB/oTM repräsentierten Gärsubstrate modellieren (Abb. 4.48; Abschn. 3.2.2.2).

Für die Gibbs freie Energien werden alternativ zwei Regressionsgleichungen angeboten, um ggf. den Wert für Wasserstoff (CSB/oTM = 8) mit zu erfassen.

Mittels statistischer Analyse ermittelte (Roels 1983) aus den thermodynamischen Daten reiner chemischer Verbindungen bei Standardbedingungen, dass ihre auf 1 C-Mol bezogene Verbrennungsenthalpie direkt proportional zum Reduktionsgrad ist (mit einer Standardabweichung ± ca. 18 kJ):

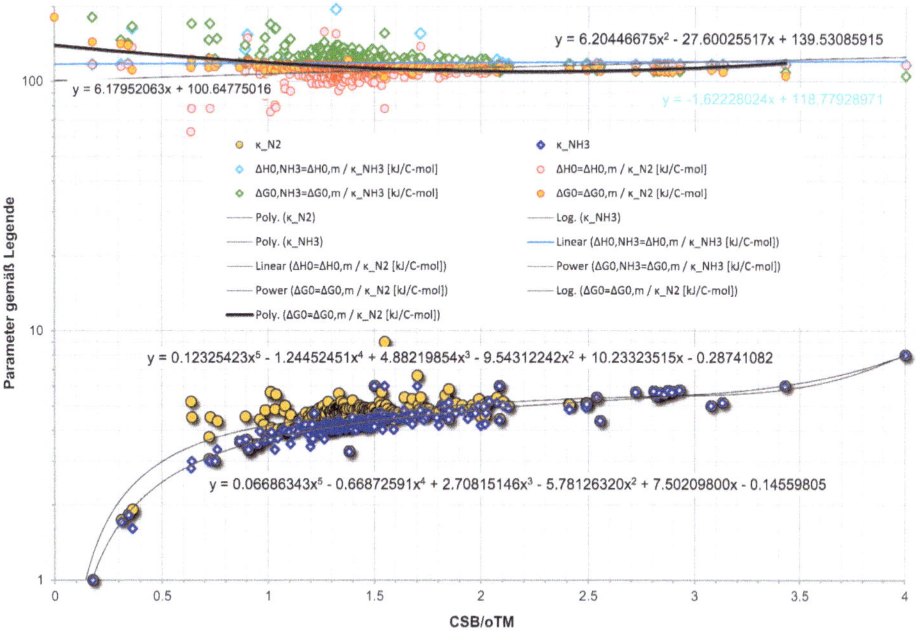

Abb. 4.47 Der von ROELS im Rahmen seiner theoretischen energetischen Untersuchungen zum mikrobiellen Stoffwechsel beispielhaft dargestellte Reduktionsgrad reiner chemischer Verbindungen im Vergleich zu den über den Substrat-CSB ermittelten Werten realer Gärsubstrate

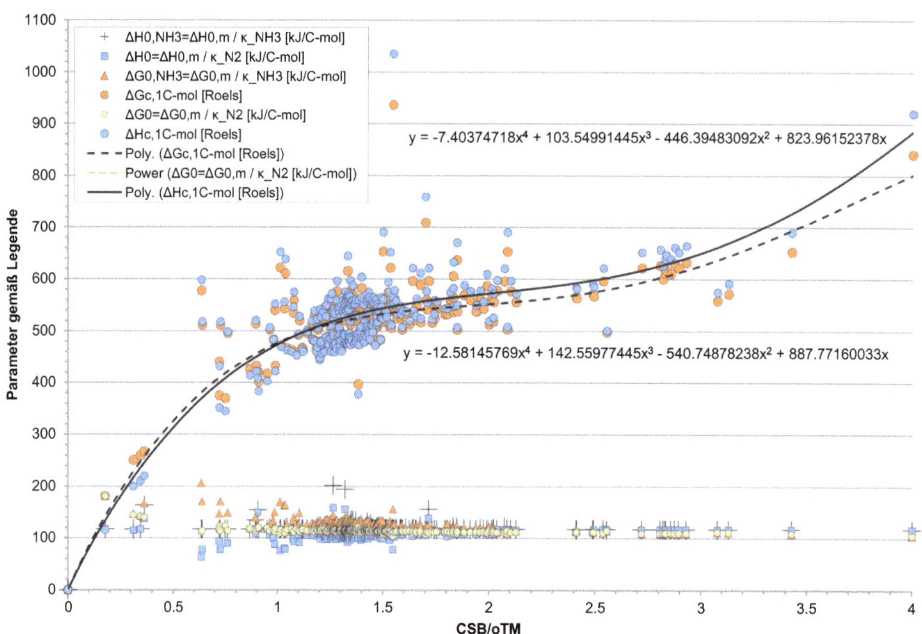

Abb. 4.48 Thermodynamische Energiekennwerte in Abhängigkeit des CSB/oTM-Parameters von Gärsubstraten

$$\Delta H_{\mathrm{m}}^{0} = 115 \cdot \kappa_{\mathrm{N}_2} \tag{4.66}$$

Analog ergab sich für die Gibbs frei Enthalpie

$$\Delta G_{\mathrm{m}}^{0} = 94{,}4 \cdot \kappa_{\mathrm{N}_2} + 86{,}6 \tag{4.67}$$

Im Unterschied zur Verbrennungsenthalpie besteht hier keine direkte Proportionalität zum Reduktionsgrad, was auf den Einfluss der Entropie (s. Gl. 4.59) zurückzuführen ist (Abb. 4.49). Löst man Gl. 4.59 nach der Entropie auf und setzt die mit Gl. 4.66 und 4.67 ermittelten Werte ein, zeigt sich der Entropieeinfluss in Abhängigkeit des Reduktionsgrades. Er liegt nach (Roels 1983) für $\kappa > 4$ zwischen 0 und ca. 80 kJ/C-mol für Standardbedingungen und physiologische Bedingungen. Für den Bereich der organischen Säuren mit κ-Werten unter 4 kann die Entropie bei Standardbedingungen bis −40 kJ/C-mol abfallen; die freie Enthalpie wird damit größer als die Verbrennungswärme. Unter physiologischen Bedingungen liegt der Entropiebeitrag zur freien Enthalpie bei Null; die freie Enthalpie verringert sich also mit steigendem pH-Wert. Für hohe Genauigkeitsanforderungen an die energetische Stoffwechselbilanzierung sind also die Unterschiede zwischen Standardbedingungen und physiologischen Bedingungen innerhalb des betrachteten Bilanzraumes zu beachten. Weiterführende Erläuterungen zur Thematik finden sich (Roels 1983; Hanselmann 1991; Heijnen 1982, 2003; Nielsen 1995).

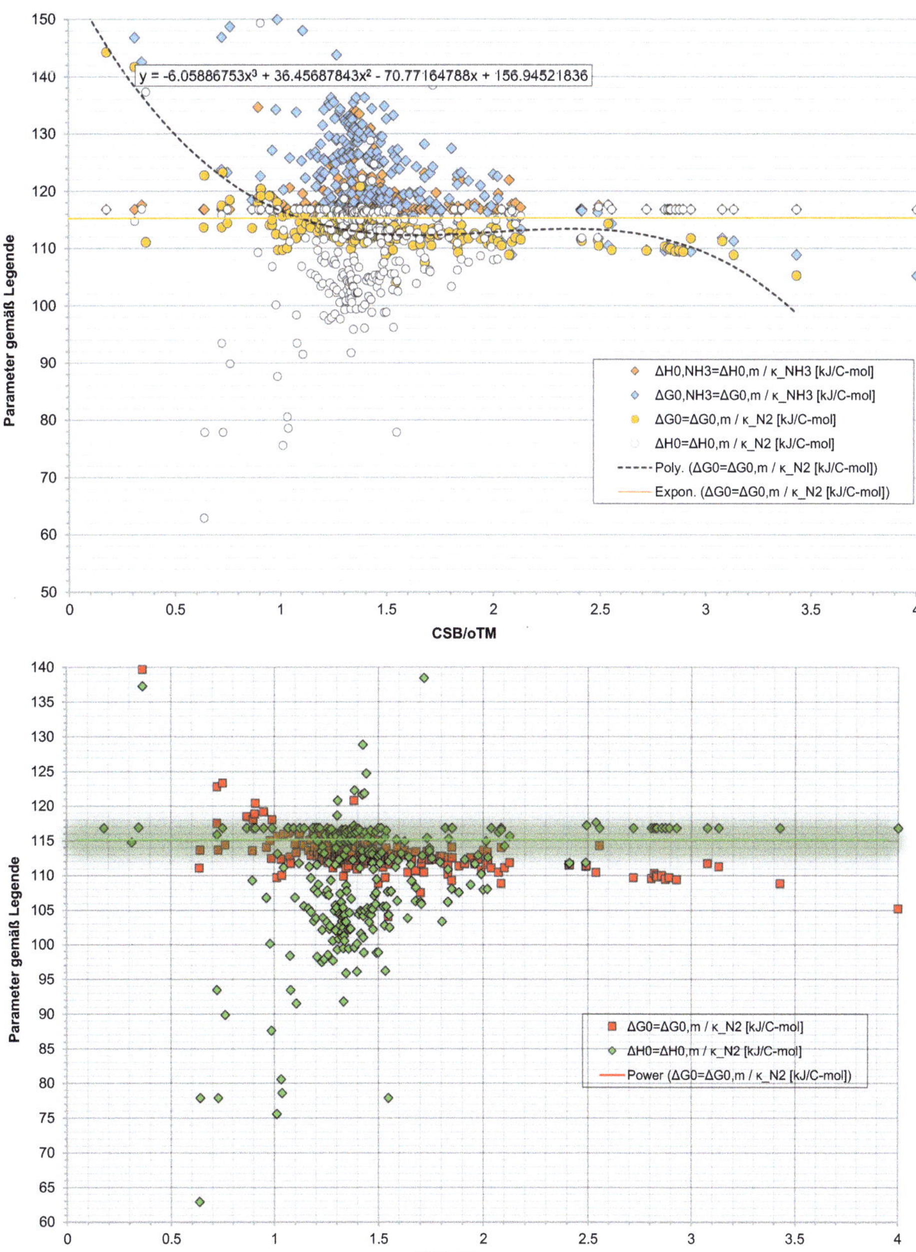

Abb. 4.49 Die Einordnung der Werte von (Roels 1983) zur Normierung der molaren Verbrennungsenthalpie sowie Gibbs freien Enthalpie für reine chemische Verbindungen mit dem Reduktionsgrad bei variierten neutralen Stickstoffkomponenten κ_{N_2} und κ_{NH_3} in kJ/1 C-mol oTM im Vergleich zur Gesamtheit der Gärsubstrate mit ihrer CSB/oTM-Charakteristik (oben). Das Hilfsdiagramm (unten) zeigt zur besseren Lesbarkeit die mit κ_{N_2} normierten Enthalpien in Einzeldarstellung

Besonders im Teilbild mit dem ausschließlichen Bezug auf N_2 als Stickstoffkomponente zeigt sich auch hier, dass die Werte für reine Chemikalien (100 %iger Umsatz ist gewährleistet) als obere Werteschranke gut im Umfeld der Ausgleichsgeraden nach Formel 0.249 platziert sind, während reale Substrat-Stoffgemische beträchtlich niedriger liegen können.

Für die Gibbs freie Energie insbesondere im CSB/oTM-Bereich zwischen 1,0 und 2,0 sind die Werte besser gebündelt und mit den beiden im Diagramm angebotenen alternativen Regressionen gut anzunähern.

In Abschn. 4.1.6 wurde schon darauf hingewiesen, dass die verfügbaren wissenschaftlichen Arbeiten zum Biomasseertrag aus dem anaeroben Stoffwechsel eine hervorragende Basis liefern für die theoretische Durchdringung der biochemischen und reaktionskinetischen Prozesse. Sie sind aufgrund der Komplexität ihrer mikrobiologischen Zusammenhänge und der erforderlichen Bereitstellung verfahrenstechnischer Parameter, die beim gegenwärtigen laboranalytischen Entwicklungsstand einen hohen Zeit- und Kostenaufwand erfordern, allerdings nur bedingt geeignet für den Einsatz in der Anlagenplanung und Betriebsführung.

Gleiches gilt auch für die Berücksichtigung der biogenen Selbsterwärmung in der energetischen Bilanzierung von Vergärungsanlagen. Da die Dissipation von Stoffwechselenergie als „Abfall"-Wärme direkt mit dem Metabolismus der lebenden Zelle verbunden ist, wirken sich die Unsicherheiten bei der Ermittlung des Biomasseertrages signifikant auf die Modellierung der exothermen Wärmetönung aus.

Deshalb ist auch hier die Bereitstellung einfach zu handhabender Ansätze für die ingenieurtechnische Praxis das wichtigere Anliegen gegenüber einer geschlossenen theoretischen Durchdringung der Materie, die für das Bakterienwachstum auch auf vereinfachten Abschätzungen beruht.

Ausgehend von der Substratdefinition und den daraus gebildeten anaeroben Stoffwechselzwischenprodukten bis zum energiereichen Endprodukt Methan und verknüpft mit den einzelnen Biomassebildungsschritten gemäß Gl. 4.36 unter ggf. Einbeziehung einer externen Stickstoffquelle sind für die theoretische Stoffwechselbilanz jeder stofflichen Komponente die freie Enthalpie und die Verbrennungsenthalpie zuzuordnen sowie die Differenz zwischen Produkt- und Eduktenergien zu bilden. Das Ergebnis entspricht der als Wärme dissipierten Energie. Dabei kann als Einfluss der Entropie im biotechnologisch relevanten Bereich CSB/oTM = 1 … 4 auch der Fall eines Wärmebedarfs für den Umsatz spezieller Substrate auftreten. Diese sind dann nur in Kofermentation mit alternativen Substraten metabolisierbar. Für den biologisch nicht mehr relevanten Bereich CSB/oTM < 1 sind auch starke *negative* Wärmetönungen möglich (Abb. 4.50).

Für die energetische Abschätzung wird ein vereinfachtes Stoffflussmodell nach dem folgenden Schema verwendet (nur der für den Metabolismus relevante Substratanteil wird berücksichtigt):

Substrat (*mit spezifischem* **CSB/oTM) + NH_3 + H_2O ⇒ Biomasse + CH_4 + dissipierte Wärme.**

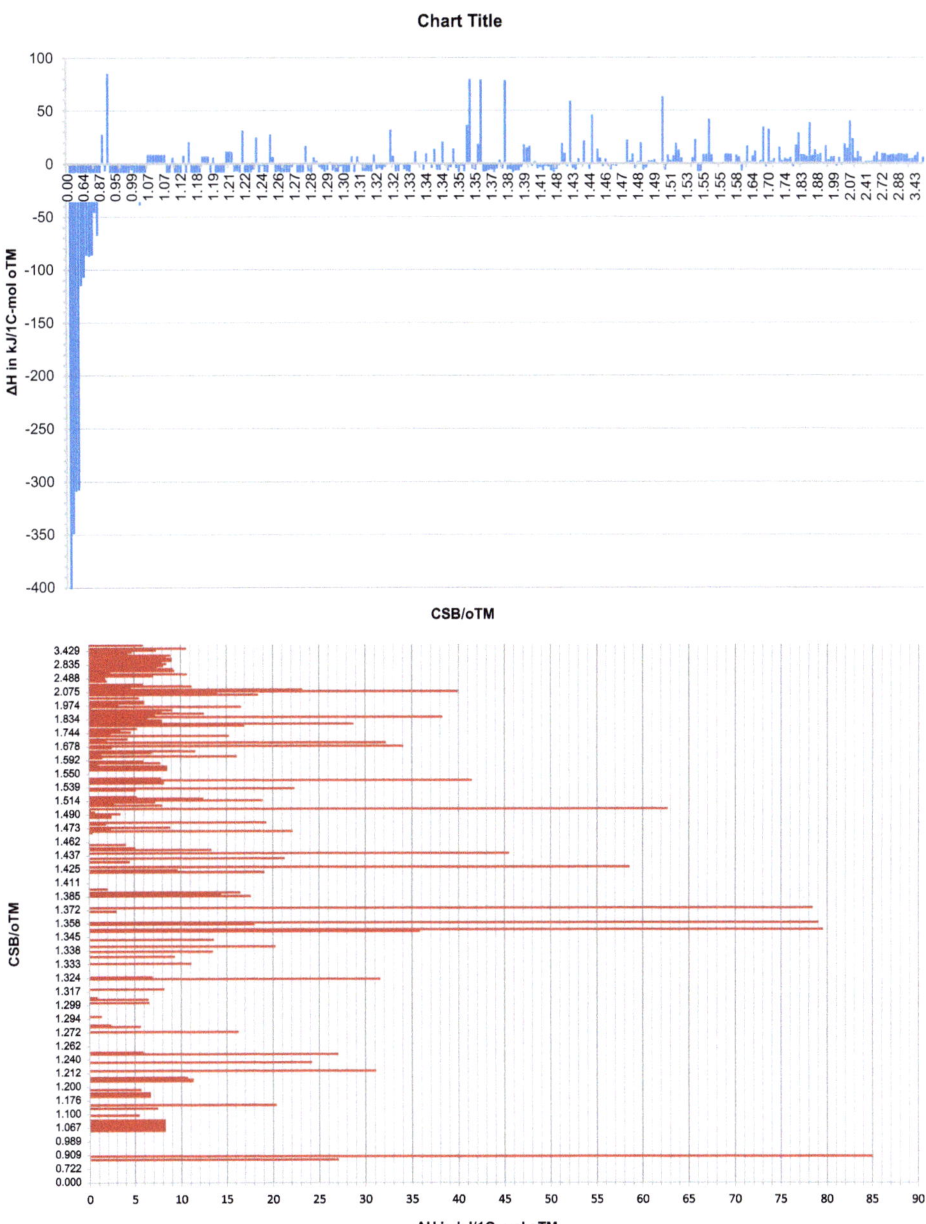

Abb. 4.50 *Positiv* und *negativ dissipierte* Enthalpien für die Metabolisierung unterschiedlicher Substrate, gekennzeichnet durch ihren CSB/oTM-Wert (oben). Das Hilfsdiagramm (unten) zeigt die exothermen Wärmetönungen in anderem Maßstab zur besseren Lesbarkeit

- Sofern das Substrat nicht ausreichend Stickstoff enthält für die stöchiometrisch erfolgende Biomassebildung, wird eine externe Stickstoffquelle in Form von Ammoniak berücksichtigt einschließlich ihrer zusätzlichen Verbrennungsenthalpie.
- Mithilfe der BUSWELL-Formel (Abschn. 3.2.2.1) wird aus Substrat und ggf. benötigtem externem Wasser für den Elektronentransfer im Stoffwechsel der Methanertrag errechnet.
- Für das substratspezifische CSB/oTM-Verhältnis wird entsprechend den Angaben in Abschn. 4.1.6 der Biomasseertragskoeffizient für die gesamte anaerobe Biozönose bestimmt und das Produkt $Y_{X/S}$·Biomasse-Bruttosummenformel errechnet.
- Die Bruttosummenformeln von Substrat und Biomasse werden in der 1 C-mol Schreibweise angewendet. Für die Biomasse gilt $CH_{1,4}O_{0,4}N_{0,2}$ mit CSB/oTM = 1,42. Es wird vorausgesetzt, dass die Biomasse aus den Elementen des Substrats gebildet wird. Für Stickstoff erfolgt ggf. die beschriebene Korrektur.
- Da die Bilanz von 1 C-mol Substrat ausgeht für Katabolismus und Anabolismus, werden der Methanertrag und der externe Wasserbedarf nach BUSWELL mit $(1- Y_{X/S})$ korrigiert.
- Der Wasserstoff des externen Wassers geht nach BUSWELL in das Methan über, sodass seine zusätzliche eingebrachte Verbrennungsenthalpie zu berücksichtigen ist.

Die Gesamtheit der nach diesem Bilanzschema in Abhängigkeit der Substratwerte für CSB/oTM ermittelten *positiv* und *negativ dissipierten* Enthalpien sind in Abb. 4.50 zusammengefasst.

Für die Bewertung der anaeroben biogenen Eigenerwärmung sind nur die *positiv dissipierten* Enthalpien von Interesse, die in Abb. 4.50 als „Bild im Bild" dargestellt wurden.

Dazu sind in Abb. 4.51 als 1 C-mol Darstellung die Biomasseertragswerte und die dissipierten Wärmen, bezogen auf das jeweils eingesetzte Substrat und alternativ auf den mittleren Gesamtbiomasseertrag der anaeroben Biozönose zusammengefasst.

Für den mittleren Gesamtbiomasseertrag [1 C-mol oBTM/1 C-mol oTM] des anaeroben Prozesses gilt

$$\begin{aligned} Y_{X/S}^{gesamt} &= 0,01039335 \cdot \left(\frac{CSB}{oTM}\right)^4 - 0,12679309 \cdot \left(\frac{CSB}{oTM}\right)^3 \\ &\quad + 0,60912995 \cdot \left(\frac{CSB}{oTM}\right)^2 - 1,36577388 \cdot \left(\frac{CSB}{oTM}\right) + 1,2141702 \end{aligned} \tag{4.68}$$

Die auf das Substrat bezogene dissipierte Stoffwechselwärme [kJ/1 C-mol oTM] errechnet sich im Rahmen der aus Abb. 4.51 ersichtlichen Streubreiten zu

$$\Delta H_m^{oTM} = -4{,}24619079 \cdot \left(\frac{CSB}{oTM}\right) + 19{,}69700264 \tag{4.69}$$

und nach Umrechnung mit den Werten gemäß Gl. 4.68, bezogen auf die gebildete Bakterienbiomasse [kJ/1 C-mol oBTM] zu

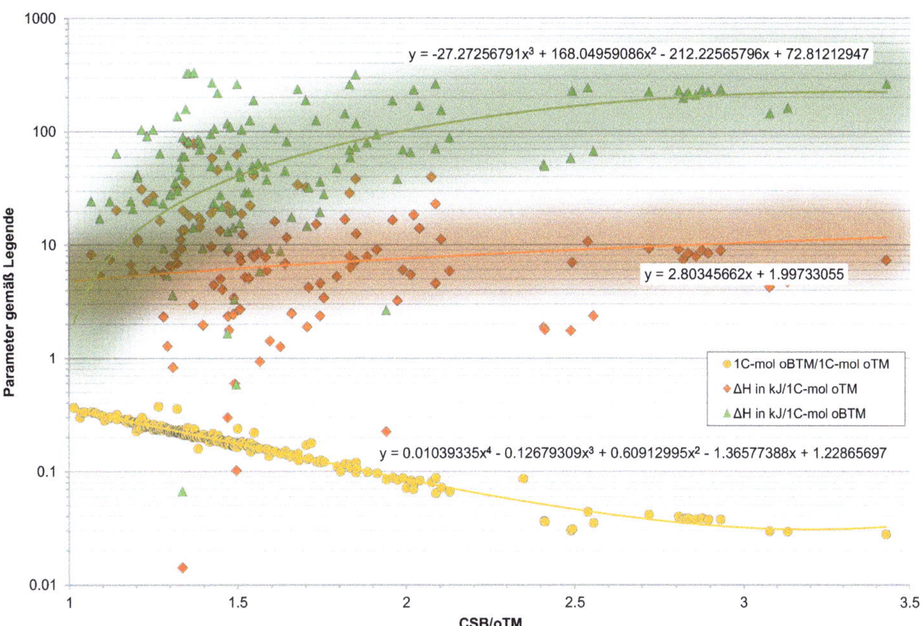

Abb. 4.51 Abschätzung der substratabhängig dissipierten biogenen Wärme beim anaeroben Prozess, bezogen auf die Substrat-oTM bzw. die Biomasse-oTM. Den oTM-Werten liegt jeweils die 1 C-mol Bruttosummenformel zugrunde, wie im Text erläutert. Die für die Umrechnung verwendeten Biomasseertragswerte sind jeweils dargestellt

$$\Delta H_{\mathrm{m}}^{\mathrm{oBTM}} = -27,27256791 \cdot \left(\frac{\mathrm{CSB}}{\mathrm{oTM}}\right)^3 + 168,04959086 \cdot \left(\frac{\mathrm{CSB}}{\mathrm{oTM}}\right)^2 - 212,22565796 \cdot \left(\frac{\mathrm{CSB}}{\mathrm{oTM}}\right) + 72,81212947 \tag{4.70}$$

Für Biomasseertrag und dissipierte Wärme ist wieder der Hinweis zu beachten, dass Organik mit Werten CSB/oTM > 2 nicht als Monosubstrat vergoren werden kann, sondern nur als mengenmäßig begrenztes Kosubstrat einer mit ausgewogenem Mischsubstrat als Grundlast betriebenen Vergärung beizumischen ist (DWA-M380 2009).

4.1.7.3 Die Auswirkung der biogenen Eigenerwärmung auf die Fermenterheizung

In Tab. 4.13 und 4.14 wurde schon auf die unterschiedlichen Auswirkungen der biogenen Eigenerwärmung auf den Wärmehaushalt von Nass- und Trockenvergärungsanlagen hingewiesen. Nachfolgend werden daraus in Monatsmittelwerten die Jahres-Wärmebedarfsganglinien einer Trockenvergärung für den Einsatz energiereicher Substrate hohen Trockenmassegehalts abgeleitet. Gegenübergestellt sind die konventionellen

Wärmebedarfsrechnungen für Maximalwerte zur Dimensionierung des Heizungssystems und die Jahresmittelwerte bei monatsweiser Berechnung unter Berücksichtigung der Temperaturganglinien von Umgebung und Substrat ohne Einbeziehung des Selbsterwärmungspotenzials den Erwartungswerten des Wärmeverbrauchs monatsweise und als Jahresmittelwert, wenn die biogene Eigenerwärmung sowie weitere energierelevante Prozesse (s. Abschn. 4.1.7.2 und 2.3) in die Wärmebilanz einbezogen werden.

Die Jahresganglinie Umgebungstemperatur für den Anlagenstandort lässt sich den umfangreichen Veröffentlichungen von Klimadaten in Publikationen und Internet entnehmen. Weniger gut dokumentiert sind Daten zu Substrattemperaturen. Für bevorzugt im Agrarbereich betriebene Anlagen kann auf die Arbeit (Knauer 2016) verwiesen werden mit umfangreichem Messmaterial zu Temperaturen und ausführlichen Analysen von Anlagenwärmeverlusten.

Anhand von Literaturdaten und eigenen Messungen wurden die Temperaturganglinien (Teilbild A) Abb. 4.52 erstellt. Die Temperaturänderungen des Substrats sind die Hauptursache für die monatlichen Schwankungen des Fermenterwärmebedarfs. Umgebungstemperaturen haben infolge der überwiegend guten Wärmeisolation von Reaktoren nur einen vergleichsweise geringen Einfluss auf die Wärmeverluste.

Die den Wärmebedarfsdiagrammen (Teilbilder B bis D) Abb. 4.52 zugrunde liegende Bilanz geht vereinfachend von einer konstanten täglichen Substratdosiermenge über das Jahr aus. Da auch die stoffliche Zusammensetzung des Substrats als unverändert angenommen und störungsfreier Anlagenbetrieb postuliert wird, folgt auch eine konstante Biogasproduktion über das Jahr.

Somit wirkt für die Substraterwärmung die Differenz zwischen Eingangstemperatur und Prozesstemperatur und für das emittierte feuchte Biogas der Enthalpieaustrag bei Prozesstemperatur als relevant für den Heizwärmebedarf.

Im Unterschied zu den meisten in Reaktoren ablaufenden industriellen Prozessen wird im anaeroben Fermenter ein Teil der dosierten Substratmasse in Biogas umgewandelt, sodass in der Flüssigphasenbilanz Zu- und Ablaufmenge nicht mehr annähernd gleich sind. Diese Differenz kann insbesondere für Trockenvergärungsanlagen beträchtlich sein (s. Abschn. 4.2). In der vorgestellten Bilanz beträgt die Ablaufmenge 67 % des Zulaufs. Da der Massenspezifische Enthalpieaustrag des feuchten Biogases geringer ist (Abschn. 2.2.5 und 4.2) als bei der flüssigen Phase, wird weniger Wärme mit den Stoffströmen abgeführt als für die Zulaufheizung auf Prozesstemperatur aufzuwenden ist. Der theoretisch zu erwartende Wärmestau wird in der Praxis nicht beobachtet, da konstant gehaltene Prozesstemperatur die Regelgröße für das Heizsystem ist und der Wärmeeintrag entsprechend verringert wird. Der zu beobachtende geringere Wärmeverbrauch gegenüber dem bilanzierten Auslegungswert wird dann häufig verfahrenstechnischen und technologischen Toleranzen zugerechnet.

Nicht mehr pragmatisch vernachlässigbar ist der zusätzliche Einfluss der biogenen Selbsterwärmung insbesondere bei Trockenfermentations-Hochlastreaktoren. Hier kann der Fall eintreten, dass trotz kompletter Abschaltung des Heizsystems die SOLL-Prozesstemperatur im Fermenter überschritten wird (Abb. 4.52, Teilbild B).

a

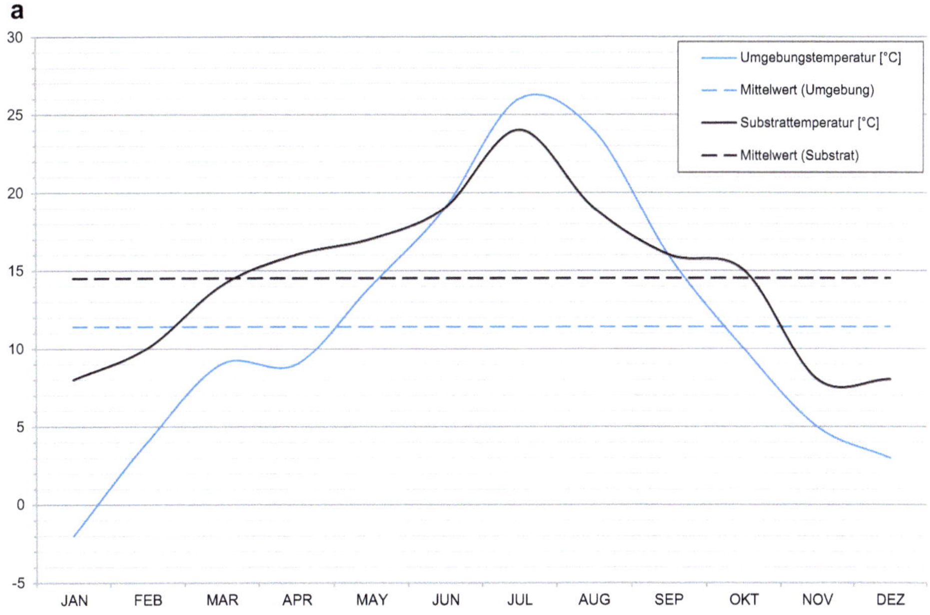

b

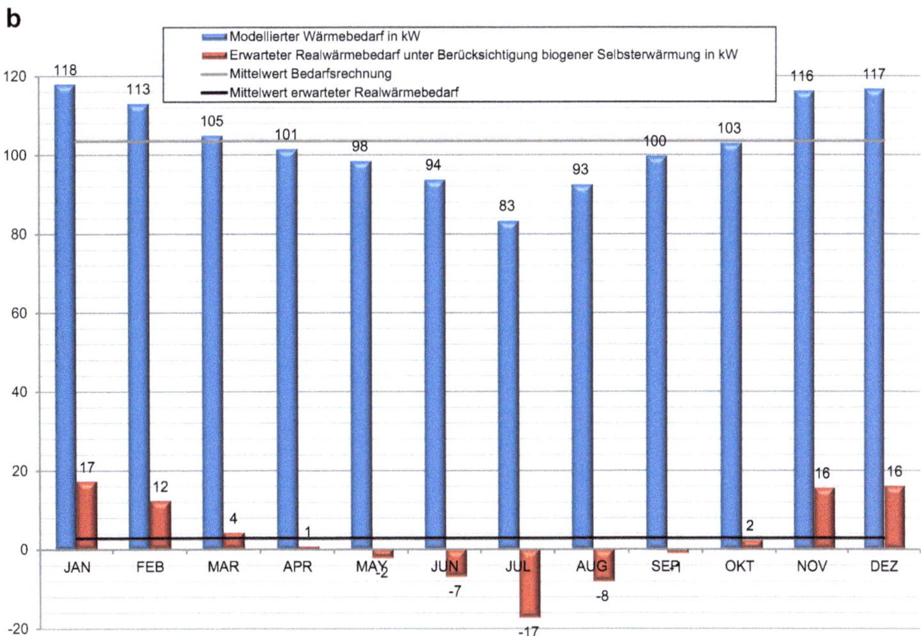

Abb. 4.52 Die Bilanzierung des Wärmebedarfs um einen Trockenfermenter für unterschiedliche Prozesstemperaturen und realitätsnahe Jahresganglinien von Umgebungs- und Substrattemperatur. Teilbild (**a**): Temperaturganglinien, Teilbild (**b**): Jährlicher Wärmebedarfsverlauf für mesophile Prozessführung (35 °C), Teilbild (**c**): Jährlicher Wärmebedarfsverlauf für mesophile Prozessführung (42 °C), Teilbild (**d**): Jährlicher Wärmebedarfsverlauf für thermophile Prozessführung (55 °C)

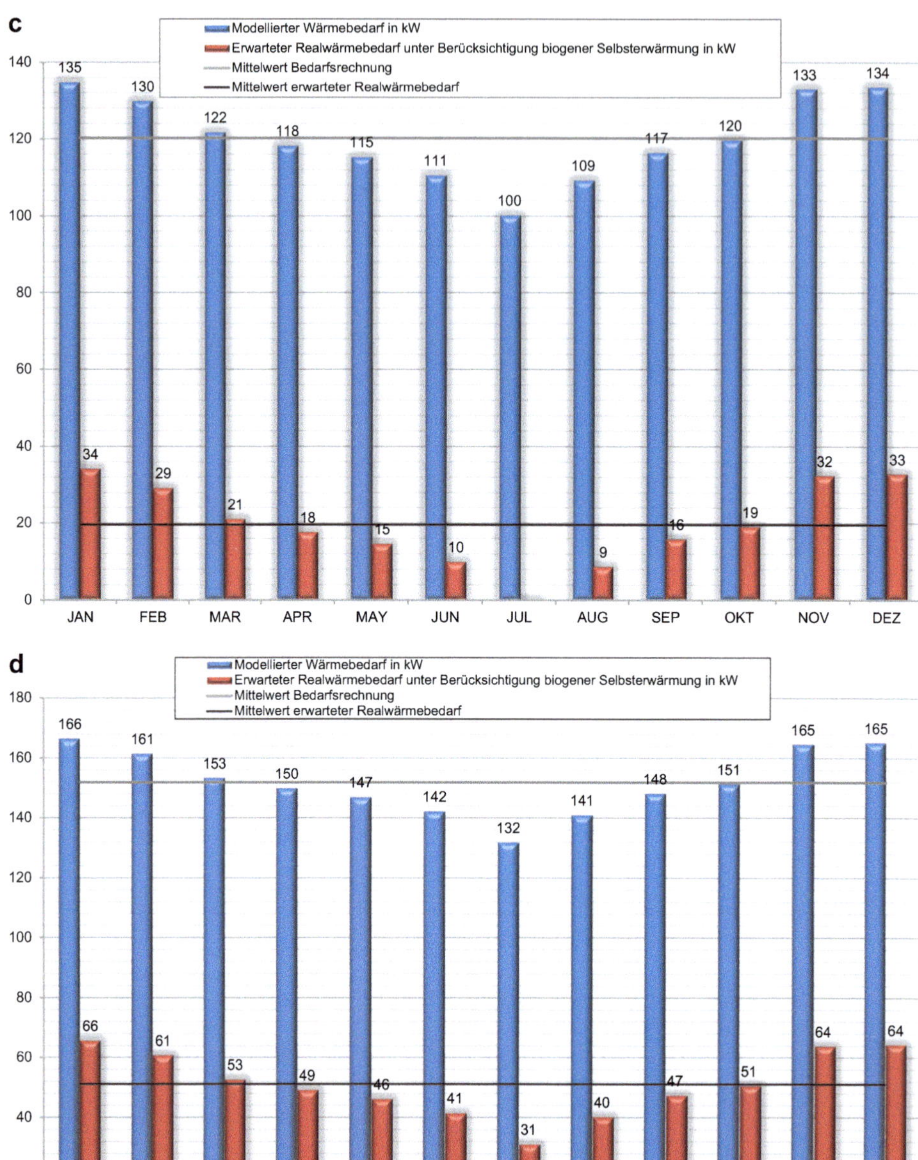

Abb. 4.52 (Fortsetzung)

Dann muss der Fermenter entweder gekühlt werden um die Prozesstemperatur zu halten, oder man wartet, auf welches Temperaturniveau sich der Reaktor aufheizt ohne externe Wärmezufuhr, bis die biogene Eigenwärme im Gleichgewicht ist mit dem temperaturproportional ansteigenden Prozesswärmebedarf. Jede Veränderung in den Prozessbedingungen beeinflusst dann jedoch das instabile Wärmegleichgewicht und der Fermenter kommt reaktionskinetisch nicht zur Ruhe. Deshalb wird vielfach gleich auf stabile thermophile Betriebsweise übergegangen, die mit geregelter Heizung konstant gehalten werden kann. Allerdings ist das nicht bei jedem Gärsubstrat möglich, wenn durch die höhere Temperatur z. B. Ammoniakhemmungen intensiviert werden (Abschn. 4.1.4.1.3 und 6.1). Dann hilft nur die Installation eines umschaltbaren Heiz-/Kühl-Systems.

Bei nicht im Planungsstadium geklärter Relevanz der biogenen Eigenerwärmung für moderne Hochlastanlagen können sich erforderliche Zusatzinvestitionen oder Prozessstörungen negativ auf das Betriebsergebnis auswirken. Deshalb sollte die Prozesswärmebilanz auch den energetischen Aspekt der Eigenerwärmung berücksichtigen, damit rechtzeitig verfahrenstechnische und technologische Entscheidungen getroffen werden können.

4.2 Massen- und Wärmebilanz unter Berücksichtigung der stoffwechsel- und physikalisch bedingten Masseverluste über die Gasphase

Für die Prozesskinetik im anaeroben Bereich wurden anfänglich die Erfahrungen aus der Nassvergärung der aeroben Überschussschlämme genutzt (Abschn. 1.1). Für diese Dünnschlämme mit Trockenmassegehalten von 6 bis 8 % war es bei der Nähe zur Abwasserbehandlung und den noch vergleichbaren hydraulischen Prozessbedingungen naheliegend, bewährte Kontrollparameter und Modellierungsansätze zu übernehmen. Eine Erhöhung der Trockenmassegehalte bei Nassvergärung über 10 % ließ die Differenzen zwischen Theorie und Praxis merklich grösser werden; die Grenzen der konventionellen verfahrenstechnischen Betrachtungsweise manifestierten sich jedoch mit der Entwicklung der im Sprachgebrauch als inkorrekt „Trockenvergärung" bezeichneten trockenmassereichen Vergärungsverfahren mit Substratkonzentrationen zwischen 30 und 40 % TM und Konzentrationen im Gärreaktor um 20 % TM.

Infolge der hohen Abführung von Substratmasse über die Gasphase ist die Gleichsetzung von Zulauf- und Ablaufmasse insbesondere bei Hochlast-Trockenvergärungsverfahren nicht mehr gerechtfertigt. Von der feuchten Masse des Fermenterzulaufs werden folgende Anteile über die Gasphase entnommen:

- In Abhängigkeit der realisierten Prozessbedingungen wird ein Anteil der anaerob bakteriell verwertbaren Organik metabolisiert. Dies geschieht stufenweise gemäß der Stoffwechselkette der anaeroben BiozönoseAbschn. 3.2. Der Hauptteil der abgebauten Substratorganik wird für den bakteriellen Energiestoffwechsel genutzt und als Bestandteil des Stoffwechselabfalls Biogas ausgeschieden. Der Rest dient als Kohlenstoffquelle für den Baustoffwechsel zur Bildung neuer Bakterienzellmasse. Dabei vermehren sich die beteiligten unterschiedlichen Spezies entsprechend ihrer Kinetik und der Prozessbedingungen. Zu beachten ist, dass die gelösten Hydrolyseprodukte nicht vollständig dem anaeroben Stoffwechsel bis zur Biogasbildung zur Verfügung stehen. Die hydraulischen Bedingungen und ggf. auftretende generelle oder speziesspezifische Hemmungen sind verantwortlich, dass ein nicht vernachlässigbarer Prozentsatz von z. B. als Summenparameter gelöst-CSB analysierbaren organischen Verbindungen den Fermenter mit dem Ablauf verlässt. Dieser Massenstrom gelöster organischer Verbindungen wird mit der Standardanalytik TM, oTM nur teilweise erfasst und ansonsten analytisch als Wasser gedeutet.

- Gemäß Abschn. 3.2.2.1 und 4.1.5 wird durch den anaeroben Stoffwechsel außer beim Umsatz reiner Kohlenhydrate substratabhängig ein signifikanter Anteil Wasser verbraucht, der sich in der stöchiometrisch gebildeten Biogasmasse wiederfindet. Dabei geben die einzelnen Abbauschritte entweder Wasser ab oder verbrauchen Wasserstoff- und Sauerstoffionen für die interne Elektronenübertragung. Bei Kohlenhydraten ist diese Bilanz ausgeglichen. Ansonsten steigt der Wasserverbrauch mit zunehmendem CSB/oTM-Verhältnis an und kann bei Fetten bis zu 50 % der stöchiometrisch gebildeten Gasmasse betragen, s. Abb. 4.30.
- Wichtig ist die Unterscheidung zwischen der gemäß Reaktionskinetik gebildeten stöchiometrischen Biogasmasse aus dem bakteriellen Stoffwechsel und der unter Prozessbedingungen emittierten Biogasmasse, die mehr oder weniger genau mit Betriebsmesstechnik bestimmt bzw. bei Gärtesten ermittelt wird. Während Wasserstoff und Methan aufgrund ihrer geringen physikalischen Löslichkeit und der Reaktionsträgheit unter anaeroben Bedingungen weitgehend adäquat zur Bildung auch als Gasphase emittiert werden, hat Kohlenstoffdioxid eine sehr hohe physikalische Löslichkeit und außerdem pH-Wert- und temperaturabhängig ein Reaktionspotenzial zur Karbonatbildung, s. Abschn. 2.2. Der Volumenanteil CO_2 im emittierten Biogas kann deshalb latent zwischen 10 bis 25 NVol.-% (in Extremfällen bis 40 %) geringer gegenüber dem stöchiometrisch bilanzierbaren Anteil sein. Bei Änderungen der Prozessbedingungen im Bereich von Temperatur und pH-Wert kann dieser fixierte CO_2-Anteil wieder anteilig freigesetzt werden und verursacht dann einen Teil der in der Praxis häufig beobachteten Änderungen in der Gasqualität. Hier ist besondere Sorgfalt und Erfahrung bei der Prozesskontrolle erforderlich, um zwischen solchen sekundären Qualitätsschwankungen und den durch biologische Prozessstörungen verursachten Reaktionen zu unterscheiden. Für Ammoniak mit ebenfalls hoher Löslichkeit und guter Reaktionsfähigkeit liegt infolge der prozesstechnischen Bedingungen bei der Vergärung nur ein sehr geringer Anteil in die Gasphase emittierbar vor zwischen 30 und 200 ppm(v).

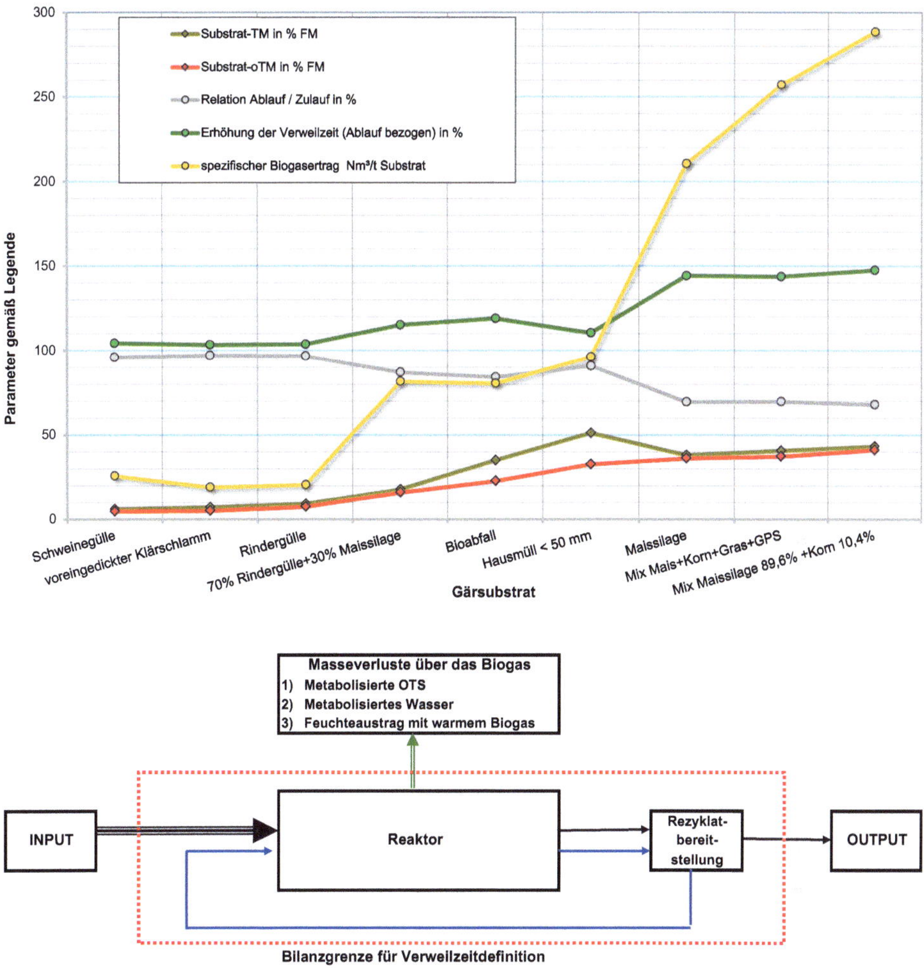

Abb. 4.53 Der Einfluss unterschiedlicher Gärsubstrate und der Prozessführung auf die Flüssigphasenbilanz um den Gärreaktor (oben). Das Verfahrensblockdiagramm (unten) definiert die Bilanzgrenzen um den Gärreaktor mit der internen Rezirkulatrückführung, der Substratzufuhr und der Gärrestentnahme

Die Bilanzierung des Stoffwechselwasseranteils im Biogas entsprechend der BUSWELL-Formel (Gl. 3.53) ist nur unter der Voraussetzung trockenen Biogases und der Gasbildungsstöchiometrie nach BUSWELL möglich. Werden Betriebsmesswerte für die Methankonzentration verwendet, ist die Korrektur auf trockenes Gas und die Berücksichtigung des gelösten CO_2-Anteils erforderlich, um eine Gleichsetzung von trockener (stöchiometrischer) Biogasmasse und der beim bakteriellen Stoffwechsel verwerteten Anteile Organik und Wasser zu rechtfertigen.

- Ein weiterer Masseverlust für den Gärrestablauf aus dem Fermenter ist durch den physikalisch bedingten Feuchteaustrag mit dem Biogas gegeben. Das Gas verlässt den Reaktor bei Prozesstemperatur feuchtigkeitsgesättigt (Abschn. 2.2.5). Im mesophilen Temperaturbereich bedeutet das ca. 40 g H_2O pro kg trockene Gasmasse; bei thermophiler Prozessführung sind es ca. 120 g H_2O pro kg. Bei Abkühlung des Biogases reduziert sich das Haltevermögen an Wasserdampf, (Abb. 2.8) und Kondensat fällt aus. Dieser Wasseranteil bleibt also bei der Gesamtmassenbilanz der Anlage erhalten; für den Fermenter bedeutet er jedoch einen Masseverlust der flüssigen Phase.

Bei den Dünnschlämmen der Nassvergärung und hohen Rückführraten an Verdünnungswasser sind die Masseverluste je Tonne dem Fermenter zugeführter Feuchtmasse aufgrund der niedrigen spezifischen Gasproduktion gering und können in Jahresbilanzen aufgrund der sonstigen Ungenauigkeiten in den Primärdaten von Gärsubstratanfall und -zusammensetzung unter Umständen sogar vernachlässigt werden. Je größer jedoch der Anteil an vergärbarer Organik im Substrat wird, desto höher ist die Summe der Massenverluste über die Gasphase. Abb. 4.53 zeigt den Einfluss der Substratqualität und Prozessführung auf die Unterschiede der Zulauf-/Ablauf- Bilanz um den Gärreaktor. Im Extremfall kann bei hochbelasteten Pfropfenstrom-Trockenvergärungsanlagen die Feuchtmasse des Ablaufs bis zu einem Drittel geringer sein als der Zulauf (Langhans 2012). Das hat entsprechende Auswirkungen auf die Prozessbedingungen und die anaerobe Reaktionskinetik.

Werden die Komponenten des Wasseraustrages über das Biogas nicht berücksichtigt, ergibt sich gemäß der umgesetzten organischen Trockenmasse ein reduzierter TM-Gehalt des Ablaufs; der Gärrest verflüssigt sich signifikant gegenüber dem Zulauf. Bezieht man die gleichzeitigen Wasserverluste der flüssigen Phase mit in die Bilanz ein, erhöht sich die Trockenmasse im Gärrest bei der Trockenfermentation gegenüber konventioneller Betrachtungsweise bis zu 10 % (ca. 1,5 % absolut).

5 Hydraulische Verweilzeit sowie organische Raum- und Schlammbelastung

Die faulraumbezogenen Verweilzeiten und Substratbelastungen haben ebenso wie die grundlegenden Analysenverfahren ihren Ursprung in der Prozessbeschreibung der aeroben Abwasserbehandlungsverfahren, s. Abschn. 2.4, wo sie zuerst als empirische Parameter zur Bewertung von Betriebsergebnissen dienten und in der Folge in die zunehmende wissenschaftliche Durchdringung der Anlagenverfahrenstechnik integriert wurden.

Für das aerobe Belebtschlammverfahren lassen sich mit hohem Bestimmtheitsmaß die geometrischen Parameter der Reaktionsvolumina und die als Trübungsmessung bzw. Filterrückstands-Trockenmasse angenähert bestimmbare Bakterienkonzentration als Bewertungs- und Dimensionierungsparameter verknüpfen. Dabei erweist es sich für die Bewertung der biochemischen Verhältnisse im Reaktionsraum als wesentlich, die Relevanz der verwendeten Begriffe für den Prozess richtig einzuordnen.

Für die aktive Biomasse im Reaktionsraum stellt natürlich nur der metabolisierbare Anteil der Substrattrockenmasse eine Stoffwechselbelastung dar. Aufbauend auf den Gegebenheiten der aeroben Kommunal- und Mischabwasserbehandlung mit über Jahrzehnte statistisch gut gesicherter Messwerterfassung zu Quantität und Qualität bei vergleichbaren Verfahrenstechnologien war es naheliegend, die Methoden der Prozesskontrolle und die Übertragung von Dimensionierungsrichtwerten auf Neuanlagen zu rationalisieren. Bei generell ähnlichen Belebtschlammkonzentrationen im Reaktionsvolumen sowie einem hohen Anteil gelöster metabolisierbarer Organik an der Substrat(Abwasser-)-Trockenmasse bot sich ein Übergang von der organischen Schlammbelastung auf die organische Raumbelastung an.

$$\text{org.Raumbelastung}\left[\frac{kg\ oTM}{m^3 \cdot d}\right] = \text{org.Schlammbelastung}\left[\frac{kg\ oTM}{\cancel{kg\ oBTM} \cdot d}\right] \bullet c_{oBTM}\left[\frac{\cancel{kg\ oBTM}}{m^3}\right]$$

$oBTM \triangleq$ organische Bakterientrockenmasse (5.1)

G. Langhans et al., *Handbuch zur Bilanzierung von Biogasanlagen für Ingenieure – Band I*, https://doi.org/10.1007/978-3-658-27339-2_5

Die Verwendung der organische Raumbelastung als Bewertungsparameter ermöglicht gleichzeitig eine einfache Verknüpfung von Raumbelastung $b_{\mathrm{R,oTM}}$ und hydraulischer Verweilzeit.

$$\theta = \frac{V_L}{\dot{V}_{\mathrm{Zulauf}}} \tag{5.2}$$

$$b_{\mathrm{R,oTM}} = c_{\mathrm{oTM}} \cdot \frac{\dot{V}_{\mathrm{Zulauf}}}{V_L} = \frac{c_{\mathrm{oTM}}}{\theta} \tag{5.3}$$

Will man den Einfluss des Schlammalters auf die Stoffwechselaktivität untersuchen, ist die aktive Bakterienmasse im Reaktionsraum ins Verhältnis zu setzen mit der täglich über den Ablauf entnommenen Bakterienmenge. Für das Belebtschlammverfahren sind die Beziehungen wiederum überschaubar und auch analytisch zu bewerten. Hydraulisch werden Beckenzulauf und -ablauf näherungsweise gleichgesetzt, wobei der Zulauf aus dem ungereinigten Abwasser und ggf. einer Rückführschlammmenge besteht. Die Schlammmenge im Becken setzt sich also aus der durchgeschleusten Rückführschlammmenge und der im Becken neu anwachsenden Bakterienzellmasse zusammen abzüglich der während der Aufenthaltszeit durch Lysis abgebauten Bakterienzellen.

In gleicher Weise ist für die Stoffwechseleffizienz der anaeroben Biozönose die organische Belastung der Bakterienbiomasse ausschlaggebend. Die Raumbelastung stellt nur ein erfahrungsbestimmtes Hilfsmittel dar, um bei vergleichbaren Bakterienkonzentrationen im Reaktionsraum, die messtechnische Beschreibung des Prozesses zu vereinfachen, da in Schlämmen mit hohem Organikanteil die separate analytische Erfassung der Zellbiomasse Schwierigkeiten bereitet.

Problematisch bei der Verwendung der Raumbelastung als Bewertungsparameter für anaerobe Prozesse ist jedoch die notwendige Voraussetzung, dass wie beim Belebtschlammverfahren die Bakterienkonzentrationen in den Reaktionsvolumina unterschiedlicher Anlagen in vergleichbarer Größenordnung sind. Bei der Nassvergärung von Dünnschlämmen und feststoffarmen Abwässern kann man dies noch vereinfachend als gegeben postulieren. Mit der Realisierung von Gärreaktoren höherer Trockenmassekonzentrationen und dominantem Anteil umsetzbarer Organik ist diese Voraussetzung nicht mehr gegeben, s. Abb. 4.53. Damit sollte ein Anlagenvergleich anhand der realisierten organischen Raumbelastungen bzw. die Übertragung gegebener Werte auf die verfahrenstechnische Auslegung von Neuanlagen nur unter Berücksichtigung weiterer relevanter Parameter wie TM- und oTM-Konzentration im Fermenter und gesamter Masseabgang über die Gasphase erfolgen.

Wenn unter den Bedingungen der Pfropfenstrom-Hochlasttrockenvergärung mit Raumbelastungen bis um derzeit 17 kg/(m^3·d) gearbeitet wird (Langhans 2011, 2012), ist zu berücksichtigen, dass aufgrund der erläuterten höheren Biomassekonzentration, die Bakterien-Schlammbelastung nicht wesentlich höher liegt als in konventionellen Gäranlagen.

Unter Berücksichtigung der bakteriellen Generationszeiten, Abb. 2.36, erkennt man aus Gl. 5.1 bis 5.3, dass eine Steigerung der Raumbelastung bei gegebenem Reaktionsraum durch Erhöhung der Zulaufmenge zum Fermenter nur so lange erfolgen darf, bis die hydraulische Verweilzeit auf die Größenordnung der am langsamsten wachsenden anaeroben Spezies reduziert wird (unter Berücksichtigung eines realitätsnahen Hemmfaktors). Die weitere Erhöhung der organischen Raumbelastung kann nur noch durch Steigerung der Trockenmasse-Konzentration im Fermenterzulauf erreicht werden. Bei zu kurzen Verweilzeiten wird die Methanisierungskapazität des Reaktors reduziert; hydrolysiertes Substrat wird zunehmend in den Ablauf und damit im günstigsten Fall in den Nachgärer verschoben und es besteht die potenzielle Gefahr der Fermenterversäuerung.

Ein Rechenbeispiel erläutert die Nutzung von Modellparametern und Anlagenbetriebsdaten zur Bewertung der Prozessstabilität bezüglich organischer Raumbelastung und hydraulischer Verweilzeit bei stationärem Anlagenbetrieb ohne erkennbare sonstige Hemmungen der bakteriellen Aktivität.

Methodik für die Prozessbewertung mittels organischer Raumbelastung und hydraulischer Verweilzeit

Eine Trockenvergärungsanlage verarbeitet nachwachsende Rohstoffe aus dem Agrarbereich für die Biogaserzeugung. Die hohe Trockenmassekonzentration, deren Hauptanteil aus gut vergärbarer Organik besteht, ermöglicht hohe substratspezifische Biogasausbeuten und lässt bei der Fermenterbilanz einen signifikanten Masseaustrag über die Gasphase erwarten. Die Beschickungsparameter des Fermenters sind in Tab. 5.1 als Tageswerte zusammengefasst. Wichtig ist die auf die gesamte oTM bezogene CSB-Bestimmung nach einem der in Abschn. 3.2.2.2 definierten Verfahren. Alternativ können aus der Literatur bekannte CSB-Werte für das Substrat (z. B. Tab. 7.1) als Näherung verwendet werden.

Tab. 5.1 Betriebswerte einer Biogasanlage mit 30.000 t/a Substratzufuhr eines TM-Gehalts von 38 % und oTM = 93 % TM; Verdünnung auf 33 % TM am Fermentereingang und Metabolisierung der Substrat-oTM zu 83 %

Substrat	Substrat-zufuhr [kg/d]	TM [kg/d]	oTM [kg/d]	H_2O [kg/d]	Abbau_ oTM [kg/d]	CSB/ oTM [kg/d]	CSB aus oTM_ abgebaut [kg/d]	CSB zu CH_4 [kg/d]
Feuchte Substrat-Rohmasse	82.192	31.233	29.047	50.959	24.109	1,44	34.717	–
Rückführung (Zentrat)	16.507	1337	923	15.170	46	1,46	67	–
Fermenter-zulauf	98.699	32.570	29.970	66.129	24.155	1,4409	34.784	6055

Die Prozesstemperatur beträgt 42 °C, der Fermenter hat ein Flüssigkeitsvolumen von 2139 m^3

In der Regel werden Fermenterabläufe in der Betriebspraxis nicht durchgängig erfasst, sodass nur langzeitliche Mittelwerte aus der Volumenänderung in Speicherbecken ausgewertet werden können. Deshalb ist eine modellmäßige Bilanzierung zweckmäßig, die auch Auskunft über analytisch nicht zugängliche Parameter liefert.

Mit dem substratspezifischen Wert von CSB/oTM lassen sich die in Tab. 5.2 aufgelisteten spezifischen Größen ermitteln und in Tageswerte umrechnen. Die Rechnungen

Tab. 5.2 Bilanzparameter

Parameter	Verhältnis	kg/d	Hinweise
Gas_stöch./oTM_abgebaut [kg/kg]	1,181	**26.930**	–
CH_4_stöch./oTM_abgebaut [kg/kg]	0,362	8242	–
H_2O-Verbrauch_stöch./oTM_abgebaut [kg/kg]	0,18	4104	–
oBTM/oTM_abgebaut [kg/kg] Je nach stofflicher Zusammensetzung	0,0545 … 0,17	1260 … 3900	1865 … 5530 Kg oBTM-CSB/d
Methangehalt_stöch. [NVol.-%]	54,9	–	–
Methangehalt_Betrieb [NVol.-%]	60,35	–	Durch CO_2-Bindung in der Flüssigkeit
CH_4 aus CSB [N m^3/d]	11.498	–	–
Biogas_stöch. [N m^3/d]	20.942	**26.930**	–
Biogas_Betrieb [N m^3/d]	19.053	23.177	Infolge gebundenem CO_2
CO_2_stöch. [N m^3/d]	9444	–	–
CO_2_Betrieb [N m^3/d]	7555	–	Durch CO_2-Bindung in der Flüssigkeit
CO_2_fixiert [N m^3/d]	1889	–	20,00 % des CO_2 – stöch.
Biogasdichte_trocken, stöch. [kg/N m^3]	1,2859	–	–
Abnahme Biogasdichte_Betrieb, Rechenmodell	0,7909	Bei Prozesstemperatur, feuchtigkeitsgesättigt	
Biogasdichte_Betrieb, Rechenmodell [kg/m^3]	1,0284	–	–
Wasserdampf_Biogas, Betrieb	–	1133	–
Masseverlust über die Gasphase	–	27.973	–
Verhältnis Ablauf/Zulauf	0,6875	–	Auf Zulauf ohne Rückführung bezogen
Abnahme Methankonzentration	0,928	–	–
CH_4-Konzentration_Betriebszustand [Vol.-%]	56,00	–	Feucht, Prozesstemperatur

erfolgten mit den Formeln aus Abschn. 2.2.5 und Abschn. 3.2. Für die Umrechnung des Bakterienbiomasseertrages in CSB wird der bekannte Literaturwert CSB/oTM = (1,42 … 1,48) kg/kg verwendet. Entsprechend steht nicht der gesamte CSB aus der abgebauten Substrat-oTM für die Methanbildung zur Verfügung, sondern nur der um das Biomasse-CSB-Äquivalent verminderte Betrag. Eine weitere Minderung ist zu berücksichtigen, wenn als gelöster CSB gemessene hydrolysierte Komponenten mit dem Ablauf den Fermenter verlassen.

Die Formeln für die thermodynamischen Modellierungen des feuchten Biogases sind auf der Basis der Prozesstemperatur erstellt, die mit 42 °C im oberen mesophilen Temperaturbereich gewählt wurde, um Ammoniaktoxizität zu vermeiden (s. Abschn. 4.1.4.1.3).

Sind die nach BUSWELL errechneten und die in der Betriebsanlage gemessenen Methanvolumenströme unter Normbedingungen vergleichbar, lassen sich über die Methankonzentrationen die Gesamtgasmengen und der Kohlenstoffdioxidanteil ermitteln. Die Differenz der CO_2-Mengen liefert eine Abschätzung des in der Gärflüssigkeit fixierten CO_2-Anteils.

Bilanzmäßig muss die trockene Biogasmasse nach der BUSWELL-Stöchiometrie die Größenordnung der Summe von abgebauter Organik (vermindert um die Bakterien-oTM) und für den Stoffwechsel verbrauchtem Wasser haben. Gelöstes CO_2 und nicht metabolisierter CSB-Anteil im Ablauf sind ebenfalls zu berücksichtigen. Abweichungen ergeben sich aus der Mittelwertbildung über die verwendeten Regressionsgleichungen. In den zugehörigen Diagrammen sind die Schwankungsbreiten der Parameter über dem relevanten CSB/oTM-Verhältnis erkennbar.

Tab. 5.3 und 5.4 liefern die Angaben zur Betriebsstabilität der betrachteten Anlage. Der „gesamte Zulauf" beinhaltet neben dem Substrat auch den Anteil rückgeführtes

Tab. 5.3 Bewertung von organischer Raumbelastung

Organische Raumbelastung	$kg/(m^3 \cdot d)$	
Errechnet mit den Zulaufparametern zum Fermenter		
Substrat	13,58	Substrat-oTM
Gesamter Zulauf	14,01	Substrat- und rückgeführte oTM
oTM_umgesetzt	11,29	Abgebaute oTM; relevante Belastung für die Bakterien
Werte unter Berücksichtigung des verringerten Flüssigablaufs		Verlängerte hydraulische Aufenthaltszeit im Reaktor
Substrat	9,33	
Gesamter Zulauf	9,64	
oTM_umgesetzt	6,36	

Der Reaktor wird auf konstanten Füllstand geregelt. Neues Fließgleichgewicht bei höherem Konzentrationsniveau

Tab. 5.4 Bewertung von hydraulischer Verweilzeit

Verweilzeitverhalten	Bezogen auf Zulauf [d]	Bezogen auf Ablauf [d]
Nur Substratzuführung	26	37,82
Durchlauf von Substrat und Rückführung	21,67	31,52

Der Reaktor wird auf konstanten Füllstand geregelt. Neues Fließgleichgewicht bei höherem Konzentrationsniveau

Zentrat aus der Gärrestentwässerung mittels Pressschneckenseparator. Der Rückführstrom wurde im Vergleich zur Substratmenge verfahrenstechnisch minimiert, um den Einfluss auf die Durchlaufzeit und die Anlageneffizienz gering zu halten. Die Verkürzung der substratbezogenen Verweilzeit auf die Durchlaufzeit verlagert einen zunehmenden Anteil nicht methanisierter Hydrolyseprodukte in den Fermenterablauf. Zwar durchläuft rückgeführtes Zentrat erneut den Gärraum für weitergehenden Abbau; der nicht rückgeführte Gärrestanteil transportiert jedoch ebenfalls Hydrolyseprodukte in den Nachgärer bzw. das Gärrestlager und erhöht dort das Restgaspotenzial. Dieser Effekt verstärkt sich mit zunehmender Durchlaufmenge. Gleichzeitig wird die methanisierende Bakterienflora verstärkt mit dem Gärrest ausgetragen. Im Extremfall kann die Population weitgehend ausgewaschen werden; der Fermenter arbeitet nur noch als Hydrolysereaktor und versäuert.

Je größer die Differenz zwischen zulaufbezogener Verweilzeit und Durchlaufzeit ist und je mehr die Durchlaufzeit sich der Wachstumsrate und Generationszeit der methanisierenden Flora annähert, desto mehr steigt das Auswaschrisiko. Außerdem erhöht die Akkumulation der sauren Hydrolyse- und Stoffwechselzwischenprodukte die bakterielle Hemmung, sodass die schon geringen Wachstumsraten weiter reduziert werden.

Die skizzierte Situation entspannt sich, je größer die ablaufbezogenen Aufenthaltszeiten gegenüber den zulaufbezogenen sind. Die Biomassekonzentration im Fermenter erhöht sich und die verlängerte Verweilzeit ermöglicht wieder einen weitergehenden Umsatz der Stoffwechselprodukte bis zur Biogasausscheidung.

In analoger Weise lässt sich das Zahlenmaterial zu den definierten organischen Raumbelastungen interpretieren. Auf den Zulauf bezogen ergibt sich eine Raumbelastung, basierend auf der analytisch bestimmten oTM. Konventionell wird diese Raumbelastung mit der aus bekannten störungsfrei arbeitenden Anlagen verglichen. Dabei wird postuliert, dass sich im Fermenter eine gleiche, aber unbekannte Bakterienkonzentration einstellt, deren Schlammbelastung den eigentlich relevanten Parameter darstellt. Für die bakterielle Aktivität und Belastung ist dabei nur die metabolisierte oTM von Bedeutung (ohne Berücksichtigung von möglichen biochemischen Hemmungspotenzialen im nicht abgebauten oTM-Anteil). Je weiter diese Raumbelastungswerte auseinanderliegen, desto stabiler wird der Gärprozess arbeiten.

Durch den verringerten Fermenterablauf erhöhen sich alle Konzentrationen nicht metabolisierter Komponenten im Gärraum einschließlich der Biomasse (ohne berücksichtigte mögliche Hemmungseinflüsse). Damit sinkt die Schlammbelastung bzw. kann bei Einhaltung einer maximalen, noch tolerierbaren Schlammbelastung die Raumbelastung gemäß Gl. 5.1 gesteigert werden. Durch Umlegung auf einen Prozess ohne erhöhte Bakterienkonzentration bedeutet das eine scheinbar verringerte Raumbelastung gegenüber den tatsächlichen Betriebswerten. Je geringer die ablaufbezogenen Werte sind und je näher sie den bekannten Raumbelastungen konventioneller Anlagen kommen, desto stabiler wird der stationäre Anlagenbetrieb auch bei hohen zulaufbezogenen Raumbelastungen zu erwarten sein.

Prozesstörungen und Synergien 6

Zu Ursachen und Auswirkungen von Prozessstörungen und Synergien auf den anaeroben Metabolismus und die Betriebsstabilität der Vergärungsanlagen (Kugelman 1970) wurden in den vorstehenden Kapiteln schon entsprechende Angaben gemacht.

Hier werden die Informationen noch einmal zusammengefasst und ihre Auswirkungen in Anlehnung an die aus der Enzymkinetik übernommenen Hemmtypen und Modellbeziehungen diskutiert.

6.1 Prozessstörungen (Hemmungen und Toxizität)

Im bio-verfahrenstechnischen Sprachgebrauch werden die Begriffe Hemmung, Toxizität oder auch „toxische Hemmung" häufig synonym verwendet. Ein differenzierter Einsatz ist jedoch angebracht.

- Hemmungen beschreiben jede Minderung der ungestörten mikrobiologischen Aktivität unter weitgehend optimalen Prozessbedingungen. Sie können durch Mangelerscheinungen, Substratüberdosierungen, aber auch ungenügenden Abtransport von Stoffwechselprodukten hervorgerufen werden. Außerdem führen suboptimale Prozessbedingungen z. B. bei Temperatur oder pH-Wert zu Minderungen in der Stoffwechselaktivität. Sekundäre Effekte treten auf, wenn unter Umständen das Dissoziationsgleichgewicht verschoben wird und die Konzentration von akut bio-toxischen Komponenten wie Ammoniak oder Schwefelwasserstoff zunimmt. Es ist die Eigenschaft von Hemmungen, dass durch Beheben der Ursachen auch die Auswirkungen auf die Mikrobiologie rückgängig gemacht werden (Reversibilität). Die Biozönose erholt sich und kann nach einer Übergangszeit wieder die ursprüngliche Aktivität erreichen.

G. Langhans et al., *Handbuch zur Bilanzierung von Biogasanlagen für Ingenieure – Band I,* https://doi.org/10.1007/978-3-658-27339-2_6

- Ein zu beobachtender Sonderfall ist die Veränderung der Spezies-Diversivität während einer Hemmungsphase. Besser an die ungünstigen Bedingungen angepasste Bakterienstämme, die bisher ein zurückgedrängtes Nischendasein führten, dominieren in den relevanten Prozessstufen und verdrängen die bisherigen primären Spezies. Während der Hemmung hat sich der anaerobe Substratabbauweg mit seinen Stoffwechselzwischenprodukten so umgestellt, dass nach ihrer Beseitigung die ursprüngliche Population nicht mehr dominieren kann und der Prozess mit der neu zusammengesetzten Biozönose weiterläuft. Da ein verändertes Populationsprofil und die Nutzung alternativer Abbauwege auch die Prozesseffizienz und die Ausbeute der Stoffwechselendprodukte beeinflusst, besteht die Möglichkeit einer stabilen Betriebsführung auf einem unerwartet veränderten Niveau gegenüber dem Status vor der Störung. Zum Erreichen des Ursprungszustandes der Anlage hilft dann meist nur der Austausch signifikanter Volumenanteile des Fermenters gegen ein Inokulum mit einem Populationsprofil analog dem vor der Störung.
- Akute Toxizität in einem anaeroben Fermenter führt in der Mehrzahl der Fälle zu einem irreversiblen Zusammenbruch der ursprünglichen Biozönose. Für den Betreiber zeigt sich das durch Absinken der Methankonzentration und letztendlich eingestellte Biogasproduktion sowie Versäuerung des Fermenterinhalts. In diesem Fall hilft nur Austausch des Fermenterinhalts gegen unvergiftetes Material aus Nachgärer oder Gärrestlager. Ist das nicht möglich, kann eine Neutralisation des versäuerten Mediums versucht werden mit Nachimpfen aus einem ungestört arbeitenden Gärreaktor. Im „*worst case*" muss der Reaktor völlig entleert werden und eine komplette Neuinbetriebnahme erfolgen.

6.1.1 Wichtige Hemmtypen in der Biochemie

Der schon in Abschn. 2.4.4 dargestellte enge Zusammenhang zwischen enzymkatalysierten Reaktionen in der Biochemie und dem mikrobiologischen Wachstum führt auch bei der mathematischen Beschreibung von Hemmungen des anaeroben Prozesses zur Verwendung der für die Enzymkinetik entwickelten Modelle für spezifische Hemmtypen.

Hemmungen der enzymkatalysierten Stoffwechselreaktionen wirken sich direkt auf die bakterielle Wachstumsgeschwindigkeit aus und damit bei Annahme konstanter Biomasseertragswerte $Y_{X/S}$ infolge des Zusammenhangs

$$v_S = \frac{\mu}{Y_{X/S}} \tag{6.1}$$

auch auf die Substratumsatzgeschwindigkeit. Deshalb werden in den nachfolgenden Darstellungen der wichtigsten Hemmtypen die von der Hemmung beeinflussten kinetischen Parameter μ und v_S verallgemeinert als k bezeichnet.

Die Darstellungen werden mit k_{max} normiert und basieren jeweils auf einem erweiterten Monod-Ansatz (Gl. 2.74) für ungestörten Reaktionsverlauf:

$$\frac{k}{k_{\text{max}}} = \frac{S}{K_{\text{M}} + S} \tag{6.2}$$

Für große Substratkonzentrationen ergeben sich normierte Maximalgeschwindigkeiten $\frac{k}{k_{\text{max}}} \approx 1$, die nicht überschritten werden. Es tritt eine Sättigung der enzymatischen Basisreaktion ein.

Die Akkumulation nicht umgesetzten Substrats kann zu Substratüberschusshemmungen führen und im Weiteren zu Störungen aus Sekundärreaktionen infolge chemisch-physikalischer Änderungen im Habitat durch den Substratüberschuss.

Kompetitive Hemmung
Kompetitive Hemmungen werden durch Inhibitoren verursacht, die mit dem Substrat um die Andockstellen (aktives Zentrum) am katalysierenden Enzym konkurrieren. Da das Enzym nicht Inhibitor und Substrat gleichzeitig binden kann, bildet sich ein komplexes Enzym-Substrat-Inhibitorsystem, in dem die katalysierte Substratreaktion verlangsamt abläuft und die Monod-Reaktionskonstante K_{M} den Wert der ungestörten Reaktion nach Formel 6258 erst bei höheren Substratkonzentrationen erreicht.

$$\frac{k}{k_{\text{max}}} = \frac{S}{K_{\text{M}} \cdot \left(1 + \frac{I_{\text{x}}}{K_{\text{I}}}\right) + S} \tag{6.3}$$

Nichtkompetitive Hemmung
Der Kompetitor blockiert nicht das aktive Zentrum des Enzyms, sondern lagert sich an anderer Stelle an, wodurch jedoch die räumliche Anordnung des Enzyms so verändert wird, dass das Substratmolekül nicht mehr oder nur sehr erschwert an dem aktiven Zentrum andocken kann.

$$\frac{k}{k_{\text{max}}} = \frac{S}{(K_{\text{M}} + S) \cdot \left(1 + \frac{I_{\text{x}}}{K_{\text{I}}}\right)} = \frac{1}{1 + \frac{I_{\text{x}}}{K_{\text{I}}}} \cdot \frac{S}{K_{\text{M}} + S} \tag{6.4}$$

Durch die Umformung des Modellansatzes gemäß Gl. 6.4 erkennt man, dass die Monod-Konstante nicht verändert wird, aber der maximale Geschwindigkeitswert sich um den Faktor $\frac{1}{1+\frac{I_{\text{x}}}{K_{\text{I}}}}$ verkleinert. Dieser Hemmungstyp kann im Ergebnis einer Produkthemmung vorliegen.

Unkompetitive Hemmung
In seltenen Fällen kann die unkompetitive Hemmung auftreten, bei der der Inhibitor nicht in direkter Konkurrenz zur Substrat-Enzym-Bindung auftritt oder sie weitgehend unmöglich macht, sondern direkt mit dem Substrat-Enzym-Komplex reagiert und dadurch den Reaktionsablauf stört.

$$\frac{k}{k_{\max}} = \frac{S}{K_M^* + S \cdot \left(1 + \frac{I_x}{K_I}\right)} \tag{6.5}$$

Dadurch werden sowohl die maximale Geschwindigkeit als auch der Monod-Halbgeschwindigkeitskoeffizient verändert.

Da die anaerobe Biozönose ein komplexes lebendes System darstellt, gibt es zu den Haupttypen der Reaktions- und Wachstumshemmungen zahlreiche Variationen und Ausnahmen, die sich nicht in ein vereinfachendes Klassifikationsschema zwängen lassen. Die Modelle sollten also als Hilfsmittel für das Verständnis des Einflusses von Hemmungen auf die Prozesseffizienz verstanden werden, ohne ihre Relevanz für den konkreten Einzelfall überzubewerten.

Die grafische Darstellung der Hemmtypen erfolgt in Abb. 6.1 in normierter Form.

Für die kompetitive Hemmung ist das Erreichen maximaler Geschwindigkeitswerte erst bei höheren Substratkonzentrationen (Vergrößerung der notwendigen Konzentration für gleichen K_M-Wert) gegenüber dem Monod-Modell erkennbar. Bei nichtkompetitiver Hemmung zeigt sich die starke Abnahme der erreichbaren Maximalgeschwindigkeit gegenüber dem Monod-Modell.

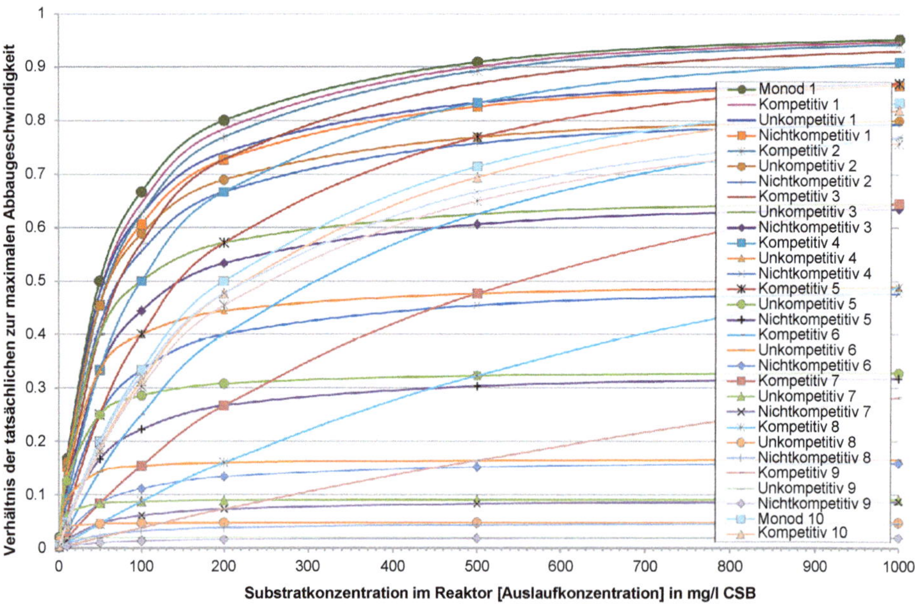

Abb. 6.1 Einfluss der Hemmtypen auf die mit dem Monod-Modell errechneten Reaktions- bzw. Wachstumsgeschwindigkeiten in anaeroben Systemen bei Variation der Hemmstoffkonzentrationen und Hemm-Koeffizienten gemäß Tab. 6.1

Tab. 6.1 Zusammenstellung der in Abb. 6.1 für die Modellierungen verwendeten Monod- und Hemm-Koeffizienten sowie Hemmstoffkonzentrationen

Kurven-Nr.	1	2	3	4	5	6	7	8	9	10
K_M [mg/l]	50	50	50	50	50	50	50	50	50	200
K_I [mg/l]	100	100	100	10	10	10	1	1	1	100
I_X [mg/l]	10	20	50	10	20	50	10	20	50	10

Tab. 6.2 Modellparameter für Abb. 6.8

$Y_{X/S}$ [g/g]	0,06
μ_{max} [1/d]	0,25
k_d [1/d]	0,04
K_M [mg/l]	300
K_I [mg/l]	100
I_X [mg/l]	100

Je geringer die Hemmeinflüsse sind, desto stärker macht sich der Einfluss der Substratkonzentration auf die erreichbaren Geschwindigkeiten bemerkbar. Solange man unterhalb des Sättigungswertes arbeitet, erhöhen größere Substratkonzentrationen die Effizienz des anaeroben Prozesses. So sind z. B. Werte an gelöstem CSB (hauptsächlich als Äquivalent für abbaubare organische Säuren) im Fermenter um 1000 mg/l empfehlenswert. Unter 500 mg/l sollte man nicht arbeiten, da dann keinerlei verfügbarer Substratpuffer für kurzzeitige Störungen im Betriebsablauf mehr vorliegt.

Die Darstellung untermauert auch die schon a. a. O. getroffene Feststellung, dass mit alleiniger anaerober Behandlung von Abwässern mittels konventioneller Gärtechnik die bekannten Einleitbedingungen in Oberflächengewässer nicht erreicht werden.

Bei der Auslegung von (konventionellen) Anaerobreaktoren ist die starke Abnahme der bakteriellen Wachstumsgeschwindigkeit gegenüber den theoretischen (unter optimierten Laborbedingungen ermittelten) maximalen Werten zu beachten. Unter Berücksichtigung aller möglichen Hemmungen und prozessbedingten Einflüsse ist mit 20 % bis höchstens 50 % zu rechnen.

Je geringer der Überwachungs- und Betreuungsaufwand für die Anlage angesetzt wird, desto mehr sollte sie selbst stabilisierend arbeiten. Das wird im Wesentlichen durch geringe Raumbelastungen und lange Verweilzeiten erreicht.

Der schon zitierte Sonderfall einer Substratüberschusshemmung wird in Abb. 6.2 dargestellt unter Verwendung von Messwerten aus der Literatur (Wiesmann 1988). In dieser Abbildung wird als Substratkonzentration das CSB-Äquivalent der gesamten gemessenen Essigsäure angesetzt.

Neben den theoretischen Erwartungswerten für die Entwicklung der spezifischen Bakterienwachstumsgeschwindigkeit gemäß Monod-Modell für drei unterschiedliche Bakterienkulturen beim Wachstum auf Essigsäure als Substrat sind die Messwerte unter

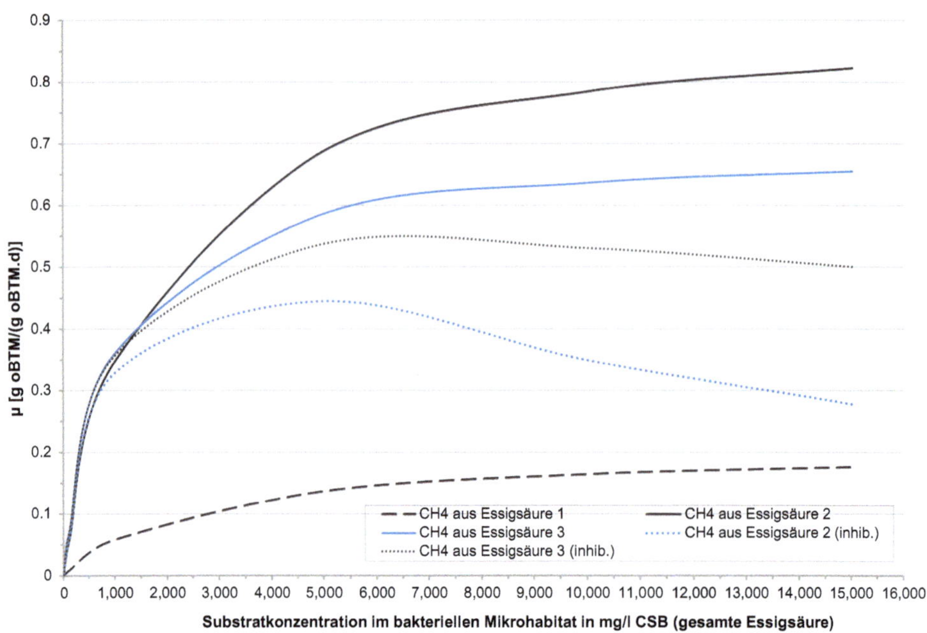

Abb. 6.2 Beispiel für eine Substratüberschusshemmung bei hohen Essigsäurekonzentrationen im Gärreaktor (dargestellt als CSB-Äquivalent), bezogen auf die **Gesamtsäurekonzentration.** Die Quellen der verwendeten Primärdaten werden bei (Wiesmann 1988) zitiert

Einfluss der Substratüberschusshemmung dargestellt. Dabei zeigen sich für zwei der bakteriellen *Strains* oberhalb 1000 mg/l CSB-Äquivalent beginnende Hemmungen, die bei Konzentrationen größer 5000 mg/l zu einer deutlichen Abnahme der Wachstumsgeschwindigkeit führen. Der dritte *Strain* mit der geringsten Wachstumsgeschwindigkeit ist auf seinem niedrigen Wachstumsniveau offensichtlich robuster gegenüber Überschusshemmungen. Das unterstreicht die w. o. getroffene Feststellung, dass sich die Biozönose bei Änderungen der Prozessbedingungen umstellen kann, wenn Bakterien mit geringerer Stoffwechseleffizienz aber größerer Toleranz oder Adaptionsfähigkeit den Prozess dominieren.

Nach Ansicht vieler Fachleute können nur die undissoziierten Anteile organischer Verbindungen und gelöster Gase die Membranen der Bakterienzellwände durchdringen (Abschn. 2.2.3, 4.1.4.1.3 und 4.1.4.2.1). Damit kommt bei gleicher Gesamtsäurekonzentration neben der Temperatur der pH-Wert als Einflussgröße auf die tatsächliche Hemmung ins Spiel. Setzt man pH-Wert-abhängig nur den undissoziierten Anteil der Gesamtessigsäurekonzentration für die Modellierung der Hemmung an, fächern die Hemmkurven gemäß Abb. 6.2 entsprechend auf.

Die Originalmessungen erfolgten im mesophilen Bereich. Infolge der geringen Temperaturabhängigkeit der Dissoziation organischer Säuren (Abschn. 2.2.3) ist der Temperatureinfluss in der Praxis meist vernachlässigbar. Da unter realen Bedingungen

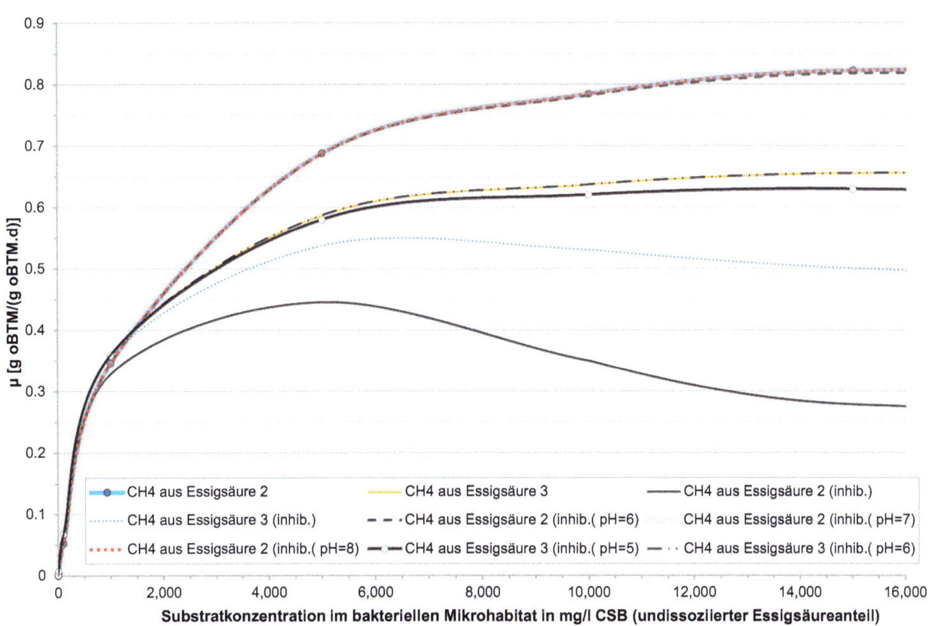

Abb. 6.3 Darstellung der Substratüberschusshemmung nach Abb. 6.2 unter Berücksichtigung des undissoziierten Essigsäureanteils über den Prozess-pH-Wert

die auf Essigsäure als Substrat wachsenden Spezies vergesellschaftet in der anaeroben Biozönose leben mit pH-Werten im Habitat zwischen 7 und 8, sind sie zwar säuretolerant, haben jedoch ihr Stoffwechseloptimum im neutralen bis leicht basischen Bereich. Das zeigt sich auch für die Hemmkurven in Abb. 6.3.

6.1.2 Beispiele für die Substratabhängigkeit des Bakterienwachstums und Substratumsatzes

Die Auswertung der Abhängigkeit des spezifischen bakteriellen Wachstums von der Substratkonzentration nach dem Monod-Modell für eine Reihe unterschiedlicher Spezies nach Literaturdaten (Wiesmann 1988; Guhjer 1983; Zehnder 1988) zeigt Unterschiede im Bereich von Zehnerpotenzen (Abb. 6.4).

Dargestellt sind die langsam wachsenden essigsäureverwertenden Spezies als prozesslimitierende Bakteriengruppe sowie alternativ die schnell wachsenden hydrogenophilen Methanbildner. Die Ebenfalls schnell wachsenden hydrolysierenden und acidogenen Bakterien werden nicht gesondert dargestellt.

Kombiniert man diese Substratabhängigkeit des ungehemmten Wachstums mit den möglichen Wachstumsminderungen in Abhängigkeit der gegebenen Hemmtypen (Abb. 6.1), wird die beobachtete Variabilität des Gärprozesses und die begrenzte Vergleichbarkeit der Betriebsergebnisse unterschiedlicher Anlagen verständlich.

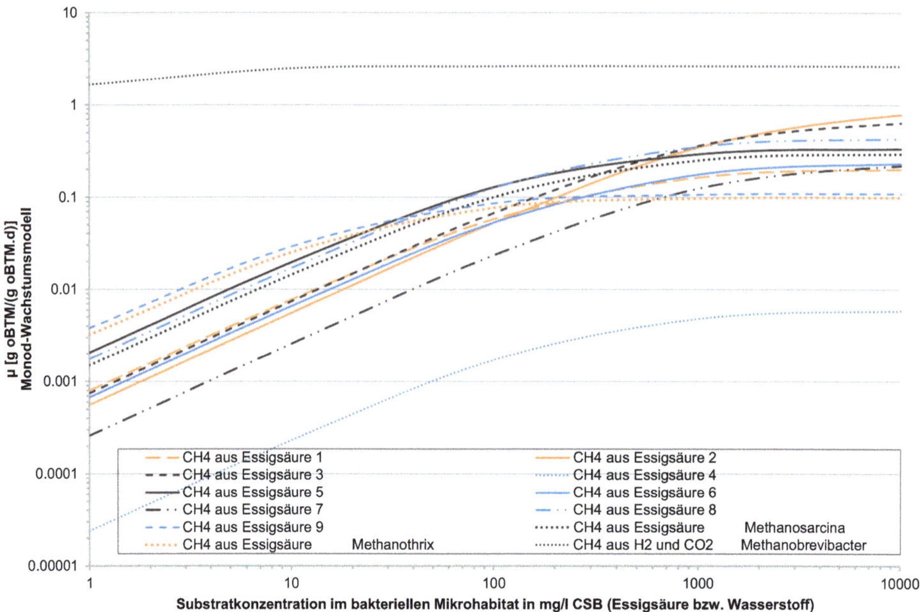

Abb. 6.4 Das bakterielle Wachstum in Abhängigkeit der Substratkonzentration nach Literaturdaten (Wiesmann 1988; Guhjer 1983; Zehnder 1988)

Aus den Wachstumskurven lassen sich die Auswaschzeiten ableiten, bei denen für ungehemmten Prozess infolge der gewährleisteten sicheren Verdopplung der Ausgangspopulation die Biozönose stabil stationär bleibt.

Theoretisch lässt sich aus dieser Abb. 6.5 folgern, dass durch Erhöhung der zulässigen Substrat-Auslaufkonzentration ein volumenminimierter Reaktor ausgelegt werden kann. Es lässt sich auch der Vorteil der Zweistufigkeit für den Prozess ableiten, damit der Umsatz nicht verwerteten Substrats aus dem Hauptfermenter in der Nachfermentation gewährleistet ist. Die höhere nicht verwertete Substratkonzentration führt jedoch im Hauptfermenter zu Verschiebungen im chemischen-physikalischen Reaktormilieu, sodass mit auftretenden Hemmungen zu rechnen ist, die wieder über längere Verweilzeiten zu kompensieren sind (Abb. 6.8). Welcher der Effekte letztendlich überwiegt, kann nur durch Variantenrechnungen unter Berücksichtigung aller Einflussfaktoren ermittelt werden.

In analoger Weise lassen sich auch für den spezifischen Abbau von Ölen und Fetten die substratabhängigen Wachstumsraten und Auswaschzeiten darstellen.

Die Abb. 6.6 und 6.7 untermauern die Erfahrung, dass eine getrennte Fetthydrolyse nicht unter ca. 5 Tagen Aufenthaltszeit effizient abläuft. Da Abbau von Fettmonofraktionen nicht ohne Weiteres möglich ist, sind Ko-Substrate erforderlich, die Nährstoffe liefern und den pH-Wert regulieren.

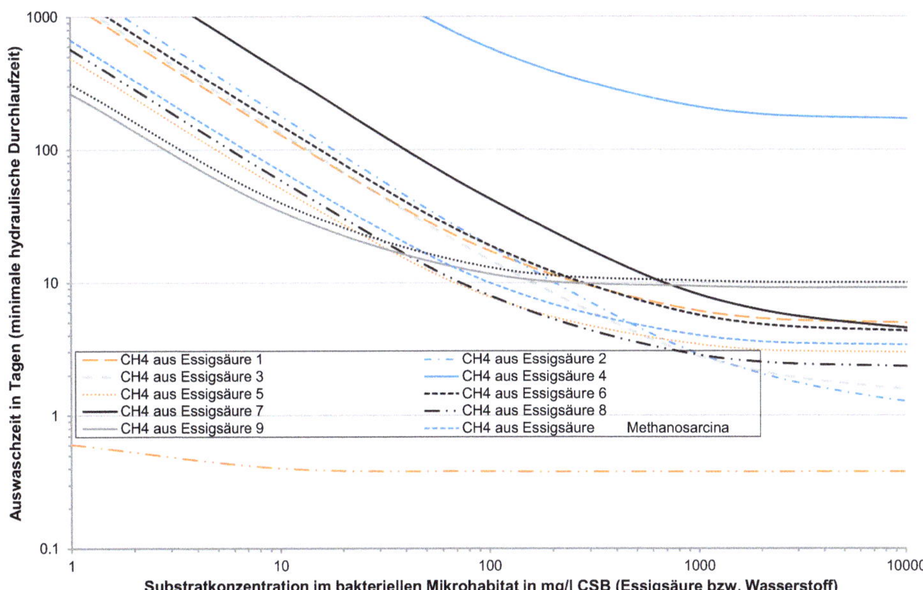

Abb. 6.5 Hydraulische Auswaschzeiten für den Anlagenbetrieb unter Einsatz der in Abb. 6.4 zusammengestellten Spezies bei ungehemmtem Prozess

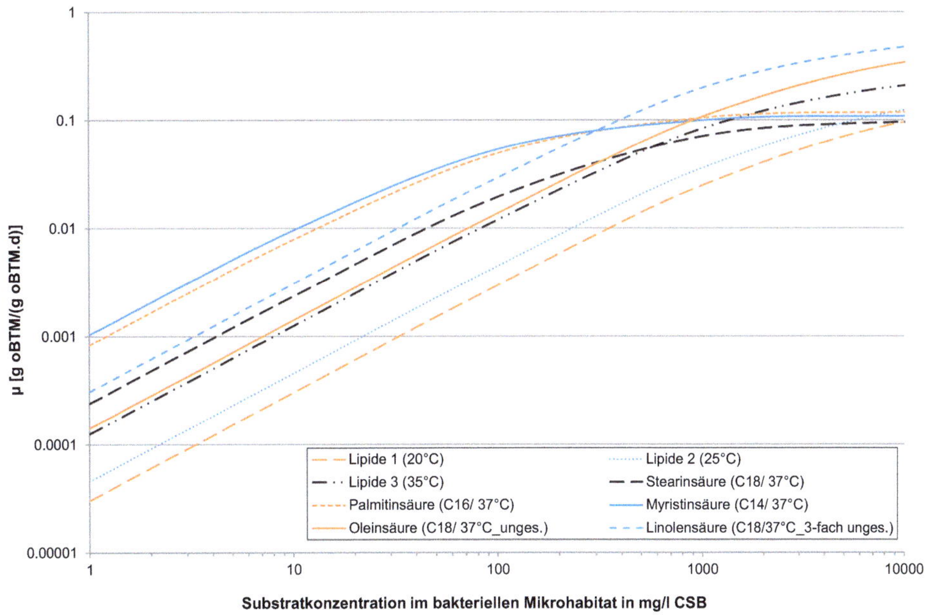

Abb. 6.6 Die Wachstumsraten Lipide abbauender Spezies für ungehemmte Prozessbedingungen

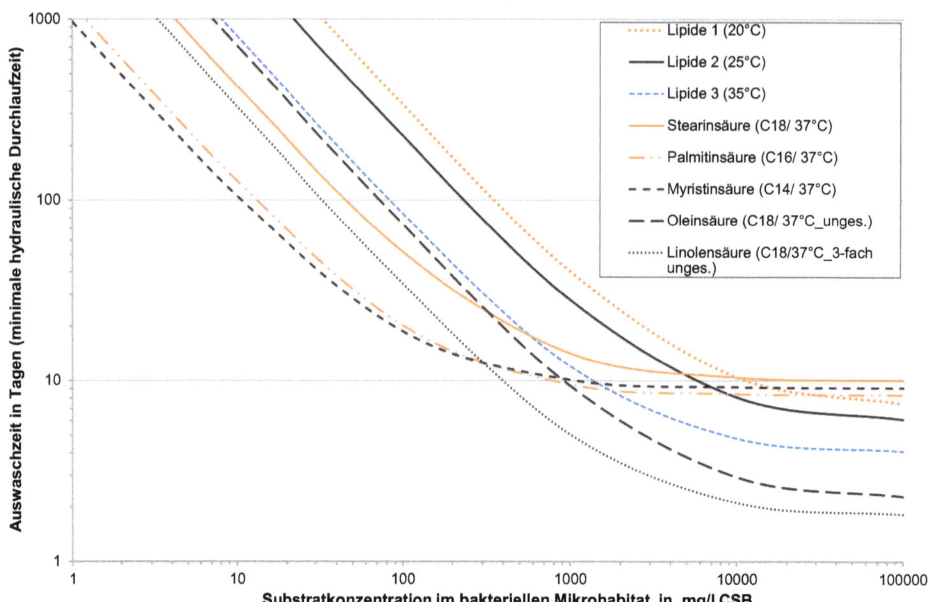

Abb. 6.7 Erforderliche Auswaschzeiten für ungehemmten Lipidabbau

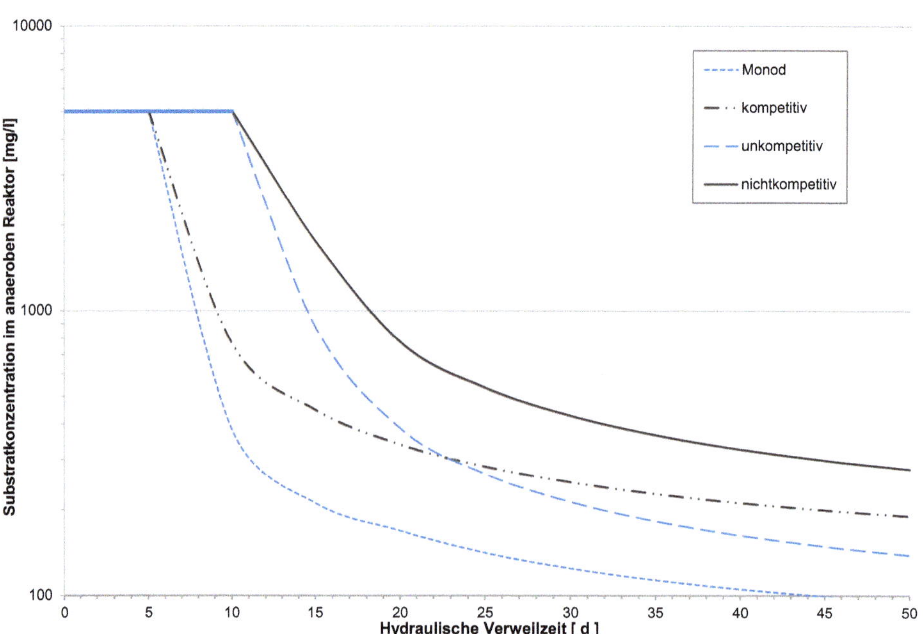

Abb. 6.8 Die verweilzeitabhängige Substratablaufkonzentration für hemmfreies Monod-Wachstum und bei Berücksichtigung verschiedener Hemmtypen. Die der Modellierung zugrunde liegenden Konstanten sind Tab. 6.2 zu entnehmen

Geeignete Ko-Substrate hydrolysieren jedoch wesentlich schneller und erzeugen ebenso wie die Fetthydrolyse wasserstoffhaltiges Hydrolysegas, das aufgefangen und der Methanisierung zugeführt werden muss. Außerdem ist die Beimpfung der Hydrolysestufe erforderlich, die in der Regel aus der Methanisierung erfolgt. Bei den langen erforderlichen Hydrolyseverweilzeiten kann sich dann schon eine gehemmte methanisierende Flora ansiedeln, die entweder zu energetischen Verlusten führt oder mit größerem technologischem Aufwand gehandhabt werden muss.

6.1.3 Einfluss der Hemmung auf die Substratauslaufkonzentration bei stationärem kontinuierlichem Betrieb

Kombiniert man das Wachstumsmodell von MONOD mit den Bilanzgleichungen für Biomasse und Substrat um den anaeroben Reaktor bei stationärem kontinuierlichem Betrieb, lässt sich daraus die bekannte Gleichung für den Substratabbau in Abhängigkeit der hydraulischen Verweilzeit θ bzw. Schlammverweilzeit θ_c herleiten. Ohne Schlammrückführung gilt dabei $\theta = \theta_c$.

Es folgt für den Prozess ohne Hemmungen als zeitabhängige Substratkonzentration im Reaktor bzw. in seinem Ablauf:

$$c_{S,M} = \frac{K_M \cdot (1 + k_d \cdot \theta)}{\theta \cdot (\mu_{max} - k_d) - 1} \tag{6.6}$$

Unter Berücksichtigung der in Abschn. 6.1.1 diskutierten Modelle für biochemische Hemmtypen erhält man für

Kompetitive Hemmung

$$c_{S,K} = \frac{K_M \cdot (1 + k_d \cdot \theta) \cdot \left(1 + \frac{I_x}{K_I}\right)}{\theta \cdot (\mu_{max} - k_d) - 1} \tag{6.7}$$

Nichtkompetitive Hemmung

$$c_{S,N} = \frac{K_M \cdot (1 + k_d \cdot \theta) \cdot \left(1 + \frac{I_x}{K_I}\right)}{\theta \cdot \left[\mu_{max} - k_d \cdot \left(1 + \frac{I_x}{K_I}\right)\right] - \left(1 + \frac{I_x}{K_I}\right)} \tag{6.8}$$

Unkompetitive Hemmung

$$c_{S,U} = \frac{K_M \cdot (1 + k_d \cdot \theta)}{\theta \cdot \left[\mu_{max} - k_d \cdot \left(1 + \frac{I_x}{K_I}\right)\right] - \left(1 + \frac{I_x}{K_I}\right)} \tag{6.9}$$

Die mit Gl. 6.6 bis 6.9 errechneten Substratablaufkonzentrationen sind modellgemäß unabhängig von der Zulaufkonzentration des Substrats und gelten für Verweilzeiten größer der Auswaschzeit (einschließlich der Verlängerung durch Berücksichtigung der Sterberate). Unterhalb dieser jeweils modellspezifischen Grenzwerte der minimal zulässigen hydraulischen Verweilzeit ist die theoretische Substratablaufkonzentration gleich der Substratzulaufkonzentration, da sich im Reaktor keine arbeitsfähige Biozönose für den Substratumsatz etablieren kann.

Für die Berechnung wurde eine Substratzulaufkonzentration von 5000 mg/l CSB angenommen.

Sofern sich im Fermenter infolge der auftretenden Hemmwirkung überhaupt eine lebensfähige Biozönose erhalten kann, werden in jedem Fall zum Erreichen der gleichen Abbauleistung wie bei einem nicht gehemmten Prozess längere Verweilzeiten und reduzierte Raumbelastungen erforderlich.

6.1.4 Hemmungen und Toxizität im Anlagenbetrieb

In den vorstehenden Kapiteln wurde am geeigneten Ort schon wiederholt auf das bestehende Potenzial für Hemmungen des Gärprozesses hingewiesen. Neben echten toxischen Reaktionen durch mit dem Substrat in den Prozess eingetragene Giftstoffe für die anaerobe Biozönose kann auch jede Hemmung je nach Dauer und Intensität der Einwirkung zur irreversiblen toxischen Reaktion werden. Im Folgenden werden die häufigsten Ursachen für Hemmungen klassifiziert und zusammengefasst.

pH-Wert und Temperatur
Diese wichtigen Prozessgrößen nehmen Einfluss

- auf Wachstum und Aktivität der Mikroorganismen,
- auf die chemisch-physikalische Reaktionskinetik (Diffusion, Dissoziation, Fällungs-Flockungsreaktionen, Viskosität, Stoffübergang),
- Denaturierung von Eiweißstoffen und damit Zerstörung bakterieller Proteine,
- Verfügbarkeit von Substratkomponenten.

Damit sind pH-Wert und Temperatur letztendlich direkt oder mittelbar an jeder auftretenden Prozesshemmung beteiligt. Entsprechend können durch geeignete Regulierungsmaßnahmen viele Hemmungen behoben oder zumindest abgeschwächt werden, bis die Beseitigung ursächlicher Prozessprobleme erfolgt.

Die richtige Bewertung der Betriebsmessungen ist nicht unproblematisch. So können Online-pH-Messungen durch Bewachsen der Sonden mit biologischem Rasen ohne sorgfältige Wartung sehr schnell dessen inneren pH-Wert anstelle des Wertes im Gärmedium anzeigen. Bei Offline-Messungen in gezogenen Proben im Labor ist die Veränderung des pH-Wertes infolge des ausgasenden CO_2 zu berücksichtigen. Außerdem spielt insbesondere bei hohen Reaktoren der statische Druck am Mess- bzw. Probenahmeort eine Rolle.

Für die Temperaturmessung ist wichtig, dass in Abhängigkeit der Reaktorgröße, der Durchmischung und Medienviskosität die Reaktorkerntemperatur deutlich von der wandnahen Temperatur abweichen kann. Lokale Zonen im Reaktor mit nicht erfasster signifikanter Über- oder Unterschreitung der Soll-Prozesstemperatur können deshalb zu schwer erklärbaren Abweichungen der Betriebswerte von den Erwartungswerten führen.

Lokale Übertemperaturen im Gärmedium entstehen in der Regel durch die exotherme Stoffwechselwärme (Abschn. 4.1.7.1) bei höher belasteten Prozessen ohne effizienten Wärmetransport innerhalb des Mediums.

Hemmstoffe

Hemmstoffe können mit dem Substrat eingeschleppt werden oder sich als Stoffwechselprodukte im Ergebnis der anaeroben Abbauprozesse bilden. Häufig stellen sie Stoffwechselzwischenprodukte dar, die im Ergebnis der Hydrolyse freigesetzt werden wie Ammoniak, Sulfide oder Schwermetallionen, deren toxischer Anteil pH- und temperaturabhängig über das Dissoziationsverhältnis bestimmt wird (s. z. B. Abschn. 2.2.3, 4.1.4.1.3 und 4.1.4.2.1).

Substratbestandteile wie lipide Stoffe können in mehrfacher Hinsicht prozesshemmend wirken.

- Bei sehr hohen Konzentrationen gibt es eine Phasenkonversion im Gärmedium von dem für Lebensprozesse erforderlichen wässrigen Habitat zu einer Wasser/Feststoff-Suspension in Fett/Öl.
- Nicht abgebaute lipide Moleküle können sich an den Bakterienzellwänden anlagern und den Stoffübergang behindern/unterbinden.
- Temperaturabhängig nicht geschmolzene Fettbestandteile und mangelnde Medienhomogenisierung verringern die erforderliche große Oberfläche für einen effizienten Kontakt der abbauspezifischen Exoenzyme (Lipasen). Der Fettumsatz geht zurück (s. Abb. 2.31).
- Gärteste mit langkettigen Fettsäuren bei insbesondere Doppelbindungen führten zu starken Hemmungen der Methanogenese (Hanaki 1981; Rinzema 1994; Koster 1987; Angelidaki 1990, 1992; Deckena 1995).

Durch Komplexbildung mit Kalzium, Magnesium bzw. z. B. Ergokalziferol und Cholesterol konnten einige Fettsäuren aus dem Umfeld der Bakterienzellen entfernt und damit die Hemmung reduziert werden (Galbraith 1971).

Doppelbindungen ließen sich durch Sättigung in einer separaten Hydrolysestufe beseitigen und führten zu verbesserter Abbaubarkeit der Lipide (Fox 1994). Sind bei signifikanten Anteilen lipider Stoffe im Substrat Hemmungen zu erwarten oder wurden Anzeichen dafür bei Gärtesten beobachtet, ist zu prüfen, ob die zu erwartende Verbesserung der Abbaubarkeit den erhöhten technologischen Aufwand einer Fetthydrolyse im Rahmen des Gesamtprozesses rechtfertigt.

Schwefelwasserstoff kann neben seiner akuten Biotoxizität essenzielle Spurenelemente (Abschn. 4.1.2) fällen und damit die Neubildung von Biomasse beeinträchtigen.

Natrium und Kalium beeinflussen den Ionenhaushalt der Bakterienzellen und können zu Störungen des Elektronen- bzw. Ionentransports bei den innerhalb der Zellen ablaufenden Stoffwechselreaktionen führen (de Beaere 1964; Sprott 1981; Guerrero 1997).

Salzgehalt

Der als Hauptbestandteil des Glührückstands oder über Leitfähigkeitsmessung (Abschn. 2.2.4) bestimmte summarische Salzgehalt kann sowohl aus in der wässrigen Phase gelösten Verbindungen aber auch aus schwer löslichen Fällungsprodukten bestehen.

Einzelne der in Salzen enthaltenen Elemente können als direkte Hemmstoffe auf die anaeroben Bakterien einwirken und sind in der entsprechenden Kategorie genannt.

Gelöste Salze können jedoch auch in ihrer Gesamtheit insbesondere bei höheren Konzentrationen durch Veränderung des Stoffübergangsverhaltens, der Viskosität sowie des pH-Wertes im jeweiligen wässrigen Medium direkt oder mittelbar zu Prozesshemmungen führen.

Durch Verschiebung des osmotischen Druckgefälles zwischen Bakterienzellen und Umgebung kann es bei höheren Salzgehalten außerhalb der lebenden Zellen zu deren Schädigung infolge Wasserentzugs und damit Austrocknen kommen.

Partiell übersättigte Salzlösungen können zu Ausfällungen und Inkrustierungen führen (Feijoo 1995; Lefebvre 2007; Hierholtzer 2014; Guerrero 1997; Sprott 1981).

Fällung, Flockung, Inkrustierung, Schaumbildung

Reaktionsaktive Elementpaarungen im Gärmedium, die durch Zusammenführung von Ko-Substraten oder durch anaerobe Abbauvorgänge auftreten können (z. B. Bildung von schwer löslichem Magnesiumammoniumphosphat, MAP; Karbonaten bzw. Phosphaten; Sulfidische Schwermetallfällung), führen zu Nährstoffentzug und damit ggf. zu Wachstumshemmungen.

Anlagerung von Salzen und anderen Feststoffpartikeln an bakterielle Flockenstrukturen bzw. das Aufrahmen von Biomasse in Schwimmschichten oder Schaum können bei ungenügender Mischung im Reaktor zu Phasentrennungen und Ausbildung aktivitätsreduzierter Volumenbereiche führen. Dadurch wird die Prozesseffizienz nicht mehr durch die über das Reaktionsvolumen gemittelten Prozessparameter bestimmt, sondern in jedem Phasenbereich bilden sich individuelle Stoffwechselbedingungen aus.

Schaumbildung selbst kann durch mit dem Substrat eingetragene Detergentien oder Reinigungsmittel verursacht werden. Häufig ist sie jedoch auch das Ergebnis einer Prozessstörung infolge Hemmungen der Biozönose. Bakterien neigen in Stresssituationen zum Emittieren von Exoenzymen, die wie Detergentien wirken. Bei Zelltod werden durch Lysis die Zellinhaltsstoffe freigesetzt, die bei hoher Zerfallsrate nicht mehr sofort von anderen Spezies als Substrat verbraucht werden können und durch ihre Anreicherung im Gärmedium ebenfalls Schaum bildend wirken.

Prozessbedingte Einflüsse auf Verfahren und Technologie, die zu Hemmungen der biologischen Aktivität führen können

Diese Kategorie steht in engem Zusammenhang zu den vorstehenden.

Ungünstige Substratkombinationen, Prozessüberlastungen durch Überdosierung, ungenügende Verfolgung des Prozessverlaufs durch unzureichende Betriebsmesstechnik können zu Abweichungen von der optimierten verfahrenstechnischen Auslegung führen und sich als Hemmungen der anaeroben Biozönose auswirken.

Insbesondere unzureichende Durchmischung des Fermenterinhalts verursacht Entmischungserscheinungen, Phasen-, Zonen- und hydraulische Kurzschlussbildung, sodass der tatsächliche Reaktionsablauf nicht mehr den Vorgaben der verfahrenstechnischen Auslegung entspricht und die damit suboptimalen Bedingungen für die Prozessbiologie Hemmungen in der Aktivität bewirken.

Auch das vorgeschriebene Dosierregime für den Fermenter kann den Prozessablauf negativ beeinflussen:

- So erfolgt bei feststoffreichen Substraten in der Regel keine kontinuierliche Dosierung. Die üblichen täglichen Dosiermengen, umgelegt auf kontinuierlichen Durchsatz, führen für die Förderkapazität handelsüblicher Aggregate zu extrem kleinen Durchmessern der Förderleitungen. Das ist mit den stofflichen Eigenschaften der Substrate nicht vereinbar. Partikelgrößen, Faserstrukturen, Entmischungserscheinungen und Inkrustierungsneigung erfordern bei solchen Medien Rohrleitungen und Armaturen mit Nennweiten 80 mm und größer für einen störungsfreien Betrieb. Dafür wird jedoch bei kontinuierlicher Förderung der Soll-Durchsatz für die Tagesdosiermenge weit überschritten. Deshalb ist es üblich, diese auf von Dosierpausen unterbrochene Dosierintervalle aufzuteilen. Das hat den zusätzlichen Vorteil, dass durch die Dosierpausen eine ablauffreie Mindestverweilzeit im Reaktor gewährleistet ist und hydraulische Kurzschlussströmungen reduziert werden. Andererseits führt diese Schlagdosierung in Intervallen zu zeitlich begrenzten Überdosierungen im Reaktoreintrittsbereich mit entsprechenden Störungen des pH-Wertes und der Temperatur und Folgereaktionen bei Dissoziation, Entgasung, Fällung, die alle auf die Biozönose Einfluss nehmen und Unruhe in den stationären Betrieb bringen.
- Arbeiten anaerobe Bioabfallvergärungsanlagen mit einer Substrataufbereitung/-Konditionierung vor dem Fermenter, ist diese in der Regel nur an Werktagen in Betrieb. Die 7-Tage-Dosiermenge wird also an 5 Tagen angenommen und aufbereitet. Wird in genügend Kapazität für eine Zwischenspeicherung investiert, kann das Nacht- und Wochenenddosierregime in gleicher Weise wie an den Werktags-Tagesschichten gefahren werden. Da Abfallzwischenspeicherung jedoch aus hygienischen und Emissionsschutzgründen technologisch aufwendig und damit kostenintensiv ist, wird der Speicherraum häufig minimiert und an den Wochenenden nur eingeschränkt oder auch überhaupt nicht dosiert. Das führt zu zwei Problemen:
  1. Wird das Dosierregime erst im Nachhinein festgelegt ohne Anpassung der Fermenterbetriebsbedingungen an die 7/5-Überdosierung während der Werktage,

arbeitet der Reaktor in dieser Zeit unter Überlast. Grundsätzlich sollte diese noch durch die üblichen Sicherheitszuschläge bei der Auslegung abgepuffert sein. Allerdings sind wieder Verschiebungen in den Prozessparametern zu erwarten, die Einfluss auf den Betriebszustand der Biozönose nehmen.

2. Sofern jedoch noch zusätzliche, saisonal bedingte Spitzenlastzeiten für das Abfallaufkommen auftreten, muss mit Überschreitung der tolerierbaren Überlast gerechnet werden.

Zum Ausgleich für die arbeitstägliche Überdosierung wird die Anlage über das Wochenende dosierfrei gefahren. Insbesondere die aus dem Werktagsbetrieb akkumulierten Überschüsse organischer Säuren werden metabolisiert. Damit verschiebt sich bei genügend Ammonium-/Ammoniakpuffer der pH-Wert in den alkalischen Bereich und aus dem mengenreduziert gebildeten Biogas wird zunehmend CO_2 im Gärmedium gebunden. In der geringeren Gasmenge steigt folglich die CH_4-Konzentration. Ab Wochenbeginn muss wieder Abfall überdosiert werden. Es kommt zu einer Stoßbelastung mit entsprechendem Säureüberschuss im Hydrolysat. Der pH-Wert sinkt unter den Wochendurchschnitts-Betriebswert und aus dem Gärmedium wird eine Wolke CO_2 emittiert (Abschn. 2.2.2, 2.2.3 und 2.2.5). In der gesteigerten Biogasmenge nimmt die Methankonzentration stark ab. Damit wird nicht nur die Biozönose durch die ständig wechselnden Betriebsparameter im Fermenter belastet. Es kommt auch zu laufenden Schwankungen in Gasquantität und -qualität.

Das Ergebnis ist ein unruhiger Anlagenbetrieb, der nicht nur hemmend auf die Biozönose wirkt, sondern auch erhöhte technologische und regelungstechnische Anforderungen an die Biogasaufbereitung und -verwertung stellt.

6.2 Synergien durch Co-Vergärung

Der Versuch einer Darstellung der Co-Vergärung sowie der Kriterien ihrer Abgrenzung gegenüber anderen Betriebspraktiken und zu beachtende gesetzliche Vorschriften bei ihrer Anwendung erfolgt in dem „DWA Regelwerk: Co-Vergärung in kommunalen Klärschlammfaulbehältern, Abfallvergärungsanlagen und landwirtschaftlichen Biogasanlagen", (DWA -Merkblatt M380 2009/2018) sowie in (DWA-Arbeitsbericht 2018).

Dabei wird Co-Vergärung definiert als „die Mitbehandlung begrenzter Mengen eines Materials in einer Vergärungsanlage, das von den bei der Planung und Genehmigung der Anlage (zunächst) vorgesehenen Substraten in seinen materiellen oder auch nur rechtlichen Eigenschaften abweicht" (DWA-M380 2009).

In der Praxis wird der Begriff weiter gefasst als gemeinsame Vergärung von Substraten unterschiedlicher Herkunft im Rahmen der gesetzlich geregelten Zulässigkeit einer Vermischung und Gärreststoffverwertung für organische Abfälle, Produktionsreststoffe und nachwachsende Rohstoffe.

Es gibt viele Gründe, eine Co-Vergärung zu realisieren; häufig werden mehrere Zielstellungen in einer Anlage gebündelt wirksam (Langhans 2001):

- Die anstehenden Entsorgungsaufgaben eines Territoriums führen unter ökonomischen Gesichtspunkten zu einem Konzept der gemeinsamen Behandlung von Abfällen aus unterschiedlichen Quellen.
- Vorhandene freie Faulraumkapazitäten können durch Zuführung im Territorium verfügbarer Co-Substrate genutzt werden zur Verbesserung der Abfallentsorgung und Erhöhung der Biogasproduktion und steigern die Anlagenauslastung sowie Kosteneffizienz.
- Co-Substrate dienen dazu, in vorhandenen oder neu geplanten Anlagen für die Vergärung von Substraten stofflich ungünstiger Zusammensetzung durch Verbesserung des C:N-Verhältnisses, der Verfügbarkeit sonstiger Nährstoffe und essenzieller Spurenelemente und der physikalisch-chemischen Prozessbedingungen den anaeroben Metabolismus zu optimieren und zu stabilisieren und damit die Betriebssicherheit und Effektivität der Anlage zu steigern.
- Durch Zusammenführung schüttfähiger, feststoffreicher und wässriger, pumpfähiger Stoffströme kann eine für das hydraulische Regime im Reaktor günstige Medienkonsistenz voreingestellt werden und der Einsatz zusätzlicher externer Wassermengen oder von rückgeführtem Zentrat aus einer Gärrestaufbereitung für die Substratverdünnung lässt sich minimieren. Somit wird die Faulraumvergrößerung zur Einhaltung der erforderlichen hydraulischen Verweilzeiten unter notwendiger Berücksichtigung der Zusatzwassermengen vermieden.

Beispiel
In Abschn. 6.1.4 wurde schon darauf hingewiesen, dass für verschiedene Stoffe und Reaktionen die Grenzen zwischen Prozessstörung und -unterstützung fließend sind und sich häufig konzentrationsabhängig ausbilden. Charakteristisches Beispiel ist die gegenseitige Beeinflussung von Schwefel und Schwermetallen (Lawrence 1965) unter den Bedingungen des anaeroben Prozesses:

- Beide Komponenten sind nicht in ausreichenden Konzentrationen im Substrat und damit auch nicht im Gärmedium enthalten (s. Abschn. 4.1.2), um ein der verfügbaren Kohlenstoffquelle für den anaeroben Stoffwechsel adäquates Bakterienwachstum zu ermöglichen. Die Biozönose wird infolge Mangelerscheinungen gehemmt.
- Schwefel wird dem Gärprozess im Überschuss zugeführt und unter anaeroben Bedingungen von Schwefel reduzierenden Bakterien pH-Wert abhängig in Sulfid/Schwefelwasserstoff (Abschn. 2.2.3 und 4.1.4.2) übergeführt. Damit ist die Gefahr einer Hemmung durch biotoxischen Schwefelwasserstoff relevant.
- Vorhandene essenzielle Spurenelemente werden durch sulfidische Schwermetallfällung infolge der Bildung schwer löslicher Fällungsprodukte im alkalischen pH-Bereich der bakteriellen Verfügbarkeit entzogen. Damit wird ein schon vorhandener

Mangel weiter vergrößert oder trotz theoretisch ausreichender Konzentration unterschreitet der noch gelöste, verfügbare Anteil den bakteriellen Bedarf (Ortner 2012). Besteht im Reaktor die Gefahr einer Prozesshemmung durch hohe biotoxische Schwermetallkonzentrationen, kann die sulfidische Fällung durch Bindung der Schwermetallionen dieses Problem verringern bzw. beseitigen (Langhans 1998).

- Die sulfidische Schwermetallfällung führt auch zu einer Entgiftung des Gärmediums durch Reduzierung der gelösten biotoxischen Schwefelwasserstoffkonzentration.
- Es ist deshalb gängige Anlagenpraxis, einerseits Hemmungen durch zu hohe Schwermetallkonzentrationen mittels Dosierung schwefelhaltiger Komponenten zu verringern (entweder als sulfidische Salze oder in Form proteinreicher Co-Substrate mit hohem schwefelhaltigem Aminosäureanteil bzw. Sulfat haltigen Co-Substraten (Parravicini 2006), bei denen meist Schwefelsäure zur pH-Einstellung verwendet wurde [Schlempen aus der Hefe- oder Ethanolproduktion, Fermentationsbrühen der Penizillingewinnung]).
  Zum anderen werden zur Schwefelwasserstoffreduzierung Schwermetalle, meist in Form von Eisenoxiden bzw. -chloriden, dosiert, um den Schwefel als schwer lösliches Metallsulfid aus der Flüssigkeit abzutrennen.
  Eisen ist ein Schwermetall sehr geringer Biotoxizität, sodass es auch im Überschuss dosiert werden kann, ohne akute Hemmung bei der Biozönose auszuüben.
  Werden Eisenchloridlösungen (z. B. Beizen aus der Metallverarbeitung) eingesetzt, ist die hohe Aggressivität der Chloridionen gegenüber bestimmten Edelstahlsorten zu beachten. Außerdem können diese Abprodukte wieder unkontrolliert Konzentrationen toxischer Schwermetalle enthalten.

Ein Risiko der Kompensation erkannter Hemmungen im aktuellen Gärprozess durch Einsatz von Co-Substraten, die das Potenzial haben, den Hemmfaktor zu neutralisieren oder Mangel- bzw. Überschusshemmungen auszugleichen, besteht in der meist unzureichenden Kenntnis ihrer qualitativen und quantitativen stofflichen Zusammensetzung. Es können nicht erkannte neue Hemmstoffe eingeschleppt werden oder durch Überkompensation des Hemmfaktors kann die synergistisch wirksame Komponente selbst zum Hemmstoff werden (s. vorstehendes Beispiel).

Der Einsatz von Co-Substraten ist deshalb sorgfältig vorzubereiten mit ihrer umfassenden analytischen Bewertung und ggf. einer Prüfung ihrer Unbedenklichkeit mittels Gärtesten. Im Anlagenbetrieb ist die Überwachung des festgelegten Dosierregimes erforderlich mit entsprechender Protokollierung.

Da Monofraktionen an Kohlenhydraten oder Lipiden keine sonstigen essenziellen Nährstoffe und Spurenelemente für die Reproduktion der anaeroben Biozönose enthalten, können sie nur in Co-Fermentation mit sonstigen, bevorzugt Protein haltigen Mischsubstraten vergoren werden, bei der sie als dominante Kohlenstoffquelle dienen.

Eine weitere wichtige Aufgabe der Co-Vergärung ist die Behandlung von schwer abbaubaren Substanzen (z. B. aromatische Ringverbindungen), deren anaerober Metabolismus häufig endergon verläuft (Abb. 4.50) und die deshalb nur bakteriell umgesetzt werden können in Gemeinschaft mit einem leicht vergärbaren Substrat, das einen ausreichenden Überschuss an Stoffwechselenergie bereitstellt.

Ein Sonderziel der Co-Vergärung ist die Einstellung mesophiler oder thermophiler Prozesstemperaturen durch Vermischung warmer und kalter Substratströme. Dieses Konzept wird genutzt, um heiße Produktionsabwässer oder -abfälle ohne technologisch aufwendige Kühlung mit einer passenden Menge kalter Substrate zu vermischen, um eine Mischtemperatur nahe der gewünschten Prozesstemperatur zu erhalten. Analog können Teilmengen hygienisierungspflichtiger Substrate direkt mit Hygiensierungstemperatur in kalte Substratströme eingemischt werden. Das ist besonders effizient für feststoffreiche Abfälle, bei denen Wärmeübertragung (Abschn. 2.2.6.6 und 2.3) ein komplexes technologisches Problem darstellt.

Die Mischung stofflich unterschiedlich zusammengesetzter Substrate in einer Co-Vergärung steigert die Adaptionsfähigkeit der etablierten Biozönose durch die sich herausbildende Speziesdiversivität. Änderungen in den Zulaufbedingungen werden biologisch schnell abgepuffert, sodass die Anlage eine hohe Prozessstabilität aufweist.

Empfehlenswert sind auch Stoffströme als Co-Substrate, die durch natürlichen Gehalt an aneroben Bakterien als Inokulum den Prozess ständig beimpfen. Beispiel für ein Co-Substrat mit enthaltenem breitem Bakterienspektrum sind Güllen. Höher substratspezifisch spezialisierte Populationen findet man dagegen häufig in den Abläufen von Abwässern der Nahrungsgüterproduktion.

Die Prüfung eines möglichen Einsatzes von Co-Substraten zur Prozessoptimierung und -stabilisierung sowie zur Verbesserung der Anlageneffizienz und des ökonomischen Gesamtergebnisses erweist sich in den meisten Fällen der Planung einer Vergärungsanlage als zweckmäßig.

Verzeichnisse und Register 7

7.1 Tabellierte Substratparameter

Die Tab. 7.1 und 7.2 sind nach steigenden Werten des Parameters (CSB/oTM) sortiert, der als unabhängige Variable in vielen Diagrammen der vorliegenden Arbeit dient. Das erleichtert bei Modellierungsaufgaben die Zuordnung der Gärsubstrate zu ihren relevanten (CSB/oTM)-Werten.

Tab. 7.3 enthält eine alphabetische Listung der wichtigsten in dieser Arbeit berücksichtigten und potenziell als Gärsubstrate einsetzbaren Stoffe. Damit lässt sich ausgehend vom Substrat schnell ein Überblick gewinnen zum Erwartungsbereich für den zuzuordnenden Parameter (CSB/oTM).

Sofern Stoffe gleicher Namensgebung mehrfach gelistet sind mit unterschiedlichen (CSB/oTM)-Werten, dokumentiert dies die abweichenden Angaben aus unterschiedlichen Quellen.

Ursachen für die unterschiedlichen Werte können sein:

1. Gleiche Sammelbegriffe können bestehen für in ihrer stofflichen Zusammensetzung nicht identischen Materialien. Das gilt besonders für Mischsubstrate wie organische Abfälle sowie gewerbliche und landwirtschaftliche Reststoffe. In diesen Fällen muss die Herkunft des Substrats genauer spezifiziert werden, um den zuordenbaren (CSB/oTM)-Wert auszuwählen.
2. Unterschiede bei Probenahme, Analysenverfahren und Laborausstattung können zu abweichenden Werten bei unterschiedlichen Quellen führen.
3. Die Erstellung von Bruttosummenformeln unter Verwendung ungenauer Basisanalytik oder auf Basis unterschiedlich spezifizierter elementarer Zusammensetzung des Stoffes bis hin zu Rundungsabweichungen bei Errechnung und Darstellung der Elementfraktionen.

G. Langhans et al., *Handbuch zur Bilanzierung von Biogasanlagen für Ingenieure – Band I*, https://doi.org/10.1007/978-3-658-27339-2_7

Tab. 7.1 Nach dem (CSB/oTM)-Verhältnis geordnete organische Verbindungen und Stoffgemische mit bilanzierten spezifischen anaeroben Verfahrenskenngrößen

Substrat	Bruttosummenformel	Molgewicht (g/mol)	1 C-mol Bruttosummenformel	1 C-mol Molgewicht (g/1 C-mol)
Oxalsäure	$C_2H_2O_4$	90,00	$C_1H_{1,00}O_{2,00}N_{0,00}S_{0,0000}P_{0,000}$	45,00
Hausmüll org. Frakt.	$C_{99}H_{148}O_{186}N$	4326,00	$C_1H_{1,49}O_{1,88}N_{0,01}S_{0,0000}P_{0,000}$	43,70
Altpapier	$C_4H_{5,67}O_{7,22}N_{0,014}S_{0,006}$	169,67	$C_1H_{1,44}O_{1,81}N_{0,00}S_{0,0015}P_{0,000}$	42,42
Gracilaria ceae (Rotalge)	$C_2H_{3,72}O_{3,95}N_{0,20}S_{0,1603}P_{0,000}$	98,85	$C_1H_{1,86}O_{1,97}N_{0,10}S_{0,0801}P_{0,000}$	49,42
Adenosintriphosphat, ATP	$C_{10}H_{16,00}O_{13,00}N_{5,00}S_{0,0147}P_{3,000}$	507,38	$C_1H_{1,60}O_{1,30}N_{0,50}S_{0,0015}P_{0,300}$	50,74
Thyroxin	$C_{15}H_{11,00}O_{4,00}N_{1,00}S_{0,0000}P_{0,000}$	410,80	$C_1H_{0,73}O_{0,27}N_{0,07}S_{0,0000}P_{0,000}$	27,39
Canavanin	$C_5H_{12,00}O_{3,00}N_{4,00}S_{0,0000}P_{0,000}$	176,00	$C_1H_{2,40}O_{0,60}N_{0,80}S_{0,0000}P_{0,000}$	35,20
Glycin	$C_2H_{5,00}O_{2,00}N_{1,00}S_{0,0000}P_{0,000}$	75,00	$C_1H_{2,50}O_{1,00}N_{0,50}S_{0,0000}P_{0,000}$	37,50
Poultry slurry	$C_1H_{1,69}O_{1,26}N_{0,08}S_{0,0000}P_{0,000}$	35,04	$C_1H_{1,69}O_{1,26}N_{0,08}S_{0,0000}P_{0,000}$	35,04
Poultry manure	$C_1H_{1,87}O_{1,21}N_{0,16}S_{0,0000}P_{0,000}$	35,47	$C_1H_{1,87}O_{1,21}N_{0,16}S_{0,0000}P_{0,000}$	35,47
Rice husk	$C_2H_{3,09}O_{2,49}N_{0,02}S_{0,0000}P_{0,000}$	67,19	$C_1H_{1,55}O_{1,25}N_{0,01}S_{0,0000}P_{0,000}$	33,59
Asparaginsäure	$C_4H_{7,00}O_{4,00}N_{1,00}S_{0,0000}P_{0,000}$	133,00	$C_1H_{1,75}O_{1,00}N_{0,25}S_{0,0000}P_{0,000}$	33,25
Asparagin	$C_4H_{8,00}O_{3,00}N_{2,00}S_{0,0000}P_{0,000}$	132,00	$C_1H_{2,00}O_{0,75}N_{0,50}S_{0,0000}P_{0,000}$	33,00
Serin	$C_3H_{7,00}O_{3,00}N_{1,00}S_{0,0000}P_{0,000}$	105,00	$C_1H_{2,33}O_{1,00}N_{0,33}S_{0,0000}P_{0,000}$	35,00
Hemicellulose	$C_5H_{10}O_6$	166,00	$C_1H_{2,00}O_{1,20}N_{0,00}S_{0,0000}P_{0,000}$	33,20
Komm. Abwasser	$C_{500}H_{1327}O_{532}N_{142}P_{16}S_{19}$	18.931,85	$C_1H_{2,65}O_{1,06}N_{0,28}S_{0,0380}P_{0,032}$	37,86
Ulva lactvea (Grünalge)	$C_2H_{4,32}O_{2,62}N_{0,07}S_{0,2737}P_{0,000}$	80,00	$C_1H_{2,16}O_{1,31}N_{0,04}S_{0,1368}P_{0,000}$	40,00
Maize silage 2	$C_1H_{2,17}O_{1,16}N_{0,03}S_{0,0000}P_{0,000}$	33,16	$C_1H_{2,17}O_{1,16}N_{0,03}S_{0,0000}P_{0,000}$	33,16
Algin 1	$C_6H_{8,00}O_{6,00}N_{0,00}S_{0,0000}P_{0,000}$	176,00	$C_1H_{1,33}O_{1,00}N_{0,00}S_{0,0000}P_{0,000}$	29,33
Algin 2	$C_{12}H_{17,00}O_{11,00}N_{1,00}S_{0,0000}P_{0,000}$	351,00	$C_1H_{1,42}O_{0,92}N_{0,08}S_{0,0000}P_{0,000}$	29,25

(Fortsetzung)

Tab. 7.1 (Fortsetzung)

Substrat	Bruttosummenformel	Molgewicht (g/mol)	1 C-mol Bruttosummenformel	1 C-mol Molgewicht (g/1 C-mol)
Bernsteinsäure	$C_4H_6O_4$	118,00	$C_1H_{1,50}O_{1,00}N_{0,00}S_{0,0000}P_{0,000}$	29,50
Marines Phytoplankton	$C_{106}H_{263}O_{110}N_{16}P$	3549,97	$C_1H_{2,48}O_{1,04}N_{0,15}S_{0,0000}P_{0,009}$	33,49
Poultry manure + grass	$C_1H_{1,79}O_{0,96}N_{0,08}S_{0,0000}P_{0,000}$	30,22	$C_1H_{1,79}O_{0,96}N_{0,08}S_{0,0000}P_{0,000}$	30,22
Glutaminsäure	$C_5H_{9,00}O_{4,00}N_{1,00}S_{0,0000}P_{0,000}$	147,00	$C_1H_{1,80}O_{0,80}N_{0,20}S_{0,0000}P_{0,000}$	29,40
Glutamin	$C_5H_{10,00}O_{3,00}N_{2,00}S_{0,0000}P_{0,000}$	146,00	$C_1H_{2,00}O_{0,60}N_{0,40}S_{0,0000}P_{0,000}$	29,20
Lactat	$C_3H_{5,00}O_{3,00}N_{0,00}S_{0,0000}P_{0,000}$	89,00	$C_1H_{1,67}O_{1,00}N_{0,00}S_{0,0000}P_{0,000}$	29,67
Cellulose	$C_6H_{10,00}O_{6,00}N_{0,00}S_{0,0000}P_{0,000}$	178,00	$C_1H_{1,67}O_{1,00}N_{0,00}S_{0,0000}P_{0,000}$	29,67
Arginin	$C_6H_{14,00}O_{2,00}N_{4,00}S_{0,0000}P_{0,000}$	174,00	$C_1H_{2,33}O_{0,33}N_{0,67}S_{0,0000}P_{0,000}$	29,00
Braunalge Laminaria saccharina	$C_3H_{6,51}O_{3,13}N_{0,16}S_{0,0000}P_{0,010}$	96,22	$C_1H_{2,11}O_{1,01}N_{0,05}S_{0,0000}P_{0,003}$	31,14
Grass	$C_1H_{1,78}O_{0,92}N_{0,07}S_{0,0000}P_{0,000}$	29,37	$C_1H_{1,78}O_{0,92}N_{0,07}S_{0,0000}P_{0,000}$	29,37
Histidin	$C_6H_{9,00}O_{2,00}N_{3,00}S_{0,0000}P_{0,000}$	155,00	$C_1H_{1,50}O_{0,33}N_{0,50}S_{0,0000}P_{0,000}$	25,83
Rinderfestmist 2	$C_3H_{5,177}O_{2,554}N_{0,315}S_{0,045}$	87,89	$C_1H_{1,73}O_{0,85}N_{0,11}S_{0,0150}P_{0,000}$	29,30
Essigsäure	$C_2H_4O_2$	60,00	$C_1H_{2,00}O_{1,00}N_{0,00}S_{0,0000}P_{0,000}$	30,00
Glucose	$C_6H_{12}O_6$	180,00	$C_1H_{2,00}O_{1,00}N_{0,00}S_{0,0000}P_{0,000}$	30,00
Cellulose	$C_6H_{12}O_6$	180,00	$C_1H_{2,00}O_{1,00}N_{0,00}S_{0,0000}P_{0,000}$	30,00
Galactose	$C_6H_{12,00}O_{6,00}N_{0,00}S_{0,0000}P_{0,000}$	180,00	$C_1H_{2,00}O_{1,00}N_{0,00}S_{0,0000}P_{0,000}$	30,00
Milchsäure	$C_3H_{6,00}O_{3,00}N_{0,00}S_{0,0000}P_{0,000}$	90,00	$C_1H_{2,00}O_{1,00}N_{0,00}S_{0,0000}P_{0,000}$	30,00
Ribose	$C_5H_{10,00}O_{5,00}N_{0,00}S_{0,0000}P_{0,000}$	150,00	$C_1H_{2,00}O_{1,00}N_{0,00}S_{0,0000}P_{0,000}$	30,00
Threonin	$C_4H_{9,00}O_{3,00}N_{1,00}S_{0,0000}P_{0,000}$	119,00	$C_1H_{2,25}O_{0,75}N_{0,25}S_{0,0000}P_{0,000}$	29,75
Alanin	$C_3H_{7,00}O_{2,00}N_{1,00}S_{0,0000}P_{0,000}$	89,00	$C_1H_{2,33}O_{0,67}N_{0,33}S_{0,0000}P_{0,000}$	29,67
Tissue paper	$C_3H_{5,45}O_{2,82}N_{0,00}S_{0,0000}P_{0,000}$	86,54	$C_1H_{1,82}O_{0,94}N_{0,00}S_{0,0000}P_{0,000}$	28,85

(Fortsetzung)

Tab. 7.1 (Fortsetzung)

Substrat	Bruttosummenformel	Molgewicht (g/mol)	1 C-mol Bruttosummenformel	1 C-mol Molgewicht (g/1 C-mol)
Gracilaria strain G-4	$C_3H_{5,74}O_{2,43}N_{0,37}S_{0,0000}P_{0,000}$	85,71	$C_1H_{1,91}O_{0,81}N_{0,12}S_{0,0000}P_{0,000}$	28,57
Klärschlamm	$C_{2,7}H_4O_{1,2}N_{0,97}S_{0,028}Cl_{0,006}$	70,29	$C_1H_{1,48}O_{0,44}N_{0,36}S_{0,0104}P_{0,000}$	26,03
Hydrilla verticillata	$C_3H_{4,91}O_{2,41}N_{0,21}S_{0,0136}P_{0,000}$	82,80	$C_1H_{1,64}O_{0,80}N_{0,07}S_{0,0045}P_{0,000}$	27,60
Laktose	$C_{12}H_{22}O_{11}$	342,00	$C_1H_{1,83}O_{0,92}N_{0,00}S_{0,0000}P_{0,000}$	28,50
Mannitol (Mannit)	$C_6H_{14,00}O_{6,00}N_{0,00}S_{0,0000}P_{0,000}$	182,00	$C_1H_{2,33}O_{1,00}N_{0,00}S_{0,0000}P_{0,000}$	30,33
Saccharomyces Cerevisiae anaerob 1	$C_1H_{1,85}O_{0,74}N_{0,14}S_{0,0000}P_{0,000}$	27,65	$C_1H_{1,85}O_{0,74}N_{0,14}S_{0,0000}P_{0,000}$	27,65
Federn und Haare	$C_3H_{5,07}O_{1,61}N_{0,94}S_{0,1276}P_{0,000}$	84,02	$C_1H_{1,69}O_{0,54}N_{0,31}S_{0,0425}P_{0,000}$	28,01
Sojamehl	$C_{9,9}H_{19,61}O_{7,24}N_{1,55}S_{0,029}$	276,88	$C_1H_{1,98}O_{0,73}N_{0,16}S_{0,0029}P_{0,000}$	27,97
Maize silage	$C_3H_{5,26}O_{2,55}N_{0,05}S_{0,0004}P_{0,010}$	83,09	$C_1H_{1,75}O_{0,85}N_{0,02}S_{0,0001}P_{0,003}$	27,70
Gracilaria strain G-16	$C_3H_{4,96}O_{2,22}N_{0,26}S_{0,0000}P_{0,000}$	80,00	$C_1H_{1,65}O_{0,74}N_{0,09}S_{0,0000}P_{0,000}$	26,67
Gracilaria strain G-9	$C_3H_{6,60}O_{2,27}N_{0,48}S_{0,0000}P_{0,000}$	85,71	$C_1H_{2,20}O_{0,76}N_{0,16}S_{0,0000}P_{0,000}$	28,57
CCM	$C_3H_{5,68}O_{2,54}N_{0,10}S_{0,0010}P_{0,016}$	84,24	$C_1H_{1,89}O_{0,85}N_{0,03}S_{0,0003}P_{0,005}$	28,08
Dextrin	$C_6H_{10}O_5$	162,00	$C_1H_{1,67}O_{0,83}N_{0,00}S_{0,0000}P_{0,000}$	27,00
Stärke	$C_6H_{10}O_5$	162,00	$C_1H_{1,67}O_{0,83}N_{0,00}S_{0,0000}P_{0,000}$	27,00
Polysaccharide	$C_6H_{10,00}O_{5,00}N_{0,00}S_{0,0000}P_{0,000}$	162,00	$C_1H_{1,67}O_{0,83}N_{0,00}S_{0,0000}P_{0,000}$	27,00
Saccharomyces Cerevisiae CBS 426/5	$C_3H_{5,65}O_{2,01}N_{0,52}S_{0,0000}P_{0,000}$	81,11	$C_1H_{1,88}O_{0,67}N_{0,17}S_{0,0000}P_{0,000}$	27,04
Macrocystis pyrifera 4	$C_3H_{4,62}O_{2,21}N_{0,22}S_{0,0523}P_{0,014}$	81,10	$C_1H_{1,54}O_{0,74}N_{0,07}S_{0,0174}P_{0,005}$	27,03
Gracilaria strain G-5	$C_3H_{5,65}O_{2,22}N_{0,33}S_{0,0000}P_{0,000}$	81,82	$C_1H_{1,88}O_{0,74}N_{0,11}S_{0,0000}P_{0,000}$	27,27
Protein	$C_7H_6O_{3,5}N$	160,00	$C_1H_{0,86}O_{0,50}N_{0,14}S_{0,0000}P_{0,000}$	22,86
Zuckerrübenvinasse	$C_4H_{4,49}O_{2,45}N_{0,37}S_{0,0516}P_{0,000}$	98,84	$C_1H_{1,12}O_{0,61}N_{0,09}S_{0,0129}P_{0,000}$	24,71
Aerobacter aerogenes	$C_1H_{1,83}O_{0,56}N_{0,25}S_{0,0000}P_{0,000}$	26,29	$C_1H_{1,83}O_{0,56}N_{0,25}S_{0,0000}P_{0,000}$	26,29

(Fortsetzung)

Tab. 7.1 (Fortsetzung)

Substrat	Bruttosummenformel	Molgewicht (g/mol)	1 C-mol Bruttosummenformel	1 C-mol Molgewicht (g/1 C-mol)
Organik in Molke	$C_6H_{11,1}O_{5,12}$	165,02	$C_1H_{1,85}O_{0,85}N_{0,00}S_{0,0000}P_{0,000}$	27,50
Molke	$C\,H_{1,85}O_{0,853}$	27,50	$C_1H_{1,85}O_{0,85}N_{0,00}S_{0,0000}P_{0,000}$	27,50
Newspaper	$C_3H_{5,46}O_{2,54}N_{0,00}S_{0,0000}P_{0,000}$	82,12	$C_1H_{1,82}O_{0,85}N_{0,00}S_{0,0000}P_{0,000}$	27,37
Triticalekörner	$C_3H_{5,30}O_{2,40}N_{0,10}S_{0,0028}P_{0,009}$	81,53	$C_1H_{1,77}O_{0,80}N_{0,03}S_{0,0009}P_{0,003}$	27,18
Gracilaria strain G-1	$C_3H_{6,28}O_{2,27}N_{0,36}S_{0,0000}P_{0,000}$	83,72	$C_1H_{2,09}O_{0,76}N_{0,12}S_{0,0000}P_{0,000}$	27,91
Wheat stillage	$C_4H_{4,78}O_{2,45}N_{0,38}S_{0,0061}P_{0,003}$	97,70	$C_1H_{1,20}O_{0,61}N_{0,10}S_{0,0015}P_{0,001}$	24,42
Glyzerin (Glycerol)	$C_3H_{8,00}O_{3,00}N_{0,00}S_{0,0000}P_{0,000}$	92,00	$C_1H_{2,67}O_{1,00}N_{0,00}S_{0,0000}P_{0,000}$	30,67
Zuckerrübenpreßschnitzel	$C_3H_{4,24}O_{2,12}N_{0,12}S_{0,0031}P_{0,000}$	76,11	$C_1H_{1,41}O_{0,71}N_{0,04}S_{0,0010}P_{0,000}$	25,37
Saccharomyces Cerevisiae CBS 426/12	$C_3H_{5,35}O_{1,80}N_{0,58}S_{0,0000}P_{0,000}$	78,22	$C_1H_{1,78}O_{0,60}N_{0,19}S_{0,0000}P_{0,000}$	26,07
Weizenkörner	$C_3H_{5,37}O_{2,32}N_{0,13}S_{0,0031}P_{0,010}$	80,78	$C_1H_{1,79}O_{0,77}N_{0,04}S_{0,0010}P_{0,003}$	26,93
Gras	$C_{23}H_{38}O_{17}N$	600,00	$C_1H_{1,65}O_{0,74}N_{0,04}S_{0,0000}P_{0,000}$	26,09
Triticaleganzpflanzen	$C_3H_{4,91}O_{2,28}N_{0,06}S_{0,0046}P_{0,006}$	78,73	$C_1H_{1,64}O_{0,76}N_{0,02}S_{0,0015}P_{0,002}$	26,24
Hühnertrockenkot	$C_4H_{5,67}O_{2,40}N_{0,48}S_{0,0109}P_{0,000}$	99,18	$C_1H_{1,42}O_{0,60}N_{0,12}S_{0,0027}P_{0,000}$	24,80
Agarose	$C_{12}H_{18,00}O_{9,00}N_{0,00}S_{0,0000}P_{0,000}$	306,00	$C_1H_{1,50}O_{0,75}N_{0,00}S_{0,0000}P_{0,000}$	25,50
Agar	$C_{12}H_{18,00}O_{9,00}N_{0,00}S_{0,0000}P_{0,000}$	306,00	$C_1H_{1,50}O_{0,75}N_{0,00}S_{0,0000}P_{0,000}$	25,50
Gracilaria strain G-8	$C_3H_{5,32}O_{2,01}N_{0,34}S_{0,0000}P_{0,000}$	78,26	$C_1H_{1,77}O_{0,67}N_{0,11}S_{0,0000}P_{0,000}$	26,09
Molkeeiweiß	$C_{4,76}H_{9,95}O_{2,66}N_{1,237}$	126,95	$C_1H_{2,09}O_{0,56}N_{0,26}S_{0,0000}P_{0,000}$	26,67
Gracilaria strain G-3	$C_4H_{6,10}O_{2,46}N_{0,47}S_{0,0000}P_{0,000}$	100,00	$C_1H_{1,53}O_{0,61}N_{0,12}S_{0,0000}P_{0,000}$	25,00
Gemüse	$C_3H_{4,4}O_{1,994}N_{0,193}S_{0,0063}Cl_{0,0028}$	75,31	$C_1H_{1,47}O_{0,66}N_{0,06}S_{0,0021}P_{0,000}$	25,10
Saccharomyces Cerevisiae CBS 426/13	$C_3H_{5,66}O_{1,77}N_{0,59}S_{0,0000}P_{0,000}$	78,19	$C_1H_{1,89}O_{0,59}N_{0,20}S_{0,0000}P_{0,000}$	26,06
Cardboard	$C_3H_{4,87}O_{2,28}N_{0,02}S_{0,0045}P_{0,000}$	77,73	$C_1H_{1,62}O_{0,76}N_{0,01}S_{0,0015}P_{0,000}$	25,91

(Fortsetzung)

Tab. 7.1 (Fortsetzung)

Substrat	Bruttosummenformel	Molgewicht (g/mol)	1 C-mol Bruttosummenformel	1 C-mol Molgewicht (g/1 C-mol)
Rohrschwingel	$C_3H_{5,48}O_{2,34}N_{0,05}S_{0,0038}P_{0,005}$	80,33	$C_1H_{1,83}O_{0,78}N_{0,02}S_{0,0013}P_{0,002}$	26,78
Cystin	$C_6H_{12,00}O_{4,00}N_{2,00}S_{2,0000}P_{0,000}$	240,14	$C_1H_{2,00}O_{0,67}N_{0,33}S_{0,3333}P_{0,000}$	40,02
Saccharomyces Cerevisiae CBS 426/11	$C_3H_{4,96}O_{1,68}N_{0,55}S_{0,0000}P_{0,000}$	75,51	$C_1H_{1,65}O_{0,56}N_{0,18}S_{0,0000}P_{0,000}$	25,17
Stroh 2	$C_4H_{5,7}O_{2,869}N_{0,029}$	100,01	$C_1H_{1,43}O_{0,72}N_{0,01}S_{0,0000}P_{0,000}$	25,00
Triticalestroh	$C_3H_{4,84}O_{2,24}N_{0,02}S_{0,0014}P_{0,002}$	77,43	$C_1H_{1,61}O_{0,75}N_{0,01}S_{0,0005}P_{0,001}$	25,81
Zellbiomasse	$C_{372}H_{710}O_{236}N_{61}S_3P_6Cl_2$	10.156,93	$C_1H_{1,91}O_{0,63}N_{0,16}S_{0,0081}P_{0,016}$	27,30
Paper	$C_3H_{4,97}O_{2,28}N_{0,02}S_{0,0048}P_{0,000}$	77,79	$C_1H_{1,66}O_{0,76}N_{0,01}S_{0,0016}P_{0,000}$	25,93
Sonnenblumenstroh	$C_3H_{4,32}O_{2,07}N_{0,07}S_{0,0040}P_{0,005}$	75,36	$C_1H_{1,44}O_{0,69}N_{0,02}S_{0,0013}P_{0,002}$	25,12
Soja-Proteingemisch	$C_{5,2}H_{11,62}O_{2,74}N_{1,55}S_{0,029}$	140,49	$C_1H_{2,23}O_{0,53}N_{0,30}S_{0,0056}P_{0,000}$	27,02
Roggenkörner	$C_3H_{5,04}O_{2,17}N_{0,11}S_{0,0027}P_{0,012}$	77,81	$C_1H_{1,68}O_{0,72}N_{0,04}S_{0,0009}P_{0,004}$	25,94
Saccharomyces Cerevisiae anaerob 3	$C_1H_{1,98}O_{0,63}N_{0,16}S_{0,0000}P_{0,000}$	26,30	$C_1H_{1,98}O_{0,63}N_{0,16}S_{0,0000}P_{0,000}$	26,30
Festmistlagergut (Rinder)	$C_3H_{4,965}O_{2,129}N_{0,117}S_{0,003}$	76,76	$C_1H_{1,66}O_{0,71}N_{0,04}S_{0,0010}P_{0,000}$	25,59
Japanese food (80 % vegetables)	$C_3H_{5,45}O_{2,12}N_{0,20}S_{0,0000}P_{0,000}$	78,07	$C_1H_{1,82}O_{0,71}N_{0,07}S_{0,0000}P_{0,000}$	26,02
Lemna sp. (Duckweed)	$C_3H_{5,60}O_{1,80}N_{0,51}S_{0,0231}P_{0,000}$	78,26	$C_1H_{1,87}O_{0,60}N_{0,17}S_{0,0077}P_{0,000}$	26,09
Mix rapidly decomposable	$C_3H_{4,89}O_{2,19}N_{0,04}S_{0,0051}P_{0,000}$	76,72	$C_1H_{1,63}O_{0,73}N_{0,01}S_{0,0017}P_{0,000}$	25,57
Candida utilis 2	$C_1H_{1,87}O_{0,56}N_{0,20}S_{0,0000}P_{0,000}$	25,63	$C_1H_{1,87}O_{0,56}N_{0,20}S_{0,0000}P_{0,000}$	25,63
Candida utilis 4	$C_1H_{1,87}O_{0,56}N_{0,20}S_{0,0000}P_{0,000}$	25,63	$C_1H_{1,87}O_{0,56}N_{0,20}S_{0,0000}P_{0,000}$	25,63
Macrocystis pyrifera 5	$C_3H_{5,09}O_{2,11}N_{0,15}S_{0,0076}P_{0,008}$	77,42	$C_1H_{1,70}O_{0,70}N_{0,05}S_{0,0025}P_{0,003}$	25,81
Maisstroh 1	$C_4H_{5,57}O_{2,74}N_{0,05}S_{0,0039}P_{0,000}$	98,54	$C_1H_{1,39}O_{0,68}N_{0,01}S_{0,0010}P_{0,000}$	24,64
Schilf, Ried	$C_4H_{6,00}O_{2,80}N_{0,07}S_{0,0062}P_{0,000}$	100,00	$C_1H_{1,50}O_{0,70}N_{0,02}S_{0,0016}P_{0,000}$	25,00
Saccharomyces Cerevisiae anaerob 2	$C_1H_{1,79}O_{0,60}N_{0,15}S_{0,0000}P_{0,000}$	25,49	$C_1H_{1,79}O_{0,60}N_{0,15}S_{0,0000}P_{0,000}$	25,49

(Fortsetzung)

Tab. 7.1 (Fortsetzung)

Substrat	Bruttosummenformel	Molgewicht (g/mol)	1 C-mol Bruttosummenformel	1 C-mol Molgewicht (g/1 C-mol)
Wiesenheu	$C_3H_{4,96}O_{2,20}N_{0,06}S_{0,0020}P_{0,044}$	78,38	$C_1H_{1,65}O_{0,73}N_{0,02}S_{0,0007}P_{0,015}$	26,13
Escherichia coli	$C_1H_{1,77}O_{0,49}N_{0,24}S_{0,0000}P_{0,000}$	24,97	$C_1H_{1,77}O_{0,49}N_{0,24}S_{0,0000}P_{0,000}$	24,97
Maisstroh 2	$C_3H_{4,26}O_{2,12}N_{0,02}S_{0,0010}P_{0,056}$	76,22	$C_1H_{1,42}O_{0,71}N_{0,01}S_{0,0003}P_{0,019}$	25,41
Food waste leachate	$C_4H_{6,41}O_{2,63}N_{0,24}S_{0,0061}P_{0,000}$	100,53	$C_1H_{1,60}O_{0,66}N_{0,06}S_{0,0015}P_{0,000}$	25,13
Saccharomyces Cerevisiae CBS 426/3	$C_3H_{5,46}O_{1,74}N_{0,49}S_{0,0000}P_{0,000}$	76,19	$C_1H_{1,82}O_{0,58}N_{0,16}S_{0,0000}P_{0,000}$	25,40
Saccharomyces Cerevisiae anaerob 4	$C_1H_{1,83}O_{0,55}N_{0,19}S_{0,0000}P_{0,000}$	25,29	$C_1H_{1,83}O_{0,55}N_{0,19}S_{0,0000}P_{0,000}$	25,29
Weidenholz	$C_3H_{4,66}O_{2,12}N_{0,03}S_{0,0007}P_{0,001}$	75,06	$C_1H_{1,55}O_{0,71}N_{0,01}S_{0,0002}P_{0,000}$	25,02
Macrocystis pyrifera 1	$C_3H_{4,86}O_{1,99}N_{0,19}S_{0,0446}P_{0,000}$	76,84	$C_1H_{1,62}O_{0,66}N_{0,06}S_{0,0149}P_{0,000}$	25,61
Saccharomyces Cerevisiae CBS 426/9	$C_3H_{5,57}O_{1,89}N_{0,37}S_{0,0000}P_{0,000}$	77,01	$C_1H_{1,86}O_{0,63}N_{0,12}S_{0,0000}P_{0,000}$	25,67
Saccharomyces Cerevisiae CBS 426/1	$C_3H_{6,01}O_{1,80}N_{0,52}S_{0,0000}P_{0,000}$	78,07	$C_1H_{2,00}O_{0,60}N_{0,17}S_{0,0000}P_{0,000}$	26,02
Stroh 1	$C_3H_{4,91}O_{2,15}N_{0,03}S_{0,0028}P_{0,003}$	76,18	$C_1H_{1,64}O_{0,72}N_{0,01}S_{0,0009}P_{0,001}$	25,39
Weizenganzpflanzen	$C_3H_{5,10}O_{2,14}N_{0,08}S_{0,0030}P_{0,006}$	76,75	$C_1H_{1,70}O_{0,71}N_{0,03}S_{0,0010}P_{0,002}$	25,58
Cystein	$C_3H_{7,00}O_{2,00}N_{1,00}S_{1,0000}P_{0,000}$	121,07	$C_1H_{2,33}O_{0,67}N_{0,33}S_{0,3333}P_{0,000}$	40,36
Buchenholz	$C_4H_{6,21}O_{2,83}N_{0,02}S_{0,0005}P_{0,001}$	99,79	$C_1H_{1,55}O_{0,71}N_{0,00}S_{0,0001}P_{0,000}$	24,95
Saccharomyces Cerevisiae anaerob 6	$C_1H_{1,80}O_{0,55}N_{0,18}S_{0,0000}P_{0,000}$	25,12	$C_1H_{1,80}O_{0,55}N_{0,18}S_{0,0000}P_{0,000}$	25,12
Hanfstroh	$C_4H_{6,14}O_{2,77}N_{0,06}S_{0,0032}P_{0,008}$	99,74	$C_1H_{1,54}O_{0,69}N_{0,01}S_{0,0008}P_{0,002}$	24,93
Hefe	$C_1H_{1,80}O_{0,56}N_{0,17}S_{0,0000}P_{0,000}$	25,14	$C_1H_{1,80}O_{0,56}N_{0,17}S_{0,0000}P_{0,000}$	25,14
Sawdust	$C_4H_{6,18}O_{2,81}N_{0,02}S_{0,0000}P_{0,000}$	99,32	$C_1H_{1,55}O_{0,70}N_{0,00}S_{0,0000}P_{0,000}$	24,83
Saccharomyces Cerevisiae CBS 426/7	$C_3H_{6,43}O_{1,89}N_{0,48}S_{0,0000}P_{0,000}$	79,38	$C_1H_{2,14}O_{0,63}N_{0,16}S_{0,0000}P_{0,000}$	26,46
Ornithin	$C_5H_{12,00}O_{2,00}N_{2,00}S_{0,0000}P_{0,000}$	132,00	$C_1H_{2,40}O_{0,40}N_{0,40}S_{0,0000}P_{0,000}$	26,40
Saccharomyces cerevisiae 2	$C_1H_{1,83}O_{0,56}N_{0,17}S_{0,0000}P_{0,000}$	25,17	$C_1H_{1,83}O_{0,56}N_{0,17}S_{0,0000}P_{0,000}$	25,17

(Fortsetzung)

Tab. 7.1 (Fortsetzung)

Substrat	Bruttosummenformel	Molgewicht (g/mol)	1 C-mol Bruttosummenformel	1 C-mol Molgewicht (g/1 C-mol)
Rinderfestmist 1	$C_4H_{5,432}O_{2,361}N_{0,295}S_{0,041}$	96,65	$C_1H_{1,36}O_{0,59}N_{0,07}S_{0,0103}P_{0,000}$	24,16
Pseudomonas C12B	$C_1H_{2,00}O_{0,52}N_{0,23}S_{0,0000}P_{0,000}$	25,54	$C_1H_{2,00}O_{0,52}N_{0,23}S_{0,0000}P_{0,000}$	25,54
Macrocystis pyrifera 2	$C_3H_{4,76}O_{1,96}N_{0,17}S_{0,0465}P_{0,013}$	76,48	$C_1H_{1,59}O_{0,65}N_{0,06}S_{0,0155}P_{0,004}$	25,49
Saccharomyces Cerevisiae average	$C_3H_{5,48}O_{1,68}N_{0,50}S_{0,0000}P_{0,000}$	75,40	$C_1H_{1,83}O_{0,56}N_{0,17}S_{0,0000}P_{0,000}$	25,13
Pappelholz	$C_4H_{6,27}O_{2,79}N_{0,03}S_{0,0010}P_{0,003}$	99,39	$C_1H_{1,57}O_{0,70}N_{0,01}S_{0,0002}P_{0,001}$	24,85
Straßengrasschnitte	$C_3H_{4,95}O_{2,01}N_{0,10}S_{0,0057}P_{0,006}$	75,83	$C_1H_{1,65}O_{0,67}N_{0,03}S_{0,0019}P_{0,002}$	25,28
Beech wood (Buchenholz)	$C_4H_{6,32}O_{2,81}N_{0,01}S_{0,0000}P_{0,000}$	99,41	$C_1H_{1,58}O_{0,70}N_{0,00}S_{0,0000}P_{0,000}$	24,85
Landschaftspflegeheu	$C_3H_{4,83}O_{2,05}N_{0,06}S_{0,0039}P_{0,005}$	75,09	$C_1H_{1,61}O_{0,68}N_{0,02}S_{0,0013}P_{0,002}$	25,03
Roggenstroh	$C_4H_{5,76}O_{2,66}N_{0,04}S_{0,0022}P_{0,000}$	97,26	$C_1H_{1,44}O_{0,66}N_{0,01}S_{0,0006}P_{0,000}$	24,32
Nahrungsreste	$C_{3,51}H_{5,6}O_{1,91}N_{0,414}S_{0,0156}Cl_{0,0789}$	87,37	$C_1H_{1,60}O_{0,54}N_{0,12}S_{0,0044}P_{0,000}$	24,89
Sorghum, Ganzpflanze	$C_4H_{6,11}O_{2,59}N_{0,16}S_{0,0017}P_{0,000}$	97,80	$C_1H_{1,53}O_{0,65}N_{0,04}S_{0,0004}P_{0,000}$	24,45
Protein	$C_{13}H_{25}O_7N_3S$	367,07	$C_1H_{1,92}O_{0,54}N_{0,23}S_{0,0769}P_{0,000}$	28,24
Roggenstroh	$C_4H_{6,18}O_{2,71}N_{0,04}S_{0,0027}P_{0,005}$	98,77	$C_1H_{1,55}O_{0,68}N_{0,01}S_{0,0007}P_{0,001}$	24,69
Paracoccus denitrificans 1	$C_1H_{1,81}O_{0,51}N_{0,20}S_{0,0000}P_{0,000}$	24,77	$C_1H_{1,81}O_{0,51}N_{0,20}S_{0,0000}P_{0,000}$	24,77
Schweineblut	$C_{2,63}H_{5,06}O_{1,41}N_{0,6}S_{0,2}$	73,99	$C_1H_{1,92}O_{0,54}N_{0,23}S_{0,0760}P_{0,000}$	28,13
Saccharomyces cerevisiae 1	$C_1H_{1,64}O_{0,52}N_{0,16}S_{0,0000}P_{0,000}$	24,20	$C_1H_{1,64}O_{0,52}N_{0,16}S_{0,0000}P_{0,000}$	24,20
Sägemehl	$C_4H_{5,915}O_{2,682}N_{0,01}$	96,97	$C_1H_{1,48}O_{0,67}N_{0,00}S_{0,0000}P_{0,000}$	24,24
Average biomass 1	$C_1H_{1,79}O_{0,50}N_{0,20}S_{0,0000}P_{0,000}$	24,59	$C_1H_{1,79}O_{0,50}N_{0,20}S_{0,0000}P_{0,000}$	24,59
Zellbiomasse	$C\,H_{1,8}O_{0,5}N_{0,2}$	24,60	$C_1H_{1,80}O_{0,50}N_{0,20}S_{0,0000}P_{0,000}$	24,60
Paracoccus denitrificans 2	$C_1H_{1,51}O_{0,46}N_{0,19}S_{0,0000}P_{0,000}$	23,53	$C_1H_{1,51}O_{0,46}N_{0,19}S_{0,0000}P_{0,000}$	23,53
Roggenganzpflanzen	$C_4H_{5,80}O_{2,56}N_{0,08}S_{0,0034}P_{0,009}$	96,57	$C_1H_{1,45}O_{0,64}N_{0,02}S_{0,0009}P_{0,002}$	24,14

(Fortsetzung)

Tab. 7.1 (Fortsetzung)

Substrat	Bruttosummenformel	Molgewicht (g/mol)	1 C-mol Bruttosummenformel	1 C-mol Molgewicht (g/1 C-mol)
Mycelium	$C_1H_{1,64}O_{0,52}N_{0,16}S_{0,0046}P_{0,005}$	24,51	$C_1H_{1,64}O_{0,52}N_{0,16}S_{0,0046}P_{0,005}$	24,51
Gerstenstroh	$C_4H_{5,86}O_{2,61}N_{0,03}S_{0,0028}P_{0,007}$	96,87	$C_1H_{1,47}O_{0,65}N_{0,01}S_{0,0007}P_{0,002}$	24,22
Rinderblut	$C_{2,68}H_{5,16}O_{1,42}N_{0,6}S_{0,2}$	74,85	$C_1H_{1,93}O_{0,53}N_{0,22}S_{0,0746}P_{0,000}$	27,93
Weidelgras	$C_4H_{5,83}O_{2,48}N_{0,10}S_{0,0045}P_{0,000}$	96,49	$C_1H_{1,46}O_{0,62}N_{0,02}S_{0,0011}P_{0,000}$	24,12
Yard wastes	$C_4H_{5,95}O_{2,39}N_{0,24}S_{0,0072}P_{0,000}$	95,78	$C_1H_{1,49}O_{0,60}N_{0,06}S_{0,0018}P_{0,000}$	23,94
Rapsstroh	$C_5H_{0,67}O_{2,13}N_{0,01}S_{0,0113}P_{0,000}$	95,24	$C_1H_{0,13}O_{0,43}N_{0,00}S_{0,0023}P_{0,000}$	19,05
Klebsiella aerogenes 2	$C_1H_{1,73}O_{0,43}N_{0,24}S_{0,0000}P_{0,000}$	23,97	$C_1H_{1,73}O_{0,43}N_{0,24}S_{0,0000}P_{0,000}$	23,97
Klebsiella aerogenes 4	$C_1H_{1,73}O_{0,43}N_{0,24}S_{0,0000}P_{0,000}$	23,97	$C_1H_{1,73}O_{0,43}N_{0,24}S_{0,0000}P_{0,000}$	23,97
Miscanthus 1	$C_4H_{6,27}O_{2,63}N_{0,05}S_{0,0047}P_{0,002}$	97,59	$C_1H_{1,57}O_{0,66}N_{0,01}S_{0,0012}P_{0,001}$	24,40
Miscanthus 2	$C_4H_{5,70}O_{2,63}N_{0,03}S_{0,0094}P_{0,097}$	99,40	$C_1H_{1,43}O_{0,66}N_{0,01}S_{0,0023}P_{0,024}$	24,85
Giant Kelp Macrocystis pyrifera 2	$C_4H_{6,44}O_{2,53}N_{0,20}S_{0,0564}P_{0,016}$	100,00	$C_1H_{1,61}O_{0,63}N_{0,05}S_{0,0141}P_{0,004}$	25,00
Giant Kelp Macrocystis pyrifera 3	$C_3H_{5,04}O_{1,90}N_{0,17}S_{0,0437}P_{0,014}$	75,73	$C_1H_{1,68}O_{0,63}N_{0,06}S_{0,0146}P_{0,005}$	25,24
Rapsstroh	$C_4H_{6,01}O_{2,55}N_{0,06}S_{0,0086}P_{0,004}$	96,52	$C_1H_{1,50}O_{0,64}N_{0,02}S_{0,0021}P_{0,001}$	24,13
Salmin (Protamin)	$C_6H_{13,87}O_{2,27}N_{3,65}S_{0,0000}P_{3,000}$	266,41	$C_1H_{2,30}O_{0,38}N_{0,61}S_{0,0000}P_{0,498}$	44,23
Aminobuttersäure	$C_4H_{9,00}O_{2,00}N_{1,00}S_{0,0000}P_{0,000}$	103,00	$C_1H_{2,25}O_{0,50}N_{0,25}S_{0,0000}P_{0,000}$	25,75
Fichtenholz	$C_4H_{6,07}O_{2,60}N_{0,01}S_{0,0005}P_{0,001}$	95,88	$C_1H_{1,52}O_{0,65}N_{0,00}S_{0,0001}P_{0,000}$	23,97
Saccharomyces cerevisiae 3	$C_1H_{1,81}O_{0,51}N_{0,17}S_{0,0000}P_{0,000}$	24,35	$C_1H_{1,81}O_{0,51}N_{0,17}S_{0,0000}P_{0,000}$	24,35
Holz	$C_{295}H_{420}O_{186}N$	6950,00	$C_1H_{1,42}O_{0,63}N_{0,00}S_{0,0000}P_{0,000}$	23,56
Korean food, Feb_max	$C_4H_{6,88}O_{2,40}N_{0,30}S_{0,0029}P_{0,000}$	97,56	$C_1H_{1,72}O_{0,60}N_{0,08}S_{0,0007}P_{0,000}$	24,39
Food wastes	$C_4H_{5,86}O_{2,35}N_{0,18}S_{0,0115}P_{0,000}$	94,48	$C_1H_{1,47}O_{0,59}N_{0,05}S_{0,0029}P_{0,000}$	23,62
Saccharomyces Cerevisiae CBS 426/6	$C_3H_{4,72}O_{1,44}N_{0,47}S_{0,0000}P_{0,000}$	70,35	$C_1H_{1,57}O_{0,48}N_{0,16}S_{0,0000}P_{0,000}$	23,45

(Fortsetzung)

Tab. 7.1 (Fortsetzung)

Substrat	Bruttosummenformel	Molgewicht (g/mol)	1 C-mol Bruttosummenformel	1 C-mol Molgewicht (g/1 C-mol)
Zellbiomasse	$C_5H_7O_2N$	113,00	$C_1H_{1,40}O_{0,40}N_{0,20}S_{0,0000}P_{0,000}$	22,60
Bakterien (Eckenfelder-Formel)	$C_5H_{7,00}O_{2,00}N_{1,00}S_{0,0000}P_{0,000}$	113,00	$C_1H_{1,40}O_{0,40}N_{0,20}S_{0,0000}P_{0,000}$	22,60
Saccharomyces Cerevisiae CBS 426/4	$C_3H_{5,69}O_{1,56}N_{0,50}S_{0,0000}P_{0,000}$	73,65	$C_1H_{1,90}O_{0,52}N_{0,17}S_{0,0000}P_{0,000}$	24,55
Triticale Stroh	$C_4H_{6,23}O_{2,62}N_{0,03}S_{0,0032}P_{0,096}$	99,57	$C_1H_{1,56}O_{0,65}N_{0,01}S_{0,0008}P_{0,024}$	24,89
Giant Kelp Macrocystis pyrifera 4	$C_4H_{6,22}O_{2,27}N_{0,32}S_{0,0362}P_{0,020}$	96,66	$C_1H_{1,56}O_{0,57}N_{0,08}S_{0,0090}P_{0,005}$	24,16
Mix	$C_{3,57}H_{5,1}O_{1,93}N_{0,219}S_{0,0094}Cl_{0,0479}$	83,89	$C_1H_{1,43}O_{0,54}N_{0,06}S_{0,0026}P_{0,000}$	23,50
Gerste, Ganzpflanze	$C_3H_{5,18}O_{2,05}N_{0,07}S_{0,0027}P_{0,192}$	80,96	$C_1H_{1,73}O_{0,68}N_{0,02}S_{0,0009}P_{0,064}$	26,99
Klebsiella aerogenes 1	$C_1H_{1,75}O_{0,43}N_{0,22}S_{0,0000}P_{0,000}$	23,71	$C_1H_{1,75}O_{0,43}N_{0,22}S_{0,0000}P_{0,000}$	23,71
Saccharomyces Cerevisiae CBS 426/10	$C_3H_{4,76}O_{1,38}N_{0,51}S_{0,0000}P_{0,000}$	69,92	$C_1H_{1,59}O_{0,46}N_{0,17}S_{0,0000}P_{0,000}$	23,31
Protein	$C_{4,2}H_{7,2}O_{1,5}N_{1,18}S_{0,038}$	99,34	$C_1H_{1,71}O_{0,36}N_{0,28}S_{0,0090}P_{0,000}$	23,65
Komm. Klärschlamm	$C_{30}H_{48}O_{19}N_{0,5}S_{0,05}$	720,60	$C_1H_{1,60}O_{0,63}N_{0,02}S_{0,0017}P_{0,000}$	24,02
Weizenstroh	$C_3H_{4,86}O_{1,98}N_{0,02}S_{0,0002}P_{0,077}$	75,17	$C_1H_{1,62}O_{0,66}N_{0,01}S_{0,0001}P_{0,026}$	25,06
Saccharomyces Cerevisiae CBS 426/8	$C_3H_{5,85}O_{1,56}N_{0,50}S_{0,0000}P_{0,000}$	73,81	$C_1H_{1,95}O_{0,52}N_{0,17}S_{0,0000}P_{0,000}$	24,60
Stroh	$C_{40}H_{57}O_{24,4}N_{0,286}$	931,40	$C_1H_{1,43}O_{0,61}N_{0,01}S_{0,0000}P_{0,000}$	23,29
Weizen, Ganzpflanze	$C_3H_{5,30}O_{1,98}N_{0,09}S_{0,0031}P_{0,145}$	78,95	$C_1H_{1,77}O_{0,66}N_{0,03}S_{0,0010}P_{0,048}$	26,32
Protein	$C_6H_{12,00}O_{2,00}N_{2,00}S_{0,0000}P_{0,000}$	144,00	$C_1H_{2,00}O_{0,33}N_{0,33}S_{0,0000}P_{0,000}$	24,00
Biomass (bacteria)	$C_1H_{1,80}O_{0,50}N_{0,16}S_{0,0045}P_{0,006}$	24,35	$C_1H_{1,80}O_{0,50}N_{0,16}S_{0,0045}P_{0,006}$	24,35
Saccharomyces Cerevisiae anaerob 5	$C_1H_{1,89}O_{0,51}N_{0,16}S_{0,0000}P_{0,000}$	24,29	$C_1H_{1,89}O_{0,51}N_{0,16}S_{0,0000}P_{0,000}$	24,29
Macrocystis pyrifera 3	$C_4H_{6,44}O_{2,34}N_{0,23}S_{0,0454}P_{0,016}$	96,97	$C_1H_{1,61}O_{0,58}N_{0,06}S_{0,0113}P_{0,004}$	24,24
Rinderfestmist + 5 % Ernterückstände	$C_4H_{5,565}O_{2,133}N_{0,269}S_{0,04}$	92,74	$C_1H_{1,39}O_{0,53}N_{0,07}S_{0,0100}P_{0,000}$	23,19
Klebsiella aerogenes 3	$C_1H_{1,75}O_{0,47}N_{0,17}S_{0,0000}P_{0,000}$	23,65	$C_1H_{1,75}O_{0,47}N_{0,17}S_{0,0000}P_{0,000}$	23,65

(Fortsetzung)

Tab. 7.1 (Fortsetzung)

Substrat	Bruttosummenformel	Molgewicht (g/mol)	1 C-mol Bruttosummenformel	1 C-mol Molgewicht (g/1 C-mol)
Wales_summer	$C_4H_{6,57}O_{2,30}N_{0,25}S_{0,0232}P_{0,000}$	95,62	$C_1H_{1,64}O_{0,57}N_{0,06}S_{0,0058}P_{0,000}$	23,91
Candida utilis 3	$C_1H_{1,83}O_{0,46}N_{0,19}S_{0,0000}P_{0,000}$	23,85	$C_1H_{1,83}O_{0,46}N_{0,19}S_{0,0000}P_{0,000}$	23,85
Weizenstroh	$C_4H_{4,92}O_{2,25}N_{0,03}S_{0,0022}P_{0,003}$	89,60	$C_1H_{1,23}O_{0,56}N_{0,01}S_{0,0005}P_{0,001}$	22,40
Saccharomyces Cerevisiae CBS 426/2	$C_3H_{5,44}O_{1,41}N_{0,52}S_{0,0000}P_{0,000}$	71,30	$C_1H_{1,81}O_{0,47}N_{0,17}S_{0,0000}P_{0,000}$	23,77
Belebtschlamm	$C_{4,20}H_{7,3}O_2N_{0,66}$	98,94	$C_1H_{1,74}O_{0,48}N_{0,16}S_{0,0000}P_{0,000}$	23,56
Rohschlamm	$C_{4,28}H_{7,3}O_{2,56}N_{0,18}$	102,14	$C_1H_{1,71}O_{0,60}N_{0,04}S_{0,0000}P_{0,000}$	23,86
Korean food, Feb_avg	$C_4H_{6,70}O_{2,26}N_{0,27}S_{0,0033}P_{0,000}$	94,76	$C_1H_{1,68}O_{0,57}N_{0,07}S_{0,0008}P_{0,000}$	23,69
Wales_winter	$C_4H_{6,36}O_{2,26}N_{0,22}S_{0,0106}P_{0,000}$	93,93	$C_1H_{1,59}O_{0,56}N_{0,06}S_{0,0027}P_{0,000}$	23,48
Giant Kelp Macrocystis pyrifera 1	$C_4H_{6,76}O_{2,24}N_{0,33}S_{0,0611}P_{0,028}$	97,96	$C_1H_{1,69}O_{0,56}N_{0,08}S_{0,0153}P_{0,007}$	24,49
Zellbiomasse 1	$C_{60}H_{87}O_{23}N_{12}P$	1373,97	$C_1H_{1,45}O_{0,38}N_{0,20}S_{0,0000}P_{0,017}$	22,90
Zellbiomasse 2	$C_5H_8O_2N$	114,00	$C_1H_{1,60}O_{0,40}N_{0,20}S_{0,0000}P_{0,000}$	22,80
Rindergülle	$C_{10}H_{19,14}O_{5,86}N_{0,8}$	244,10	$C_1H_{1,91}O_{0,59}N_{0,08}S_{0,0000}P_{0,000}$	24,41
Wasserhyazinthe 1	$C_4H_{6,25}O_{2,14}N_{0,31}S_{0,0202}P_{0,030}$	94,36	$C_1H_{1,56}O_{0,53}N_{0,08}S_{0,0050}P_{0,007}$	23,59
Zellbiomasse 3	$C_{60}H_{87}O_{23}N_{12}S_{0,38}P_{1,2}$	1392,35	$C_1H_{1,45}O_{0,38}N_{0,20}S_{0,0063}P_{0,020}$	23,21
Zellbiomasse 4	$C_7H_{10}O_3N$	156,00	$C_1H_{1,43}O_{0,43}N_{0,14}S_{0,0000}P_{0,000}$	22,29
Nadelholzrinde	$C_4H_{5,32}O_{2,26}N_{0,03}S_{0,0025}P_{0,002}$	90,06	$C_1H_{1,33}O_{0,56}N_{0,01}S_{0,0006}P_{0,000}$	22,51
Bakterienbiomasse	$C_{118}H_{170}O_{51}N_{17}P$	2670,97	$C_1H_{1,44}O_{0,43}N_{0,14}S_{0,0000}P_{0,008}$	22,64
Bakterien (Helmer-Formel)	$C_{118}H_{170,00}O_{51,00}N_{17,00}S_{0,0000}P_{1,000}$	2670,97	$C_1H_{1,44}O_{0,43}N_{0,14}S_{0,0000}P_{0,008}$	22,64
alpha-Amylase	$C_{2589}H_{3857,00}O_{752,00}N_{715,00}S_{23,0000}P_{0,000}$	57.704,61	$C_1H_{1,49}O_{0,29}N_{0,28}S_{0,0089}P_{0,000}$	22,29
alpha-Amylase	$C_{2589}H_{3857,00}O_{752,00}N_{715,00}S_{23,0000}P_{0,000}$	57.704,61	$C_1H_{1,49}O_{0,29}N_{0,28}S_{0,0089}P_{0,000}$	22,29
Candida utilis 1	$C_1H_{1,83}O_{0,54}N_{0,10}S_{0,0000}P_{0,000}$	23,87	$C_1H_{1,83}O_{0,54}N_{0,10}S_{0,0000}P_{0,000}$	23,87

(Fortsetzung)

Tab. 7.1 (Fortsetzung)

Substrat	Bruttosummenformel	Molgewicht (g/mol)	1 C-mol Bruttosummenformel	1 C-mol Molgewicht (g/1 C-mol)
Korean food, avg	$C_4H_{6,76}O_{2,26}N_{0,22}S_{0,0024}P_{0,000}$	94,08	$C_1H_{1,69}O_{0,57}N_{0,05}S_{0,0006}P_{0,000}$	23,52
Protein	$C_{16}H_{24}O_5N_4$	352,00	$C_1H_{1,50}O_{0,31}N_{0,25}S_{0,0000}P_{0,000}$	22,00
Methanol	$C_1H_{4,00}O_{1,00}N_{0,00}S_{0,0000}P_{0,000}$	32,00	$C_1H_{4,00}O_{1,00}N_{0,00}S_{0,0000}P_{0,000}$	32,00
Food 2	$C_{3,75}H_{6,8}O_{2,13}N_{0,25}S_{0,022}$	90,09	$C_1H_{1,81}O_{0,57}N_{0,07}S_{0,0059}P_{0,000}$	24,02
Food 3	$C_{3,57}H_{6,1}O_{1,93}N_{0,264}S_{0,0094}$	83,82	$C_1H_{1,71}O_{0,54}N_{0,07}S_{0,0026}P_{0,000}$	23,48
Maissilage	$C_4H_{7,65}O_{2,47}N_{0,13}S_{0,0136}P_{0,000}$	97,54	$C_1H_{1,91}O_{0,62}N_{0,03}S_{0,0034}P_{0,000}$	24,39
Propionsäure	$C_3H_6O_2$	74,00	$C_1H_{2,00}O_{0,67}N_{0,00}S_{0,0000}P_{0,000}$	24,67
Wasserhyazinthe 2	$C_4H_{6,46}O_{2,07}N_{0,33}S_{0,0287}P_{0,025}$	93,79	$C_1H_{1,62}O_{0,52}N_{0,08}S_{0,0072}P_{0,006}$	23,45
Macrocystis pyr.	$C_3H_{4,83}O_{1,61}N_{0,18}S_{0,0369}P_{0,012}$	70,67	$C_1H_{1,61}O_{0,54}N_{0,06}S_{0,0123}P_{0,004}$	23,56
Citrullin	$C_6H_{13,00}O_{3,00}N_{1,00}S_{0,0000}P_{0,000}$	147,00	$C_1H_{2,17}O_{0,50}N_{0,17}S_{0,0000}P_{0,000}$	24,50
Zellbiomasse 5	$C_5H_9O_2N$	115,00	$C_1H_{1,80}O_{0,40}N_{0,20}S_{0,0000}P_{0,000}$	23,00
Prolin	$C_5H_{9,00}O_{2,00}N_{1,00}S_{0,0000}P_{0,000}$	115,00	$C_1H_{1,80}O_{0,40}N_{0,20}S_{0,0000}P_{0,000}$	23,00
Hausmüll org. Frakt.	$C_{64}H_{104}O_{37}N$	1478,00	$C_1H_{1,63}O_{0,58}N_{0,02}S_{0,0000}P_{0,000}$	23,09
Lysin	$C_6H_{14,00}O_{2,00}N_{2,00}S_{0,0000}P_{0,000}$	146,00	$C_1H_{2,33}O_{0,33}N_{0,33}S_{0,0000}P_{0,000}$	24,33
Biertreber	$C_{66}H_{132}O_{40}N_3S$	1638,07	$C_1H_{2,00}O_{0,61}N_{0,05}S_{0,0152}P_{0,000}$	24,82
Algen	$C_7H_{8,1}O_{2,5}N$	146,10	$C_1H_{1,16}O_{0,36}N_{0,14}S_{0,0000}P_{0,000}$	20,87
Algen (Oswald-Formel)	$C_7H_{8,10}O_{2,50}N_{1,00}S_{0,0000}P_{0,000}$	146,10	$C_1H_{1,16}O_{0,36}N_{0,14}S_{0,0000}P_{0,000}$	20,87
Pflanzenbiomasse	$C_{106}H_{180}O_{46}N_{16}P$	2442,97	$C_1H_{1,70}O_{0,43}N_{0,15}S_{0,0000}P_{0,009}$	23,05
Pflanzenbiomasse	$C_{106}H_{180,00}O_{46,00}N_{16,00}S_{0,0000}P_{1,000}$	2442,97	$C_1H_{1,70}O_{0,43}N_{0,15}S_{0,0000}P_{0,009}$	23,05
Ribonuclease	$C_6H_{10,58}O_{3,10}N_{1,48}S_{0,1865}P_{3,000}$	246,61	$C_1H_{1,90}O_{0,56}N_{0,27}S_{0,0335}P_{0,539}$	44,29
Food 4	$C_{3,82}H_{7,2}O_{2,07}N_{0,293}S_{0,016}$	90,78	$C_1H_{1,88}O_{0,54}N_{0,08}S_{0,0042}P_{0,000}$	23,76

(Fortsetzung)

Tab. 7.1 (Fortsetzung)

Substrat	Bruttosummenformel	Molgewicht (g/mol)	1 C-mol Bruttosummenformel	1 C-mol Molgewicht (g/1 C-mol)
Algen, unspezifiziert	$C_{5,7}H_{9,8}O_{2,3}N$	129,00	$C_1H_{1,72}O_{0,40}N_{0,18}S_{0,0000}P_{0,000}$	22,63
Süßwasseralge Chlorella 1	$C_6H_{9,80}O_{2,30}N_{1,00}S_{0,0000}P_{0,000}$	129,00	$C_1H_{1,72}O_{0,40}N_{0,18}S_{0,0000}P_{0,000}$	22,63
Algen	$C_6H_{9,80}O_{2,30}N_{1,00}S_{0,0000}P_{0,000}$	129,00	$C_1H_{1,72}O_{0,40}N_{0,18}S_{0,0000}P_{0,000}$	22,63
Edestin	$C_6H_{11,06}O_{2,96}N_{1,67}S_{0,0526}P_{3,000}$	246,11	$C_1H_{1,91}O_{0,51}N_{0,29}S_{0,0091}P_{0,517}$	42,42
Süßwasseralgen Spirulina maxima	$C_4H_{7,14}O_{1,51}N_{0,82}S_{0,0000}P_{0,000}$	90,81	$C_1H_{1,78}O_{0,38}N_{0,21}S_{0,0000}P_{0,000}$	22,70
Zellbiomasse	$C_{106}H_{180}O_{45}N_{16}P$	2426,97	$C_1H_{1,70}O_{0,42}N_{0,15}S_{0,0000}P_{0,009}$	22,90
Algen	$C_{106}H_{180}O_{45}N_{16}P$	2426,97	$C_1H_{1,70}O_{0,42}N_{0,15}S_{0,0000}P_{0,009}$	22,90
Algen (Gloyna-Formel)	$C_{106}H_{180,00}O_{45,00}N_{16,00}S_{0,0000}P_{1,000}$	2426,97	$C_1H_{1,70}O_{0,42}N_{0,15}S_{0,0000}P_{0,009}$	22,90
Korean food, min	$C_4H_{6,74}O_{2,10}N_{0,22}S_{0,0039}P_{0,000}$	91,51	$C_1H_{1,69}O_{0,52}N_{0,06}S_{0,0010}P_{0,000}$	22,88
Kollagen	$C_5H_{9,41}O_{2,71}N_{1,40}S_{0,0080}P_{3,000}$	228,32	$C_1H_{1,80}O_{0,52}N_{0,27}S_{0,0015}P_{0,573}$	43,64
Fibrinogen	$C_6H_{11,03}O_{2,99}N_{1,54}S_{0,0800}P_{3,000}$	246,21	$C_1H_{1,88}O_{0,51}N_{0,26}S_{0,0136}P_{0,512}$	41,99
Food 1	$C_{3,93}H_{6,8}O_{1,9}N_{0,357}S_{0,022}$	90,06	$C_1H_{1,73}O_{0,48}N_{0,09}S_{0,0056}P_{0,000}$	22,92
Keratin (Wolle)	$C_7H_{11,47}O_{3,22}N_{1,61}S_{0,2450}P_{3,000}$	265,33	$C_1H_{1,74}O_{0,49}N_{0,24}S_{0,0372}P_{0,455}$	40,27
Biomasse-/Abfall-Mix	$C_{4,34}H_{7,5}O_{2,37}N_{0,14}P_{0,017}$	99,99	$C_1H_{1,73}O_{0,55}N_{0,03}S_{0,0000}P_{0,004}$	23,04
Adrenocorticotropes Hormon, ACTH	$C_5H_{9,32}O_{2,56}N_{1,33}S_{0,1630}P_{3,000}$	224,07	$C_1H_{1,96}O_{0,54}N_{0,28}S_{0,0343}P_{0,631}$	47,14
Süßwasseralge Chlorella 2	$C_8H_{8,10}O_{2,50}N_{1,00}S_{0,0000}P_{0,000}$	153,30	$C_1H_{1,07}O_{0,33}N_{0,13}S_{0,0000}P_{0,000}$	20,17
Gemüseabfälle	$C_{16}H_{27}O_8N$	361,00	$C_1H_{1,69}O_{0,50}N_{0,06}S_{0,0000}P_{0,000}$	22,56
Insulin (Rind)	$C_6H_{11,44}O_{3,20}N_{1,46}S_{0,2500}P_{3,000}$	261,00	$C_1H_{1,78}O_{0,50}N_{0,23}S_{0,0390}P_{0,468}$	40,67
alpha-Casein	$C_6H_{11,13}O_{3,01}N_{1,39}S_{0,0336}P_{3,000}$	244,74	$C_1H_{1,86}O_{0,50}N_{0,23}S_{0,0056}P_{0,501}$	40,84
gamma-Globulin	$C_6H_{10,92}O_{2,91}N_{1,42}S_{0,0730}P_{3,000}$	242,41	$C_1H_{1,88}O_{0,50}N_{0,24}S_{0,0125}P_{0,515}$	41,62
Klärschlamm	$C_4H_{6,3}O_{1,8}N_{0,343}S_{0,056}Cl_{0,009}$	90,02	$C_1H_{1,58}O_{0,45}N_{0,09}S_{0,0140}P_{0,000}$	22,50

(Fortsetzung)

Tab. 7.1 (Fortsetzung)

Substrat	Bruttosummenformel	Molgewicht (g/mol)	1 C-mol Bruttosummenformel	1 C-mol Molgewicht (g/1 C-mol)
beta-Lactoglobulin	$C_6H_{11,66}O_{3,06}N_{1,41}S_{0,0999}P_{3,000}$	248,60	$C_1H_{1,94}O_{0,51}N_{0,23}S_{0,0166}P_{0,499}$	41,34
Ovalbumin (Huhn)	$C_6H_{10,98}O_{2,88}N_{1,40}S_{0,0892}P_{3,000}$	241,53	$C_1H_{1,91}O_{0,50}N_{0,24}S_{0,0155}P_{0,521}$	41,96
Serumalbumin (Mensch)	$C_6H_{11,06}O_{2,84}N_{1,48}S_{0,1400}P_{3,000}$	244,82	$C_1H_{1,89}O_{0,49}N_{0,25}S_{0,0239}P_{0,513}$	41,87
Maisproteingemisch	$C_5H_{9,88}O_{2,67}N_{1,27}S_{0,0400}P_{3,000}$	227,78	$C_1H_{1,88}O_{0,51}N_{0,24}S_{0,0076}P_{0,570}$	43,30
Hämoglobin (Pferd)	$C_6H_{10,59}O_{2,66}N_{1,46}S_{0,0302}P_{3,000}$	235,07	$C_1H_{1,88}O_{0,47}N_{0,26}S_{0,0054}P_{0,532}$	41,71
Wuchshormon (Rind)	$C_6H_{10,43}O_{2,64}N_{1,42}S_{0,0790}P_{3,000}$	234,44	$C_1H_{1,89}O_{0,48}N_{0,26}S_{0,0143}P_{0,543}$	42,40
Früchte	$C_{3,75}H_{5,6}O_{1,825}N_{0,1}S_{0,0031}Cl_{0,0197}$	82,00	$C_1H_{1,49}O_{0,49}N_{0,03}S_{0,0008}P_{0,000}$	21,87
Kalbsleberhiston	$C_5H_{11,27}O_{2,37}N_{1,70}S_{0,0000}P_{3,000}$	231,64	$C_1H_{2,06}O_{0,43}N_{0,31}S_{0,0000}P_{0,548}$	42,31
Valin	$C_5H_{11,00}O_{2,00}N_{1,00}S_{0,0000}P_{0,000}$	117,00	$C_1H_{2,20}O_{0,40}N_{0,20}S_{0,0000}P_{0,000}$	23,40
ÜS-Schlamm	$C_{4,55}H_7O_{1,94}N_{0,4}P_{0,055}$	99,94	$C_1H_{1,54}O_{0,43}N_{0,09}S_{0,0000}P_{0,012}$	21,97
Textiles	$C_4H_{5,79}O_{1,70}N_{0,28}S_{0,0000}P_{0,000}$	84,82	$C_1H_{1,45}O_{0,42}N_{0,07}S_{0,0000}P_{0,000}$	21,20
Org. Teil d. Klärschlamm	$C_{9,43}H_{16,4}O_{4,01}N$	207,72	$C_1H_{1,74}O_{0,43}N_{0,11}S_{0,0000}P_{0,000}$	22,03
Bakterien (zentrif.)	$C_{4,26}H_{8,18}O_{1,28}N_{1,03}S_{0,032}P_{0,1}$	98,32	$C_1H_{1,92}O_{0,30}N_{0,24}S_{0,0075}P_{0,023}$	23,08
Tyrosin	$C_9H_{11,00}O_{3,00}N_{1,00}S_{0,0000}P_{0,000}$	181,00	$C_1H_{1,22}O_{0,33}N_{0,11}S_{0,0000}P_{0,000}$	20,11
Thyreoglobulin (Rind)	$C_4H_{7,65}O_{1,64}N_{1,23}S_{0,0850}P_{3,000}$	194,15	$C_1H_{1,93}O_{0,41}N_{0,31}S_{0,0215}P_{0,759}$	49,10
Draff	$C_4H_{7,40}O_{1,82}N_{0,32}S_{0,0171}P_{0,062}$	91,54	$C_1H_{1,85}O_{0,46}N_{0,08}S_{0,0043}P_{0,015}$	22,88
Zellbiomasse	$C_5H_{19}O_3N$	141,00	$C_1H_{3,80}O_{0,60}N_{0,20}S_{0,0000}P_{0,000}$	28,20
Geflügel(Hühner-)gülle	$C_{10}H_{16,93}O_{3,4}N_{1,56}$	213,17	$C_1H_{1,69}O_{0,34}N_{0,16}S_{0,0000}P_{0,000}$	21,32
Korean food, Mar_max	$C_4H_{6,92}O_{1,81}N_{0,22}S_{0,0020}P_{0,000}$	87,15	$C_1H_{1,73}O_{0,45}N_{0,06}S_{0,0005}P_{0,000}$	21,79
Fibroin (Seide)	$C_{10}H_{11,32}O_{3,69}N_{1,25}S_{0,0000}P_{3,000}$	302,26	$C_1H_{1,12}O_{0,36}N_{0,12}S_{0,0000}P_{0,296}$	29,87
Methionin	$C_5H_{11,00}O_{2,00}N_{1,00}S_{1,0000}P_{0,000}$	149,07	$C_1H_{2,20}O_{0,40}N_{0,20}S_{0,2000}P_{0,000}$	29,81

(Fortsetzung)

Tab. 7.1 (Fortsetzung)

Substrat	Bruttosummenformel	Molgewicht (g/mol)	1 C-mol Bruttosummenformel	1 C-mol Molgewicht (g/1 C-mol)
Bioöl aus verflüss. Algen 2	$C_4H_{5,31}O_{1,55}N_{0,22}S_{0,0543}P_{0,000}$	82,98	$C_1H_{1,33}O_{0,39}N_{0,05}S_{0,0136}P_{0,000}$	20,75
Korean food, Feb_min	$C_5H_{7,34}O_{2,09}N_{0,20}S_{0,0046}P_{0,000}$	103,66	$C_1H_{1,47}O_{0,42}N_{0,04}S_{0,0009}P_{0,000}$	20,73
Komm. Primärschlamm	$C_{22}H_{39}O_{10}N$	477,00	$C_1H_{1,77}O_{0,45}N_{0,05}S_{0,0000}P_{0,000}$	21,68
Übersch.-Schlamm	$C_{3,48}H_{5,82}O_{1,45}N_{0,21}P_{0,0042}$	73,87	$C_1H_{1,67}O_{0,42}N_{0,06}S_{0,0000}P_{0,000}$	21,23
Primärschlamm	$C_{4,96}H_7O_{1,71}N_{0,39}P_{0,023}$	100,05	$C_1H_{1,41}O_{0,34}N_{0,08}S_{0,0000}P_{0,005}$	20,17
Tryptophan	$C_{11}H_{12,00}O_{2,00}N_{2,00}S_{0,0000}P_{0,000}$	204,00	$C_1H_{1,09}O_{0,18}N_{0,18}S_{0,0000}P_{0,000}$	18,55
Pig manure_x	$C_4H_{7,13}O_{1,60}N_{0,31}S_{0,0133}P_{0,287}$	94,47	$C_1H_{1,78}O_{0,40}N_{0,08}S_{0,0033}P_{0,072}$	23,62
Raw glycerol 1	$C_4H_{7,13}O_{1,60}N_{0,31}S_{0,0134}P_{0,289}$	94,52	$C_1H_{1,78}O_{0,40}N_{0,08}S_{0,0033}P_{0,072}$	23,63
Buttersäure	$C_4H_8O_2$	88,00	$C_1H_{2,00}O_{0,50}N_{0,00}S_{0,0000}P_{0,000}$	22,00
ÜS-Schlamm	$C_{4,56}H_{7,36}O_{1,25}N_{0,71}S_{0,032}P_{0,087}$	95,74	$C_1H_{1,61}O_{0,27}N_{0,16}S_{0,0070}P_{0,019}$	21,00
Leuzin	$C_6H_{13,00}O_{2,00}N_{1,00}S_{0,0000}P_{0,000}$	131,00	$C_1H_{2,17}O_{0,33}N_{0,17}S_{0,0000}P_{0,000}$	21,83
Isoleuzin	$C_6H_{13,00}O_{2,00}N_{1,00}S_{0,0000}P_{0,000}$	131,00	$C_1H_{2,17}O_{0,33}N_{0,17}S_{0,0000}P_{0,000}$	21,83
Autoclave_fibre	$C_4H_{6,14}O_{1,54}N_{0,11}S_{0,0102}P_{0,000}$	82,07	$C_1H_{1,54}O_{0,38}N_{0,03}S_{0,0026}P_{0,000}$	20,52
Zellbiomasse	$C_{250}H_{611}O_{77}N_{55}SP_6$	5830,89	$C_1H_{2,44}O_{0,31}N_{0,22}S_{0,0040}P_{0,024}$	23,32
Lignin C9-Gruppe	$C_{9,92}H_{11,42}O_{3,67}$	189,16	$C_1H_{1,15}O_{0,37}N_{0,00}S_{0,0000}P_{0,000}$	19,07
Kaffeesatz	$C_{32}H_{53}O_{14}$	661,00	$C_1H_{1,66}O_{0,44}N_{0,00}S_{0,0000}P_{0,000}$	20,66
Fisch	$C_{2,98}H_{4,8}O_{0,74}N_{0,436}S_{0,0125}Cl_{0,0197}$	59,60	$C_1H_{1,61}O_{0,25}N_{0,15}S_{0,0042}P_{0,000}$	20,00
Primärschlamm	$C_{3,64}H_{6,07}O_{1,19}N_{0,287}P_{0,019}$	73,40	$C_1H_{1,67}O_{0,33}N_{0,08}S_{0,0000}P_{0,005}$	20,16
Lignine	$C_9H_{10,00}O_{3,00}N_{0,00}S_{0,0000}P_{0,000}$	166,00	$C_1H_{1,11}O_{0,33}N_{0,00}S_{0,0000}P_{0,000}$	18,44
Phenylalanin	$C_9H_{11,00}O_{2,00}N_{1,00}S_{0,0000}P_{0,000}$	165,00	$C_1H_{1,22}O_{0,22}N_{0,11}S_{0,0000}P_{0,000}$	18,33
Fat	$C_{39}H_{14,00}O_{9,00}N_{0,00}S_{0,0000}P_{0,000}$	626,00	$C_1H_{0,36}O_{0,23}N_{0,00}S_{0,0000}P_{0,000}$	16,05

(Fortsetzung)

Tab. 7.1 (Fortsetzung)

Substrat	Bruttosummenformel	Molgewicht (g/mol)	1 C-mol Bruttosummenformel	1 C-mol Molgewicht (g/1 C-mol)
Bioöl aus verflüss. Algen 1	$C_5H_{7,73}O_{1,32}N_{0,52}S_{0,0580}P_{0,000}$	97,98	$C_1H_{1,55}O_{0,26}N_{0,10}S_{0,0116}P_{0,000}$	19,60
Colza cake	$C_4H_{7,36}O_{1,42}N_{0,21}S_{0,0079}P_{0,000}$	81,25	$C_1H_{1,84}O_{0,36}N_{0,05}S_{0,0020}P_{0,000}$	20,31
Rapskörner	$C_5H_{7,14}O_{1,48}N_{0,28}S_{0,0031}P_{0,000}$	94,75	$C_1H_{1,43}O_{0,30}N_{0,06}S_{0,0006}P_{0,000}$	18,95
Schweinegülle	$C_{10}H_{19}O_3N$	201,00	$C_1H_{1,90}O_{0,30}N_{0,10}S_{0,0000}P_{0,000}$	20,10
Komm. Mischschlamm	$C_{10}H_{19}O_3N$	201,00	$C_1H_{1,90}O_{0,30}N_{0,10}S_{0,0000}P_{0,000}$	20,10
Chlorophyll 4	$C_{35}H_{28,00}O_{5,00}N_{4,00}S_{0,0000}P_{0,000}$	584,00	$C_1H_{0,80}O_{0,14}N_{0,11}S_{0,0000}P_{0,000}$	16,69
Chlorophyll 3	$C_{35}H_{30,00}O_{5,00}N_{4,00}S_{0,0000}P_{0,000}$	586,00	$C_1H_{0,86}O_{0,14}N_{0,11}S_{0,0000}P_{0,000}$	16,74
Bioöl aus verflüss. Algen 3	$C_5H_{7,20}O_{1,17}N_{0,48}S_{0,0680}P_{0,000}$	94,79	$C_1H_{1,44}O_{0,23}N_{0,10}S_{0,0136}P_{0,000}$	18,96
Valeriansäure	$C_5H_{10}O_2$	102,00	$C_1H_{2,00}O_{0,40}N_{0,00}S_{0,0000}P_{0,000}$	20,40
Bruchei	$C_{4,84}H_{9,55}O_{1,4}N_{0,41}S_{0,136}$	100,13	$C_1H_{1,97}O_{0,29}N_{0,08}S_{0,0281}P_{0,000}$	20,69
Ethanol	$C_2H_{6,00}O_{1,00}N_{0,00}S_{0,0000}P_{0,000}$	46,00	$C_1H_{3,00}O_{0,50}N_{0,00}S_{0,0000}P_{0,000}$	23,00
Torf	$C_5H_{4394}O_{1,151}N_{0,072}S_{0,021}$	84,49	$C_1H_{0,88}O_{0,23}N_{0,01}S_{0,0042}P_{0,000}$	16,90
Primärschlamm (Catering)	$C_5H_{8,82}O_{1,44}N_{0,27}S_{0,0087}P_{0,020}$	96,48	$C_1H_{1,76}O_{0,29}N_{0,05}S_{0,0017}P_{0,004}$	19,30
Autoclave_middlings	$C_5H_{7,58}O_{1,37}N_{0,11}S_{0,0086}P_{0,000}$	92,45	$C_1H_{1,52}O_{0,27}N_{0,02}S_{0,0017}P_{0,000}$	18,49
Capronsäure	$C_6H_{12}O_2$	116,00	$C_1H_{2,00}O_{0,33}N_{0,00}S_{0,0000}P_{0,000}$	19,33
Chlorophyll 5	$C_{54}H_{70,00}O_{6,00}N_{4,00}S_{0,0000}P_{0,000}$	870,00	$C_1H_{1,30}O_{0,11}N_{0,07}S_{0,0000}P_{0,000}$	16,11
Chlorophyll 2	$C_{55}H_{70,00}O_{6,00}N_{4,00}S_{0,0000}P_{0,000}$	882,00	$C_1H_{1,27}O_{0,11}N_{0,07}S_{0,0000}P_{0,000}$	16,04
Chlorophyll 1	$C_{55}H_{72,00}O_{5,00}N_{4,00}S_{0,0000}P_{0,000}$	868,00	$C_1H_{1,31}O_{0,09}N_{0,07}S_{0,0000}P_{0,000}$	15,78
Combustibles (textile and rubber mix)	$C_6H_{8,60}O_{1,02}N_{0,03}S_{0,0232}P_{0,000}$	98,40	$C_1H_{1,43}O_{0,17}N_{0,00}S_{0,0039}P_{0,000}$	16,40
Klärschlamm, min	$C_{1,67}H_3O_{0,33}N_{0,00071}S_{0,0078}Cl_{0,0011}$	28,62	$C_1H_{1,80}O_{0,20}N_{0,00}S_{0,0047}P_{0,000}$	17,14
Lignin	$C_{14}H_7O$	191,00	$C_1H_{0,50}O_{0,07}N_{0,00}S_{0,0000}P_{0,000}$	13,64

(Fortsetzung)

Tab. 7.1 (Fortsetzung)

Substrat	Bruttosummenformel	Molgewicht (g/mol)	1 C-mol Bruttosummenformel	1 C-mol Molgewicht (g/1 C-mol)
Lauric (0)	$C_{12}H_{24,00}O_{2,00}N_{0,00}S_{0,0000}P_{0,000}$	200,00	$C_1H_{2,00}O_{0,17}N_{0,00}S_{0,0000}P_{0,000}$	16,67
Myristic (0)	$C_{14}H_{28,00}O_{2,00}N_{0,00}S_{0,0000}P_{0,000}$	228,00	$C_1H_{2,00}O_{0,14}N_{0,00}S_{0,0000}P_{0,000}$	16,29
Linolenic (3)	$C_{18}H_{30,00}O_{2,00}N_{0,00}S_{0,0000}P_{0,000}$	278,00	$C_1H_{1,67}O_{0,11}N_{0,00}S_{0,0000}P_{0,000}$	15,44
Fett und Öl	$C_{50}H_{90}O_6$	786,00	$C_1H_{1,80}O_{0,12}N_{0,00}S_{0,0000}P_{0,000}$	15,72
Palmitoleic (1)	$C_{16}H_{30,00}O_{2,00}N_{0,00}S_{0,0000}P_{0,000}$	254,00	$C_1H_{1,88}O_{0,13}N_{0,00}S_{0,0000}P_{0,000}$	15,88
Linoleic (2)	$C_{18}H_{32,00}O_{2,00}N_{0,00}S_{0,0000}P_{0,000}$	280,00	$C_1H_{1,78}O_{0,11}N_{0,00}S_{0,0000}P_{0,000}$	15,56
Palmitic (0)	$C_{16}H_{32,00}O_{2,00}N_{0,00}S_{0,0000}P_{0,000}$	256,00	$C_1H_{2,00}O_{0,13}N_{0,00}S_{0,0000}P_{0,000}$	16,00
Palmitinsäure	$C_{16}H_{32}O_2$	256,00	$C_1H_{2,00}O_{0,13}N_{0,00}S_{0,0000}P_{0,000}$	16,00
Oleic (1)	$C_{18}H_{34,00}O_{2,00}N_{0,00}S_{0,0000}P_{0,000}$	282,00	$C_1H_{1,89}O_{0,11}N_{0,00}S_{0,0000}P_{0,000}$	15,67
Stearinsäure	$C_{18}H_{36}O_2$	284,00	$C_1H_{2,00}O_{0,11}N_{0,00}S_{0,0000}P_{0,000}$	15,78
Benzol	C_6H_6	78,00	$C_1H_{1,00}O_{0,00}N_{0,00}S_{0,0000}P_{0,000}$	13,00
Toluol	C_7H_8	92,00	$C_1H_{1,14}O_{0,00}N_{0,00}S_{0,0000}P_{0,000}$	13,14
Stearic (0)	$C_{18}H_{36,00}O_{0,00}N_{0,00}S_{0,0000}P_{0,000}$	252,00	$C_1H_{2,00}O_{0,00}N_{0,00}S_{0,0000}P_{0,000}$	14,00

Substrat	CSB/oTM (kg/kg)	TOC/oTM (kg/kg)	CSB/TOC (kg/kg)	$Y_{Biogas,stöch}$ (Nl/kg, Nm³/t)	$Y_{CH4,stöch}$ (Nl/kg, Nm³/t)	$\Psi_{CH4,stöch}$ (NVol.-%)	$Y_{Biogas,chem}$ (Nl/kg, Nm³/t)
Oxalsäure	***0,178***	0,27	0,67	498	62	12,50	*498*
Hausmüll org. Frakt.	***0,313***	0,27	1,14	513	109	21,34	507
Altpapier	***0,345***	0,28	1.22	528	120	22,71	526
Gracilaria ceae (Rotalge)	***0,364***	0,24	1,50	453	82	18,08	407
Adenosintriphosphat, ATP	***0,617***	0,24	2,61	441	83	18,71	221
Thyroxin	***0,618***	0,23	2,67	432	216	50,00	763

(Fortsetzung)

Tab. 7.1 (Fortsetzung)

Substrat	CSB/oTM (kg/kg)	TOC/oTM (kg/kg)	CSB/TOC (kg/kg)	$Y_{Biogas,stöch}$ (Nl/kg, Nm³/t)	$Y_{CH4,stöch}$ (Nl/kg, Nm³/t)	$\Psi_{CH4,stöch}$ (NVol.-%)	$Y_{Biogas,chem}$ (Nl/kg, Nm³/t)
Canavanin	***0,636***	0,34	1,87	636	223	35,00	127
Glycin	***0,640***	0,32	2,00	597	224	37,50	299
Poultry slurry	***0,665***	0,34	1,94	639	233	36,40	586
Poultry manure	***0,670***	0,34	1,98	632	234	37,13	529
Rice husk	***0,722***	0,36	2,02	667	253	37,88	661
Asparaginsäure	***0,722***	0,36	2,00	674	253	37,50	505
Asparagin	***0,727***	0,36	2,00	679	255	37,50	339
Serin	***0,762***	0,34	2,22	640	267	41,67	427
Hemicellulose	***0,867***	0,36	2,40	675	304	45,00	*675*
Komm. Abwasser	***0,895***	0,32	2,82	592	266	44,98	424
Ulva lactvea (Grünalge)	***0,906***	0,30	3,02	560	221	39,50	540
Maize silage 2	***0,906***	0,36	2,50	676	317	46,95	653
Algin 1	***0,909***	0,41	2,22	764	318	41,67	764
Algin 2	***0,912***	0,41	2,22	766	319	41,67	702
Bernsteinsäure	***0,949***	0,41	2,33	759	332	43,75	*759*
Marines Phytoplankton	***0,962***	0,36	2,69	669	330	49,41	568
Poultry manure + grass	***0,963***	0,40	2,43	741	337	45,48	681
Glutaminsäure	***0,980***	0,41	2,40	762	343	45,00	610
Glutamin	***0,986***	0,41	2,40	767	345	45,00	460
Lactat	***0,989***	0,40	2,44	755	346	45,83	755
Cellulose	***0,989***	0,40	2,44	755	346	45,83	755

(Fortsetzung)

Tab. 7.1 (Fortsetzung)

Substrat	CSB/oTM (kg/kg)	TOC/oTM (kg/kg)	CSB/TOC (kg/kg)	$Y_{Biogas,stöch}$ (Nl/kg, Nm³/t)	$Y_{CH4,stöch}$ (Nl/kg, Nm³/t)	$\Psi_{CH4,stöch}$ (NVol.-%)	$Y_{Biogas,chem}$ (Nl/kg, Nm³/t)
Arginin	***1,011***	0,41	2,44	772	354	45,83	257
Braunalge Laminaria saccharina	***1,015***	0,39	2,63	719	353	49,07	682
Grass	***1,020***	0,41	2,50	763	357	46,83	711
Histidin	***1,032***	0,46	2,22	867	361	41,67	434
Rinderfestmist 2	***1,045***	0,41	2,55	765	352	45,98	684
Essigsäure	***1,067***	0,40	2,67	747	373	50,00	*747*
Glucose	***1,067***	0,40	2,67	747	373	50,00	*747*
Cellulose	***1,067***	0,40	2,67	747	373	50,00	*747*
Galactose	***1,067***	0,40	2,67	747	373	50,00	747
Milchsäure	***1,067***	0,40	2,67	747	373	50,00	747
Ribose	***1,067***	0,40	2,67	747	373	50,00	747
Threonin	***1,076***	0,40	2,67	753	376	50,00	565
Alanin	***1,079***	0,40	2,67	755	378	50,00	503
Tissue paper	***1,092***	0,42	2,63	777	382	49,23	777
Gracilaria strain G-4	***1,100***	0,42	2,62	784	385	49,11	688
Klärschlamm	***1,106***	0,46	2,40	860	376	43,68	551
Hydrilla verticillata	***1,118***	0,43	2,57	812	387	47,66	755
Laktose	***1,123***	0,42	2,67	786	393	50,00	*786*
Mannitol (Mannit)	***1,143***	0,40	2,89	738	400	54,17	738
Saccharomyces Cerevisiae anaerob 1	***1,143***	0,43	2,63	810	400	49,38	697
Federn und Haare	***1,149***	0,43	2,68	800	360	44,96	551

(Fortsetzung)

Tab. 7.1 (Fortsetzung)

Substrat	CSB/oTM (kg/kg)	TOC/oTM (kg/kg)	CSB/TOC (kg/kg)	$Y_{Biogas,stöch}$ (Nl/kg, Nm³/t)	$Y_{CH4,stöch}$ (Nl/kg, Nm³/t)	$\Psi_{CH4,stöch}$ (NVol.-%)	$Y_{Biogas,chem}$ (Nl/kg, Nm³/t)
Sojamehl	***1,165***	0,43	2,71	801	405	50,53	676
Maize silage	***1,165***	0,43	2,69	809	405	50,05	795
Gracilaria strain G-16	***1,176***	0,45	2,61	840	412	48,99	768
Gracilaria strain G-9	***1,177***	0,42	2,80	784	412	52,53	658
CCM	***1,180***	0,43	2,76	798	409	51,23	771
Dextrin	***1,185***	0,44	2,67	830	415	50,00	*830*
Stärke	***1,185***	0,44	2,67	830	415	50,00	*830*
Polysaccharide	***1,185***	0,44	2,67	830	415	50,00	830
Saccharomyces Cerevisiae CBS 426/5	***1,190***	0,44	2,68	828	416	50,27	684
Macrocystis pyrifera 4	***1,191***	0,44	2,68	829	395	47,69	768
Gracilaria strain G-5	***1,194***	0,44	2,71	821	418	50,86	730
Protein	***1,200***	0,53	2,29	980	420	42,86	840
Zuckerrübenvinasse	***1,205***	0,49	2,48	907	407	44,90	822
Aerobacter aerogenes	***1,205***	0,46	2,64	852	422	49,50	639
Organik in Molke	***1,205***	0,44	2,76	814	422	51,79	*814*
Molke	***1,206***	0,44	2,76	815	422	51,80	*815*
Newspaper	***1,206***	0,44	2,75	818	422	51,58	818
Triticalekörner	***1,207***	0,44	2,73	824	419	50,80	797
Gracilaria strain G-1	***1,208***	0,43	2,81	803	423	52,68	705
Wheat stillage	***1,212***	0,49	2,47	917	422	45,99	829
Glyzerin (Glycerol)	***1,217***	0,39	3,11	730	426	58,33	730

(Fortsetzung)

Tab. 7.1 (Fortsetzung)

Substrat	CSB/oTM (kg/kg)	TOC/oTM (kg/kg)	CSB/TOC (kg/kg)	$Y_{Biogas,stöch}$ (Nl/kg, Nm³/t)	$Y_{CH4,stöch}$ (Nl/kg, Nm³/t)	$\Psi_{CH4,stöch}$ (NVol.-%)	$Y_{Biogas,chem}$ (Nl/kg, Nm³/t)
Zuckerrübenpreßschnitzel	***1,224***	0,47	2,59	883	427	48,41	847
Saccharomyces Cerevisiae CBS 426/12	***1,230***	0,46	2,67	859	430	50,10	694
Weizenkörner	***1,232***	0,45	2,76	832	427	51,35	795
Gras	***1,240***	0,46	2,70	859	434	50,54	821
Triticaleganzpflanzen	***1,244***	0,46	2,72	854	432	50,62	836
Hühnertrockenkot	***1,250***	0,48	2,58	903	435	48,11	794
Agarose	***1,255***	0,47	2,67	878	439	50,00	878
Agar	***1,255***	0,47	2,67	878	439	50,00	878
Gracilaria strain G-8	***1,255***	0,46	2,73	859	439	51,16	761
Molkeeiweiß	***1,258***	0,45	2,80	840	440	52,41	622
Gracilaria strain G-3	***1,262***	0,48	2,63	896	442	49,29	790
Gemüse	***1,262***	0,48	2,64	892	439	49,25	835
Saccharomyces Cerevisiae CBS 426/13	***1,265***	0,46	2,75	859	443	51,51	692
Cardboard	***1,265***	0,46	2,73	864	441	51,04	859
Rohrschwingel	***1,266***	0,45	2,82	837	440	52,64	821
Cystin	***1,266***	0,30	4,22	560	210	37,50	373
Saccharomyces Cerevisiae CBS 426/11	***1,267***	0,48	2,66	890	444	49,84	727
Stroh 2	***1,270***	0,48	2,65	896	444	49,61	889
Triticalestroh	***1,271***	0,46	2,73	868	444	51,13	861
Zellbiomasse	***1,272***	0,44	2,89	820	424	51,65	686
Paper	***1,275***	0,46	2,76	864	445	51,46	859

(Fortsetzung)

Tab. 7.1 (Fortsetzung)

Substrat	CSB/oTM (kg/kg)	TOC/oTM (kg/kg)	CSB/TOC (kg/kg)	$Y_{Biogas,stöch}$ (Nl/kg, Nm³/t)	$Y_{CH4,stöch}$ (Nl/kg, Nm³/t)	$\Psi_{CH4,stöch}$ (NVol.-%)	$Y_{Biogas,chem}$ (Nl/kg, Nm³/t)
Sonnenblumenstroh	***1,280***	0,48	2,68	892	445	49,88	872
Soja-Proteingemisch	***1,282***	0,44	2,89	829	443	53,44	582
Roggenkörner	***1,286***	0,46	2,78	864	446	51,59	833
Saccharomyces Cerevisiae anaerob 3	***1,290***	0,46	2,83	852	451	53,00	715
Festmistlagergut (Rinder)	***1,290***	0,47	2,75	875	450	51,46	841
Japanese food (80 % vegetables)	***1,294***	0,46	2,81	861	453	52,60	804
Lemna sp. (Duckweed)	***1,294***	0,46	2,81	859	445	51,78	714
Mix rapidly decomposable	***1,294***	0,47	2,76	876	451	51,51	863
Candida utilis 2	***1,295***	0,47	2,77	874	453	51,88	699
Candida utilis 4	***1,295***	0,47	2,77	874	453	51,88	699
Macrocystis pyrifera 5	***1,296***	0,47	2,79	868	449	51,69	825
Maisstroh 1	***1,297***	0,49	2,66	909	453	49,81	898
Schilf, Ried	***1,299***	0,48	2,71	896	453	50,54	880
Saccharomyces Cerevisiae anaerob 2	***1,299***	0,47	2,76	879	455	51,75	747
Wiesenheu	***1,302***	0,46	2,83	857	442	51,60	841
Escherichia coli	***1,304***	0,48	2,71	897	456	50,88	682
Maisstroh 2	***1,304***	0,47	2,76	882	440	49,86	877
Food waste leachate	***1,312***	0,48	2,75	891	457	51,31	839
Saccharomyces Cerevisiae CBS 426/3	***1,313***	0,47	2,78	882	460	52,12	737
Saccharomyces Cerevisiae anaerob 4	***1,316***	0,47	2,77	886	461	52,00	717
Weidenholz	***1,317***	0,48	2,75	895	460	51,42	886

(Fortsetzung)

Tab. 7.1 (Fortsetzung)

Substrat	CSB/oTM (kg/kg)	TOC/oTM (kg/kg)	CSB/TOC (kg/kg)	$Y_{Biogas,stöch}$ (Nl/kg, Nm³/t)	$Y_{CH4,stöch}$ (Nl/kg, Nm³/t)	$\Psi_{CH4,stöch}$ (NVol.-%)	$Y_{Biogas,chem}$ (Nl/kg, Nm³/t)
Macrocystis pyrifera 1	***1,317***	0,47	2,81	875	445	50,86	818
Saccharomyces Cerevisiae CBS 426/9	***1,317***	0,47	2,82	873	461	52,83	765
Saccharomyces Cerevisiae CBS 426/1	***1,318***	0,46	2,86	861	461	53,57	712
Stroh 1	***1,319***	0,47	2,79	882	460	52,13	873
Weizenganzpflanzen	***1,320***	0,47	2,81	876	459	52,42	852
Cystein	***1,322***	0,30	4,44	555	231	41,67	370
Buchenholz	***1,324***	0,48	2,75	898	463	51,57	894
Saccharomyces Cerevisiae anaerob 6	***1,325***	0,48	2,77	892	464	52,00	731
Hanfstroh	***1,327***	0,48	2,76	898	462	51,38	886
Hefe	***1,327***	0,48	2,78	891	464	52,13	740
Sawdust	***1,331***	0,48	2,75	902	466	51,62	899
Saccharomyces Cerevisiae CBS 426/7	***1,332***	0,45	2,94	847	466	55,07	711
Ornithin	***1,333***	0,45	2,93	848	467	55,00	509
Saccharomyces cerevisiae 2	***1,335***	0,48	2,80	890	467	52,50	739
Rinderfestmist 1	***1,337***	0,50	2,69	927	456	49,20	859
Pseudomonas C12B	***1,338***	0,47	2,85	877	468	53,38	675
Macrocystis pyrifera 2	***1,338***	0,47	2,84	879	447	50,91	827
Saccharomyces Cerevisiae average	***1,338***	0,48	2,80	891	468	52,56	742
Pappelholz	***1,339***	0,48	2,77	901	468	51,88	895
Straßengrasschnitte	***1,340***	0,47	2,82	886	465	52,50	856
Beech wood (Buchenholz)	***1,342***	0,48	2,78	901	470	52,11	899

(Fortsetzung)

Tab. 7.1 (Fortsetzung)

Substrat	CSB/oTM (kg/kg)	TOC/oTM (kg/kg)	CSB/TOC (kg/kg)	$Y_{Biogas,stöch}$ (Nl/kg, Nm³/t)	$Y_{CH4,stöch}$ (Nl/kg, Nm³/t)	$\Psi_{CH4,stöch}$ (NVol.-%)	$Y_{Biogas,chem}$ (Nl/kg, Nm³/t)
Landschaftspflegeheu	***1,342***	0,48	2,80	895	467	52,17	876
Roggenstroh	***1,345***	0,49	2,73	921	470	51,05	913
Nahrungsreste	***1,346***	0,48	2,79	900	466	51,80	794
Sorghum, Ganzpflanze	***1,348***	0,49	2,75	916	471	51,43	880
Protein	***1,351***	0,42	3,18	793	397	50,00	610
Roggenstroh	***1,353***	0,49	2,78	907	472	51,98	898
Paracoccus denitrificans 1	***1,353***	0,48	2,79	904	474	52,38	723
Schweineblut	***1,358***	0,43	3,18	796	400	50,19	615
Saccharomyces cerevisiae 1	***1,362***	0,50	2,75	926	477	51,50	778
Sägemehl	***1,363***	0,50	2,75	924	477	51,63	922
Average biomass 1	***1,363***	0,49	2,79	911	477	52,38	729
Zellbiomasse	***1,366***	0,49	2,80	911	478	52,50	728
Paracoccus denitrificans 2	***1,367***	0,51	2,68	952	478	50,25	771
Roggenganzpflanzen	***1,370***	0,50	2,76	928	477	51,36	909
Mycelium	***1,371***	0,49	2,80	914	470	51,39	768
Gerstenstroh	***1,372***	0,50	2,77	925	478	51,64	917
Rinderblut	***1,372***	0,43	3,19	802	405	50,56	622
Weidelgras	***1,377***	0,50	2,77	929	481	51,76	905
Yard wastes	***1,378***	0,50	2,75	935	480	51,33	878
Rapsstroh	***1,383***	0,63	2,20	1176	481	40,88	1173
Klebsiella aerogenes 2	***1,385***	0,50	2,77	935	485	51,88	710

(Fortsetzung)

Tab. 7.1 (Fortsetzung)

Substrat	CSB/oTM (kg/kg)	TOC/oTM (kg/kg)	CSB/TOC (kg/kg)	$Y_{Biogas,stöch}$ (Nl/kg, Nm³/t)	$Y_{CH4,stöch}$ (Nl/kg, Nm³/t)	$\Psi_{CH4,stöch}$ (NVol.-%)	$Y_{Biogas,chem}$ (Nl/kg, Nm³/t)
Klebsiella aerogenes 4	***1,385***	0,50	2,77	935	485	51,88	710
Miscanthus 1	***1,385***	0,49	2,82	918	483	52,59	906
Miscanthus 2	***1,385***	0,48	2,87	901	460	51,08	895
Giant Kelp Macrocystis pyrifera 2	***1,389***	0,48	2,89	896	467	52,09	851
Giant Kelp Macrocystis pyrifera 3	***1,393***	0,48	2,93	887	467	52,65	837
Rapsstroh	***1,395***	0,50	2,81	928	485	52,24	914
Salmin (Protamin)	***1,396***	0,27	5,15	506	236	46,67	200
Aminobuttersäure	***1,398***	0,47	3,00	870	489	56,25	652
Fichtenholz	***1,406***	0,50	2,81	934	492	52,62	932
Saccharomyces cerevisiae 3	***1,406***	0,49	2,85	920	492	53,50	764
Holz	***1,410***	0,51	2,77	951	494	51,91	948
Korean food, Feb_max	***1,411***	0,49	2,87	918	493	53,68	849
Food wastes	***1,414***	0,51	2,78	948	491	51,81	905
Saccharomyces Cerevisiae CBS 426/6	***1,414***	0,51	2,76	955	495	51,81	805
Zellbiomasse	***1,416***	0,53	2,67	991	496	50,00	793
Bakterien (Eckenfelder-Formel)	***1,416***	0,53	2,67	991	496	50,00	793
Saccharomyces Cerevisiae CBS 426/4	***1,420***	0,49	2,91	912	497	54,47	760
Triticale Stroh	***1,422***	0,48	2,95	900	475	52,82	893
Giant Kelp Macrocystis pyrifera 4	***1,423***	0,50	2,87	927	483	52,11	854
Mix	***1,425***	0,51	2,79	953	495	51,98	895
Gerste, Ganzpflanze	***1,425***	0,44	3,21	830	445	53,60	811

(Fortsetzung)

Tab. 7.1 (Fortsetzung)

Substrat	CSB/oTM (kg/kg)	TOC/oTM (kg/kg)	CSB/TOC (kg/kg)	$Y_{Biogas,stöch}$ (Nl/kg, Nm³/t)	$Y_{CH4,stöch}$ (Nl/kg, Nm³/t)	$\Psi_{CH4,stöch}$ (NVol.-%)	$Y_{Biogas,chem}$ (Nl/kg, Nm³/t)
Klebsiella aerogenes 1	***1,427***	0,51	2,82	945	500	52,88	737
Saccharomyces Cerevisiae CBS 426/10	***1,428***	0,51	2,77	961	500	52,00	799
Protein	***1,431***	0,51	2,82	947	490	51,74	681
Komm. Klärschlamm	***1,431***	0,50	2,86	933	499	53,50	917
Weizenstroh	***1,432***	0,48	2,99	894	478	53,50	887
Saccharomyces Cerevisiae CBS 426/8	***1,435***	0,49	2,94	910	502	55,14	759
Stroh	***1,437***	0,52	2,79	962	503	52,29	955
Weizen, Ganzpflanze	***1,442***	0,46	3,16	851	462	54,32	824
Protein	***1,444***	0,50	2,89	933	506	54,17	622
Biomass (bacteria)	***1,445***	0,49	2,93	920	496	53,89	773
Saccharomyces Cerevisiae anaerob 5	***1,446***	0,49	2,93	922	506	54,88	775
Macrocystis pyrifera 3	***1,449***	0,50	2,93	924	490	53,08	871
Rinderfestmist + 5 % Ernterückstände	***1,450***	0,52	2,80	966	496	51,29	901
Klebsiella aerogenes 3	***1,455***	0,51	2,87	947	509	53,75	786
Wales_summer	***1,456***	0,50	2,90	937	503	53,65	878
Candida utilis 3	***1,456***	0,50	2,89	939	510	54,25	761
Weizenstroh	***1,462***	0,54	2,73	1000	510	51,04	993
Saccharomyces Cerevisiae CBS 426/2	***1,465***	0,50	2,90	943	513	54,40	779
Belebtschlamm	***1,465***	0,51	2,88	951	513	53,93	801
Rohschlamm	***1,469***	0,50	2,92	939	514	54,79	899
Korean food, Feb_avg	***1,469***	0,51	2,90	946	513	54,29	883

(Fortsetzung)

Tab. 7.1 (Fortsetzung)

Substrat	CSB/oTM (kg/kg)	TOC/oTM (kg/kg)	CSB/TOC (kg/kg)	$Y_{Biogas,stöch}$ (Nl/kg, Nm³/t)	$Y_{CH4,stöch}$ (Nl/kg, Nm³/t)	$\Psi_{CH4,stöch}$ (NVol.-%)	$Y_{Biogas,chem}$ (Nl/kg, Nm³/t)
Wales_winter	***1,470***	0,51	2,88	954	511	53,61	901
Giant Kelp Macrocystis pyrifera 1	***1,471***	0,49	3,00	915	491	53,69	839
Zellbiomasse 1	***1,473***	0,52	2,81	978	499	51,04	783
Zellbiomasse 2	***1,474***	0,53	2,80	982	516	52,50	786
Rindergülle	***1,475***	0,49	3,00	918	516	56,28	844
Wasserhyazinthe 1	***1,478***	0,51	2,91	950	504	53,12	876
Zellbiomasse 3	***1,480***	0,52	2,86	965	491	50,88	772
Zellbiomasse 4	***1,487***	0,54	2,76	1005	521	51,79	862
Nadelholzrinde	***1,487***	0,53	2,79	995	519	52,20	987
Bakterienbiomasse	***1,489***	0,53	2,81	990	513	51,80	847
Bakterien (Helmer-Formel)	***1,489***	0,53	2,81	990	513	51,80	847
alpha-Amylase	***1,490***	0,54	2,77	1005	510	50,78	727
alpha-Amylase	***1,490***	0,54	2,77	1005	510	50,78	727
Candida utilis 1	***1,491***	0,50	2,97	938	522	55,63	845
Korean food, avg	***1,496***	0,51	2,93	952	523	54,92	901
Protein	***1,500***	0,55	2,75	1018	525	51,56	764
Methanol	***1,500***	0,38	4,00	700	525	75,00	700
Food 2	***1,507***	0,50	3,02	932	520	55,82	870
Food 3	***1,508***	0,51	2,95	954	525	55,00	884
Maissilage	***1,510***	0,49	3,07	919	525	57,11	888
Propionsäure	***1,514***	0,49	3,11	908	530	58,33	*908*

(Fortsetzung)

Tab. 7.1 (Fortsetzung)

Substrat	CSB/oTM (kg/kg)	TOC/oTM (kg/kg)	CSB/TOC (kg/kg)	$Y_{Biogas,stöch}$ (Nl/kg, Nm³/t)	$Y_{CH4,stöch}$ (Nl/kg, Nm³/t)	$\Psi_{CH4,stöch}$ (NVol.-%)	$Y_{Biogas,chem}$ (Nl/kg, Nm³/t)
Wasserhyazinthe 2	***1,516***	0,51	2,96	955	516	54,03	877
Macrocystis pyr.	***1,523***	0,51	2,99	951	515	54,14	893
Citrullin	***1,524***	0,49	3,11	914	533	58,33	762
Zellbiomasse 5	***1,530***	0,52	2,93	974	536	55,00	779
Prolin	***1,530***	0,52	2,93	974	536	55,00	779
Hausmüll org. Frakt.	***1,532***	0,52	2,95	970	536	55,27	955
Lysin	***1,534***	0,49	3,11	921	537	58,33	614
Biertreber	***1,538***	0,48	3,18	903	521	57,77	862
Algen	***1,539***	0,57	2,68	1073	539	50,18	920
Algen (Oswald-Formel)	***1,539***	0,57	2,68	1073	539	50,18	920
Pflanzenbiomasse	***1,546***	0,52	2,97	972	532	54,72	825
Pflanzenbiomasse	***1,546***	0,52	2,97	972	532	54,72	825
Ribonuclease	***1,547***	0,27	5,71	506	248	49,02	371
Food 4	***1,550***	0,50	3,07	943	538	57,03	870
Algen, unspezifiziert	***1,550***	0,53	2,92	990	543	54,82	816
Süßwasseralge Chlorella 1	***1,550***	0,53	2,92	990	543	54,82	816
Algen	***1,550***	0,53	2,92	990	543	54,82	816
Edestin	***1,552***	0,28	5,49	528	264	50,03	376
Süßwasseralgen Spirulina maxima	***1,555***	0,53	2,94	987	544	55,15	784
Zellbiomasse	***1,562***	0,52	2,98	978	538	54,95	831
Algen	***1,562***	0,52	2,98	978	538	54,95	831

(Fortsetzung)

Tab. 7.1 (Fortsetzung)

Substrat	CSB/oTM (kg/kg)	TOC/oTM (kg/kg)	CSB/TOC (kg/kg)	$Y_{Biogas,stöch}$ (Nl/kg, Nm³/t)	$Y_{CH4,stöch}$ (Nl/kg, Nm³/t)	$\Psi_{CH4,stöch}$ (NVol.-%)	$Y_{Biogas,chem}$ (Nl/kg, Nm³/t)
Algen (Gloyna-Formel)	***1,562***	0,52	2,98	978	538	54,95	831
Korean food, min	***1,566***	0,52	2,99	979	547	55,87	925
Kollagen	***1,569***	0,28	5,71	513	254	49,46	376
Fibrinogen	***1,577***	0,29	5,52	534	270	50,61	394
Food 1	***1,583***	0,52	3,02	977	547	56,00	889
Keratin (Wolle)	***1,584***	0,30	5,31	556	275	49,46	421
Biomasse-/Abfall-Mix	***1,587***	0,52	3,05	972	552	56,74	941
Adrenocorticotropes Hormon, ACTH	***1,590***	0,25	6,25	475	236	49,69	342
Süßwasseralge Chlorella 2	***1,592***	0,59	2,68	1111	557	50,16	964
Gemüseabfälle	***1,596***	0,53	3,00	993	558	56,25	931
Insulin (Rind)	***1,604***	0,30	5,44	551	277	50,32	425
alpha-Casein	***1,607***	0,29	5,47	548	284	51,79	421
gamma-Globulin	***1,608***	0,29	5,58	538	277	51,53	407
Klärschlamm	***1,610***	0,53	3,02	995	546	54,87	910
beta-Lactoglobulin	***1,615***	0,29	5,56	542	284	52,33	415
Ovalbumin (Huhn)	***1,615***	0,29	5,65	534	277	51,82	404
Serumalbumin (Mensch)	***1,616***	0,29	5,64	535	275	51,41	399
Maisproteingemisch	***1,618***	0,28	5,84	517	266	51,51	392
Hämoglobin (Pferd)	***1,623***	0,29	5,64	537	278	51,86	398
Wuchshormon (Rind)	***1,625***	0,28	5,74	528	273	51,63	392
Früchte	***1,627***	0,55	2,96	1024	568	55,48	997

(Fortsetzung)

Tab. 7.1 (Fortsetzung)

Substrat	CSB/oTM (kg/kg)	TOC/oTM (kg/kg)	CSB/TOC (kg/kg)	$Y_{Biogas,stöch}$ (Nl/kg, Nm³/t)	$Y_{CH4,stöch}$ (Nl/kg, Nm³/t)	$\Psi_{CH4,stöch}$ (NVol.-%)	$Y_{Biogas,chem}$ (Nl/kg, Nm³/t)
Kalbsleberhiston	***1,634***	0,28	5,76	529	282	53,25	365
Valin	***1,641***	0,51	3,20	957	574	60,00	766
ÜS-Schlamm	***1,646***	0,55	3,01	1020	564	55,27	930
Textiles	***1,656***	0,57	2,93	1056	580	54,88	983
Org. Teil d. Klärschlamm	***1,660***	0,54	3,05	1017	581	57,13	909
Bakterien (zentrif.)	***1,678***	0,52	3,23	971	555	57,24	736
Tyrosin	***1,680***	0,60	2,81	1114	588	52,78	990
Thyreoglobulin (Rind)	***1,697***	0,24	6,94	456	235	51,61	314
Draff	***1,697***	0,52	3,24	979	574	58,62	900
Zellbiomasse	***1,702***	0,43	4,00	794	596	75,00	635
Geflügel(Hühner-)gülle	***1,706***	0,56	3,03	1051	597	56,81	887
Korean food, Mar_max	***1,711***	0,55	3,11	1028	598	58,17	971
Fibroin (Seide)	***1,711***	0,40	4,26	750	377	50,23	657
Methionin	***1,717***	0,40	4,27	751	413	55,00	601
Bioöl aus verflüss, Algen 2	***1,733***	0,58	3,00	1080	588	54,47	1021
Korean food, Feb_min	***1,744***	0,58	3,01	1080	609	56,38	1037
Komm. Primärschlamm	***1,744***	0,55	3,15	1033	610	59,09	986
Übersch.-Schlamm	***1,756***	0,57	3,11	1055	614	58,23	992
Primärschlamm	***1,794***	0,59	3,02	1110	623	56,07	1023
Tryptophan	***1,804***	0,65	2,79	1208	631	52,27	988
Pig manure_x	***1,811***	0,51	3,56	948	562	59,24	874

(Fortsetzung)

Tab. 7.1 (Fortsetzung)

Substrat	CSB/oTM (kg/kg)	TOC/oTM (kg/kg)	CSB/TOC (kg/kg)	$Y_{Biogas,stöch}$ (Nl/kg, Nm³/t)	$Y_{CH4,stöch}$ (Nl/kg, Nm³/t)	$\Psi_{CH4,stöch}$ (NVol.-%)	$Y_{Biogas,chem}$ (Nl/kg, Nm³/t)
Raw glycerol 1	***1,811***	0,51	3,57	948	562	59,24	874
Buttersäure	***1,818***	0,55	3,33	1018	636	62,50	*1018*
ÜS-Schlamm	***1,832***	0,57	3,20	1067	611	57,31	901
Leuzin	***1,832***	0,55	3,33	1026	641	62,50	855
Isoleuzin	***1,832***	0,55	3,33	1026	641	62,50	855
Autoclave_fibre	***1,834***	0,58	3,14	1092	639	58,49	1061
Zellbiomasse	***1,849***	0,51	3,59	960	619	64,50	749
Lignin C9-Gruppe	***1,850***	0,63	2,94	1175	647	55,12	*1175*
Kaffeesatz	***1,852***	0,58	3,19	1084	648	59,77	*1084*
Fisch	***1,883***	0,60	3,14	1120	653	58,33	956
Primärschlamm	***1,912***	0,60	3,21	1111	663	59,71	1023
Lignine	***1,928***	0,65	2,96	1214	675	55,56	1214
Phenylalanin	***1,939***	0,65	2,96	1222	679	55,56	1086
Fat	***1,942***	0,75	2,60	1396	680	48,72	1396
Bioöl aus verflüss. Algen 1	***1,959***	0,61	3,20	1143	669	58,53	1023
Colza cake	***1,966***	0,59	3,33	1103	685	62,15	1046
Rapskörner	***1,974***	0,63	3,12	1182	690	58,37	1116
Schweinegülle	***1,990***	0,60	3,33	1114	697	62,50	1003
Komm. Mischschlamm	***1,990***	0,60	3,33	1114	697	62,50	1003
Chlorophyll 4	**2,000**	0,72	2,78	1342	700	52,14	1189
Chlorophyll 3	**2,020**	0,72	2,82	1338	707	52,86	1185

(Fortsetzung)

Tab. 7.1 (Fortsetzung)

Substrat	CSB/oTM (kg/kg)	TOC/oTM (kg/kg)	CSB/TOC (kg/kg)	$Y_{Biogas,stöch}$ (Nl/kg, Nm³/t)	$Y_{CH4,stöch}$ (Nl/kg, Nm³/t)	$\Psi_{CH4,stöch}$ (NVol.-%)	$Y_{Biogas,chem}$ (Nl/kg, Nm³/t)
Bioöl aus verflüss. Algen 3	***2,023***	0,63	3,20	1182	688	58,23	1068
Valeriansäure	***2,039***	0,59	3,47	1098	714	65,00	*1098*
Bruchei	***2,075***	0,58	3,58	1083	688	63,55	991
Ethanol	***2,087***	0,52	4,00	974	730	75,00	974
Torf	***2,087***	0,71	2,94	1326	724	54,59	1306
Primärschlamm (Catering)	***2,104***	0,62	3,38	1161	729	62,80	1098
Autoclave_middlings	***2,128***	0,65	3,28	1211	742	61,27	1186
Capronsäure	***2,207***	0,62	3,56	1159	772	66,67	*1159*
Chlorophyll 5	***2,409***	0,74	3,23	1390	843	60,65	1287
Chlorophyll 2	***2,413***	0,75	3,22	1397	844	60,45	1295
Chlorophyll 1	***2,488***	0,76	3,27	1419	871	61,36	1316
Combustibles (textile and rubber mix)	***2,493***	0,73	3,41	1366	866	63,39	1360
Klärschlamm, min	***2,538***	0,70	3,62	1307	881	67,38	1307
Lignin	***2,555***	0,88	2,90	1642	894	54,46	*1642*
Lauric (0)	***2,720***	0,72	3,78	1344	952	70,83	*1344*
Myristic (0)	***2,807***	0,74	3,81	1375	982	71,43	*1375*
Linolenic (3)	***2,820***	0,78	3,63	1450	987	68,06	*1450*
Fett und Öl	***2,830***	0,76	3,71	1425	990	69,50	*1425*
Palmitoleic (1)	***2,835***	0,76	3,75	1411	992	70,31	*1411*
Linoleic (2)	***2,857***	0,77	3,70	1440	1000	69,44	*1440*
Palmitic (0)	***2,875***	0,75	3,83	1400	1006	71,88	*1400*

(Fortsetzung)

Tab. 7.1 (Fortsetzung)

Substrat	CSB/oTM (kg/kg)	TOC/oTM (kg/kg)	CSB/TOC (kg/kg)	$Y_{Biogas,stöch}$ (Nl/kg, Nm³/t)	$Y_{CH4,stöch}$ (Nl/kg, Nm³/t)	$\Psi_{CH4,stöch}$ (NVol.-%)	$Y_{Biogas,chem}$ (Nl/kg, Nm³/t)
Palmitinsäure	***2,875***	0,75	3,83	1400	1006	71,88	*1400*
Oleic (1)	***2,894***	0,77	3,78	1430	1013	70,83	*1430*
Stearinsäure	***2,930***	0,76	3,85	1420	1025	72,22	*1420*
Benzol	***3,077***	0,92	3,33	1723	1077	62,50	*1723*
Toluol	***3,130***	0,91	3,43	1704	1096	64,29	*1704*
Stearic (0)	***3,429***	0,86	4,00	1600	1200	75,00	*1600*

Substrat	$Y_{CH4,chem}$ (Nl/kg, Nm³/t)	$\Psi_{CH4,chem}$ (NVol.-%)	$m_{Biogas,stöch}$ (kg Gas/kg oTM)	chemisch gebundenes Wasser im Biogas (kg H_2O/kg oTM)	N/oTM (N in % oTM)	S/oTM (S in % oTM)	P/oTM (P in % oTM)
Oxalsäure	*62*	*12,50*	0,906	***−0,110***			
Hausmüll org. Frakt.	109	21,56	0,876	***−0,144***	0,324		
Altpapier	120	22,79	0,893	***−0,123***	0,116	0,113	
Gracilaria ceae (Rotalge)	82	20,13	0,793	***−0,154***	2,890	5,200	
Adenosintriphosphat, ATP	83	37,43	0,769	0,150	13,485	0,091	17,898
Thyroxin	409	53,57	0,864	0,295	1,802		
Canavanin	127	100,00	0,587	0,610	31,818		
Glycin	224	75,00	0,978	0,123	18,667		
Poultry slurry	233	39,69	0,905	0,006	3,316		
Poultry manure	234	44,30	0,972	0,026	6,394		
Rice husk	253	38,19	0,966	***−0,002***	0,340		
Asparaginsäure	253	50,00	1,000	0,135	10,526		

(Fortsetzung)

Tab. 7.1 (Fortsetzung)

Substrat	$Y_{CH4,chem}$ (Nl/kg, Nm³/t)	$\Psi_{CH4,chem}$ (NVol.-%)	$m_{Biogas,stöch}$ (kg Gas/kg oTM)	chemisch gebundenes Wasser im Biogas (kg H_2O/kg oTM)	N/oTM (N in % oTM)	S/oTM (S in % oTM)	P/oTM (P in % oTM)
Asparagin	255	75,00	1,015	0,269	21,212		
Serin	267	62,50	1,030	0,083	13,333		
Hemicellulose	*304*	*45,00*	0,956	***−0,057***			
Komm. Abwasser	266	62,81	0,924	0,019	10,501	3,219	2,617
Ulva lactvea (Grünalge)	221	40,97	0,802	***−0,056***	1,260	10,970	
Maize silage 2	317	48,60	0,897	***−0,058***	1,435		
Algin 1	318	41,67	0,936	0,109			
Algin 2	319	45,45	1,109	0,139	3,989		
Bernsteinsäure	*332*	*43,75*	1,121	0,068			
Marines Phytoplankton	330	58,19	1,081	***−0,013***	6,310		0,872
Poultry manure + grass	337	49,48	0,910	0,088	3,752		
Glutaminsäure	343	56,25	1,045	0,176	9,524		
Glutamin	345	75,00	1,076	0,286	19,178		
Lactat	346	45,83	1,082	0,047			
Cellulose	346	45,83	1,057	0,048			
Arginin	257	100,00	1,062	0,438	32,184		
Braunalge Laminaria saccharina	353	51,75	1,080	0,003	2,328		0,322
Grass	357	50,24	0,980	0,093	3,241		
Histidin	361	83,33	1,061	0,547	27,097		
Rinderfestmist 2	352	51,37	1,068	0,132	5,017	1,642	

(Fortsetzung)

Tab. 7.1 (Fortsetzung)

Substrat	$Y_{CH4,chem}$ (Nl/kg, Nm³/t)	$\Psi_{CH4,chem}$ (NVol.-%)	$m_{Biogas,stöch}$ (kg Gas/kg oTM)	chemisch gebundenes Wasser im Biogas (kg H_2O/kg oTM)	N/oTM (N in % oTM)	S/oTM (S in % oTM)	P/oTM (P in % oTM)
Essigsäure	*373*	*50,00*	1,006	0,000			
Glucose	*373*	*50,00*	1,006	0,000			
Cellulose	*373*	*50,00*	1,006	0,000			
Galactose	373	50,00	1,006	0,000			
Milchsäure	373	50,00	1,006	0,000			
Ribose	373	50,00	1,006	0,000			
Threonin	376	66,67	1,014	0,149	11,765		
Alanin	378	75,00	1,017	0,199	15,730		
Tissue paper	382	49,23	1,053	0,045			
Gracilaria strain G-4	385	55,97	1,065	0,124	6,000		
Klärschlamm	376	68,16	1,227	0,384	19,320	1,277	
Hydrilla verticillata	387	51,26	1,117	0,143	3,560	0,527	
Laktose	*393*	*50,00*	1,059	0,050			
Mannitol (Mannit)	400	54,17	0,956	−0,052			
Saccharomyces Cerevisiae anaerob 1	400	57,41	1,097	0,162	7,089		
Federn und Haare	360	65,33	1,128	0,321	15,580	4,869	
Sojamehl	405	59,91	1,073	0,155	7,837	0,336	
Maize silage	405	50,92	1,089	0,089	0,867	0,015	0,386
Gracilaria strain G-16	412	53,59	1,142	0,167	4,500		
Gracilaria strain G-9	412	62,62	1,031	0,118	7,900		

(Fortsetzung)

Tab. 7.1 (Fortsetzung)

Substrat	$Y_{CH4,chem}$ (Nl/kg, Nm^3/t)	$\Psi_{CH4,chem}$ (NVol.-%)	$m_{Biogas,stöch}$ (kg Gas/kg oTM)	chemisch gebundenes Wasser im Biogas (kg H_2O/kg oTM)	N/oTM (N in % oTM)	S/oTM (S in % oTM)	P/oTM (P in % oTM)
CCM	409	53,01	1,062	0,078	1,680	0,040	0,574
Dextrin	*415*	*50,00*	1,117	0,099			
Stärke	*415*	*50,00*	1,117	0,099			
Polysaccharide	415	50,00	1,117	0,099			
Saccharomyces Cerevisiae CBS 426/5	416	60,85	1,113	0,194	9,005		
Macrocystis pyrifera 4	395	51,47	1,140	0,182	3,800	2,070	0,520
Gracilaria strain G-5	418	57,22	1,097	0,146	5,700		
Protein	420	50,00	1,408	0,360	8,750		
Zuckerrübenvinasse	407	49,51	1,279	0,279	5,277	1,676	
Aerobacter aerogenes	422	66,00	1,153	0,267	13,313		
Organik in Molke	*422*	*51,79*	1,079	0,067			
Molke	*422*	*51,80*	1,079	0,067			
Newspaper	422	51,58	1,086	0,074			
Triticalekörner	419	52,54	1,102	0,111	1,705	0,112	
Gracilaria strain G-1	423	59,97	1,054	0,116	6,100		
Wheat stillage	422	50,86	1,282	0,269	5,492	0,200	0,100
Glyzerin (Glycerol)	426	58,33	0,907	−0,108			
Zuckerrübenpreßschnitzel	427	50,48	1,207	0,191	2,257	0,130	
Saccharomyces Cerevisiae CBS 426/12	430	62,01	1,109	0,248	10,314		
Weizenkörner	427	53,76	1,146	0,117	2,331	0,123	

(Fortsetzung)

Tab. 7.1 (Fortsetzung)

Substrat	$Y_{CH4,chem}$ (Nl/kg, Nm^3/t)	$\Psi_{CH4,chem}$ (NVol.-%)	$m_{Biogas,stöch}$ (kg Gas/kg oTM)	chemisch gebundenes Wasser im Biogas (kg H_2O/kg oTM)	N/oTM (N in % oTM)	S/oTM (S in % oTM)	P/oTM (P in % oTM)
Gras	434	52,84	1,238	0,139	2,333		
Triticaleganzpflanzen	432	51,71	1,178	0,132	1,122	0,187	
Hühnertrockenkot	435	54,74	1,141	0,279	6,843	0,353	
Agarose	439	50,00	1,213	0,145			
Agar	439	50,00	1,210	0,146			
Gracilaria strain G-8	439	57,72	1,139	0,186	6,100		
Molkeeiweiß	440	70,82	1,152	0,230	13,642		
Gracilaria strain G-3	442	55,88	1,100	0,262	6,600		
Gemüse	439	52,64	1,007	0,250	3,588	0,268	
Saccharomyces Cerevisiae CBS 426/13	443	64,02	1,200	0,219	10,494		
Cardboard	441	51,39	1,209	0,127	0,370	0,185	
Rohrschwingel	440	53,61	1,154	0,098	0,942	0,152	
Cystin	210	56,25	0,935	0,281	11,660	26,709	
Saccharomyces Cerevisiae CBS 426/11	444	60,97	1,147	0,276	10,154		
Stroh 2	444	49,97	1,202	0,174	0,406		
Triticalestroh	444	51,56	1,081	0,148	0,445	0,059	
Zellbiomasse	424	61,78	1,130	0,194	8,408	0,947	1,829
Paper	445	51,77	1,110	0,133	0,329	0,199	
Sonnenblumenstroh	445	51,02	1,159	0,193	1,248	0,169	
Soja-Proteingemisch	443	76,14	1,136	0,237	15,446	0,662	

(Fortsetzung)

Tab. 7.1 (Fortsetzung)

Substrat	$Y_{CH4,chem}$ (Nl/kg, Nm³/t)	$\Psi_{CH4,chem}$ (NVol.-%)	$m_{Biogas,stöch}$ (kg Gas/kg oTM)	chemisch gebundenes Wasser im Biogas (kg H_2O/kg oTM)	N/oTM (N in % oTM)	S/oTM (S in % oTM)	P/oTM (P in % oTM)
Roggenkörner	446	53,50	1,159	0,147	1,934	0,111	
Saccharomyces Cerevisiae anaerob 3	451	63,10	1,155	0,184	8,517		
Festmistlagergut (Rinder)	450	53,55	1,154	0,159	2,134	0,125	
Japanese food (80 % vegetables)	453	56,32	1,153	0,146	3,550		
Lemna sp. (Duckweed)	445	62,27	1,221	0,205	9,040	0,945	
Mix rapidly decomposable	451	52,28	1,199	0,140	0,805	0,213	
Candida utilis 2	453	64,84	1,163	0,243	10,925		
Candida utilis 4	453	64,84	1,145	0,247	10,925		
Macrocystis pyrifera 5	449	54,36	1,193	0,153	2,660	0,313	0,313
Maisstroh 1	453	50,42	1,198	0,195	0,693	0,128	
Schilf, Ried	453	51,46	1,182	0,176	1,000	0,200	
Saccharomyces Cerevisiae anaerob 2	455	60,88	1,161	0,222	8,239		
Wiesenheu	442	52,60	1,158	0,140	1,021	0,082	1,734
Escherichia coli	456	66,94	1,187	0,299	13,456		
Maisstroh 2	440	50,15	1,165	0,180	0,311	0,041	2,278
Food waste leachate	457	54,53	1,118	0,202	3,284	0,196	
Saccharomyces Cerevisiae CBS 426/3	460	62,34	1,164	0,230	9,043		
Saccharomyces Cerevisiae anaerob 4	461	64,20	1,154	0,253	10,518		
Weidenholz	460	51,93	0,970	0,197	0,550	0,032	
Macrocystis pyrifera 1	445	54,37	1,178	0,191	3,530	1,860	

(Fortsetzung)

Tab. 7.1 (Fortsetzung)

Substrat	$Y_{CH4,chem}$ (Nl/kg, Nm³/t)	$\Psi_{CH4,chem}$ (NVol.-%)	$m_{Biogas,stöch}$ (kg Gas/kg oTM)	chemisch gebundenes Wasser im Biogas (kg H_2O/kg oTM)	N/oTM (N in % oTM)	S/oTM (S in % oTM)	P/oTM (P in % oTM)
Saccharomyces Cerevisiae CBS 426/9	461	60,29	1,177	0,187	6,749		
Saccharomyces Cerevisiae CBS 426/1	461	64,75	1,194	0,190	9,293		
Stroh 1	460	52,70	1,173	0,146	0,591	0,118	0,107
Weizenganzpflanzen	459	53,86	1,192	0,142	1,463	0,125	
Cystein	231	62,50	0,918	0,243	11,564	26,489	
Buchenholz	463	51,78	1,263	0,149	0,221	0,015	
Saccharomyces Cerevisiae anaerob 6	464	63,41	1,141	0,258	10,032		
Hanfstroh	462	52,09	1,167	0,174	0,773	0,104	
Hefe	464	62,80	1,190	0,239	9,467		
Sawdust	466	51,83	1,166	0,165	0,220		
Saccharomyces Cerevisiae CBS 426/7	466	65,53	1,187	0,154	8,446		
Ornithin	467	91,67	1,192	0,286	21,212		
Saccharomyces cerevisiae 2	467	63,25	1,215	0,230	9,456		
Rinderfestmist 1	456	53,11	1,188	0,267	4,273	1,360	
Pseudomonas C12B	468	69,32	1,187	0,245	12,608		
Macrocystis pyrifera 2	447	54,06	1,105	0,210	3,200	1,950	0,533
Saccharomyces Cerevisiae average	468	63,14	1,223	0,228	9,332		
Pappelholz	468	52,28	1,219	0,158	0,427	0,032	
Straßengrasschnitte	465	54,37	1,189	0,167	1,907	0,243	
Beech wood (Buchenholz)	470	52,24	1,273	0,145	0,140		

(Fortsetzung)

Tab. 7.1 (Fortsetzung)

Substrat	$Y_{CH4,chem}$ (Nl/kg, Nm³/t)	$\Psi_{CH4,chem}$ (NVol.-%)	$m_{Biogas,stöch}$ (kg Gas/kg oTM)	chemisch gebundenes Wasser im Biogas (kg H_2O/kg oTM)	N/oTM (N in % oTM)	S/oTM (S in % oTM)	P/oTM (P in % oTM)
Landschaftspflegeheu	467	53,31	1,227	0,160	1,201	0,169	
Roggenstroh	470	51,53	1,121	0,208	0,535	0,073	
Nahrungsreste	466	58,73	1,220	0,249	6,634	0,573	
Sorghum, Ganzpflanze	471	53,51	1,238	0,193	2,231	0,056	
Protein	397	65,00	1,173	0,251	11,442	8,737	
Roggenstroh	472	52,51	1,227	0,168	0,574	0,089	
Paracoccus denitrificans 1	474	65,47	1,200	0,268	11,304		
Schweineblut	400	65,02	1,135	0,259	11,352	8,668	
Saccharomyces cerevisiae 1	477	61,31	1,172	0,285	9,256		
Sägemehl	477	51,76	1,218	0,181	0,144		
Average biomass 1	477	65,47	0,876	0,378	11,387		
Zellbiomasse	478	65,63	1,095	0,301	11,382		
Paracoccus denitrificans 2	478	62,04	1,218	0,336	11,305		
Roggenganzpflanzen	477	52,43	1,187	0,210	1,180	0,114	
Mycelium	470	61,17	1,240	0,268	9,137	0,602	0,682
Gerstenstroh	478	52,08	1,183	0,197	0,480	0,093	
Rinderblut	405	65,14	1,194	0,248	11,222	8,569	
Weidelgras	481	53,08	1,255	0,205	1,446	0,151	
Yard wastes	480	54,68	1,324	0,214	3,580	0,240	
Rapsstroh	481	40,99	1,324	0,540	0,200	0,380	

(Fortsetzung)

Tab. 7.1 (Fortsetzung)

Substrat	$Y_{CH4,chem}$ (Nl/kg, Nm³/t)	$\Psi_{CH4,chem}$ (NVol.-%)	$m_{Biogas,stöch}$ (kg Gas/kg oTM)	chemisch gebundenes Wasser im Biogas (kg H_2O/kg oTM)	N/oTM (N in % oTM)	S/oTM (S in % oTM)	P/oTM (P in % oTM)
Klebsiella aerogenes 2	485	68,26	1,169	0,342	14,018		
Klebsiella aerogenes 4	485	68,26	1,187	0,337	14,018		
Miscanthus 1	483	53,30	1,224	0,175	0,756	0,155	
Miscanthus 2	460	51,45	1,235	0,189	0,402	0,302	3,017
Giant Kelp Macrocystis pyrifera 2	467	54,85	1,096	0,215	2,820	1,810	0,500
Giant Kelp Macrocystis pyrifera 3	467	55,83	1,215	0,183	3,160	1,850	0,560
Rapsstroh	485	53,05	1,260	0,188	0,887	0,285	
Salmin (Protamin)	200	100,00	1,169	0,240	19,157		34,874
Aminobuttersäure	489	75,00	1,254	0,209	13,592		
Fichtenholz	492	52,74	1,210	0,184	0,131	0,015	
Saccharomyces cerevisiae 3	492	64,46	1,175	0,264	9,774		
Holz	494	52,08	1,161	0,218	0,201		
Korean food, Feb_max	493	58,08	1,261	0,192	4,346	0,097	
Food wastes	491	54,32	1,121	0,255	2,732	0,392	
Saccharomyces Cerevisiae CBS 426/6	495	61,44	1,200	0,309	9,361		
Zellbiomasse	496	62,50	1,194	0,400	12,389		
Bakterien (Eckenfelder-Formel)	496	62,50	1,178	0,406	12,389		
Saccharomyces Cerevisiae CBS 426/4	497	65,36	1,213	0,236	9,502		
Triticale Stroh	475	53,21	1,271	0,165	0,410	0,103	2,973
Giant Kelp Macrocystis pyrifera 4	483	56,57	1,212	0,241	4,570	1,200	0,630

(Fortsetzung)

Tab. 7.1 (Fortsetzung)

Substrat	$Y_{CH4,chem}$ (Nl/kg, Nm³/t)	$\Psi_{CH4,chem}$ (NVol.-%)	$m_{Biogas,stöch}$ (kg Gas/kg oTM)	chemisch gebundenes Wasser im Biogas (kg H_2O/kg oTM)	N/oTM (N in % oTM)	S/oTM (S in % oTM)	P/oTM (P in % oTM)
Mix	495	55,37	1,214	0,265	3,655	0,359	
Gerste, Ganzpflanze	445	54,87	1,168	0,140	1,196	0,106	7,328
Klebsiella aerogenes 1	500	67,79	1,326	0,293	12,990		
Saccharomyces Cerevisiae CBS 426/10	500	62,54	1,208	0,320	10,130		
Protein	490	71,95	1,217	0,380	16,630	1,227	
Komm. Klärschlamm	499	54,41	1,196	0,186	0,971	0,223	
Weizenstroh	478	53,89	1,197	0,163	0,410	0,010	3,178
Saccharomyces Cerevisiae CBS 426/8	502	66,16	1,235	0,223	9,475		
Stroh	503	52,67	1,198	0,222	0,430		
Weizen, Ganzpflanze	462	56,09	1,278	0,135	1,677	0,127	5,686
Protein	506	81,25	1,285	0,340	19,444		
Biomass (bacteria)	496	64,15	1,148	0,272	9,197	0,593	0,699
Saccharomyces Cerevisiae anaerob 5	506	65,33	1,243	0,234	9,222		
Macrocystis pyrifera 3	490	56,32	1,289	0,204	3,320	1,500	0,500
Rinderfestmist + 5 % Ernterückstände	496	54,99	1,313	0,261	4,061	1,383	
Klebsiella aerogenes 3	509	64,76	1,305	0,265	10,063		
Wales_summer	503	57,25	1,303	0,204	3,687	0,779	
Candida utilis 3	510	66,98	1,308	0,263	11,153		
Weizenstroh	510	51,41	1,344	0,250	0,454	0,078	
Saccharomyces Cerevisiae CBS 426/2	513	65,84	1,345	0,249	10,235		

(Fortsetzung)

Tab. 7.1 (Fortsetzung)

Substrat	$Y_{CH4,chem}$ (Nl/kg, Nm³/t)	$\Psi_{CH4,chem}$ (NVol.-%)	$m_{Biogas,stöch}$ (kg Gas/kg oTM)	chemisch gebundenes Wasser im Biogas (kg H_2O/kg oTM)	N/oTM (N in % oTM)	S/oTM (S in % oTM)	P/oTM (P in % oTM)
Belebtschlamm	513	63,98	1,191	0,286	9,339		
Rohschlamm	514	57,20	1,217	0,190	2,467		
Korean food, Feb_avg	513	58,14	1,343	0,197	3,918	0,113	
Wales_winter	511	56,73	0,713	0,391	3,285	0,363	
Giant Kelp Macrocystis pyrifera 1	491	58,50	1,166	0,232	4,700	2,000	0,890
Zellbiomasse 1	499	63,80	1,207	0,388	12,227		2,254
Zellbiomasse 2	516	65,63	1,149	0,378	12,281		
Rindergülle	516	61,17	1,118	0,190	4,588		
Wasserhyazinthe 1	504	57,61	1,230	0,250	4,620	0,685	0,976
Zellbiomasse 3	491	63,60	1,214	0,383	12,066	0,875	2,669
Zellbiomasse 4	521	60,42	1,126	0,384	8,974		
Nadelholzrinde	519	52,62	1,239	0,253	0,498	0,088	
Bakterienbiomasse	513	60,52	1,234	0,343	8,911		1,160
Bakterien (Helmer-Formel)	513	60,52	1,225	0,345	8,911		1,160
alpha-Amylase	510	70,16	1,124	0,499	17,347	1,278	
alpha-Amylase	510	70,16	1,119	0,501	17,347	1,278	
Candida utilis 1	522	61,81	1,431	0,183	5,865		
Korean food, avg	523	58,08	1,432	0,180	3,240	0,080	
Protein	525	68,75	1,246	0,431	15,909		
Methanol	525	75,00	1,246	−0,226			

(Fortsetzung)

Tab. 7.1 (Fortsetzung)

Substrat	$Y_{CH4,chem}$ (Nl/kg, Nm^3/t)	$\Psi_{CH4,chem}$ (NVol.-%)	$m_{Biogas,stöch}$ (kg Gas/kg oTM)	chemisch gebundenes Wasser im Biogas (kg H_2O/kg oTM)	N/oTM (N in % oTM)	S/oTM (S in % oTM)	P/oTM (P in % oTM)
Food 2	520	59,81	0,883	0,268	3,885	0,783	
Food 3	525	59,40	1,177	0,234	4,410	0,360	
Maissilage	525	59,09	1,260	0,140	1,925	0,447	
Propionsäure	*530*	*58,33*	1,264	0,096			
Wasserhyazinthe 2	516	58,85	1,254	0,247	4,890	0,980	0,816
Macrocystis pyr.	515	57,62	0,891	0,326	3,586	1,673	0,507
Citrullin	533	70,00	1,257	0,195	9,524		
Zellbiomasse 5	536	68,75	1,255	0,312	12,174		
Prolin	536	68,75	1,255	0,312	12,174		
Hausmüll org. Frakt.	536	56,15	1,256	0,196	0,947		
Lysin	537	87,50	1,239	0,298	19,178		
Biertreber	521	60,52	0,887	0,195	2,564	1,958	
Algen	539	58,54	0,907	0,608	9,582		
Algen (Oswald-Formel)	539	58,54	1,236	0,446	9,582		
Pflanzenbiomasse	532	64,44	0,937	0,393	9,169		1,268
Pflanzenbiomasse	532	64,44	1,213	0,304	9,169		1,268
Ribonuclease	248	66,74	1,011	0,186	8,390	2,425	37,675
Food 4	538	61,77	0,858	0,280	4,519	0,565	
Algen, unspezifiziert	543	66,49	1,483	0,268	10,853		
Süßwasseralge Chlorella 1	543	66,49	1,248	0,319	10,853		

(Fortsetzung)

Tab. 7.1 (Fortsetzung)

Substrat	$Y_{CH4,chem}$ (Nl/kg, Nm^3/t)	$\Psi_{CH4,chem}$ (NVol.-%)	$m_{Biogas,stöch}$ (kg Gas/kg oTM)	chemisch gebundenes Wasser im Biogas (kg H_2O/kg oTM)	N/oTM (N in % oTM)	S/oTM (S in % oTM)	P/oTM (P in % oTM)
Algen	543	66,49	0,930	0,428	10,853		
Edestin	264	70,29	1,058	0,196	9,512	0,685	37,751
Süßwasseralgen Spirulina maxima	544	69,46	0,906	0,455	12,700		
Zellbiomasse	538	64,72	1,273	0,294	9,230		1,276
Algen	538	64,72	0,896	0,418	9,230		1,276
Algen (Gloyna-Formel)	538	64,72	0,894	0,419	9,230		1,276
Korean food, min	547	59,15	0,906	0,312	3,402	0,136	
Kollagen	254	67,47	1,029	0,197	8,562	0,112	40,693
Fibrinogen	270	68,56	1,000	0,205	8,728	1,042	37,737
Food 1	547	61,59	0,888	0,351	5,549	0,783	
Keratin (Wolle)	275	65,41	0,952	0,245	8,477	2,961	35,016
Biomasse-/Abfall-Mix	552	58,63	0,907	0,275	1,960		0,527
Adrenocorticotropes Hormon, ACTH	236	69,08	0,959	0,186	8,335	2,333	41,465
Süßwasseralge Chlorella 2	557	57,77	0,904	0,659	9,132		
Gemüseabfälle	558	60,00	1,302	0,230	3,878		
Insulin (Rind)	277	65,14	1,573	0,139	7,831	3,072	35,598
alpha-Casein	284	67,48	1,056	0,192	7,968	0,440	37,962
gamma-Globulin	277	68,11	1,034	0,197	8,189	0,966	38,327
Klärschlamm	546	60,02	0,881	0,411	5,335	1,995	
beta-Lactoglobulin	284	68,35	1,081	0,179	7,938	1,289	37,373

(Fortsetzung)

Tab. 7.1 (Fortsetzung)

Substrat	$Y_{CH4,chem}$ (Nl/kg, Nm^3/t)	$\Psi_{CH4,chem}$ (NVol.-%)	$m_{Biogas,stöch}$ (kg Gas/kg oTM)	chemisch gebundenes Wasser im Biogas (kg H_2O/kg oTM)	N/oTM (N in % oTM)	S/oTM (S in % oTM)	P/oTM (P in % oTM)
Ovalbumin (Huhn)	277	68,45	1,045	0,190	8,103	1,184	38,468
Serumalbumin (Mensch)	275	68,85	1,055	0,198	8,468	1,834	37,950
Maisproteingemisch	266	67,93	1,005	0,191	7,818	0,563	40,790
Hämoglobin (Pferd)	278	69,96	1,091	0,194	8,687	0,412	39,524
Wuchshormon (Rind)	273	69,51	0,980	0,212	8,493	1,081	39,630
Früchte	568	57,00	1,164	0,285	1,707	0,121	
Kalbsleberhiston	282	77,23	1,086	0,196	10,275		40,109
Valin	574	75,00	1,313	0,234	11,966		
ÜS-Schlamm	564	60,60	1,346	0,285	5,603		1,704
Textiles	580	58,96	1,277	0,318	4,572		
Org. Teil d. Klärschlamm	581	63,91	1,237	0,285	6,740		
Bakterien (zentrif.)	555	75,49	1,438	0,301	14,666	1,044	3,150
Tyrosin	588	59,38	0,858	0,638	7,735		
Thyreoglobulin (Rind)	235	74,92	1,041	0,195	8,871	1,404	47,854
Draff	574	63,73	1,212	0,241	4,900	0,600	2,082
Zellbiomasse	596	93,75	0,820	−0,078	9,929		
Geflügel(Hühner-)gülle	597	67,31	1,325	0,334	10,245		
Korean food, Mar_max	598	61,61	1,279	0,247	3,593	0,075	
Fibroin (Seide)	377	57,33	0,793	0,480	5,807		30,738
Methionin	413	68,75	1,034	0,292	9,392	21,513	

(Fortsetzung)

Tab. 7.1 (Fortsetzung)

Substrat	$Y_{CH4,chem}$ (Nl/kg, Nm³/t)	$\Psi_{CH4,chem}$ (NVol.-%)	$m_{Biogas,stöch}$ (kg Gas/kg oTM)	chemisch gebundenes Wasser im Biogas (kg H_2O/kg oTM)	N/oTM (N in % oTM)	S/oTM (S in % oTM)	P/oTM (P in % oTM)
Bioöl aus verflüss. Algen 2	588	57,63	1,090	0,416	3,696	2,098	
Korean food, Feb_min	609	58,74	1,408	0,281	2,716	0,141	
Komm. Primärschlamm	610	61,90	1,369	0,220	2,935		
Übersch.-Schlamm	614	61,96	1,276	0,278	3,980		
Primärschlamm	623	60,86	1,318	0,361	5,457		0,712
Tryptophan	631	63,89	1,417	0,529	13,725		
Pig manure_x	562	64,28	1,542	0,205	4,647	0,452	9,415
Raw glycerol 1	562	64,28	1,167	0,271	4,645	0,454	9,457
Buttersäure	*636*	*62,50*	1,220	0,168			
ÜS-Schlamm	611	67,88	1,193	0,417	10,382	1,072	2,814
Leuzin	641	75,00	1,360	0,253	10,687		
Isoleuzin	641	75,00	1,220	0,282	10,687		
Autoclave_fibre	639	60,17	1,218	0,321	1,896	0,399	
Zellbiomasse	619	82,69	1,340	0,232	13,206	0,550	3,187
Lignin C9-Gruppe	*647*	*55,12*	1,138	0,438			
Kaffeesatz	*648*	*59,77*	1,507	0,212			
Fisch	653	68,33	1,331	0,396	10,241	0,673	
Primärschlamm	663	64,83	1,398	0,306	5,474		0,802
Lignine	675	55,56	1,368	0,396			
Phenylalanin	679	62,50	1,554	0,421	8,485		

(Fortsetzung)

Tab. 7.1 (Fortsetzung)

Substrat	$Y_{CH4,chem}$ (Nl/kg, Nm³/t)	$\Psi_{CH4,chem}$ (NVol.-%)	$m_{Biogas,stöch}$ (kg Gas/kg oTM)	chemisch gebundenes Wasser im Biogas (kg H_2O/kg oTM)	N/oTM (N in % oTM)	S/oTM (S in % oTM)	P/oTM (P in % oTM)
Fat	680	48,72	1,561	0,571			
Bioöl aus verflüss. Algen 1	669	65,39	1,894	0,275	7,493	1,898	
Colza cake	685	65,51	1,428	0,249	3,541	0,310	
Rapskörner	690	61,82	1,320	0,387	4,124	0,105	
Schweinegülle	697	69,44	1,472	0,274	6,965		
Komm, Mischschlamm	697	69,44	1,325	0,304	6,965		
Chlorophyll 4	700	58,87	1,328	0,662	9,589		
Chlorophyll 3	707	59,68	1,777	0,484	9,556		
Bioöl aus verflüss. Algen 3	688	64,42	1,740	0,329	7,100	2,300	
Valeriansäure	*714*	*65,00*	1,487	0,178			
Bruchei	688	69,44	1,253	0,305	5,732	4,356	
Ethanol	730	75,00	1,304	0,000			
Torf	724	55,38	1,000	0,722	1,193	0,797	
Primärschlamm (Catering)	729	66,38	1,713	0,249	3,910	0,290	0,655
Autoclave_middlings	742	62,59	1,386	0,352	1,600	0,300	
Capronsäure	*772*	*66,67*	1,481	0,210			
Chlorophyll 5	843	65,50	1,368	0,552	6,437		
Chlorophyll 2	844	65,20	1,687	0,454	6,349		
Chlorophyll 1	871	66,18	1,716	0,453	6,452		
Combustibles (textile and rubber mix)	866	63,68	1,705	0,361	0,388	0,755	

(Fortsetzung)

Tab. 7.1 (Fortsetzung)

Substrat	$Y_{CH4,chem}$ (Nl/kg, Nm³/t)	$\Psi_{CH4,chem}$ (NVol.-%)	$m_{Biogas,stöch}$ (kg Gas/kg oTM)	chemisch gebundenes Wasser im Biogas (kg H_2O/kg oTM)	N/oTM (N in % oTM)	S/oTM (S in % oTM)	P/oTM (P in % oTM)
Klärschlamm, min	881	67,41	1,620	0,295	0,035	0,874	
Lignin	*894*	*54,46*	1,484	0,746			
Lauric (0)	*952*	*70,83*	2,160	0,208			
Myristic (0)	*982*	*71,43*	1,479	0,320			
Linolenic (3)	*987*	*68,06*	1,484	0,414			
Fett und Öl	*990*	*69,50*	1,626	0,345			
Palmitoleic (1)	*992*	*70,31*	1,570	0,338			
Linoleic (2)	*1000*	*69,44*	1,545	0,375			
Palmitic (0)	*1006*	*71,88*	1,591	0,309			
Palmitinsäure	*1006*	*71,88*	1,500	0,328			
Oleic (1)	*1013*	*70,83*	1,504	0,361			
Stearinsäure	*1025*	*72,22*	1,559	0,325			
Benzol	*1077*	*62,50*	1,552	0,669			
Toluol	*1096*	*64,29*	2,063	0,474			
Stearic (0)	*1200*	*75,00*	2,063	0,312			

stöch: stöchiometrisch gebildete Gaskomponenten des anaeroben Stoffwechsels nach BUSWELL, Gl. 3.53
chem: emittierte Gaskomponenten des anaeroben Stoffwechsels nach BUSWELL, wenn CO_2 stöchiometrisch mit dem aus der oTM freigesetzten NH3 reagiert, Gl. 3.53, 3.54
CSB: berechnet mit NH_3-Bildung aus dem Stickstoff der oTM unter Wasserstoffverbrauch aus der oTM
chemisch gebundenes Wasser im Biogas: externer Wasseranteil gemäß BUSWELL_Stöchiometrie, Gl. 3.53
Basisdatenquelle: Literatur und eigene Untersuchungen

Tab. 7.2 Kalorische Zustandsdaten organischer Verbindungen und Stoffgemische in Abhängigkeit des Kohlenstoff-Oxidationszustandes sowie des Reduktionsstatus, bezogen auf N_2 bzw. NH_3 als neutrale Komponente. Die von ROELS (Roels 1983) für seine beispielhaften Modellierungen verwendeten „chemisch reinen" Stoffe sind in der Tabelle durch Fettdruck hervorgehoben

Substrat	1C-mol Bruttosummenformel	1C-mol Molgewicht	*CSB/ oTM*	Oxidations-status	Reduktions status als κ_NH_3	Reduktions-statusals κ_N_2	ΔH_c, mol
		g/1C-mol	*kg/kg*		mol *e*/1C-mol	mol *e*/1C-mol	kJ/mol
Oxalsäure	$C_1H_{1,00}O_{2,00}N_{0,00}S_{0,0000}P_{0,000}$	45,00	***0,178***	3,00	1,00	1,00	233,73
Hausmüll org. Frakt.	$C_1H_{1,49}O_{1,88}N_{0,01}S_{0,0000}P_{0,000}$	43,70	***0,313***	2,29	1,71	1,74	19.750,02
Altpapier	$C_1H_{1,44}O_{1,81}N_{0,00}S_{0,0015}P_{0,000}$	42,42	***0,345***	2,17	1,82	1,83	856,15
Gracilaria ceae (Rotalge)	$C_1H_{1,86}O_{1,97}N_{0,10}S_{0,0801}P_{0,000}$	49,42	***0,364***	1,75	1,61	1,91	525,31
Canavanin	$C_1H_{2,40}O_{0,60}N_{0,80}S_{0,0000}P_{0,000}$	35,20	***0,636***	1,20	2,80	5,20	1636,10
Glycin	$\mathbf{C_1H_{2,50}O_{1,00}N_{0,50}S_{0,0000}P_{0,000}}$	**37,50**	***0,640***	**1,00**	**3,00**	**4,50**	**701,18**
Reisschalen	$C_1H_{1,55}O_{1,25}N_{0,01}S_{0,0000}P_{0,000}$	33,59	***0,722***	0,97	3,03	3,05	708,23
Asparaginsäure	$\mathbf{C_1H_{1,75}O_{1,00}N_{0,25}S_{0,0000}P_{0,000}}$	**33,25**	***0,722***	**1,00**	**3,00**	**3,75**	**1402,37**
Asparagin	$\mathbf{C_1H_{2,00}O_{0,75}N_{0,50}S_{0,0000}P_{0,000}}$	**33,00**	***0,727***	**1,00**	**3,00**	**4,50**	**1402,37**
Citric acid	$\mathbf{C_1H_{1,33}O_{1,17}N_{0,00}S_{0,0000}P_{0,000}}$	**32,00**	***0,750***	**1,00**	**3,00**	**3,00**	**2103,55**
Serin	$\mathbf{C_1H_{2,33}O_{1,00}N_{0,33}S_{0,0000}P_{0,000}}$	**35,00**	***0,762***	**0,67**	**3,33**	**4,33**	**1168,64**
Hemicellulose	$C_1H_{2,00}O_{1,20}N_{0,00}S_{0,0000}P_{0,000}$	33,20	***0,867***	0,40	3,60	3,60	2103,55
Gluconsäure	$\mathbf{C_1H_{2,00}O_{1,17}N_{0,00}S_{0,0000}P_{0,000}}$	**32,67**	***0,898***	**0,33**	**3,67**	**3,67**	**2571,01**
Algin	$\mathbf{C_1H_{1,33}O_{1,00}N_{0,00}S_{0,0000}P_{0,000}}$	**29,33**	***0,909***	**0,67**	**3,33**	**3,33**	**2337,28**
Pyruvat (Brenztraubensäure)	$\mathbf{C_1H_{1,33}O_{1,00}N_{0,00}S_{0,0000}P_{0,000}}$	**29,33**	***0,909***	**0,67**	**3,33**	**3,33**	**1168,64**
Komm. Abwasser	$C_1H_{2,65}O_{1,06}N_{0,28}S_{0,0380}P_{0,032}$	37,86	***0,895***	−0,23	3,67	4,53	247.401,09
Bernsteinsäure	$C_1H_{1,50}O_{1,00}N_{0,00}S_{0,0000}P_{0,000}$	29,50	***0,949***	0,50	3,50	3,50	1636,10
Azetat	$C_1H_{1,50}O_{1,00}N_{0,00}S_{0,0000}P_{0,000}$	29,50	***0,949***	0,50	3,50	3,50	818,05

(Fortsetzung)

Tab. 7.2 (Fortsetzung)

Substrat	1C-mol Bruttosummenformel	1C-mol Molgewicht	*CSB/ oTM*	Oxidations-status	Reduktions status als κ_NH$_3$	Reduktions-statusals κ_N$_2$	ΔH_c, mol
		g/1C-mol	*kg/kg*		mol *e*/1C-mol	mol *e*/1C-mol	kJ/mol
Marines Phytoplankton	$C_1H_{2,48}O_{1,04}N_{0,15}S_{0,0000}P_{0,009}$	33,49	***0,962***	−0,03	3,95	4,41	49.900,93
Glutaminsäure	$\mathbf{C_1H_{1,80}O_{0,80}N_{0,20}S_{0,0000}P_{0,000}}$	**29,40**	***0,980***	**0,40**	**3,60**	**4,20**	**2103,55**
Glutamin	$\mathbf{C_1H_{2,00}O_{0,60}N_{0,40}S_{0,0000}P_{0,000}}$	**29,20**	***0,986***	**0,40**	**3,60**	**4,80**	**2103,55**
Lactat	$\mathbf{C_1H_{1,67}O_{1,00}N_{0,00}S_{0,0000}P_{0,000}}$	**29,67**	***0,989***	**0,33**	**3,67**	**3,67**	**1285,50**
Arginin	$\mathbf{C_1H_{2,33}O_{0,33}N_{0,67}S_{0,0000}P_{0,000}}$	**29,00**	***1,011***	**0,33**	**3,67**	**5,67**	**2571,01**
Braunalge Laminaria saccharina	$C_1H_{2,11}O_{1,01}N_{0,05}S_{0,0000}P_{0,003}$	31,14	***1,015***	0,05	3,93	4,08	1426,91
Ulva lactvea (Grünalge)	$C_1H_{2,16}O_{1,31}N_{0,04}S_{0,1368}P_{0,000}$	40,00	***0,906***	−0,53	3,43	3,54	1058,35
Histidin	$\mathbf{C_1H_{1,50}O_{0,33}N_{0,50}S_{0,0000}P_{0,000}}$	**25,83**	***1,032***	**0,67**	**3,33**	**4,83**	**2337,28**
Salmin (Protamin)	$C_1H_{2,30}O_{0,38}N_{0,61}S_{0,0000}P_{0,000}$	28,81	***1,037***	0,27	3,73	5,55	2627,92
Rinderfestmist 2	$C_1H_{1,73}O_{0,85}N_{0,11}S_{0,0150}P_{0,000}$	29,30	***1,045***	0,17	3,71	4,02	1342,07
Essigsäure	$\mathbf{C_1H_{2,00}O_{1,00}N_{0,00}S_{0,0000}P_{0,000}}$	**30,00**	***1,067***	**0**	**4,00**	**4,00**	**934,91**
Glucose	$\mathbf{C_1H_{2,00}O_{1,00}N_{0,00}S_{0,0000}P_{0,000}}$	**30,00**	***1,067***	**0**	**4,00**	**4,00**	**2804,74**
Cellulose	$\mathbf{C_1H_{2,00}O_{1,00}N_{0,00}S_{0,0000}P_{0,000}}$	**30,00**	***1,067***	**0**	**4,00**	**4,00**	**2804,74**
Galactose	$\mathbf{C_1H_{2,00}O_{1,00}N_{0,00}S_{0,0000}P_{0,000}}$	**30,00**	***1,067***	**0**	**4,00**	**4,00**	**2804,74**
Milchsäure	$\mathbf{C_1H_{2,00}O_{1,00}N_{0,00}S_{0,0000}P_{0,000}}$	**30,00**	***1,067***	**0**	**4,00**	**4,00**	**1402,37**
Ribose	$\mathbf{C_1H_{2,00}O_{1,00}N_{0,00}S_{0,0000}P_{0,000}}$	**30,00**	***1,067***	**0**	**4,00**	**4,00**	**2337,28**
Threonin	$\mathbf{C_1H_{2,25}O_{0,75}N_{0,25}S_{0,0000}P_{0,000}}$	**29,75**	***1,076***	**0**	**4,00**	**4,75**	**1869,82**
Alanin	$\mathbf{C_1H_{2,33}O_{0,67}N_{0,33}S_{0,0000}P_{0,000}}$	**29,67**	***1,079***	**0**	**4,00**	**5,00**	**1402,37**
Tissue paper	$C_1H_{1,82}O_{0,94}N_{0,00}S_{0,0000}P_{0,000}$	28,85	***1,092***	0,06	3,94	3,94	1380,88
Gracilaria strain G-4	$C_1H_{1,91}O_{0,81}N_{0,12}S_{0,0000}P_{0,000}$	28,57	***1,100***	0,07	3,93	4,30	1377,50

(Fortsetzung)

Tab. 7.2 (Fortsetzung)

Substrat	1C-mol Bruttosummenformel	1C-mol Molgewicht	*CSB/ oTM*	Oxidations-status	Reduktions status als κ_NH_3	Reduktions-statusals κ_N_2	ΔH_c, mol
		g/1C-mol	*kg/kg*		mol *e*/1C-mol	mol *e*/1C-mol	kJ/mol
Klärschlamm	$C_1H_{1,48}O_{0,44}N_{0,36}S_{0,0104}P_{0,000}$	26,03	***1,106***	0,40	3,51	4,59	1135,22
Laktose	$\mathbf{C_1H_{1,83}O_{0,92}N_{0,00}S_{0,0000}P_{0,000}}$	**28,50**	*1,123*	**0**	**4,00**	**4,00**	**5609,47**
Hydrilla verticillata	$C_1H_{1,64}O_{0,80}N_{0,07}S_{0,0045}P_{0,000}$	27,60	***1,118***	0,14	3,82	4,03	1352,61
Saccharomyces Cerevisiae anaerob 1	$C_1H_{1,85}O_{0,74}N_{0,14}S_{0,0000}P_{0,000}$	27,65	***1,143***	0,05	3,95	4,37	461,61
Mannitol (Mannit)	$C_1H_{2,33}O_{1,00}N_{0,00}S_{0,0000}P_{0,000}$	30,33	***1,143***	−0,33	4,33	4,33	3038,46
Thyroxin	$\mathbf{C_1H_{0,73}O_{0,27}N_{0,07}S_{0,0000}P_{0,000}}$	**27,39**	*1,168*	**0**	**4,00**	**4,20**	**7011,84**
Sojamehl	$C_1H_{1,98}O_{0,73}N_{0,16}S_{0,0029}P_{0,000}$	27,97	***1,165***	−0,07	4,05	4,52	4711,02
Gracilaria strain G-16	$C_1H_{1,65}O_{0,74}N_{0,09}S_{0,0000}P_{0,000}$	26,67	***1,176***	0,08	3,92	4,18	1374,15
Gracilaria strain G-9	$C_1H_{2,20}O_{0,76}N_{0,16}S_{0,0000}P_{0,000}$	28,57	***1,177***	−0,20	4,20	4,69	1473,20
Dextrin	$C_1H_{1,67}O_{0,83}N_{0,00}S_{0,0000}P_{0,000}$	27,00	***1,185***	0	4,00	4,00	2,804,74
Stärke	$C_1H_{1,67}O_{0,83}N_{0,00}S_{0,0000}P_{0,000}$	27,00	***1,185***	0	4,00	4,00	2804,74
Polysaccharide	$C_1H_{1,67}O_{0,83}N_{0,00}S_{0,0000}P_{0,000}$	27,00	***1,185***	0	4,00	4,00	2804,74
Saccharomyces Cerevisiae CBS 426/5	$C_1H_{1,88}O_{0,67}N_{0,17}S_{0,0000}P_{0,000}$	27,04	***1,190***	−0,02	4,02	4,54	1409,97
Gracilaria strain G-5	$C_1H_{1,88}O_{0,74}N_{0,11}S_{0,0000}P_{0,000}$	27,27	***1,194***	−0,07	4,07	4,40	1426,61
Protein	$C_1H_{0,86}O_{0,50}N_{0,14}S_{0,0000}P_{0,000}$	22,86	***1,200***	0,57	3,43	3,86	2804,74
Aerobacter aerogenes	$C_1H_{1,83}O_{0,56}N_{0,25}S_{0,0000}P_{0,000}$	26,29	***1,205***	0,04	3,96	4,71	462,78
Organik in Molke	$C_1H_{1,85}O_{0,85}N_{0,00}S_{0,0000}P_{0,000}$	27,50	***1,205***	−0,14	4,14	4,14	2905,24
Molke	$C_1H_{1,85}O_{0,85}N_{0,00}S_{0,0000}P_{0,000}$	27,50	***1,206***	−0,14	4,14	4,14	484,28

(Fortsetzung)

Tab. 7.2 (Fortsetzung)

Substrat	1C-mol Bruttosummenformel	1C-mol Molgewicht	*CSB/ oTM*	Oxidations-status	Reduktions status als κ_NH_3	Reduktions-statusals κ_N_2	ΔH_c, mol
		g/1C-mol	*kg/kg*		mol *e*/1C-mol	mol *e*/1C-mol	kJ/mol
Newspaper	$C_1H_{1,82}O_{0,85}N_{0,00}S_{0,0000}P_{0,000}$	27,37	***1,206***	−0,13	4,13	4,13	1446,63
Triticalekörner	$C_1H_{1,77}O_{0,80}N_{0,03}S_{0,0009}P_{0,003}$	27,18	***1,207***	−0,10	4,07	4,17	1436,97
Gracilaria strain G-1	$C_1H_{2,09}O_{0,76}N_{0,12}S_{0,0000}P_{0,000}$	27,91	***1,208***	−0,21	4,21	4,58	1477,49
Wheat stillage	$C_1H_{1,20}O_{0,61}N_{0,10}S_{0,0015}P_{0,000}$	24,39	***1,212***	0,31	3,68	3,97	1726,89
Macrocystis pyrifera 4	$C_1H_{1,54}O_{0,74}N_{0,07}S_{0,0174}P_{0,005}$	27,03	***1,191***	−0,03	3,85	4,07	1411,50
Glyzerin (Glycerol)	$\mathbf{C_1H_{2,67}O_{1,00}N_{0,00}S_{0,0000}P_{0,000}}$	**30,67**	*1,217*	**−0,67**	**4,67**	**4,67**	**1636,10**
Zuckerrübenvinasse	$C_1H_{1,12}O_{0,61}N_{0,09}S_{0,0129}P_{0,000}$	24,71	***1,205***	0,28	3,62	3,90	1739,46
Zuckerrübenpreßschnitzel	$C_1H_{1,41}O_{0,71}N_{0,04}S_{0,0010}P_{0,000}$	25,37	***1,224***	0,12	3,88	4,00	1361,43
Saccharomyces Cerevisiae CBS 426/12	$C_1H_{1,78}O_{0,60}N_{0,19}S_{0,0000}P_{0,000}$	26,07	***1,230***	−0,01	4,01	4,58	1405,12
Kollagen	$C_1H_{1,80}O_{0,52}N_{0,27}S_{0,0015}P_{0,000}$	25,88	***1,228***	0,03	3,96	4,76	2429,06
Weizenkörner	$C_1H_{1,79}O_{0,77}N_{0,04}S_{0,0010}P_{0,003}$	26,93	***1,232***	−0,15	4,11	4,24	1453,47
Gras	$C_1H_{1,65}O_{0,74}N_{0,04}S_{0,0000}P_{0,000}$	26,09	***1,240***	−0,04	4,04	4,17	10.868,35
Triticaleganzpflanzen	$C_1H_{1,64}O_{0,76}N_{0,02}S_{0,0015}P_{0,002}$	26,24	***1,244***	−0,08	4,05	4,12	1430,60
Edestin	$C_1H_{1,91}O_{0,51}N_{0,29}S_{0,0091}P_{0,000}$	26,40	***1,240***	−0,09	4,02	4,89	2775,57
Hühnertrockenkot	$C_1H_{1,42}O_{0,60}N_{0,12}S_{0,0027}P_{0,000}$	24,80	***1,250***	0,12	3,85	4,22	1811,72
Agarose	$C_1H_{1,50}O_{0,75}N_{0,00}S_{0,0000}P_{0,000}$	25,50	***1,255***	0	4,00	4,00	5609,47
Gracilaria strain G-8	$C_1H_{1,77}O_{0,67}N_{0,11}S_{0,0000}P_{0,000}$	26,09	***1,255***	−0,09	4,09	4,43	1434,87
Molkeeiweiß	$C_1H_{2,09}O_{0,56}N_{0,26}S_{0,0000}P_{0,000}$	26,67	***1,258***	−0,19	4,19	4,97	2332,49
Gracilaria strain G-3	$C_1H_{1,53}O_{0,61}N_{0,12}S_{0,0000}P_{0,000}$	25,00	***1,262***	0,06	3,94	4,30	1843,32

(Fortsetzung)

Tab. 7.2 (Fortsetzung)

Substrat	1C-mol Bruttosummenformel	1C-mol Molgewicht	*CSB/ oTM*	Oxidations-status	Reduktions status als κ_NH_3	Reduktions-statusals κ_N_2	ΔH_c, mol
		g/1C-mol	*kg/kg*		mol *e*/1C-mol	mol *e*/1C-mol	kJ/mol
Saccharomyces Cerevisiae CBS 426/13	$C_1H_{1,89}O_{0,59}N_{0,20}S_{0,0000}P_{0,000}$	26,06	***1,265***	−0,12	4,12	4,71	1444,85
Gemüse	$C_1H_{1,47}O_{0,66}N_{0,06}S_{0,0021}P_{0,000}$	25,10	***1,262***	0,04	3,94	4,14	1388,74
Saccharomyces Cerevisiae CBS 426/11	$C_1H_{1,65}O_{0,56}N_{0,18}S_{0,0000}P_{0,000}$	25,17	***1,267***	0,01	3,99	4,53	1397,91
Cardboard	$C_1H_{1,62}O_{0,76}N_{0,01}S_{0,0015}P_{0,000}$	25,91	***1,265***	−0,10	4,09	4,11	1436,83
Rohrschwingel	$C_1H_{1,83}O_{0,78}N_{0,02}S_{0,0013}P_{0,002}$	26,78	***1,266***	−0,24	4,21	4,27	1485,43
Stroh 2	$C_1H_{1,43}O_{0,72}N_{0,01}S_{0,0000}P_{0,000}$	25,00	***1,270***	0,03	3,97	3,99	1855,22
Triticalestroh	$C_1H_{1,61}O_{0,75}N_{0,01}S_{0,0005}P_{0,001}$	25,81	***1,271***	−0,10	4,09	4,12	1437,79
Paper	$C_1H_{1,66}O_{0,76}N_{0,01}S_{0,0016}P_{0,000}$	25,93	***1,275***	−0,13	4,12	4,14	1448,88
Sonnenblumenstroh	$C_1H_{1,44}O_{0,69}N_{0,02}S_{0,0013}P_{0,002}$	25,12	***1,280***	−0,02	3,99	4,06	1408,67
Ribonuclease	$C_1H_{1,90}O_{0,56}N_{0,27}S_{0,0335}P_{0,000}$	27,61	***1,234***	−0,26	3,99	4,79	2769,68
Zellbiomasse	$C_1H_{1,91}O_{0,63}N_{0,16}S_{0,0081}P_{0,016}$	27,30	***1,272***	−0,34	4,15	4,64	188.735,36
Roggenkörner	$C_1H_{1,68}O_{0,72}N_{0,04}S_{0,0009}P_{0,004}$	25,94	***1,286***	−0,17	4,13	4,24	1461,72
Saccharomyces Cerevisiae anaerob 3	$C_1H_{1,98}O_{0,63}N_{0,16}S_{0,0000}P_{0,000}$	26,30	***1,290***	−0,24	4,24	4,72	495,50
Soja-Proteingemisch	$C_1H_{2,23}O_{0,53}N_{0,30}S_{0,0056}P_{0,000}$	27,02	***1,282***	−0,33	4,29	5,18	2632,01
Festmistlagergut (Rinder)	$C_1H_{1,66}O_{0,71}N_{0,04}S_{0,0010}P_{0,000}$	25,59	***1,290***	−0,13	4,12	4,24	1446,78
Japanese food (80% vegetables)	$C_1H_{1,82}O_{0,71}N_{0,07}S_{0,0000}P_{0,000}$	26,02	***1,294***	−0,21	4,21	4,41	1475,30
Candida utilis 4	$C_1H_{1,87}O_{0,56}N_{0,20}S_{0,0000}P_{0,000}$	25,63	***1,295***	−0,15	4,15	4,75	484,99
Candida utilis 2	$C_1H_{1,87}O_{0,56}N_{0,20}S_{0,0000}P_{0,000}$	25,63	***1,295***	−0,15	4,15	4,75	484,99

(Fortsetzung)

Tab. 7.2 (Fortsetzung)

Substrat	1C-mol Bruttosummenformel	1C-mol Molgewicht	*CSB/ oTM*	Oxidationsstatus	Reduktions status als κ_NH_3	Reduktionsstatusals κ_N_2	ΔH_c, mol
		g/1C-mol	*kg/kg*		mol *e*/1C-mol	mol *e*/1C-mol	kJ/mol
Mix rapidly decomposable	$C_1H_{1,63}O_{0,73}N_{0,01}S_{0,0017}P_{0,000}$	25,57	***1,294***	−0,14	4,12	4,17	1450,73
Maisstroh	$C_1H_{1,39}O_{0,68}N_{0,01}S_{0,0010}P_{0,000}$	24,64	***1,297***	0,01	3,99	4,02	1867,14
Saccharomyces Cerevisiae anaerob 2	$C_1H_{1,79}O_{0,60}N_{0,15}S_{0,0000}P_{0,000}$	25,49	***1,299***	−0,14	4,14	4,59	483,82
Macrocystis pyrifera 5	$C_1H_{1,70}O_{0,70}N_{0,05}S_{0,0025}P_{0,003}$	25,81	***1,296***	−0,18	4,14	4,29	1466,01
Schilf, Ried	$C_1H_{1,50}O_{0,70}N_{0,02}S_{0,0016}P_{0,000}$	25,00	***1,299***	−0,06	4,05	4,10	1897,36
Fibrinogen	$C_1H_{1,88}O_{0,51}N_{0,26}S_{0,0136}P_{0,000}$	26,14	***1,281***	−0,19	4,08	4,86	2868,31
Wiesenheu	$C_1H_{1,65}O_{0,73}N_{0,02}S_{0,0007}P_{0,015}$	26,13	***1,302***	−0,25	4,13	4,19	1490,69
Adrenocorticotropes Hormon, ACTH	$C_1H_{1,96}O_{0,54}N_{0,28}S_{0,0343}P_{0,000}$	27,59	***1,252***	−0,32	4,04	4,89	2398,52
Escherichia coli	$C_1H_{1,77}O_{0,49}N_{0,24}S_{0,0000}P_{0,000}$	24,97	***1,304***	−0,07	4,07	4,79	475,64
Maisstroh	$C_1H_{1,42}O_{0,71}N_{0,01}S_{0,0003}P_{0,019}$	25,41	***1,304***	−0,14	3,99	4,01	1452,08
Lemna sp. (Duckweed)	$C_1H_{1,87}O_{0,60}N_{0,17}S_{0,0077}P_{0,000}$	26,09	***1,294***	−0,22	4,16	4,66	1479,24
Saccharomyces Cerevisiae CBS 426/3	$C_1H_{1,82}O_{0,58}N_{0,16}S_{0,0000}P_{0,000}$	25,40	***1,313***	−0,17	4,17	4,66	1461,72
Food waste leachate 2010	$C_1H_{1,60}O_{0,66}N_{0,06}S_{0,0015}P_{0,000}$	25,13	***1,312***	−0,12	4,11	4,28	1926,07
Saccharomyces Cerevisiae anaerob 4	$C_1H_{1,83}O_{0,55}N_{0,19}S_{0,0000}P_{0,000}$	25,29	***1,316***	−0,16	4,16	4,73	486,15
Saccharomyces Cerevisiae CBS 426/9	$C_1H_{1,86}O_{0,63}N_{0,12}S_{0,0000}P_{0,000}$	25,67	***1,317***	−0,23	4,23	4,60	1481,76
Weidenholz	$C_1H_{1,55}O_{0,71}N_{0,01}S_{0,0002}P_{0,000}$	25,02	***1,317***	−0,12	4,11	4,14	1444,00

(Fortsetzung)

Tab. 7.2 (Fortsetzung)

Substrat	1C-mol Bruttosummenformel	1C-mol Molgewicht	*CSB/ oTM*	Oxidations-status	Reduktions status als κ_NH_3	Reduktions-statusals κ_N_2	ΔH_c, mol
		g/1C-mol	*kg/kg*		mol *e*/1C-mol	mol *e*/1C-mol	kJ/mol
Saccharomyces Cerevisiae CBS 426/1	$C_1H_{2,00}O_{0,60}N_{0,17}S_{0,0000}P_{0,000}$	26,02	***1,318***	−0,29	4,29	4,80	1502,46
Stroh 1	$C_1H_{1,64}O_{0,72}N_{0,01}S_{0,0009}P_{0,000}$	25,37	***1,318***	−0,18	4,17	4,20	1465,43
Weizenganzpflanzen	$C_1H_{1,70}O_{0,71}N_{0,03}S_{0,0010}P_{0,002}$	25,58	***1,320***	−0,22	4,20	4,28	1479,37
Maisproteingemisch	$C_1H_{1,88}O_{0,51}N_{0,24}S_{0,0076}P_{0,000}$	25,64	***1,310***	−0,20	4,14	4,86	2580,12
Buchenholz	$C_1H_{1,55}O_{0,71}N_{0,00}S_{0,0001}P_{0,000}$	24,95	***1,324***	−0,13	4,13	4,14	1930,36
Saccharomyces Cerevisiae anaerob 6	$C_1H_{1,80}O_{0,55}N_{0,18}S_{0,0000}P_{0,000}$	25,12	***1,325***	−0,16	4,16	4,70	486,15
Hefe	$C_1H_{1,80}O_{0,56}N_{0,17}S_{0,0000}P_{0,000}$	25,14	***1,327***	−0,17	4,17	4,68	487,32
Hanfstroh	$C_1H_{1,54}O_{0,69}N_{0,01}S_{0,0008}P_{0,002}$	24,93	***1,327***	−0,13	4,11	4,15	1932,91
Sawdust	$C_1H_{1,55}O_{0,70}N_{0,00}S_{0,0000}P_{0,000}$	24,83	***1,331***	−0,13	4,13	4,14	1930,55
Saccharomyces Cerevisiae CBS 426/7	$C_1H_{2,14}O_{0,63}N_{0,16}S_{0,0000}P_{0,000}$	26,46	***1,332***	−0,41	4,41	4,88	1544,49
Ornithin	$C_1H_{2,40}O_{0,40}N_{0,40}S_{0,0000}P_{0,000}$	26,40	***1,333***	−0,40	4,40	5,60	2571,01
Saccharomyces cerevisiae 2	$C_1H_{1,83}O_{0,56}N_{0,17}S_{0,0000}P_{0,000}$	25,17	***1,335***	−0,20	4,20	4,71	490,83
alpha-Casein	$C_1H_{1,86}O_{0,50}N_{0,23}S_{0,0056}P_{0,000}$	25,34	***1,326***	−0,20	4,15	4,85	2941,19
Pseudomonas C12B	$C_1H_{2,00}O_{0,52}N_{0,23}S_{0,0000}P_{0,000}$	25,54	***1,338***	−0,27	4,27	4,96	499,01
Saccharomyces Cerevisiae average	$C_1H_{1,83}O_{0,56}N_{0,17}S_{0,0000}P_{0,000}$	25,13	***1,338***	−0,20	4,20	4,71	1474,13
Pappelholz	$C_1H_{1,57}O_{0,70}N_{0,01}S_{0,0002}P_{0,001}$	24,85	***1,339***	−0,16	4,15	4,17	1944,35
Hämoglobin (Pferd)	$C_1H_{1,88}O_{0,47}N_{0,26}S_{0,0054}P_{0,000}$	25,22	***1,333***	−0,20	4,16	4,94	2767,64
Beech wood (Buchenholz)	$C_1H_{1,58}O_{0,70}N_{0,00}S_{0,0000}P_{0,000}$	24,85	***1,342***	−0,17	4,17	4,18	1948,85

(Fortsetzung)

Tab. 7.2 (Fortsetzung)

Substrat	1C-mol Bruttosummenformel	1C-mol Molgewicht	*CSB/ oTM*	Oxidations-status	Reduktions status als κ_NH_3	Reduktions-statusals κ_N_2	ΔH_c, mol
		g/1C-mol	*kg/kg*		mol *e*/1C-mol	mol *e*/1C-mol	kJ/mol
Macrocystis pyrifera 1	$C_1H_{1,62}O_{0,66}N_{0,06}S_{0,0149}P_{0,000}$	25,61	***1,317***	−0,22	4,10	4,29	1478,48
Straßengrasschnitte	$C_1H_{1,65}O_{0,67}N_{0,03}S_{0,0019}P_{0,002}$	25,28	***1,340***	−0,24	4,20	4,31	1484,83
Landschaftspflegeheu	$C_1H_{1,61}O_{0,68}N_{0,02}S_{0,0013}P_{0,002}$	25,03	***1,342***	−0,20	4,18	4,24	1472,38
gamma-Globulin	$C_1H_{1,88}O_{0,50}N_{0,24}S_{0,0125}P_{0,000}$	25,67	***1,324***	−0,25	4,15	4,88	2890,98
Kalbsleberhiston	$C_1H_{2,06}O_{0,43}N_{0,31}S_{0,0000}P_{0,000}$	25,34	***1,345***	−0,26	4,26	5,19	2725,99
Roggenstroh	$C_1H_{1,44}O_{0,66}N_{0,01}S_{0,0006}P_{0,000}$	24,32	***1,345***	−0,09	4,08	4,11	1911,63
Sorghum, Ganzpflanze	$C_1H_{1,53}O_{0,65}N_{0,04}S_{0,0004}P_{0,000}$	24,45	***1,348***	−0,12	4,11	4,23	1925,14
Paracoccus denitrificans 1	$C_1H_{1,81}O_{0,51}N_{0,20}S_{0,0000}P_{0,000}$	24,77	***1,353***	−0,19	4,19	4,79	489,66
Roggenstroh	$C_1H_{1,55}O_{0,68}N_{0,01}S_{0,0007}P_{0,001}$	24,69	***1,353***	−0,17	4,16	4,19	1951,63
Nahrungsreste	$C_1H_{1,60}O_{0,54}N_{0,12}S_{0,0044}P_{0,000}$	24,89	***1,346***	−0,19	4,15	4,51	1718,23
Rinderfestmist 1	$C_1H_{1,36}O_{0,59}N_{0,07}S_{0,0103}P_{0,000}$	24,16	***1,337***	−0,04	3,96	4,18	1887,70
Ovalbumin (Huhn)	$C_1H_{1,91}O_{0,50}N_{0,24}S_{0,0155}P_{0,000}$	25,82	***1,333***	−0,30	4,18	4,91	2893,18
Wuchshormon (Rind)	$C_1H_{1,89}O_{0,48}N_{0,26}S_{0,0143}P_{0,000}$	25,60	***1,336***	−0,27	4,16	4,93	2761,31
Saccharomyces cerevisiae 1	$C_1H_{1,64}O_{0,52}N_{0,16}S_{0,0000}P_{0,000}$	24,20	***1,362***	−0,12	4,12	4,60	481,48
Sägemehl	$C_1H_{1,48}O_{0,67}N_{0,00}S_{0,0000}P_{0,000}$	24,24	***1,363***	−0,13	4,13	4,14	1930,71
Average biomass 1	$C_1H_{1,79}O_{0,50}N_{0,20}S_{0,0000}P_{0,000}$	24,59	***1,363***	−0,19	4,19	4,79	489,66
Macrocystis pyrifera 2	$C_1H_{1,59}O_{0,65}N_{0,06}S_{0,0155}P_{0,004}$	25,49	***1,338***	−0,26	4,10	4,28	1494,43
Zellbiomasse	$C_1H_{1,80}O_{0,50}N_{0,20}S_{0,0000}P_{0,000}$	24,60	***1,366***	−0,20	4,20	4,80	490,83
Paracoccus denitrificans 2	$C_1H_{1,51}O_{0,46}N_{0,19}S_{0,0000}P_{0,000}$	23,53	***1,367***	−0,02	4,02	4,59	469,79
Roggenganzpflanzen	$C_1H_{1,45}O_{0,64}N_{0,02}S_{0,0009}P_{0,002}$	24,14	***1,370***	−0,14	4,11	4,17	1933,28

(Fortsetzung)

Tab. 7.2 (Fortsetzung)

Substrat	1C-mol Bruttosummenformel	1C-mol Molgewicht	*CSB/ oTM*	Oxidations-status	Reduktions status als κ_NH_3	Reduktions-statusals κ_N_2	ΔH_c, mol
		g/1C-mol	*kg/kg*		mol *e*/1C-mol	mol *e*/1C-mol	kJ/mol
Gerstenstroh	$C_1H_{1,47}O_{0,65}N_{0,01}S_{0,0007}P_{0,002}$	24,22	***1,372***	−0,15	4,13	4,16	1941,02
beta-Lactoglobulin	$C_1H_{1,94}O_{0,51}N_{0,23}S_{0,0166}P_{0,000}$	25,89	***1,345***	−0,35	4,22	4,92	3058,70
Mycelium	$C_1H_{1,64}O_{0,52}N_{0,16}S_{0,0046}P_{0,005}$	24,51	***1,371***	−0,20	4,12	4,60	490,83
Weidelgras	$C_1H_{1,46}O_{0,62}N_{0,02}S_{0,0011}P_{0,000}$	24,12	***1,377***	−0,15	4,14	4,22	1941,04
Serumalbumin (Mensch)	$C_1H_{1,89}O_{0,49}N_{0,25}S_{0,0239}P_{0,000}$	25,98	***1,340***	−0,35	4,16	4,92	2973,96
Yard wastes	$C_1H_{1,49}O_{0,60}N_{0,06}S_{0,0018}P_{0,000}$	23,94	***1,378***	−0,12	4,11	4,29	1928,05
Klebsiella aerogenes 4	$C_1H_{1,73}O_{0,43}N_{0,24}S_{0,0000}P_{0,000}$	23,97	***1.385***	−0,15	4,15	4,87	484,99
Klebsiella aerogenes 2	$C_1H_{1,73}O_{0,43}N_{0,24}S_{0,0000}P_{0,000}$	23,97	***1,385***	−0,15	4,15	4,87	484,99
Keratin (Wolle)	$C_1H_{1,74}O_{0,49}N_{0,24}S_{0,0372}P_{0,000}$	26,17	***1,323***	−0,33	4,03	4,76	3333,01
Miscanthus	$C_1H_{1,57}O_{0,66}N_{0,01}S_{0,0012}P_{0,001}$	24,40	***1,385***	−0,22	4,21	4,25	1974,52
Rapsstroh	$C_1H_{0,13}O_{0,43}N_{0,00}S_{0,0023}P_{0,000}$	19,05	***1,383***	0,71	3,27	3,28	1924,02
Miscanthus	$C_1H_{1,43}O_{0,66}N_{0,01}S_{0,0023}P_{0,024}$	24,85	***1,385***	−0,30	4,09	4,11	2011,68
Thyreoglobulin (Rind)	$C_1H_{1,93}O_{0,41}N_{0,31}S_{0,0215}P_{0,000}$	25,60	***1,357***	−0,34	4,17	5,11	2007,54
Aminobuttersäure	$C_1H_{2,25}O_{0,50}N_{0,25}S_{0,0000}P_{0,000}$	25,75	***1,398***	−0,50	4,50	5,25	2103,55
Rapsstroh	$C_1H_{1,50}O_{0,64}N_{0,02}S_{0,0021}P_{0,001}$	24,13	***1,395***	−0,21	4,18	4,23	1967,59
Saccharomyces cerevisiae 3	$C_1H_{1,81}O_{0,51}N_{0,17}S_{0,0000}P_{0,000}$	24,35	***1,406***	−0,28	4,28	4,79	500,18
Fichtenholz	$C_1H_{1,52}O_{0,65}N_{0,00}S_{0,0001}P_{0,000}$	23,97	***1,406***	−0,21	4,21	4,22	1969,36
Holz	$C_1H_{1,42}O_{0,63}N_{0,00}S_{0,0000}P_{0,000}$	23,56	***1,410***	−0,15	4,15	4,16	143.158,40
Korean food, Feb_max	$C_1H_{1,72}O_{0,60}N_{0,08}S_{0,0007}P_{0,000}$	24,39	***1,411***	−0,30	4,30	4,52	2010,84

(Fortsetzung)

Tab. 7.2 (Fortsetzung)

Substrat	1C-mol Bruttosummenformel	1C-mol Molgewicht	*CSB/ oTM*	Oxidations-status	Reduktions status als κ_NH_3	Reduktions-statusals κ_N_2	ΔH_c, mol
		g/1C-mol	*kg/kg*		mol *e*/1C-mol	mol *e*/1C-mol	kJ/mol
Saccharomyces Cerevisiae CBS 426/6	$C_1H_{1,57}O_{0,48}N_{0,16}S_{0,0000}P_{0,000}$	23,45	***1,414***	−0,14	4,14	4,61	1453,05
Giant Kelp Macrocystis pyrifera 2	$C_1H_{1,61}O_{0,63}N_{0,05}S_{0,0141}P_{0,004}$	25,00	***1,389***	−0,34	4,20	4,35	2029,06
Bakterien (Eckenfelder-Formel)	$C_1H_{1,40}O_{0,40}N_{0,20}S_{0,0000}P_{0,000}$	22,60	***1,416***	0	4,00	4,60	2337,28
Zellbiomasse	$C_1H_{1,40}O_{0,40}N_{0,20}S_{0,0000}P_{0,000}$	22,60	***1,416***	0	4,00	4,60	2337,28
Insulin (Rind)	$C_1H_{1,78}O_{0,50}N_{0,23}S_{0,0390}P_{0,000}$	26,19	***1,348***	−0,42	4,10	4,79	3310,99
Giant Kelp Macrocystis pyrifera 3	$C_1H_{1,68}O_{0,63}N_{0,06}S_{0,0146}P_{0,005}$	25,24	***1,393***	−0,39	4,24	4,41	1540,44
Food wastes	$C_1H_{1,47}O_{0,59}N_{0,05}S_{0,0029}P_{0,000}$	23,62	***1,414***	−0,17	4,15	4,29	1951,14
Saccharomyces Cerevisiae CBS 426/4	$C_1H_{1,90}O_{0,52}N_{0,17}S_{0,0000}P_{0,000}$	24,55	***1,420***	−0,36	4,36	4,86	1527,72
Triticale Stroh	$C_1H_{1,56}O_{0,65}N_{0,01}S_{0,0008}P_{0,024}$	24,89	***1,422***	−0,42	4,23	4,25	2068,32
Gerste, Ganzpflanze	$C_1H_{1,73}O_{0,68}N_{0,02}S_{0,0009}P_{0,064}$	26,99	***1,425***	−0,81	4,29	4,36	1685,67
Klebsiella aerogenes 1	$C_1H_{1,75}O_{0,43}N_{0,22}S_{0,0000}P_{0,000}$	23,71	***1,427***	−0,23	4,23	4,89	494,33
Saccharomyces Cerevisiae CBS 426/10	$C_1H_{1,59}O_{0,46}N_{0,17}S_{0,0000}P_{0,000}$	23,31	***1,428***	−0,16	4,16	4,67	1458,33
Mix	$C_1H_{1,43}O_{0,54}N_{0,06}S_{0,0026}P_{0,000}$	23,50	***1,425***	−0,18	4,16	4,35	1745,74
Weizenstroh	$C_1H_{1,62}O_{0,66}N_{0,01}S_{0,0001}P_{0,026}$	25,06	***1,432***	−0,49	4,28	4,30	1572,84
Komm. Klärschlamm	$C_1H_{1,60}O_{0,63}N_{0,02}S_{0,0017}P_{0,000}$	24,02	***1,431***	−0,30	4,28	4,33	15.063,77
Saccharomyces Cerevisiae CBS 426/8	$C_1H_{1,95}O_{0,52}N_{0,17}S_{0,0000}P_{0,000}$	24,60	***1,435***	−0,41	4,41	4,91	1546,65
Stroh	$C_1H_{1,43}O_{0,61}N_{0,01}S_{0,0000}P_{0,000}$	23,29	***1,437***	−0,18	4,18	4,21	19.556,26

(Fortsetzung)

Tab. 7.2 (Fortsetzung)

Substrat	1C-mol Bruttosummenformel	1C-mol Molgewicht	*CSB/ oTM*	Oxidations-status	Reduktions status als κ_NH_3	Reduktions-statusals κ_N_2	ΔH_c, mol
		g/1C-mol	*kg/kg*		mol *e*/1C-mol	mol *e*/1C-mol	kJ/mol
Giant Kelp Macrocystis pyrifera 4	$C_1H_{1,56}O_{0,57}N_{0,08}S_{0,0090}P_{0,005}$	24,16	***1,423***	−0,30	4,19	4,42	2009,35
Weizen, Ganzpflanze	$C_1H_{1,77}O_{0,66}N_{0,03}S_{0,0010}P_{0,048}$	26,32	***1,442***	−0,74	4,35	4,44	1662,82
Saccharomyces Cerevisiae anaerob 5	$C_1H_{1,89}O_{0,51}N_{0,16}S_{0,0000}P_{0,000}$	24,29	***1,446***	−0,39	4,39	4,87	513,03
Protein	$C_1H_{1,71}O_{0,36}N_{0,28}S_{0,0090}P_{0,000}$	23,65	***1,431***	−0,23	4,16	5,00	2075,97
Klebsiella aerogenes 3	$C_1H_{1,75}O_{0,47}N_{0,17}S_{0,0000}P_{0,000}$	23,65	***1,455***	−0,30	4,30	4,81	502,52
Candida utilis 3	$C_1H_{1,83}O_{0,46}N_{0,19}S_{0,0000}P_{0,000}$	23,85	***1,456***	−0,34	4,34	4,91	507,19
Weizenstroh	$C_1H_{1,23}O_{0,56}N_{0,01}S_{0,0005}P_{0,001}$	22,40	***1,462***	−0,09	4,08	4,11	1913,77
Saccharomyces Cerevisiae CBS 426/2	$C_1H_{1,81}O_{0,47}N_{0,17}S_{0,0000}P_{0,000}$	23,77	***1,465***	−0,35	4,35	4,87	1525,81
Belebtschlamm	$C_1H_{1,74}O_{0,48}N_{0,16}S_{0,0000}P_{0,000}$	23,56	***1,465***	−0,31	4,31	4,79	2117,58
Wales_summer	$C_1H_{1,64}O_{0,57}N_{0,06}S_{0,0058}P_{0,000}$	23,91	***1,456***	−0,35	4,30	4,49	2033,46
Rohschlamm	$C_1H_{1,71}O_{0,60}N_{0,04}S_{0,0000}P_{0,000}$	23,86	***1,469***	−0,38	4,38	4,51	2192,37
Rinderfestmist + 5 % Ernterückstände	$C_1H_{1,39}O_{0,53}N_{0,07}S_{0,0100}P_{0,000}$	23,19	***1,450***	−0,20	4,12	4,32	1964,72
Korean food, Feb_avg	$C_1H_{1,68}O_{0,57}N_{0,07}S_{0,0008}P_{0,000}$	23,69	***1,469***	−0,35	4,34	4,54	2034,11
Macrocystis pyrifera 3	$C_1H_{1,61}O_{0,58}N_{0,06}S_{0,0113}P_{0,004}$	24,24	***1,449***	−0,39	4,27	4,44	2052,77
Zellbiomasse	$C_1H_{1,45}O_{0,38}N_{0,20}S_{0,0000}P_{0,017}$	22,90	***1,473***	−0,22	4,08	4,68	29.566,59
Zellbiomasse	$C_1H_{1,60}O_{0,40}N_{0,20}S_{0,0000}P_{0,000}$	22,80	***1,474***	−0,20	4,20	4,80	2454,14
Rindergülle	$C_1H_{1,91}O_{0,59}N_{0,08}S_{0,0000}P_{0,000}$	24,41	***1,475***	−0,50	4,50	4,74	5261,22
Wales_winter	$C_1H_{1,59}O_{0,56}N_{0,06}S_{0,0027}P_{0,000}$	23,48	***1,470***	−0,32	4,29	4,46	2017,17

(Fortsetzung)

Tab. 7.2 (Fortsetzung)

Substrat	1C-mol Bruttosummenformel	1C-mol Molgewicht	*CSB/ oTM*	Oxidations-status	Reduktions status als κ_NH$_3$	Reduktions-statusals κ_N$_2$	ΔH$_c$, mol
		g/1C-mol	*kg/kg*		mol *e*/1C-mol	mol *e*/1C-mol	kJ/mol
Protein	$C_1H_{1,92}O_{0,54}N_{0,23}S_{0,0769}P_{0,000}$	28,24	***1,351***	−0,77	4,15	4,85	7245,57
Wasserhyazinthe 1	$C_1H_{1,56}O_{0,53}N_{0,08}S_{0,0050}P_{0,000}$	23,36	***1,473***	−0,30	4,26	4,49	2010,12
Schweineblut	$C_1H_{1,92}O_{0,54}N_{0,23}S_{0,0760}P_{0,000}$	28,13	***1,358***	−0,78	4,17	4,85	1467,81
Zellbiomasse	$C_1H_{1,43}O_{0,43}N_{0,14}S_{0,0000}P_{0,000}$	22,29	***1,487***	−0,14	4,14	4,57	3389,06
Nadelholzrinde	$C_1H_{1,33}O_{0,56}N_{0,01}S_{0,0006}P_{0,000}$	22,51	***1,487***	−0,19	4,18	4,20	1956,45
Bakterien (Helmer-Formel)	$C_1H_{1,44}O_{0,43}N_{0,14}S_{0,0000}P_{0,008}$	22,64	***1,489***	−0,21	4,14	4,58	58.081,41
Bakterienbiomasse	$C_1H_{1,44}O_{0,43}N_{0,14}S_{0,0000}P_{0,008}$	22,64	***1,489***	−0,21	4,14	4,58	58.081,41
Candida utilis 1	$C_1H_{1,83}O_{0,54}N_{0,10}S_{0,0000}P_{0,000}$	23,87	***1,491***	−0,45	4,45	4,75	520,04
Zellbiomasse	$C_1H_{1,45}O_{0,38}N_{0,20}S_{0,0063}P_{0,020}$	23,21	***1,480***	−0,29	4,08	4,68	30.108,84
Korean food, Mar_avg	$C_1H_{1,69}O_{0,57}N_{0,05}S_{0,0006}P_{0,000}$	23,52	***1,496***	−0,40	4,39	4,56	2056,61
Methanol	$C_1H_{4,00}O_{1,00}N_{0,00}S_{0,0000}P_{0,000}$	32,00	***1,500***	−2,00	6,00	6,00	701,18
Protein	$C_1H_{1,50}O_{0,31}N_{0,25}S_{0,0000}P_{0,000}$	22,00	***1,500***	−0,13	4,13	4,88	7713,02
Rinderblut	$C_1H_{1,93}O_{0,53}N_{0,22}S_{0,0746}P_{0,000}$	27,93	***1,372***	−0,79	4,19	4,87	1500,53
Giant Kelp Macrocystis pyrifera 1	$C_1H_{1,69}O_{0,56}N_{0,08}S_{0,0153}P_{0,007}$	24,49	***1,471***	−0,50	4,33	4,57	2105,40
alpha-amylase	$C_1H_{1,49}O_{0,29}N_{0,28}S_{0,0089}P_{0,000}$	22,29	***1,490***	−0,15	4,08	4,91	1.256.054,27
Propionsäure	$C_1H_{2,00}O_{0,67}N_{0,00}S_{0,0000}P_{0,000}$	24,67	***1,514***	−0,67	4,67	4,67	1636,10
Food 3	$C_1H_{1,71}O_{0,54}N_{0,07}S_{0,0026}P_{0,000}$	23,48	***1,508***	−0,43	4,41	4,63	1846,83
Maissilage	$C_1H_{1,91}O_{0,62}N_{0,03}S_{0,0034}P_{0,000}$	24,39	***1,510***	−0,60	4,58	4,68	2151,58
Food 2	$C_1H_{1,81}O_{0,57}N_{0,07}S_{0,0059}P_{0,000}$	24,02	***1,507***	−0,52	4,48	4,68	1982,71
Citrullin	$C_1H_{2,17}O_{0,50}N_{0,17}S_{0,0000}P_{0,000}$	24,50	***1,524***	−0,67	4,67	5,17	3272,19

(Fortsetzung)

Tab. 7.2 (Fortsetzung)

Substrat	1C-mol Bruttosummenformel	1C-mol Molgewicht	*CSB/ oTM*	Oxidations-status	Reduktions status als κ_NH$_3$	Reduktions-statusals κ_N$_2$	ΔH$_c$, mol
		g/1C-mol	*kg/kg*		mol *e*/1C-mol	mol *e*/1C-mol	kJ/mol
Zellbiomasse	$\mathbf{C_1H_{1,80}O_{0,40}N_{0,20}S_{0,0000}P_{0,000}}$	**23,00**	***1,530***	**−0,40**	**4,40**	**5,00**	**2571,01**
Prolin	$\mathbf{C_1H_{1,80}O_{0,40}N_{0,20}S_{0,0000}P_{0,000}}$	**23,00**	***1,530***	**−0,40**	**4,40**	**5,00**	**2571,01**
Wasserhyazinthe 2	$C_1H_{1,62}O_{0,52}N_{0,08}S_{0,0072}P_{0,006}$	23,45	***1,516***	−0,44	4,34	4,58	2077,17
Hausmüll org. Frakt.	$C_1H_{1,63}O_{0,58}N_{0,02}S_{0,0000}P_{0,000}$	23,09	***1,532***	−0,42	4,42	4,47	33.072,51
Lysin	$\mathbf{C_1H_{2,33}O_{0,33}N_{0,33}S_{0,0000}P_{0,000}}$	**24,33**	***1,534***	**−0,67**	**4,67**	**5,67**	**3272,19**
Algen (Oswald-Formel)	$C_1H_{1,16}O_{0,36}N_{0,14}S_{0,0000}P_{0,000}$	20,87	***1,539***	−0,01	4,01	4,44	3283,88
Algen	$C_1H_{1,16}O_{0,36}N_{0,14}S_{0,0000}P_{0,000}$	20,87	***1,539***	−0,01	4,01	4,44	3283,88
Pflanzenbiomasse	$C_1H_{1,70}O_{0,43}N_{0,15}S_{0,0000}P_{0,009}$	23,05	***1,546***	−0,45	4,38	4,83	55.159,81
Methylamin	$C_1H_{5,00}O_{0,00}N_{1,00}S_{0,0000}P_{0,000}$	31,00	***1,548***	−2,00	6,00	9,00	701,18
Algen, unspezifiziert	$C_1H_{1,72}O_{0,40}N_{0,18}S_{0,0000}P_{0,000}$	22,63	***1,550***	−0,39	4,39	4,91	2921,60
Süßwasseralge Chlorella 1	$C_1H_{1,72}O_{0,40}N_{0,18}S_{0,0000}P_{0,000}$	22,63	***1,550***	−0,39	4,39	4,91	2921,60
Süßwasseralgen Spirulina maxima	$C_1H_{1,78}O_{0,38}N_{0,21}S_{0,0000}P_{0,000}$	22,70	***1,555***	−0,41	4,41	5,03	2062,54
Food 4	$C_1H_{1,88}O_{0,54}N_{0,08}S_{0,0042}P_{0,000}$	23,76	***1,550***	−0,60	4,57	4,80	2055,52
Algen (Gloyna-Formel)	$C_1H_{1,70}O_{0,42}N_{0,15}S_{0,0000}P_{0,009}$	22,90	***1,562***	−0,47	4,40	4,85	55.393,54
Zellbiomasse	$C_1H_{1,70}O_{0,42}N_{0,15}S_{0,0000}P_{0,009}$	22,90	***1,562***	−0,47	4,40	4,85	55.393,54
Algen	$C_1H_{1,70}O_{0,42}N_{0,15}S_{0,0000}P_{0,009}$	22,90	***1,562***	−0,47	4,40	4,85	55.393,54
Korean food, Mar_min	$C_1H_{1,69}O_{0,52}N_{0,06}S_{0,0000}P_{0,000}$	22,85	***1,566***	−0,47	4,47	4,64	2090,08
Biertreber	$C_1H_{2,00}O_{0,61}N_{0,05}S_{0,0152}P_{0,000}$	24,82	***1,538***	−0,77	4,65	4,79	36.812,16
Biomasse-/Abfall-Mix	$C_1H_{1,73}O_{0,55}N_{0,03}S_{0,0000}P_{0,004}$	23,04	***1,587***	−0,57	4,54	4,64	2318,11
Süßwasseralge Chlorella 2	$C_1H_{1,07}O_{0,33}N_{0,13}S_{0,0000}P_{0,000}$	20,17	***1,592***	−0,01	4,01	4,41	3564,35

(Fortsetzung)

Tab. 7.2 (Fortsetzung)

Substrat	1C-mol Bruttosummenformel	1C-mol Molgewicht	*CSB/ oTM*	Oxidations-status	Reduktions status als κ_NH_3	Reduktions-statusals κ_N_2	ΔH_c, mol
		g/1C-mol	*kg/kg*		mol *e*/1C-mol	mol *e*/1C-mol	kJ/mol
Gemüseabfälle	$C_1H_{1,69}O_{0,50}N_{0,06}S_{0,0000}P_{0,000}$	22,56	***1,596***	−0,50	4,50	4,69	8414,21
Food 1	$C_1H_{1,73}O_{0,48}N_{0,09}S_{0,0056}P_{0,000}$	22,92	***1,583***	−0,54	4,49	4,76	2083,10
Früchte	$C_1H_{1,49}O_{0,49}N_{0,03}S_{0,0008}P_{0,000}$	21,87	***1,627***	−0,45	4,44	4,52	1948,68
Valin	$\mathbf{C_1H_{2,20}O_{0,40}N_{0,20}S_{0,0000}P_{0,000}}$	**23,40**	***1,641***	**−0,80**	**4,80**	**5,40**	**2804,74**
Klärschlamm	$C_1H_{1,58}O_{0,45}N_{0,09}S_{0,0140}P_{0,000}$	22,50	***1,610***	−0,53	4,42	4,68	2117,46
ÜS-Schlamm	$C_1H_{1,54}O_{0,43}N_{0,09}S_{0,0000}P_{0,012}$	21,97	***1,646***	−0,52	4,42	4,69	2402,72
Textiles	$C_1H_{1,45}O_{0,42}N_{0,07}S_{0,0000}P_{0,000}$	21,20	***1,656***	−0,39	4,39	4,60	2052,35
Org. Teil d. Klärschlamm	$C_1H_{1,74}O_{0,43}N_{0,11}S_{0,0000}P_{0,000}$	22,03	***1,660***	−0,57	4,57	4,89	5036,84
Tyrosin	$\mathbf{C_1H_{1,22}O_{0,33}N_{0,11}S_{0,0000}P_{0,000}}$	**20,11**	***1,680***	**−0,22**	**4,22**	**4,56**	**4440,83**
Bakterien (zentrif.)	$C_1H_{1,92}O_{0,30}N_{0,24}S_{0,0075}P_{0,023}$	23,08	***1,678***	−0,84	4,59	5,32	2410,44
Zellbiomasse	$C_1H_{3,80}O_{0,60}N_{0,20}S_{0,0000}P_{0,000}$	28,20	***1,702***	−2,00	6,00	6,60	3505,92
Geflügel (Hühner-)gülle	$C_1H_{1,69}O_{0,34}N_{0,16}S_{0,0000}P_{0,000}$	21,32	***1,706***	−0,55	4,55	5,01	5311,47
Korean food, Mar_max	$C_1H_{1,73}O_{0,45}N_{0,06}S_{0,0005}P_{0,000}$	21,79	***1,711***	−0,66	4,65	4,82	2177,68
Cystin	$\mathbf{C_1H_{2,00}O_{0,67}N_{0,33}S_{0,3333}P_{0,000}}$	**40,02**	***1,266***	**−2,33**	**3,67**	**4,67**	**4440,83**
Komm. Primärschlamm	$C_1H_{1,77}O_{0,45}N_{0,05}S_{0,0000}P_{0,000}$	21,68	***1,744***	−0,73	4,73	4,86	12.153,86
Korean food, Feb_min	$C_1H_{1,47}O_{0,42}N_{0,04}S_{0,0009}P_{0,000}$	20,73	***1,744***	−0,52	4,51	4,63	2640,90
Übersch.-Schlamm	$C_1H_{1,67}O_{0,42}N_{0,06}S_{0,0000}P_{0,000}$	21,23	***1,756***	−0,66	4,66	4,84	1894,37
Bioöl aus verflüss. Algen 2	$C_1H_{1,33}O_{0,39}N_{0,05}S_{0,0136}P_{0,000}$	20,75	***1,733***	−0,49	4,38	4,55	2100,50
Primärschlamm	$C_1H_{1,41}O_{0,34}N_{0,08}S_{0,0000}P_{0,005}$	20,17	***1,794***	−0,52	4,49	4,72	2621,73
Cystein	$\mathbf{C_1H_{2,33}O_{0,67}N_{0,33}S_{0,3333}P_{0,000}}$	**40,36**	***1,322***	**−2,67**	**4,00**	**5,00**	**2337,28**

(Fortsetzung)

Tab. 7.2 (Fortsetzung)

Substrat	1C-mol Bruttosummenformel	1C-mol Molgewicht	*CSB/ oTM*	Oxidations-status	Reduktions status als κ_NH_3	Reduktions-statusals κ_N_2	ΔH_c, mol
		g/1C-mol	*kg/kg*		mol *e*/1C-mol	mol *e*/1C-mol	kJ/mol
Tryptophan	$\mathbf{C_1H_{1,09}O_{0,18}N_{0,18}S_{0,0000}P_{0,000}}$	**18,55**	***1,804***	**−0,18**	**4,18**	**4,73**	**5375,74**
Buttersäure	$\mathbf{C_1H_{2,00}O_{0,50}N_{0,00}S_{0,0000}P_{0,000}}$	**22,00**	***1,818***	**−1,00**	**5,00**	**5,00**	**2337,28**
Leuzin	$\mathbf{C_1H_{2,17}O_{0,33}N_{0,17}S_{0,0000}P_{0,000}}$	**21,83**	***1,832***	**−1,00**	**5,00**	**5,50**	**3505,92**
Isoleuzin	$\mathbf{C_1H_{2,17}O_{0,33}N_{0,17}S_{0,0000}P_{0,000}}$	**21,83**	***1,832***	**−1,00**	**5,00**	**5,50**	**3505,92**
Autoclave_fibre	$C_1H_{1,54}O_{0,38}N_{0,03}S_{0,0026}P_{0,000}$	20,52	***1,834***	−0,70	4,68	4,77	2199,37
Lignin C9-Gruppe	$C_1H_{1,15}O_{0,37}N_{0,00}S_{0,0000}P_{0,000}$	19,07	***1,850***	−0,41	4,41	4,41	5111,63
ÜS-Schlamm	$C_1H_{1,61}O_{0,27}N_{0,16}S_{0,0070}P_{0,019}$	21,00	***1,832***	−0,81	4,60	5,07	2561,89
Kaffeesatz	$C_1H_{1,66}O_{0,44}N_{0,00}S_{0,0000}P_{0,000}$	20,66	***1,852***	−0,78	4,78	4,78	17.880,19
Zellbiomasse	$C_1H_{2,44}O_{0,31}N_{0,22}S_{0,0040}P_{0,024}$	23,32	***1,849***	−1,39	5,17	5,83	157.532,67
Fisch	$C_1H_{1,61}O_{0,25}N_{0,15}S_{0,0042}P_{0,000}$	20,00	***1,883***	−0,71	4,68	5,11	1639,84
Primärschlamm	$C_1H_{1,67}O_{0,33}N_{0,08}S_{0,0000}P_{0,005}$	20,16	***1,912***	−0,82	4,78	5,01	2049,91
Phenylalanin	$\mathbf{C_1H_{1,22}O_{0,22}N_{0,11}S_{0,0000}P_{0,000}}$	**18,33**	***1,939***	**−0,44**	**4,44**	**4,78**	**4674,56**
Rapskörner	$C_1H_{1,43}O_{0,30}N_{0,06}S_{0,0006}P_{0,000}$	18,95	***1,974***	−0,68	4,67	4,84	2731,99
Komm. Mischschlamm	$C_1H_{1,90}O_{0,30}N_{0,10}S_{0,0000}P_{0,000}$	20,10	***1,990***	−1,00	5,00	5,30	5843,20
Schweinegülle	$C_1H_{1,90}O_{0,30}N_{0,10}S_{0,0000}P_{0,000}$	20,10	***1,990***	−1,00	5,00	5,30	5843,20
Bioöl aus verflüss. Algen 1	$C_1H_{1,55}O_{0,26}N_{0,10}S_{0,0116}P_{0,000}$	19,60	***1,959***	−0,80	4,71	5,02	2803,90
Chlorophyll 4	$C_1H_{0,80}O_{0,14}N_{0,11}S_{0,0000}P_{0,000}$	16,69	***2,000***	−0,17	4,17	4,51	17.062,14
Erythromycin A	$C_1H_{1,76}O_{0,35}N_{0,03}S_{0,0000}P_{0,000}$	19,76	***2,014***	−0,97	4,97	5,05	21.502,98
Chlorophyll 3	$C_1H_{0,86}O_{0,14}N_{0,11}S_{0,0000}P_{0,000}$	16,74	***2,020***	−0,23	4,23	4,57	17.295,87
Valeriansäure	$\mathbf{C_1H_{2,00}O_{0,40}N_{0,00}S_{0,0000}P_{0,000}}$	**20,40**	***2,039***	**−1,20**	**5,20**	**5,20**	**3038,46**

(Fortsetzung)

Tab. 7.2 (Fortsetzung)

Substrat	1C-mol Bruttosummenformel	1C-mol Molgewicht	*CSB/ oTM*	Oxidations-status	Reduktions status als κ_NH_3	Reduktions-statusals κ_N_2	ΔH_c, mol
		g/1C-mol	*kg/kg*		mol *e*/1C-mol	mol *e*/1C-mol	kJ/mol
Bioöl aus verflüss. Algen 3	$C_1H_{1,44}O_{0,23}N_{0,10}S_{0,0136}P_{0,000}$	18,96	***2,023***	−0,79	4,69	4,97	2801,39
Ethanol	$\mathbf{C_1H_{3,00}O_{0,50}N_{0,00}S_{0,0000}P_{0,000}}$	**23,00**	*2,087*	**−2,00**	**6,00**	**6,00**	**1402,37**
Torf	$C_1H_{0,88}O_{0,23}N_{0,01}S_{0,0042}P_{0,000}$	16,90	***2,087***	−0,41	4,38	4,42	2576,15
Primärschlamm (Catering)	$C_1H_{1,76}O_{0,29}N_{0,05}S_{0,0017}P_{0,004}$	19,30	***2,104***	−1,07	5,03	5,19	2964,92
Autoclave_middlings	$C_1H_{1,52}O_{0,27}N_{0,02}S_{0,0017}P_{0,000}$	18,49	***2,128***	−0,92	4,91	4,97	2874,19
Bruchei	$C_1H_{1,97}O_{0,29}N_{0,08}S_{0,0281}P_{0,000}$	20,69	***2,075***	−1,37	5,14	5,39	3034,72
Methionin	$C_1H_{2,20}O_{0,40}N_{0,20}S_{0,2000}P_{0,000}$	29,81	***1,717***	−2,40	4,80	5,40	3739,65
Chlorophyll 5	$C_1H_{1,30}O_{0,11}N_{0,07}S_{0,0000}P_{0,000}$	16,11	***2,409***	−0,85	4,85	5,07	30.618,37
Chlorophyll 2	$C_1H_{1,27}O_{0,11}N_{0,07}S_{0,0000}P_{0,000}$	16,04	***2,413***	−0,84	4,84	5,05	31.085,82
Chlorophyll 1	$C_1H_{1,31}O_{0,09}N_{0,07}S_{0,0000}P_{0,000}$	15,78	***2,488***	−0,91	4,91	5,13	31.553,28
Combustibles (textile and rubber mix)	$C_1H_{1,43}O_{0,17}N_{0,00}S_{0,0039}P_{0,000}$	16,40	***2,493***	−1,11	5,08	5,09	3582,90
Lignin	$C_1H_{0,50}O_{0,07}N_{0,00}S_{0,0000}P_{0,000}$	13,64	***2,555***	−0,36	4,36	4,36	7128,70
Klärschlamm, min	$C_1H_{1,80}O_{0,20}N_{0,00}S_{0,0047}P_{0,000}$	17,14	***2,538***	−1,44	5,40	5,40	1061,16
Lauric (0)	$\mathbf{C_1H_{2,00}O_{0,17}N_{0,00}S_{0,0000}P_{0,000}}$	**16,67**	*2,720*	**−1,67**	**5,67**	**5,67**	**7946,75**
Myristic (0)	$\mathbf{C_1H_{2,00}O_{0,14}N_{0,00}S_{0,0000}P_{0,000}}$	**16,29**	*2,807*	**−1,71**	**5,71**	**5,71**	**9349,12**
Linolenic (3)	$\mathbf{C_1H_{1,67}O_{0,11}N_{0,00}S_{0,0000}P_{0,000}}$	**15,44**	*2,820*	**−1,44**	**5,44**	**5,44**	**11.452,67**
Fett und Öl	$C_1H_{1,80}O_{0,12}N_{0,00}S_{0,0000}P_{0,000}$	15,72	***2,830***	−1,56	5,56	5,56	32.488,19
Palmitoleic (1)	$\mathbf{C_1H_{1,88}O_{0,13}N_{0,00}S_{0,0000}P_{0,000}}$	**15,88**	*2,835*	**−1,63**	**5,63**	**5,63**	**10.517,76**
Linoleic (2)	$\mathbf{C_1H_{1,78}O_{0,11}N_{0,00}S_{0,0000}P_{0,000}}$	**15,56**	*2,857*	**−1,56**	**5,56**	**5,56**	**11.686,40**

(Fortsetzung)

Tab. 7.2 (Fortsetzung)

Substrat	1C-mol Bruttosummenformel	1C-mol Molgewicht	*CSB/ oTM*	Oxidations-status	Reduktions status als κ_NH_3	Reduktions-statusals κ_N_2	ΔH_c, mol
		g/1C-mol	*kg/kg*		mol *e*/1C-mol	mol *e*/1C-mol	kJ/mol
Palmitic (0)	$\mathbf{C_1H_{2,00}O_{0,13}N_{0,00}S_{0,0000}P_{0,000}}$	**16,00**	***2,875***	**−1,75**	**5,75**	**5,75**	**10.751,49**
Palmitinsäure	$C_1H_{2,00}O_{0,13}N_{0,00}S_{0,0000}P_{0,000}$	16,00	***2,875***	−1,75	5,75	5,75	10.751,49
Oleic (1)	$C_1H_{1,89}O_{0,11}N_{0,00}S_{0,0000}P_{0,000}$	15,67	***2,894***	−1,67	5,67	5,67	11.920,13
Stearinsäure	$C_1H_{2,00}O_{0,11}N_{0,00}S_{0,0000}P_{0,000}$	15,78	***2,930***	−1,78	5,78	5,78	12.153,86
Benzol	$C_1H_{1,00}O_{0,00}N_{0,00}S_{0,0000}P_{0,000}$	13,00	***3,077***	−1,00	5,00	5,00	3505,92
Toluol	$C_1H_{1,14}O_{0,00}N_{0,00}S_{0,0000}P_{0,000}$	13,14	***3,130***	−1,14	5,14	5,14	4207,10
Stearic (0)	$C_1H_{2,00}O_{0,00}N_{0,00}S_{0,0000}P_{0,000}$	14,00	***3,429***	−2,00	6,00	6,00	12.621,31

Substrat	ΔH_c, 1C-mol	ΔH_c, 1C-mol/κ_NH_3	ΔH_c, 1C-mol/κ_N_2	ΔG_c, mol	ΔG_c, 1C-mol	ΔG_c, 1C-mol/κ_N_2	T· ΔS_c	ΔG_c,1C-mol/ 1C-o BTM
	kJ/1C-mol	kJ/mol *e*	kJ/mol *e*	kJ/mol	kJ/1C-mol	kJ/mol *e*	kJ/1C-mol	kJ/go BTM
Oxalsäure	116,86	116,86	116,86	362,00	181,00	181,00	−64,14	7,30
Hausmüll org. Frakt.	199,50	116,86	114,83	24.810,20	250,61	144,25	−51,11	10,11
Altpapier	214,04	117,63	116,96	1037,41	259,35	141,72	−45,32	10,46
Gracilaria ceae (Rotalge)	262,65	163,50	137,34	534,28	267,14	139,68	−4,49	10,77
Canavanin	327,22	116,86	62,93	2887,40	577,48	111,05	−250,26	23,29
Glycin	**350,59**	**116,86**	**77,91**	**1022,80**	**511,40**	**113,64**	**−160,81**	**20,62**
Reisschalen	354,11	116,86	115,93	749,91	374,96	122,75	−20,84	15,12
Asparaginsäure	**350,59**	**116,86**	**93,49**	**1762,40**	**440,60**	**117,49**	**−90,01**	**17,77**
Asparagin	**350,59**	**116,86**	**77,91**	**2045,60**	**511,40**	**113,64**	**−160,81**	**20,62**

(Fortsetzung)

Tab. 7.2 (Fortsetzung)

Substrat	$\Delta H_{c'}$, 1C-mol	$\Delta H_{c'}$, 1C-mol/κ_NH_3	$\Delta H_{c'}$, 1C-mol/κ_N_2	$\Delta G_{c'}$, mol	$\Delta G_{c'}$, 1C-mol	$\Delta G_{c'}$, 1C-mol/κ_N_2	T· ΔS_c	$\Delta G_{c'}$,1C-mol/ 1C-o BTM
	kJ/1C-mol	kJ/mol *e*	kJ/mol *e*	kJ/mol	kJ/1C-mol	kJ/mol *e*	kJ/1C-mol	kJ/go BTM
Citric acid	**350,59**	**116,86**	**116,86**	**2218,80**	**369,80**	**123,27**	**−19,21**	**14,91**
Serin	**389,55**	**116,86**	**89,90**	**1487,00**	**495,67**	**114,38**	**−106,12**	**19,99**
Hemicellulose	420,71	116,86	116,86	2132,20	426,44	118,46	−5,73	17,20
Gluconsäure	**428,50**	**116,86**	**116,86**	**2596,40**	**432,73**	**118,02**	**−4,23**	**17,45**
Algin	**389,55**	**116,86**	**116,86**	**2407,60**	**401,27**	**120,38**	**−11,72**	**16,18**
Pyruvat (Brenztraubensäure)	**389,55**	**116,86**	**116,86**	**1203,80**	**401,27**	**120,38**	**−11,72**	**16,18**
Komm. Abwasser	494,80	134,68	109,32	256.927,20	513,85	113,53	−19,05	20,72
Bernsteinsäure	409,02	116,86	116,86	1668,00	417,00	119,14	−7,98	16,81
Azetat	409,02	116,86	116,86	834,00	417,00	119,14	−7,98	16,81
Marines Phytoplankton	470,76	119,10	106,85	53.264,40	502,49	114,06	−31,73	20,26
Glutaminsäure	**420,71**	**116,86**	**100,17**	**2415,40**	**483,08**	**115,02**	**−62,37**	**19,48**
Glutamin	**420,71**	**116,86**	**87,65**	**2698,60**	**539,72**	**112,44**	**−119,01**	**21,76**
Lactat	**428,50**	**116,86**	**116,86**	**1298,20**	**432,73**	**118,02**	**−4,23**	**17,45**
Arginin	**428,50**	**116,86**	**75,62**	**3729,20**	**621,53**	**109,68**	**−193,03**	**25,06**
Braunalge Laminaria saccharina	461,78	117,63	113,16	1457,98	471,84	115,62	−10,05	19,03
Ulva lactvea (Grünalge)	529,17	154,12	149,42	841,84	420,92	118,85	108,25	16,97
Histidin	**389,55**	**116,86**	**80,60**	**3257,20**	**542,87**	**112,32**	**−153,32**	**21,89**
Salmin (Protamin)	436,31	116,86	78,62	3676,77	610,45	110,01	−174,14	24,62

(Fortsetzung)

Tab. 7.2 (Fortsetzung)

Substrat	ΔH_c', 1C-mol	ΔH_c', 1C-mol/κ_NH_3	ΔH_c', 1C-mol/κ_N_2	ΔG_c', mol	ΔG_c', 1C-mol	ΔG_c', 1C-mol/κ_N_2	T· ΔS_c	ΔG_c',1C-mol/ 1C-o BTM
	kJ/1C-mol	kJ/mol *e*	kJ/mol *e*	kJ/mol	kJ/1C-mol	kJ/mol *e*	kJ/1C-mol	kJ/go BTM
Rinderfestmist 2	447,36	120,65	111,20	1399,11	466,37	115,93	−19,02	18,81
Essigsäure	**467,46**	**116,86**	**116,86**	**928,40**	**464,20**	**116,05**	**3,26**	**18,72**
Glucose	**467,46**	**116,86**	**116,86**	**2785,20**	**464,20**	**116,05**	**3,26**	**18,72**
Cellulose	**467,46**	**116,86**	**116,86**	**2785,20**	**464,20**	**116,05**	**3,26**	**18,72**
Galactose	**467,46**	**116,86**	**116,86**	**2785,20**	**464,20**	**116,05**	**3,26**	**18,72**
Milchsäure	**467,46**	**116,86**	**116,86**	**1392,60**	**464,20**	**116,05**	**3,26**	**18,72**
Ribose	**467,46**	**116,86**	**116,86**	**2321,00**	**464,20**	**116,05**	**3,26**	**18,72**
Threonin	**467,46**	**116,86**	**98,41**	**2140,00**	**535,00**	**112,63**	**−67,54**	**21,57**
Alanin	**467,46**	**116,86**	**93,49**	**1675,80**	**558,60**	**111,72**	**−91,14**	**22,52**
Tissue paper	460,29	116,86	116,86	1375,24	458,41	116,39	1,88	18,48
Gracilaria strain G-4	459,17	116,86	106,87	1476,55	492,18	114,56	−33,01	19,85
Klärschlamm	420,45	119,62	91,55	1404,38	520,14	113,26	−99,69	20,97
Laktose	**467,46**	**116,86**	**116,86**	**5570,40**	**464,20**	**116,05**	**3,26**	**18,72**
Hydrilla verticillata	450,87	117,97	111,81	1401,75	467,25	115,88	−16,38	18,84
Saccharomyces Cerevisiae anaerob 1	461,61	116,86	105,63	499,13	499,13	114,22	−37,52	20,13
Mannitol (Mannit)	506,41	116,86	116,86	2974,00	495,67	114,38	10,74	19,99
Thyroxin	**467,46**	**116,86**	**111,30**	**7246,20**	**483,08**	**115,02**	**−15,62**	**19,48**
Sojamehl	475,86	117,54	105,32	5079,85	513,12	113,57	−37,26	20,69
Gracilaria strain G-16	458,05	116,86	109,67	1442,63	480,88	115,13	−22,83	19,39

(Fortsetzung)

Tab. 7.2 (Fortsetzung)

Substrat	ΔH_c, 1C-mol	ΔH_c, 1C-mol/κ_NH_3	ΔH_c, 1C-mol/κ_N_2	ΔG_c, mol	ΔG_c, 1C-mol	ΔG_c, 1C-mol/κ_N_2	T· ΔS_c	ΔG_c,1C-mol/ 1C-o BTM
	kJ/1C-mol	kJ/mol *e*	kJ/mol *e*	kJ/mol	kJ/1C-mol	kJ/mol *e*	kJ/1C-mol	kJ/go BTM
Gracilaria strain G-9	491,07	116,86	104,80	1586,79	528,93	112,88	−37,86	21,33
Dextrin	467,46	116,86	116,86	2785,20	464,20	116,05	3,26	18,72
Stärke	467,46	116,86	116,86	2785,20	464,20	116,05	3,26	18,72
Polysaccharide	467,46	116,86	116,86	2785,20	464,20	116,05	3,26	18,72
Saccharomyces Cerevisiae CBS 426/5	469,99	116,86	103,44	1546,49	515,50	113,46	−45,51	20,79
Gracilaria strain G-5	475,54	116,86	108,02	1506,52	502,17	114,07	−26,64	20,25
Protein	400,68	116,86	103,88	3155,00	450,71	116,85	−50,04	18,17
Aerobacter aerogenes	462,78	116,86	98,26	531,22	531,22	112,79	−68,44	21,42
Organik in Molke	484,21	116,86	116,86	2866,38	477,73	115,30	6,48	19,26
Molke	484,28	116,86	116,86	477,79	477,79	115,30	6,49	19,27
Newspaper	482,21	116,86	116,86	1428,36	476,12	115,39	6,09	19,20
Triticalekörner	478,99	117,80	114,99	1439,47	479,82	115,19	−0,83	19,35
Gracilaria strain G-1	492,50	116,86	107,55	1556,59	518,86	113,31	−26,37	20,92
Wheat stillage	431,72	117,25	108,76	1845,29	461,32	116,22	−29,60	18,60
Macrocystis pyrifera 4	470,50	122,20	115,59	1412,51	470,84	115,68	−0,33	18,99
Glyzerin (Glycerol)	**545,37**	**116,86**	**116,86**	**1581,40**	**527,13**	**112,96**	**18,23**	**21,26**
Zuckerrübenvinasse	434,86	120,20	111,58	1817,99	454,50	116,62	−19,63	18,33
Zuckerrübenpreßschnitzel	453,81	117,11	113,52	1391,95	463,98	116,06	−10,17	18,71

(Fortsetzung)

Tab. 7.2 (Fortsetzung)

Substrat	ΔH_c', 1C-mol	ΔH_c', 1C-mol/κ_NH_3	ΔH_c', 1C-mol/κ_N_2	ΔG_c', mol	ΔG_c', 1C-mol	ΔG_c', 1C-mol/κ_N_2	T· ΔS_c	ΔG_c',1C-mol/ 1C-o BTM
	kJ/1C-mol	kJ/mol *e*	kJ/mol *e*	kJ/mol	kJ/1C-mol	kJ/mol *e*	kJ/1C-mol	kJ/go BTM
Saccharomyces Cerevisiae CBS 426/12	468,37	116,86	102,17	1558,02	519,34	113,29	−50,97	20,94
Kollagen	464,24	117,22	97,51	2804,69	536,02	112,59	−71,79	21,61
Weizenkörner	484,49	117,89	114,15	1461,78	487,26	114,80	−2,77	19,65
Gras	472,54	116,86	113,21	11.054,20	480,62	115,15	−8,08	19,38
Triticaleganzpflanzen	476,87	117,66	115,86	1425,43	475,14	115,44	1,73	19,16
Edestin	478,36	118,97	97,92	3178,32	547,78	112,13	−69,41	22,09
Hühnertrockenkot	452,93	117,53	107,39	1938,92	484,73	114,93	−31,80	19,55
Agarose	467,46	116,86	116,86	5570,40	464,20	116,05	3,26	18,72
Gracilaria strain G-8	478,29	116,86	107,88	1515,42	505,14	113,93	−26,85	20,37
Molkeeiweiß	490,02	116,86	98,54	2646,66	556,02	111,82	−66,00	22,42
Gracilaria strain G-3	460,83	116,86	107,25	1968,90	492,23	114,55	−31,39	19,85
Saccharomyces Cerevisiae CBS 426/13	481,62	116,86	102,31	1592,89	530,96	112,80	−49,35	21,41
Gemüse	462,91	117,36	111,89	1431,49	477,16	115,33	−14,25	19,24
Saccharomyces Cerevisiae CBS 426/11	465,97	116,86	102,75	1544,11	514,70	113,50	−48,73	20,75
Cardboard	478,94	117,21	116,62	1422,87	474,29	115,49	4,65	19,12
Rohrschwingel	495,14	117,50	116,01	1468,53	489,51	114,69	5,63	19,74
Stroh 2	463,80	116,86	116,23	1853,21	463,30	116,10	0,50	18,68
Triticalestroh	479,26	117,13	116,43	1425,50	475,17	115,44	4,10	19,16

(Fortsetzung)

Tab. 7.2 (Fortsetzung)

Substrat	$\Delta H_{c'}$, 1C-mol	$\Delta H_{c'}$, 1C-mol/κ_NH_3	$\Delta H_{c'}$, 1C-mol/κ_N_2	$\Delta G_{c'}$, mol	$\Delta G_{c'}$, 1C-mol	$\Delta G_{c'}$, 1C-mol/κ_N_2	$T\cdot \Delta S_c$	$\Delta G_{c'}$,1C-mol/ 1C-o BTM
	kJ/1C-mol	kJ/mol *e*	kJ/mol *e*	kJ/mol	kJ/1C-mol	kJ/mol *e*	kJ/1C-mol	kJ/go BTM
Paper	482,96	117,23	116,71	1431,69	477,23	115,33	5,73	19,24
Sonnenblumenstroh	469,56	117,60	115,65	1409,59	469,86	115,73	−0,31	18,95
Ribonuclease	497,46	124,72	103,96	2997,10	538,31	112,50	−40,85	21,71
Zellbiomasse	507,35	122,32	109,35	195,149,60	524,60	113,06	−17,24	21,15
Roggenkörner	487,24	118,01	115,01	1459,53	486,51	114,84	0,73	19,62
Saccharomyces Cerevisiae anaerob 3	495,50	116,86	104,98	532,17	532,17	112,75	−36,66	21,46
Soja-Proteingemisch	506,16	118,08	97,70	2993,46	575,66	111,12	−69,51	23,21
Festmistlagergut (Rinder)	482,26	117,09	113,86	1459,34	486,45	114,85	−4,19	19,61
Japanese food (80% vegetables)	491,77	116,86	111,61	1507,58	502,53	114,06	−10,76	20,26
Candida utilis 4	484,99	116,86	102,10	535,00	535,00	112,63	−50,01	21,57
Candida utilis 2	484,99	116,86	102,10	535,00	535,00	112,63	−50,01	21,57
Mix rapidly decomposable	483,58	117,25	116,01	1440,31	480,10	115,17	3,47	19,36
Maisstroh	466,79	117,09	116,03	1865,48	466,37	115,93	0,42	18,81
Saccharomyces Cerevisiae anaerob 2	483,82	116,86	105,41	519,90	519,90	113,27	−36,08	20,96
Macrocystis pyrifera 5	488,67	118,02	113,97	1474,05	491,35	114,60	−2,68	19,81
Schilf, Ried	474,34	117,22	115,69	1894,56	473,64	115,52	0,70	19,10
Fibrinogen	489,14	119,99	100,61	3199,07	545,54	112,21	−56,41	22,00
Wiesenheu	496,90	120,33	118,69	1445,46	481,82	115,08	15,07	19,43

(Fortsetzung)

Tab. 7.2 (Fortsetzung)

Substrat	ΔH_c', 1C-mol	ΔH_c', 1C-mol/κ_NH_3	ΔH_c', 1C-mol/κ_N_2	ΔG_c', mol	ΔG_c', 1C-mol	ΔG_c', 1C-mol/κ_N_2	T· ΔS_c	ΔG_c',1C-mol/ 1C-o BTM
	kJ/1C-mol	kJ/mol *e*	kJ/mol *e*	kJ/mol	kJ/1C-mol	kJ/mol *e*	kJ/1C-mol	kJ/go BTM
Adrenocorticotropes Hormon, ACTH	504,63	124,79	103,29	2603,77	547,82	112,12	−43,18	22,09
Escherichia coli	475,64	116,86	99,30	538,78	538,78	112,48	−63,14	21,72
Maisstroh	484,03	121,32	120,81	1394,46	464,82	116,01	19,21	18,74
Lemna sp. (Duckweed)	493,08	118,59	105,74	1580,39	526,80	112,97	−33,72	21,24
Saccharomyces Cerevisiae CBS 426/3	487,24	116,86	104,53	1579,92	526,64	112,98	−39,40	21,24
Food waste leachate 2010	481,52	117,21	112,38	1964,38	491,10	114,61	−9,58	19,80
Saccharomyces Cerevisiae anaerob 4	486,15	116,86	102,78	533,11	533,11	112,71	−46,96	21,50
Saccharomyces Cerevisiae CBS 426/9	493,92	116,86	107,43	1561,87	520,62	113,24	−26,70	20,99
Weidenholz	481,33	117,00	116,17	1433,19	477,73	115,30	3,61	19,26
Saccharomyces Cerevisiae CBS 426/1	500,82	116,86	104,26	1620,20	540,07	112,43	−39,25	21,78
Stroh 1	488,48	117,07	116,18	1450,53	483,51	115,00	4,97	19,50
Weizenganzpflanzen	493,12	117,54	115,34	1470,61	490,20	114,66	2,92	19,77
Maisproteingemisch	490,42	118,58	100,89	2869,79	545,48	112,22	−55,06	22,00
Buchenholz	482,59	116,96	116,63	1908,83	477,21	115,33	5,38	19,24
Saccharomyces Cerevisiae anaerob 6	486,15	116,86	103,44	530,28	530,28	112,83	−44,13	21,38

(Fortsetzung)

Tab. 7.2 (Fortsetzung)

Substrat	ΔH_c, 1C-mol	ΔH_c, 1C-mol/κ_NH_3	ΔH_c, 1C-mol/κ_N_2	ΔG_c, mol	ΔG_c, 1C-mol	ΔG_c, 1C-mol/κ_N_2	T· ΔS_c	ΔG_c,1C-mol/ 1C-o BTM
	kJ/1C-mol	kJ/mol *e*	kJ/mol *e*	kJ/mol	kJ/1C-mol	kJ/mol *e*	kJ/1C-mol	kJ/go BTM
Hefe	487,32	116,86	104,13	528,39	528,39	112,90	−41,07	21,31
Hanfstroh	483,23	117,53	116,36	1914,55	478,64	115,25	4,59	19,30
Sawdust	482,64	116,86	116,53	1910,27	477,57	115,31	5,07	19,26
Saccharomyces Cerevisiae CBS 426/7	514,83	116,86	105,41	1643,01	547,67	112,13	−32,84	22,08
Ornithin	514,20	116,86	91,82	3076,20	615,24	109,86	−101,04	24,81
Saccharomyces cerevisiae 2	490,83	116,86	104,21	531,22	531,22	112,79	−40,40	21,42
alpha-Casein	490,79	118,13	101,15	3263,92	544,64	112,25	−53,85	21,96
Pseudomonas C12B	499,01	116,86	100,61	554,82	554,82	111,86	−55,81	22,37
Saccharomyces Cerevisiae average	491,38	116,86	104,39	1592,90	530,97	112,80	−39,59	21,41
Pappelholz	486,09	117,10	116,46	1922,38	480,60	115,15	5,49	19,38
Hämoglobin (Pferd)	491,07	118,07	99,50	3113,97	552,52	111,95	−61,45	22,28
Beech wood (Buchenholz)	487,21	116,86	116,66	1923,45	480,86	115,14	6,35	19,39
Macrocystis pyrifera 1	492,83	120,25	114,82	1475,29	491,76	114,58	1,06	19,83
Straßengrasschnitte	494,94	117,73	114,91	1479,62	493,21	114,51	1,74	19,89
Landschaftspflegeheu	490,79	117,52	115,74	1460,75	486,92	114,82	3,88	19,63
gamma-Globulin	496,39	119,69	101,77	3186,07	547,06	112,15	−50,67	22,06
Kalbsleberhiston	497,87	116,86	95,90	3157,62	576,70	111,08	−78,83	23,25
Roggenstroh	477,91	116,99	116,20	1899,42	474,85	115,46	3,05	19,15

(Fortsetzung)

Tab. 7.2 (Fortsetzung)

Substrat	ΔH_c', 1C-mol	ΔH_c', 1C-mol/κ_NH_3	ΔH_c', 1C-mol/κ_N_2	ΔG_c', mol	ΔG_c', 1C-mol	ΔG_c', 1C-mol/κ_N_2	T· ΔS_c	ΔG_c',1C-mol/ 1C-o BTM
	kJ/1C-mol	kJ/mol *e*	kJ/mol *e*	kJ/mol	kJ/1C-mol	kJ/mol *e*	kJ/1C-mol	kJ/go BTM
Sorghum, Ganzpflanze	481,29	116,96	113,73	1944,33	486,08	114,86	−4,80	19,60
Paracoccus denitrificans 1	489,66	116,86	102,23	538,78	538,78	112,48	−49,12	21,72
Roggenstroh	487,91	117,30	116,45	1928,51	482,13	115,07	5,78	19,44
Nahrungsreste	489,52	117,86	108,61	1797,37	512,07	113,61	−22,55	20,65
Rinderfestmist 1	471,93	119,29	112,97	1923,82	480,96	115,13	−9,03	19,39
Ovalbumin (Huhn)	502,62	120,33	102,46	3164,05	549,68	112,05	−47,06	22,16
Wuchshormon (Rind)	499,39	120,08	101,28	3052,50	552,05	111,96	−52,66	22,26
Saccharomyces cerevisiae 1	481,48	116,86	104,67	520,84	520,84	113,23	−39,36	21,00
Sägemehl	482,68	116,86	116,65	1908,81	477,20	115,33	5,47	19,24
Average biomass 1	489,66	116,86	102,23	538,78	538,78	112,48	−49,12	21,72
Macrocystis pyrifera 2	498,14	121,40	116,43	1471,41	490,47	114,64	7,67	19,78
Zellbiomasse	490,83	116,86	102,26	539,72	539,72	112,44	−48,89	21,76
Paracoccus denitrificans 2	469,79	116,86	102,35	519,90	519,90	113,27	−50,10	20,96
Roggenganzpflanzen	483,32	117,57	115,85	1921,70	480,43	115,16	2,89	19,37
Gerstenstroh	485,25	117,41	116,71	1916,42	479,11	115,23	6,15	19,32
beta-Lactoglobulin	508,63	120,54	103,33	3315,25	551,29	111,99	−42,66	22,23
Mycelium	490,83	119,13	106,70	520,84	520,84	113,23	−30,01	21,00
Weidelgras	485,26	117,12	115,05	1939,12	484,78	114,93	0,48	19,55
Serumalbumin (Mensch)	508,61	122,24	103,37	3222,32	551,09	112,00	−42,48	22,22
Yard wastes	482,01	117,27	112,26	1967,77	491,94	114,57	−9,93	19,84

(Fortsetzung)

Tab. 7.2 (Fortsetzung)

Substrat	$\Delta H_{c'}$, 1C-mol	$\Delta H_{c'}$, 1C-mol/κ_NH_3	$\Delta H_{c'}$, 1C-mol/κ_N_2	$\Delta G_{c'}$, mol	$\Delta G_{c'}$, 1C-mol	$\Delta G_{c'}$, 1C-mol/κ_N_2	$T \cdot \Delta S_c$	$\Delta G_{c'}$,1C-mol/ 1C-o BTM
	kJ/1C-mol	kJ/mol *e*	kJ/mol *e*	kJ/mol	kJ/1C-mol	kJ/mol *e*	kJ/1C-mol	kJ/go BTM
Klebsiella aerogenes 4	484,99	116,86	99,59	546,33	546,33	112,18	−61,34	22,03
Klebsiella aerogenes 2	484,99	116,86	99,59	546,33	546,33	112,18	−61,34	22,03
Keratin (Wolle)	505,89	125,49	106,21	3532,85	536,22	112,58	−30,33	21,62
Miscanthus	493,63	117,25	116,16	1951,00	487,75	114,78	5,88	19,67
Rapsstroh	384,80	117,51	117,22	1982,51	396,50	120,78	−11,70	15,99
Miscanthus	502,92	122,93	122,29	1899,28	474,82	115,46	28,10	19,15
Thyreoglobulin (Rind)	507,66	121,68	99,44	2248,30	568,54	111,36	−60,88	22,93
Aminobuttersäure	525,89	116,86	100,17	2328,80	582,20	110,90	−56,31	23,48
Rapsstroh	491,90	117,58	116,31	1943,38	485,85	114,88	6,05	19,59
Saccharomyces cerevisiae 3	500,18	116,86	104,42	538,78	538,78	112,48	−38,60	21,72
Fichtenholz	492,34	116,94	116,75	1938,69	484,67	114,94	7,67	19,54
Holz	485,28	116,86	116,58	141.470,20	479,56	115,20	5,72	19,34
Korean food, Feb_max	502,71	117,02	111,15	2054,25	513,56	113,55	−10,85	20,71
Saccharomyces Cerevisiae CBS 426/6	484,35	116,86	104,95	1566,75	522,25	113,17	−37,90	21,06
Giant Kelp Macrocystis pyrifera 2	507,27	120,91	116,70	1987,66	496,92	114,32	10,35	20,04
Bakterien (Eckenfelder-Formel)	467,46	116,86	101,62	2604,20	520,84	113,23	−53,38	21,00
Zellbiomasse	467,46	116,86	101,62	2604,20	520,84	113,23	−53,38	21,00
Insulin (Rind)	515,97	125,74	107,81	3454,93	538,40	112,49	−22,43	21,71

(Fortsetzung)

Tab. 7.2 (Fortsetzung)

Substrat	ΔH_c', 1C-mol	ΔH_c', 1C-mol/κ_NH_3	ΔH_c', 1C-mol/κ_N_2	ΔG_c, mol	ΔG_c', 1C-mol	ΔG_c', 1C-mol/κ_N_2	T· ΔS_c	ΔG_c',1C-mol/ 1C-o BTM
	kJ/1C-mol	kJ/mol *e*	kJ/mol *e*	kJ/mol	kJ/1C-mol	kJ/mol *e*	kJ/1C-mol	kJ/go BTM
Giant Kelp Macrocystis pyrifera 3	513,48	121,08	116,39	1509,21	503,07	114,03	10,41	20,29
Food wastes	487,78	117,51	113,73	1965,98	491,50	114,59	−3,71	19,82
Saccharomyces Cerevisiae CBS 426/4	509,24	116,86	104,84	1635,42	545,14	112,23	−35,90	21,98
Triticale Stroh	517,08	122,33	121,70	1950,80	487,70	114,78	29,38	19,67
Gerste, Ganzpflanze	561,89	130,97	128,90	1494,33	498,11	114,27	63,78	20,09
Klebsiella aerogenes 1	494,33	116,86	101,09	548,22	548,22	112,11	−53,88	22,11
Saccharomyces Cerevisiae CBS 426/10	486,11	116,86	104,19	1581,07	527,02	112,96	−40,91	21,25
Mix	489,00	117,46	112,48	1774,25	496,99	114,32	−7,99	20,04
Weizenstroh	524,28	122,50	121,87	1478,11	492,70	114,53	31,58	19,87
Komm. Klärschlamm	502,13	117,23	115,88	14.870,00	495,67	114,38	6,46	19,99
Saccharomyces Cerevisiae CBS 426/8	515,55	116,86	104,98	1650,61	550,20	112,03	−34,65	22,19
Stroh	488,91	116,86	116,27	19.342,08	483,55	114,99	5,35	19,50
Giant Kelp Macrocystis pyrifera 4	502,34	119,98	113,56	2016,71	504,18	113,98	−1,84	20,33
Weizen, Ganzpflanze	554,27	127,48	124,76	1517,94	505,98	113,89	48,29	20,40
Saccharomyces Cerevisiae anaerob 5	513,03	116,86	105,35	546,33	546,33	112,18	−33,30	22,03

(Fortsetzung)

Tab. 7.2 (Fortsetzung)

Substrat	ΔH_c', 1C-mol	ΔH_c', 1C-mol/κ_NH_3	ΔH_c', 1C-mol/κ_N_2	ΔG_c', mol	ΔG_c', 1C-mol	ΔG_c', 1C-mol/κ_N_2	T· ΔS_c	ΔG_c',1C-mol/ 1C-o BTM
	kJ/1C-mol	kJ/mol *e*	kJ/mol *e*	kJ/mol	kJ/1C-mol	kJ/mol *e*	kJ/1C-mol	kJ/go BTM
Protein	494,28	118,90	98,86	2346,12	558,60	111,72	−64,32	22,52
Klebsiella aerogenes 3	502,52	116,86	104,47	540,66	540,66	112,40	−38,15	21,80
Candida utilis 3	507,19	116,86	103,30	550,10	550,10	112,04	−42,91	22,18
Weizenstroh	478,44	117,14	116,52	1896,83	474,21	115,49	4,24	19,12
Saccharomyces Cerevisiae CBS 426/2	508,60	116,86	104,36	1639,93	546,64	112,17	−38,04	22,04
Belebtschlamm	504,18	116,86	105,35	2261,16	538,37	112,50	−34,19	21,71
Wales_summer	508,37	118,13	113,16	2042,75	510,69	113,68	−2,32	20,59
Rohschlamm	512,24	116,86	113,59	2192,57	512,28	113,60	−0,05	20,66
Rinderfestmist + 5 % Ernterückstände	491,18	119,13	113,57	1979,43	494,86	114,42	−3,68	19,95
Korean food, Feb_avg	508,53	117,04	111,92	2062,10	515,52	113,46	−7,00	20,79
Macrocystis pyrifera 3	513,19	120,20	115,54	2023,63	505,91	113,90	7,28	20,40
Zellbiomasse	492,78	120,68	105,22	31.722,40	528,71	112,89	−35,93	21,32
Zellbiomasse	490,83	116,86	102,26	2698,60	539,72	112,44	−48,89	21,76
Rindergülle	526,12	116,86	110,95	5342,45	534,24	112,66	−8,12	21,54
Wales_winter	504,29	117,44	113,09	2030,21	507,55	113,82	−3,26	20,47
Protein	557,35	134,18	115,01	7073,00	544,08	112,27	13,27	21,94
Wasserhyazinthe 1	502,53	117,97	111,84	2043,09	510,77	113,67	−8,24	20,60
Schweineblut	558,10	133,92	115,03	1432,30	544,60	112,25	13,50	21,96

(Fortsetzung)

Tab. 7.2 (Fortsetzung)

Substrat	ΔH_c', 1C-mol	ΔH_c', 1C-mol/κ_NH_3	ΔH_c', 1C-mol/κ_N_2	ΔG_c', mol	ΔG_c', 1C-mol	ΔG_c', 1C-mol/κ_N_2	T· ΔS_c	ΔG_c',1C-mol/ 1C-o BTM
	kJ/1C-mol	kJ/mol *e*	kJ/mol *e*	kJ/mol	kJ/1C-mol	kJ/mol *e*	kJ/1C-mol	kJ/go BTM
Zellbiomasse	484,15	116,86	105,91	3627,00	518,14	113,34	−33,99	20,89
Nadelholzrinde	489,11	117,09	116,42	1932,83	483,21	115,01	5,90	19,48
Bakterien (Helmer-Formel)	492,22	118,78	107,56	61.194,80	518,60	113,32	−26,38	20,91
Bakterienbiomasse	492,22	118,78	107,56	61.194,80	518,60	113,32	−26,38	20,91
Candida utilis 1	520,04	116,86	109,48	535,00	535,00	112,63	−14,96	21,57
Zellbiomasse	501,81	122,89	107,15	31.722,40	528,71	112,89	−26,89	21,32
Korean food, Mar_avg	514,15	116,99	112,80	2067,57	516,89	113,40	−2,74	20,84
Methanol	701,18	116,86	116,86	653,00	653,00	108,83	48,18	26,33
Protein	482,06	116,86	98,88	8748,80	546,80	112,16	−64,74	22,05
Rinderblut	559,90	133,50	115,07	1463,06	545,92	112,20	13,98	22,01
Giant Kelp Macrocystis pyrifera 1	526,35	121,69	115,12	2072,84	518,21	113,34	8,14	20,90
alpha-amylase	485,15	118,90	98,83	1.423.937,00	549,99	112,04	−64,84	22,18
Propionsäure	545,37	116,86	116,86	1581,40	527,13	112,96	18,23	21,26
Food 3	517,32	117,42	111,79	1868,65	523,43	113,11	−6,11	21,11
Maissilage	537,90	117,56	115,03	2112,10	528,02	112,92	9,87	21,29
Food 2	528,72	118,09	113,04	1980,53	528,14	112,91	0,58	21,30
Citrullin	545,37	116,86	105,55	3446,00	574,33	111,16	−28,97	23,16
Zellbiomasse	**514,20**	**116,86**	**102,84**	**2793,00**	**558,60**	**111,72**	**−44,40**	**22,52**
Prolin	**514,20**	**116,86**	**102,84**	**2793,00**	**558,60**	**111,72**	**−44,40**	**22,52**

(Fortsetzung)

Tab. 7.2 (Fortsetzung)

Substrat	$\Delta H_{c'}$, 1C-mol	$\Delta H_{c'}$, 1C-mol/κ_NH_3	$\Delta H_{c'}$, 1C-mol/κ_N_2	$\Delta G_{c'}$, mol	$\Delta G_{c'}$, 1C-mol	$\Delta G_{c'}$, 1C-mol/κ_N_2	T· ΔS_c	$\Delta G_{c'}$,1C-mol/ 1C-o BTM
	kJ/1C-mol	kJ/mol *e*	kJ/mol *e*	kJ/mol	kJ/1C-mol	kJ/mol *e*	kJ/1C-mol	kJ/go BTM
Wasserhyazinthe 2	519,29	119,74	113,32	2076,76	519,19	113,30	0,10	20,94
Hausmüll org. Frakt.	516,76	116,86	115,64	32.540.80	508,45	113,78	8,31	20,50
Lysin	**545,37**	**116,86**	**96,24**	**3729,20**	**621,53**	**109,68**	**−76,17**	**25,06**
Algen (Oswald-Formel)	469,13	116,86	105,59	3542,04	506,01	113,89	−36,88	20,40
Algen	469,13	116,86	105,59	3542,04	506,01	113,89	−36,88	20,40
Pflanzenbiomasse	520,38	118,88	107,73	57.512,40	542,57	112,33	−22,19	21,88
Methylamin	701,18	116,86	77,91	936,20	936,20	104,02	−235,02	37,75
Algen, unspezifiziert	512,56	116,86	104,34	3136,82	550,32	112,03	−37,76	22,19
Süßwasseralge Chlorella 1	512,56	116,86	104,34	3136,82	550,32	112,03	−37,76	22,19
Süßwasseralgen Spirulin maxima	515,64	116,86	102,51	2245,76	561,44	111,62	−45,80	22,64
Food 4	538,09	117,72	112,08	2062,11	539,82	112,44	−1,72	21,77
Algen (Gloyna-Formel)	522,58	118,87	107,77	57,701,20	544,35	112,26	−21,77	21,95
Zellbiomasse	522,58	118,87	107,77	57.701,20	544,35	112,26	−21,77	21,95
Algen	522,58	118,87	107,77	57.701,20	544,35	112,26	−21,77	21,95
Korean food, Mar_min	522,52	116,86	112,66	2097,70	524,42	113,07	−1,90	21,15
Biertreber	557,76	119,91	116,49	35.546,00	538,58	112,49	19,18	21,72
Biomasse-/Abfall-Mix	534,13	117,67	115,21	2275,17	524,23	113,08	9,89	21,14
Süßwasseralge Chlorella 2	468,99	116,86	106,40	3820,56	502,71	114,05	−33,71	20,27
Gemüseabfälle	525,89	116,86	112,19	8465,60	529,10	112,87	−3,21	21,33

(Fortsetzung)

Tab. 7.2 (Fortsetzung)

Substrat	ΔH_c', 1C-mol	ΔH_c', 1C-mol/κ_NH_3	ΔH_c', 1C-mol/κ_N_2	ΔG_c', mol	ΔG_c', 1C-mol	ΔG_c', 1C-mol/κ_N_2	T· ΔS_c	ΔG_c',1C-mol/ 1C-o BTM
	kJ/1C-mol	kJ/mol *e*	kJ/mol *e*	kJ/mol	kJ/1C-mol	kJ/mol *e*	kJ/1C-mol	kJ/go BTM
Food 1	530,05	118,03	111,28	2107,51	536,26	112,58	−6,21	21,62
Früchte	519,65	117,04	114,97	1924,83	513,29	113,56	6,36	20,70
Valin	**560,95**	**116,86**	**103,88**	**2981,80**	**596,36**	**110,44**	**−35,41**	**24,05**
Klärschlamm	529,36	119,83	113,23	2111,68	527,92	112,92	1,44	21,29
ÜS-Schlamm	528,07	119,42	112,70	2406,64	528,93	112,88	−0,86	21,33
Textiles	513,09	116,86	111,58	2082,68	520,67	113,23	−7,58	20,99
Org. Teil d. Klärschlamm	534,13	116,86	109,26	5168,48	548,09	112,11	−13,96	22,10
Tyrosin	**493,43**	**116,86**	**108,31**	**4649,80**	**516,64**	**113,41**	**−23,22**	**20,83**
Bakterien (zentrif.)	565,83	123,17	106,37	2508,02	588,74	110,68	−22,91	23,74
Zellbiomasse	701,18	116,86	106,24	3548,20	709,64	107,52	−8,46	28,61
Geflügel(Hühner-)gülle	531,15	116,86	105,95	5598,27	559,83	111,68	−28,68	22,57
Korean food, Mar_max	544,42	116,97	112,90	2167,28	541,82	112,36	2,60	21,85
Cystin	**740,14**	**201,86**	**158,60**	**3162,80**	**527,13**	**112,96**	**213,01**	**21,26**
Komm. Primärschlamm	552,45	116,86	113,59	12.006,00	545,73	112,21	6,72	22,01
Korean food, Feb_min	528,18	117,05	114,00	2619,76	523,95	113,09	4,23	21,13
Übersch.-Schlamm	544,36	116,86	112,49	1891,06	543,41	112,30	0,95	21,91
Bioöl aus verflüss. Algen 2	525,12	119,76	115,43	2064,19	516,05	113,44	9,08	20,81
Primärschlamm	528,57	117,83	111,94	2640,38	532,34	112,74	−3,76	21,47
Cystein	**779,09**	**194,77**	**155,82**	**1675,80**	**558,60**	**111,72**	**220,49**	**22,52**
Tryptophan	**488,70**	**116,86**	**103,38**	**5861,40**	**532,85**	**112,72**	**−44,15**	**21,49**

(Fortsetzung)

Tab. 7.2 (Fortsetzung)

Substrat	ΔH_c', 1C-mol	ΔH_c', 1C-mol/κ_NH_3	ΔH_c', 1C-mol/κ_N_2	ΔG_c', mol	ΔG_c', 1C-mol	ΔG_c', 1C-mol/κ_N_2	T· ΔS_c	ΔG_c',1C-mol/ 1C-o BTM
	kJ/1C-mol	kJ/mol *e*	kJ/mol *e*	kJ/mol	kJ/1C-mol	kJ/mol *e*	kJ/1C-mol	kJ/go BTM
Buttersäure	**584,32**	**116,86**	**116,86**	**2234,40**	**558,60**	**111,72**	**25,72**	**22,52**
Leuzin	**584,32**	**116,86**	**106,24**	**3634,80**	**605,80**	**110,15**	**−21,48**	**24,43**
Isoleuzin	**584,32**	**116,86**	**106,24**	**3634,80**	**605,80**	**110,15**	**−21,48**	**24,43**
Autoclave_fibre	549,84	117,37	115,32	2146,77	536,69	112,56	13,15	21,64
LigninC9-Gruppe	515,29	116,86	116,86	4988,13	502,84	114,04	12,45	20,28
ÜS-Schlamm	561,82	122,17	110,90	2575,54	564,81	111,50	−2,99	22,77
Kaffeesatz	558,76	116,86	116,86	17.214,40	537,95	112,51	20,81	21,69
Zellbiomasse	630,13	121,93	108,12	159.190,80	636,76	109,26	−6,63	25,68
Fisch	550,28	117,70	107,60	1696,72	569,37	111,33	−19,09	22,96
Primärschlamm	563,16	117,89	112,32	2038,02	559,90	111,67	3,27	22,58
Phenylalanin	**519,40**	**116,86**	**108,71**	**4838,60**	**537,62**	**112,53**	**−18,23**	**21,68**
Rapskörner	546,40	116,99	112,94	2716,54	543,31	112,30	3,09	21,91
Komm. Mischschlamm	584,32	116,86	110,25	5869,20	586,92	110,74	−2,60	23,67
Schweinegülle	584,32	116,86	110,25	5869,20	586,92	110,74	−2,60	23,67
Bioöl ausverflüss. Algen 1	560,78	119,17	111,70	2802,62	560,52	111,65	0,25	22,60
Chlorophyll 4	487,49	116,86	107,99	17.946,20	512,75	113,58	−25,26	20,68
Erythromycin A	581,16	116,86	114,99	20.857,00	563,70	111,53	17,46	22,73
Chlorophyll 3	494,17	116,86	108,10	18.135,00	518,14	113,34	−23,98	20,89
Valeriansäure	**607,69**	**116,86**	**116,86**	**2887,40**	**577,48**	**111,05**	**30,21**	**23,29**
Bioöl ausverflüss. Algen 3	560,28	119,58	112,64	2780,70	556,14	111,81	4,14	22,42

(Fortsetzung)

Tab. 7.2 (Fortsetzung)

Substrat	ΔH_c, 1C-mol	ΔH_c, 1C-mol/κ_NH_3	ΔH_c, 1C-mol/κ_N_2	ΔG_c, mol	ΔG_c, 1C-mol	ΔG_c, 1C-mol/κ_N_2	T· ΔS_c	ΔG_c,1C-mol/ 1C-o BTM
	kJ/1C-mol	kJ/mol *e*	kJ/mol *e*	kJ/mol	kJ/1C-mol	kJ/mol *e*	kJ/1C-mol	kJ/go BTM
Ethanol	**701,18**	**116,86**	**116,86**	**1306,00**	**653,00**	**108,83**	**48,18**	**26,33**
Torf	515,23	117,76	116,61	2518,48	503,70	114,00	11,53	20,31
Primärschlamm (Catering)	592,98	117,95	114,27	2882,31	576,46	111,09	16,52	23,24
Autoclave_middlings	574,84	117,19	115,70	2778,09	555,62	111,83	19,22	22,40
Bruchei	627,01	121,97	116,23	2883,93	595,85	110,45	31,16	24,03
Methionin	747,93	155,82	138,51	2981,80	596,36	110,44	151,57	24,05
Chlorophyll 5	567,01	116,86	111,75	30.542,00	565,59	111,47	1,41	22,81
Chlorophyll 2	565,20	116,86	111,82	31.006,20	563,75	111,53	1,45	22,73
Chlorophyll 1	573,70	116,86	111,89	31.383,80	570,61	111,29	3,08	23,01
Combustibles (textile and rubber mix)	597,15	117,57	117,26	3404,01	567,33	111,41	29,82	22,88
Lignin	509,19	116,86	116,86	6970,80	497,91	114,28	11,28	20,08
Klärschlamm, min	635,42	117,67	117,64	996,11	596,47	110,43	38,95	24,05
Lauric (0)	**662,23**	**116,86**	**116,86**	**7458,40**	**621,53**	**109,68**	**40,70**	**25,06**
Myristic (0)	**667,79**	**116,86**	**116,86**	**8764,40**	**626,03**	**109,56**	**41,77**	**25,24**
Linolenic (3)	**636,26**	**116,86**	**116,86**	**10.810,00**	**600,56**	**110,31**	**35,70**	**24,22**
Fett und Öl	649,76	116,86	116,86	30.573,20	611,46	109,98	38,30	24,66
Palmitoleic (1)	**657,36**	**116,86**	**116,86**	**9881,60**	**617,60**	**109,80**	**39,76**	**24,90**
Linoleic (2)	**649,24**	**116,86**	**116,86**	**10.998,80**	**611,04**	**109,99**	**38,20**	**24,64**
Palmitic (0)	**671,97**	**116,86**	**116,86**	**10.070,40**	**629,40**	**109,46**	**42,57**	**25,38**

(Fortsetzung)

Tab. 7.2 (Fortsetzung)

Substrat	ΔH_c, 1C-mol	ΔH_c, 1C-mol/κ_NH_3	ΔH_c, 1C-mol/κ_N_2	ΔG_c, mol	ΔG_c, 1C-mol	ΔG_c, 1C-mol/κ_N_2	T· ΔS_c	ΔG_c,1C-mol/ 1C-o BTM
	kJ/1C-mol	kJ/mol *e*	kJ/mol *e*	kJ/mol	kJ/1C-mol	kJ/mol *e*	kJ/1C-mol	kJ/go BTM
Palmitinsäure	671,97	116,86	116,86	10.070,40	629,40	109,46	42,57	25,38
Oleic (1)	662,23	116,86	116,86	11.187,60	621,53	109,68	40,70	25,06
Stearinsäure	675,21	116,86	116,86	11.376,40	632,02	109,39	43,19	25,48
Benzol	584,32	116,86	116,86	3351,60	558,60	111,72	25,72	22,52
Toluol	601,01	116,86	116,86	4004,60	572,09	111,24	28,93	23,07
Stearic (0)	701,18	116,86	116,86	11.754,00	653,00	108,83	48,18	26,33
	Mittel-werte	**118,92**	**110,04**	**12.168,09**	**519,81**	**113,89**		**20,96**

Oxidationsstatus: s. Gl. 4.6
Reduktionsstatus als κ_NH_3: s. Gl. 4.62
Reduktionsstatus als κ_N_2: s. Gl. 4.63
Verbrennungsenthalpie ΔHc,1C-mol: s. Gl. 4.63
Gibbs freie Verbrennungsenthalpie ΔG_c, 1C-mol: s. Gl. 4.64
Index c: Combustion/Verbrennung
Beitrag der Entropie zur Gibbs freien Verbrennungsenthalpie gemäß Gl. 4.59
Für hohe Reduktionsgrade gilt ΔH_c, 1C-mol >ΔG_c, 1C-mol; für niedrige Reduktionsgrade gilt ΔH_c,1C-mol <ΔG_c,1C-mol

Tab. 7.3 Substrate der Tab. 7.1 in alphabetischer Reihenfolge

Substrat	Bruttosummenformel	Molgewicht	CSB/oTM
		g/mol	kg/kg
Adenosintriphosphat, ATP	$C_{10}H_{16,00}O_{13,00}N_{5,00}S_{0,0147}P_{3,000}$	507,38	**0,617**
Adrenocorticotropes Hormon, ACTH	$C_5H_{9,32}O_{2,56}N_{1,33}S_{0,1630}P_{3,000}$	224,07	**1,590**
Aerobacter aerogenes	$C_1H_{1,83}O_{0,56}N_{0,25}S_{0,0000}P_{0,000}$	26,29	**1,205**
Agar	$C_{12}H_{18,00}O_{9,00}N_{0,00}S_{0,0000}P_{0,000}$	306,00	**1,255**
Agarose	$C_{12}H_{18,00}O_{9,00}N_{0,00}S_{0,0000}P_{0,000}$	306,00	**1,255**
Alanin	$C_3H_{7,00}O_{2,00}N_{1,00}S_{0,0000}P_{0,000}$	89,00	**1,079**
Algen	$C_7H_{8,1}O_{2,5}N$	146,10	**1,539**
Algen	$C_6H_{9,80}O_{2,30}N_{1,00}S_{0,0000}P_{0,000}$	129,00	**1,550**
Algen	$C_{106}H_{180}O_{45}N_{16}P$	2.426,97	**1,562**
Algen (Gloyna-Formel)	$C_{106}H_{180,00}O_{45,00}N_{16,00}S_{0,0000}P_{1,000}$	2.426,97	**1,562**
Algen (Oswald-Formel)	$C_7H_{8,10}O_{2,50}N_{1,00}S_{0,0000}P_{0,000}$	146,10	**1,539**
Algen, unspezifiziert	$C_{5,7}H_{9,8}O_{2,3}N$	129,00	**1,550**
Algin 1	$C_6H_{8,00}O_{6,00}N_{0,00}S_{0,0000}P_{0,000}$	176,00	**0,909**
Algin 2	$C_{12}H_{17,00}O_{11,00}N_{1,00}S_{0,0000}P_{0,000}$	351,00	**0,912**
alpha-amylase	$C_{2589}H_{3857,00}O_{752,00}N_{715,00}S_{23,0000}P_{0,000}$	57.704,61	**1,490**
alpha-amylase	$C_{2589}H_{3857,00}O_{752,00}N_{715,00}S_{23,0000}P_{0,000}$	57.704,61	**1,490**
alpha-Casein	$C_6H_{11,13}O_{3,01}N_{1,39}S_{0,0336}P_{3,000}$	244,74	**1,607**
Altpapier	$C_4H_{5,67}O_{7,22}N_{0,014}S_{0,006}$	169,67	**0,345**
Aminobuttersäure	$C_4H_{9,00}O_{2,00}N_{1,00}S_{0,0000}P_{0,000}$	103,00	**1,398**
Arginin	$C_6H_{14,00}O_{2,00}N_{4,00}S_{0,0000}P_{0,000}$	174,00	**1,011**

(Fortsetzung)

Tab. 7.3 (Fortsetzung)

Substrat	Bruttosummenformel	Molgewicht	CSB/oTM
		g/mol	kg/kg
Asparagin	$C_4H_{8,00}O_{3,00}N_{2,00}S_{0,0000}P_{0,000}$	132,00	**0,727**
Asparaginsäure	$C_4H_{7,00}O_{4,00}N_{1,00}S_{0,0000}P_{0,000}$	133,00	**0,722**
Autoclave_fibre	$C_4H_{6,14}O_{1,54}N_{0,11}S_{0,0102}P_{0,000}$	82,07	**1,834**
Autoclave_middlings	$C_5H_{7,58}O_{1,37}N_{0,11}S_{0,0086}P_{0,000}$	92,45	**2,128**
Average biomass 1	$C_1H_{1,79}O_{0,50}N_{0,20}S_{0,0000}P_{0,000}$	24,59	**1,363**
Bakterien (Eckenfelder-Formel)	$C_5H_{7,00}O_{2,00}N_{1,00}S_{0,0000}P_{0,000}$	113,00	**1,416**
Bakterien (Helmer-Formel)	$C_{118}H_{170,00}O_{51,00}N_{17,00}S_{0,0000}P_{1,000}$	2.670,97	**1,489**
Bakterien (zentrif.)	$C_{4,26}H_{8,18}O_{1,28}N_{1,03}S_{0,032}P_{0,1}$	98,32	**1,678**
Bakterienbiomasse	$C_{118}H_{170}O_{51}N_{17}P$	2.670,97	**1,489**
Beech wood (Buchenholz)	$C_4H_{6,32}O_{2,81}N_{0,01}S_{0,0000}P_{0,000}$	99,41	**1,342**
Belebtschlamm	$C_{4,20}H_{7,3}O_2N_{0,66}$	98,94	**1,465**
Benzol	C_6H_6	78,00	**3,077**
Bernsteinsäure	$C_4H_6O_4$	118,00	**0,949**
beta-Lactoglobulin	$C_6H_{11,66}O_{3,06}N_{1,41}S_{0,0999}P_{3,000}$	248,60	**1,615**
Biertreber	$C_{66}H_{132}O_{40}N_3S$	1.638,07	**1,538**
Biomass (bacteria)	$C_1H_{1,80}O_{0,50}N_{0,16}S_{0,0045}P_{0,006}$	24,35	**1,445**
Biomasse-/Abfall-Mix	$C_{4,34}H_{7,5}O_{2,37}N_{0,14}P_{0,017}$	99,99	**1,587**
Bioöl aus verflüss. Algen 1	$C_5H_{7,73}O_{1,32}N_{0,52}S_{0,0580}P_{0,000}$	97,98	**1,959**
Bioöl aus verflüss. Algen 2	$C_4H_{5,31}O_{1,55}N_{0,22}S_{0,0543}P_{0,000}$	82,98	**1,733**
Bioöl aus verflüss. Algen 3	$C_5H_{7,20}O_{1,17}N_{0,48}S_{0,0680}P_{0,000}$	94,79	**2,023**
Braunalge Laminaria saccharina	$C_3H_{6,51}O_{3,13}N_{0,16}S_{0,0000}P_{0,010}$	96,22	**1,015**

(Fortsetzung)

Tab. 7.3 (Fortsetzung)

Substrat	Bruttosummenformel	Molgewicht	CSB/oTM
		g/mol	kg/kg
Bruchei	$C_{4,84}H_{9,55}O_{1,4}N_{0,41}S_{0,136}$	100,13	**2,075**
Buchenholz	$C_{4}H_{6,21}O_{2,83}N_{0,02}S_{0,0005}P_{0,001}$	99,79	**1,324**
Buttersäure	$C_{4}H_{8}O_{2}$	88,00	**1,818**
Canavanin	$C_{5}H_{12,00}O_{3,00}N_{4,00}S_{0,0000}P_{0,000}$	176,00	**0,636**
Candida utilis 1	$C_{1}H_{1,83}O_{0,54}N_{0,10}S_{0,0000}P_{0,000}$	23,87	**1,491**
Candida utilis 2	$C_{1}H_{1,87}O_{0,56}N_{0,20}S_{0,0000}P_{0,000}$	25,63	**1,295**
Candida utilis 3	$C_{1}H_{1,83}O_{0,46}N_{0,19}S_{0,0000}P_{0,000}$	23,85	**1,456**
Candida utilis 4	$C_{1}H_{1,87}O_{0,56}N_{0,20}S_{0,0000}P_{0,000}$	25,63	**1,295**
Capronsäure	$C_{6}H_{12}O_{2}$	116,00	**2,207**
Cardboard	$C_{3}H_{4,87}O_{2,28}N_{0,02}S_{0,0045}P_{0,000}$	77,73	**1,265**
CCM	$C_{3}H_{5,68}O_{2,54}N_{0,10}S_{0,0010}P_{0,016}$	84,24	**1,180**
Cellulose	$C_{6}H_{10,00}O_{6,00}N_{0,00}S_{0,0000}P_{0,000}$	178,00	**0,989**
Cellulose	$C_{6}H_{12}O_{6}$	180,00	**1,067**
Chlorophyll 1	$C_{55}H_{72,00}O_{5,00}N_{4,00}S_{0,0000}P_{0,000}$	868,00	**2,488**
Chlorophyll 2	$C_{55}H_{70,00}O_{6,00}N_{4,00}S_{0,0000}P_{0,000}$	882,00	**2,413**
Chlorophyll 3	$C_{35}H_{30,00}O_{5,00}N_{4,00}S_{0,0000}P_{0,000}$	586,00	**2,020**
Chlorophyll 4	$C_{35}H_{28,00}O_{5,00}N_{4,00}S_{0,0000}P_{0,000}$	584,00	**2,000**
Chlorophyll 5	$C_{54}H_{70,00}O_{6,00}N_{4,00}S_{0,0000}P_{0,000}$	870,00	**2,409**
Citrullin	$C_{6}H_{13,00}O_{3,00}N_{1,00}S_{0,0000}P_{0,000}$	147,00	**1,524**
Colza cake	$C_{4}H_{7,36}O_{1,42}N_{0,21}S_{0,0079}P_{0,000}$	81,25	**1,966**
Combustibles (textile and rubber mix)	$C_{6}H_{8,60}O_{1,02}N_{0,03}S_{0,0232}P_{0,000}$	98,40	**2,493**

(Fortsetzung)

Tab. 7.3 (Fortsetzung)

Substrat	Bruttosummenformel	Molgewicht	CSB/oTM
		g/mol	kg/kg
Cystein	$C_3H_{7,00}O_{2,00}N_{1,00}S_{1,0000}P_{0,000}$	121,07	**1,322**
Cystin	$C_6H_{12,00}O_{4,00}N_{2,00}S_{2,0000}P_{0,000}$	240,14	**1,266**
Dextrin	$C_6H_{10}O_5$	162,00	**1,185**
Draff	$C_4H_{7,40}O_{1,82}N_{0,32}S_{0,0171}P_{0,062}$	91,54	**1,697**
Edestin	$C_6H_{11,06}O_{2,96}N_{1,67}S_{0,0526}P_{3,000}$	246,11	**1,552**
Escherichia coli	$C_1H_{1,77}O_{0,49}N_{0,24}S_{0,0000}P_{0,000}$	24,97	**1,304**
Essigsäure	$C_2H_4O_2$	60,00	**1,067**
Ethanol	$C_2H_{6,00}O_{1,00}N_{0,00}S_{0,0000}P_{0,000}$	46,00	**2,087**
Fat	$C_{39}H_{14,00}O_{9,00}N_{0,00}S_{0,0000}P_{0,000}$	626,00	**1,942**
Federn und Haare	$C_3H_{5,07}O_{1,61}N_{0,94}S_{0,1276}P_{0,000}$	84,02	**1,149**
Festmistlagergut (Rinder)	$C_3H_{4,965}O_{2,129}N_{0,117}S_{0,003}$	76,76	**1,290**
Fett und Öl	$C_{50}H_{90}O_6$	786,00	**2,830**
Fibrinogen	$C_6H_{11,03}O_{2,99}N_{1,54}S_{0,0800}P_{3,000}$	246,21	**1,577**
Fibroin (Seide)	$C_{10}H_{11,32}O_{3,69}N_{1,25}S_{0,0000}P_{3,000}$	302,26	**1,711**
Fichtenholz	$C_4H_{6,07}O_{2,60}N_{0,01}S_{0,0005}P_{0,001}$	95,88	**1,406**
Fisch	$C_{2,98}H_{4,8}O_{0,74}N_{0,436}S_{0,0125}Cl_{0,0197}$	59,60	**1,883**
Food 1	$C_{3,93}H_{6,8}O_{1,9}N_{0,357}S_{0,022}$	90,06	**1,583**
Food 2	$C_{3,75}H_{6,8}O_{2,13}N_{0,25}S_{0,022}$	90,09	**1,507**
Food 3	$C_{3,57}H_{6,1}O_{1,93}N_{0,264}S_{0,0094}$	83,82	**1,508**
Food 4	$C_{3,82}H_{7,2}O_{2,07}N_{0,293}S_{0,016}$	90,78	**1,550**
Food waste leachate	$C_4H_{6,41}O_{2,63}N_{0,24}S_{0,0061}P_{0,000}$	100,53	**1,312**

(Fortsetzung)

Tab. 7.3 (Fortsetzung)

Substrat	Bruttosummenformel	Molgewicht	CSB/oTM
		g/mol	kg/kg
Food wastes	$C_4H_{5,86}O_{2,35}N_{0,18}S_{0,0115}P_{0,000}$	94,48	**1,414**
Früchte	$C_{3,75}H_{5,6}O_{1,825}N_{0,1}S_{0,0031}Cl_{0,0197}$	82,00	**1,627**
Galactose	$C_6H_{12,00}O_{6,00}N_{0,00}S_{0,0000}P_{0,000}$	180,00	**1,067**
gamma-Globulin	$C_6H_{10,92}O_{2,91}N_{1,42}S_{0,0730}P_{3,000}$	242,41	**1,608**
Geflügel(Hühner-)gülle	$C_{10}H_{16,93}O_{3,4}N_{1,56}$	213,17	**1,706**
Gemüse	$C_3H_{4,4}O_{1,994}N_{0,193}S_{0,0063}Cl_{0,0028}$	75,31	**1,262**
Gemüseabfälle	$C_{16}H_{27}O_8N$	361,00	**1,596**
Gerste, Ganzpflanze	$C_3H_{5,18}O_{2,05}N_{0,07}S_{0,0027}P_{0,192}$	80,96	**1,425**
Gerstenstroh	$C_4H_{5,86}O_{2,61}N_{0,03}S_{0,0028}P_{0,007}$	96,87	**1,372**
Giant Kelp Macrocystis pyrifera 1	$C_4H_{6,76}O_{2,24}N_{0,33}S_{0,0611}P_{0,028}$	97,96	**1,471**
Giant Kelp Macrocystis pyrifera 2	$C_4H_{6,44}O_{2,53}N_{0,20}S_{0,0564}P_{0,016}$	100,00	**1,389**
Giant Kelp Macrocystis pyrifera 3	$C_3H_{5,04}O_{1,90}N_{0,17}S_{0,0437}P_{0,014}$	75,73	**1,393**
Giant Kelp Macrocystis pyrifera 4	$C_4H_{6,22}O_{2,27}N_{0,32}S_{0,0362}P_{0,020}$	96,66	**1,423**
Glucose	$C_6H_{12}O_6$	180,00	**1,067**
Glutamin	$C_5H_{10,00}O_{3,00}N_{2,00}S_{0,0000}P_{0,000}$	146,00	**0,986**
Glutaminsäure	$C_5H_{9,00}O_{4,00}N_{1,00}S_{0,0000}P_{0,000}$	147,00	**0,980**
Glycin	$C_2H_{5,00}O_{2,00}N_{1,00}S_{0,0000}P_{0,000}$	75,00	**0,640**
Glyzerin (Glycerol)	$C_3H_{8,00}O_{3,00}N_{0,00}S_{0,0000}P_{0,000}$	92,00	**1,217**
Gracilaria ceae (Rotalge)	$C_2H_{3,72}O_{3,95}N_{0,20}S_{0,1603}P_{0,000}$	98,85	**0,364**
Gracilaria strain G-1	$C_3H_{6,28}O_{2,27}N_{0,36}S_{0,0000}P_{0,000}$	83,72	**1,208**
Gracilaria strain G-16	$C_3H_{4,96}O_{2,22}N_{0,26}S_{0,0000}P_{0,000}$	80,00	**1,176**

(Fortsetzung)

Tab. 7.3 (Fortsetzung)

Substrat	Bruttosummenformel	Molgewicht	CSB/oTM
		g/mol	kg/kg
Gracilaria strain G-3	$C_4H_{6,10}O_{2,46}N_{0,47}S_{0,0000}P_{0,000}$	100,00	**1,262**
Gracilaria strain G-4	$C_3H_{5,74}O_{2,43}N_{0,37}S_{0,0000}P_{0,000}$	85,71	**1,100**
Gracilaria strain G-5	$C_3H_{5,65}O_{2,22}N_{0,33}S_{0,0000}P_{0,000}$	81,82	**1,194**
Gracilaria strain G-8	$C_3H_{5,32}O_{2,01}N_{0,34}S_{0,0000}P_{0,000}$	78,26	**1,255**
Gracilaria strain G-9	$C_3H_{6,60}O_{2,27}N_{0,48}S_{0,0000}P_{0,000}$	85,71	**1,177**
Gras	$C_{23}H_{38}O_{17}N$	600,00	**1,240**
Grass	$C_1H_{1,78}O_{0,92}N_{0,07}S_{0,0000}P_{0,000}$	29,37	**1,020**
Hämoglobin (Pferd)	$C_6H_{10,59}O_{2,66}N_{1,46}S_{0,0302}P_{3,000}$	235,07	**1,623**
Hanfstroh	$C_4H_{6,14}O_{2,77}N_{0,06}S_{0,0032}P_{0,008}$	99,74	**1,327**
Hausmüll org. Frakt.	$C_{99}H_{148}O_{186}N$	4.326,00	**0,313**
Hausmüll org. Frakt.	$C_{64}H_{104}O_{37}N$	1.478,00	**1,532**
Hefe	$C_1H_{1,80}O_{0,56}N_{0,17}S_{0,0000}P_{0,000}$	25,14	**1,327**
Hemicellulose	$C_5H_{10}O_6$	166,00	**0,867**
Histidin	$C_6H_{9,00}O_{2,00}N_{3,00}S_{0,0000}P_{0,000}$	155,00	**1,032**
Holz	$C_{295}H_{420}O_{186}N$	6.950,00	**1,410**
Hühnertrockenkot	$C_4H_{5,67}O_{2,40}N_{0,48}S_{0,0109}P_{0,000}$	99,18	**1,250**
Hydrilla verticillata	$C_3H_{4,91}O_{2,41}N_{0,21}S_{0,0136}P_{0,000}$	82,80	**1,118**
Insulin (Rind)	$C_6H_{11,44}O_{3,20}N_{1,46}S_{0,2500}P_{3,000}$	261,00	**1,604**
Isoleuzin	$C_6H_{13,00}O_{2,00}N_{1,00}S_{0,0000}P_{0,000}$	131,00	**1,832**
Japanese food (80% vegetables)	$C_3H_{5,45}O_{2,12}N_{0,20}S_{0,0000}P_{0,000}$	78,07	**1,294**
Kaffeesatz	$C_{32}H_{53}O_{14}$	661,00	**1,852**

(Fortsetzung)

Tab. 7.3 (Fortsetzung)

Substrat	Bruttosummenformel	Molgewicht	CSB/oTM
		g/mol	kg/kg
Kalbsleberhiston	$C_5H_{11,27}O_{2,37}N_{1,70}S_{0,0000}P_{3,000}$	231,64	**1,634**
Keratin (Wolle)	$C_7H_{11,47}O_{3,22}N_{1,61}S_{0,2450}P_{3,000}$	265,33	**1,584**
Klärschlamm	$C_4H_{6,3}O_{1,8}N_{0,343}S_{0,056}Cl_{0,009}$	90,02	**1,610**
Klärschlamm	$C_{2,7}H_4O_{1,2}N_{0,97}S_{0,028}Cl_{0,006}$	70,29	**1,106**
Klärschlamm, min	$C_{1,67}H_3O_{0,33}N_{0,00071}S_{0,0078}Cl_{0,0011}$	28,62	**2,538**
Klebsiella aerogenes 1	$C_1H_{1,75}O_{0,43}N_{0,22}S_{0,0000}P_{0,000}$	23,71	**1,427**
Klebsiella aerogenes 2	$C_1H_{1,73}O_{0,43}N_{0,24}S_{0,0000}P_{0,000}$	23,97	**1,385**
Klebsiella aerogenes 3	$C_1H_{1,75}O_{0,47}N_{0,17}S_{0,0000}P_{0,000}$	23,65	**1,455**
Klebsiella aerogenes 4	$C_1H_{1,73}O_{0,43}N_{0,24}S_{0,0000}P_{0,000}$	23,97	**1,385**
Kollagen	$C_5H_{9,41}O_{2,71}N_{1,40}S_{0,0080}P_{3,000}$	228,32	**1,569**
Komm. Abwasser	$C_{500}H_{1327}O_{532}N_{142}P_{16}S_{19}$	18.931,85	**0,895**
Komm. Klärschlamm	$C_{30}\ H_{48}O_{19}N_{0,5}S_{0,05}$	720,60	**1,431**
Komm. Mischschlamm	$C_{10}H_{19}O_3N$	201,00	**1,990**
Komm. Primärschlamm	$C_{22}H_{39}O_{10}N$	477,00	**1,744**
Korean food, avg	$C_4H_{6,76}O_{2,26}N_{0,22}S_{0,0024}P_{0,000}$	94,08	**1,496**
Korean food, Feb_avg	$C_4H_{6,70}O_{2,26}N_{0,27}S_{0,0033}P_{0,000}$	94,76	**1,469**
Korean food, Feb_max	$C_4H_{6,88}O_{2,40}N_{0,30}S_{0,0029}P_{0,000}$	97,56	**1,411**
Korean food, Feb_min	$C_5H_{7,34}O_{2,09}N_{0,20}S_{0,0046}P_{0,000}$	103,66	**1,744**
Korean food, Mar_max	$C_4H_{6,92}O_{1,81}N_{0,22}S_{0,0020}P_{0,000}$	87,15	**1,711**
Korean food, min	$C_4H_{6,74}O_{2,10}N_{0,22}S_{0,0039}P_{0,000}$	91,51	**1,566**
Lactat	$C_3H_{5,00}O_{3,00}N_{0,00}S_{0,0000}P_{0,000}$	89,00	**0,989**

(Fortsetzung)

Tab. 7.3 (Fortsetzung)

Substrat	Bruttosummenformel	Molgewicht	CSB/oTM
		g/mol	kg/kg
Laktose	$C_{12}H_{22}O_{11}$	342,00	**1,123**
Landschaftspflegeheu	$C_3H_{4,83}O_{2,05}N_{0,06}S_{0,0039}P_{0,005}$	75,09	**1,342**
Lauric (0)	$C_{12}H_{24,00}O_{2,00}N_{0,00}S_{0,0000}P_{0,000}$	200,00	**2,720**
Lemna sp. (Duckweed)	$C_3H_{5,60}O_{1,80}N_{0,51}S_{0,0231}P_{0,000}$	78,26	**1,294**
Leuzin	$C_6H_{13,00}O_{2,00}N_{1,00}S_{0,0000}P_{0,000}$	131,00	**1,832**
Lignin	$C_{14}\ H_7O$	191,00	**2,555**
Lignin C9-Gruppe	$C_{9,92}H_{11,42}O_{3,67}$	189,16	**1,850**
Lignine	$C_9H_{10,00}O_{3,00}N_{0,00}S_{0,0000}P_{0,000}$	166,00	**1,928**
Linoleic (2)	$C_{18}H_{32,00}O_{2,00}N_{0,00}S_{0,0000}P_{0,000}$	280,00	**2,857**
Linolenic (3)	$C_{18}H_{30,00}O_{2,00}N_{0,00}S_{0,0000}P_{0,000}$	278,00	**2,820**
Lysin	$C_6H_{14,00}O_{2,00}N_{2,00}S_{0,0000}P_{0,000}$	146,00	**1,534**
Macrocystis pyr.	$C_3H_{4,83}O_{1,61}N_{0,18}S_{0,0369}P_{0,012}$	70,67	**1,523**
Macrocystis pyrifera 1	$C_3H_{4,86}O_{1,99}N_{0,19}S_{0,0446}P_{0,000}$	76,84	**1,317**
Macrocystis pyrifera 2	$C_3H_{4,76}O_{1,96}N_{0,17}S_{0,0465}P_{0,013}$	76,48	**1,338**
Macrocystis pyrifera 3	$C_4H_{6,44}O_{2,34}N_{0,23}S_{0,0454}P_{0,016}$	96,97	**1,449**
Macrocystis pyrifera 4	$C_3H_{4,62}O_{2,21}N_{0,22}S_{0,0523}P_{0,014}$	81,10	**1,191**
Macrocystis pyrifera 5	$C_3H_{5,09}O_{2,11}N_{0,15}S_{0,0076}P_{0,008}$	77,42	**1,296**
Maisproteingemisch	$C_5H_{9,88}O_{2,67}N_{1,27}S_{0,0400}P_{3,000}$	227,78	**1,618**
Maissilage	$C_4H_{7,65}O_{2,47}N_{0,13}S_{0,0136}P_{0,000}$	97,54	**1,510**
Maisstroh 1	$C_4H_{5,57}O_{2,74}N_{0,05}S_{0,0039}P_{0,000}$	98,54	**1,297**
Maisstroh 2	$C_3H_{4,26}O_{2,12}N_{0,02}S_{0,0010}P_{0,056}$	76,22	**1,304**

(Fortsetzung)

Tab. 7.3 (Fortsetzung)

Substrat	Bruttosummenformel	Molgewicht	CSB/oTM
		g/mol	kg/kg
Maize silage	$C_3H_{5,26}O_{2,55}N_{0,05}S_{0,0004}P_{0,010}$	83,09	**1,165**
Maize silage 2	$C_1H_{2,17}O_{1,16}N_{0,03}S_{0,0000}P_{0,000}$	33,16	**0,906**
Mannit	$C_6H_{14}O_6$	182,00	**1,143**
Mannit	$C_6H_{14,00}O_{6,00}N_{0,00}S_{0,0000}P_{0,000}$	182,00	**1,143**
Mannitol (Mannit)	$C_6H_{14,00}O_{6,00}N_{0,00}S_{0,0000}P_{0,000}$	182,00	**1,143**
Marines Phytoplankton	$C_{106}H_{263}O_{110}N_{16}P$	3.549,97	**0,962**
Methanol	$C_1H_{4,00}O_{1,00}N_{0,00}S_{0,0000}P_{0,000}$	32,00	**1,500**
Methionin	$C_5H_{11,00}O_{2,00}N_{1,00}S_{1,0000}P_{0,000}$	149,07	**1,717**
Milchsäure	$C_3H_{6,00}O_{3,00}N_{0,00}S_{0,0000}P_{0,000}$	90,00	**1,067**
Milchsäure	$C_3H_{6,00}O_{3,00}N_{0,00}S_{0,0000}P_{0,000}$	90,00	**1,067**
Miscanthus 1	$C_4H_{6,27}O_{2,63}N_{0,05}S_{0,0047}P_{0,002}$	97,59	**1,385**
Miscanthus 2	$C_4H_{5,70}O_{2,63}N_{0,03}S_{0,0094}P_{0,097}$	99,40	**1,385**
Mix	$C_{3,57}H_{5,1}O_{1,93}N_{0,219}S_{0,0094}Cl_{0,0479}$	83,89	**1,425**
Mix rapidly decomposable	$C_3H_{4,89}O_{2,19}N_{0,04}S_{0,0051}P_{0,000}$	76,72	**1,294**
Molke	$C\,H_{1,85}O_{0,853}$	27,50	**1,206**
Molkeeiweiß	$C_{4,76}H_{9,95}O_{2,66}N_{1,237}$	126,95	**1,258**
Mycelium	$C_1H_{1,64}O_{0,52}N_{0,16}S_{0,0046}P_{0,005}$	24,51	**1,371**
Myristic (0)	$C_{14}H_{28,00}O_{2,00}N_{0,00}S_{0,0000}P_{0,000}$	228,00	**2,807**
Nadelholzrinde	$C_4H_{5,32}O_{2,26}N_{0,03}S_{0,0025}P_{0,002}$	90,06	**1,487**
Nahrungsreste	$C_{3,51}H_{5,6}O_{1,91}N_{0,414}S_{0,0156}Cl_{0,0789}$	87,37	**1,346**
Newspaper	$C_3H_{5,46}O_{2,54}N_{0,00}S_{0,0000}P_{0,000}$	82,12	**1,206**

(Fortsetzung)

Tab. 7.3 (Fortsetzung)

Substrat	Bruttosummenformel	Molgewicht	CSB/oTM
		g/mol	kg/kg
Oleic (1)	$C_{18}H_{34,00}O_{2,00}N_{0,00}S_{0,0000}P_{0,000}$	282,00	**2,894**
Org. Teil d. Klärschlamm	$C_{9,43}H_{16,4}O_{4,01}N$	207,72	**1,660**
Organik in Molke	$C_6H_{11,1}O_{5,12}$	165,02	**1,205**
Ornithin	$C_5H_{12,00}O_{2,00}N_{2,00}S_{0,0000}P_{0,000}$	132,00	**1,333**
Ovalbumin (Huhn)	$C_6H_{10,98}O_{2,88}N_{1,40}S_{0,0892}P_{3,000}$	241,53	**1,615**
Oxalsäure	$C_2H_2O_4$	90,00	**0,178**
Palmitic (0)	$C_{16}H_{32,00}O_{2,00}N_{0,00}S_{0,0000}P_{0,000}$	256,00	**2,875**
Palmitinsäure	$C_{16}H_{32}O_2$	256,00	**2,875**
Palmitoleic (1)	$C_{16}H_{30,00}O_{2,00}N_{0,00}S_{0,0000}P_{0,000}$	254,00	**2,835**
Paper	$C_3H_{4,97}O_{2,28}N_{0,02}S_{0,0048}P_{0,000}$	77,79	**1,275**
Pappelholz	$C_4H_{6,27}O_{2,79}N_{0,03}S_{0,0010}P_{0,003}$	99,39	**1,339**
Paracoccus denitrificans 1	$C_1H_{1,81}O_{0,51}N_{0,20}S_{0,0000}P_{0,000}$	24,77	**1,353**
Paracoccus denitrificans 2	$C_1H_{1,51}O_{0,46}N_{0,19}S_{0,0000}P_{0,000}$	23,53	**1,367**
Pflanzenbiomasse	$C_{106}H_{180}O_{46}N_{16}P$	2.442,97	**1,546**
Pflanzenbiomasse	$C_{106}H_{180,00}O_{46,00}N_{16,00}S_{0,0000}P_{1,000}$	2.442,97	**1,546**
Phenylalanin	$C_9H_{11,00}O_{2,00}N_{1,00}S_{0,0000}P_{0,000}$	165,00	**1,939**
Pig manure_x	$C_4H_{7,13}O_{1,60}N_{0,31}S_{0,0133}P_{0,287}$	94,47	**1,811**
Polysaccharide	$C_6H_{10,00}O_{5,00}N_{0,00}S_{0,0000}P_{0,000}$	162,00	**1,185**
Poultry manure	$C_1H_{1,87}O_{1,21}N_{0,16}S_{0,0000}P_{0,000}$	35,47	**0,670**
Poultry manure + grass	$C_1H_{1,79}O_{0,96}N_{0,08}S_{0,0000}P_{0,000}$	30,22	**0,963**
Poultry slurry	$C_1H_{1,69}O_{1,26}N_{0,08}S_{0,0000}P_{0,000}$	35,04	**0,665**

(Fortsetzung)

Tab. 7.3 (Fortsetzung)

Substrat	Bruttosummenformel	Molgewicht	CSB/oTM
		g/mol	kg/kg
Primärschlamm	$C_{4,96}H_7O_{1,71}N_{0,39}\ P_{0,023}$	100,05	**1,794**
Primärschlamm	$C_{3,64}H_{6,07}O_{1,19}N_{0,287}P_{0,019}$	73,40	**1,912**
Primärschlamm (Catering)	$C_5H_{8,82}O_{1,44}N_{0,27}S_{0,0087}P_{0,020}$	96,48	**2,104**
Prolin	$C_5H_{9,00}O_{2,00}N_{1,00}S_{0,0000}P_{0,000}$	115,00	**1,530**
Propionsäure	$C_3H_6O_2$	74,00	**1,514**
Protein	$C_7H_6O_{3,5}N$	160,00	**1,200**
Protein	$C_{13}H_{25}O_7N_3\ S$	367,07	**1,351**
Protein	$C_{4,2}\ H_{7,2}\ O_{1,5}\ N_{1,18}\ S_{0,038}$	99,34	**1,431**
Protein	$C_6H_{12,00}O_{2,00}N_{2,00}S_{0,0000}P_{0,000}$	144,00	**1,444**
Protein	$C_{16}H_{24}O_5N_4$	352,00	**1,500**
Pseudomonas C12B	$C_1H_{2,00}O_{0,52}N_{0,23}S_{0,0000}P_{0,000}$	25,54	**1,338**
Rapskörner	$C_5H_{7,14}O_{1,48}N_{0,28}S_{0,0031}P_{0,000}$	94,75	**1,974**
Rapsstroh	$C_5H_{0,67}O_{2,13}N_{0,01}S_{0,0113}P_{0,000}$	95,24	**1,383**
Rapsstroh	$C_4H_{6,01}O_{2,55}N_{0,06}S_{0,0086}P_{0,004}$	96,52	**1,395**
Raw glycerol 1	$C_4H_{7,13}O_{1,60}N_{0,31}S_{0,0134}P_{0,289}$	94,52	**1,811**
Ribonuclease	$C_6H_{10,58}O_{3,10}N_{1,48}S_{0,1865}P_{3,000}$	246,61	**1,547**
Ribose	$C_5H_{10,00}O_{5,00}N_{0,00}S_{0,0000}P_{0,000}$	150,00	**1,067**
Rice husk	$C_2H_{3,09}O_{2,49}N_{0,02}S_{0,0000}P_{0,000}$	67,19	**0,722**
Rinderblut	$C_{2,68}H_{5,16}O_{1,42}\ N_{0,6}S_{0,2}$	74,85	**1,372**
Rinderfestmist + 5% Ernterückstände	$C_4H_{5,565}O_{2,133}N_{0,269}S_{0,04}$	92,74	**1,450**
Rinderfestmist 1	$C_4H_{5,432}O_{2,361}N_{0,295}S_{0,041}$	96,65	**1,337**

(Fortsetzung)

Tab. 7.3 (Fortsetzung)

Substrat	Bruttosummenformel	Molgewicht	CSB/oTM
		g/mol	kg/kg
Rinderfestmist 2	$C_3H_{5,177}O_{2,554}N_{0,315}S_{0,045}$	87,89	**1,045**
Rindergülle	$C_{10}H_{19,14}O_{5,86}N_{0,8}$	244,10	**1,475**
Roggenganzpflanzen	$C_4H_{5,80}O_{2,56}N_{0,08}S_{0,0034}P_{0,009}$	96,57	**1,370**
Roggenkörner	$C_3H_{5,04}O_{2,17}N_{0,11}S_{0,0027}P_{0,012}$	77,81	**1,286**
Roggenstroh	$C_4H_{5,76}O_{2,66}N_{0,04}S_{0,0022}P_{0,000}$	97,26	**1,345**
Roggenstroh	$C_4H_{6,18}O_{2,71}N_{0,04}S_{0,0027}P_{0,005}$	98,77	**1,353**
Rohrschwingel	$C_3H_{5,48}O_{2,34}N_{0,05}S_{0,0038}P_{0,005}$	80,33	**1,266**
Rohschlamm	$C_{4,28}H_{7,3}O_{2,56}N_{0,18}$	102,14	**1,469**
Saccharomyces cerevisiae 1	$C_1H_{1,64}O_{0,52}N_{0,16}S_{0,0000}P_{0,000}$	24,20	**1,362**
Saccharomyces cerevisiae 2	$C_1H_{1,83}O_{0,56}N_{0,17}S_{0,0000}P_{0,000}$	25,17	**1,335**
Saccharomyces cerevisiae 3	$C_1H_{1,81}O_{0,51}N_{0,17}S_{0,0000}P_{0,000}$	24,35	**1,406**
Saccharomyces Cerevisiae anaerob 1	$C_1H_{1,85}O_{0,74}N_{0,14}S_{0,0000}P_{0,000}$	27,65	**1,143**
Saccharomyces Cerevisiae anaerob 2	$C_1H_{1,79}O_{0,60}N_{0,15}S_{0,0000}P_{0,000}$	25,49	**1,299**
Saccharomyces Cerevisiae anaerob 3	$C_1H_{1,98}O_{0,63}N_{0,16}S_{0,0000}P_{0,000}$	26,30	**1,290**
Saccharomyces Cerevisiae anaerob 4	$C_1H_{1,83}O_{0,55}N_{0,19}S_{0,0000}P_{0,000}$	25,29	**1,316**
Saccharomyces Cerevisiae anaerob 5	$C_1H_{1,89}O_{0,51}N_{0,16}S_{0,0000}P_{0,000}$	24,29	**1,446**
Saccharomyces Cerevisiae anaerob 6	$C_1H_{1,80}O_{0,55}N_{0,18}S_{0,0000}P_{0,000}$	25,12	**1,325**
Saccharomyces Cerevisiae average	$C_3H_{5,48}O_{1,68}N_{0,50}S_{0,0000}P_{0,000}$	75,40	**1,338**
Saccharomyces Cerevisiae CBS 426/1	$C_3H_{6,01}O_{1,80}N_{0,52}S_{0,0000}P_{0,000}$	78,07	**1,318**
Saccharomyces Cerevisiae CBS 426/10	$C_3H_{4,76}O_{1,38}N_{0,51}S_{0,0000}P_{0,000}$	69,92	**1,428**
Saccharomyces Cerevisiae CBS 426/11	$C_3H_{4,96}O_{1,68}N_{0,55}S_{0,0000}P_{0,000}$	75,51	**1,267**

(Fortsetzung)

Tab. 7.3 (Fortsetzung)

Substrat	Bruttosummenformel	Molgewicht	CSB/oTM
		g/mol	kg/kg
Saccharomyces Cerevisiae CBS 426/12	$C_3H_{5,35}O_{1,80}N_{0,58}S_{0,0000}P_{0,000}$	78,22	**1,230**
Saccharomyces Cerevisiae CBS 426/13	$C_3H_{5,66}O_{1,77}N_{0,59}S_{0,0000}P_{0,000}$	78,19	**1,265**
Saccharomyces Cerevisiae CBS 426/2	$C_3H_{5,44}O_{1,41}N_{0,52}S_{0,0000}P_{0,000}$	71,30	**1,465**
Saccharomyces Cerevisiae CBS 426/3	$C_3H_{5,46}O_{1,74}N_{0,49}S_{0,0000}P_{0,000}$	76,19	**1,313**
Saccharomyces Cerevisiae CBS 426/4	$C_3H_{5,69}O_{1,56}N_{0,50}S_{0,0000}P_{0,000}$	73,65	**1,420**
Saccharomyces Cerevisiae CBS 426/5	$C_3H_{5,65}O_{2,01}N_{0,52}S_{0,0000}P_{0,000}$	81,11	**1,190**
Saccharomyces Cerevisiae CBS 426/6	$C_3H_{4,72}O_{1,44}N_{0,47}S_{0,0000}P_{0,000}$	70,35	**1,414**
Saccharomyces Cerevisiae CBS 426/7	$C_3H_{6,43}O_{1,89}N_{0,48}S_{0,0000}P_{0,000}$	79,38	**1,332**
Saccharomyces Cerevisiae CBS 426/8	$C_3H_{5,85}O_{1,56}N_{0,50}S_{0,0000}P_{0,000}$	73,81	**1,435**
Saccharomyces Cerevisiae CBS 426/9	$C_3H_{5,57}O_{1,89}N_{0,37}S_{0,0000}P_{0,000}$	77,01	**1,317**
Sägemehl	$C_4H_{5,915}O_{2,682}N_{0,01}$	96,97	**1,363**
Salmin (Protamin)	$C_6H_{13,87}O_{2,27}N_{3,65}S_{0,0000}P_{3,000}$	266,41	**1,396**
Sawdust	$C_4H_{6,18}O_{2,81}N_{0,02}S_{0,0000}P_{0,000}$	99,32	**1,331**
Schilf, Ried	$C_4H_{6,00}O_{2,80}N_{0,07}S_{0,0062}P_{0,000}$	100,00	**1,299**
Schweineblut	$C_{2,63}H_{5,06}O_{1,41}\ N_{0,6}S_{0,2}$	73,99	**1,358**
Schweinegülle	$C_{10}H_{19}O_3N$	201,00	**1,990**
Serin	$C_3H_{7,00}O_{3,00}N_{1,00}S_{0,0000}P_{0,000}$	105,00	**0,762**
Serumalbumin (Mensch)	$C_6H_{11,06}O_{2,84}N_{1,48}S_{0,1400}P_{3,000}$	244,82	**1,616**
Sojamehl	$C_{9,9}H_{19,61}O_{7,24}N_{1,55}S_{0,029}$	276,88	**1,165**
Soja-Proteingemisch	$C_{5,2}H_{11,62}O_{2,74}N_{1,55}S_{0,029}$	140,49	**1,282**
Sonnenblumenstroh	$C_3H_{4,32}O_{2,07}N_{0,07}S_{0,0040}P_{0,005}$	75,36	**1,280**

(Fortsetzung)

Tab. 7.3 (Fortsetzung)

Substrat	Bruttosummenformel	Molgewicht	CSB/oTM
		g/mol	kg/kg
Sorghum, Ganzpflanze	$C_4H_{6,11}O_{2,59}N_{0,16}S_{0,0017}P_{0,000}$	97,80	**1,348**
Straßengrasschnitte	$C_3H_{4,95}O_{2,01}N_{0,10}S_{0,0057}P_{0,006}$	75,83	**1,340**
Stärke	$C_6H_{10}O_5$	162,00	**1,185**
Stearic (0)	$C_{18}H_{36,00}O_{0,00}N_{0,00}S_{0,0000}P_{0,000}$	252,00	**3,429**
Stearinsäure	$C_{18}H_{36}O_2$	284,00	**2,930**
Stroh	$C_{40}H_{57}O_{24,4}N_{0,286}$	931,40	**1,437**
Stroh 1	$C_3H_{4,91}O_{2,15}N_{0,03}S_{0,0028}P_{0,003}$	76,18	**1,319**
Stroh 2	$C_4H_{5,7}O_{2,869}N_{0,029}$	100,01	**1,270**
Süßwasseralge Chlorella 1	$C_6H_{9,80}O_{2,30}N_{1,00}S_{0,0000}P_{0,000}$	129,00	**1,550**
Süßwasseralge Chlorella 2	$C_8H_{8,10}O_{2,50}N_{1,00}S_{0,0000}P_{0,000}$	153,30	**1,592**
Süßwasseralgen Spirulina maxima	$C_4H_{7,14}O_{1,51}N_{0,82}S_{0,0000}P_{0,000}$	90,81	**1,555**
Textiles	$C_4H_{5,79}O_{1,70}N_{0,28}S_{0,0000}P_{0,000}$	84,82	**1,656**
Threonin	$C_4H_{9,00}O_{3,00}N_{1,00}S_{0,0000}P_{0,000}$	119,00	**1,076**
Thyreoglobulin (Rind)	$C_4H_{7,65}O_{1,64}N_{1,23}S_{0,0850}P_{3,000}$	194,15	**1,697**
Thyroxin	$C_{15}H_{11,00}O_{4,00}N_{1,00}S_{0,0000}P_{0,000}$	410,80	**0,618**
Tissue paper	$C_3H_{5,45}O_{2,82}N_{0,00}S_{0,0000}P_{0,000}$	86,54	**1,092**
Toluol	C_7H_8	92,00	**3,130**
Torf	$C_5H_{4394}O_{1,151}N_{0,072}S_{0,021}$	84,49	**2,087**
Triticale Stroh	$C_4H_{6,23}O_{2,62}N_{0,03}S_{0,0032}P_{0,096}$	99,57	**1,422**
Triticaleganzpflanzen	$C_3H_{4,91}O_{2,28}N_{0,06}S_{0,0046}P_{0,006}$	78,73	**1,244**
Triticalekörner	$C_3H_{5,30}O_{2,40}N_{0,10}S_{0,0028}P_{0,009}$	81,53	**1,207**

(Fortsetzung)

Tab. 7.3 (Fortsetzung)

Substrat	Bruttosummenformel	Molgewicht	CSB/oTM
		g/mol	kg/kg
Triticalestroh	$C_3H_{4,84}O_{2,24}N_{0,02}S_{0,0014}P_{0,002}$	77,43	**1,271**
Tryptophan	$C_{11}H_{12,00}O_{2,00}N_{2,00}S_{0,0000}P_{0,000}$	204,00	**1,804**
Tyrosin	$C_9H_{11,00}O_{3,00}N_{1,00}S_{0,0000}P_{0,000}$	181,00	**1,680**
Übersch.-Schlamm	$C_{3,48}H_{5,82}O_{1,45}N_{0,21}P_{0,0042}$	73,87	**1,756**
Ulva lactvea (Grünalge)	$C_2H_{4,32}O_{2,62}N_{0,07}S_{0,2737}P_{0,000}$	80,00	**0,906**
ÜS-Schlamm	$C_{4,55}H_7O_{1,94}N_{0,4}P_{0,055}$	99,94	**1,646**
ÜS-Schlamm	$C_{4,56}H_{7,36}O_{1,25}N_{0,71}S_{0,032}P_{0,087}$	95,74	**1,832**
Valeriansäure	$C_5H_{10}O_2$	102,00	**2,039**
Valin	$C_5H_{11,00}O_{2,00}N_{1,00}S_{0,0000}P_{0,000}$	117,00	**1,641**
Wales_summer	$C_4H_{6,57}O_{2,30}N_{0,25}S_{0,0232}P_{0,000}$	95,62	**1,456**
Wales_winter	$C_4H_{6,36}O_{2,26}N_{0,22}S_{0,0106}P_{0,000}$	93,93	**1,470**
Wasserhyazinthe 1	$C_4H_{6,25}O_{2,14}N_{0,31}S_{0,0202}P_{0,030}$	94,36	**1,478**
Wasserhyazinthe 2	$C_4H_{6,46}O_{2,07}N_{0,33}S_{0,0287}P_{0,025}$	93,79	**1,516**
Weidelgras	$C_4H_{5,83}O_{2,48}N_{0,10}S_{0,0045}P_{0,000}$	96,49	**1,377**
Weidenholz	$C_3H_{4,66}O_{2,12}N_{0,03}S_{0,0007}P_{0,001}$	75,06	**1,317**
Weizen, Ganzpflanze	$C_3H_{5,30}O_{1,98}N_{0,09}S_{0,0031}P_{0,145}$	78,95	**1,442**
Weizenganzpflanzen	$C_3H_{5,10}O_{2,14}N_{0,08}S_{0,0030}P_{0,006}$	76,75	**1,320**
Weizenkörner	$C_3H_{5,37}O_{2,32}N_{0,13}S_{0,0031}P_{0,010}$	80,78	**1,232**
Weizenstroh	$C_3H_{4,86}O_{1,98}N_{0,02}S_{0,0002}P_{0,077}$	75,17	**1,432**
Weizenstroh	$C_4H_{4,92}O_{2,25}N_{0,03}S_{0,0022}P_{0,003}$	89,60	**1,462**
wheat stillage	$C_4H_{4,78}O_{2,45}N_{0,38}S_{0,0061}P_{0,003}$	97,70	**1,212**

(Fortsetzung)

Tab. 7.3 (Fortsetzung)

Substrat	Bruttosummenformel	Molgewicht	CSB/oTM
		g/mol	kg/kg
Wiesenheu	$C_3H_{4,96}O_{2,20}N_{0,06}S_{0,0020}P_{0,044}$	78,38	**1,302**
Wuchshormon (Rind)	$C_6H_{10,43}O_{2,64}N_{1,42}S_{0,0790}P_{3,000}$	234,44	**1,625**
Yard wastes	$C_4H_{5,95}O_{2,39}N_{0,24}S_{0,0072}P_{0,000}$	95,78	**1,378**
Zellbiomasse	$C_{372}H_{710}O_{236}N_{61}\ S_3P_6Cl_2$	10.156,93	**1,272**
Zellbiomasse	$C\ H_{1,8}O_{0,5}N_{0,2}$	24,60	**1,366**
Zellbiomasse	$C_5H_7O_2N$	113,00	**1,416**
Zellbiomasse	$C_{106}H_{180}O_{45}N_{16}\ P$	2.426,97	**1,562**
Zellbiomasse	$C_5H_{19}O_3N$	141,00	**1,702**
Zellbiomasse	$C_{250}\ H_{611}O_{77}N_{55}SP_6$	5.830,89	**1,849**
Zellbiomasse 1	$C_{60}H_{87}O_{23}\ N_{12}P$	1.373,97	**1,473**
Zellbiomasse 2	$C_5H_8O_2N$	114,00	**1,474**
Zellbiomasse 3	$C_{60}H_{87}O_{23}N_{12}\ S_{0,38}P_{1,2}$	1.392,35	**1,480**
Zellbiomasse 4	$C_7H_{10}O_3N$	156,00	**1,487**
Zellbiomasse 5	$C_5H_9O_2N$	115,00	**1,530**
Zuckerrübenpreßschnitzel	$C_3H_{4,24}O_{2,12}N_{0,12}S_{0,0031}P_{0,000}$	76,11	**1,224**
Zuckerrübenvinasse	$C_4H_{4,49}O_{2,45}N_{0,37}S_{0,0516}P_{0,000}$	98,84	**1,205**

7.2 Biogasbildungspotenzial der nach Branchen sortierten Gärsubstrate in Übersichtsgrafiken

Zur schnellen Orientierung bezüglich der Erwartungswerte von Biogasausbeuten und Gasqualitäten aus organischen Abfall- und Reststoffen sind die in Tab. 7.1 gelisteten potenziellen Gärsubstrate, nach Branchen geordnet zusammengefasst, in den nachfolgenden Abbildungen dargestellt.

Diese spezifischen Ausbeutewerte sind entsprechend ihrer Berechnung mit Hilfe der BUSWELL-Formel, Gl. 3.53, auf die durch den anaeroben bakteriellen Metabolismus umgesetzte organische Trockenmasse bezogenen.

Die Rückrechnung auf die spezifischen oTM-, TM- oder FM-bezogenen Werte für das der Vergärung zugeführte Originalsubstrat hat mithilfe der Gleichungen Gl. 3.11 bis 3.16 sowie ggf. Gl. 3.17 und 3.18 zu erfolgen (Abb. 7.1, 7.2, 7.3, 7.4, 7.5, 7.6, 7.7, 7.8, 7.9, 7.10 und 7.11).

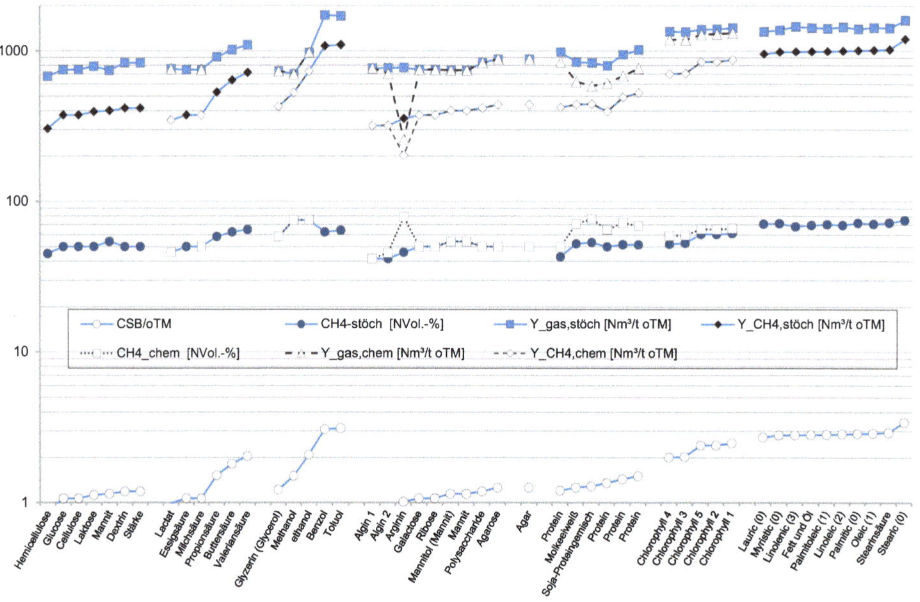

Abb. 7.1 Gasausbeuten für chemische Grundstoffe als reine Substanzen

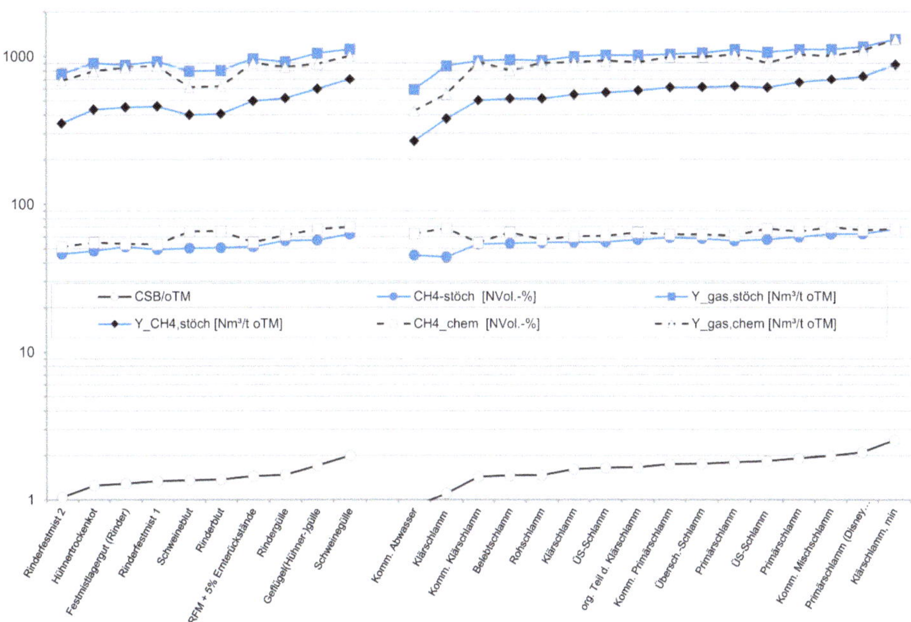

Abb. 7.2 Gasausbeuten aus der oTM für Exkremente aus der Tierhaltung und für kommunalen Klärschlamm

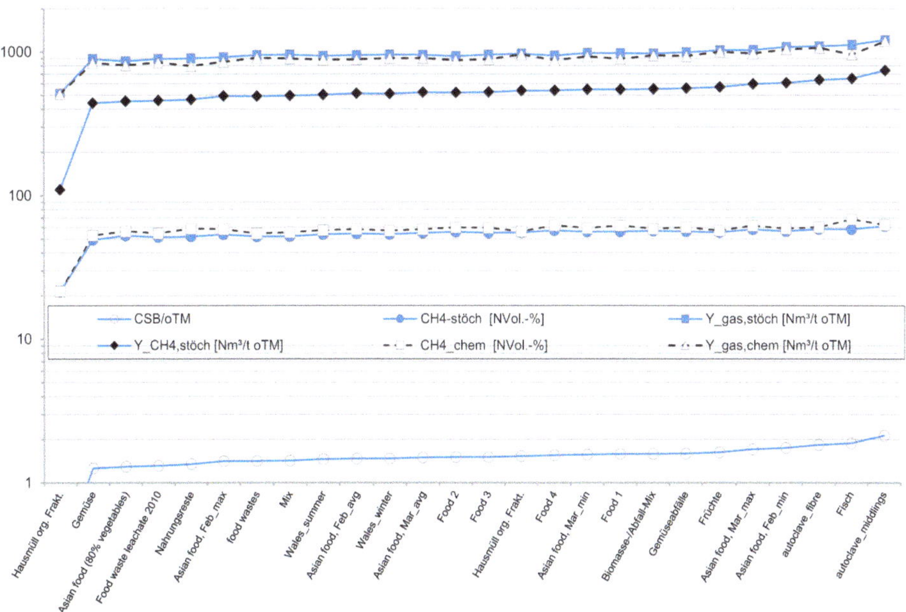

Abb. 7.3 Gasausbeuten aus der oTM von Nahrungsmitteln (Markt- und Küchenabfälle, überlagerte Lebensmittel)

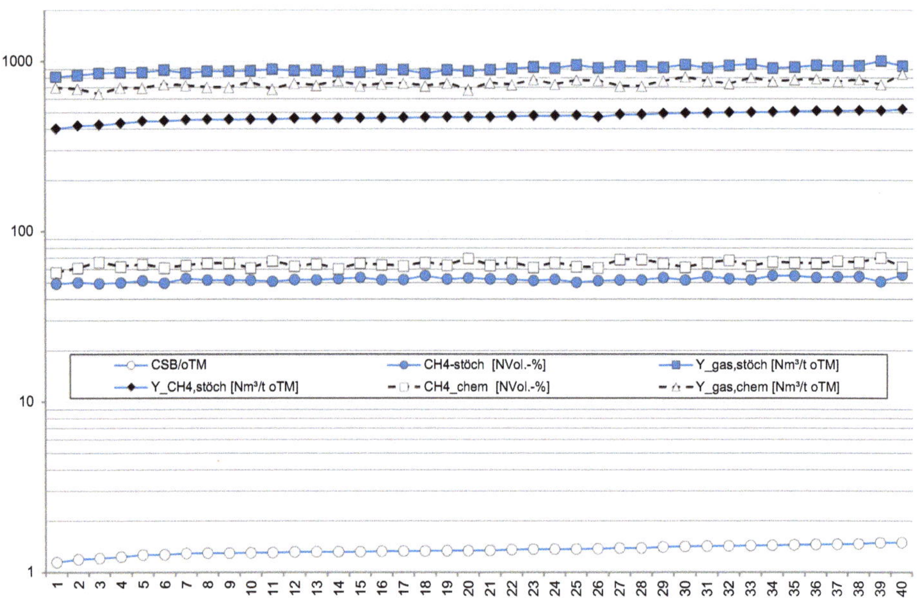

Substrat			
1	Saccharomyces Cerevisiae anaerob 1	21	Saccharomyces Cerevisiae average
2	Saccharomyces Cerevisiae CBS 426 /5	22	Paracoccus denitrificans 1
3	Aerobacter aerogenes	23	Saccharomyces cerevisiae 1
4	Saccharomyces Cerevisiae CBS 426 /12	24	Average biomass 1
5	Saccharomyces Cerevisiae CBS 426 /13	25	Paracoccus denitrificans 2
6	Saccharomyces Cerevisiae CBS 426 /11	26	Mycelium
7	Saccharomyces Cerevisiae anaerob 3	27	Klebsiella aerogenes 2
8	Candida utilis 2	28	Klebsiella aerogenes 4
9	Candida utilis 4	29	Saccharomyces cerevisiae 3
10	Saccharomyces Cerevisiae anaerob 2	30	Saccharomyces Cerevisiae CBS 426 /6
11	Escherichia coli	31	Saccharomyces Cerevisiae CBS 426 /4
12	Saccharomyces Cerevisiae CBS 426 /3	32	Klebsiella aerogenes 1
13	Saccharomyces Cerevisiae CBS 426 /4	33	Saccharomyces Cerevisiae CBS 426 /10
14	Saccharomyces Cerevisiae CBS 426 /9	34	Saccharomyces Cerevisiae CBS 426 /8
15	Saccharomyces Cerevisiae CBS 426 /1	35	Saccharomyces Cerevisiae anaerob 5
16	Saccharomyces Cerevisiae anaerob 6	36	Klebsiella aerogenes 3
17	Hefe	37	Candida utilis 3
18	Saccharomyces Cerevisiae CBS 426 /7	38	Saccharomyces Cerevisiae CBS 426 /2
19	Saccharomyces cerevisiae 2	39	alpha-amylase
20	Pseudomonas C12B	40	Candida utilis 1

Abb. 7.4 Gasausbeuten aus der oTM von Hefen (oben) mit Übersichtstabelle der einzelnen Werte (unten)

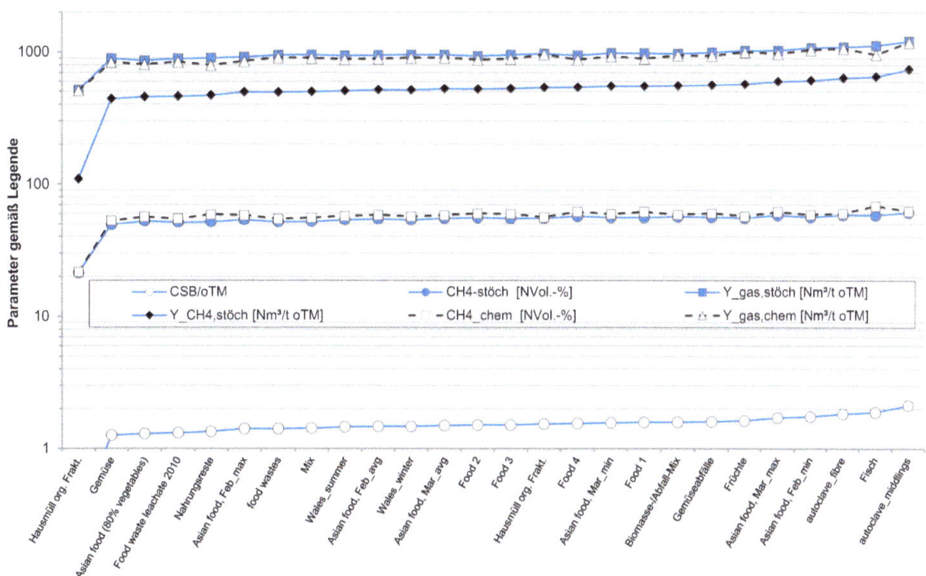

Abb. 7.5 Gasausbeuten aus der oTM von Bioabfall

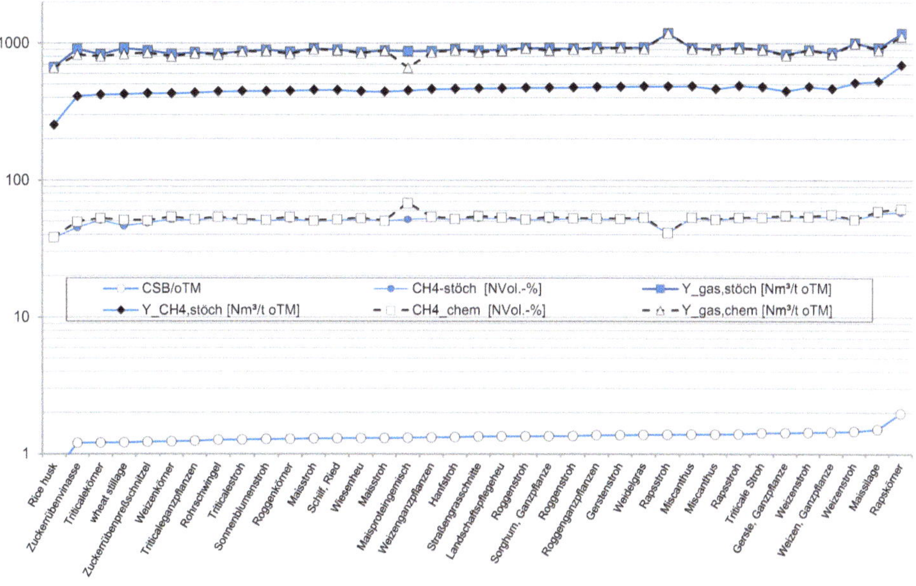

Abb. 7.6 Gasausbeuten aus der oTM von Agrarprodukten und -reststoffen

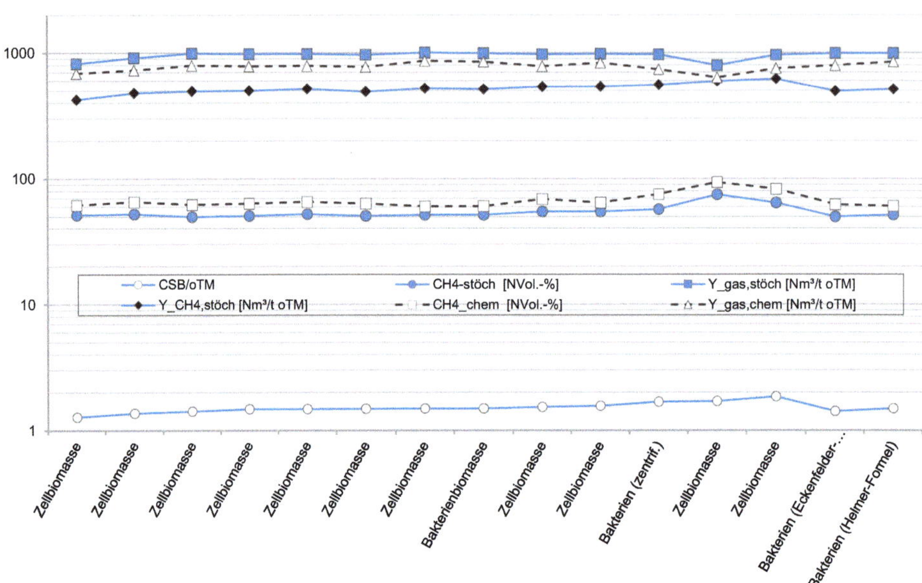

Abb. 7.7 Gasausbeuten aus der oTM von Bakterienbiomasse (Überschussschlamm, Flotate)

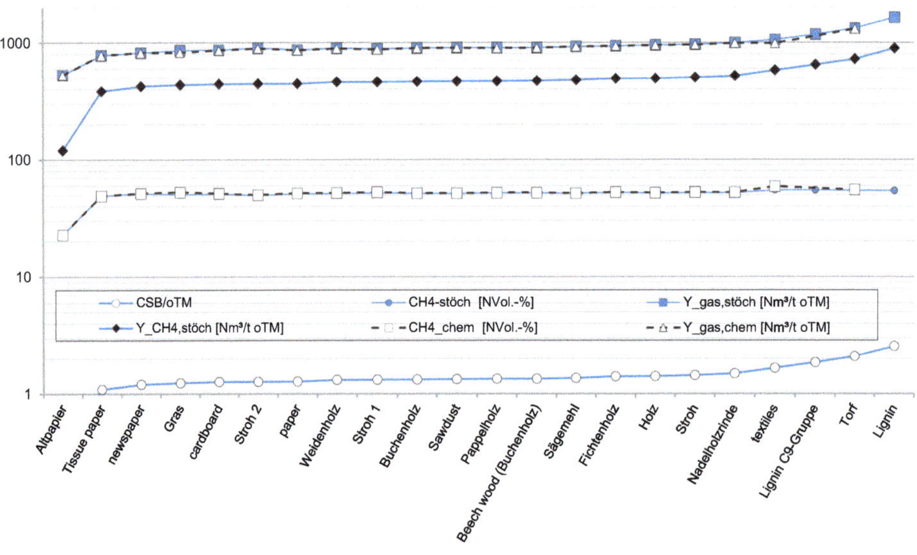

Abb. 7.8 Gasausbeuten aus der oTM von zellulose- und ligninhaltigen (verholzten) Rest- und Abfallstoffen

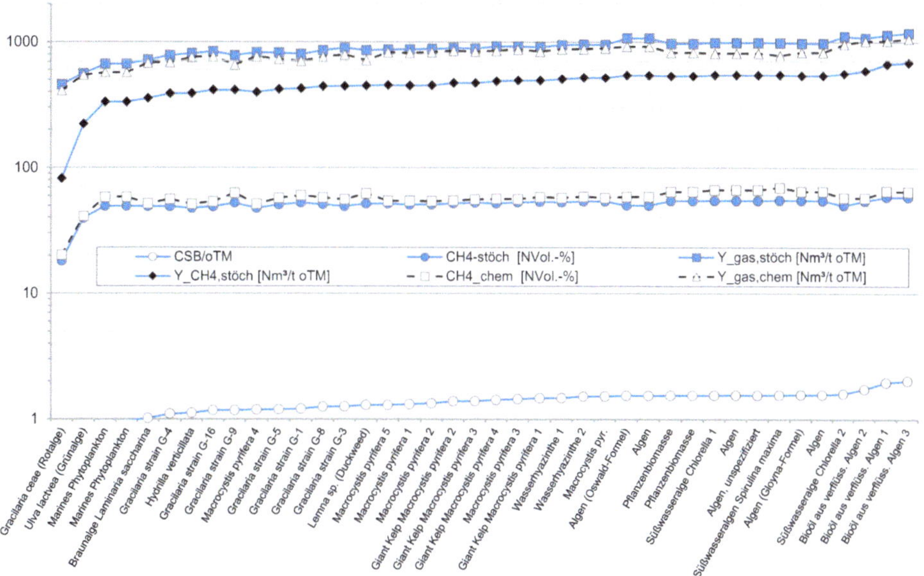

Abb. 7.9 Gasausbeuten aus der oTM von aquatischen pflanzlichen Biomassen

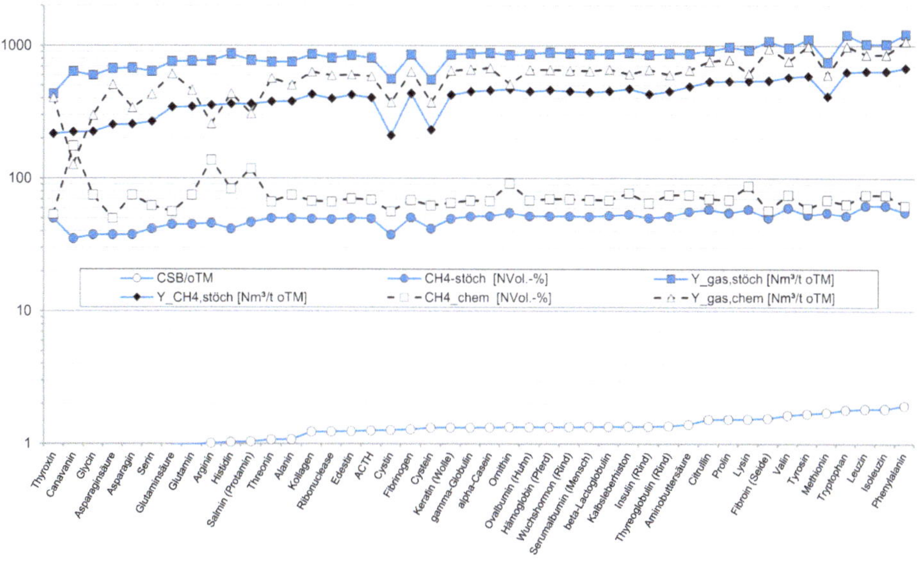

Abb. 7.10 Gasauabeuten aus Aminosäuren und artverwandten Makromolekülen

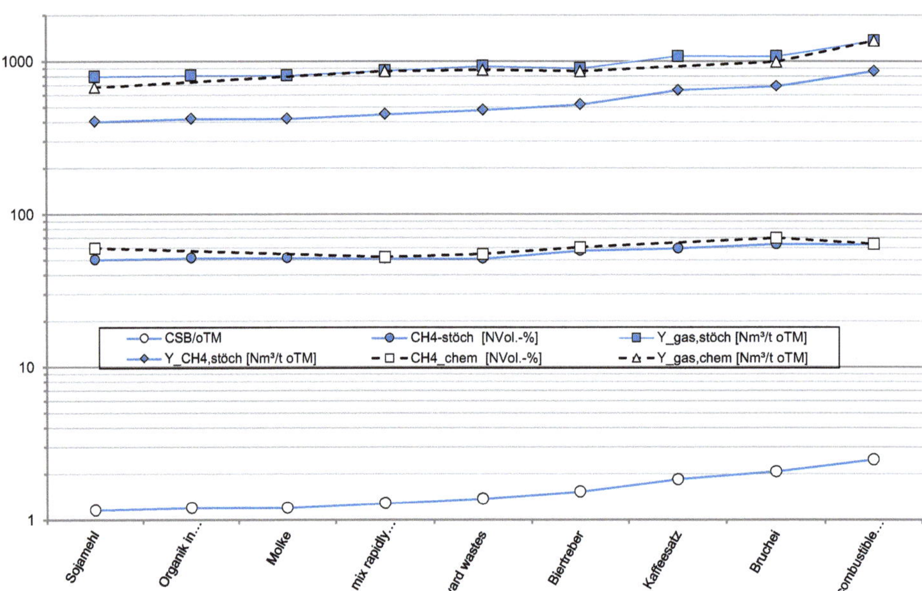

Abb. 7.11 Gasausbeuten aus der oTM von sonstigen, nicht spezifisch zuordenbaren Abfällen und Reststoffen

Literatur

Ackermann N L, Hung Tao Shen (1979) Rheological characteristics of solid-liquid mixtures. AIChE Journal, 25, 2, S. 327–332

Adolphi G, Hrsg. (1966) Lehrbuch der chemischen Verfahrenstechnik. Deutscher Verlag für Grundstoffindustrie

Agraferm technologies (2010) Spurenelementelösung für Biogasverfahren. Gebrauchsmusterschrift DE 20 2007 019 083 U1

Ahn Y H (2000). Physicochemical and Microbial Aspects of Anaerobic Granular Pellets. Journal of Environ Sci Health; A35 (9), S. 1617–1635.

Ahrens T (2000) Experimentelle Ermittlung von Planungsdaten für eine Kovergärungsanlage. Diplomarbeit, Institut für themische Verfahrenstechnik, Technische Universität Clausthal

Albertson O E (1961) Ammonia Nitrogen and the Anaerobic Environment. Journal WPCF 33, 9: 978–993

Albring W (1966) Angewandte Strömungslehre. 3. Auflage, Verlag Theodor Steinkopf, Dresden

Amon T, Kryvoruchko V, Amon B, Moitzi G, Buga S, Zollitsch W (2002) Methanbildungsvermögen von Mais. Einfluss der Sorte, der Konservierung und des Erntezeitpunktes, Endbericht. Im Auftrag von Pioneer Saaten Ges.m.b.H. Parndorf

Amon T, Kryvoruchko V, Amon B, Pötsch E, Zollitsch W (2003) Entwicklung eines „Methanenergiewertsystem (MEWS)“ zur Bewertung des Methanbildungsvermögens von Biomasse. In: KTBL (Hrsg.) 6. Internationale Tagung Bau, Technik und Umwelt in der Nutztierhaltung, S. 527–530

Amon T, Kryvoruchko V, Amon B, Moitzi G, Buga S, Fistarol Lyson D, Hackl E, Jeremic D, Zollitsch W, Pötsch E (2003) Optimierung der Biogaserzeugung aus den Energiepflanzen Mais und Kleegras. Endbericht Forschungsprojekt Nr. 1249, GZ 24.002/59-IIA1/01

Amon T, Kryvoruchko V, Zollitsch V, Mayer K, Amid A (2003) Biogaserzeugung aus Mais – Einfluss der Inhaltssoffe auf das spezifische Methanbildungsvermögen von früh- bis spätreifen Maissorten. In: BAL Gumpenstein (Hrsg.) Beitrag der 54. Züchtertagung der Vereinigung der Pflanzenzüchter und Saatgutkaufleute Österreichs, S. 1–10

Amon T, Kryvoruchko V, Bodiroza V, Amon B (2005) Das Methanbildungsvermögen und die Biogasqualität bei der Vergärung von Energiepflanzen. Forschungsbericht im Auftrag von Saatbau Linz Gen.m.b.H.

Amon T, Amon B, Kryvoruchko V, Machmüller A, Hopfner-Sixt K, Bodiroza V, Hrbek R, Friedel J K, Pötsch E, Wagentristl H, Schreiner M, Zollitsch W (2007) Methane production through anaerobic digestion of various energy crops grown in sustainable crop rotations. Bioresource Technology 98, S. 3204–3212

G. Langhans et al., *Handbuch zur Bilanzierung von Biogasanlagen für Ingenieure – Band I*, https://doi.org/10.1007/978-3-658-27339-2

Amon T, Machmüller A, Kryvoruchko V, Milovanovic D, Hrbek, R, Edelmann M W, Stürmer B (2007) Optimierung der Methanausbeute aus Zuckerrüben, Silomais, Körnermais, Sonnenblumen, Ackerfutter, Getreide, Wirtschaftsdünger und Rohglyzerin unter den Standortbedingungen der Steiermark. Forschungsprojekt Nr. 1421 BMLFUW, GZ LE.1.3.2/0050-II/1/2005 FA13B-80.26-1/04-G2 Endbericht

Andrews G (1989) Estimating cell and Product Yields. Biotechnology and Bioengineering, 33, S. 256–265

Andrews J F (1969) Dynamic Model of the Anaerobic Digestion Process. Journal of the Sanitary Engineering Division/ Proceedings of the American Society of Civil Engineers, Feb., S. 95–116

Angelidaki J F, Petersen S P, Ahring B K (1990) Effects of Lipids on Thermophilic Anaerobic Digestion and Reduction of Lipid Inhibition upon Addition of Bentonite. Appl Microbiol Biotechnol, 33, S. 469–472

Angelidaki I, Ahring B K (1992) Effects of free long-chained fatty acids on thermophilic anaerobic digestion. Appl Microbiol Biotechnol 37, S. 808–812

Angelidaki I, Ahring B K (1993) Thermophilic anaerobic digestion of livestock waste: the effect of ammonia. Appl Microbiol Biotechnol 38, S. 560–564

Angelidaki I, Ellegaard L, Ahring B K (1999) A comprehensive model of anaerobic bioconversion of complex substrates to biogas. Biotechnology and Bioengineering, 63, 3, S. 363–372

Annen G (1963) Zur Berechnung der Reibungsverluste von Klärschlamm. gwf-wasser/abwasser, 104 12. S. 342–346

Anonym (2013) World First: Autoclaving for Advanced Digestion. INDUSTRIEMAGAZIN Verlag GmbH, Wien, Österreich

Arbeitsbericht (1990) Anaerobe Verfahren zur Behandlung von Industrieabwässern. ATV-Fachausschuss 7.5, in: Korrespondenz Abwasser 37, 10, S. 1247–1251

Arbeitshilfe (2009): Co-Vergärung organischer Materialien in Faulbehältern von kommunalen Abwasserbehandlungsanlagen. Hessisches Ministerium für Umwelt, Energie, Landwirtschaft und Verbraucherschutz

Baader W (2011) Entwicklung landwirtschaftlicher Biogasanlagen – 1944 bis 1990. Biogas Journal 1, S. 38–41

Bandorf G (2009) Aerobe Hydrolyse – Schnell, stabil und anpassungsfähig. Energiepflanzen, 6, S. 14

Banks C J, Wang Z (1999) Development of a two-phase anaerobic digester for the treatment of mixed abattoir wastes. Water Sci Technol 40/1: S. 69–76.

Baserga U. (1998) Landwirtschaftliche Co-Vergärungs-Biogasanlagen, Biogas aus organischen Reststoffen und Energiegras. FAT-Berichte 512, S. 1–11, Schweiz.

Basharat H B, Matin A (2004) Sodium Toxicity control by the use of Magnesium in an Anaerobic Reactor. J. Appl. Sci. Environ. Mgt. 8 (1), S. 17–21

Battistoni P, Pavan P, Cecchi F, Mata-Alvares J (1998) Effect of composition of anaerobic supernatants from an anerobic, anoxic and oxic process on Struvite and Hydroxyapatite formation. Annali di Chimica, 88, S. 761–772

Bau K (1986) Rationeller Einsatz der aerob-thermophilen Stabilisierung durch Rohschlamm-Vorentwässerung. Dissertation, FB 13, TH Darmstadt, WAR 29

Bauchop T, Elsden S R (1960) The growth of micro-organisms in relation to their energy supply. J. gen. Microbiol. 23, S. 457–469

Behmel U, Meyer-Pittroff R (1996) Risiken bei der Cofermentation organischer Reststoffe in Biogasanlagen. Korrespondenz Abwasser 12, S. 2172–2179

Belaich J-P, Senez J C, (1968) Microcalorimetric Study of Glucose Permeation in Microbial Cells. Journal of Bacteriology May, S. 1750–1757

Bhattacharya S N (1981) Flow characteristics of primary and digested sewage sludge. Rheol. Acta, 20, S. 288–298

Bisig W, Guggisberg D, Egli M (2008) Rheologische Messungen der Textur und Konsistenz von Instant-Kartoffelstock mit oder ohne Zusatz von Milchproteinen. Lebensmittel-Technologie 3, S. 10–13

Bisswanger H (2000) Enzymkinetik – Theorie und Methoden. 3. Auflage, Wiley-VCH, Weinheim; ISBN 978-3-527-30096-9

Blesgen A (2009) Entwicklung und Einsatz eines interaktiven Biogas-Echtzeit-Simulators. Diss. Fachbereich 2 (Biologie/Chemie), Universität Bremen

Bohl W, Elmendorf W (2008) Technische Strömungslehre. Vogel Buchverlag Würzburg

Boyle W C (1976) in: Schlegel H G, Barnea J (Hrsg.) Microbial Energy Conversion. S. 125, Erich Goetze Verlag, Göttingen

Braun R, Huber P, Meyrath J (1981) Ammonia toxicity in liquid piggery manure digestion. Biotechnol Letters, 3, S. 159–164

Buswell A M, Boruff C S (1932) The relation between the chemical composition of organic matter and the quality and quantity of gas produced during sludge digestion. Sewage Works Journal 4, 3:454–460

Buswell A M, Hatfield W D (1932) Anaerobic Fermentations. Bulletin No. 32. Division of the State Water Survey. State of Illinois, Urbana, Illinois

Buswell A M, Symons G E (1933) J. Amer, Chem. Soc. 55, 2028

Buswell A M, Müller H (1952). Mechanism of methane fermentation. Ind. Eng. Chem. 44, S. 550–552

Buyukkamaci N, Filibeli A (2004) Volatile fatty acid formation in anaerobic hybrid reactor. Process Biochemistry, 39, S. 1491–1494.

Chang J E, Noike T, Matsumoto J (1983) Characteristics of Mixed Substrate Utilization in Methanogenic Phase of Anaerobic Digestion. Proceedings of the Japan Society of Civil Engineering, No. 355, S. 79–87

Christoph D, Schmidt T, Senge B (1998) Fließeigenschaften von reinen und technischen Saccharoselösungen im Temperaturbereich von 30 bis 130 °C. Zuckerindustrie 123, 11, S. 876–882

Chudoba J, Grau P (1984) Determination of kinetic constants of activated sludge microorganisms. Wat. Science Tech. 17, S. 259–272

Clayton J A, Whitehead T (1999) Rheology – back to the basics. ECJ, 11, S. 20–31

Colleran E (1992) Anaerobic digestion of agricultural and food – processing effluents Microbial control of pollution, S. 199–226, Cambridge University Press

Cooney C L, Wang D I C, Mateles R I (1969) Mesurement of heat evolution and correlation with oxygen consumption during microbial growth. Biotechnol. Bioeng. 11, S. 269 ff.

Cornel P, Krause S (2002) Einfluss der Viskosität auf den Sauerstoffeintrag und Gasaustausch Zwischenbericht, Kennziffer 2281. Max-Buchner-Forschungsstiftung, Technische Universität Darmstadt

Costello D J, Greenfield P F, Lee P L (1991) Dynamic modelling of a single-stage high-rate anaerobic reactor – I. Model derivation. Wat. Res. 25, No. 7, S. 847–858

Schmelz K-G (2014) Co-Vergärung auf Kläranlagen in Nordrhein-Westfahlen. Korrespondenz Abwasser/Abfall, 61, 12, S. 1114, 1115

Czepuck K, Oechsner H, Schumacher B, Lemmer A (2006) Biogasauasbeuten im Labor im Vergleich zur rechnerischen Abschätzung. Landtechnik 2, S. 61–62

D'Ans-Lax (1992a) Taschenbuch für Chemiker und Physiker. Band 1: Physikalisch-chemische Daten. 4. Auflage; Springer-Verlag Berlin Heidelberg

D'Ans-Lax (1992b) Taschenbuch für Chemiker und Physiker. Band 2: Organische Verbindungen. 4. Auflage; Springer-Verlag Berlin Heidelberg

D'Ans-Lax (1992c) Taschenbuch für Chemiker und Physiker. Band 3: Elemente, anorganische Verbindungen und Materialien, Minerale. 4. Auflage; Springer-Verlag Berlin Heidelberg

Danckwerts P V (1970) Gas-Liquid Reactions. McGraw-Hill Book Company

Daverio E, Spanjers H, Bassani C (2003) Calorimetric Investigation of Anaerobic Digestion. Biotechnology and Bioengineering 82, No. 5, S. 499–505

Davi R I, Shah N P (1998) The influence of ingredient supplementation on the textural characteristics of yogurt. Aust. J. Dairy Technol. 53, S. 180–184

De Beaere L A, Devocht M, Van Assche P, Verstraete W (1984) Influence of high NaCl and NH_4Cl salt levels on methanogenic associations. Water Res. 18, 5, S. 543–548

Deckena S, Jannsen S (1995) Anaerobe Behandlung von Fettschlämmen aus Kommunen und der Nahrungsmittelindustrie in ein- und zweistufigen Anlagen. Korrespondenz Abwasser, 42, 3, S. 426–432

de la Rubia M A, Romero L I, Sales D, Perez M (2006) Pilot-scale anaerobic thermophilic digester treating municipal sludge. AIChE Journal, 55 1, S. 402–407

De Renzo D J (1977) Energy from bioconversion of waste materials. Noyes Data Corporation. Park Ridge, N.Y.

Demirbas A (1997) Calculation of higher heating values of biomass fuels. Fuel 76, 5, S. 431–434

Demirel B, Scherer P (2011) Trace element requirements of agricultural biogas digesters during biological conversion of renewable biomass to methane. Biomass and Bioenergy 35, S. 992–998

DEV Deutsche Einheitsverfahren zur Wasser-, Abwasser- und Schlammuntersuchung (1995); Physikalische, chemische, biologische und bakteriologische Verfahren. Beuth Verlag GmbH. 32. Lieferung

Dickey D S, Fasano J B (2004) How geometry & viscosity influence mixing. Chemical Engineering, February, S. 42–46

Dietz H, Kowalczyk W (1977) Chemikalienkunde. Fachbuchverlag Leipzig

Dixon N M, Kell D B (1989) The control and measurement of CO_2 during fermentations. Journal of Microbiological Methods, 10, S. 155–176

DLG (1994) DLG-Futterwerttabellen – Wiederkäuer. DLG-Verlag, Frankfurt/Main, 7. Auflage

DLG (2014) DLG-Merkblatt 397: Gärreste im Ackerbau effizient nutzen. 1. Auflage, DLG e. V. Fachzentrum Land- und Ernährungswirtschaft, Frankfurt/Main

Droste R L (1998) Endogenous decay and bioenergetics theory for aerobic wastewater treatment. Wat. Res. 32, 2, S. 410–418

Duarte A C, Anderson G K (1982) Inhibition Modelling in Anaerobic Digestion. Wat. Sci. Tech. 14, S. 749–763

DWA (2009) Merkblatt M 380. DWA Regelwerk: Co-Vergärung in kommunalen Klärschlammfaulbehältern, Abfallvergärungsanlagen und landwirtschaftlichen Biogasanlagen. Deutsche Vereinigung für Wasserwirtschaft, Abwasser und Abfall e. V.

DWA (2013) Merkblatt M 388. DWA Regelwerk: Mechanisch-Biologische Restabfallbehandlung (MBA). Deutsche Vereinigung für Wasserwirtschaft, Abwasser und Abfall e. V.

DWA (2015) Merkblatt M 389. Trockenvergärung biogener Abfälle und nachwachsender Rohstoffe. Deutsche Vereinigung für Wasserwirtschaft, Abwasser und Abfall e. V.

DWA-Arbeitsbericht (2018) Mitbehandlung von Co-Substraten auf kommunalen Kläranlagen – Technische und wirtschaftliche Aspekte. Arbeitsbericht des DWA-Fachausschusses KEK-2 „Stabilisierung, Entseuchung, Konditionierung, Eindickung und Entwässerung von Schlämmen" und dessen Arbeitsgruppe KEK-2.1 „Stabilisierung"

Eckenfelder W W (1964) Advances in Water Pollution Research. Volume 2; Proceedings of the international Conference, London 1962. Symposium Publication Division, Pergamon Press

Edelmann W (1986) Erwärmung von Substrat für die anaerobe Gärung durch aerobe Vorbehandlung. Phoenix International 6, S. 26–30

Eng Maertin M, Starcewic N, Müller J (2009) Den Eigenschaften der Reststoffe auf der Spur. Erneuerbare Energien, September, S. 80–82

Engler N, Schiffner M, Fritz T, Nelles M (2010) Rostocker Aktivitäts- und GRW-Biogasertragstest. Einsatz zur Optimierung von Abfallvergärungsanlagen. Müll und Abfall 3, S. 113–117

Erickson L E, Miakevich IG, Eroshin V K (1978) Application of Mass and Energy Balance Regularities in Fermentation. Biotechn. and Bioengin. XX, S. 1595–1621

Eriksson R, Holme T (1973) The use of microcalorimetry as an analytical tool for microbial processes. Biotechn. and Bioeng. Symp. No. 4, S. 581–590

Ermler U, Grabarse W (1984) Mechanismus der mikrobiellen Methanbildung. Biospektrum 4 4, S. 20–24

Faltin H (1961) Technische Wärmelehre. Akademie-Verlag, Berlin

Faulstich M, Schneider R (2001) Abschlussbericht Forschungs-und Entwicklungsvorhaben E79: „Nachhaltige Verwertung von tierkörperbeseitigungspflichtigem Material in einer Pilotanlage in der TVA St. Erasmus". Freistaat Bayern, Bayerisches Staatsministerium für Landesentwicklung und Umweltfragen

Feachem R G; Bradley D J, Mara D D (1983) Sanitation and disease: health aspects of excreta and wastewater management. World Bank Studies in Water Supply and Sanitation. No. 3. New York: John Wiley & Sons

Feijoo G, Soto M, Mendez R, Lema J M (1995) Sodium inhibition in the anaerobic digestion process: Antagonism and adaptation phenomena. Enzyme Microbiol. Technol., 17, S. 180–188

Ferguson J F, Eis B J, Benjamin M M (1984) Neutralization in anaerobic treatment of an acidic waste. Water Res., 18, 5, S. 573–580

Fermoso F G, Bartacek J, Jansen S, Lens P N L (2009) Metal Supplementation to UASB Biorectors: From Cell-Metal Interactions to Full-Scale Application. Sci. Total Environ. 407, S. 3652–3667

Fleischer C (1998) Detaillierte Modellierung von Gas-Flüssigkeits-Reaktoren. Fortschrittberichte VDI, Reihe 3, Verfahrenstechnik, Nr. 691

Flemming H-C (1995) Biofouling und Biokorrosion – die Folgen unerwünschter Biofilme. Chemie-Ingenieur-Technik, 67 11, S. 1425–1430

Formowitz B (2011) Inhaltstoffe und Eigenschaften von Gärresten. Kompetenzzentrum für Nachwachsende Rohstoffe Bayern

Fox P, Pohland F G (1994) Anaerobic Treatment Applications an Fundamentals: Substrate Specificity during Phase Separation. Water Environment Research, 66, 5, S. 716–724

Friedmann H, Kube J (2007) Spurenelementelösung für Biogasverfahren. WO 2009/077623 A1

Galbraith H, Miller T B, Paton A M, Thompson J K (1971) Antibacterial Activity of Long Chain Fatty Acids and the Reversal with Calcium, Magnesium, Ergocalciferol and Cholesterol. J. appl. Bact. 34, 4, S. 803–813

Garvin J (1998) Calculate Heat of Combustion for Organics. Chemical Engineering Progress, Mai, S. 43–45

Gavala H N, Skiadas I V, Ahrig B K (2006) Biological hydrogen production in suspended and attached growth anaerobic reactor systems. International Journal of Hydrogen Energy 31, S. 1164–1175

Gleixner A J (2004) Brennerei und Biogas. Referat zur Infoveranstaltung „Bioethanol- und Energieerzeugung in mittelständischen landwirtschaftlichen Rennereien. Verband Bayer. Landw. Brennereien e. G., München, S. 1–9

Gonzales-Gil G, Jansen S, Zandvoort M H, Leeuwen H P (2003) Effect of Yeast Extract on Speciation and Bioavailability of Nickel and Cobalt in Anaerobic Bioreactors. Biotechnology and Bioengineering 82, 2, S. 134–142

Gosh S (1981) Energy production efficiencies in anaerobic gasification processes. Process Biochemistry, 16, 4, S. 2–4, 6, 7, 12

Gosh S, Pohland F G (1974) Kinetics of substrate assimilation and product formation in anaerobic digestion. Journal WPCF 46, No. 4, S. 748–759

Gostomski P A, Sisson J B, Cherry R S (1997) Water content dynamics in biofiltration. Journal of the Air & Waste Management Ass. 47, S. 936–944

Gottschall R, Bieker M, Turk T (2010) Einfluss der Verfahrenstechnik bei der Bioabfallvergärung im Hinblick auf die Qualität der Gärreste. Müll und Abfall 3, S. 104–112

Grace J R (1973) Shapes and velocities of bubbles rising in infinite liquids. Trans.Instn. Chem. Engrs., Vol. 51, S. 116–120

Grasmug M (2003) Auswirkung der festen und flüssigen Einbringung von Substraten auf die Gärbiologie. 12. Jahrestagung „Biogas und Bioenergie in der Landwirtschaft", 27.–29.11.2003, Rot am See

Grepmeier M (2002) Experimentelle Untersuchungen an einer zweistufigen fuzzy-geregelten anaeroben Abwasserreinigungsanlage mit neuartigem Festbettmaterial. Dissertation, Fakultät Wissenschaftszentrum Weihenstephan, Technische Universität München

Gruber L (2009) Chemische Zusammensetzung, Analytik und Bedeutung planzlicher Gerüstsubstanzen in der Ernährung der Wiederkäuer. Übers. Tierernährung, 37, S. 45–86

Gruber L (2010) NDF zur Beschreibung der Struktur der Futterration und der Pansenfermentation. 37. Viehwirtschaftliche Fachtagung, S. 7–22. Lehr- und Forschungszentrum für Landwirtschaft Raumberg-Gumpenstein

Guerrero L, Omil F, Mendez R, Lema J M (1997) Treatment of saline wastewaters from fish meal factories in an anaerobic filter under under extreme ammonia concentrations. Biorecource Technology, 61, S. 69–78

Guggisberg D, Zehntner U (2007) Welche rheologischen Methoden eignen sich für Joghurt, im speziellen für Rührjoghurt? ALP science, Nr. 514, Forschungsanstalt Agroscope, Bern, Schweiz

Gujer W, Zehnder A J B (1983) Conversion Processes in Anaerobic Digestion. Mat. Sci. Tech. 15, S. 127–167

Guttenberger H G, Lux H (1989) Sanierungsmöglichkeiten für überlastete Kläranlagen durch Einsatz von reinem Sauerstoff. Linde-Berichte aus Technik und Wissenschaft 63

Haandel A C van, Lettinga G (1994) Anaerobic sewage treatment: a practical guide for regions with a hot climate. John Wiley & Sons Ltd., Chichester, England

Haas U, Schmidt-Traub H, Braue, H (1972) Umströmung kugelförmiger Blasen mit innerer Zirkulation. Chemie-Ing.-Techn., 44 18, S. 1000–1008

Hahn J (2001) Vorsorgeorientierte Begrenzung von Schadstoffeinträgen in Böden am Beispiel der Klärschlammverwertung. Wasser, Luft und Boden 9, S. 60–67

Haldane J B S (1957) Graphical methods in enzyme chemistry. In: Nature. Band 179, S. 832

Hall E R, Hobson P N (1988) Anaerobic Digestion. Proceedings of the 5th International Symposium on Anaerobic Digestion, Bologna, Italy. Pergamon Press

Hanaki K, Matsuo T, Nagase M (1981) Mechanism of Inhibition Caused by Long-Chain Fatty Acids in Anaerobic Digestion Process. Biotechnology and Bioengineering, 23, S. 1591–1610

Hanselman K W (1991) Microbial energetics applied to waste repositories. Experientia 47, Birkhäuser Verlag, Basel, Schweiz, S. 645–687

Hansen H K, Angelidaki I, Ahring B K (1996) Anaerobic digestion of swine manure: inhibition by ammonia. Water Res 32 1, S. 5–12

Harder W, Dijkhuizen L (1983) Physiological responses to nutrient limitation. Ann. Rev. Microbiol. 37, S. 1–23

Hashimoto A G (1983) Conversion of straw-manure mixtures to methane at mesophilic and thermophilic temperatures. Biotechnology and Bioengineering, XXV, S. 185–200

Hashimoto A G (1986) Ammonia inhibition of methanogenesis from cattle waste. Agric. Wastes, 17, S. 241–261

Häussler W (1960) Das Mollier-i,x-Diagramm für feuchte Luft und seine technischen Anwendungen. Wärmelehre und Wärmewirtschaft in Einzeldarstellungen, Band 15. Verlag von Theodor Steinkopf, Dresden und Leipzig

Häußler W, Hrsg. (1965) Taschenbuch Maschinenbau, Band 2: Energieumformung und Verfahrenstechnik. Verlag Technik Berlin

Hawkes D L (1980) Factors affecting net energy production from mesophilic anaerobic digestion. Anaerobic Digestion, Appl. Science Publ. Ltd., London

Hawkes D L; Horton R (1981) Anaerobic digester design fundamentals, Part III. Process Biochemistry, Feb. /March, S. 10–12

Heijnen J J, van Dijken J P (1992) In Search of a Thermodynamic Description of Biomass Yields for the Chemotrophic Growth of Microorganisms. Biotechnology and Bioengineering 39, 8, S. 833–858

Heijnen J J (2003) Bioenergetics of Microbial Growth. Encyclopedia of Bioprocess Technology, S. 267–291, John Wiley & Sons, Inc.

Heinrich G, Thürk M (1983) Linksprozesse in der Biotechnologie. Energieanwendung 23, 4, S. 137–143

Helgeson H C (1967) Thermodynamics of complex dissociation in aqueous solution at elevated temperatures. The Journal of Physical Chemistry 71, 10, S. 3123–3136

Helinen J J (1999) Bioenergetics of microbial growth. Report, Delft University of Technology, The Netherlands, S. 267–291

Hermann P (1988) Allgemeine und anorganische Chemie. 5. Auflage; Gustav Fischer Verlag Jena

Hierholtzer A, Akunna J C (2014) Modelling start-up performance of anaerobic digestion of saline-rich macro-algae. Water Science & Technology, 69, 10, S. 2059–2065

Hill D T (1982) Design of digestion systems for maximum methane production. Transactions of the ASAE, S. 226–230

Hill D T (1983) Simplified Monod kinetics of methane fermentation of animal wastes. Agricultural Wastes, 5, S. 1–16

Hill D T, Barth C L (1977) Modelling biogas productivity for liquid manure fermentation. Journal WPCF, Oct., S. 2129–2143

Hill D T, Nordstedt R A (1980) Modelling techniques and computer simulation of agricultural waste treatment processes. Agricultural Wastes, 2, S. 135–156

Hill D T, Tollner E W, Holmberg R D (1983) Fermentation of liquid cattle manure. Agricultural Wastes, 5, S. 105–123

Ho Ch S, Smith M D, Shanahan J F (1987) Carbon dioxide transfer in biochemical reactors. Advances in Biochemical Engineering/Biotechnology, 35, S. 83–125

Hoppenheidt K et al. (1998) Gemeinsame Vergärung von Bio- und Gewerbeabfall. LfU-Fachtagung „Vergärung von Bioabfällen“, Wackersdorf

Hoppenheidt K, et al. (2000) Co-Vergärung von Bioabfällen und organischen Gewerbeabfällen VDI-Seminar „Biogene Abfälle…“, Bamberg

https://www.schweizer-fn.de/stoff/wleit_isolierung/wleit_isolierung.php

Huhn J, Wolf J (1975) Zweiphasenströmung gasförmig/flüssig. Fachbuchverlag Leipzig

Hüttenberg B W (2010) Niedertemperaturkonvertierung biogener Reststoffe zum rohstofflichen Recycling von Kohlenstoff und Phosphor. Diss. am Fachbereich 09, Justus-Liebig-Universität Gießen

Hwang M H, Jang N J, Hyun S H, Kim I S (2004) Anaerobic bio-hydrogen production from ethanol fermentation: the role of pH. Journal of Biotechnology, 111, S. 297–309

hybridization using 16S rRNA-targeted oligonucleotides reveals localization of methanogens

Illanes A (2008) Enzyme biocatalysis: principles and applications. Springer, Dordrecht, ISBN 978-1-402-08360-0

Illmer P, Gstraunthaler G (2009) Effect of seasonal changes in quantities of biowaste on full scale anaerobic digester performance. Waste Management 29, S. 162–167

Illmer P, Schwarzenauer T, Malin C, Wagner A O, Miller L M, Gstraunthaler G (2009) Process parameters within a 750,000 litre anaerobic digester during a year of disturbed fermenter performance. Waste Management 29 S. 1838–1843

Imanak T, Aiba S (1976) A convenient method to estimate the rate of heat evolution in fermentation. J. Appl. Chem. Biotechnol., 28, S. 559–567

Jamialahmadi M, Müller-Steinhagen H (1994), Trans. Inst. Chem. Engnrs. 72, S. 119–122

Janicke W (1973) Chemische Oxidierbarkeit organischer Wasserinhaltsstoffe. Dietrich Reimer Verlag, Berlin. WaBoLu-Berichte 1/1983

Jensen D (2011) Biogaspionier geht in Rente. Biogas Journal 1, S. 74–75

John S, Schlüter M (2006) Eine Methode zur Berechnung der Relativgeschwindigkeit von Gasblasen in Dreiphasenströmungen – Teil 2: Praxisrelevante Gasgehalte. Chemie Ingenieur Technik 78, No. 1–2, S. 64–72

Jones G E, Royle L G, Murray L (1979) Cationic composition of 22 species of bacteria grown in seawater medium. Applied and Environmental Microbiology, Nov., S. 800–805

Jones J B, Stadtman Th C (1977) Methanococcus caniellii: Culture and effects of Selenium and Tungsten on Growth. Journal of Bacteriology, June, S. 1404–1406

Ju L, Sundararajan A (1995) The effect of cells on oxygen transfer in bioreactors. Bioprocess Engineering 13, S. 271–278

Kafarow W W (1977) Grundlagen der Stoffübertragung. Akademie-Verlag, Berlin

Kalck U (1990) Zur Sandabtrennung aus organische Anteile enthaltenden Schlämmen mit Aufstromklassierern. Fortschrittberichte VDI, Reihe 3: Verfahrenstechnik; Nr. 213, VDI-Verlag Düsseldorf

Kaltschmitt M, Hartmann H (2001) Energie aus Biomasse – Grundlagen, Techniken und Verfahren. S. Springer Verlag Berlin, Heidelberg, New York.

Kantak M V, Hesketh R P, Kelkar B G (1995) Effect of gas and liquid properties on gas phase dispersion in bubble columns. The Chemical Engineering Journal, 59 S. 91–100

Kapp H (1984) Schlammfaulung mit hohem Feststoffgehalt. Stuttgarte Berichte zur Siedlungswasserwirtschaft, 86. Kommissionsverlag R. Oldenbourg, München

Karrasch H-P, Eckert O (2009) Umrechnungsfaktoren für Einheiten der Wasserchemie. Gesellschaft für Wassertechnologie mbH; http://www.karrasch-eckert.de/wissen/umrechnung_de.html

Kaspar H F (1977) Untersuchungen zur Kopplung von Wasserstoff- und Methanbildung im Faulschlamm. Dissertation am Schweizer Bundesinstitut für Technologie, Heft 5984.

Kathiravale S, Yunus M N M, Sopian K, Samsuddin A H, Rahman R A (2003) Modeling the heating value of Municipal Solid Waste. Fuel 82, S. 1119–1125

Kayhanian M, Tchobanoglous G, Mata-Alvarez J (1996) Development of a mathematical model for the simulation of the biodegradation of organic substrates in a high-solids anaerobic digestion process Volume 66, Issue 3, Date: July 1996, Pages, in: Journal of Chemical Technology & Biotechnology (66), S. 312–322

Kellermann H, Jüttner K, Kreysa G (1996) Untersuchung des Gas-Hold-up von Sauerstoff in verschiedenen wässrigen Elektrolytlösungen. Teil 1: Experimentelle Untersuchungen. Chem. Technik 48, 1: 16–23

Keymer U, Schilcher A (1999) Beispielhafte Berechnung der theoretischen Gasausbeute in Biogasanlagen. Jahresbericht Bayerische Landesanstalt für Betriebswirtschaft und Agrarstruktur, S. 30–33.

Kida K et al (1991) Influence of Mineral Nutrients on High Performance during Anaerobic Treatment of Wastewater from Beer Brewery. Journal of Fermentation and Bioengineering 72, 1, S. 54–57

Kleber H-P, (Hrsg.) (1988) Biochemie. Gustav Fischer Verlag

Kleerebezem R, Macarie H (2003) Treating industrial waste water: Anaerobic digestion comes on age. Chemical Engineering www.che.com, April, S. 56–64

Kling M, Wöhlbier W (Hrsg.). (1983a) Handelsfuttermittel. Teil A. Futtermittel pflanzlicher Herkunft. Verlag Eugen Ulmer, Stuttgart

Kling M, Wöhlbier W (Hrsg.). (1983b) Handelsfuttermittel. Teil B. Futtermittel tierischer Herkunft; Fette und Öle, Zusatzstoffe. Verlag Eugen Ulmer, Stuttgart

Klingel M, Hahn H H (1999) Mathematical descriptions for control parameters in anaerobic digestion. II International Symposium on Anaerobic Digestion of Solid waste, Barcelona, Spain, Vol. 2. Poster Sessions, S. 49–52

Kloss R (1986) Planung von Biogasanlagen, Oldenbourg Verlag München, Wien.

Kluge R, et al. (2008) Projektbericht: Inhaltsstoffe von Gärprodukten und Möglichkeiten zu ihrer geordneten pflanzenbaulichen Verwertung. Landwirtschaftliches Technologiezentrum Augustenberg, Karlsruhe

Kmiec A, Kowal P, Szafran R G (2003) Effect of solids on liquid velocity distributions and power input in a jet-loop reactor. Inzynieria Chimiczna I Procesowa, 24, S. 33–45

Knauer T (2016) Steigerung der Gesamteffizienz von Biogasanlagen durch thermische Optimierung. Dissertation, Agrar-und Umweltwissenschaftliche Fakultät, Universität Rostock

Kolb F (2010) Die Homogenisierung von Schlamm. wwt-special 10: Klärschlamm, S. 8–12

Koll Ch, Ohl S, Lüdersen U (2013) Influence of mechanical disintegration on the rheological behavior in the biogas digester. Report; International Anaerobic Digestion Symposium, S. 147–152, Berlin

Konavec K (1999) Schwefelwasserstoffentfernung aus Biogas – Grundlagen, Verfahren, Berechnungen. Ingenieurarbeit, TU Dresden

Konishi Y, Yoshida N, Asai S (1996) Desorption of Hydrogen Sulfide during Batch Growth of the Sulfate-Reducing Bacterium Desulfovibrio desulfuricans. Biotechnol. Prog. 12, S. 322–330

Koster I W (1986) Characteristics of the pH-influenced adaptation of methanogenic sludge to ammonium toxicity. J. Chem. Tech. Biotechnol. 36, S. 445–455

Koster I W, Cramer A (1987) Inhibition of Methanogenesis from Acetate in Granular Sludge by Long-Chain Fatty Acids. Applied an Environmental Microbiology, 53, No. 2, S. 403–409

Kotsopoulos T A, Zeng R J, Angelidaki I (2005) Biohydrogen Production in Granular Up-Flow Anaerobic Sludge Blanket (UASB) Reactors With Mixed Cultures Under Hyper-Thermophilic Temperature (70°C). Biotechnology and Bioengineering, 94, No. 2, S. 296–302

Kovács E, Wirth R, Maróti G, Bagi Z, Rákhely G, Kovács K L (2013) Biogas Production from Protein-Rich Biomass: Fed-Batch Anaerobic Fermentation of Casein and of Pig Blood and Associated Changes in Microbial Community Composition PLOS ONE, Vol. 8, October, Issue 10, S. 1–18

Kowaczeck J, Kurth K, Schubert H (1978) Tabellenbuch für die Gastechnik. 3. Auflage, Deutscher Verlag für Grundstofftechnik. Leipzig

Kraut H, Scherz H, Kloos G, Senser F (1986) Die Zusammensetzung der Lebensmittel; Nährwert-Tabellen 1986/87. 3. revidierte und ergänzte Auflage, Wissenschaftliche Verlagsgesellschaft mbH Stuttgart

Kroiss H (1985) Anaerobe Abwasserreinigung. In: W v d Emde (Hrsg.) Wiener Mitteilungen Wasser-Abwasser-Gewässer. Bd 62

Krzystek L, Ledakowicz S (1998) Yields and maintenance coefficients in S. cerevisiae cultures. J. Chem. Technol. Biotechnol. 71, S. 197–208

Kube J (2009) Kleine Menge, große Wirkung. Biogas Journal 3, S. 60–62

Kugelman I J, McCarty P L (1965) Kation toxicity and stimulation in anaerobic waste treatment. Slug feed studies. Journal oft he Water Pollution Control Federation, 37, S. 97–116

Kugelman I J, Chin K K (1970) Toxicity, Synergism, and Antagonism in Anaerobic Waste Treatment. in: Anaerobic Biological Treatment Processes, S. 55–90

Kühn V, Barth M, Schalk T (2003) Einsatz und Ergebnisse mechanischer und thermischer Desintegrationsverfahren. Institut für Siedlungs- und Industriewasserwirtschaft, TU Dresden

Kumar U, Mishra R, Singh S N, Seshadri V (2003) Effect of particle gradation on flow characteristics of ash disposal pipelines. Powder Technology, 132, S. 39–51

Langhans G (1991) Fortschrittsbericht: Anaerobe Behandlung feststoffhaltiger Abwässer. Einsatz und Auslegung anaerober Suspensionsreaktoren. LINDE-KCA-Dresden GmbH

Langhans G (1994) Optimierung des zulässigen Anteils ölhaltiger Bleicherden bei der Bioabfallbehandlung. Research Report, Linde-KCA-Dresden GmbH

Langhans G (1997a) Bemessung und Bilanzierung der Biogasausbeuten in der Abfallvergärung Abfallwirtschaftsjournal 1–2, S. 35–38

Langhans G (1997b) Bio-chemical reduction of heavy metals in organic wastes by advanced digestion process; Anaerobic Conversions for Environmental Protection REUR Technological Series 51, FAO Regional Office for Europe, Gent

Langhans G (1998) Biochemische Schwermetallauskreisung aus organischen Abfällen während des Anaerobprozesses. AbfallwirtschaftsJournal, 5, S. 11–16

Langhans G (1999) Biotechnische Aufbereitung landwirtschaftlicher Reststoffe. Entsorgungs-Praxis 5, S. 30–37

Langhans G (1999a) Stoffströme in die Umwelt – der Output von Vergärungsanlagen. EntsorgungsPraxis 1 / 2, S. 27–34

Langhans G (1999b) Welche Vorteile bringt die Vergärung mit getrennter Hydrolyse? EP 10, S. 26–31

Langhans G (2001) Substratsteuerung für maximale Biogasproduktion bei der Kofermentation. Erneuerbare Energien in der Landwirtschaft (2001), S. 93–97

Langhans G (2000/1) Der Wärmehaushalt der Vergärung (Teil 1). EntsorgungsPraxis 7–8, S. 20–23

Langhans G (2000/2) Der Wärmehaushalt der Vergärung (Teil 2). EntsorgungsPraxis 9, S. 30–33

Langhans G (2004). Anaerobe Abfallbehandlung: Einfluss der rheologischen Eigenschaften von Gärsuspensionen. WLB „Wasser, Luft und Boden“, 6, S. 2–5

Langhans G (2006) Biogas aus kommunalen Abfallvergärungsanlagen. DWA Workshop, Marburg

Langhans G (2006) Verfahren und Vorrichtung zur Biogasgewinnung. EP 0 988 392 B2, Anmeldung 1997, Erteilung 2006

Langhans G (2007) Kontinuierliche Trockenfermentation zur Monovergärung von nachwachsenden Rohstoffen. in: Symposium zur Trockenvergärung von Energiepflanzen, 23.05. Gießen

Langhans G (2009) Digestion Technologies – Wet and Dry Digestion. Firmenpublikation, STRABAG Umweltanlagen, Dresden

Langhans G (2009) Stickstoff in Biogasanlagen; Teil 2: Auswirkungen auf die Verfahrenstechnische Gestaltung und die Gasnutzung. Biogas 2009-Energieträger der Zukunft VDI-Tagung, Stuttgart

Langhans G (2016) Stoffdatensammlung Gärsubstrate. unveröffentlicht.

Langhans G, (1997) Bemessung und Bilanzierung der Biogasausbeuten in der Abfallvergärung. Abfallwirtschaftjournal 1–2, S. 35–38

Langhans G, Grothkopp H, Rothe J, Scholten N, Selignow S (2012) Neue Erkenntnisse zur optimierten Prozessführung bei der hoch belasteten Trockenfermentation unter Berücksichtigung des EEG 2012 für die Anlagenplanung; 6. Rostocker Bioenergieforum der Universität Rostock, Juni 2012

Langhans G, Liepe F, Möckel H-O (1984) Aufarbeitung von Gülle und ähnlich belasteten Suspensionen. Forschungsbericht, KCA Dresden

Langhans G, Weißgärber H (1988) Wertstoffgewinnung aus Abprodukten der industriellen Tierproduktion. Schriftenreihe Technik und Umweltschutz Nr. 36, Deutscher Verlag für Grundstoffindustrie, S. 76–90

Langhans G, Weißgärber H (1994) Verfahren zur Behandlung von biologisch abbaubaren Substraten. Erteilung EP: 1997

Lanz I (1995) Einsatz chromatographischer Analysenmethoden zur kontinuierlichen Prozesskontrolle bei der anaeroben Behandlung von Brennereiabwasser. Diss., Fakultät Brauwesen, Technische Universität München

Lawrence A W, McCarty (1965) The role of sulfide in preventing heavy metal toxicity in anaerobic treatment. Journal WPCF, 37, March, S. 392–406

Lawrence A W, McCarty P L (1967) Kinetics of methane fermentation in anaerobic waste treatment. Technical Report No. 75, Department of Civil Engineering, Stanford University

Lawrence A W (1970) Application of Process Kinetics to Design of Anaerobic Processes. In: "Unified Basis for Biological Treatment Design and Operation", Journal of Sanit. Eng. Div., ASCE, 96, SA3, S. 757–778

Lefebvre O, Quentin S, Torrijos M, Godon J J, Delgenès J P, Moletta R (2007) Impact of increasing NaCl concentrations on the performance and community composition of two anaerobic reactors. Appl Microbiol Biotechnol, S. 1–9

Leighton I R, Forster C F (1995) Effect of heavy metals on acidogenesis and volatile fatty acid degradation in thermophilic anaerobic digestion. Trans IChemE 73, 11, S. 285–289

Lemmer A, Oechsner H, et al (2010) Untersuchungen zum Einsatz von Mineralstoffen in Biogasanlagen – Bedeutung der Mineralstoffe für die anaeroben Mikroorganismen und Ursachen für Konzentrationsunterschiede in Biogasfermentern. In: Gülzower Fachgespräche 35, S. 45–76. Fachagentur Nachwachsende Rohstoffe, Gülzow

LfL Bayern (2006) Schweinegülle – Quelle für potentiell unerwünschte Stoffe. Tagungsband, 5. Kulturlandschaftstag Freising-Weihenstephan

LfL Bayern (2017) Biogasanlagen: Berechnung der Gasausbeute von Kosubstraten

LfL Bayern (2017) Futterwerttabellen

Liebetrau J, Pfeiffer D, Thrän D (2013a) Messmethodensammlung Biogas, Methoden zur Bestimmung von analytischen und prozessbeschreibenden Parametern im Biogasbereich. DBFZ-Deutsches Biomasseforschungszentrum Leipzig

Liebetrau J, Pfeiffer D, Thrän D (2013b) Messmethodensammlung Biogas. DBFZ, Deutsches Biomasseforschungszentrum Leipzig

Liepe F (1988) Verfahrenstechnische Berechnungsmethoden Teil 4: Stoffvereinigen in fluiden Phasen, DVG Leipzig

Lin Ch-Y, Cheng Ch-H (2006) Fermentative hydrogen production from xylose using anaerobic mixrd microflora. International Journal of Hydrogen Energy, 31, S. 832–840

Lindorfer H (2007) Optimized digestion of energy crops and agricultural residues in rural biogas plants. Dissertation, Universität für Bodenkultur (BOKU) Wien

Lindorfer H, (2008) New data on temperature optimum and temperature changes in energy crop digesters. Bioresource Technology 99, S. 7011–7019

Lindorfer H, Braun R, Kirchmayr R (2008) Self-heating of anaerobic digesters using energy crops. Report, IFA-Tulln, Boku Vienna, Austria

Linke B (1997) A model for anaerobic digestion of animal waste slurries. Environmental Technologies, 18, S. 849–854

Liu JS, Marison I W, von Stockar U (2001) Microbial growth by a net heat up-take: a calorimetric and thermodynamic study on acetotrophic methanogenesis by Methanosarcina barkeri. Biotechnology and Bioengineering, 75, Oct., S. 170–180

Loos T (2006) Simulation der chemischen Absorption im Strahlwäscher. Dissertation; Fakultät Maschinenwesen der Technischen Universität Dresden

Lübken M, Wichern M (2007) Modelling the energy balance of an anaerobic digester fed with cattle manure and renewable energy crops. Water Research 41, S. 4085–4096

Luggen E (1976) Charakterisierung von Klärschlamm aufgrund des Fließverhaltens und der Teilchengrößenverteilung. Eidgenössische Technische Hochschule Zürich

Luong J H T, Volesky B (1980) Determination of the heat of some aerobic fermentations: The Canadian Journal of Chemical Engineering, August, S. 497–504

Luong J H, Volesky B (1983) Heat Evolution during the Microbial Process-Estimation, Measurement, and Applications. In: Fiechter A (Hrsg) Advances in Biochemical Engineering/Biotechnology 28, Microbial Activities. Springer-Verlag Berlin Heidelberg

Luyben K, Tramper J (1982) Optimal design for continuous stirred tank reactors in series using Michalis-Menthen kinetics. Biotechnology and Bioengineering, XXIV, S. 1217–1220

Mackay D, Shiu W Y (1982) A Critical Review of Henry´s Law Constants for Chemicals of Environmental Interest. J. Phys. Chem. Rev. Data 10, 4, S. 1175–1199

Mackie R I, Bryant M P (1981) Metabolic Activity of Fatty Acid Oxidizing Bacteria and the Contribution of Acetate, Propionate, Butyrate, and CO_2 to Methanogenesis in Cattle Waste at 40 and 60 °C. Applied and Environmental Microbiology, 41, 6, S. 1363–1373

Madigan M, Martinko J (2006) Brock Mikrobiologie. 11. überarbeitete Auflage. Imprint der Pearson Education Deutschland GmbH

Marique P, Gilles A (1989) Thermophilic semisolid anaerobic digestion of municipal refuses. Biotechnology and Bioengineering, 33, S. 536–541

Markert A (2012) Einfluss von Substrateigenschaften auf die Wärmeleitfähigkeit von Böden. Diplomarbeit; Studiengang Landschaftsplanung der Technischen Universität Berlin

Mather M (1986) Mathematische Modellierung der Methangärung. VDI-Fortschrittsberichte, Reihe 14: Landtechnik/Lebensmitteltechnik Nr. 28; VDI-Verlag, Düsseldorf

Mayer J (2006) Einsatzstrategien für Wirtschafts- und Sekundärrohstoffdünger im ökologischen Landbau. KTBL-Tagungsband, Osnabrück

McCarty P L (1964) Anaerobic waste treatment fundamentals, Part one: Chemistry and Microbiology. Public Works, 95, September, S. 107–112;

McCarty P L (1965) Thermodynamics of biological synthesis and growth. Int. J. Air Water Poll. 9, S. 621–639

McCarty P L (1966) Kinetics of waste assimilation in anaerobic treatment. In: Developments in Industrial Microbiology, 7, Amer. Inst. Biol. Sci. Washington, S. 144–155

Mc Carty P L (1970) Energetics and Kinetics of Anaerobic Treatment. In: Anaerobic biological treatment processes, Stanford University, Calif., S. 91–107

McCarty P L (1982) One hundred years of anaerobic treatment. In: Hughes et al. Anarobic Digestion. Biomedical Press, S. 3–22

McIlvaine P, Langerman N (1977) A calorimetric investigation of the growth of the luminescent bacteria…. Biophysical Journal 17, S. 17–25

McInerney M J, Bryant M P, Stafford D A (1971) Anaerobic digestion. Proceedings of the First International Symposium on Anaerobic Digestion, University College, Cardiff. Applied Science Publishers, London

McInerney M J, Bryant M P (1981) Review of methane fermentation fundamentals. Fuel Gas Prod. Biomass 1, S. 19–46

Meier-Schneiders M, Eigenberger G (1993) Biokalorimetrie. Bio Tec, 4, S. 6–9

Melbinger N R, Donnellon J (1971) Toxic effects of ammonia nitrogen in high-rate digestion. Journal WPCF, 43, 8, S. 1658–1670

Mende D, Simon G (1975) Physik – Gleichungen und Tabellen; 5. Auflage. Fachbuchverlag Leipzig

Menert A, Liiders M, Kurisso T (2001) Microcalorimetric monitoring of anaerobic digestion process. Journal of Thermal Analysis and Calorimetry 64, S. 281–291

Merkblatt DWA-M 380, (2009) Co-Vergärung in kommunalen Klärschlammfaulbehältern, Abfallvergärungsanlagen und landwirtschaftlichen Biogasanlagen.

Merkblatt DWA-M 380 (2015) Aktualisierung: Co-Vergärung in kommunalen Klärschlammfaulbehältern, Abfallvergärungsanlagen und landwirtschaftlichen Biogasanlagen

Minkevich I G, Eroshin V K (1973) Productivity and heat generation of fermentation under oxygen limitation. Folia Microbiol. 18 S. 376–385

Monod J (1949) The growth of bacterial cultures. Ann.Rev. Microbiology 3, S. 371–394

Mooshage U (2004) Rheologie kommunaler Klärschlämme-Messmethoden und Praxisrelevanz. Dissertation, Technische Universität Braunschweig

Mosey F E (1983) Mathematical Modelling of the anaerobic digestion process: Regulatory mechanisms for the formation of short-chain volatile acids from glucose. Wat. Sci. Tech. 15, S. 209–232

Mudrack K (1982) Grundlagen mikrobiologischer Energieumwandlung. Korrespondenz Abwasser, 29, 6, S. 382–384

Mudrack K, Kunst S (1994) Biologie der Abwasserreinigung. Fischer Verlag, Stuttgart, Jena, New York

Müller R, Steiner A (1988) Der Einfluß von Nickel auf die Klärschlammfaulung. gwf Wasser Abwasser 129, 6, S. 425–430

Murray W D, van den Berg L (1981) Effects of Nickel, Cobalt, and Molybdenum on Performance of Methanogenic Fixed-Film Reactors. Applied and Environmental Microbiology 42 3, S. 502–505

Nielsen J, Villadsen J (1995) Bioreaction Engineering Principles. Plenum Press, New York and London

Nuhn P (1994) Naturstoffchemie. Mikrobielle, pflanzliche und tierische Naturstoffe. S. Hirzel Verlag Stuttgart, Leipzig

Oechsner H et al (2008) Verfahren zur Biogaserzeugung. EP 1 997 901 A2

Oechsner H, Lemmer A, Preissler D (2011) Spurenelemente in NawaRo-Biogasanlagen zum Ausgleich substratbedingter Mangelerscheinungen und zur Stabilisierung des Gärprozesses. In: Biogas in der Landwirtschaft-Stand und Perspektiven. KTBL-Schrift 488, S. 48–61

Ohl S (2011) Ermittlung der Biogas- und Methanausbeute ausgewählter NawaRo. Diss. Agrar- und Ernährungswissenschaftliche Fakultät der Christian-Albrechts-Universität Kiel

Oleszkiewicz J A, Sharma V K (1990) Stimulation and Inhibition of Anaerobic Processes by Heavy Metals – A Review. Biological Wastes, 31, S. 45–67

o'Rourke (1968) Kinetics of Anaerobic Treatment of Reduced Temperatures. Dissertation, Stanfort University.

Ortner M (2012) Bioverfügbarkeit von Spurenelementen messen. BIOGAS Journal 2, S. 82–87

Palazzi E, Perego P, Fabiano B (2002) Mathematical modelling and optimization of hydrogen continuous production in a fixed bed bioreactor. Chemical Engineering Science, 57, S. 3819–3830

Park S-W, Kim T-Y, Choi B-S, Lee J-W (2004) Effect of rheological Properties on chemical absorption of carbon dioxide with MEA. Korea-Australia Rheology Journal, 16, 1, S. 35–45

Parkin G F, Lynch N A, Bhattacharya S K (1990) Interaction between sulfate reducers and methanogens fed acetate and propionate. Research Journal WPCF, 62, 6, S. 780–788

Parkin G F, Speece R E (1982) Modelling Toxicty in Methane Fermentation Systems. in: Methane Fermentation Systems, June, S. 515–531. Proceedings of ASCE National Conference on Environmental Engineering, N.Y.

Parravicini V, Svardal K, Kroiss H (2006) Anaerobe biologische Sulfatentfernung aus Industrieabwässern am Beispiel einer Viskosefabrik. Österreichische Wasser- und Abfallwirtschaft, 58, 1/2, S. 1–10

Pauss A, Andre G, Perrier M (1990) Liquid-to-gas Mass Transfer in Anaerobic Processes: Inevitable Transfer Limitations of Methane and Hydrogen in the Biomethanation Process. Applied and Environmental Microbiology June, S. 1636–1644

Pavlostathis S G, Gossett J M (1986) A Kinetic Model for Anaerobic Digestion of Biological Sludge.Biotechnology and Bioengineering 28, S. 1519–1530

Pavlostathis S G (2011) Kinetics and Modeling of Anaerobic Treatment and Biotransformation Processes. In: Municipal Wastes, Abschn. 6. 31, S. 385–397, Elsevier B. V.

Peu P, Picard S, Diara A, Girault R (2012) Prediction of hydrogen sulphide production during anaerobic digestion of organic substrates. Bioressource Technology, 121, S. 419–424

Pfundtner E (2001) Der sachgerechte Einsatz von Biogasgülle und Gärrückständen im Acker- und Grünland. Fachbeirat für Bodenfruchtbarkeit und Bodenschutz. BFL, Wien

Polomski A (1998) Einfluss des Stofftransports auf die Methanbildung in Biogas-Reaktoren. Fortschritts-Berichte VDI, Reihe 3, Nr. 569. VDI-Verlag Düsseldorf

Pretorius W A (1969) Anaerobic digestion: III. Kinetics of anaerobic fermentation. Water Research, 3, S. 545–558

Prochaska G J, Payne W J, Mayberry W R (1973) Calorific content of microorganisms. Biotechn. and Bioengineering 15, S. 1007–1010

PRODUCTION OF BIOHYDROGEN FROM BIOWASTE BY FERMENTATION Proceedings Sardinia 2007, Eleventh International Waste Management and Landfill Symposium, Cagliari, Italy

Proff E A, Lohmann J H (1997) Rheologische Charakterisierung flüssiger Klärschlämme. Korrespondenz Abwasser, 44, 9, S. 1615–1621

Propfe H Th, Rasp H, Kluge R, Becker A – G (1994) Datenblätter zur Charakterisierung von Rest- und Abfallstoffen. BIONOMICA-Verlag, Mannheim

Rajarajan J, Pollard D, Ison A P, Ayazi Shamlou P (1996) Gas holdup and liquid velocity in airlift bioreactors containing viscous Newtonian liquids. Bioprocess Engineering, 14, S. 311–315

Rautenbach R, Gebel J, Frye A, Kollbach St, Dahm W (1995) Bilanzierung einer Ammoniak-Strippkolonne unter Berücksichtigung des Dissoziationsgleichgewichtes Ammoniak/Ammonium. Korrespondenz Abwasser, 42, 1, S. 48–55

Rehm H-J, Reed G (Hrsg.) (1981) Biotechnology, Volume 1, Microbial Fundamentals. Verlag Chemie Weinheim

Rehm H-J, Schügerl K, Reed G (Hrsg.) (1981) Biotechnology, Volume 4, Measuring Modelling and Control. Verlag Chemie Weinheim

Rehm H-J, Pühler A, Stadler P, Reed G (Hrsg.) (1999) Biotechnology, Volume 11a, Environmental Processes I, Wastewater Treatment. Verlag Chemie Weinheim

Reinhold G (2005) Genau bilanzieren: Masse- und Trockensubstanzbilanz in landwirtschaftlichen Biogasanlagen. Neue Landwirtschaft 12, S. 68–72

Reuters R (2011) Methodenvergleich und – erweiterung zur Vorhersage der Biogasausbeute. Bachelorarbeit, Fachbereich Agrarwirtschaft und Lebensmittelwissenschaften, Hochschule Neubrandenburg

Richardson J F, Zaki W N (1954) Sedimentation and Fluidization: Part 1. Trans. Instn. Chem. Engrs., Vol. 32, S. 35–52

Rinzema A, Boone M, Knippenberg K, Lettinga G (1994) Bactericidal effect of long chain fatty acids in anaerobic digestion. Water Environmental Research, 66, 1, S. 40–49

Roati C, Fiore S, Ruffino B (2012) Preliminary Evaluation of the Potential Biogas Production of Food-Processing Industrial Wastes. American Journal of Environmental Sciences. 8, 839, S. 291–296

Roediger H, Roediger M, Kapp H (1990) Anaerobe alkalische Schlammfaulung. Oldenbourg Industrieverlag

Roels J A (1980) Applications of macroscopic principles to microbial metabolism. Biotechnology and Bioengineering XXII, S. 2457–2514

Roels J A (1983) Energetics and kinetics in biotechnology. Elsevier Biomedical Press

Rosato M A (2018) Managing Biogas Plants, A Practical Guide. Green Chemistry and Chemical Engineering, CRC Press, Taylor & Francis Group, Boca Raton, USA

Rosenberger S, Kubin K, Kraume M (2002) Rheologie von Belebtschlamm in Membranbelebungsreaktoren. Chemie Ingenieur Technik 74, 4, S. 487–494

Rosenwinkel K-H, Kroiss H, Dichtl N, Seyfried C-F, Weiland P (2015) Anaerobtechnik_Abwasse-, Schlamm- und Reststoffbehandlung. Springer Verlag

Rückauf H, Neumann W, Drauschke A (1992) Ammoniakinhibierung bei der anaeroben mikrobiellen Methanerzeugung aus Substraten mit hohen Ammoniakgehalten. gwf Wasser-Abwasser, 133, 1, S. 13–17

Russel J B, Baldwin R L (1979) Comparison of Maintenance Energy Expenditures and Growth Yields among several Rumen Bacteria grown on Continuous Culture. Applied and Environmental Microbiology March, S. 537–543

Russel J B (1986) Heat production by ruminal bacteria in continuous culture and its relationship in maintenance energy. Journal of Bacteriology, 11, S. 694–701

Rutzmoser K, Spann B (2002) Zielwert-Optimierung. Bayer. Landesanstalt für Tierzucht, Grub

Ryhiner G B, Heinzle E, Dunn I J (1993) Modeling and Simulation of Anaerobic Waszewater Treatment and its Application to Control Design: Case Whey. Biotechnol. Prog. 9, No. 3; S. 332–343

Saake M (1988) Abscheidung und Rückhalt der Biomasse beim anaeroben Belebungsverfahren und in Festbett-Reaktoren. Korrespondenz Abwasser 35, Heft 8, S. 812–827

Sander R (1999) Compilation of Henry´s Law Constants for Inorganic and Organic Species of Potential Importance in Environmental Chemistry. Max-Planck Institute of Chemistry, Air Chemistry Department, Mainz, Germany

Sans C, Mata-Alvarez J (1995) Volatile fatty acids production by mesophilic fermentation of mechanically-sorted urban organic wastes in a plug-flow reactor. Bioresource Technology, 51, S. 89–96

Sattler K, Emberger J (1992) Behandlung fester Abfälle. Themenreihe Umweltschutz/Entsorgungstechnik, Vogel Verlag Würzburg

Schaller J (2012) Minimierung der Überschussschlammproduktion in Membranbioreaktoren. EU-Projekt REMOVALS. Prozess- und Verfahrenstechnik, Technische Universität Berlin

Scharer J M, Moo-Yong M, Fujita M (1981) Methane production by anaerobic digestion of animal manure. Biotechnology Letters 3 5, S. 231–237

Schartel H (1998) Möglichkeiten und Varianten zur Umwälzung von feststoffhaltigen Suspensionen für die Naßvergärung. Diplomarbeit, FH Hamburg

Scherer P (2007) Bestimmung der Abbauraten von Biogasanlagen. Statuspapier. HAW Hamburg, FTZ REEVE, Biogas Laboratorium

Scherer P, Lippert H, Wolf G (1983) Composition of the major elements and trace elements of 10 methanogenic bacteria determined by inductively coupled plasma emission spectrometry Biological Trace Element Research 5, S. 149–163

Scherer P, Lippert H, Wolff G (1983) Composition of the major elements and trace elements of 10 methanogenic bacteria determined by inductively coupled plasma emission spectrometry. Process Biochemistry, May, S. 34–39

Scherer P, Sahm H (1981) Effect of trace elements and vitamins on the growth of Methanosarcina barkeri. Acta Biotechnologica 1, 1, S. 57–65

Schieder D, Gronauer A, Lebuhn M, Bayer K, Beck J, Hiepp G, Binder S (2010) Prozessmodell Biogas. In: Biogas Forum Bayern Nr. III – 03/2010, Hrsg. ALB Bayern e. V.

Schmidt I, Gries T, Willuweit T (1999) Nitrifikation – Grundlagen des Stoffwechsels und Probleme bei der Nutzung von Ammoniakoxidanten. Acta hydrochim.hydrobiol. 27, 3, S. 121–135

Schmidt J E, Ahring B K (1994). Extracellular Polymers in Granular Sludge from Different Upflow Anaerobic Sludge Blanket (UASB) Reactors. Appl. Microbial. Biotechnol. 42, S. 457–462.

Schoberth S (1981) Vom Sumpfgas zur Molekularbiologie: Biomethanisierung. Umschau 81 3, S. 80–84

Schönheit P, Moll J, Thaur R K (1979) Nickel, Cobalt, and Molybdenum Requirement for Growth of Methanobacterium thermoautotrophicum. Arch. Microbiol. 123, S. 105–107

Schreimer H (1982) Laboratory Experiments on methane digestion. The Chemical Engineer June, S. 221–229

Schreiner (2009) Thermische Verwertung von Getreideabfällen, Abfälle aus Mühlen, Weinanbau und Biogasanlagen. IBS News, S. 1–6

Schulze-Rettmer R, Blank R (1992) Chemische Fällung von Ammonium mit Magnesiumphosphat unter Kreislaufführung des Fällmittels. Korrespondenz Abwasser, 39, 4, S. 550–559

Schumpe A (1985) Gas Solubilities in Biomedia In: H J Rehm (Hrsg) Biotechnology. Bd 2. VCH, Weinheim

Schumpe A (1993) The estimation of gas solubilities in salt solutions. Chemical Engineering Science 48, 1, S. 153–158

Schwarz C (1994) Ermittlung von Stoffwerten an Maischen aus biogenen Abfällen. Diplomarbeit. Studienrichtung Verfahrenstechnik, Fakultät Maschinenwesen, Technische Universität Dresden

Sekiguchi Y, Kamagata Y, Nakamura K, Ohashi A, Harada H (1999) Fluorescence in situ hybridization using 16S rRNA-targeted oligonucleotides reveals localization of methanogens and selected uncultured bacteria in mesophilic and thermophilic sludge granules. Appl. Environ. Microbiol. 65, 3, S. 1280–1288

Senge B, Blochwitz R, Bentlin S (2004) Rheologische Stoffkennwerte richtig bestimmen. Deutsche Milchwirtschaft 7, S. 256–260

Seyfried C F, Scheer H, Rauls Ch (1993) Anwendungsbereiche und -grenzen der Magnesium-Phosphatfällung in der Abwasserreinigung. abwassertechnik, 5, S. 35–40

Seyssiecq I, Ferrasse J-H, Roche N (2003) State-of-the-art: rheological characterisation of wastewater treatment sludge. Biochemical Engineering Journal, 16, S. 41–56

Shanableh A (2007) pH-Dependence and Contributions of the Carbonic Species To CO_2 Flux Across The Gas/Liquid Interface. Jordan Journal of Civil Engineering, 1, 1, S. 109–122

Shanableh A (2009) Carbon Dioxide Transfer with Chemical Equilibrium Reactions: An Alternative Mathematical Approach. American J. of Engineering and Applied Sciences 2, 4, S. 726–734

Shea T, Pretorius W A, Coles R, Pearson E A (1968) Kinetics of hydrogen assimilation in the Methane fermentation. Water Research 2, S. 833–848

Sieber M (2012) Wärmebilanzierung von Vergärungsanlagen und Standardisierung der Fermenterheizungen. Diplomarbeit, TU Bergakademie Freiberg Institut für Thermische Verfahrenstechnik, Umwelt- und Naturstoffverfahrenstechnik

Sievers D M, Brune D E (1978) Carbon/Nitrogen Ratio and Anaerobic Digestion of Swine Waste. Transactions of the ASAE, S. 537–549

Silveira R G, Kakizono T, Takemoto S, Nishio N,Nagai S (1991) Medium optimization by an orthogonal array design for the growth of Methanosarcina barkeri. Journal of Fermentation and Bioengineering 72, S. 20–25

Smith M R, Mah R A (1980) Acetate as Sole Carbon and Energy Source for Growth of Methanosarcina Strain 227. Applied and Environmental Microbiology, 39, 5, S. 993–999

Smith M R, Zinder S H, Mah R A (1980) Microbial Methanogenesis from Acetate. Process Biochemistry, Mai, S. 34–39

Soto M, Mendez R, Lema J M (1992) Characterization and comparison of biomass from mesophilic and thermophilic fixed bed anaerobic digesters. Wat. Sci. Tech., 25, 7, S. 203–212

Sottile W, Zabransky R J (1977) Comparateive Growth Rates of Selected Anaerobic Species in Four Commonly Used Broth Media. Antimicrobial Agents and Chemotherapy March, S. 482–490

Souci S W, Fachmann W, Kraut H (2008) Die Zusammensetzung der Lebensmittel Nährwert-Tabellen. 7. Aufl., MedPharm Scientific Publishers, Stuttgart

Speece R E, McCarty P L (1964) Nutrient requirement and biological solids accumulation in anaerobic digestion. Advances in water pollution research, 2, S. 305–322, Pergamon Press, Oxford

Speece R E (1996) Anaerobic Biotechnology for Industrial Wastewaters. Archae Press, Tennessee, USA

Speece R E, Parkin G F (1983) The response of methane bacteria to toxicity. Proceedings of the anaerobic digestion 83 Symposium, Boston University, Massachusetts, USA

Speece R E, Parkin G F (1985) Nutrients requirement in anaerobic digestion. In: Biotechnological Advances in Processing Municipal Waste for Fuels and Chemicals, Antonopoulos A A, ed., S. 195–221, Argonne National Laboratory, Argonne, Il.

Speece R E, Parkin G F, Bhattacharya S K (1986) Modelling Toxic Response of Anaerobic Treatment. Wat. Sci. Tech., 18, 12, S. 27–39

Speece R E, Parkin G F, Gallagher D (1993) Nickel Stimulation of Anaerobic Digestion. Water Res. 17, 6, S. 677–683

Spendlin H-H (1991) Untersuchungen zur frühzeitigen Initiierung der Methanbildung bei festen Abfallstoffen. Hamburger Berichte 4, Abfallwirtschaft. Technische Universität Hamburg-Harburg

Spies P (1986) Zur Interpretation von CSB-, TOC-Abbau und Faulgasentwicklung. gwf-wasser/abwasser, 127, 5, S. 230–233

Sprott G D, Jarrell K F (1981) K, Na, and Mg content and permeability of Methanospirillum hungatei and Methanobacterium thermoautotrophicum. Can. J. Microbiol. 27, S. 444–451

Sprott G D, Shaw K M, Jarrell K F (1984) Ammonia/potassium exchange in methanogenic bacteria. J Biol Chem 259: S. 12602–12608 PubMed: 6490632 [PubMed]

Sprott G D, Patel G B (1986) Ammonia toxicity in pure cultures of methanogenic bacteria. Syst Appl Microbiol 7: S. 358–363.10.1016/S0723-2020(86)80034-0

Stadlbauer E A, et al (1982) Biogasanlagen In: W J Bartz (Hrsg) Kontakt & Studium. Bd 103. expert verlag, Grafenau

Stadlbauer E A, Trien C (1984) Biogasanlagen: Nutzung des mikrobiellen Lebensraums bei der Entsorgung. Chemiker-Zeitung 108, 5: S. 165–176

Sterling M C, Lacey R E, Engler C R (2001) Effects of ammonia nitrogen on H_2 and CH_4 production during anaerobic digestion of dairy cattle manure. Bioresource Technology 77, S. 9–18

Straka W (2008). Quartär- und Hydrogeologie der Traun-Enns-Platte. Dissertation

Strevett K A, Vieth R F, Grasso D (1995) Chemo-autotrophic biogas purification for methane enrichment: mechanism and kinetics. The Biochemical Engineering Journal 58, S. 71–79

Sung S, Raskin L, Duangmanee T, Padmasiri S, Simmons J J (2002) Hydrogen production by anaerobic microbial communities exposed to repeated heat Treatments. Proceedings of the U. S. DOE Hydrogen Program Review, S. 1–17

Sutton P M, Li A (1983) Single phase and two phase anaerobic stabilization in fluidized bed reactors. Wat. Sci. Tech. Vol 15, No. 8/9, S. 333–345

Svardal K (1991) Anaerobe Abwasserreinigung-Ein Modell zur Berechnung und Darstellung der maßgebenden chemischen Parameter. In: H Kroiss (Hrsg) Wiener Mitteilungen Wasser-Abwasser-Gewässer. Bd 95

Symons G E, Buswell A M (1933). J. Amer. Chem. Soc. 55:2028

Tabasaran O, Shiler A (1993) Analyseübersicht von Komposten und deren Ausgangsmaterialien unterschiedlicher Herkunft und Standorte. Verbundvorhaben des BMFT „Neue Techniken zur Kompostierung“, Teilvorhaben 5, Universität Stuttgart, Institut für Siedlungswasserbau, Wassergüte und Abfallwirtschaft

Takashima M, Speece R E (1989) Mineral nutrient requirements for high-rate methane fermentation of acetate at low SRT. Research Journal WPCF 61, 11/12, S. 1645–1650

Takashima M, Shimada K, Speece R E (2011) Minimum Requirements for Trace Metals (Iron, Nickel, Cobalt, and Zinc) in Thermophilic and Mesophilic Methane Fermentation from Glucose. Water Environment Research 83, 4, S. 339–346

Tan Y, Wang Z-X (1993) Modelling microbial growth: A statistical thermodynamic approach. Journal of Biotechnology 32, S. 97–106

Tchobanoglous G, Theisen H, Vigil S (2005) Integrated Solid Waste Management-Engineering Principles and Management Issues. McGraw-Hill, Inc.

Thauer R K, Jungermann K, Decker K (1977) Energy Conservation in Chemotrophic Anaerobic Bacteria. Bakteriological Reviews, März, S. 100–180

Theilen U, Liebeneiner R (2009) Einsatz und Optimierung von kontinuierlich arbeitenden Verfahren zur Trockenvergärung von Energiepflanzen – Abschlussbericht Teilvorhaben 1 (FKZ 22006305). Fachagentur Nachwachsende Rohstoffe e. V. Fachhochschule Gießen-Friedberg

TLL (1999) Merkblatt: Schwefelgehalte in landwirtschaftlichen Kulturpflanzen und organischen Düngestoffen. Thüringer Landesanstalt für Landwirtschaft, Jena

Turk T, Fricke K, Schnell S, Biester H, Langhans G (2008) Projektskizze Spurenelementversorgung der Vergärung von Nachwachsenden Rohstoffen durch einen optimierten Substratmix. Eingereicht bei: Fachagentur für Nachwachsende Rohstoffe e. V. Gülzow

Ueno Y, Kawai T, Morimoto M (1995) Biological production of hydrogen from cellulose by natural anaerobic flora. Journal of Fermentation and Bioengineering., 79, 4, S. 395–397

Uribelarrea J I, De Quieroz H, Goma G, Pareilleux A (1993) Carbon and Energy Balances in Cell-Recycle Cultures. Biotechnology and Bioengineering 42, S. 729–736

Uriev N B (1994) Structure, rheology and stability of concentrated disperse systems under dynamic conditions. Colloids and Surfaces; A Physicochemical and Engineering Aspects, 87, S. 1–14

van den Berg L, Patel G B (1976) Factors affecting rate of methane formation from acetic acid … Can. J. Microbiol. 22, S. 1312–1319 van Groenestijn J W, Hazewinkel J H O, Nienoord M, Bussmann P J T (2002) Energy aspects of biological hydrogen production in high rate bioreactors operated in thermophilic temperature range. International Journal of Hydrogen Energy, 27, S. 1141–1147

van Haandel A C, Lettinga G (1994) Anaerobic sewage treatment: a practical guide for regions with a hot climate. John Wiley & Sons Ltd.

van Kleeff B H A, Kuenen J G, Heijnen J J (1993) Continuous Measurement of Microbial Heat Production in Laboratory Fermentors. Biotechnology and Bioengineering, 41, S. 541–549

Van Soest P J (1963) Use of detergents in the analysis of fibrous feed. I. Preparation of fiber residues of low nitrogen content, II. A rapid method for the determination of fiber and lignin. J. Assoc. Anal. Chem. 46, S. 825–828, 829–835

Van Soest P J (1967) Development of a comprehensive system of feed analyses and its application to forages. J. Anim. Sci. 26, S. 119–128

Van Soest P J (1976) The estimation of digestibility from chemical composition. Miscellaneous Papers, Landbouwhogheschool, Wageningen, NL, 12, S. 137–145

van Velsen A F M (1979) Adaptation of methanogenic sludge to high ammonia-nitrogen concentrations. Water Research, 13, S. 995–999

Vavilin V A, et al. (2010) Modelling thermophilic methanol and cellulose methanization based on chemical reactions and isotope accumulation in products. Proceedings 12th World Congress on Anaerobic Digestion, IWA Specialist Conference, Mexico

VDI 4630 VDI-Richtlinie (2015): Vergärung organischer Stoffe

VDI 4631 VDI-Richtlinie (2009): Gütekriterien für Biogasanlagen

VDI-Wärmeatlas (1999). CD-ROM, 8. Auflage

VDLUFA (Verband deutscher landwirtschaftlicher Untersuchungs- und Forschungsanstalten), (1976) inkl. Ergänzungsblätter 1983, 1988, 1993, 1997: Methodenbuch Band III – Die chemische Untersuchung von Futtermitteln. VDLUFA-Verlag, Darmstadt

Wächter M. (2001) Tabellenbuch zur Chemie. Wiley-VCH Weinheim

Wang Y, McNeil B (1996) A study of gas hold-up, liquid velocity, and mixing time in a complex high viscosity, fermentation fluid in an airlift bioreactor.Chem. Eng. Technol., 19, S. 143–153

Wärmeübertragung/Heat Transfer. http://www.de.wikipedia.org/wiki/, 2011

Weber B (2010) Niedertemperaturkonvertierung biogener Reststoffe zum rohstofflichen Recycling von Kohlenstoff und Phosphor. Dissertation, Fachbereich 09, Agrarwissenschaften, Justus-Liebig-Universität Gießen

Weiß S (1988) Verfahrenstechnische Berechnungsmethoden. Teil A, Wärmeübertrager. DVG Leipzig

Weißbach F (2008) Zur Bewertung des Gasbildungspotenzials von nachwachsenden Rohstoffen. Landtechnik 63, 6, S. 356–358a

Weißbach F (2009) Das Gasbildungspotenzial von frischen und silierten Zuckerrüben bei der Biogasgewinnung. Landtechnik 64, 6, S. 394–397

Weißbach F (2009a) Das Gasbildungspotenzial von Halm- und Körnerfrüchten bei der Biogasgewinnung. Landtechnik 64, 5, S. 317–321

Weißbach F (2009b) Die Bewertung von nachwachsenden Rohstoffen für die Biogasgewinnung. Teil1. Das Gasbildungspotenzial der fermentierbaren Nährstoffe. Pflanzenbauwissenschaften 13, 2, S. 72–85.

Weißbach F (2009) Neue Methoden zur Bewertung von Substraten für die Biogasgewinnung. Wieviel Biogas liefern Nachwachsende Rohstoffe? Neue Landwirtschaft 223, S. 107–112

Weißbach F, Kuhla S (1995) Stoffverluste bei der Bestimmung des Trockenmassegehaltes von Silagen und Grünfutter: entstehende Fehler und Möglichkeiten der Korrektur. Übersichten Tierernährung 23, 2, S. 189–214

Weißbach F, Strubelt C (2008) Die Korrektur des Trockensubstanzgehaltes von Grassilagen als Substrat für Biogasanlagen. Landtechnik 63, S. 210–211

Weißbach F, Strubelt C (2008) Die Korrektur des Trockensubstanzgehaltes von Silagen als Substrat für Biogasanlagen. In: Verband Deutscher Landwirtschaftlicher Untersuchungs- und Forschungsanstalten (Hrsg.): Erhöhte Biomassenachfrage – eine neue Herausforderung ...

Weißbach F, Strubelt C (2008) Die Korrektur des Trockensubstanzgehaltes von Maissilagen als Substrat für Biogasanlagen. Landtechnik 63, 2, S. 82–83.

Wellinger A, Baserga U, Edelmann W, Egger K, Seiler B (1991) Biogas- Handbuch. Grundlagen – Planung – Betrieb landwirtschaftlicher Anlagen, 2. Aufl. Verlag Wirz AG, Aarau, Schweiz

Wesselingh J A, Bollen A M (1999) Single particles, bubbles and drops: Their velocities and mass transfer coefficients. Trans. IChemE., Vol. 77, S. 89–96

Wetter C, Pöppinghaus K (1992) Physikalisch-chemische Ammoniakelimination aus Zentratwasser. Korrespondenz Abwasser, 39, 2, S. 205–210

Wetter Ch, Brügging E (2005) Leitfaden zum Bau einer Biogasanlage – Band IV: Inbetriebnahme. Herausgegeben vom Umweltamt des Kreises Steinfurt

Wiedner G (2009) Befundinterpretation – was kann man aus einer Futtermittelanalyse herauslesen? Tierärztetagung Raumberg-Gumpenstein. S. 21–26

Wiesmann U (1988) Kinetik und Reaktionstechnik der anaeroben Abwasserreinigung. Chem.-Ing.-Tech. 60, Nr. 6, S. 464–474

Wilke H-P, Weber C, Fries, T (1991) Rührtechnik. Verfahrenstechnische und apparative Grundlagen.2nd Edition, Hüthig Buchverlag Heidelberg

Williams D W, Hills D J (1981) Effect of feedlot manure collection techniques on ultimate methane yield. Biotechnology and Bioengineering Symp. No. 11, S. 95–100

Winter J (1985) Mikrobiologische Grundlagen der anaeroben Schlammfaulung. gwf – Wasser/ Abwasser 126 2, S. 51–56

Winter J, Temper U (1987) Mikrobiologie der anaeroben Abwasserreinigung. Abwassertechnik 1, S. 14–21

Withman W B, Ankawanda E, Wolfe R S (1982) Nutrition and Carbon Metabolismus of Methanococcus voltae. Journal of Bacteriology, March, S. 852–863

Wouda T W M, Boley F M (1989) Der CSB als Größe für den Heizwert von Klärschlamm gwf – Wasser/Abwasser 130 12, S. 621–626

Yagi H, Yoshida F (1977) Desorption of Carbon Dioxide from Fermentation Broth. Biotechnology and Bioengineering, XIX, S. 801–819

Yaws C L, Hopper J R, Wang X, Rathinsamy A K (1999) Calculating solubilities & Henry's law constants for gases in water. Chemical Engineering, June, S. 102–105

Yokoi H, Maki R, Hirose J, Hayashi S (2002) Microbial production of hydrogen from starch-manufacturing wastes. Biomass and Bioenergy, 22, S. 389–395

Yongjun L, Yangjun D, et al. (1997) Study on the thermokinetic properties of bacterial growth. Journal of Thermal Analysis 50, S. 897–900

Zabriskie D W, et al. (1988) Trader's Guide to Fermentation Media Formulation. Third Printing, Traders Protein, USA

Zak M, Kazda M (2012) Energie- und Kohlenstoffbilanzen bei Batch-Fermentationen. BIOGAS Journal 6, S. 92–93

Zehnder A, Ingvorsen K, Marti T (1982) Microbiology of Methane Bacteria. Proceedings of the 2nd International Symposium of Anaerobic Digestion, Travemünde, S. 45–68

Zehnder J B A [ED.] (1988) Biology of anaerobic microorganisms. John Wiley & Sons, Inc., New York

Zeikus J G (1979) Thermophilic bacteria: ecology, physiology and technology. Enzyme Microb. Technol. 1, October, S. 243–252

Zellmann H, Friedmann H (2006) Optimierung des Fermentationsprozesses bei der Vergärung nachwachsender Rohstoffe. in: Bioenergie Basis für eine wettbewerbsfähige und nachhaltige Landwirtschaft, 8.–9. März, Güstrow

Zeng A-P (1995) Effect of CO2 absorption on the measurement of CO_2 evolution rate in aerobic and anaerobic continuous cultures. Appl Microbiol Biotechnol 42, S. 688–691, Springer-Verlag

Zhdanov V G, Starov V M (1998) Determination of the effective viscosity of concentrated suspensions. Colloid Journal, 60 (1998) 6, S. 713–716

Zhu J W, Saxena S C (1997) Prediction of gas-phase holdup in a bubble column. Chem Eng, Comm., 161, S. 149–161

Zoetemeyer R J (1982) Acidogenesis of Soluble Carbohydrate-Containing Wastewaters. Water Research, 16, S. 303

Zoetemeyer R J, Arnoldy P, Cohen A (1982) Influence of Temperature on the Anaerobic Acidification of Glucose in a mixed Culture forming Part of a two-stage Digestion Process. Water Res. 16, S. 313–321

Stichwortverzeichnis

G. Langhans et al., *Handbuch zur Bilanzierung von Biogasanlagen für Ingenieure – Band I,* https://doi.org/10.1007/978-3-658-27339-2

MIX
Papier aus verantwortungsvollen Quellen
Paper from responsible sources
FSC® C105338

If you have any concerns about our products,
you can contact us on
ProductSafety@springernature.com

In case Publisher is established outside the EU,
the EU authorized representative is:
Springer Nature Customer Service Center GmbH
Europaplatz 3, 69115 Heidelberg, Germany

Printed by Libri Plureos GmbH
in Hamburg, Germany